D1683785

Geschichte der
chinesischen Metrologie

Guan Zengjian und Konrad Herrmann

Geschichte der chinesischen Metrologie

aus dem Chinesischen übersetzt
von Konrad Herrmann

Gefördert durch den Chinese Fund for
the Humanities and Social Sciences

Inhalt

Vorwort 8
Messen im alten China 14

Teil I: Theorie und Praxis der traditionellen Metrologie 17

Einführung: Die Geburt der Metrologie des alten Chinas 17
    1. Die Entstehung der ursprünglichen Metrologie 17
    2. Die Förderung der vergesellschafteten Produktion 19
    3. Die Notwendigkeit der Verwaltung des Staates 21

Kapitel 1: Aufbau und Verwaltung metrologischer Normale 24
    1. Festlegung von Maßeinheiten der Zeit 24
    2. Unterteilung der Richtungen des Raums 28
    3. Auswahl von Normalen für Maße und Gewichte 33
    4. Verwaltung der Maße und Gewichte 38

Kapitel 2: Entwicklung von Maßen und Gewichten im Laufe der Zeit 41
    1. Von Shang Yang's Reform bis zur Vereinheitlichung der
       Maße und Gewichte durch Qin Shihuang 41
    2. Ordnung der Maße und Gewichte während der Han-Dynastie 44
    3. Bildung des großen und kleinen Systems der Maße und Gewichte ... 47
    4. Entwicklung der Maße und Gewichte seit den Dynastien Tang und Song ... 52
    5. Aufbau des neuzeitlichen Systems der Maße und Gewichte 57

Kapitel 3: Entwicklung der Verfahren der Zeitmessung 62
    1. Entwicklung der Zeitmessung mit Sonnenuhren 63
    2. Entwicklung der Zeitmessung mit Wasseruhren 69
    3. Evolution der mechanischen Zeitmessung 76

Kapitel 4: Messung der Elemente des Kalenders 84
    1. Schattenmessung zur Bestimmung der Solarperioden und des Jahresbeginns ... 84
    2. Zu Chongzhi's raffinierte Messung der Wintersonnenwende 88
    3. Guo Shoujing's hoher Gnomon zur Schattenmessung 92
    4. Messung der Länge des synodischen Monats 97

Kapitel 5: Fortschritte in der Metrologie des Raums 101
    1. Die Vielfalt der Längenmetrologie 101
    2. Historische Entwicklung der Richtungsbestimmung mit einem Gnomon ... 108
    3. Entwicklung der Kompassnadel 112
    4. Messung der Richtungen der Himmelskörper 119

Kapitel 6: Entwicklung von Volumenmaßen und Waagen **124**
    1. Volumennormale der Vor-Qin-Zeit.. 124
    2. Das Volumen-Normal der Xin Mang-Zeit... 131
    3. Waagen und Hebelprinzip... 138

Kapitel 7: Metrologische Theorie des Altertums.. **145**
    1. Kenntnis der metrologischen Eigenschaften... 145
    2. Die soziale Wirkung der Metrologie... 148
    3. Fehlertheorie... 151

Teil II: Transformation der traditionellen zur neuzeitlichen Metrologie **156**

Kapitel 8: Die von den Jesuiten mitgebrachte Reform **156**
    1. Grundsteinlegung der Winkelmetrologie.. 157
    2. Einführung des Thermometers.. 162
    3. Aufbau einer modernen Zeitmetrologie.. 168
    4. Einfluss des Begriffs der Erdkugel.. 177

Kapitel 9: Entwicklung der Wissenschaft der Maße und Gewichte
            in der Qing-Dynastie.. **185**
    1. Die Anfänge am Hof des Kaisers Shunzhi... 186
    2. Kaiser Kangxi und die Wissenschaft der Maße und Gewichte.................... 189
    3. Weitere Entwicklung der traditionellen Metrologie 197

Kapitel 10: Der Abgesang der Ordnung der traditionellen Maße und Gewichte........**207**
    1. Die Verwaltung der Maße und Gewichte in der Qing-Dynastie................... 207
    2. Zustand der Maße und Gewichte nach der mittleren Periode der Qing-Dynastie..... 214
    3. Maße und Gewichte des Zolls der Qing-Dynastie.. 220
    4. Letzte Bemühungen der Qing-Regierung um die Vereinheitlichung
       der Maße und Gewichte.. 224

Kapitel 11: Der Versuch der Beiyang-Regierung zur Vereinheitlichung
             der Maße und Gewichte.. **232**
    1. Schaffung und Entwicklung des Internationalen metrischen Systems....... 233
    2. Das Chaos der Maße und Gewichte im ganzen Land in den Anfangsjahren
       der Republik... 236
    3. Die Reform der Maße und Gewichte bei gleichzeitiger Anwendung
       der Systeme A und B.. 239

Kapitel 12: Aufbau der Ordnung der zeitgenössischen Metrologie **246**
   1. Diskussion über die Normale der Maße und Gewichte 247
   2. Verkündung des „Gesetzes über dienMaße und Gewichte" und Ausarbeitung
      von Durchführungsbestimmungen 250

Kapitel 13: Einführung und Management der zeitgenössischen Metrologieordnung 255
   1. Plan der allmählichen Einführung einheitlicher Maße und
      Gewichte im ganzen Land 256
   2. Einrichtung von Organen für Maße und Gewichte und Ausbildung von Personal 259
   3. Technische und allgemeine Verwaltung der Maße und Gewichte 264
   3.1 Herstellung und Verwaltung von Normalgeräten für Maße und Gewichte 264
   3.2 Herstellung, Kalibrierung und Verwaltung der Maße und Gewichte 266
   3.3 Administration der Maße und Gewichte 267
   3.4 Erweiterung und Revision der Bestimmungen über Maße und Gewichte 268
   3.5 Einführung der vereinheitlichten Maße und Gewichte im ganzen Land 269
   3.6 Vereinheitlichung der Maße und Gewichte während des antijapanischen
      Widerstandskrieges 275

Kapitel 14: Fortschritt der Zeitmetrologie **282**
   1. Untersuchung der Ordnung der Zeitzonen 282
   2. Revision und Verwirklichung der Zeitmetrologie der fünf Zeitzonen 286
   3. Reform des Kalenders 292

Teil III: Persönlichkeiten der Metrologiegeschichte Chinas **301**

Kapitel 15: Beiträge von Metrologen des Altertums (Teil I) **301**
   1. Liu Xin's Theorie der Metrologie 301
   1.1 Zahlen und ihre Funktion in der Metrologie 303
   1.2 Das Wesen des Tonsystems und die Regeln seiner gegenseitigen Hervorbringung 305
   1.3 Die Lehre der in den Stimmpfeifen aufgehäuften Hirsekörner 309
   1.4 Konstruktion von Normalen für Maße und Gewichte 311
   2. Xun Xu und sein Chi-Maß für die Stimmpfeifen 316
   2.1 Besonderheiten von Xun Xu's politischer Tätigkeit 316
   2.2 Xun Xu's Untersuchung eines Normals für das Chi-Maß der Stimmpfeifen 319
   2.3 Bedeutung und Einfluss von Xun Xu's Chi-Maß für die Stimmpfeifen 321
   3. Zu Chongzhi in der Geschichte der Metrologie 322
   3.1 Aufmerksamkeit für die Messgenauigkeit und das Normal des Chi-Maßes 323
   3.2 Forschung über das Volumen-Normal der Xin Mang-Zeit 326
   3.3 Untersuchung des Li Shi-Normals 329
   3.4 Beiträge zur Metrologie von Zeit und Raum 333

Kapitel 16: Beiträge von Metrologen des Altertums (Teil II) **337**
    1.   Shen Kuo's Beiträge zur traditionellen Metrologie 337
    1.1 Verfolgung der Rückführung und Untersuchung der Maße und Gewichte 337
    1.2 Mut zu Neuerungen und Verbesserungen in der Zeitmetrologie 339
    1.3 Verbesserung der Metrologie des Raumes durch Vereinfachung,
        indem das Komplizierte beseitigt wurde 344
    1.4 Die Prinzipien auswählen und die Fehlertheorie erklären 347
    2.   Guo Shoujing's Erfolge in der Metrologie 349
    2.1 Verbesserung der astronomischen Geräte durch die Erfindung
        der vereinfachten Armillarsphäre 349
    2.2 Geodätische Messungen und Errichtung eines hohen Gnomons für die
        Schattenmessung 353
    2.3 Intensive Beschäftigung mit den Prinzipien des Kalenders und Ausarbeitung
        des „Shoushi-Kalenders" 356

Kapitel 17: Beiträge der Jesuiten zur Metrologie Chinas **361**
    1. Matteo Ricci's Verdienst als Wegbereiter 362
    2. Adam Schall von Bell's Fortsetzung des Werks seiner Vorgänger 372
    3. Ferdinand Verbiest's hervorragende Beiträge 387

Anhang **403**
    Verzeichnis der Termini 404
    Personenverzeichnis 407
    Verzeichnis der Schriften 413
    Zeittafel der Dynastien in China 422

Vorwort

Dieses Buch ist eine Abhandlung über die Geschichte der Metrologie. Der Zweck es zu schreiben, besteht darin, eine generelle Ansicht der Metrologie des alten Chinas, den Entwicklungsprozess der Metrologie des Altertums zur zeitgenössischen und modernen Metrologie und die Beiträge der Metrologen im Laufe der Geschichte zur Entwicklung der Metrologie vorzulegen. Wenn die Geschichte der Metrologie deshalb zum Gegenstand der Forschung gewählt wurde, so ist die Metrologie von ihrer Bedeutung für die Gesellschaft nicht zu trennen.

Die Metrologie bezieht sich sowohl auf den Staat als auch auf das Leben des Volkes, somit besitzt sie eine doppelte Eigenschaft als Natur- und als Sozialwissenschaft, sie ist eine Grundlage, um das normale Funktionieren der Staatsorgane aufrechtzuerhalten und die kontinuierliche, stabile Entwicklung von Wirtschaft und Wissenschaft und Technologie zu garantieren. Unsere Vorfahren hatten frühzeitig Kenntnis von der Bedeutung der Metrologie und übten eine effektive Praxis aus, um die wissenschaftlich-technische Entwicklung der Metrologie sowie die Verwaltung der Metrologie voranzutreiben. Um von der Geschichte zu reden, hatte der Fürst Xiao des Staates Qin schon im 4. Jahrhundert v. Chr. energisch die Reformen von Shang Yang unterstützt. Diese Reform war in der Geschichte Chinas bahnbrechend, weil sie erstmalig mit der Macht des Staates auf der Grundlage von Gesetzen die Vereinheitlichung der Maße und Gewichte förderte. In den nachfolgenden mehr als 100 Jahren blieben die Maße und Gewichte des Staates Qin stets stabil, was für seine Machtentfaltung und die spätere Vereinigung Chinas die wirtschaftliche und technologische Basis schuf. Die Gelehrten des Altertums hatten die Bedeutung der Metrologie vollkommen erkannt. Konfuzius hatte die Forderung „man achte sorgsam auf Gewichte und Maße" zu einem aufklärerischen Konzept für die Regierung eines Staates erhoben. Schaut man auf das alte China und seine Dynastien zurück, so hatte man stets den Fragen der Metrologie Beachtung geschenkt. Die Geschichte lehrt uns, dass zwischen einer stabilen Metrologie und der Entwicklung der Gesellschaft eine Wechselbeziehung besteht. Der Zustand der Metrologie ist ein Miniaturabbild des Zustands der Gesellschaft. In der Metrologie wurden die wissenschaftlichen Ideen und Methoden in der traditionellen Kultur konzentriert verkörpert. Die Bedeutung der Metrologie bestimmt die Bedeutung der Geschichte der Metrologie. Es ist ganz unmöglich, die Geschichte zu erforschen, die Geschichte von Wissenschaft und Technologie zu erforschen, Wirtschaft und Kultur der Gesellschaft des Altertums zu erforschen, ohne die Geschichte der Metrologie zu berücksichtigen. Mit diesem Buch bemühen sich die Autoren, diese immanente Forderung der Geschichtswissenschaft zu erfüllen.

In China ist der Vorläufer der Geschichte der Metrologie die Geschichte der Maße und Gewichte, wobei die Geschichte der Maße und Gewichte schon seit langem erforscht wird. Bereits im 19. Jahrhundert berührten einige Gelehrte bei der Erforschung der Geschichte Inhalte der Geschichte der Maße und Gewichte. Zum Beispiel hatte Wu Dacheng am Ende der Qing-Dynastie in seinem Werk „Quanheng duliang shiyan kao" (Praktische Untersuchung und Prüfung der Gewichte und Maße) anhand von Artefakten des Altertums die Maßeinheiten der Maße und Gewichte seiner Zeit umgerechnet und zahlreiche

Referenzwerte gewonnen. In der Zeit der Republik hatten Wang Guowei, Liu Fu, Ma Heng, Tang Lan, Luo Fuyi, Chen Mengjia, Wu Chengluo und Yang Kuan Abhandlungen über die Geschichte der Maße und Gewichte verfasst. Besonders das Buch „Zhongguo duliangheng shi" (Geschichte der Maße und Gewichte Chinas), das Wu Chengluo 1937 veröffentlicht hatte, ist es wert hervorgehoben zu werden. Dieses Buch ist das erste spezielle Werk über die Geschichte der Maße und Gewichte. Ihm kommt das Verdienst zu, den Aufbau eines Gedankengebäudes der Geschichte der chinesischen Maße und Gewichte begründet zu haben. Nach der Gründung des neuen Chinas trat in der Erforschung der Geschichte der Maße und Gewichte eine neue Lage ein. Im Jahre 1981 wurde das Werk „Zhongguo gudai duliangheng tuji" (Gesammelte Illustrationen zu den Maßen und Gewichten des alten Chinas) herausgegeben. Dieses Buch ist das erste wissenschaftliche Werk, das die Artefakte der Maße und Gewichte des Altertums in Bild und Wort gleicherweise reich dem Leser präsentiert, und die Ausgabe bietet für die Erforschung der Maße und Gewichte des Altertums die größte Bequemlichkeit. Im August 1993 erblickte das Buch „San zhi shisi shiji zhongguo de quanheng duliang" (Chinas Gewichte und Maße vom dritten bis zum 14. Jahrhundert) von Guo Zhengzhong das Licht der Welt. Dieses Buch ordnete das System der in China während der Dynastien Tang und Song entwickelten Maße und Gewichte, es fasste die Besonderheiten der Entwicklung der Maße und Gewichte Chinas in dieser Epoche zusammen, förderte eine große Menge historisches Material zutage und bereicherte die Forschung zur Geschichte der Maße und Gewichte. Qiu Guangming's Werk „Zhongguo lidai duliangheng kao" (Prüfung der Maße und Gewichte über die Dynastien Chinas) ist eine weitere hervorragende Monografie über die Geschichte der Maße und Gewichte der gleichen Zeit. Dieses Buch versammelt die Essenz aus Wu Chengluo's „Geschichte der Maße und Gewichte Chinas" und der „Gesammelten Illustrationen zu den Maßen und Gewichten des alten Chinas" und legt außerdem eine umfangreiche Quellenforschung der Autorin über Längen-, Volumen- und Massemaße, nach Dynastien geordnet, vor. Dieses Buch wurde 1992 vom Verlag Kexue chubanshe herausgegeben, das dem Leser das traditionelle Bild der Maße und Gewichte des alten Chinas entwirft. Neun Jahre später wurde ein weiteres monumentales Werk von Qiu Guangming „Zhongguo kexue jishu shi – duliangheng juan" (Geschichte von Wissenschaft und Technologie Chinas – Band über Maße und Gewichte) herausgegeben. Dieses Buch fasste auf der Grundlage ähnlicher Schriften der Autorin systematisch den Entwicklungsstand der Maße und Gewichte in den einzelnen Dynastien Chinas zusammen und brachte viele neue Meinungen vor, so dass es ein reifes Werk der Geschichte der Maße und Gewichte Chinas darstellt.

China hat eine Geschichte der Maße und Gewichte hoher Qualität, aber vor dem 21. Jahrhundert existierte noch keine systematische Geschichte der Metrologie. Obwohl bedauerlich, ist es aber eine unbestrittene Tatsache, so dass das Werk „Zhiliang, biaozhunhua, jiliang baike quanshu" (Enzyklopädie von Qualität, Normung und Metrologie), das 2001 von dieser Position behauptet, dass die Metrologie in der Geschichte Maße und Gewichte war. Diese Formulierung ist natürlich nicht richtig, denn der Inhalt der Metrologie des alten Chinas ist bei weitem nicht durch die Maße und Gewichte abgedeckt, sie umfasst auch die Messung von Zeit und Raum. Die Erforschung der beiden letzten Gebiete hat schon in der Geschichte der Astronomie und der Physik eine tiefgründige Basis, so dass es überflüssig ist, hier einen Abriss ihrer Entwicklung zu geben.

Gerade weil in der Wissenschaft eine reiche Forschung über die Geschichte der Maße und Gewichte existiert, weil eine reiche Forschung über die Messung von Raum und Zeit im Altertum und eine umfangreiche Forschung über die Gesellschaft im Altertum vorliegt, wurde die Geburt der Geschichte der Metrologie möglich. In den 90er Jahren des vorigen Jahrhunderts begann der Autor Guan Zengjian zu versuchen, auf der Grundlage der Forschungsergebnisse der Vorgänger die Forschung über die Geschichte der Metrologie zu entwickeln. Im Jahre 2000 erschien das vom Autor verfasste Buch „Jiliang shihua" (Unterhaltung über die Geschichte der Metrologie). Dieses Buch trägt, ausdrücklich durch die chinesische Wissenschaftswelt bestimmt, den Namen Geschichte der Metrologie, denn es stellt ein spezielles Buch über die Geschichte der Metrologie Chinas dar, dessen umfassende Forschung die Geschichte der Maße und Gewichte, die Messung von Zeit und Raum und die gesellschaftlichen Attribute der Metrologie einschließt. Das Erscheinen dieses Buches lieferte für das System der Darstellung der Geschichte der Metrologie Chinas eine Vorlage für eine Referenzkritik.

Nach dem Eintritt in das 21. Jahrhundert ergab sich für den Betrachter hinsichtlich der Forschung über die Geschichte der Metrologie Chinas eine neue Situation. Zuerst erschien das Buch „Unterhaltung über die Geschichte der Metrologie" und dann im Jahr 2002 wurde Qiu Guangming's Werk „Zhongguo wulixue shi daxi – jiliang shi" (Reihe Geschichte der Physik Chinas – Geschichte der Metrologie) herausgegeben. Dieses Buch behandelt hauptsächlich die Geschichte der Maße und Gewichte, aber zugleich wurde der Inhalt um die Messung der Zeit erweitert. Das Erscheinen dieses Buches markiert eine weitere Vertiefung des Begriffs der Geschichte der Metrologie. Im selben Jahr wurde ein weiteres großartiges Buch von Qiu Guangming „Zhongguo gudai jiliang shi tu jian" (Illustrierter Spiegel der Geschichte der Metrologie des alten Chinas) herausgegeben. Dieses in Bild und Wort gleichermaßen reiche Buch führt chinesischen und englischen Text an. Sein Erscheinen lieferte zur Popularisierung des Wissens über die Geschichte der Metrologie der Welt ein vorzügliches Lesebuch, das die Metrologie des alten Chinas vorstellt. Im Jahre 2005 vollendete der Autor zusammen mit Sun Yilin und anderen das Buch „Zhongguo jinxiandai jiliang shi gao" (Entwurf einer Geschichte der neuzeitlichen und modernen Metrologie Chinas). Das vom Verlag Shandong jiaoyu chubanshe herausgegeben wurde. Dieses Buch ist die erste wissenschaftliche Monografie, die die neuzeitliche und moderne Metrologie Chinas erforscht. Diese Veröffentlichung bewirkte, dass über die Geschichte der Metrologie Chinas eine vollständige Kette vom Altertum bis in die Moderne vorliegt.

Der Aufbau eines beliebigen wissenschaftlichen Systems erfordert, einige wichtige theoretische Fragen zu lösen, mit dem es konfrontiert ist, und die Geschichte der Metrologie bildet hierbei keine Ausnahme. Nach diesem Buch führte der Autor, außer dass er über die Geschichte der Metrologie reale Forschungen betrieb, auch verschiedene Untersuchungen über theoretische Fragen der Geschichte der Metrologie durch, zum Beispiel über die Bedeutung des Studiums und der Erforschung der Geschichte der Metrologie, die soziale Wirkung der Metrologie im alten China, das Problem der historischen Periodisierung der Entwicklung der chinesischen Metrologie usw., worüber vorläufige Erläuterungen gegeben wurden.

Das Problem der Periodisierung der Geschichte ist ein wichtiges theoretisches Problem der Geschichtswissenschaft. Die Forschung über das Problem der Periodisierung der Geschichte wurde einst zu einer von „fünf goldenen Blüten"[1] in der Erforschung der Geschichte Chinas, aber das Problem der historischen Abschnitte in der Entwicklung der Metrologie Chinas wurde in der Vergangenheit niemals untersucht. Nachdem der Autor eigene Untersuchungen angestellt hatte, erklärte er, dass die Entwicklung der Metrologie Chinas generell in die zwei großen Typen der traditionellen Metrologie und der neuzeitlichen und modernen Metrologie unterteilt werden kann und dass sie sieben historische Perioden umfasst. Die traditionelle Metrologie hatte sich entsprechend der Entwicklung der Staatsform entwickelt; sie bildete sich im Wesentlichen bis zur Vereinigung Chinas durch Qin Shihuang heraus. Das ist die erste historische Periode ihrer Entwicklung. Liu Xin's Untersuchungen über Normale für die Maße und Gewichte und die Darlegungen über die Theorie der Maße und Gewichte zur Zeit von Wang Mang markieren die Bildung der Theorie der traditionellen Metrologie, das ist die zweite historische Periode der Entwicklung der Metrologie Chinas. Danach trat die traditionelle Metrologie in die dritte Etappe ihrer historischen Entwicklung, nämlich die Entwicklungsperiode einer langwierigen Regulierung. Als gegen Ende der Ming-Dynastie und am Anfang der Qing-Dynastie die Jesuiten nach China kamen, brachten sie die Wissenschaft des Westens mit und führten die Geburt einiger neuer Zweige der Metrologie herbei. Sie bereiteten die Bedingungen für die Transformation der traditionellen zur neuzeitlichen und modernen Metrologie vor. Das ist die vierte historische Periode der Entwicklung der chinesischen Metrologie. Nach dem Eintritt in die Republik stand die nationale Regierung in Nanjing bezüglich des Aufbaus und der Verbreitung von neuen Normalen für Maße und Gewichte dafür, dass das System und die Theorie der traditionellen Maße und Gewichte abstirbt, aber das neue System der Metrologie wurde wegen der Kriegswirren und vieler anderer Faktoren nicht entsprechend aufgebaut. Das ist die fünfte historische Periode der Entwicklung der Metrologie Chinas. Nach dem Aufbau des neuen Chinas beschäftigte sich die zentrale Volksregierung aktiv damit, einerseits das System der Metrologie zu vereinheitlichen, und andererseits war sie bemüht, neue Zweige der Metrologie aufzubauen, die der wirtschaftlichen Entwicklung entsprachen; sie verwirklichte eine Transformation der Metrologie von der Tradition zur Moderne, das ist die sechste historische Periode der Entwicklung der Metrologie Chinas. Nach der Beendigung der „Großen Kulturrevolution" trat die Metrologie Chinas auf dem Wege ihrer Rechtslegung in eine neue Etappe der Standardisierung und der Internationalisierung ein. Sie eröffnete die siebte historische Periode ihrer Entwicklung, die Periode der modernen Metrologie Chinas.

Außer Untersuchungen über theoretische Probleme der Geschichte der Metrologie traten auch zahlreiche Forschungen über Einzelfälle der Geschichte der Metrologie zutage. Die Zeitschrift „Zhongguo jiliang" (Chinesische Metrologie) richtete ab dem Jahre 2002 eine spezielle Rubrik „Unterhaltung über die Geschichte der Metrologie" ein, in der zahlreiche Aufsätze über die Geschichte der Metrologie erschienen. Im Jahre 2005 wurde in Beijing der 22. Internationale Kongress über Geschichte der Wissenschaften

---

[1] „Fünf goldene Blüten" – In den 50er Jahren des vorigen Jahrhunderts führten chinesische Historiker heftige Debatten über die Aufgaben der chinesischen Geschichtswissenschaft, und sie definierten die folgenden fünf: Das System des feudalen Landbesitzes, die Bauernkriege, die Keime des Kapitalismus, die Bildung der chinesischen Nation und die Periodisierung der chinesischen Geschichte. Der Ausdruck "fünf goldene Blüten" hat einen ironischen Unterton.

einberufen, und für die Geschichte der Metrologie wurde ein eigener Konferenzraum organisiert, das war erstmalig in der Geschichte des Internationalen Kongresses über Geschichte der Wissenschaften. Auf der Tagung fand mit acht Beiträgen zur Geschichte der Metrologie ein Austausch statt, davon kamen von chinesischen Wissenschaftlern 3 ½ Beiträge (ein Beitrag war eine chinesisch-ausländische Gemeinschaftsarbeit). Als im Sommer des Jahres 2009 in Budapest der 23. Internationale Kongress über Geschichte der Wissenschaften einberufen wurde, organisierte man auf Vorschlag des Autors und des japanischen Wissenschaftlers Matsumoto Eijū wieder einen eigenen Konferenzraum. Auf dieser Konferenz wurden 15 Aufsätze über die Geschichte der Metrologie vorgetragen, davon sieben von chinesischen Wissenschaftlern, die sozusagen fast das halbe Reich einnahmen. Im Juli 2013 wurde in Manchester der 24. Internationale Kongress über Wissenschaftsgeschichte eröffnet. Auf ihm wurde wieder ein eigener Konferenzraum für die Geschichte der Metrologie organisiert. Zehn Wissenschaftler trugen hier ihre Beiträge vor, davon acht von chinesischen Wissenschaftlern. Außerdem traten nacheinander Museen mit dem Namen Geschichte der Maße und Gewichte oder Geschichte der Metrologie in Erscheinung. Viele Doktoranden der Fakultät für Wissenschaftsgeschichte und Wissenschaft und Philosophie der Shanghaier Jiaotong-Universität wählen für ihre Dissertation ein Thema aus der Geschichte der Metrologie. Das belegt die Entwicklung der Forschung über die Geschichte der Metrologie in China.

Auch die Forschung ausländischer Wissenschaftler zur Geschichte der Metrologie Chinas weist hervorhebenswerte Arbeiten auf. Der frühere Vorstandsvorsitzende der Japanischen Studiengesellschaft für Geschichte der Metrologie Shigeru Iwata befleißigt sich seit vielen Jahren, die Beziehungen zwischen den Ursprüngen der Zivilisation und der Metrologie zu untersuchen, und betrieb auch tiefgründige Forschungen über die Evolution der Maße und Gewichte in China und Japan. Die Zeitschrift „Zhongguo keji shi zazhi" (Zeitschrift für die Geschichte von Wissenschaft und Technologie Chinas) veröffentlichte im H.1 von 2008 den von ihm verfassten Aufsatz „Der Einfluss der chinesischen Metrologie auf Japan", der einen Teil einer Reihe seiner Untersuchungen bildet. Auf der Grundlage konkreter Vergleiche der Maße und Gewichte in China und Japan entdeckte er, dass die Tendenzen der historischen Veränderungen vollkommen übereinstimmen, und bestätigte, dass die Maße und Gewichte im alten Japan das Ergebnis der Einführung der Maße und Gewichte aus China waren und dass die Maße und Gewichte Japans einen starken Einfluss der Maße und Gewichte Chinas erfuhren. Diese Arbeit hat Hand und Fuß, die Argumentation ist überzeugend, sie ist eine vorzügliche wissenschaftliche Schrift zur Geschichte der Metrologie.

Außerdem haben die deutschen Wissenschaftler Hans-Ulrich Vogel und Konrad Herrmann auch schon mehrere Artikel über die Geschichte der Maße und Gewichte Chinas veröffentlicht. Vogel hat weiterhin mit Ulrich Theobald ein Verzeichnis von Arbeiten über die Geschichte der Metrologie Chinas aus China, Japan und dem Westen erstellt und es als Buch veröffentlicht. Herrmann hingegen hatte die Geschichte der Metrologie Chinas vor den großen Hintergrund der Entwicklung der Weltzivilisation gestellt und ein Buch „A Comparison of the Development of Metrology in China and the West" verfasst, das offiziell im Jahre 2010 erschien. Vordem ging die Geschichte der Metrologie Chinas bereits in die Welt, denn die Veröffentlichung der „Unterhaltung über die Geschichte der Metrologie" erregte im Ausland Aufmerksamkeit, die ab dem Jahre 2002 in der Zeitschrift der Japanischen Studiengesellschaft für Geschichte der Metrologie „Keiryō shi kenkyū" (Forschung über Geschichte der Metrologie) begann in Fortsetzungen veröffentlicht zu werden. Jetzt hat die Arbeit von Herrmann bewirkt, dass die Geschichte der Metrologie Chinas in einem größeren Teil der Welt verstanden wird.

Insgesamt gesehen steckt die Forschung über die Geschichte der Metrologie relativ zur Geschichte von Wissenschaft und Technologie Chinas und anderen Disziplinen immer noch in den Anfängen. Die Geschichte der Metrologie weist viele Themen auf, die es wert sind untersucht zu werden. Zum Beispiel hat sich die gegenwärtige Metrologie auf der Grundlage der Metrologie des Westens, mit der die Chinesen am Ende der Ming- und zu Beginn der Qing-Dynastie in Berührung kamen und ihrer Absorption entwickelt und zwischendurch einen schwierigen Transformationsprozess durchlaufen, und nach der Gründung der Volksrepublik China im Jahre 1949 hatte sich durchaus noch kein modernes Metrologiesystem in China herausgebildet. Die Erforschung dieser historischen Etappe ist auf dem Gebiet der Geschichte der Metrologie noch schwach ausgeprägt. Außerdem ist die systematische Forschung über Metrologen des Altertums noch verhältnismäßig lückenhaft. In der Tat existiert in der vorhandenen Forschung über die Geschichte der Metrologie Chinas die gemeinsame Schwäche, dass die Artefakte, aber nicht die Menschen gesehen werden. Die Forscher konzentrieren sich meist auf die Quellen zu Objekten von Maßen und Gewichten, aber bei der Analyse der Regeln und Vorschriften werden die Existenz von Metrologen und das Wirken konkreter Personen vernachlässigt. Das Wesentliche bei den Aktivitäten in der Metrologie sind die Menschen, die Entwicklung der Metrologie lässt sich nicht von der hingebungsvollen Arbeit der Metrologen trennen. Wenn man die Forschung über sie vernachlässigt, lässt sich keine vollständige Kenntnis über die Geschichte der Metrologie Chinas erlangen. Im Hinblick auf dieses Wissen hatte der Autor auf der Grundlage des Buches „Messung des Himmels, der Erde und der zehntausend Dinge – Kurze Geschichte der Metrologie Chinas" den entsprechenden Inhalt der Transformation von der traditionellen Metrologie Chinas zur zeitgenössischen Metrologie erweitert, den Inhalt im ursprünglichen Buch über die Vorstellung von Persönlichkeiten der Metrologie angereichert und daraus dieses Buch geschaffen. Wir hoffen, dass durch die Forschung über die Metrologie des alten Chinas auf den einzelnen Gebieten nach Klassen und Gruppen über den Zusammenstoß der beiden Metrologiesysteme Chinas und des Westens und über den Prozess des Austausches eine ordnende Analyse vorgenommen und gleichzeitig die Arbeit hervorragender Metrologen für die Metrologie des Altertums prägnant vorgestellt wird. Möge dem Leser ein grundlegendes Bild der Metrologie des alten Chinas vermittelt werden.

Die Autoren danken Herrn B. Wysfeld für die Gestaltung des Umschlags und die Bearbeitung der Illustrationen und den Mitarbeiter/-innen des Fachverlag NW in der Carl Schünemann Verlag GmbH für die Mühe bei der Drucklegung dieses Buches. Wir hoffen, dass wir für unzulängliche Stellen in diesem Buch kritische Hinweise der Leser erhalten und bedanken uns hierfür im Voraus.

Guan Zengjian und Konrad Herrmann,
Jiaotong Universität Shanghai und Berlin, Juni 2014

Messen im alten China

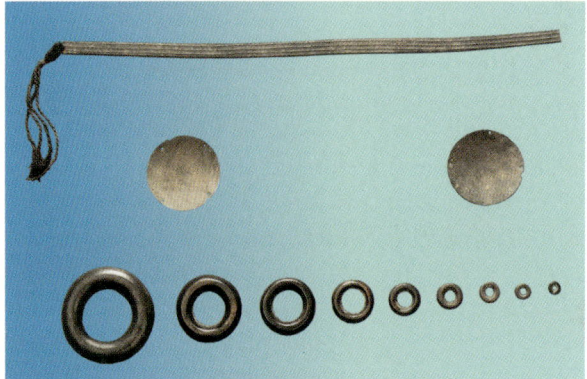

Waage und Gewichtssatz aus der Zhanguo-Periode

Das rechteckige Volumennormal des Shang Yang aus der Zhanguo-Periode

Gewichtsstück von acht Jin mit dem Edikt des Kaisers Qin Shihuang zur Vereinheitlichung der Maße und Gewichte

Satz Standardpfeifen aus der Han-Dynastie

Messschieber aus der Han-Dynastie

Volumennormal der Xin Mang-Zeit

Wasseruhr aus der Yuan-Dynastie

Hoher Gnomon von Guo Shoujing in Dengfeng (Yuan-Dynastie)

Pekinger Observatorium

Teil I: Theorie und Praxis der traditionellen Metrologie

Einführung: Die Geburt der Metrologie des alten Chinas

Die Entstehung der Metrologie und ihre breite Anwendung ist ein Merkmal der Entwicklung der menschlichen Gesellschaft. In dem lang andauernden Kampf der Vorfahren Chinas mit der Natur keimte die ursprüngliche Metrologie und entwickelte sich unaufhörlich im Gefolge des Fortschritts der Gesellschaft. So bildete sich allmählich die Metrologie des alten Chinas mit einzigartigen Merkmalen heraus.

1. Die Entstehung der ursprünglichen Metrologie

Der Begriff Metrologie wurde in China schon sehr lange Zeit benutzt. Aber bis heute gibt es noch keine einheitliche Definition. Allgemein versteht man unter Metrologie einheitliche, genaue Messungen. Das heißt, Metrologie ist eine Handlung des Messens. Diese Art Messung verlangt nicht nur größtmögliche Genauigkeit, sondern sie muss mit vergesellschafteten Forderungen übereinstimmen: Wenn an demselben Messobjekt verschiedene Messpersonen die Messung durchführen, muss man das gleiche Ergebnis erhalten. Alle Messungen, die diese Bedingungen erfüllen, gehören zur Metrologie.

Die Vorbedingung für die Entstehung der Metrologie sind Fortschritte im Denken der Menschen, die sich zuerst in der Bildung des Begriffs des Maßes äußern. Das sogenannte Maß bedeutet die Eigenschaft, dass man Erscheinungen, Körper, Materie qualitativ unterscheiden und quantitativ bestimmen kann. Der Begriff des Maßes stammt aus der Praxis, mit der die Menschen die Natur erkennen und umgestalten, er ist ein Ergebnis des Vergleichens und Anhäufens. Der ursprüngliche Begriff des Maßes entwickelte sich gleichzeitig mit der Entstehung der Menschheit.

Die Menschheit entstammt der Evolution der Menschenaffen. Als die Menschenaffen Steine behauten und daraus Werkzeuge machten, hatte sich schon die Entwicklung zum „Menschen" vollzogen. Selbst wenn man grobe Steinwerkzeuge produziert, braucht man den Begriff des Maßes. Deshalb kann man schlussfolgern: Der Begriff des Maßes hatte sich in dem sehr langen historischen Prozess der Wandlung des Affen zum Menschen allmählich herausgebildet. Somit erfolgte die Bildung des Begriffes Maß gleichzeitig mit der Entstehung der Menschheit.

Das Verständnis der Urmenschen für den Begriff des Maßes war noch relativ grob. Das äußerte sich in den von ihnen hergestellten Steinwerkzeugen, die noch nicht eine bestimmte Form und Größe beibehalten konnten. Die verschiedenen Werkzeuge zum Behauen aus der Frühzeit des Paläolithikums, die jetzt entdeckt wurden, belegen, dass sie ganz einfach hergestellt sind, so dass die Unterschiede zwischen ihnen sehr groß sind. Dessen ungeachtet, als die Urmenschen bei der Herstellung dieser einfachsten

Steinwerkzeuge oder beim Gebrauch dieser Werkzeuge, um Baumäste abzuschlagen und Stäbe anzufertigen, versteht es sich von selbst, dass sie einen Vergleich solch intuitiver Maße wie groß und klein, lang und kurz anstellen mussten.

Mit dem Fortschritt der Gesellschaft erreichte das Paläolithikum seine mittlere und späte Periode. Die Werkzeuge aus dieser Periode weisen, verglichen mit den früheren, einen sehr großen Fortschritt auf, es entstanden verschiedene Arten, zum Beispiel Steinmesser, Steinäxte, Steinsicheln usw. Es traten sogar zusammengesetzte Werkzeuge auf. Zum Beispiel bohrte man in die Steinaxt ein Loch, um in ihm einen hölzernen Griff zu befestigen, so dass ein zusammengesetztes Werkzeug entstand. Mit einem zusammengesetzten Werkzeug konnte man die Produktivität erheblich erhöhen. Sein Auftreten markierte eine Vertiefung des Wissens der Menschheit um das Maß, weil die zusammengesetzten Werkzeuge bei der Produktion an unterschiedlichen Stellen zusammengefügt wurden. Wenn man die Bohrung auf einer Steinaxt nimmt, muss man die Lage und die Größe des Loches berücksichtigen, damit man den hölzernen Griff reibungslos befestigen konnte. Obwohl die Menschheit damals noch keine Messwerkzeuge hatte, musste sie aber einen Vergleich der gegenseitigen Größe, des Längenabstands und ähnliche Handlungen durchführen. Wobei diese Art Vergleich dem Wesen nach eine ursprüngliche Messung ist.

Aber der Begriff des Maßes einer ursprünglichen Größe oder Menge reichte noch nicht, um die Metrologie des Altertums aufzubauen. Obwohl die Menschheit noch keine Messwerkzeuge besaß, hatte sie sich aber dahin entwickelt, dass sie zu zählen lernte, und erst wenn sie die Begriffe von Zahl und Maß miteinander verband, konnte die Menschheit mit ursprünglichen metrologischen Handlungen beginnen. Denn es ist das Ziel der Metrologie, für eine gebrauchte Menge die Größe oder Anzahl verschiedener Dinge und Erscheinungen auszudrücken. Ohne den Begriff der Zahl lässt sich dieses Ziel nicht verwirklichen.

Ein bestimmtes Zählen zu lernen und die Beziehungen zwischen den Zahlen zu beherrschen, ist für die Entwicklung der Menschheit gesehen, ein großer Sprung in Richtung Zivilisation. Aber es ist nicht einfach, diesen Sprung zu tun. Wenn wir den Wachstumsprozess der Kinder beobachten, können wir feststellen, dass es für die Kinder viel leichter ist, die Begriffe der Größe, des Vorhandenseins und der Menge zu bilden als ihnen das Zählen beizubringen. Diese Situation ist dem in der Anfangsperiode der menschlichen Gesellschaft erfahrenen Bild sehr ähnlich. Untersuchungsmaterialien belegen, dass einzelne nationale Minderheiten in China, die vor 1949 eine relativ langsame kulturelle Entwicklung hatten, hinsichtlich des Zählens meist nur bis drei oder zehn zählen konnten, Zahlen über drei oder zehn waren ihnen nicht geläufig, sie bezeichneten sie generell als „viel". Das verdeutlicht, dass das Zählen für die Menschheit tatsächlich eine große Sache ist.

Vom Aspekt der Entwicklung her gesehen, musste das Wissen der Menschheit um die Zahlen zuerst beim „Haben" beginnen, dann kam man zu eins und zwei. Erst später nahmen in der gesellschaftlichen Produktion und der unaufhörlichen Akkumulation in der Praxis die bekannten Zahlen allmählich zu. Im chinesischen Altertum gab es die Überlieferungen vom „Einkerben von Hölzern, um die Zeit festzuhalten", das sind wahrscheinlich die frühesten Erwähnungen von Zählaktivitäten. Nach Statistiken hat man auf dem Öffnungsrand von Keramiktöpfen, die an Stätten der Yangshao-Kultur[1] und der etwas

---

1   Die Yangshao-Kultur breitete sich in der Zeit von 5000 bis 2000 v. Chr. in Zentral- und Nordchina sowie in einigen Küstenregionen aus.

späteren Majiayao-Kultur[2] ausgegraben wurden, mehrere zehn verschiedene eingeritzte Zeichen entdeckt. Diese Zeichen können, wie man vermutet, irgendwelche Zahlenreihen darstellen. Das bestätigt, dass die Vorfahren Chinas damals schon in bestimmtem Maße zählen konnten. Hat man den Begriff des Maßes und verfügt über die Fähigkeit des Rechnens mit Zahlen, und nachdem diese beiden bestimmt sind, dann kann man mit festgelegten Einheiten Messungen durchführen und an Gegenständen und Erscheinungen mit ähnlichen Eigenschaften Vergleiche anstellen. Somit markieren das Vorhandensein und die Anwendung des Begriffs des Maßes und die Fähigkeit zum Zählen die Entstehung der ursprünglichen Metrologie des Altertums.

2. Die Förderung der vergesellschafteten Produktion

Nach der Entstehung der ursprünglichen Metrologie des Altertums benötigte man noch günstige klimatische und Bodenbedingungen. Dann erst konnte die Gesellschaft unaufhörlich wachsen und schließlich zur Blüte gelangen. Dabei ist eine dieser Bedingungen die Förderung der vergesellschafteten Produktion in ihrer frühen Phase.

Wir wissen, dass die Urmenschen im Entwicklungsprozess der menschlichen Gesellschaft entsprechend dem Übergang vom Paläolithikum zum Neolithikum langsam zu Flussläufen, Seen, Steppen und Waldgebieten zogen, wo sie relativ sicher lebten und begannen, sich in Stämmen zu organisieren. Das Auftreten der Stammesgesellschaft ermöglichte, die entsprechenden Produktionsaktivitäten zu vergesellschaften. Vergesellschaftete Produktionsaktivitäten stellten an die Genauigkeit und Einheitlichkeit der Messungen höhere Anforderungen, wodurch die Entwicklung der Metrologie des Altertums gefördert wurde.

Wie wir heute wissen, kann das Bild der damaligen matriarchalischen Stammesgemeinschaft am besten die Stätte von Banpo widerspiegeln. Die Stätte von Banpo befindet sich in einem östlichen Vorort der heutigen Stadt Xi'an. Ihre Gesamtfläche erreicht mehrere zehntausend Quadratmeter. Sie widerspiegelt die Lebenssituation der Menschheit in der Periode des Matriarchats der Urgesellschaft vor mehr als 6000 Jahren. Das Dorf Banpo ist unterteilt in zwei große Gebiete: in einen Wohn- und einen Töpferbereich und in ein Gräberfeld des Stammes. Der Wohnbereich als wesentlicher Bestandteil des Dorfes nimmt eine Gesamtfläche von etwa 30000 m^2 ein, von der erst 1/5 ausgegraben ist. Das Zentrum des Wohnbereichs ist ein 120 m^2 großes abgerundetes quadratisches Haus. Dieses quadratische Haus ist zur Hälfte in eine Grube gebaut. In der Mitte des Hauses findet man vier symmetrische Öffnungen für große Säulen. Obwohl die Säulen in den Säulenlöchern nicht mehr existieren, kann man sich aber vorstellen, dass dies vier Hauptsäulen sind, die das Dach tragen. Offensichtlich muss die Länge der vier Säulen im Wesentlichen übereinstimmen, was ohne Messung nicht möglich wäre. Um das große Haus sind dicht gedrängt mehrere zehn kleine Häuser mit ähnlicher Struktur und gleicher Größe angeordnet. Die Fläche dieser Häuser kommt sich sehr nahe. Außerdem hatte man um diesen etwa 30000

---
2 Die Majiayao-Kultur wurde in der Region des Oberlaufs des Gelben Flusses gefunden und wird auf die Zeit von 3000 bis 2000 v. Chr. datiert.

m² großen Wohnbereich einen etwa 6 m tiefen und breiten Graben angelegt, um wilde Tiere und die Angriffe fremder Stämme abzuwehren. Nach dem damaligen Produktionsniveau konnte ein solch gewaltiges Bauvorhaben nur auf der Grundlage eines wohlüberlegten Plans und der Durchführung von Messungen unter Zusammenarbeit der dörflichen Stammesgemeinschaft vollendet werden: Ohne einheitliche Messungen wäre ein solches Bauvorhaben nicht möglich gewesen. Gerade durch die Förderung dieser vergesellschafteten örtlichen Produktionsaktivität im großen Maßstab entwickelte sich allmählich die Metrologie des Altertums. Schritt für Schritt legte sie ihren ursprünglichen Zustand ab.

Allgemein gesagt, konnte auch die Entwicklung des Handwerks auf der Basis privater Arbeitseinheiten den Fortschritt der Messtechnik fördern. Zum Beispiel sieht man auf den Keramiken der Yangshao-Kultur oft viele schmückende Muster. Diese Muster sind größtenteils geometrische Figuren, wie Dreiecksmuster, Wellenmuster, Blütenmuster, Fischmuster und andere. Ihre Anordnung ist im Allgemeinen sehr gleichmäßig. Viele Muster wurden nacheinander auf dem Umfang der Keramik gruppiert. Aber ganz gleich, wieviele Muster es sind, ob drei, vier oder fünf Gruppen, sie wurden vollkommen symmetrisch aufgebracht. Man kann sehen, als sie aufgezeichnet wurden, hatte man sie bestimmt sorgfältig unterteilt und abgemessen. Das Messverfahren war vielleicht gar nicht kompliziert. Zum Beispiel hatte man mit einer Schnur den Umfang des Keramikgefäßes abgemessen und den Umfang in die benötigten Abschnitte unterteilt, dann hatte man nach den angezeichneten Positionen die Muster angeordnet. So konnte man die vollkommene Symmetrie jeder Mustergruppe gewährleisten. Diese Art vergleichende Messung ist eine oft beobachtete Messprozedur. Natürlich unterstützte sie den Fortschritt des Messens. Aber diese Art Messung wird nicht durch Bedingungen eingeschränkt, sie unterscheidet sich je nach Person, Zeit und Ort und benötigt nicht einheitliche Einheiten und Normale. Deshalb ist ihre Wirkung auf den Fortschritt des Messens eingeschränkt. Braucht man eine wirkliche Förderung der Entwicklung der Metrologie, muss man sich auf vergesellschaftete Produktionsaktivitäten stützen.

Gegen Ende der Urgesellschaft in China ereignete sich eine relativ große Überschwemmungskatastrophe. Das damalige Haupt des Stammesverbandes Yao beauftragte Gun, das Wasser zu regulieren. Gun benutzte die Methoden des „Eindämmens" und „Versperrens". Mit Erde stopfte er die Bahnen des Hochwassers zu, aber erzielte keinen Erfolg. Danach wurde Shun das Haupt des Stammesverbandes, und er wählte Gun's Sohn Yu, dass er fortfahren sollte, das Hochwasser zu regulieren. Yu fasste die Erfahrungen und Lehren aus seines Vaters Misserfolg zusammen, und indem er vor Ort die Lage prüfte und Messungen vornahm, griff er zu der kombinierten Methode, die Deiche zu reparieren, um die Wasserläufe zu versperren, und die Flussläufe abzuleiten. Erfolgreich beseitigte er die Flut, indem er das Hochwasser ungehindert ins Meer fließen ließ.

Diese Geschichte vom Großen Yu, der das Wasser regulierte, hinterließ bei seinen Nachfahren einen sehr tiefen Eindruck, so dass viel Schrifttum unter verschiedenen Aspekten dieses Ereignis nachträglich aufzeichnete. Einige Schriften erwähnten auch speziell die Bedeutung, die die Messungen dabei spielten. Zum Beispiel führt das Buch „Guan Zi (Meister Guan), Kap. Qing Zhong Wu" an: Der Große Yu „leitete zwei Ströme ab, legte Gräben an fünf Seen an und leitete das Wasser von vier Flüssen ab, dabei hatte er die Höhen in den neun Gebieten gemessen (商 shang) …". *Shang* bedeutet hier messen.

Im „Huai Nan Zi (Meister von Huai Nan), Kap. Di Xing Xun", und im „Shan Hai Jing (Klassiker der Berge und Meere), Kap. Hai Wai Dong Jing" gibt es die Aufzeichnung, dass Yu seinen Ministern Tai Zhang und Shu Hai befahl, sich auf den Weg zu machen und die Berge und Ströme zu vermessen. Im „Shi Ji (Historische Aufzeichnungen), Kap. Xia Ben Ji" heißt es, Yu „hielt in der Linken eine Richtschnur und in der Rechten einen Maßstab. Er teilte die vier Jahreszeiten ein, erschloss Land in den neun Gebieten, legte neun Straßen an, baute Dämme an neun Marschen und hatte neun Berge vermessen." Das heißt, dass der Große Yu im Verlaufe der Regulierung des Wassers Richtschnur und Maßstab als Messgeräte benutzte, um das Land zu vermessen. Aus der Zusammenfassung zahlreicher Materialien wird ersichtlich, dass Yu bei der Regulierung des Wassers Vorort-Messungen durchgeführt hatte.

Man kann sich vorstellen, dass bei einem Vorhaben wie Yu's Regulierung des Wassers die benötigten Messaktivitäten notwendigerweise einen großen Umfang einnahmen. Aber wenn man Messungen großen Maßstabs durchführt, reicht es nicht aus, sich nur auf einfache Vergleichsmessungen zu stützen. Sie verlangen, eine Längeneinheit und ein einheitliches Längennormal festzulegen. Im „Shi Ji, Kap. Xia Ben Ji" heißt es, Yu „nahm seinen Körper als Längenmaß und sein Körpergewicht als Gewichtsmaß". Man meint, dass Yu mit seiner eigenen Körperlänge und seinem Körpergewicht ein Längen- und ein Gewichtsnormal festlegte. Diese Aufzeichnung widerspiegelt die Anstrengungen, die man in damaliger Zeit unternahm, um metrologische Normale zu bestimmen. Die Festlegung metrologischer Normale ist eine große Angelegenheit in der Geschichte der Metrologie, sie ist ein Kennzeichen für die Geburt der Metrologie im alten China. Die Bedeutung dieser Angelegenheit haben die Vorfahren tief empfunden, sie haben sie sogar zu einem Märchen sublimiert. Wang Jia aus der Zeit der Östlichen Jin-Dynastie erzählt in der von ihm verfassten Sammlung von Gespenstergeschichten „Shi Yi Ji" (Notizen über aufgefundenes Verlorenes), als Yu die Enge am Drachentor aufbrach, betrat er eine mehrere zehn Li tiefe Felsenhöhle. Die Felsenhöhle war dunkel und tief und schwer zu begehen. Da trat ein Gespenst hervor, das wie ein Schwein aussah, in dessen Maul eine leuchtende Perle stak, und mit ihr zeigte es den Weg. Als es Yu zu einem hellen, geräumigen Ort geführt hatte, sah er den Gott Fu Xi mit einem menschlichen Antlitz und dem Leib einer Schlange dort aufrecht sitzen. Er übergab Yu einen ein Chi zwei Cun langen Jadestab. Yu nahm diesen Stab, um Himmel und Erde zu messen und das Wasser und das Land zu regulieren. Obwohl das ein Märchen ist, drückt es doch einen wichtigen Grundsatz aus: Zum Messen benötigt man ein autoritatives, einheitliches Normal. Eben dieses Wissen führte zur Entstehung der Metrologie im alten China.

3. Die Notwendigkeit der Verwaltung des Staates

Nachdem Yu erfolgreich das Wasser reguliert hatte, organisierte er das Volk, um die Produktion zu entwickeln. Es wird überliefert, dass er das ganze Reich in neun Länder einteilte. Bei ihrer Verwaltung berücksichtigte er ihre unterschiedlichen Bedingungen. Yu's Taten erfuhren Shun's Wertschätzung, und alle Stämme waren ihm ergeben. Nachdem Shun abdankte, folgte Yu ihm nach. Yu (manche sagen auch Yu's Sohn Qi) gründete das erste

Königshaus in der Geschichte Chinas – das Königshaus Xia. Die Dynastie Xia schuf eigene staatliche Organe, es gab einen Minister für das Vieh, für die Küche und für die Wagen. Es gab ein Heer. Außerdem wurden Strafgesetze erlassen und ein Gefängnis gebaut.

Wenn es staatliche Organe gibt, muss man ihr Funktionieren aufrechterhalten. Hierfür braucht man ausreichend Getreide und andere Lebensmittel. Hieraus leitete sich die Entstehung eines Steuersystems ab. Im Buch „Shang Shu (Buch der Geschichte), Kap. Buch über die Xia-Dynastie, Tribut des Yu" ist besonders das von Yu geschaffene System der „Steuer abhängig vom Boden" beschrieben, das heißt, je nach unterschiedlichen Bedingungen sind unterschiedliche Steuern zu erbringen. Das belegt, dass die Herrscher schon in der Xia-Dynastie ein solches Steuersystem eingeführt hatten. Bei dem damaligen Steuersystem konnte man nur mit Naturalien zahlen, was notwendigerweise Metrologie erfordert (auch Steuern nicht in Form von Naturalien benötigen Metrologie als Grundlage). Somit förderte die Schaffung eines Steuersystems die weitere Entwicklung der Metrologie im alten China, und seine Erscheinungsform war die schrittweise Standardisierung der Maße und Gewichte. Weil das Eintreiben der Steuern eine auf die Gesellschaft gerichtete Handlung ist, muss es zu Chaos führen, wenn die Messgeräte nicht standardgerecht und nicht autoritativ sind, was die normale Durchführung des Eintreibens der Steuern beeinträchtigt. Dessen waren sich die Herrscher nüchtern bewusst. Das „Shang Shu, Kap. Xia Shu, Wu Zi Zhi Ge" sagt: „Wenn das Eintreiben der Steuern auf den Gewichten Shi und Jun beruht, sind die Speicher der Familie des Königs wohl gefüllt." Shi und Jun bezeichnen Maße und Gewichte. Wenn der Gebrauch und die Verwaltung der Maße und Gewichte in den Händen der Obrigkeit liegen, ist dies vorteilhaft, um den reibungslosen Vollzug des Steuersystems zu gewährleisten. Wenn die Herrscher das System der legalen Maße und Gewichte preisgeben, man nach Belieben schaltet und waltet, führt dies zwangsläufig zu Chaos, und das Reich wird stürzen. Deshalb ist die Notwendigkeit eines Steuersystems im alten China eine wichtige treibende Kraft für die Vorwärtsentwicklung des Metrologiesystems mit den Maßen und Gewichten als Hauptkomponenten.

Außer dem Steuersystem gab es noch verschiedene Zuteilungssysteme, vor allem das System der Zuteilung von Land, das für die Entwicklung der traditionellen Metrologie einen Impuls auslöste. Nachdem sich die ursprüngliche Stammesgemeinschaft zu einer bestimmten Stufe entwickelt hatte, traten Landwirtschaft und Viehzucht auf. Die Menschen begannen, auf dem Land Ackerbau zu treiben. Anfangs gehörte das Land der Gemeinschaft, das von der gesamten Gemeinschaft zusammen bearbeitet wurde. Die Ernte wurde auf die Mitglieder der Gemeinschaft gleichmäßig aufgeteilt. Entsprechend der Erhöhung der Produktivkraft begann die Gemeinschaft, die Felder auf alle Sippen oder Familien gleichmäßig aufzuteilen, aber das Land gehörte nach wie vor der Gemeinschaft. Nach der Ernte jedes Jahres nahm die Gemeinschaft das Land zurück, und bei der Bestellung im nächsten Jahr wurde wieder eine Aufteilung vorgenommen. Nachdem ein Reich gegründet worden war, wurde das Landsystem entsprechend verändert. Das Land des ganzen Reiches gehörte dem Himmelssohn, man sagte „Alles unter dem Himmel gehört dem König." Aber der König selbst bestellte nicht die Felder, er musste Land und Sklaven an seine Fürsten und Minister verschenken, damit sie es für eine Zeit lang genießen konnten. Aber die Fürsten und Minister hatten kein Recht auf das Land, denn der König konnte das Land und die Sklaven jederzeit zurücknehmen oder sie einem anderen schenken. Bei all diesen Vorgängen besteht das Problem der Zuteilung des Landes. Offensichtlich lassen sich das Ausmaß der für diese Zuteilung erforderlichen Metrologie und die komplizierten Prozeduren bei weitem nicht mit den Messungen in der Urgesellschaft vergleichen. Sie zwangen die Vorfahren darüber nachzudenken, wie man eine Vermessung und Berechnung des Landes in großem Maßstab durchführen kann. Dadurch verbesserte sich nicht nur die Messtechnik, es wurden Messgeräte entwickelt, auch reiften die entsprechenden numerischen Berechnungsverfahren, was schließlich zu einem Fortschritt der metrologischen Theorie führte.

In der Spätphase der Urgesellschaft trat mit der Entwicklung der Produktion in der Gesellschaft die Arbeitsteilung auf. Sie führte zu einem Überschuss an Produkten, und für den Austausch gegenseitig benötigter Waren kam es zu Tauschhandlungen. Anfangs wurde bei den Tauschhandlungen Ware gegen Ware getauscht. Die Menschen stellten an die Genauigkeit der Metrologie keine besonderen Forderungen. Nachdem das Reich entstanden war, nahmen die Handelsaktivitäten entsprechend zu, und sie entwickelten sich bis zu einer bestimmten Periode, als man sich nicht mehr direkt mit der materiellen Produktion beschäftigte, sondern eine Schicht von Händlern auftrat, die speziell den Kauf und Verkauf von Waren betrieb. Im „Shang Shu, Kap. Zhou Shu, Jiu Gao" gibt es eine Aufzeichnung, dass die Leute von Yin „begannen, Ochsenkarren zu ziehen, um in der Ferne zu handeln", das heißt, in der Shang-Dynastie gab es Menschen, die mit Ochsenkarren in die Ferne fuhren, um Handel zu treiben. Gegen Ende der Shang-Dynastie tauchten außerdem Bronzemünzen auf. In der Westlichen Zhou-Dynastie hatte sich der Handel gegenüber der Yin- und Shang-Zeit nochmals entwickelt. Das Geld nahm offensichtlich zu, und der Handel wurde zu einem nicht wegzudenkenden Zweig der Volkswirtschaft. Nach Aufzeichnungen im Buch „Kao Gong Ji" (Aufzeichnungen über die Handwerker) gab es in der Hauptstadt der Westlichen Zhou-Dynastie einen speziellen „Markt", auf dem man Waren tauschte. Das alles sind Kennzeichen der damaligen Entwicklung des Handels.

Die Entwicklung des Handels förderte auch den Fortschritt der Metrologie des Altertums. Das ist darauf zurückzuführen, dass, wenn der Austausch für die damaligen Menschen eine normale gesellschaftliche Aktivität war, der Gebrauch von Geld zum Maßstab des Tausches wurde und das Gewinnstreben das Ziel war und das Nicht-so-genau-Nehmen beim ursprünglichen Austausch durch ein Alles-peinlich-genau-Nehmen abgelöst wurde. Das wiederum erfordert den Gebrauch autoritativer Maße und Gewichte für eine genaue Metrologie. Um Chaos zu vermeiden, musste die Obrigkeit Maße und Gewichte als eine Maßnahme benutzen, um den Markt zu kontrollieren. Zum Beispiel wird im „Zhou Li (Riten der Zhou), Kap. Di Guan Si Tu, Si Shi" speziell ein Aufsichtsbeamter für die damaligen Märkte vorgestellt – der Marktaufseher *Sishi* 司市. Der Marktaufseher war verantwortlich für die allseitige Kontrolle des Marktes. Zu seinen Pflichten gehörte es, die Waren mit Maßen und Gewichten zu messen und danach ihren Preis zu beurteilen. Die Maße und Gewichte in den Händen des Marktaufsehers sind auf dem Markt das einzige Normal und auch ein Symbol einer Art Macht. So verfuhr man nicht nur in der Zhou-Dynastie, es gab keine einzige Dynastie, in der man nicht die Wirkung der Maße und Gewichte für den Handel auf dem Markt und sogar für die Verwaltung des Staates hochschätzte: Einerseits wurde Menschenkraft organisiert, um sorgfältig autoritative Normale für die Maße und Gewichte zu schaffen, andererseits erließ man verschiedene Gesetze, die die Menschen zwangen, das damit geschaffene System der Maße und Gewichte zu befolgen. Das war eine wichtige treibende soziale Kraft, durch die sich das System der Maße und Gewichte im alten China entwickelte.

Zusammenfassend war der Bedarf der Gesellschaft, vor allem der Bedarf der Herrscher, um das Reich zu regieren, ein wichtiger Faktor für die Entwicklung der Metrologie im alten China. Eben dieser Bedarf verlieh der unaufhörlichen Vorwärtsentwicklung des Metrologiesystems des Altertums mit den Maßen und Gewichten als ihrem Hauptbestandteil einen Impuls.

Kapitel 1
Aufbau und Verwaltung metrologischer Normale

Für die Entwicklung der traditionellen Metrologie war das Wesentlichste die Auswahl von Maßeinheiten, die Schaffung metrologischer Normale und die Entwicklung der Lehre von der Metrologie. Hierfür unternahmen die Menschen des alten Chinas unermüdliche Anstrengungen und schufen ein eigenes Metrologiesystem mit einzigartigen Merkmalen.

1. Festlegung von Maßeinheiten der Zeit

Die traditionelle Metrologie umfasst nicht nur die Maße und Gewichte des Altertums, sondern ein wichtiger Inhalt ist auch die Metrologie von Zeit und Raum.

Die Metrologie der Zeit unterscheidet sich von anderen Messungen. Bei allgemeinen metrologischen Operationen waren die Maßeinheiten vom Menschen abgeleitet, aber bei der Zeitmetrologie existiert ein Satz natürlicher Einheiten, das sind Jahr, Monat und Tag. Die Erde umkreist die Sonne, wodurch die jahreszeitlichen Änderungen von Frühling, Sommer, Herbst und Winter entstehen, Kälte und Hitze wechseln einander ab, und nach einem Umlauf beginnt der Zyklus von Neuem, so dass bei den Menschen allmählich der Begriff des „Jahres" entstand. Das Jahr, von dem hier die Rede ist, ist das tropische Jahr; die Alten nannten es „*sui*岁". Im „Hou Han Shu" (Chronik der Späteren Han-Dynastie), Kap. Aufzeichnungen über Musik und Kalender heißt es: „Die Sonne läuft am Himmel um, es wird einmal kalt und einmal heiß, so entstehen die vier Zeiten … dies nennt man ein Jahr." Mit den vier Zeiten sind die vier Jahreszeiten gemeint. Offensichtlich ist das mit dieser Definition bestimmte Jahr „*sui*" eine natürliche Zeiteinheit.

Außerdem ändert sich der Mond von Vollmond zu Neumond, auch dieses periodische Phänomen erregte die Aufmerksamkeit der Menschen. Aus der Aufmerksamkeit für dieses Phänomen entstand bei den Vorfahren der Begriff des „Monats". Genau wie Shen Kuo es während der Song-Dynastie gesagt hatte: „Wenn der Mond einmal Vollmond und

Neumond zeigt, nennt man dies einen Monat."³ Wenn man mittels der Periode von Voll- und Neumond eine Zeitlänge bestimmt, heißt dies synodischer Monat. Die Entstehung des synodischen Monats beruht auf der Umlaufbewegung des Mondes um die Erde und ist das Ergebnis der zusammengesetzten Bewegung infolge der Umlaufbewegung der Erde um die Sonne. Weil die Bewegungsgeschwindigkeiten des Mondes und der Erde periodische Änderungen aufweisen, ist die Länge des synodischen Monats nicht konstant (zum Vergleich ist die Änderung der Länge des tropischen Jahres verschwindend klein, so dass man sie vernachlässigen kann). Beobachtungsergebnisse machen deutlich, dass die Länge des synodischen Monats „manchmal 29 Tage und etwas mehr als 19 Stunden, manchmal aber nur 29 Tage und etwas mehr als 6 Stunden"[4] beträgt. Deshalb ist die Länge des synodischen Monats, von dem man gewöhnlich spricht, der mittlere synodische Monat.

Außer dem Jahr und dem Monat ist die natürliche Zeiteinheit, die die Menschen am stärksten berührt, der Tag. Wenn die Sonne im Osten auf- und im Westen untergeht, wird auf der Erde die Änderung von Tag und Nacht erzeugt, die das Alltagsleben der Menschen auch direkt beeinflusst. Wenn man sagt, geht die Sonne auf, so geht man zur Arbeit hinaus, geht die Sonne unter, so ruht man sich aus, dann ist das eine klare Beschreibung des Einflusses der Bewegung der Sonne um die Erde auf das Leben der Menschen. Die Sonne geht auf und unter, dies wiederholt sich ständig, so dass durch die Natur bei den Menschen der Zeitbegriff „Tag" entstand. Shen Kuo aus der Song-Dynastie hatte dies bildlich ausgedrückt: „Wenn die Sonne einmal auf- und einmal untergeht, nennt man dies einen Tag." [5] Das heißt, die Zeiteinheit Tag baut auf der Grundlage der scheinbaren Drehung der Sonne um die Erde auf.

Das tropische Jahr und der synodische Monat zählen alle mit der Einheit Tag. Daran kann man sehen, dass der Tag die grundlegendste Zeiteinheit des Altertums war. Ein wesentlicher Inhalt der traditionellen Kalender besteht darin, die Beziehung zwischen den drei Größen Jahr, Monat und Tag zu regeln, so dass die mit dem Kalender festgelegte Zeiteinheit mit den von der Natur gegebenen Zeiteinheiten möglichst übereinstimmt und dass sie sich in der konkreten Anordnung mit den astronomischen Erscheinungen, die diese natürlichen Einheiten festlegen, möglichst deckt. Das ist ein wichtiges Prinzip der Zeitmetrologie des Altertums.

Aber für die Zeitmetrologie reicht es nicht aus, wenn man nur die Zeiteinheiten der Natur hat. Das liegt daran, dass es natürlich unbequem ist, wenn man sich im täglichen Leben auf den Tag als grundlegende Zeiteinheit stützt, um kürzere Zeitabstände als ein Tag auszudrücken, und das gilt allgemein. Deshalb legten die Menschen auch einige künstliche Zeiteinheiten fest. Zum Beispiel verzeichnet das „Huai Nan Zi, Kap. Tian Wen Xun" entsprechend dem Sonnenstand 15 Zeitbezeichnungen: *Chenming* (Morgendämmerung), *Feiming* (Morgengrauen), *Zaoshi* (Fütterung der Seidenraupen), *Yanshi* (Spätes Essen), *Yuzhong* (fast Mittag), *Zhengzhong* (Mittag), *Xiaohuan* (kleine Rückkehr), *Bushi*

---

3 Shen Kuo (Nördliche Song-Dynastie): „Meng Xi Bi Tan (Pinselunterhaltungen am Traumbach), Teil Bu Bi Tan", 2. Kap.
4 Tang Hanliang, Shu Yingfa: „Lifa mantan" (Plauderei über Kalender), Xi'an: Shaanxi keji chubanshe, (1984), S. 34
5 Shen Kuo (Nördliche Song-Dynastie): „Meng Xi Bi Tan, Teil Bu Bi Tan", Kap. 1

(Abendessen), *Dahuan* (große Rückkehr), *Gaochong* (Abenddämmer), *Xiachong* (Sonnenuntergang), *Xuanche* (Hängender Wagen), *Huanghun* (Abend), *Dinghun* (Dunkel). Ähnliche Zeitbezeichnungen kann man auch in den Werken „Shi Ji", „Han Shu" und „Su Wen" (Schlichte Fragen) finden. Aber diese Zeitbezeichnungen fanden in späterer Zeit keine breite Verwendung. Im alten China war das System verbreitet, einen Tag in 12 Doppelstunden zu unterteilen.

Das 12-Doppelstundensystem wird auch 12-Sternesystem genannt. Dieses Zeitsystem steht mit der Kenntnis der Vorfahren über die Bewegung der Sonne in Beziehung. In der Zeit vor der Qin-Dynastie meinte man, der Himmel sei oben und die Erde unten und dass die Sonne am Himmel, der Dämmerung folgend, um den Himmelsnordpol eine Kreisbewegung vollführt und im Verlaufe eines Tages und einer Nacht eine Periode beschreibt. Dieses Wissen regte die Menschen dazu an zu denken, wenn das Vergehen der Zeit von der Bewegung der Sonne abhängt, dass man mit der Richtung der Sonne am Himmel früh und spät die Zeit kennzeichnen kann. Ausgehend von dieser Überlegung unterteilten sie die Bahn der Sonne am Himmel in 12 gleiche Teile, wobei jeder Teil einer Richtung entsprach, die jeweils mit den Namen *Zi, Chou, Yin, Mao, Chen, Si, Wu, Wei, Shen, You, Xu, Hai* bezeichnet wurde. Wenn sich die Sonne in verschiedenen Richtungen befindet, bedeutet dies verschiedene Zeiten. Das führte zur Entstehung des Systems der zwölf Doppelstunden.

Das System der 12 Doppelstunden ist recht früh entstanden. Im „Zhou Li" ist die Rede von „12 Sternen". Im 2. Kapitel des Buches „Zhou Bi Suan Jing" (Arithmetischer Klassiker des Gnomons und der Kreisbahnen) wird angeführt: „Zur Zeit der Wintersonnenwende sind die Tage am kürzesten, die Sonne geht in der Doppelstunde *Chen* auf und in der Doppelstunde *Shen* unter … zur Zeit der Sommersonnenwende sind die Tage am längsten, die Sonne geht in der Doppelstunde *Yin* auf und in der Doppelstunde *Xu* unter." Entsprechend dieser Formulierung sind die zwölf Richtungen mit der Bewegung der Sonne verknüpft, sie tut die Herkunft des 12-Doppelstundensystems kund. Nach der Westlichen Han-Dynastie wurde die Lehre, der Himmel sei oben und die Erde unten allmählich durch die Kosmologie des sphärischen Himmels ersetzt, die behauptet, der Himmel sei außen und die Erde innen, der Himmel umfasse die Erde und der Himmel sei groß und die Erde klein. Daraufhin veränderte man die zwölf Richtungen in die Unterteilung von Gebieten nahe dem Himmelsäquator. Auf dieser Grundlage führte man das Verfahren des Systems der zwölf Doppelstunden fort. Danach wurde das System der zwölf Doppelstunden immer weitergeführt.

Das 12-Doppelstundensystem hat mit dem jetzt gebräuchlichen 24-Stundensystem eine festgelegte Beziehung. Diese Entsprechungsbeziehung ist in der folgenden Tabelle dargestellt:

12-Doppelstundensystem	Zi		Chou		Yin		Mao		Chen		Si	
24-Stundensystem	23	0	1	2	3	4	5	6	7	8	9	10
12-Doppelstundensystem	Wu		Wei		Shen		You		Xu		Hai	
24-Stundensystem	11	12	13	14	15	16	17	18	19	20	21	22

Nach der Tang-Dynastie wurde jede Doppelstunde in zwei Teile *shichu* 时初 und *shizheng* 时正 unterteilt, was mit dem jetzigen 24-Stundensystem übereinstimmt. Diese Methode der Unterteilung übt ihren Einfluss bis auf den heutigen Tag aus. Im modernen Chinesisch sagt man, dass ein ganzer Tag 24 kleine Doppelstunden小时 (kleine Doppelstunde = Stunde) enthält, das ist ein überlebender Einfluss dieser Unterteilungsmethode.

Benutzt man das 12-Doppelstundensystem als Maßeinheit der Zeit, so ist diese immer noch zu groß, wenn man die Zeit genauer messen muss. Um dieses Problem zu lösen, existierte im alten China noch ein weiteres Zeitmesssystem – das 100-Ke-System. Das 100-Ke-System ist ein Zeitmesssystem parallel zum 12-Doppelstundensystem. Es unterteilt einen ganzen Tag gleichmäßig in 100 Teile, so dass 1 Ke heutigen 14,4 Minuten entspricht. Das 100-Ke-System berücksichtigt überhaupt nicht die Bewegung der Sonne, es ist eine rein künstliche Zeiteinheit. Ihre Unterteilung ist recht fein, sie verkörperte die Entwicklung der Zeitmesssysteme des alten Chinas zu einer höheren Genauigkeit. Das 100-Ke-System steht mit astronomischen Phänomenen in keiner Beziehung, weshalb es für den Gebrauch in der Astronomie nicht bequem ist, während das 12-Doppelstundensystem verhältnismäßig der Gewohnheit in der Astronomie entspricht, aber seine Unterteilung ist recht grob. Somit sind diese beiden Systeme schwierig gegenseitig zu ersetzen. Sie konnten nur parallel nebeneinander existieren und sich gegenseitig ergänzen. Darum kann man mit dem 100-Ke-System das 12-Doppelstundensystem interpolieren, und man kann auch mit dem 12-Doppelstundensystem das 100-Ke-System unterstützen.

Da das 100-Ke-System und das 12-Doppelstundensystem parallel existieren, gibt es zwischen beiden ein Problem der gegenseitigen Koordinierung. Denn 100 hat kein ganzzahliges Vielfaches von 12, so dass ihre Koordinierung schwierig ist und die Vorfahren darauf viel Mühe verwendeten.

Eine Lösungsmethode ist eine Reform des 100-Ke-Systems. Zum Beispiel benutzte man zur Zeit des Kaisers Aidi der Han-Dynastie und von Wang Mang einst ein 120-Ke-System, aber die Zeit seiner Anwendung war nicht lang, so dass man infolge verschiedener Faktoren erneut das 100-Ke-System wiederherstellte. Um die Regierungszeit des Kaisers Wudi der Liang-Dynastie hatte man kurze Zeit ein System mit 96 Ke und mit 108 Ke verwirklicht, aber es wurde auch nur mehrere zehn Jahre lang benutzt. Als gegen Ende der Ming-Dynastie das Wissen der europäischen Astronomie nach China gelangte, schlug man erst wieder die Reform mit einem 96-Ke-System vor. Nach dem Beginn der Qing-Dynastie wurde das 96-Ke-System das offizielle Zeitsystem. Nach dem 96-Ke-System entspricht 1 Doppelstunde 8 Ke und 1 Ke gleich 15 Minuten. Das Ke[6], dieser Zeitbegriff, den wir in unserem modernen Leben benutzen, stammt von hierher.

Da das 100-Ke-System in der Geschichte einen wichtigen Platz einnahm, überlegte man sich Verfahren, um eine Beziehung mit dem 12-Doppelstundensystem abzustimmen. Eine oft benutzte Methode besteht darin, 1 Ke in kleine Einheiten zu unterteilen, die sich ganzzahlig durch 3 dividieren lassen, zum Beispiel wird 1 Ke durch 60 geteilt. Dann ist 1 Doppelstunde gleich 8 Ke 20 Teile. Nachdem die Doppelstunde in die beiden Hälften *Shichu* und *Shizheng* aufgeteilt wurde, um jeden Teil in eine gleiche Anzahl Ke aufzuteilen, ließ

---

6   Ein *Ke*刻 bedeutet im modernen Chinesisch eine Viertelstunde.

man eine Doppelstunde 8 Ke und 2 kleine Ke enthalten, und legte fest, dass 1 Ke gleich 6 kleinen Ke sei, das heißt 1 kleines Ke ist gleich 2,4 modernen Minuten. Somit enthielten *Shichu* und *Shizheng* jeweils 4 große Ke und 1 kleines Ke. Die großen Ke stehen vorn und die kleinen Ke hinten. Mit dieser Methode koordinierte man schließlich das 100-Ke-System mit dem 12-Doppelstundensystem.

Nach der Schaffung der Zeiteinheiten entstanden auch entsprechend die grundlegenden Leitgedanken der Zeitmetrologie. Hinsichtlich der natürlichen Zeiteinheiten bemühten sich die Vorfahren, den Moment des Auftretens astronomischer Phänomene mit charakteristischer Bedeutung zu messen. Aus den Abständen zwischen zwei Momenten bestimmten sie die Größe dieser Zeiteinheiten. Sie bemühten sich, eine Bewegungsform der Materie mit gleichmäßiger Änderung zu suchen, und daraus leitete man das Vergehen der Zeit ab. Letzteres hatten die Vorfahren mit Wasseruhren verwirklicht.

2. Unterteilung der Richtungen des Raums

Mit der Zeitmetrologie korrespondiert noch die Metrologie des Raums. Eine Voraussetzung für die Metrologie des Raumes ist die Unterteilung des Raums in Richtungen.

Die Vorfahren hatten hinsichtlich der Unterteilung des Raums in Richtungen im Wesentlichen zwei Formen entwickelt: die Unterteilung des Raums der Himmelskörper in Richtungen und die Unterteilung in Richtungen des Horizonts. Das sind in der Tat zwei verschiedene Koordinatensysteme: Kugelkoordinaten der Himmelskugel und horizontale Koordinaten.

Wenn man Messungen der räumlichen Position von Himmelskörpern durchführt, benutzten die Vorfahren die Maßeinheit Du. Das Du wird dadurch bestimmt, dass man den Umfang des Himmels in 365 ¼ Abschnitte unterteilt. Diese Methode der Skalenteilung stimmt nicht mit dem Begriff des von uns gewöhnlich benutzten Grads überein. Der jetzige sogenannte Grad bedeutet, dass ein Kreis in 360 gleiche Teile unterteilt wird und ein Grad der entsprechende Zentriwinkel ist. Im alten China gab es nicht den Begriff des Zentriwinkels. Der Bezug für die Skalenteilung bei den Vorfahren war die jährliche Kreisbewegung der Sonne. Die Vorfahren hatten bei Beobachtungen entdeckt, dass die Sonne während eines tropischen Jahres vor dem Hintergrund der Fixsterne einen Umlauf vollführt, wobei die Länge eines tropischen Jahres etwa 365 ¼ Tag beträgt. Aufgrund dessen unterteilten sie die Bahn pro Tag in 365 ¼ Abschnitte, wobei ein Abschnitt ein Du heißt. Das ist der Ursprung der Methode der traditionellen Skalenteilung. Dieses „Du" ist dem Wesen nach eine Länge. Wenn die Vorfahren den Begriff des „Du" benutzten, behandelten sie ihn wie einen Begriff der Länge.

Man muss sagen, obwohl die traditionelle Skalenteilung in 365 ¼ Teile dem Wesen nach der Länge angehört, aber wenn man an einem Kreis die Skalenteilung bestimmt, entspricht jeder Abschnitt auf dem Kreisbogen einem bestimmten Zentriwinkel, wobei die Vorfahren dies mit einer Armillarsphäre beobachteten, so dass man tatsächlich einen Winkel gemessen hatte. Bei der Diskussion der Beobachtungsergebnisse der Vorfahren kann man ihre Registrierungen direkt wie Winkelgrade behandeln und eine entsprechende Umrechnungsbeziehung zur heutigen 360°-Skalenteilung aufstellen.

Die Zeit der Entstehung des Begriffs der Anzahl von Du liegt recht früh. In dem auf Seide geschriebenen Buch „Wu Xing Zhan" (Prophezeiungen der fünf Planeten), das aus dem Grab von Mawangdui bei Changsha aus der Han-Zeit ausgegraben wurde, werden schon Zahlen von Du für die Bewegung der Planeten angegeben. Das „Wu Xing Zhan" entstand zum Beginn der Han-Dynastie, und die darin vorkommenden astronomischen Daten kann man bis in die Zeit vor der Qin-Dynastie zurückverfolgen. Das „Kai Yuan Zhan Jing" (Klassiker der Prophezeiungen der Regierungsära Kaiyuan) führt die Arbeiten einiger Astronomen aus der Zhanguo-Zeit an, die auch in breitem Umfange Zahlen von Du benutzten. Das belegt, dass die Vorfahren schon in der Vor-Qin-Zeit die räumlichen Richtungen von Himmelskörpern in gewissem Maße messen konnten.

Nach der Entstehung der Methode der Skalenteilung hatten die Vorfahren verschiedene Verfahren, um die räumlichen Richtungen von Himmelskörpern auszudrücken. Darunter war eines der wichtigsten Verfahren, sie mit den beiden Elementen des Mondhaus-Abstandswinkels und des Pol-Abstandswinkels auszudrücken.

Der Mondhaus-Abstandswinkel bezeichnet die Differenz der Rektaszension zwischen dem zu messenden Himmelskörper und einem der 28 Mondhäuser. Die Vorfahren hatten die Sternbilder auf dem Himmelsäquator in 28 Gruppen unterteilt, die sie die 28 Mondhäuser nannten. Jedes Mondhaus umfasste eine verschieden große Anzahl von Fixsternen. Die Vorfahren wählten davon einen Stern, der als Kennzeichen des Mondhauses bei der Messung diente. Diesen ausgewählten Stern nannte man den Referenzstern des Mondhauses. Die Winkelabstände zwischen diesen Referenzsternen konnte man im Voraus messen, und deren Messergebnis nannte man den Abstandswinkel der Referenzsterne. Die Vorfahren nannten die Arbeit der Messung dieser Abstandswinkel „Festlegung der Winkelabstände auf dem Himmelsäquator". Im Buch „Zhou Bi Suan Jing" ist das Verfahren der Festlegung der Winkelabstände auf dem Himmelsäquator aufgezeichnet. Nach der Messung der Referenzsterne konnte man die verschiedenen sich bewegenden Himmelskörper in Positionen von Richtungen auf dem Himmelsäquator mittels der Abstände des Himmelskörpers von dem entsprechenden Referenzstern ausdrücken. Das führte zur Entstehung des Begriffs des Mondhaus-Abstandswinkels. Die Messung der Abstandswinkel diente dazu, ein Koordinatensystem in der Richtung des Himmelsäquators aufzustellen, wobei der Mondhaus-Abstandswinkel der konkrete Ausdruck der Position des sich in diesem Koordinatensystem bewegenden Himmelskörpers ist. Nach den jetzt verfügbaren Materialien entstanden spätestens in der Zhanguo-Periode die Begriffe des Mondhaus-Abstandswinkels und des Abstandswinkels.

Der Pol-Abstandswinkel bezeichnet den Winkelabstand des zu messenden Himmelskörpers vom Himmelsnordpol. Die Entstehung dieses Begriffs hängt mit der Idee der Kosmologie des sphärischen Himmels der Vorfahren zusammen, dass der Himmel eine Kugel ist. Da der Himmel eine Kugel ist, muss man die Position des Himmelkörpers auf der Himmelskugel bestimmen. Es ist nicht ausreichend, nur den Mondhaus-Abstandswinkel entlang des Himmelsäquators zu berücksichtigen, man muss gleichzeitig noch den Winkelabstand vom Himmelsnordpol berücksichtigen. Das führte zur Entstehung des Begriffs des Pol-Abstandswinkels.

Die beiden Begriffe Mondhaus-Abstandswinkel und Pol-Abstandswinkel sind dem Wesen nach äquivalent mit den modernen Begriffen der Rektaszension und Deklination für die räumlichen Richtungen von Himmelskörpern, sie widerspiegeln ein ekliptisches Koordinatensystem. Weil die tägliche Bewegung der Himmelskörper in Richtung der Ekliptik erfolgt, ist die Benutzung dieses Koordinatensystems sehr wissenschaftlich. Im Westen hatte man vom alten Griechenland bis zum 16. Jahrhundert bei allen wichtigen Nationalitäten, die eine entwickelte Astronomie besaßen, ein ekliptisches Koordinatensystem benutzt. Nach dem 16. Jahrhundert begann man allmählich, ein äquatoriales Koordinatensystem zu benutzen. In der Neuzeit wurde das äquatoriale Koordinatensystem das wesentliche Koordinatensystem in der Astronomie.

Auf dem Gebiet der Darstellung der horizontalen Richtungen hatten die Vorfahren in China auf der Grundlage der vier Richtungen in der Horizontalen allmählich eine Verfeinerung vorgenommen. Der Ursprung des Begriffs der Richtung ist in China sehr alt. In der Stätte von Banpo bei Xi'an, die vor mehr als 6000 Jahren hinterlassen wurde, zeigen die Türen der Häuser alle nach Süden, auch die Gräber zeigen in eine bestimmte Richtung. Dieses Phänomen drückt sich ähnlich auch in anderen alten Stätten aus. Das zeigt, dass frühzeitig in der Urgesellschaft, als noch keine Schrift existierte, die Menschen schon Methoden beherrschten, um Richtungen zu unterscheiden. Und das Auftreten des Begriffs Richtung muss natürlich noch früher liegen.

Dass die Menschen am frühesten sich des Begriffs der Richtung bewusst wurden, muss bei den beiden Richtungen Osten und Westen geschehen sein. Weil die Sonne im Osten aufgeht und im Westen untergeht, ist dies sehr anschaulich. Die Entstehung der daraus abgeleiteten Begriffe Osten und Westen ist ganz natürlich. Der Wissenschaftler Shen Kuo aus der Song-Dynastie hatte erklärt: „Woher stammen die Begriffe Osten, Westen, Süden und Norden? Hängt das nicht damit zusammen, dass die Sonne im Osten aufgeht und im Westen untergeht?"[7] So sind die beiden Richtungen Osten und Westen mit dem Auf- und Untergehen der Sonne verknüpft.

Aber das Verfahren, um die beiden Richtungen Osten und Westen mit dem Auf- und Untergehen der Sonne direkt zu bestimmen, ist sehr grob, weil sich die Richtung des Auf- und Untergehens der Sonne jeden Tag verändert. Im Sommer geht die Sonne im Nordosten auf und geht im Nordwesten unter; im Winter geht die Sonne im Südosten auf und geht im Südwesten unter. Wenn man somit durch Beobachtung des Auf- und Untergehens der Sonne die Richtungen Osten und Westen ermittelt, sind die Richtungen unscharf.

Später entdeckte man, dass, ganz gleich, in welcher Richtung die Sonne auf- und untergeht, die Richtung, wenn sie die Mittagshöhe erreicht, unveränderlich ist. Daraufhin legte man diese Richtung als Süden fest. Gleichzeitig entdeckte man auch bei nächtlichen Beobachtungen der Himmelserscheinungen, dass sich die Fixsterne des gesamten Himmels in Umdrehung befinden, aber dass es einen Stern gibt, der unveränderlich ist, das ist der Polarstern. Diejenige Richtung, in der sich der Polarstern gegenüber der Richtung der Sonne am Mittag befindet, haben die Menschen als Norden festgelegt. So wurde das Richtungspaar Süden und Norden definiert. Nachdem die Begriffe Süden und Norden entstanden waren, hielten die Vorfahren sie gegenüber Osten und Westen für noch

---

7   Shen Kuo (Nördliche Song-Dynastie): „Hun Yi Yi" (Diskussion über die Armillarsphäre), enthalten in „Song Shi, Kap. Tian Wen Zhi Yi" (Chronik der Song-Dynastie, Kap. Aufzeichnungen über Astronomie, Teil I)

grundlegender. In dem Werk der Vor-Qin-Zeit „Yan Zi Chun Qiu" (Frühling und Herbst des Meisters Yan) heißt es: „Als die Vorfahren die Hauptstadt bauten, schauten sie nach Süden zum Südstern[8] und nach Norden zum Polarstern, wozu brauchten sie noch Osten und Westen?"

Auf der Grundlage dieses Wissens entwickelten die Vorfahren schrittweise den Begriff „zheng zhao xi 正朝夕", das heißt der Festlegung von Osten und Westen. Die sogenannte Festlegung von Osten und Westen bedeutet, dass man nicht mehr mittels des Auf- und Untergehens der Sonne Osten und Westen bestimmte, sondern dass man die Nord-Süd-Richtung genau gemessen hatte und dann mit der dazu rechtwinkligen Richtung die Ost-West-Richtung definierte. Mit dieser Methode konnte man Osten und Westen genau festlegen. Ein konkretes Verfahren wird in diesem Buch weiter unten erörtert.

Die vier Richtungen Osten, Westen, Süden, Norden waren die grundlegendsten Richtungsbegriffe der Vorfahren. Aber für ein horizontales Koordinatensystem sind nur diese vier Richtungen nicht ausreichend. Deshalb haben die Vorfahren ganz natürlich die vier Zwischenrichtungen Südosten, Südwesten, Nordosten und Nordwesten abgeleitet. Zusammen genommen, ergaben sich so acht Richtungen. Der Wissenschaftler Zhang Heng aus der Östlichen Han-Dynastie sprach in seinem Werk „Ling Xian" (Die spirituelle Konstitution des Universums) von der „Verbindung der acht Enden", damit meinte er die acht Richtungen in Form des Schriftzeichens 米.

Die Unterteilung in acht Richtungen war für das Leben der Gesellschaft immer noch zu grob. Daraufhin hatten die Vorfahren sie zu 12 Richtungen erweitert, die sie mit den zwölf Erdzweigen *Zi, Chou, Yin, Mao, Chen, Si, Wu, Wei, Shen, You, Xu, Hai* verknüpften. So entstand die Darstellung der zwölf Richtungen (siehe Bild 1.1).

Bild 1.1 Darstellung der zwölf Richtungen   Bild 1.2 Darstellung der 24 Richtungen

Wenn man eine genaue Darstellung der Richtungen benötigt, leiden die zwölf Richtungen nach wie vor darunter, dass die Teilung zu grob ist. Daraufhin entwickelten die Vorfahren weiter eine feinere Unterteilung in 24 Richtungen, die mit den vier Zwischenrichtungen, acht Stämmen und 12 Zweigen dargestellt wurden. Die sogenannten vier Zwischenrichtungen bezeichnen von den acht Trigrammen die vier Trigramme *Qian, Kun, Gen* und *Xun*. *Qian* bezeichnet Nordwesten, *Kun* – Südwesten, *Gen* – Nordosten und

---

8 Der Südstern entspricht dem Stern Sagittarius.

Xun – Südosten. Die acht Stämme bezeichnen von den zehn Himmelsstämmen[9] *Jia, Yi, Bing, Ding, Geng, Xin, Ren, Gui*. Die Darstellung der 24 Richtungen zeigt Bild 1.2. Von den zehn Stämmen drücken die beiden Stämme *Wu* und *Ji* die zentralen Richtungen aus und stehen mit den 24 Richtungen in keinem Zusammenhang.

In China bediente man sich sehr lange Zeit der 24 Richtungen, sie sind die Darstellungsform der horizontalen Richtungen, die die Hauptrolle spielt. Aber es gibt noch feinere Unterteilungsverfahren. Zum Beispiel führte das Buch „Ling Tai Yi Xiang Zhi" (Aufzeichnungen über die Geräte auf der Lingtai-Terrasse) vom Anfang der Qing-Dynastie eine Unterteilung mit 32 horizontalen Richtungen an. (Siehe Bild 1.3).

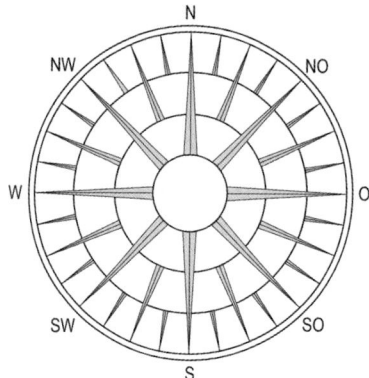

Bild 1.3 In dem Werk „Ling Tai Yi Xiang Zhi" enthaltene Darstellung von 32 horizontalen Richtungen

Der Originaltext lautet: „Die sogenannten Horizontalmessgeräte haben eine Skale mit 32 Richtungen. Zunächst die vier Kardinalrichtungen Süden, Norden, Osten, Westen, dann die vier Zwischenrichtungen Südosten, Nordosten, Südwesten, Nordwesten. Dann gibt es zwischen jeder Kardinal- und jeder Zwischenrichtung noch je zwei Richtungen, die jeweils 11 Grad 15 Minuten voneinander entfernt sind, die zusammen ein Viertel des Horizonts bilden."[10] Somit werden zuerst acht horizontale Richtungen gebildet. Dann zieht man zwischen zwei benachbarten Richtungen noch drei Richtungsstrahlen heraus, so dass eine Darstellung mit 32 Richtungen entsteht.

Die obigen Darstellungsverfahren horizontaler Richtungen ermöglichen in der Praxis keine kontinuierliche Messung, weil jede Richtung einen bestimmten Bereich darstellt. Innerhalb dieses Bereichs gehört jeder Punkt zu dieser Richtung. Wenn man kontinuierlich messen will, benötigt man eine veränderliche Zone als Richtung, um zwischen

---

9 Die zwölf Erdzweige und zehn Himmelsstämme stellen ein Numerierungssystem dar, das im Kalender benutzt wurde. Aus den zwölf Erdzweigen und den zehn Himmelsstämmen wurde der 60-Jahreszyklus der Jahreszählung gebildet. Die acht Trigramme sind zur Weissagung dienende Symbole. Sie bilden die Grundlage des Yi Jing (Buch der Wandlungen). Sie bestehen aus drei entweder durchgezogenen oder unterbrochenen Linien, woraus sich $2^3 = 8$ Möglichkeiten ergeben.-

10 „Gu Jin Tu Shu Ji Cheng (Vollständige Sammlung der Bücher aus neuer und alter Zeit), Teil Li Xiang Hui Bian, Kap. Li Fa Dian", 91. Band „Yi Xiang Bu"

jeder Richtung eine weitere feinere Unterteilung vorzunehmen. Die Darstellung der 32 horizontalen Richtungen hat, wie im Bild gezeigt, diese Funktion schon vorgebildet. Natürlich gab es im Altertum auch Unterteilungsverfahren horizontaler Richtungen für kontinuierliche Messungen, wie zum Beispiel das Verfahren „Festlegung der Winkelabstände auf dem Himmelsäquator" im Buch „Zhou Bi Suan Jing", und zwar eine kontinuierliche Messung der horizontalen Richtung. Aber dieses Verfahren wurde in der Praxis kaum zur Darstellung horizontaler Richtungen benutzt, und es gibt auch nicht die Begriffe des geografischen Längen- und Breitengrads. Erst in der Neuzeit, nachdem die Vorstellung von der Erde als Kugel geläufig geworden war, wurden die Begriffe des geografischen Längen- und Breitengrads, die mit den modernen Darstellungsweisen übereinstimmen und kontinuierliche Maße angeben, popularisiert und zum wichtigen Koordinatensystem für die Position von geografischen Objekten.

3. Auswahl von Normalen für Maße und Gewichte

Die Metrologie benötigt Normale. Für die Metrologie von Zeit und Raum ist dieses Normal durch die natürlichen Einheiten von Zeit und Raum festgelegt. Aber für Maße und Gewichte benötigt man eine vom Menschen gemachte Auswahl und Schaffung. Die Vorfahren hatten in China zur Schaffung von Normalen für Maße und Gewichte unermüdliche Untersuchungen unternommen.

Nach den Forschungen des Experten für die Geschichte der Maße und Gewichte Chinas, Wu Chengluo, kann man die Normale, die man für die Maße und Gewichte in den einzelnen Dynastien entwickelt hatte, im Großen und Ganzen in zwei Arten unterteilen, die eine Art sind natürliche Objekte als Normale und die andere Art künstliche Objekte als Normale.

Die Normale aus natürlichen Objekten wurden vor allem vom menschlichen Körper abgeleitet. Im „Shi Ji, Kap. Yu Ben Ji" heißt es, Yu habe „seinen Körper als Längenmaß und sein Körpergewicht als Gewichtmaß genommen." Das heißt, dass die damaligen Normale für Maße und Gewichte von Yu's Körper abgeleitet wurden. Ungeachtet dessen, ob diese Aussage den historischen Tatsachen entspricht, widerspiegelt sie, dass die Menschen, als sie Normale für die Maße und Gewichte schufen, diese vom Körper des Menschen nahmen, was eine glaubhafte Tatsache darstellt. In der Entwicklung der Maße und Gewichte in China und im Ausland wird überall dieses Faktum bestätigt. Zum Beispiel hatte man im alten Ägypten die Länge vom Ellbogen bis zu den Fingerspitzen als eine Elle festgelegt, die „Königselle" hieß. Im 12. Jahrhundert legte man in England beim König Henry I. den Abstand von der Nasenspitze bis zur Daumenspitze des ausgestreckten Arms als eine Längeneinheit fest, als ein Yard. Auch das alte chinesische Buch „Da Dai Li Ji (Buch der Riten des Da Dai), Kap. Zhu Yan" führt an: „Von der Größe des Fingers erhält man das Cun, von der Größe der Hand - das Chi, von der Länge des Ellenbogens - das Xun." Sie alle sind konkrete Beispiele, dass vom menschlichen Körper Messnormale abgeleitet wurden.

Vom menschlichen Körper Normale abzuleiten, ist ein relativ ursprüngliches Verfahren. Weil bei verschiedenen Menschen auch die Maße der Körperteile verschieden sind, stört dies die Einheitlichkeit. Wenn man die Körperteile einer Autoritätsperson als Maßnormal nimmt, kann dieses Normal dennoch sich selbst verändern, was für die Vervielfältigung und die Bewahrung unbequem ist. Darum steht diese Methode nur für die Anfangsperiode der Entwicklung der Maße und Gewichte.

Bei den Normalen für Maße und Gewichte aus natürlichen Objekten gibt es noch eine andere Gruppe, nämlich Haare von Tieren oder vom Menschen als kleinste Längeneinheit. Zum Beispiel wird im Buch „Sun Zi Suan Jing" (Arithmetischer Klassiker des Meisters Sun) angeführt: „Die Seide, die Seidenraupen ausscheiden, liefert 1 Hu, 10 Hu sind 1 Miao, 10 Miao sind 1 Hao, 10 Hao sind 1 Li, 10 Li sind 1 Fen." Im „Yi Jing (Buch der Wandlungen), Kap. Tong Gua Yan" heißt es: „Zehn Haare vom Pferdeschwanz ergeben ein Fen." Im Buch „Shuo Wen Jie Zi" (Analytisches Wörterbuch der Schriftzeichen) heißt es: „10 Haare ergeben 1 Cheng, 10 Cheng ergeben 1 Fen." Hinsichtlich dieser Angaben meinte Wu Chengluo in seinem Werk „Zhongguo dulianghen shi" (Geschichte der Maße und Gewichte Chinas), dass dies entlehnte Namen für kleine Einheiten von Maßen und Gewichten sind, dass sie aber nicht durch Maße und Gewichte festgelegt seien. Wie es sich auch verhält, sie verkörpern die Leitidee, Normale für Maße und Gewichte aus natürlichen Stoffen zu schaffen.

Außerdem hatten die Vorfahren Hirsekörner als Normal für Maße und Gewichte benutzt. Sie legten fest, dass ein Hirsekorn 1 Fen lang ist und 6 Hirsekörner 1 Gui ergeben. Das alles sind praktische Beispiele für die Benutzung natürlicher Materialien als Normale für Maße und Gewichte. Die Benutzung natürlicher Materialien als Normale für Maße und Gewichte stellt eine Etappe im Prozess der Entwicklung der Metrologie dar. Die Basiseinheit der Länge im modernen internationalen Einheitensystem, das Meter, wurde zu Beginn des 19. Jahrhunderts als der 40millionste Teil des durch Paris verlaufenden Erdmeridians definiert. Das ist ein klassisches Beispiel eines Normals der Maße und Gewichte auf der Grundlage eines natürlichen Körpers.

Normale der Metrologie aus natürlichen Materialien wiesen unter den Bedingungen der Wissenschaft des Altertums Mängel auf. Weil die aus der Natur genommenen Materialien nicht standardisiert sind, führte das dazu, dass die Normale an sich nicht autoritativ und einheitlich sind. Beispielsweise kann der durch Paris verlaufende Erdmeridian mit der Zeit seine Länge verändern. Das führt dazu, dass die auf dieser Grundlage festgelegten Längennormale von den anfänglich hergestellten Normalen abweichen. Eben aufgrund vieler solcher Faktoren erprobten die Vorfahren aus künstlichen Materialien hergestellte Normale für Maße und Gewichte.

Das Verfahren, aus künstlichen Materialien Normale für Maße und Gewichte herzustellen, ist nicht von den Fortschritten der handwerklichen Technologien zu trennen. Die handwerkliche Technologie hatte in China bis zu den Dynastien Shang und Zhou schon sehr große Fortschritte genommen. Zum Beispiel war nach Aufzeichnungen in historischen Quellen während der Westlichen Zhou-Dynastie das Keramikgewerbe ein spezialisierter Zweig, und die Volumina sowie die Größenmaße der Keramikgefäße tendierten zur Normung. Genormte Keramikgefäße sind natürlich ein Ergebnis von Fortschritten der Metrologie, aber sie können gleichzeitig Normale für Maße und Gewichte abgeben. Die jetzt existierenden Volumenmaße aus der Vor-Qin-Zeit sind im Wesentlichen alles Gefäße aus Bronze und Keramik. Sie sind sämtlich künstliche Objekte, und einige von ihnen dienten als Normalgefäße für die Metrologie.

Außer Keramikgefäßen gab es in der Westlichen Zhou-Dynastie noch zahlreiche Jadeobjekte. Diese Jadeobjekte waren hauptsächlich rituelle Objekte der Adelssippen, mit denen Ränge von hoch und niedrig unterschieden wurden. Sie waren nicht nur fein gearbeitet, sondern erfüllten auch strenge maßliche Forderungen. Eben deshalb hatten die Vorfahren einige dieser Objekte als Normale für Maße und Gewichte ausgewählt. Zum Beispiel wurde im Buch „Kao Gong Ji, (Aufzeichnungen über die Handwerker), Kap. Jadearbeiter" einst angeführt: „Der Durchmesser der Jadescheibe bi xian 璧羨 beträgt ein Chi und der Durchmesser der Bohrung drei Cun. Sie dient als Längennormal." Nach dem Kommentar von Zheng Xuan aus der Östlichen Han-Dynastie ist hier eine erweiterte Bedeutung gemeint. Das heißt, dass diese Jadescheibe ursprünglich einen Bohrungsdurchmesser von 3 Cun und einen Außendurchmesser von 9 Cun hat. Wenn man jetzt diese Jadescheibe in einer Richtung um 1 Cun verlängert und sie in der dazu senkrechten Richtung um 1 Cun verkürzt, erhält man ein Jadeobjekt mit einer Länge von 1 Chi und senkrecht dazu einer Breite von 8 Cun sowie mit einem Innendurchmesser von 3 Cun. Ein solches Jadeobjekt diente als eine Art Längennormal, das zu einem „Maß des Himmelssohns" wurde.

Außerdem hatte man auch Münzen als Normal für Maße und Gewichte benutzt. Da Münzen ein wichtiges Medium des Austausches sind, trifft man sie im gesellschaftlichen Leben häufig an, und bezüglich ihres Gewichts und ihrer Größe gab es bei der Herstellung feste Normen. Deshalb kann man sie benutzen, um Maße und Gewichte zu überprüfen. Aber alle diese Verfahren waren nach der Auffassung der Vorfahren nicht grundlegende Verfahren für Normale, um die Maße und Gewichte zu überprüfen. Die Vorfahren schätzten die Lehre der Stimmpfeifen und aufgehäuften Hirsekörner hoch.

Die sogenannte Lehre der Stimmpfeifen und aufgehäuften Hirsekörner war eine von den Vorfahren erfundene Theorie zur Schaffung eines Normals für die Maße und Gewichte. Die Grundlage dieser Theorie bestand in ihrer Kenntnis der Töne. Die Vorfahren meinten, dass es zwischen den Tönen und den zehntausend Dingen Beziehungen gäbe, so wie es Sima Qian im „Shi Ji, Kap. Lü Shu" ausgedrückt hatte:

„Wenn die Könige die verschiedenen Gesetze und Ordnungen und Prinzipien des Messens ausarbeiten, so gehen sie immer von den Tönen aus, denn die sechs Melodien sind die Grundlage aller Dinge."

Mit den sechs Melodien sind die Töne gemeint. Im alten China hatte man traditionell 12 Töne, und diese 12 Töne unterteilte man in 6 *Lü* 律 und 6 *Lü* 呂. Wenn hier einfach 6 Töne 律 angeführt werden, so stehen sie allgemein für die Töne. Aufgrund von Sima Qian's Aussage muss auch ein Normal für die Maße und Gewichte auf die Töne zurückgehen.

Die Idee von den Beziehungen zwischen den Maßen und Gewichten und den Tönen existierte schon in der Vor-Qin-Periode, aber wirklich zu einer systematischen Theorie hatte sie Liu Xin gegen Ende der Westlichen Han-Dynastie ausgebildet. Liu Xin hatte einst von Wang Mang den Auftrag erhalten, eine Gruppe von Gelehrten zu organisieren, die die Ordnung der Maße und Gewichte überprüfen sollte. Im Verlaufe von etwas mehr als zwei Jahren schufen sie mehrere Normalgeräte für Maße und Gewichte und stellten ein ganzes System einer Theorie der Maße und Gewichte auf. Im „Han Shu (Chronik der Han-Dynastie), Kap. Aufzeichnungen über Musik und Kalender" ist diese Theorie von Liu Xin ausführlich beschrieben:

„Als Längenmaße gibt es Fen, Cun, Chi, Zhang und Yin, mit denen man lang und kurz bestimmen kann. Ihr Ursprung geht auf die Länge der Stimmpfeife Huangzhong zurück.

Das Blasrohr, das den Ton Huangzhong aussenden kann, hat eine Länge von 9 Cun. Diese Länge kann man mit einer bestimmten Menge von Hirsekörnern realisieren. Das konkrete Verfahren besteht darin, eine angemessene Hirseart auszuwählen, deren Breite des Korns 1 Fen misst, und wenn man 90 Körner hintereinander legt, so erhält man 90 Fen, das ist eben die Länge der Stimmpfeife Huangzhong. Ein Korn ergibt 1 Fen, 10 Fen ergeben 1 Cun, 10 Cun ergeben 1 Chi, 10 Chi ergeben 1 Zhang, 10 Zhang ergeben 1 Yin. Somit lassen sich diese fünf Längeneinheiten prüfen."

Die Länge der Stimmpfeife ist das Normal der Maße und Gewichte, von ihr kann man die verschiedenen Längeneinheiten bestimmen. Ihre Umrechnungsbeziehungen lauten wie folgt:

1 Yin = 10 Zhang
1 Zhang = 10 Chi
1 Chi = 10 Cun
1 Cun = 10 Fen

Kleinere Einheiten als ein Fen sind noch Li, Hao, Si und Hu, die sich alle nach dem Dezimalsystem umrechnen lassen.

Die Vorfahren meinten, dass die Länge eines Blasrohrs, das den Ton Huangzhong aussendet, konstant ist, deshalb hatte man es als Normal für die Maße und Gewichte gewählt. Diese Verfahrensweise hat eine bestimmte wissenschaftliche Berechtigung, weil die Länge eines Blasrohrs und die Tonhöhe, die es aussendet, zusammenhängen. Sowie sich die Länge des Rohrs ändert, zieht dies notwendigerweise eine Änderung der Tonhöhe nach sich. Das lässt sich mit dem Ohr wahrnehmen. Deshalb kann man entsprechende Maßnahmen ergreifen, um die Stabilität der gewählten Rohrlänge zu gewährleisten. Somit besitzt es die Eignung, als Normal für Maße und Gewicht zu dienen. Aber andererseits haben verschiedene Menschen, ob bei einem Blasrohr der Ton Huangzhong ausgesendet wird, ein unterschiedliches Verständnis. Das erzeugte die Unsicherheit des Normals. Hierfür benutzten die Vorfahren Hirsekörner als Medium, und durch die Anordnung der Körner in einer Reihe erhielten sie ein Längennormal. Dabei ist das metrologische Normal die Huangzhong-Stimmpfeife, und die Prüfung mit den Hirsekörnern stellt nur ein Hilfsnormal dar.

Die Idee der Länge der Huangzhong-Stimmpfeife als Normal existierte im alten China schon sehr lange. Aber hinsichtlich konkreter Zahlen gibt es unterschiedliche Angaben, es gibt Meinungen, dass diese Länge 1 Chi, 9 Cun und auch 8 Cun 1 Fen beträgt. Aber seitdem man im „Han Shu, Kap. Aufzeichnungen über Musik und Kalender" die Theorie von Liu Xin akzeptierte, wurde die Angabe, dass die Länge des Huangzhong-Rohrs 9 Cun beträgt, in den Kapiteln „Lü Li Zhi" (Aufzeichnungen über Musik und Kalender) der offiziellen Chroniken übernommen und zu einer allgemein anerkannten Angabe für die Metrologen späterer Generationen.

Die Huangzhong-Stimmpfeife lieferte nicht nur ein Längen-, sondern auch ein Volumennormal. Im „Han Shu, Kap. Aufzeichnungen über Musik und Kalender" wird Liu Xin's diesbezügliche Theorie zitiert:

„Als Volumenmaße gibt es Yue, Ge, Sheng, Dou und Hu, mit denen man die Größe eines Volumens messen kann. Ihr Ursprung geht auf das Volumen Yue der Stimmpfeife Huangzhong zurück. Das sogenannte Volumen Yue der Stimmpfeife Huangzhong wird aus dem mit der Stimmpfeife Huangzhong gebildeten Längennormal bestimmt. 1200 mittlere Hirsekörner

füllen ein Yue. Man streicht sie glatt. 2 Yue ergeben 1 Ge, 10 Ge ergeben 1 Sheng, 10 Sheng ergeben 1 Dou, 10 Dou ergeben 1 Hu. Somit erhält man die fünf Volumeneinheiten."

Nachdem die Volumeneinheit Yue bestimmt ist, erhält man aus dem Yue schrittweise die übrigen Volumeneinheiten. Ihre Umrechnungsbeziehungen lauten:

1 Hu = 10 Dou
1 Dou = 10 Sheng
1 Sheng = 10 Ge
1 Ge = 2 Yue

Die Größe des Volumens Yue in der Stimmpfeife Huangzhong lässt sich durch Prüfung mit Hirsekörnern erhalten. Das konkrete Verfahren besteht darin, dass man 1200 Hirsekörner angemessener mittlerer Größe auswählt, in die Stimmpfeife schüttet, und wenn man sie glattstreicht, erhält man in der Stimmpfeife Huangzhong die Einheit Yue.

Außerdem kann die Stimmpfeife Huangzhong ein Normal für die Gewichtseinheiten abgeben. Im „Han Shu, Kap. Aufzeichnungen über Musik und Kalender" ist Liu Xin's Theorie angeführt:

„Als Gewichtseinheiten hat man Zhu, Liang, Jin, Jun und Shi, um leicht und schwer eines Körpers mit einer Waage zu messen. Ihr Ursprung geht auf das Gewicht der Stimmpfeife Huangzhong zurück. Ein Yue fasst 1200 Hirsekörner, die 12 Zhu wiegen. Das Doppelte ergibt 1 Liang, das heißt 24 Zhu ergeben 1 Liang, 16 Liang ergeben 1 Jin, 30 Jin ergeben 1 Jun, 4 Jun ergeben 1 Shi."

Das heißt, auch bei der Messung des Gewichts gibt es 5 Maßeinheiten, die Zhu, Liang, Jin, Jun und Shi heißen. Ihr Ursprung ist das durch die Stimmpfeife Huangzhong bestimmte Gewicht. Weil man von der Stimmpfeife Huangzhong ein Längennormal erhalten kann, lässt sich von dem Längennormal ein Volumennormal ableiten. Nachdem das Volumennormal bestimmt ist, kann man daraufhin das Gewicht des in ihm enthaltenen Stoffs bestimmen, und dieses Gewicht kann als Normal für die Wägung dienen. Somit leitet sich auch das Normal für die Wägung von der Stimmpfeife Huangzhong ab. Hierbei hatten die Vorfahren das Normal durch Prüfung mit Hirsekörnern erhalten. Sie meinten, dass die Stimmpfeife Huangzhong 1200 Hirsekörner fasst, und das Gewicht dieser 1200 Hirsekörner ist genau 12 Zhu. Nachdem man die Größe eines Zhu erhalten hatte, war es nicht schwierig, auch die übrigen Einheiten zu bestimmen. Ihre Umrechnungsbeziehungen lauten:

1 Shi = 4 Jun
1 Jun = 30 Jin
1 Jin = 16 Liang
1 Liang = 24 Zhu

Aufgrund von Liu Xin's Ausführungen wissen wir, dass nach der Auffassung der Vorfahren die drei Größen Länge, Volumen und Gewicht auf diese Weise eigene Beziehungen mit der Stimmpfeife Huangzhong hergestellt haben.

Die Vorfahren waren bemüht, für die Maße und Gewichte ein einheitliches Normal zu finden. Diesen Geist muss man bewundern. Diese von ihnen oben dargelegte Theorie hatten die Nachfahren vom Bedeutungsgehalt in die Praxis umgesetzt, aber die praktischen Ergebnisse konnten nicht befriedigen. Dies hatte Wu Chengluo in seinem Buch „Geschichte der Maße und Gewichte Chinas" analysiert: „Die Stimmpfeifen waren über die Zeit nicht gleichartig. Für die Größe des Rohrdurchmessers gab es keine Festlegung, so dass der ausgesendete Ton über die Zeit nicht gleich war. Deshalb konnte die Länge eines Chi, das mit einer Huangzhong-Stimmpfeife bestimmt wurde, über die Zeit nicht gleich sein, und wenn man auf diese Weise die Maße und Gewichte ermittelt, konnten sie über die Zeit nicht genau sein. Wenn man über die Tonhöhe die Länge einer Pfeife bestimmt und daraus die Maße und Gewichte bestimmt, so ist dies von der Theorie zwar sehr wissenschaftlich, aber wenn die Stimmpfeifen nicht gleich sind, muss auch die Länge differieren. Deshalb entdeckten erst die Nachfahren, dass es mit der Stimmpfeife Huangzhong schwierig ist, ein Normal zu erhalten, und wenn man sich dann noch auf Hirsekörner stützt, wird dies unglaubwürdig."[11] Wu Chengluo's Kritik ist objektiv. Die Änderung der Größe der Einheiten für die Maße und Gewichte ist in der Geschichte Chinas sehr groß. Obwohl es dabei sehr viele gesellschaftliche und wirtschaftliche Gründe gab, bildete aber die Unsicherheit des Verfahrens der Stimmpfeifen und der aufgehäuften Hirsekörner dafür zweifellos eine der technischen Ursachen.

4. Verwaltung der Maße und Gewichte

Bei den verschiedenen metrologischen Verwaltungen des Altertums schenkten die Vorfahren der Verwaltung der Maße und Gewichte die größte Aufmerksamkeit. Sie sammelten reiche Erfahrungen und schufen eine bestimmte Ordnung. Dies alles begann schon früh in der Periode der Westlichen Zhou-Dynastie.

Von verschiedenen jetzt vorliegenden Dokumenten her gesehen, legte man in der Westlichen Zhou-Dynastie großen Wert auf die Ordnung des Rituals. Der Bau des königlichen Tempels, die Anordnung der Opfergefäße, die Aufteilung der Felder, die Herstellung von Wagen, es gab nichts, was sich nicht an eine Ordnung zu halten gehabt hätte. Und die Ausarbeitung der Ordnung und die Überwachung ihrer Durchführung sind nicht von Maßen und Gewichten zu trennen. Im „Li Ji (Buch der Riten), Kap. Ming Tang Wei" heißt es: „Der Herzog von Zhou legte die Riten fest, schuf die Musik und verkündete die Maße und Gewichte, und das ganze Reich war ihm untertan." Im „Zhou Li (Riten der Zhou), Kap. Xiaguan Sima, He Fang Shi" heißt es: „He Fang Shi war für die Straßen im Reich verantwortlich, damit das Volk Waren austauschen kann. Damit die Maße und Gewichte in den verschiedenen Regionen übereinstimmen, vereinheitlichte er die Maße und Gewichte." Aus diesen Aufzeichnungen wird ersichtlich, dass die Maße und Gewichte in der Westlichen Zhou-Dynastie von autoritativen Herrschern des Staates verkündet wurden und spezielle Beamte für ihre Überwachung verantwortlich waren. Diese Herangehensweise wurde von den späteren Dynastien übernommen. Sie wurde zu einer traditionellen Maßnahme, die man befolgte, damit die Maße und Gewichte Autorität besaßen.

Konkrete Bestimmungen für die Verwaltung der Maße und Gewichte während der Westlichen Zhou-Dynastie hat man in den jetzt vorliegenden Dokumenten noch nicht gefunden, aber aus vielzähligen einschlägigen Aufzeichnungen kann man ersehen, dass sich während der Westlichen Zhou-Dynastie schon wirklich eine Ordnung für die Verwaltung der Maße

---

11 Wu Chengluo: „Zhongguo duliangheng shi" (Geschichte der Maße und Gewichte Chinas), Shanghai: Fotokopie der Ausgabe des Verlags Shangwu yinshuguan (1937), (1984), S.14–15

und Gewichte herausgebildet und sich diese Ordnung mit dem Wandel der Dynastien auch entsprechend entwickelt und verändert hatte. In der Chunqiu- und Zhanguo-Periode errichteten die Fürsten ein separatistisches Regime, so dass eine einheitliche Ordnung der Maße und Gewichte nicht mehr existierte. Aber die Fürstentümer taten ihr Möglichstes, um die Einheitlichkeit der Ordnung ihrer eigenen Maße und Gewichte aufrechtzuerhalten. Um das zu verwirklichen, erließen viele Fürstentümer entsprechende Gesetze und begannen, sie auf die Bronzegefäße zu gießen bzw. sie einzugravieren. Auf den jetzt existierenden Volumengefäßen der Vor-Qin-Zeit weisen viele Inschriften auf, unter ihnen befinden sich der Bronzekessel Zi He Zi aus dem Staat Qi, der im Jahre 1857 in Lingshanwei im Kreis Jiaoxian der Provinz Shandong ausgegraben wurde, der Bronzekessel des Chen Chun und das Bronzegefäß He des Zuo Guan. Sie alle tragen Inschriften, und sie sind die frühesten Volumenmaße, auf denen ein Jahr und der Wert der Maßeinheit angegeben sind. Die Inschriften auf den ersten beiden Volumengefäßen legten eine eindeutige Prüfordnung und Verwaltungsmaßnahmen fest, und Zuwiderhandelnde erhielten in Abhängigkeit von den Umständen eine entsprechende Strafe. Auf dem Bronzekessel des Chen Chun sind die Namen der Personen, die die Herstellung überwachten und den Kessel gegossen hatten, aufgegossen. In den anderen Fürstentümern wurden auch ähnliche Volumengefäße ausgegraben. Diese Situation zeigt, dass es während der Zhanguo-Periode konkrete Bestimmungen und Maßnahmen von der Herstellung und dem Gebrauch der Maße und Gewichte bis zu ihrer Prüfung gab.

Eine noch vollkommenere Verwaltungsordnung der Maße und Gewichte entstand im Staat Qin während der Zhanguo-Periode. Zur Zeit der Regierung des Königs Xiao von Qin (361 – 338 v. Chr.) führte der Staat Qin unter Leitung von Shang Yang ein Gesetz zur „Vereinheitlichung der Dou-Gefäße, der Gewichte und Waagen und der Längenmaße Zhang und Chi" durch. Im Jahre 1976 wurde im Kreis Yunmeng der Provinz Hubei ein aus mehr als 1000 Bambusstreifen bestehendes Bambusbuch über die Gesetze von Qin ausgegraben. Darin nahm die Verwaltung der Maße und Gewichte einen bestimmten Anteil ein. Zum Beispiel war im Abschnitt „Arbeitsgesetze" festgelegt, dass die Maße und Gewichte, die in den Kreisen und in den Werkstätten von den unter der Aufsicht von Beamten stehenden Handwerkern benutzt werden, von den Behörden oder von speziellem Personal geprüft sein müssen; die Prüfung musste mindestens einmal im Jahr erfolgen. Vor der Ausgabe von Maßen und Gewichten mussten sie eine Prüfung durchlaufen. Außerdem legten die Gesetze von Qin streng zulässige Fehlerniveaus der Messmittel und Strafverfahren fest, wenn diese Niveaus überschritten waren. Zum Beispiel heißt es nach den Aufzeichnungen im Abschnitt „Gesetze über die Herstellung von Produkten", war beim Wiegen ein Shi (entspricht damaligen 120 Jin) ungenau, so dass der Fehler größer als 16 Liang war, wurde der entsprechende Beamte mit der Zahlung eines Harnischs bestraft. Lag der Fehler zwischen 16 und 8 Liang, betrug die Strafe die Kosten eines Schutzschilds. War ein halbes Shi (damalige 60 Jin) ungenau, so dass der Fehler größer als 8 Liang war, betrug die Strafe die Kosten eines Schutzschilds. War eine kleine Waage zum Wiegen von Gold ungenau, so dass der Fehler mehr als ein halbes Zhu betrug (entspricht etwa heutigen 0,3 g), betrug die Strafe die Kosten eines Schutzschilds. Für Volumengefäße gab es auch ähnliche Festlegungen. Diese Festlegungen ähneln sehr den Festlegungen über die Fehlergrenzen in den heutigen staatlichen Eichvorschriften für die verschiedenen Messmittel.

Auf die Verwaltung der Maße und Gewichte hatten die Herrscher in den einzelnen Dynastien immer großen Wert gelegt, und jeder hatte hierfür konkrete Festlegungen getroffen. Zum Beispiel legten die Gesetze während der Tang-Dynastie fest, dass, wenn sich bei der Prüfung von Maßen und Gewichten im Ergebnis ein Fehler zeigte, derjenige, der die Vorschriften nicht einhielt, mit 70 Schlägen mit dem großen Prügel bestraft wurde. Wenn der Aufsicht führende Beamte den Fehler nicht bemerkte, wurde er mit 60 Schlägen mit dem großen Prügel bestraft. Die Mitwisser wurden ebenso bestraft. Das war eine Strafbestimmung für das Prüfpersonal. So wurde während der Ming-Dynastie festgelegt, dass die Überprüfung gewissenhaft durchzuführen sei. Nach der Überprüfung waren die qualifizierten Normale der Maße und Gewichte bekanntzugeben, indem man sie auf dem Markt aufhängte, und es wurden die Personen bestraft, deren Maße und Gewichte nicht mit den Normalen übereinstimmten. Außerdem legten die Gesetze während der Ming-Dynastie Strafen für die Kaufleute fest, die anstelle von Maßen und Gewichten ihre Hände und Füße benutzt oder betrügerische Handlungen vorgenommen hatten. Außerdem wurde die periodische Überprüfung streng gefordert. Die Gesetze in der Ming-Dynastie legten fest, dass selbst, wenn die Volumenmaße Hu und Dou, die Waagen und die Längenmaße Chi mit den Normalen überstimmten, aber nicht entsprechend den Vorschriften den Prüfstempel der Behörde trugen, die Besitzer mit „40 Schlägen mit dem Bambusstock" bestraft werden. Die entsprechenden Festlegungen der Gesetze der Qing-Dynastie stimmten mit diesen im Großen und Ganzen überein, aber wenn die Beamten in den Depots die Gesetze verletzten, waren noch strengere Strafen vorgeschrieben. Eine strenge Verwaltung war eine notwendige Bedingung, um Ordnung und Stabilität der Maße und Gewichte aufrechtzuerhalten. Die Praxis der Vorfahren bestätigte dies vollauf.

Die Vorfahren hatten nicht nur eine strenge Verwaltungsordnung für die Maße und Gewichte erlassen, sondern auch noch bestimmte zeitliche Forderungen für die Kalibrierung der Maße und Gewichte erhoben. Im Buch „Lü Shi Chun Qiu (Frühling und Herbst des Lü Buwei), Kap. Zhong Chun Ji" ist aufgezeichnet: Im Frühling „am Tag der Tag- und Nachtgleiche vergleicht man die Längen- und Volumenmaße, die Waagen und die Shi-Gewichte, die Volumenmaße Hu und Dou, und man bringt die Gewichte in Ordnung." Weiter heißt es im „Lü Shi Chun Qiu, Kap. Zhong Qiu Ji": „Am Tag der Tag- und Nachtgleiche im Herbst prüft man die Einheitlichkeit der Längen- und Volumenmaße, man vergleicht die Gewichte und Waagen, berichtigt die Jun- und Shi-Gewichte und überprüft die Volumenmaße Dou und Hu." Die Vorfahren meinten, dass die Zeit der Tag-und-Nachtgleiche im Frühling und im Herbst, wenn Tag und Nacht gleich lang sind, eine ideale Zeit für die Überprüfung der Maße und Gewichte sei. Diese Ansicht der Vorfahren ist vernünftig, weil in diesen beiden Perioden „Tag und Nacht gleich und Kälte und Hitze ausgeglichen" sind. Bei einem gemäßigten Klima wird während der Prüfung kein Einfluss durch Temperatur-änderungen auftreten. Daran kann man ersehen, dass die Vorfahren die Einflüsse von Umgebungsbedingungen auf die Prüfung von Maßen und Gewichten sehr beachteten. Aufgrund ihres Verständnisses der Naturgesetze hatten sie eine recht gute Wahl getroffen.

Um außerdem zu gewährleisten, dass sich die Geräte nach ihrer Kalibrierung nicht mehr verändern, hatte man auch bestimmte Forderungen an die Herstellung von Maßen und Gewichten gestellt. Die Vorfahren wählten Bronze. Im „Han Shu, Kap. Aufzeichnungen über Musik und Kalender" ist aufgezeichnet: „Nach dem allgemeinen Gesetz benutzt man für Maße und Gewichte Bronze … Bronze ist das feinste von allen Materialien. Aufgrund von Trockenheit, Feuchte, Kälte und Hitze verändert sie nicht ihre Gestalt, aufgrund von Wind, Regen, Sturm und Tau verändert sie nicht ihre Form." Da Bronze nicht dem Einfluss von Veränderungen durch die Umgebungsbedingungen unterliegt und eine hohe Korrosionsbeständigkeit aufweist, sollte man die Normale für Maße und Gewichte aus Bronze als Rohmaterial herstellen. Wenn die Vorfahren von Kupfer sprachen, meinten sie oft Bronze, die Legierung aus Kupfer und Zinn. In der Tat weist Bronze hinsichtlich Festigkeit und Korrosionsbeständigkeit einzigartige Eigenschaften auf. Natürlich dehnt sich Bronze bei Hitze aus und schrumpft bei Kälte. „Aufgrund von Trockenheit, Feuchte, Kälte und Hitze verändert sie nicht ihre Gestalt", aber die Größe dieser Veränderung ist sehr klein, die die Vorfahren nicht wahrnahmen. Unter der beschränkten Anzahl der Metalle, mit denen die Vorfahren umgingen, ist die Bronze unter Berücksichtigung der beiden Gesichtspunkte der Kosten und der Eigenschaften als Rohmaterial zur Herstellung von Normalen für Maße und Gewichte tatsächlich eine optimale Wahl. Einige heute existierende bronzene Volumengefäße, die schon mehr als 2000 Jahre alt sind, haben immer noch eine vollkommene Form beibehalten. Das bestätigt vollauf die Richtigkeit der Wahl der Vorfahren.

Kapitel 2

Entwicklung von Maßen und Gewichten im Laufe der Zeit

In der Geschichte der Metrologie Chinas gibt es eine Erscheinung, die Aufmerksamkeit verdient: Einerseits haben sich die Werte der Maße und Gewichte vom Kleinen zum Großen verändert, andererseits haben viele Dynastien die Wichtigkeit der Maße und Gewichte betont und gefordert, dass die Maße und Gewichte im ganzen Land möglichst einheitlich sind. Das förderte die Theorie der Maße und Gewichte und die etappenweise Entwicklung ihrer Ordnung. Diese Charakteristika bildeten den Inhalt wichtiger Forschungen über die Geschichte der Metrologie Chinas.

1. Von Shang Yang's Reform bis zur Vereinheitlichung der Maße und Gewichte durch Qin Shihuang

Die Art und Weise, wie die Vorfahren die Einheitlichkeit der Maße und Gewichte mit der Kraft des Staates obligatorisch durchsetzten, zeigte sich schon in der Vor-Qin-Periode. Darunter gehörte die Reform von Shang Yang zu den repräsentativsten Ereignissen, die die Menschen am meisten beeinflusst hatten.

Shang Yang (? – 338 v. Chr.) wurde in der Mitte der Zhanguo-Periode geboren. Sein Lebenswerk war die Reform des Staates Qin. Weil seine Reform von Erfolg gekrönt war, wurde er mit dem Land Shang belehnt (im Südosten des Kreises Dingxiang in der heutigen Provinz Shaanxi). Sein Beiname lautete Shangjun (Herr von Shang), deshalb nannte man ihn Shang Yang. Shang Yang war ein Mann aus dem Staat Wei und stammte aus derselben Sippe wie der Herrscher des Staates Wei. Deshalb nannte man ihn auch Wei Shang oder Gongsun Yang. Damals war Diqiu die Hauptstadt von Wei, Diqiu lag im Südwesten von Puyang in der heutigen Provinz Henan. Deshalb gilt Shang Yang als ein Mann aus Puyang.

Vor der Reform von Shang Yang lag der Staat Qin im Westen. Wirtschaft und Politik waren relativ zurückgeblieben, und das Potenzial des Staates war arm und schwach. Der damals regierende Herzog Xiao von Qin war damit sehr unzufrieden. Um den Staat Qin reich und stark zu machen, befahl er, die Hilfe von Weisen zu suchen. Im Jahr 361 v. Chr. erfuhr Shang Yang davon, er eilte nach Qin, um seine Reformideen zu propagieren, und er gewann das Vertrauen des Herzogs Xiao von Qin. Im Jahre 359 v. Chr. arbeitete Shang Yang mit Unterstützung des Herzogs Xiao von Qin einige neue Richtlinien für Politik und Wirtschaft aus und führte sie ein. So begann die erste Reform im Staate Qin.

Nachdem Shang Yang die neuen Gesetze eingeführt hatte, zeitigten sie allmählich Wirkung. Im Jahre 352 v. Chr. wurde Shang Yang mit dem Land Daliangzao belehnt. Im Staat Qin war der höchste Rang der 20., und Daliangzao verkörperte den 16. Rang, denn Daliangzao war zugleich auch ein Amt. Von der Stellung her gesehen, entsprach dieses Amt dem Kanzler aller Fürstentümer der Zentralen Ebene. Doch ein Kanzler war ein ziviler Beamter, er konnte kein Heer anführen, aber der Daliangzao des Staates Qin hatte das Recht, ein Heer zu kommandieren. Im Jahr 350 v. Chr. verlegte Qin seine Hauptstadt nach Xianyang, gleichzeitig begann Shang Yang die zweite Reform. Die zweite Reform vertiefte die erste Reform; ein wichtiger Inhalt war, eine Ordnung einheitlicher Maße und Gewichte durchzusetzen. In der Periode der Östlichen Zhou-Dynastie war die Ordnung der Maße und Gewichte sehr chaotisch. Alle Staaten benutzten außer dem vom Landesherrn verkündeten „allgemeinen Maß" noch „Familienmaße" von nicht wenigen Ministern und Würdenträgern. Konfuzius hatte einst geseufzt: „Stellt sorgsam die Maße und Gewichte richtig, überprüft die Satzungen, und überall im Reich herrscht wieder Ordnung."[12] Das drückte gerade das Chaos der damaligen Ordnung der Maße und Gewichte aus. Der Staat Qin war keine Ausnahme. Die Uneinheitlichkeit der Maße und Gewichte bereitete dem Staat beim Eintreiben der Steuern und der Auszahlung des Beamtensolds viele Schwierigkeiten. Um die Finanzkraft des Staates zu stärken und die reibungslose Durchführung der Reform zu sichern, behandelte Shang Yang die Verwirklichung einer Ordnung einheitlicher Maße und Gewichte als eine wichtige Maßnahme, die den Erfolg der Reform sicherte. Im Jahr 344 v. Chr. ließ Shang Yang persönlich eine Reihe von Normalgeräten für Maße und Gewichte anfertigen, die er in allen Landesteilen verbreitete. Er bemühte sich, die Durchführung einer Ordnung einheitlicher Maße und Gewichte zu überwachen.

Ein unter Shang Yang's Aufsicht hergestelltes Normalgerät für Maße und Gewichte existiert noch heute, es ist Shang Yang's bronzenes rechteckiges Sheng-Normal, das im

---

12 „Lun Yu (Gespräche), Kap. Yao Yue"

Museum von Shanghai aufbewahrt wird. Die Inschrift auf dem Sheng-Normal hatte die Überwachung der Herstellung dieses Normals und das Volumen des Normals an sich aufgezeichnet. Die Existenz von Shang Yang's Sheng-Normal ist ein historisches Zeugnis dafür, dass Shang Yang die Ordnung einheitlicher Maße und Gewichte vorangebracht hatte.

Shang Yang's Reform war durchaus keine Reise ohne Hindernisse, denn eine Gruppe adliger Sippen im Staat Qin leistete den neuen Gesetzen Widerstand, sie wiegelte den Kronprinzen auf, das Gesetz zu brechen, denn damit wollte sie die Verwirklichung der neuen Gesetze verhindern. Aber Shang Yang fürchtete die Potentaten nicht, er bestand auf den neuen Gesetzen, und indem er die konservativen Kräfte schlug, gewährleistete er die Durchsetzung der neuen Gesetze. Die von ihm ausgearbeitete Ordnung der Maße und Gewichte legte die Grundlage für die spätere Vereinheitlichung der Maße und Gewichte durch den Kaiser Qin Shihuang.

Im Jahre 221 v. Chr. vereinigte Qin Shihuang China. Um die einheitliche staatliche Macht zu festigen, ergriff er eine Reihe bedeutsamer Maßnahmen, von denen eine wichtige die Vereinheitlichung der Maße und Gewichte war. Auf den heute existierenden Maßen und Gewichten des Staates Qin gibt es viele, auf denen das Edikt des Qin Shihuang zur Vereinheitlichung der Maße und Gewichte eingraviert ist. Der gesamte Text des Edikts lautet: „Im 26. Jahr der Herrschaft des Königs von Qin vereinigte Qin Shihuang alle Fürstentümer des Reiches, und das Volk konnte in Frieden leben. Daraufhin ernannte Ich mich zum erhabenen Kaiser und befahl den Ministern Kui Zhuang und Wang Wan in einem Edikt, dass sie ein Gesetz ausarbeiten, um die Maße und Gewichte zu vereinheitlichen und dass die abweichenden und ungenauen Maße und Gewichte sämtlich vereinheitlicht werden." Dieses Edikt fordert mit dem Status des Kaisers, dass im ganzen Reich eine Ordnung vereinheitlichter Maße und Gewichte verwirklicht wird. Damals hatte die Qin-Dynastie gerade die sechs übrigen Staaten geschluckt, doch Qin Shihuang hatte diese Angelegenheit auf die Tagesordnung gesetzt, was hinlänglich den Grad seiner Aufmerksamkeit verdeutlicht.

Die Vereinheitlichung der Maße und Gewichte durch Qin Shihuang beinhaltete, dass er die vor über 100 Jahren von Shang Yang für den eigenen Staat Qin ausgearbeitete Ordnung der Maße und Gewichte auf das ganze Reich ausdehnte. In der Zhanguo-Zeit bildeten sich sieben Hegemonialmächte heraus, wobei jeder Staat sein eigenes System der Maße und Gewichte besaß. Nachdem Qin Shihuang die sechs übrigen Staaten vereinigt hatte, konnte er natürlich nicht erlauben, dass dieser Zustand weiter bestehen blieb. Darum dehnte er die Ordnung der Maße und Gewichte des Staates Qin auf das ganze Reich aus; darin zeigte sich sein systematisches Vorgehen. Auf dem heute existierenden Sheng-Normal von Shang Yang gibt es die ursprüngliche Inschrift, die die Aufsicht Shang Yang's bei dessen Herstellung festhielt, und es gibt auch das Edikt im Umfang von 40 Schriftzeichen, das im 26. Jahr der Herrschaft des Königs von Qin über die Vereinheitlichung der Maße und Gewichte erlassen und nachträglich eingraviert wurde. Das belegt, dass dieses Objekt zur Zeit des Qin Shihuang überprüft wurde und man seine weitere Benutzung gebilligt hatte. Entsprechend einer Messung beträgt das rechnerische Volumen des Sheng-Normals von Shang Yang 202 ml, während die nach der Vereinheitlichung der Maße und Gewichte durch Qin Shihuang hergestellten Volumenmaße einen Wert für das Sheng von etwa 200 ml aufweisen, wobei die Abweichung des Sheng-Normals von Shang Yang innerhalb der erlaubten Fehlergrenzen entsprechend der Festlegung durch die Gesetze von Qin lag. Das belegt den konsequenten Charakter der Ordnung von Qin.

Im Verlauf des Prozesses, die Ordnung einheitlicher Maße und Gewichte voranzubringen, hatte die Qin-Dynastie eine große Anzahl von Normalen für Maße und Gewichte hergestellt und ausgegeben. In den letzten Jahren hatte man eine große Zahl dieser Artefakte ausgegraben, nicht nur eine große Zahl, sondern auch ihre Verteilung war breit gestreut. Das belegt, dass die Qin-Dynastie innerhalb ihrer weiten Grenzen tatsächlich die Einheitlichkeit der Maße und Gewichte verwirklichte.

Außer den hergestellten und ausgegebenen Normalen hatte die Qin-Dynastie eine strenge Ordnung für die Verwaltung und Prüfung ausgearbeitet und eindeutige Strafverfahren für diejenigen festgelegt, die die Prüfungen nicht einhielten. Es waren eben diese Faktoren, die es der Qin-Dynastie ermöglichten, dass die Ordnung für die Herstellung, Verwaltung und Prüfung der Maße und Gewichte zu der damals vollkommensten wurde.

2. Ordnung der Maße und Gewichte während der Han-Dynastie

Obwohl die Qin-Dynastie nicht lange währte, hatte Qin Shihuang's Akt der Vereinheitlichung der Maße und Gewichte einen weitreichenden Einfluss auf die Nachwelt ausgeübt, und der direkteste war der Einfluss auf die Ordnung der Maße und Gewichte während der Han-Dynastie.

Die Han-Dynastie (sie umfasst die drei Perioden Westliche Han, Interregnum Xin Mang und Östliche Han) dauerte mehr als 400 Jahre. Ihre Erlasse und Ordnungen waren die Fortsetzung und Entwicklung der Ordnung der Qin-Dynastie. „Han übernahm die Ordnung der Qin" ist die allgemein anerkannte Ansicht der Historiker, und die Maße und Gewichte bildeten dabei keine Ausnahme. Nachdem Liu Bang die Han-Dynastie gegründet hatte, harrten viele Aufgaben ihrer Lösung, und die Schaffung einer Ordnung der Maße und Gewichte gehörte zu den dringenden Aufgaben. Daraufhin befahl er dem Musikologen und Mathematiker Zhang Cang, „den Kalender zu bestimmen und eine Ordnung der Maße und Gewichte festzulegen". Zhang Cang versah am Hof der Qin das Amt eines Zensors, so dass er mit der Ordnung von Qin vertraut war. Sehr schnell hatte er auf der Grundlage der Ordnung von Qin die Ordnung der Maße und Gewichte der Han-Dynastie aufgestellt. So führten die Maße und Gewichte der Han-Dynastie, ob es sich um die Bezeichnungen der Einheiten, die Werte der Einheiten oder die Formgebung der Geräte handelte, die Ordnung von Qin fort. Das Ergebnis der Analyse von Maßen und Gewichten der Dynastien Qin und Han zeigt deutlich, dass die Ordnung der Maße und Gewichte der Han-Dynastie die Ordnung von Qin fortsetzte. Die Ordnung der Maße und Gewichte der Han-Dynastie hatte sich auf dieser Grundlage entwickelt.

Bezüglich der Verwaltung der Maße und Gewichte hatte sich in der Han-Dynastie gegenüber der Qin-Dynastie etwas verändert. In der Han-Dynastie wurde hinsichtlich der Maße und Gewichte eine Verwaltung in einzelnen Abteilungen verwirklicht. Im „Han Shu, Kap. Aufzeichnungen über Musik und Kalender" ist aufgezeichnet: „Die Längenmaße … werden vom Inneren Beamten aufbewahrt, und vom Justizminister verwaltet." „Die Volumenmaße … werden im Großen Speicher aufbewahrt und vom Finanzminister verwaltet." „Die Waagen und Gewichte werden im Zeremonienamt aufbewahrt und vom Ritenminister verwaltet." Das heißt, in der Han-Dynastie wurden die Maße für Länge, Volumen und Gewicht jeweils von verschiedenen Abteilungen der Regierung verwaltet. Betrachtet man ausgegrabene Artefakte, so ist in nicht wenigen Volumenmaße der Han-Dynastie tatsächlich die Inschrift „Da Si Nong" (Finanzministerium) eingraviert. Allgemein sind diese Geräte exquisit gearbeitet, der Wert des Maßes ist genau. Sie manifestieren, dass sie Normale sind, die zentral einheitlich hergestellt und an die einzelnen Regionen ausgegeben wurden.

Vom Inhalt der Inschriften hatten sich die Maße und Gewichte der Han-Dynastie auch etwas entwickelt. So sind in das bronzene Hu-Gefäß des Finanzministeriums aus der Regierungsära Guanghe[13] nicht nur die Schriftzeichen „Da Si Nong 大司农…" eingraviert, sondern auch die Zeit, das Verfahren und die Verordnung der Kalibrierung sowie die Namen der Beamten mit ihren Rängen, die die Herstellung beaufsichtigten, verwalteten und ausführten, sind alle auf dem Gefäß eingraviert. Dadurch erhöhten sich seine Autorität und Rechtmäßigkeit. Allgemein gesagt, wurde auf den Volumenmaßen der Qin nur das Edikt des Qin Shihuang oder außerdem das Edikt des Zweiten Kaisers eingraviert, während es für die Form der Inschriften auf den Volumenmaßen der Han-Dynastie keine feste Regelung gab. In manche waren das Jahr der Herstellung dieses Gefäßes, die Herkunft, das Gewicht, das Volumen und der Name des herstellenden Handwerkers eingraviert, in andere die Beamten mit ihren Rängen, die die Herstellung überwachten, und auf den Gefäßen aus der Periode Xin Mang hatte man oft die Längenmaße und das berechnete Volumen eingraviert. Insgesamt liefern die Inschriften auf den Maßen und Gewichten der Han-Dynastie gegenüber denen der Qin-Dynastie mehr Informationen.

Bei der Auswahl von Normalen für Maße und Gewichte gab es während der Han-Dynastie auch einige Veränderungen. Im „Han Shu, Kap. Aufzeichnungen über Nahrung und Waren" ist ein Normal beschrieben: „Ein Würfel aus Gold mit einer Kantenlänge von einem Cun ist ein Jin schwer." Hier wurde das Verfahren des spezifischen Gewichts von Metall benutzt, um ein Normal für Maße und Gewichte zu bestimmen. So wurden die Länge und das Gewicht mit Hilfe des Materials Gold miteinander verknüpft. Damals war das zweifellos eine recht fortgeschrittene Methode.

Obwohl die Qin-Dynastie die Maße und Gewichte vereinheitlicht und ein Einheitensystem aufgestellt hatte, das von oben nach unten zusammenhing, gab es aber hinsichtlich der Theorie der Maße und Gewichte keinen systematisch geordneten Text. Die Zeit, in der das Theoriesystem der Maße und Gewichte des alten Chinas schließlich entstand, war die Han-Dynastie, und der Mann, der dieses System vollendet hatte, war Liu Xin am Ende der Westlichen Han-Dynastie. In den letzten Jahren der Westlichen Han-Dynastie hatte Wang Mang die Macht an sich gerissen. Um sich Ruhm zu erkaufen und die öffentliche Meinung auf die Ablösung der Han-Dynastie vorzubereiten, bediente Wang Mang sich des Mittels, das System mit dem Rückgriff auf das Altertum zu ändern. Er betraute Liu Xin damit, die Koryphäen seiner Zeit zusammenzurufen, es waren über hundert in Astronomie und Musik bewanderte Gelehrte. Sie untersuchten die Ordnung der Maße und Gewichte zu verschiedenen Zeiten und führten in großem Maßstab eine Reform der Ordnung der Maße

---

13   Die Regierungsära Guanghe dauerte von 178 bis 184 n. Chr.

und Gewichte durch. Diese Reform dauerte mehrere Jahre, während der man Erfolge auf zwei Gebieten erzielte: Einerseits wurde das systematischste, autoritativste theoretische System der Maße und Gewichte des alten Chinas geschaffen. Andererseits wurde, geleitet von dieser Theorie, eine Reihe von Normalgeräten für Maße und Gewichte hergestellt, die für diese Reform die materielle Grundlage lieferten.

Die Theorie der Maße und Gewichte von Liu Xin existiert noch bis heute. In der Geschichte war der politische Charakter von Liu Xin oft umstritten. Er entstammte dem Kaiserhaus der Westlichen Han-Dynastie, aber aus eigenem Antrieb lief er zu Wang Mang über. Er wurde mit dem Titel eines Lehrers des Reiches belehnt, leistete dem Übeltäter Handlangerdienste, und zettelte schließlich ein Komplott an, mit dem er Wang Mang verriet. Die Sache scheiterte, und er verlor dabei sein Leben. Aber seine Theorie der Maße und Gewichte erlangte die allgemeine Anerkennung der Nachwelt. Im „Han Shu, Kap. Aufzeichnungen über Musik und Kalender" verliert man bei der Darlegung der Theorie der Maße und Gewichte keine Worte über seinen Charakter, sondern bewahrt eine objektive Haltung zu seiner Lehre, indem es heißt, dass diese Lehre „das genaueste ist, was in Worte gefasst wurde". Man griff zum Verfahren, „die falschen Worte zu streichen und den richtigen Sinn seines Werks herauszuheben". So hatte man die lobhudelnden Worte für Wang Mang gestrichen und seine ursprüngliche Theorie aufgezeichnet. Der konkrete Inhalt von Liu Xin's Theorie wurde oben, als die Auswahl von Normalen für Maße und Gewichte bei den Vorfahren diskutiert wurde, erwähnt, so dass es nicht nötig ist, sie zu wiederholen.

Die unter Aufsicht von Liu Xin hergestellten Normalgeräte für Maße und Gewichte sind nach den Aufzeichnungen im „Han Shu" im Wesentlichen die folgenden:

Zwei verschiedene Längenmaße, eines ist ein bronzenes Zhang-Maß, das 1 Zhang lang, 2 Cun breit und 1 Cun dick ist. Mit ihm wurden die vier Längeneinheiten Fen, Cun, Chi und Zhang festgelegt. Das andere ist ein Yin-Maß, das heißt ein aus Bambus hergestelltes Maßband, das 10 Zhang lang, 6 Fen breit und 1 Fen dick ist. Es diente zur Messung von Längenentfernungen.

Ein Volumenmaß, das fünf Maße in sich vereinigte. Es ist aus Bronze hergestellt, der Hauptkörper ist ein Hu, sein unterer Teil ein Dou, das linke Ohr ein Sheng, das rechte Ohr oben ein Ge und unten ein Yue. Somit verkörpert es die fünf Einheiten Hu, Dou, Sheng, Ge und Yue.

Fünf verschiedene Gewichte, die jeweils aus Bronze oder Eisen hergestellt waren. Sie hatten die Form runder Ringe. Der Innendurchmesser des Rings betrug ein Drittel seines Außendurchmessers. Sie verkörperten die fünf Gewichtseinheiten Zhu, Liang, Jin, Jun und Shi.

Mindestens eine Waage, die aus Bronze oder Eisen hergestellt ist. Sie ähnelt den horizontalen Waagbalken heutiger Waagen und wurde als Waage benutzt.

In diese Normale wurde der Text eines Edikts, bestehend aus 81 Schriftzeichen, von Wang Mang zur Vereinheitlichung der Maße und Gewichte eingraviert und mit den Worten „in der richtigen Ära verwirklicht" im ersten Jahr der Regierungsära Shijianguo (9 n. Chr.) offiziell in Kraft gesetzt. In Wang Mang's Edikt stehen die Worte „erstmalig im Reich verkündet, dass alle Länder sie ewig befolgen", das heißt, diese Normale wurden erstmalig mit der Forderung bekanntgegeben, dass sie in allen Kreisen entsprechend angewendet werden. Am Ende der Westlichen Han-Dynastie gab es 103 Kreise. Daher weiß man, dass es von diesen Normalen mindestens 100 gegeben hatte. Obwohl diese Anzahl nicht gering ist, gab es aber im Verlaufe der Zeit stürmische Veränderungen, so dass es eine Seltenheit ist, wenn sie den heutigen Tag erleben. Das jetzt im Palastmuseum von Taibei existierende Volumennormal Xin Mang Jia Liang (Erlesenes Volumenmaß der Herrschaft von Wang Mang) ist eines von ihnen, das man fürwahr eine unschätzbare Kostbarkeit nennen kann.

Von den ausgegrabenen Kulturgütern gibt es auch Maße und Gewichte anderer Formen, doch in gleicher Weise ist in sie Wang Mang's Edikt zur Vereinheitlichung der Maße und Gewichte eingraviert. Obwohl diese Geräte nicht in das „Han Shu" aufgenommen wurden, sind sie als ebenso kostbar zu rühmen.

Als Wang Mang die Maße und Gewichte vereinheitlichte und die Normale bekanntgab, forderte er zwangsläufig, in allen Gebieten die alten Geräte unbrauchbar zu machen und nur die neuen Geräte zu benutzen. So hatte die Östliche Han-Dynastie, die auf die Herrschaft von Wang Mang folgte, außer dass sie die Ordnung von Wang Mang übernahm, keine weitere Wahl getroffen. In den Chroniken fehlten schon die Aufzeichnungen über den Aufbau der Maße und Gewichte, weil das System von Wang Mang völlig übernommen wurde und eigene Schöpfungen und Entwicklungen fehlten. Außerdem schenkte man in der Östlichen Han-Dynastie der Frage der Einheitlichkeit der Maße und Gewichte nicht solche Aufmerksamkeit wie während der Herrschaft von Wang Mang. Nach den Aufzeichnungen im „Hou Han Shu (Chronik der Späteren Han-Dynastie), Kap. Biografie von Di Wulun" heißt es, als Di Wulun in Chang'an das Gießen von Münzen beaufsichtigte und alle Pflichten auf dem Markt versah: „Er prüfte die Waagen und berichtigte die Volumenmaße Dou und Hu. So wurde auf dem Markt nicht mehr betrogen, und das Volk bewunderte ihn von Herzen." Das verdeutlicht, dass die damalige Ordnung der Maße und Gewichte recht chaotisch war. Deshalb erfuhr Di Wulun die Unterstützung des Volkes, als er die Maße und Gewichte berichtigte. Es zeigt auch, dass sich die Aufmerksamkeit für die Ordnung der Maße und Gewichte während der Östlichen Han-Dynastie nicht mit der bei Wang Mang vergleichen lässt. Da man ihr nicht viel Aufmerksamkeit schenkte, gab es auch keine Anstrengungen zu Neuerungen, man hatte nur das System von Wang Mang völlig übernommen.

3. Bildung des großen und kleinen Systems der Maße und Gewichte

In der Zeit, als sich die Drei Reiche gegenüberstanden, hatte man bezüglich der Ordnung der Maße und Gewichte im Wesentlichen die der vorhergehenden Dynastie beibehalten, es gab keine großen Veränderungen.

Die beiden Jin-Dynastien und die Südlichen und Nördlichen Dynastien waren eine Zeit der Unruhen; der Staat war zerfallen, die politische Macht wechselte häufig von einer Hand in die nächste. Bei den Werten der Maße und Gewichte trat die Situation auf, dass ihre Werte drastisch zunahmen.

Nach der Forschung von Wu Chengluo kann man die Änderung der Zunahme der Werte der Maße und Gewichte im alten China seit der Herrschaft von Wang Mang im Wesentlichen in drei Perioden unterteilen. Er analysierte:

„Seit der Herrschaft von Wang Mang lässt sich die Änderung der Zunahme der Maße und Gewichte in China in drei Perioden unterteilen: Die Ordnung der Maße und Gewichte während der Späteren Han-Dynastie folgte im Großen und Ganzen der Ordnung von Wang Mang. Die Veränderung aller Maße war zunächst unmerklich, das war die erste Periode der Veränderung. Zur Zeit der Südlichen und Nördlichen Dynastien war die politische Macht korrupt, unter den Menschen war die Heuchelei verbreitet. Die Maße der vorhergehenden Dynastie wurden willkürlich verdoppelt oder vervierfacht, so dass die während der Südlichen und Nördlichen Dynastien entstandene außerordentliche Veränderung zu einem Wirrwarr führte und erst während der Sui-Dynastie aufhörte, das ist die zweite Periode der Veränderung. Nach der Tang-Dynastie war das System festgelegt und stimmte ungefähr mit dem der Tang-Dynastie überein. Selbst wenn es Veränderungen gab, wurden sie durch die natürliche Zunahme in der praktischen Zirkulation hervorgerufen. Sie waren nicht dadurch bedingt, dass man den Wert vergrößerte, um mehr Gewinn herauszuschlagen. Von der Tang- bis zur Qing-Dynastie ist das die dritte Periode der Veränderungen."[14]

Wu Chengluo analysierte noch die konkreten Zunahmen der Einheitenwerte für Länge, Volumen und Gewicht in den verschiedenen Perioden. Nach seiner Meinung war für die Länge die erste Periode der obigen Veränderung durch eine Zunahme des Einheitswerts um ca. 5 % gekennzeichnet, in der zweiten Periode erreichte sie 25 % und in der dritten Periode ca. 10 %. Die akkumulierte Zunahme in den drei Perioden betrug etwa 40 %. Für das Volumen ist die Zunahme des Volumenwerts größer. In der ersten Periode betrug die Zunahme ca. 3 %. In der zweiten Periode erreichte sie ganze 200 %, und auch in der dritten Periode war sie ähnlich, so dass sich die akkumulierte Zunahme auf ca. 400 % belief. Die Zunahme des Einheitswerts des Gewichts nahm eine Mittelstellung zwischen der Länge und dem Volumen ein. In der ersten Periode der oben genannten Veränderungen gab es für den Wert der Gewichtseinheit im Wesentlichen keine Veränderung. In der zweiten Periode betrug die Zunahme 200 %, und in der dritten Periode gab es im Wesentlichen auch keine Veränderung. Die von Wu Chengluo erhaltenen Daten können sich etwas ändern, wenn man noch mehr Maße und Gewichte zu Tage fördert, aber die von ihm beschriebenen historischen Prozesse der Änderung der Einheitenwerte für die Maße und Gewichte treffen zweifellos zu.

Offensichtlich ist unter den drei oben genannten Perioden die Zunahme der Einheitenwerte der Maße und Gewichte in der Zeit der Südlichen und Nördlichen Dynastien am größten, obwohl sie nicht stabil ist. Dass es zu dieser Situation kam, lag nicht an der Wissenschaft. Weil die metrologische Wissenschaft in der Periode der Südlichen und Nördlichen Dynastien rasche Fortschritte nahm, zum Beispiel hatte Liu Hui das Verfahren „Ge Yuan Shu" 割圆术 (Verfahren der Einschreibung von Vielecken) erfunden, um mit ihm die Zahl π zu berechnen, wobei die Zahl π eine Schlüsselstellung einnimmt, die bei der Gestaltung der Maße und Gewichte nicht wegzudenken ist. Darum ist diese Erfindung von entscheidender Bedeutung für die Technologie der Maße und Gewichte. Liu Hui benutzte noch die von ihm gefundene Zahl π (3,14), um das Hu-Maß des Finanzministeriums der Wei-Dynastie und das bronzene Hu-Normal von Wang Mang zu messen und zu berechnen,

---

14 Wu Chengluo: „Zhongguo dulianghen shi" (Geschichte der Maße und Gewichte Chinas), Shanghai: Fotokopie der Ausgabe des Verlags Shangwu yinshuguan (1937), (1984), S.55-56

und erhielt ihre genauen Volumenwerte. Außerdem fand er, dass ein Hu von Wang Mang nur 9 Dou, 7 Sheng und etwas über 4 Ge des Hu-Maßes der Wei-Dynastie entspricht. Weiterhin ermittelte Zu Chongzhi einen noch genaueren Wert der Zahl π, um die Längenmaße, die in der Inschrift auf dem Volumennormal von Wang Mang aufgezeichnet waren, zu prüfen und zu vergleichen, wies auf einen Fehler in der Berechnung von Liu Hui hin und gab erneut einen auf 6 Stellen nach dem Komma genauen Wert des Durchmessers an. Ferner erhielt Xun Xu im 10. Jahr der Regierungsära Taishi der Westlichen Jin-Dynastie (274 n. Chr.) den Befehl, die höfische Musik zu untersuchen. Durch die Untersuchung alter Schriften und Instrumente entdeckte er, dass sich das Längenmaß Chi von der Späteren Han- bis zur Wei-Dynastie um mehr als 4 Fen vergrößert hatte. Aufgrund dieser Entdeckung schuf er ein Chi-Maß für die Musikologie, wodurch er die Anerkennung seiner Zeitgenossen gewann. Auch der Kaiser Wu der Liang-Dynastie war ein Kenner der Musikologie, und durch die Prüfung alter Instrumente und das Verfahren der aufgehäuften Hirsekörner schuf er eine neue Ordnung. Man kann noch weitere Beispiele anführen. Sie zeigen, dass die metrologische Wissenschaft sich immer noch entwickelt hatte. Deshalb hängt das Chaos in der Ordnung der Maße und Gewichte nicht mit der damaligen Wissenschaft zusammen.

In der Periode der Südlichen und Nördlichen Dynastien standen sich politische Mächte des Südens und des Nordens Chinas lange Zeit einander gegenüber. Allgemein gesagt, konnten die Maße und Gewichte in den Südlichen Dynastien noch ihre Stabilität bewahren, während es in den Nördlichen Dynastien die Tendenz einer drastischen Zunahme gab. So kam es zu einer Situation, dass, „wenn die Menschen aus dem Süden nach dem Norden gingen, ein Sheng wie ein Dou behandelt wurde". Wenn man darum die Ursachen für die drastische Veränderung der Maße und Gewichte in China in dieser Periode untersuchen will, muss man mit der politischen und wirtschaftlichen Lage in den Nördlichen Dynastien beginnen.

Die Nördlichen Dynastien wurden hauptsächlich durch die Wei-Dynastie bestimmt. Die Herrscher der Nördlichen Wei-Dynastie entstammten einer wirtschaftlich und kulturell zurückgebliebenen nomadischen Völkerschaft. Zur Zeit der Westlichen Jin-Dynastie verharrte die Gesellschaft der Nördlichen Wei-Dynastie noch in der Sklavenhaltergesellschaft. Im Verlaufe ihres Eindringens in die Zentrale Ebene wandelte sie sich danach allmählich zu einer Feudalordnung. Die Staatsmacht der Nördlichen Wei-Dynastie unternahm keinerlei Anstrengungen auf dem Gebiet der Gesetzgebung. In einer verhältnismäßig langen Zeit nach der Gründung des Reiches gab es für die Beamten kein System der Besoldung, sondern es wurde willkürlich bestochen und erpresst, die Korruption in der Politik trieb Blüten. Außerdem erhoben die Beamten vom Volk hohe Steuern, und es war festgelegt, dass, wenn die eingetriebene Steuersumme nicht ausreichte, strenge Strafen statuiert werden. Die Beamten der verschiedenen Ränge schmeichelten sich bei der Obrigkeit ein, um noch mehr Steuern zu erhalten, auf Kosten anderer wirtschaftete man in die eigene Tasche, und man schreckte nicht vor dem Missbrauch der Beamtenmacht zurück. Außerdem gab es keine strenge Verwaltungsordnung für die Maße und Gewichte. Das führte dazu, dass die Adligen des Volkes der Xianbei und die Han-chinesischen Beamten zusammen mit den Gutsbesitzern willkürlich die Chi-Längenmaße, die Dou-Volumenmaße und die Gewichte vergrößerten, sie schalteten und walteten nach Belieben, sie plünderten das Volk aus, ohne bestraft zu werden. Dass es kein gesundes Rechtssystem gab, war die hauptsächliche

Ursache für die damalige drastische Zunahme der Einheitenwerte der Maße und Gewichte. Wenn Gelehrte zu verschiedenen Zeiten den chaotischen Zustand der Maße und Gewichte während der Nördlichen Dynastien diskutierten, gab es deshalb keinen, der ihn nicht auf die Korruption der Politiker und die Unterschlagungen der Beamten der damaligen Zeit zurückführte, denn es entspricht den Tatsachen.

Unter dem Aspekt der Wirtschaft waren die Dynastien Wei, Jin und Südliche und Nördliche Dynastien eine Periode in der Geschichte Chinas, in der die Naturalwirtschaft eine absolute Vormachtstellung einnahm. Die Naturalwirtschaft schafft leicht einen Zustand, in der die Regionen abgeschlossen und zersplittert sind. Das führt dazu, dass das Rechtssystem lax ist und die Ordnung der Maße und Gewichte, die ursprünglich einheitlich sein soll, in einen Zustand absoluter Willkür gerät. Das ist auch eine der Ursachen dafür, dass damals ein chaotischer Zustand der Maße und Gewichte entstand.

Das Zeitalter der Südlichen und Nördlichen Dynastien endete mit der Sui-Dynastie. Die Sui-Dynastie verwirklichte nicht nur die Vereinigung des Südens mit dem Norden, sondern auch in den Jahren der Regierungsära Kaihuang[15] wurden die Maße und Gewichte vereinheitlicht. Das Reich Sui wurde auf der Grundlage des Königreiches der Nördlichen Zhou gegründet.

Als die Sui-Dynastie die Maße und Gewichte vereinheitlichen wollte, konnte es deshalb nicht umhin, die Tatsache zu berücksichtigen, dass die Einheitenwerte der Maße und Gewichte in der Nördlichen Zhou-Dynastie vergrößert worden waren. Darum ist der Kern der Vereinheitlichung der Maße und Gewichte in der Sui-Dynastie die Anerkennung und Legalisierung der damaligen Ordnung der Maße und Gewichte. Deshalb verkörpert die Ordnung der Maße und Gewichte am Beginn der Sui-Dynastie, verglichen mit dem sogenannten alten System der Qin- und Han-Dynastie, viel größere Werte. Im „Sui Shu (Chronik der Sui-Dynastie), Kap. Aufzeichnungen über Musik und Kalender, Teil I" heißt es: „In der Regierungsära Kaihuang entsprach ein Sheng einem alten Dou und drei Sheng, ..., ein Jin entsprach drei alten Jin."

Hinsichtlich des Längenmaßes Chi nahm man das Markt-Chi der Nördlichen Zhou-Dynastie an, das umgerechnet in heutiges Maß 29,6 cm entsprach. Verglichen mit dem Chi, das durch das bronzene Hu-Gefäß von Wang Mang verkörpert wurde, hatte es um 6,6 cm zugenommen. Das ist die Ordnung der Maße und Gewichte, die in den Jahren der Regierungsära Kaihuang am Anfang der Sui-Dynastie geschaffen wurde. Weil diese Ordnung der damaligen gesellschaftlichen Realität entsprach, wurde sie wirksam realisiert. Im 3. Jahr der Regierungsära Daye (607) befahl Kaiser Yangdi der Sui-Dynastie, das alte System der Maße und Gewichte wiederherzustellen. Aber weil es nicht realistisch war, konnte es nicht umgesetzt werden, denn im Volk wurde noch die Ordnung der Periode vor der Sui-Dynastie weiter benutzt, so dass die Reform des Kaisers Yangdi der Sui-Dynastie zu einer Fehlgeburt wurde. Seit den Dynastien Sui und Tang wurde im Wesentlichen immer noch die Ordnung vom Beginn der Sui-Dynastie weitergeführt.

Die Maße und Gewichte erlangten wieder ihre Einheitlichkeit, was für die Entwicklung der Wirtschaft und den Fortschritt der Gesellschaft vorteilhaft war. Aber dies brachte zugleich auch ein neues Problem mit sich: Die neue Ordnung der Maße und Gewichte war

---

15 Die Regierungsära Kaihuang der Sui-Dynastie dauerte von 581-600.

für die Bewahrung der Beständigkeit gewisser wissenschaftlich-technischer Messdaten außerordentlich ungünstig. Zum Beispiel wenn man für das Längenmaß Chi für die Stimmpfeifen das Maß Chi vom Anfang der Sui-Dynastie nahm, ließ sich die Theorie, dass „die Länge der Stimmpfeife Huangzhong 9 Cun beträgt" gewiss nicht aufstellen. Legt man auf dieser Grundlage Riten und Musik fest, führt das zwangsweise dazu, dass die 8 Töne nicht harmonieren und die Töne der Musik verlorengehen. Auch hinsichtlich des Chi-Maßes für die Astronomie gab es traditionell Aufzeichnungen der Schattenlängen entsprechend den 24 Solarperioden. Wenn man ein neues System verwendet, stimmen sie nicht mit den vorhandenen Daten überein. Das war nicht nur für die Ausarbeitung des Kalenders ungünstig, sondern es widersprach auch dem Dogma der Konfuzianer „Der Himmel ändert sich nicht, und auch das Dao ändert sich nicht". Weiterhin konnte man mit den Rezepten der Medizin, wenn die Dosen dem alten System der Qin- und Han-Dynastie entsprachen, Krankheiten heilen, aber nach dem neuen System vom Beginn der Sui-Dynastie hätte man mit ihnen einen Menschen umgebracht. Natürlich musste man sich bemühen, einen Ausweg zu finden. Die Lösung, zu der die Vorfahren griffen, war, verschiedene Ordnungen der Maße und Gewichte zu verwirklichen. Bei der Abstimmung der Stimmpfeifen für die Musik, der Messung der Schattenlängen, der Bestimmung von Arzneidosen und der Anfertigung von Kopfbedeckungen und Zeremonialgewändern benutzte man das alte System der Qin- und Han-Dynastie, während man auf den übrigen Gebieten die damalige Ordnung benutzte. So entstanden das sogenannte große und das kleine System.

Die Entstehung des großen und des kleinen Systems der Maße und Gewichte begann in der Westlichen Jin-Dynastie. Als Xun Xu die Stimmpfeifen der Musik untersuchte und das alte Chi-Maß ermittelte, gab es schon einen Unterschied zu den damals alltäglich gebrauchten Chi-Maßen. Das belegt, dass das von ihm benutzte Chi-Maß für die Stimmpfeifen schon nicht mit dem im Volk benutzten Chi übereinstimmte. Als Zu Chongzhi später die Chi-Maße früherer Dynastien untersuchte, meinte er, dass Xun Xu's Chi-Maß für die Stimmpfeifen mit dem alten System übereinstimmt. Daraufhin benutzte er es, um Schattenlängen zu messen und den Kalender festzulegen. Das ist ein klassisches Beispiel, dass während der Südlichen und Nördlichen Dynastien das Chi der Astronomen nicht mit dem alltäglich gebrauchten Chi übereinstimmte. In der Tat musste man seit der Westlichen Jin-Dynastie bei jedem Wechsel der Dynastie für die Überprüfung der Stimmpfeifen der Musik und die Festlegung des Kalenders die alten Geräte bestimmen. Das zeigt, dass sich die Menschen vollauf dessen bewusst waren, dass sich die Maße und Gewichte zwischen dem kleinen und dem großen System unterscheiden. Als in der Sui-Dynastie Kaiser Wendi die Maße und Gewichte vereinheitlichte, wurde eindeutig festgelegt, dass für die Messung der Schattenlänge das kleine Chi der Südlichen Dynastien zu benutzen und als Chi für den alltäglichen Gebrauch der Beamtenschaft und des Volkes das große Chi des Nordens zu benutzen ist. Somit wurde die Verwendung des großen und kleinen Systems der Maße und Gewichte immer mehr bekräftigt. Während der Tang-Dynastie wurde das große und kleine System der Maße und Gewichte ausgearbeitet und in den Gesetzeskodex „Liu Dian (Sechs Kodizes)" aufgenommen, der seine rechtliche Stellung verankerte. Seitdem wurde das große und kleine System der Maße und Gewichte zu einer rechtlichen Ordnung und betrat offiziell die Bühne der chinesischen Geschichte.

4. Entwicklung der Maße und Gewichte seit den Dynastien Tang und Song

Die Sui-Dynastie dauerte sehr kurz. Nach dem Ansturm des Bauernkriegs am Ende der Sui-Dynastie vereinigte die neu gegründete Tang-Dynastie China erneut. Die Tang-Dynastie setzte auf dem Gebiet der Ordnung der Maße und Gewichte im Wesentlichen das System der Sui-Dynastie fort. Verschiedene Dokumente zeigen, dass 1 Chi der Tang-Dynastie ungefähr heutigen 30 cm, 1 Sheng ungefähr heutigen 600 ml und 1 Jin ungefähr heutigen 661 g entsprachen. Andererseits hatte sich die Ordnung der Maße und Gewichte in der Tang-Dynastie auch etwas gewandelt. Das drückte sich hauptsächlich im Zahlensystem der Gewichte aus. Seit der Qin- und Han-Dynastie folgen die Längen- und die Volumenmaße im Wesentlichen dem Dezimalsystem, mit Ausnahme der Gewichtseinheiten, zudem ist die Rate der Zunahme nicht gleich. In dieser Situation bildeten die Münzen „Kai Yuan Tong Bao", die am Anfang der Tang-Dynastie gegossen wurden, ein entscheidendes Moment der Verbesserung. „Kai Yuan Tong Bao" bedeutet eine neue Epoche eröffnen und eine kostbare Sache umlaufen lassen und steht mit der Regierungsära Kai Yuan (713-741) des Tang-Kaisers Xuanzong in keinem Zusammenhang. Die Münzen „Kai Yuan Tong Bao" wurden zuerst im 4. Jahr der Regierungsära Wude der Tang-Dynastie (Jahr 621) gegossen. Der Durchmesser der Münze beträgt 8 Fen, und sie ist 2 Zhu 4 Lei schwer. Nach dem traditionellen Verhältnis zwischen Liang und Zhu ist festgelegt, dass 1 Liang gleich 24 Zhu sind, so dass 2 Zhu 4 Lei gerade 1/10 Liang entsprechen. Das heißt, 10 Münzen „Kai Yuan Tong Bao" sind gerade 1 Liang schwer. Weil 10 Münzen gleich 1 Liang bequemer zu rechnen ist als 1 Liang gleich 24 Zhu, und weil man Münzen als Gewichtseinheit und Normal überall erhält, trat mit dem Umlauf der „Kai Yuan Tong Bao"-Münzen durch allgemeine Verabredung eine neue Gewichtseinheit in Erscheinung – Qian (Geld). Das Erscheinen der Einheit Qian ermöglichte, dass in den Gewichtseinheiten das Dezimalsystem Einzug hielt, was die praktische Verwendung erleichterte.

Am Aufbau der Maße und Gewichte in der Tang-Dynastie sind ihre Verwaltung und Ordnung am meisten lobenswert. Die Tang-Dynastie ließ strenge Gesetzesbestimmungen für die Maße und Gewichte ausarbeiten. Es wurde festgelegt, dass die Maße und Gewichte periodisch jährlich zu überprüfen und zu stempeln sind. Erst danach durfte man sie benutzen. Wenn die Prüfpersonen die Prüfung nicht streng vorgenommen hatten, wenn eine Privatperson ein Messmittel angefertigt hatte, das nicht mit dem Normal übereinstimmte und es dennoch benutzt hatte, oder wenn es geprüft wurde, aber nicht einen amtlichen Stempel trug, waren die Personen zu bestrafen. Wenn die Aufsicht führenden und die prüfenden Beamten es nicht bemerkt hatten oder eingeweiht waren, waren sie jeweils zu bestrafen. Die für die Maße und Gewichte zuständige Behörde war das Finanzministerium „Tai Fu Si", das zentral für Waren und Handel zuständig war, und regional gab es Ämter in den Bezirken und Kreisen. Als Zeit für die Prüfung der Maße und Gewichte war jährlich der achte Monat festgelegt. In der Hauptstadt schickte man sie zur Prüfung in das „Tai Fu Si" und in den Bezirken und Kreisen in die Ämter. Insgesamt waren die einzelnen Festlegungen in der Verwaltung der Maße und Gewichte recht vollkommen. Deshalb hatten die nachfolgenden Dynastien Song, Ming und Qing zum großen Teil auf der Grundlage der Gesetze der Tang-Dynastie als Referenz eigene Gesetze für die Maße und Gewichte ausgearbeitet. Daran kann man zum Teil die Bedeutung der Ordnung der Tang-Dynastie ersehen.

In der Zeit der Fünf Dynastien und Zehn Staaten war das Reich in Chaos gestürzt. Für die Verwaltung und die Herstellung von Maßen und Gewichten war natürlich keine Zeit übrig. Allgemein führte man das System der Tang-Dynastie fort, aber man ließ den Dingen freien Lauf. Eine recht wichtige Sache war dabei, dass Wang Pu in der Späteren Zhou-Dynastie mit der Methode der aufgehäuften Hirsekörner ein Chi-Maß und Stimmpfeifen schuf. Wang Pu's Chi-Maß für die Justierung der Stimmpfeifen war etwas mehr als 2 Fen länger als das Chi-Maß von Wang Mang und gehörte zum kleinen System der Maße und Gewichte. Dass Wang Pu vor dem Hintergrund der damals in Aufruhr befindlichen Gesellschaft mit der Methode der aufgehäuften Hirsekörner das Chi-Maß überprüfen und die Stimmpfeifen festlegen konnte, ist für die Geschichte der Maße und Gewichte wert aufgezeichnet zu werden.

Die Song-Dynastie kann man nicht als einen starken, blühenden Staat ansehen, dennoch waren in der Song-Dynastie Gesellschaft, Wirtschaft, Wissenschaft und Technologie recht entwickelt. Auch auf dem Gebiet der Maße und Gewichte gab es einige Fortschritte. Auf dem Gebiet des Zahlensystems der Gewichtseinheiten wurden auf der Grundlage der kleinsten Gewichtseinheit im Zehnersystem „Qian" zusätzlich die Einheiten Fen, Li, Hao, Si und Hu im Dezimalsystem festgelegt. Die Längeneinheiten in das System der Gewichtseinheiten einzuführen, war eine Schöpfung der Song-Dynastie. Außer dass man beim System der Gewichtseinheiten noch 16 Liang gleich 1 Jin und 120 Jin gleich 1 Shi benutzte, folgten die übrigen Einheiten dem Dezimalsystem.

Bezüglich der Gestaltung der Volumenmaße gab es während der Song-Dynastie auch einen Fortschritt. Die bronzenen Hu-Gefäße der Qin- und Han-Dynastie hatten allgemein eine zylindrische Form, doch seit der Sui- und Tang-Dynastie vergrößerte sich das Volumen, so dass auch der Durchmesser entsprechend zunahm. Das führte dazu, dass die obere Öffnung zu groß wurde und nicht leicht zu justieren war. Wenn man den Rand zur Justage nacharbeitet, erhält man leicht zu große oder zu kleine Volumenwerte, die vom Standardwert stark abweichen. Deshalb wählte man in der Südlichen Song-Dynastie die Form eines Pyramidenstumpfs, dessen obere Öffnung klein und dessen untere Basis groß ist, allgemein ist der Querschnitt quadratisch. Weil Volumengefäße dieses Typs die Form einer quadratischen Pyramide haben, konnte man ihre Kanten messen. Verglichen mit der Messung des Innendurchmessers eines Zylinders, war sie leichter zu realisieren, deshalb konnte man die Forderung „mit der Messung der Länge das Volumen bestimmen" besser erfüllen. Da außerdem die obere Öffnung klein ist, war sie leichter eben zu machen, und es wurde schwieriger, sich bei der Messung mit unredlichen Mitteln einen Vorteil zu verschaffen. Wegen dieser Vorteile hatte man auch in den nachfolgenden Dynastien Yuan, Ming und Qing auf dem Gebiet der Form des Hu-Volumenmaßes das System der Song-Dynastie fortgeführt.

Vor der Tang-Dynastie galt beim Hu-Volumenmaß allgemein der Standard von 10 Dou. Das Maß Hu ist das größte der 5 Volumenmaße. Seit den Südlichen und Nördlichen Dynastien nahm der Einheitenwert zu und erreichte das 3-fache des alten Systems. Wenn man in ein Hu-Maß Getreide schüttete, war es zu schwer und der Gebrauch unbequem. Außerdem gab es nach den Aufzeichnungen in den alten Schriften noch die Volumeneinheit

Shi, wobei Shi und Hu oft verwechselt wurden. In Anbetracht dessen änderte man in der Song-Dynastie die Form des Hu-Gefäßes und reformierte das System, indem man festlegte, dass 1 Hu gleich 5 Dou, 1 Shi gleich 10 Dou und 1 Shi gleich 2 Hu sei. So wurde das Verhältnis zwischen Hu und Shi geklärt, und es wurde die Unklarheit bezüglich der Bezeichnung Hu beseitigt. Das ermöglichte weiterhin, dass die Größe des Maßes Hu der Praxis besser entsprach, und deshalb wurde diese Reform von späteren Generationen aufgegriffen.

In der Entwicklung der Maße und Gewichte der Song-Dynastie gab es eine wichtige Sache, das war die Erfindung der Apothekerwaage, mit der man kleine Dosismengen genau wiegen konnte. Zu Beginn der Reichsgründung der Nördlichen Song-Dynastie schenkte man der Vereinheitlichung der Maße und Gewichte große Aufmerksamkeit. Der Kaiser Taizu der Song-Dynastie hatte mehrfach Edikte erlassen, in denen er die Herstellung und Ausgabe einheitlicher Maße und Gewichte forderte. Im 3. Jahr der Regierungsära Chunhua (992) erließ Kaiser Taizu ein Edikt, indem er befahl, dass ein Amt „eine genaue Wägemethode entwickeln und eine allgemeine Regel veröffentlichen sollte". Der Beamte Liu Chenggui, der für die Verwaltung der Maße und Gewichte des Landes verantwortlich war, brachte entsprechend dieser Forderung Ordnung in die verschiedenen Wägeinstrumente, die im staatlichen Schatzamt benutzt wurden, und fand, dass der Wägebereich der Wägestücke, die im Finanzministerium „Tai Fu Si" benutzt wurden, von 1 Qian bis 10 Jin reichte und insgesamt 51 Wägestücke umfasste. Aber für die von den Ämtern in den Provinzen erhaltenen Abgaben in Form von Gold wurde gefordert, sie auf Hao und Li genau zu messen. Aber die Wägestücke des Finanzministeriums waren größtenteils nicht geprüft. Bei ihrem Gebrauch entstand leicht ein Wirrwarr, es traten Missstände auf, und es wurden Prozesse angestrengt. Um diese Probleme zu lösen, hatte Liu Chenggui durch wiederholte Überprüfungen zwei kleine präzise Apothekerwaagen geschaffen, die als staatliches Normal für die genaue Messung kleiner Gewichte dienten.

Von den beiden von Liu Chenggui geschaffenen Apothekerwaagen war die eine für ein größtes Gewicht von anderthalb Qian mit einem Skalenwert von 1 Li vorgesehen, mit dem Dezimalsystem von Li, Fen, Qian und Liang. Die andere diente für ein größtes Gewicht von 1 Liang mit einem Skalenwert von 1 Lei, mit den Einheiten Lei, Zhu und Liang nach verschiedenen Zahlensystemen mit 1 Liang gleich 24 Zhu und 1 Zhu gleich 10 Lei. Mit diesen beiden Apothekerwaagen konnte er die Bedürfnisse der Wägung kleiner Dosismengen mit Einheiten verschiedener Zahlensysteme befriedigen. Außerdem benutzte Liu Chenggui noch bronzene Münzen, die in den Jahren der Regierungsära Chunhua angefertigt wurden und die er mit der 1 Liang-Apothekerwaage gewogen hatte. Er wählte jeweils Münzen aus, die 2 Zhu 4 Lei schwer waren, sammelte 2400 Münzen, stellte sie zusammen und schuf so ein Normal für 15 Jin. Auf dieser Grundlage fertigte er eine Normalwaage mit einem größten Gewicht von 15 Jin an. Mit Hilfe dieser Normale ließ er erneut Sätze von Wägestücken gießen, die im Finanzministerium aufbewahrt und im ganzen Land verteilt wurden. Im „Song Shi (Chronik der Song-Dynastie), Kap. Aufzeichnungen über Musik und Kalender" heißt es, seitdem diese Wägenormale geschaffen wurden, „gab es keinen Betrug und keine Unregelmäßigkeiten mehr, und im Zentrum und in den Provinzen herrschte Ordnung." In späteren Generationen fanden die Apothekerwaagen, weil sie leicht herzustellen, bequem zu bedienen waren und genaue Messungen lieferten, auf den Märkten und bei den Kaufleuten angenommen wurden, als spezielles Gerät für die Wägung von Gold, Arzneimitteln und anderen wertvollen Waren über fast tausend Jahre weite Verbreitung. Sie leisteten einen Beitrag für die Entwicklung von Präzisionsmessungen im alten China.

Die Situation des Systems der Maße und Gewichte in den Staaten nationaler Minderheiten der Liao, Jin und Xia, die zeitgleich mit der Song-Dynastie existierten, ist nicht klar, aber man vermutet, dass sie im Großen und Ganzen der in der Song-Dynastie ähnelte.

Über die Maße und Gewichte während der Yuan-Dynastie gibt es in den Chroniken nur spärliche Aufzeichnungen; man mutmaßt, dass die benutzten Geräte den alten aus der Song-Dynastie ähnelten. Die natürliche Zunahme der Volumenmaße war schwer zu vermeiden, aber es ist schwierig, Kenntnis über ihr konkretes Ausmaß zu erlangen. Bis jetzt sind noch keine Chi-Maße aus der Yuan-Dynastie auf uns übergekommen, und in den Chroniken findet man keine eindeutigen Aufzeichnungen, weshalb es schwierig ist, Details in Erfahrung zu bringen. Volumenmaße der Yuan-Dynastie sind noch nicht bis auf uns übergekommen, aber im „Yuan Shi (Chronik der Yuan-Dynastie), Kap. Aufzeichnungen über Nahrung und Waren" wird angeführt: „Beim Transport von Reis benutzt man nicht mehr die Maße Dou und Hu der Song-Dynastie, vielleicht weil 1 Shi der Song-Dynastie jetzigen 7 Dou entspricht." Das belegt, dass der Wert der Volumenmaße der Yuan-Dynastie gegenüber denen der Song-Dynastie etwas zugenommen hatte. Ein Sheng der Song-Dynastie enthält heutige 585 ml, daraus lässt sich ableiten, dass 1 Sheng der Yuan-Dynastie ungefähr heutigen 836 ml entspricht. Anders als die Längen- und Volumenmaße ist eine große Anzahl von Gewichten der Yuan-Dynastie überliefert worden. Diese Gewichte zeigen in ihrem Wertverhältnis keine klare Beziehung der Verdopplung. Auf einigen Gewichten sind die Schriftzeichen „xx in Jin gewogen, xx Wägestück" eingraviert. Das belegt, dass die heute existierenden Gewichte der Yuan-Dynastie Laufgewichte einer Hebelwaage sind, dass die Hebelwaagen der Yuan-Dynastie die Tradition der Apothekerwaagen von Liu Chenggui fortgeführt haben und man die Entwicklung begann, quantitativ zu wägen und die Richtung zu verfolgen, Laufgewichte für die quantitative Messung zu benutzen. Die weite Verbreitung von Laufgewichten während der Yuan-Dynastie ist ein materielles Zeugnis für die Entwicklung der Warenwirtschaft in der Yuan-Dynastie. Aber der Fehler der quantitativen Wägung mit Laufgewichten ist allgemein recht groß. Wenn man die Einheitenwerte für das Gewicht während der Yuan-Dynastie berechnen will, so kann man sie anhand der Silberbarren erhalten, auf denen das eigene Gewicht eingraviert ist. Das Ergebnis der Berechnung ist, dass 1 Jin der Yuan-Dynastie etwa heutigen 633 g entspricht.

Die Ming-Dynastie hat sich um die Ordnung der Maße und Gewichte auch ziemlich gekümmert. Allein in den fast 200 Jahren vom Kaiser Hongwu bis zu Jiajing (1368–1566) sind 17 Erlasse über die Maße und Gewichte verkündet worden. In der Ming-Dynastie gab es schon Keime des Kapitalismus, und die Maße und Gewichte änderten sich auch. Es traten drei Systeme in Erscheinung: Chi für das Bauwesen, Chi für die Landvermessung und Chi für das Schneidern. Das Chi für das Bauwesen war 32 cm lang, das Chi für die Landvermessung 31,6 cm, und das Schneider-Chi, das auch Banknoten-Chi hieß, hatte die gleiche Länge wie die Papiernoten „Da Ming Bao Chao" (Kostbare Banknote der Großen Ming), die im 8. Jahr der Regierungsära Hongwu (1375) ausgegeben wurden und 34 cm lang waren. Auf dem Gebiet der Volumenmaße gab es Hu, Sheng und Dou. Als Waagen benutzte man Hebel-, Balken- und Apothekerwaagen, wobei Herstellung und Form von einer zentralen Regierungsbehörde verkündet wurden, und Abweichungen davon waren nicht erlaubt. Die Ordnung war recht lückenlos.

Die Qing-Dynastie ist die letzte feudale Dynastie in der Geschichte Chinas. Die Entwicklung ihrer Maße und Gewichte erreichte auch den Gipfel der Wissenschaft von den Maßen und Gewichten des Altertums. Das äußerte sich vor allem bei der Wahl und der Herstellung der Normale für die Maße und Gewichte. Kaiser Kangxi der Qing-Dynastie brachte der traditionellen konfuzianischen Ethik und der Ordnung in den Erlassen eine große Wertschätzung entgegen. Im 52. Jahr der Herrschaft Kangxi's (1713) organisierte er eine Gruppe von Gelehrten der Musikologie, um das Werk „Lü Lü Zheng Yi" (Grundlegende Prinzipien der Musik) zu kompilieren und erneut mit dem Verfahren der aufgehäuften Hirsekörner die Stimmpfeifen zu bestimmen. Das Maß Chi während der Qing-Dynastie hatte stark gegenüber dem der Dynastien Qin und Han zugenommen. Damit das Ergebnis der Hirsekörner mit dem alten System und auch mit dem damals gebräuchlichen Chi-Maß übereinstimmte, benutzte man in geschickter Weise die beiden Verfahren, die Hirsekörner entlang der breiten und der langen Seite hintereinander anzuordnen. Somit erhielt man das Verhältnis zwischen dem Chi-Maß für das Bauwesen und dem Chi-Maß für die Musik: „Mit der langen Seite hintereinandergelegt, ergaben 100 Hirsekörner 10 Cun, während mit der breiten Seite hintereinandergelegt 100 Hirsekörner 8 Cun 1 Fen ergaben. Das mit der breiten Seite der Hirsekörner erhaltene Maß zu dem mit der langen Seite der Hirsekörner erhaltene Maß entspricht dem Verhältnis des alten Chi-Maßes zum heutigen Chi-Maß." Hier bedeutet das sogenannte alte Chi-Maß das Chi-Maß der Musik. Das heißt, 100 Hirsekörner, die mit der langen Seite hintereinander gelegt werden, ergeben die Länge des Chi-Maßes für das Bauwesen (32 cm), während 100 Hirsekörner, die mit der breiten Seite hintereinander gelegt werden, die Länge des Chi-Maßes für die Musik liefern (25,92 cm). Ein Chi des Chi-Maßes der Musik entspricht 8 Cun 1 Fen des Chi-Maßes für das Bauwesen. Da die Länge der Stimmpfeife für den Ton Huangzhong 9 Cun des Chi-Maßes für die Musik beträgt, entspricht die Länge der Huangzhong-Stimmpfeife der Qing-Dynastie genau 1 Chi des alten Chi-Maßes (25 cm). Nachdem das Chi-Maß bestimmt war, konnte das Volumen des Volumengefäßes durch die Festlegung seines Volumens bestimmt werden. Das Gewicht der Wägestücke kann dann über die Festlegung des spezifischen Gewichts bestimmt werden. In dem von Kaiser Kangxi „kaiserlich kompilierten" Werk „Shu Li Jing Yun" (Grundlegende Prinzipien der Mathematik) sind Tabellen der Maße und Gewichte aufgelistet, und konkret sind für die Metalle Gold, Silber, Kupfer und Blei die Gewichte pro Kubik-Cun und die Volumina der Volumenmaße Sheng, Dou, Hu und Shi mit konkreten Zahlen in Kubik-Cun festgelegt. Diese Herangehensweise, eine entsprechende Ordnung der Maße und Gewichte durch wechselseitige Prüfung nach zwei Verfahren aufzubauen, setzt die metrologische Wissenschaft seit der Han-Dynastie fort und entwickelte sie weiter. Das Verfahren, mit dem spezifischen Gewicht von Metallen ein Gewichtsnormal zu bestimmen, ist wissenschaftlicher als die Überprüfung mit Hilfe von Hirsekörnern. Obwohl bei diesem Verfahren die Reinheit der Metalle einen Einfluss auf die Genauigkeit ausüben kann, konnte es aber die Bedürfnisse für die damaligen Messungen befriedigen.

Auch Kaiser Qianlong schenkte der Ausarbeitung der Einheiten für die Maße und Gewichte große Aufmerksamkeit. Im 7. Jahr der Herrschaft Qianlong's (1742) wurden in der zweiten Redaktion des Werks „Shu Li Jing Yun" nochmals Tabellen der Gewichtseinheiten ausgearbeitet, während die bestimmten Längen- und Volumeneinheiten nach wie vor der Ordnung des ursprünglichen Werks „Shu Li Jing Yun" folgten. Das Gewicht beruhte auf einem Normal eines Messingwürfels von einem Kubik-Cun, der 6 Liang 9 Qian schwer war, der zudem im Ministerium für öffentliche Arbeiten als Normal hergestellt und in allen Provinzen verbreitet wurde. Im 9. Jahr der Herrschaft von Qianlong (1744) wurde in Anlehnung an das bronzene Volumengefäß von Wang Mang und an die von Zhang Wenshou zur Zeit des Kaisers Taizong der Tang-Dynastie angefertigte Skizze eines würfelförmigen Volumennormals das Volumennormal der Qing-Dynastie sorgfältig konstruiert und hergestellt. Je ein kubisches und ein zylinderförmiges Normal wurden aus Bronze gegossen und vergoldet und in einer Palasthalle aufgestellt. Die Konstruktion des Volumennormals der Qing-Dynastie steht auf einem sehr hohen Niveau. Außer dass es einheitlich ein Normal für Länge, Volumen und Gewicht widerspiegelte, konnte es außerdem die Unterschiede der drei Längenmaße – Chi-Maß von Wang Mang, Chi-Maß der Musik der Qing-Dynastie und Chi-Maß für das Bauwesen darstellen. Zudem stimmte es hinsichtlich der Form und den entsprechenden Zahlen mit dem alten System überein. Die Konstruktion und die Herstellung waren überhaupt nicht einfach. Eben aufgrund der Aufmerksamkeit der Kaiser Kangxi und Qianlong für einheitliche Maße und Gewichte zeigte die Ordnung der Maße und Gewichte am Anfang der Qing-Dynastie kein großes Chaos.

5. Aufbau des neuzeitlichen Systems der Maße und Gewichte

Am Anfang der Qing-Dynastie war man bei der Ausarbeitung der Ordnung der Maße und Gewichte sehr umsichtig, und auch die Verwaltung war recht streng. Damit erzielte man eine bestimmte Wirkung. In der Mitte der Qing-Dynastie hatte man die Maßnahmen der Regierung zur Vereinheitlichung der Maße und Gewichte nicht mehr streng umgesetzt. Die Ordnung der Maße und Gewichte begann, in Unordnung zu geraten, und der Grad der Unordnung eskalierte mit dem Niedergang der Qing-Dynastie. Bis zum Ende der Qing-Dynastie entwickelte er sich schon zu einem Ausmaß, das durch nichts mehr zu überbieten war. Maße und Gewichte verschiedener Formen mit vielfältigen Bezeichnungen traten auf, und die Ordnungen unterschieden sich. Bei den Chi-Maßen gab es außer dem gesetzlichen Yingzao-Chi-Maß Gebrauchs-Chi-Maße für verschiedene Branchen, wie zum Beispiel das Chi-Maß der Holzfabriken, das Chi-Maß für lange Weihrauchstäbe, das Schneider-Chi-Maß, das Chi-Maß für den Warenhandel, das Chi-Maß des Schiffbaus, das Chi-Maß der Weber, das Chi-Maß für Abakusse usw. Bei den Volumenmaßen gab es das Markt-Hu-Maß, das aus Ahornholz gefertigte Hu-Maß, das Hu-Maß für Getreide, das Hu-Maß für hundert Materialien, das Tempel-Hu-Maß, das Hu-Maß für den Laternenmarkt usw. An Gewichten und Waagen gab es die ebene Waage, die Tributreiswaage, die Salzwaage, die Kohlenwaage, die Zinnwaage, die Obstwaage, die Waage für Tee und Lebensmittel usw. Wu Chengluo hatte einst einfach Maße und Gewichte verschiedener Bezeichnungen und Einheiten aufgelistet. Für die drei Kategorien der Länge, des Volumens und des Gewichts erreichte jede einzelne mehrere zehn Arten, und die Einheiten waren nicht äquivalent. Außerdem gab es verschiedene ausländische Systeme, wie das englische System, das französische, japanische, russische System usw. Die Verworrenheit der Ordnungen der Maße und Gewichte war ohne jegliche Regel und erreichte ein nicht zu überbietendes Ausmaß.

Das Chaos der Ordnung der Maße und Gewichte gegen Ende der Qing-Dynastie hatte vielfältige Gründe. Zu den technischen Faktoren gehörte, dass man als Verfahren zur Festlegung des Systems zu Beginn der Qing-Dynastie das Chi-Maß mit dem Aufhäufen von Hirsekörnern bestimmte. Dieses Verfahren war von der Tradition überkommen. Für sich wies es Unbestimmtheiten auf, es entsprach nicht den Bedürfnissen einer schon entwickelten Gesellschaft, aber noch wichtiger waren die sozialen Faktoren. Nach der Mitte der Qing-Dynastie wurde die politische Macht immer korrupter, der Wind der Veruntreuungen durch die Beamten blies immer stärker. Die Ämter benutzten bei den Einnahmen große Chi- und Dou-Maße, bei den Ausgaben bemühten sie sich, die Einheiten Jin und Liang leichter zu machen. Wenn die Untergebenen sich die Oberen zum Beispiel nehmen, wie könnte die Ordnung da nicht in Chaos ausarten? Damit hingen außerdem die ungesunde Situation der Gesetzgebung und die Hemmungslosigkeit und Schwäche der Regierung zusammen. Der Qing-Hof schenkte den Prüfungen und Kalibrierungen der Maße und Gewichte keine besondere Aufmerksamkeit mehr. Obwohl es Festlegungen für periodische Prüfungen gab, wurden sie aber nicht ernsthaft befolgt. Leute, die privat Maße und Gewichte herstellten, beugten das Gesetz, um einen Gewinn einzuheimsen, ohne dafür bestraft zu werden. Es war kaum zu vermeiden, dass Nachfolger es ihnen gleichtaten. Als die Feudalgesellschaft ihre Endphase erreichte, war sie nicht mehr in der Lage, eine einheitliche Ordnung der Maße und Gewichte aufrechtzuerhalten.

Ein anderer wichtiger Grund, der am Ende der Qing-Dynastie in der Ordnung der Maße und Gewichte äußerstes Chaos schuf, war das Eindringen des Imperialismus. In der Mitte des 19. Jahrhunderts wurden die Tore Chinas mit den Kriegsschiffen und Kanonen der westlichen und östlichen Großmächte gewaltsam aufgesprengt, so dass China auf den Weg eines halb feudalen, halb kolonialen Landes geriet. Nach der Öffnung der Vertragshäfen verschärfte sich das Eindringen der ausländischen Wirtschaften, und die Ordnungen der Maße und Gewichte verschiedener Länder wurden in großer Zahl in China eingeführt. Der Hof der Qing besaß keine Macht, um die Maße und Gewichte im Lande zu vereinheitlichen, noch weniger hatte er die Kraft, sich dem konfusen Eindringen der ausländischen Ordnungen der Maße und Gewichte zu widersetzen. Im 9. Jahr der Regierungsära Xianfeng (1859) riss der Engländer Horatio Nelson Lay (Li Taiguo) das Zollrecht von Yue (alte Bezeichnung des Zolls von Guangdong) an sich. In der Folge wetteiferten die imperialistischen Staaten miteinander, es ihm gleichzutun, so dass das Kontrollrecht des chinesischen Zolls völlig in die Hände der Großmächte fiel. Chinesen hatten kein Recht mehr, nach dem beim Zoll benutzten Währungssystem und der Ordnung der Maße und Gewichte zu fragen. Unter dem Vorwand, dass die chinesischen Maße und Gewichte chaotisch und regellos seien, erließen die Zollämter der einzelnen Länder besondere Bestimmungen und stellten Umrechnungsverfahren auf. Das führte zum Auftreten des Zoll-Chi-Maßes und der Zollgewichte. Die Maße und Gewichte des Zolls, die China schmachvoll preisgaben, waren in der Geschichte der Maße und Gewichte Chinas auf diese Weise entstanden.

Die ausländischen Maße und Gewichte drangen auf verschiedene Weise nach China ein. Zum Beispiel wurde der Zoll von einem Engländer verwaltet, also benutzte man das englische System; die Post wurde von einem Franzosen verwaltet, so benutzte man das metrische System; die Souveränität über die Eisenbahnen und die Schifffahrtswege stand unter gemischten Kommandos von England, Frankreich, Deutschland, Japan und Russland. Was den Engländern und Amerikanern gehörte, dort wurde das englische System benutzt, was den Franzosen und Deutschen gehörte – das metrische System, was Japan gehörte – das japanische System und was Russland gehörte – das russische System. Selbst wenn die inländischen Geschäfte und Fabriken Waren handelten, benutzten sie das der Quelle der Waren entsprechende System. Das Chaos der Maße und Gewichte lässt sich schon nicht mehr zur Gänze darstellen. Es ist nicht vom Eindringen des Imperialismus zu trennen.

Am Ende der Qing-Dynastie zog eine Geistesströmung der Reformen herauf. Durch diesen Druck gezwungen, konnte der Hof der Qing nicht umhin, eine Reform der Ordnung der Maße und Gewichte zu erwägen. Aber da sich die Missstände schon lange eingebürgert hatten, zog sich ihre Umsetzung in die Länge. Vom 29. Jahr der Regierungsära Guangxu (1903), als ein Hofbeamter diesen Vorschlag unterbreitete, bis zum 34. Jahr der Regierungsära Guangxu hatte die Regierung erst einen Entwurf „Vereinheitlichung der Ordnung der Maße und Gewichte" ausgearbeitet. Darin wurde festgelegt, weil sich der Staat noch in einem feudalen Willkürregime befand, müsste man „die Ordnung der Ahnen sorgfältig einhalten". Darum wurde das Chi-Maß immer noch auf das Yingzao-Chi-Maß als Normal, das unter Kaiser Kangxi mit Hirsekörnern bestimmt wurde, zurückgeführt. Auch bei den Volumen- und Gewichtsmaßen bemühte man sich, das System des Kaisers Kangxi zum Normal zu nehmen. Man berücksichtigte lediglich, dass die Reinheit der Metalle unterschiedlich ist; deshalb rechnete man das Gewichtsnormal, das mittels des spezifischen Gewichts von Metallen bestimmt worden war, auf das Gewicht von einem Kubik-Cun reinen Wassers als Normal um. In Anbetracht dessen, dass damals die Wissenschaft des Westens schon nach China gelangt war, entsendete die Regierung der Qing-Dynastie, nachdem der Entwurf ausgearbeitet war, Experten zum Studium ins Ausland, um das neue System mit dem Internationalen metrischen System zu vergleichen und zu prüfen und mit dem Internationalen Büro für Maß und Gewicht (BIPM) die Herstellung eines Yingzao Chi-Maßes und eines Kuping-Masseprototyps[16] aus einer Platin-Iridium-Legierung und die Herstellung entsprechender Sekundärnormale aus Nickelstahl zu vereinbaren. Nachdem die Prototypen und die Sekundärnormale im 1. Jahr der Regierungsära Xuantong (1909) hergestellt waren, wurden sie nach China geschickt. Jetzt werden sie im Nationalen Institut für Metrologie aufbewahrt, sie sind Chinas früheste hochgenaue Normale für Maße und Gewichte.

Die Umgestaltung der Maße und Gewichte am Ende der Qing-Dynastie begann damit, dass zuerst mit der metrischen Länge (Zentimeter) und der metrischen Masse (Gramm) des Internationalen metrischen Systems die Länge des Yingzao Chi-Maßes und die Masse des Kuping-Wägestücks verglichen wurden und dass man nach modernen wissenschaftlichen Methoden Normale herstellte, wodurch Chinas Maße und Gewichte eigene zeitgenössisch

---

16 Kuping-Masseprototyp – Kuping war in der Qing-Dynastie das Gewichtsnormal, das beim Eintreiben der Steuern benutzt wurde. Es wurde in den Jahren der Herrschaft des Kaisers Kangxi festgelegt. Bei der Vereinheitlichung der Maße und Gewichte durch die Qing-Regierung im Jahre 1908 wurde bestimmt, dass 1 Kuping-Liang 37,301 g entspricht.

bestimmte Normale erhielten. Das war ein großer Fortschritt in der Entwicklungsgeschichte der Maße und Gewichte. Nur dass damals das Gebäude der Qing-Dynastie einzustürzen begann, dass man am Morgen nicht für den Abend garantieren konnte. Im Wesentlichen hatte sie keine Kraft mehr, diese Ordnung einzuführen.

Mit dem Sturz der Regierung der Qing-Dynastie trat die Reform der Maße und Gewichte in eine neue Etappe. Damals war die Ordnung der Maße und Gewichte verworren, es gab überhaupt keine Regeln. Kurz nach der Gründung der Republik wäre die beste Gelegenheit gewesen, eine gründliche Reform durchzuführen. Das für diese Angelegenheit zuständige Industrie- und Handelsministerium gelangte nach längeren Diskussionen zu der Auffassung, dass man sich dem Trend der Welt anschließen und direkt das metrische System einführen müsste, um die Hemmnisse für den Außenhandel zu beseitigen und die chaotische Ordnung der Maße und Gewichte zu überwinden. Dieser Vorschlag wurde vom damaligen Staatsrat angenommen, der ihn an den vorläufigen Senat weiterleitete. Allerdings kümmerten sich die damaligen Abgeordneten nur um den Kampf um Macht und Gewinn. Bis die Nationalversammlung gebildet war, wurde noch kein Beschluss gefasst, so dass es keine Möglichkeit gab, ihn zu verwirklichen.

Als später das Ministerium für Landwirtschaft und Handel der nordchinesischen Regierung gebildet wurde, meinte man im Ministerium, dass das Meter zu lang und das Kilogramm zu schwer und von der nationalen Psychologie und Gewohnheit zu weit entfernt sei, so dass es schwer fallen würde, sie durchzusetzen. Im 3. Jahr der Republik (1914) wurde der Entwurf „Bestimmungen über Maße und Gewichte" ausgearbeitet, der die Herangehensweise der Koexistenz des englischen und des metrischen Systems in Amerika und England imitierte, dass zwei Systeme A und B nebeneinander existierten. Das System A beinhaltete das Yingzao Chi-Maß und das Kuping-Wägestück und das System B das internationale metrische System. Das System A sollte eine Hilfsordnung für eine Übergangsperiode sein, und alle Umrechnungen waren auf das System B als Referenz bezogen. Außerdem richtete man eine Werkstätte zur Herstellung von Maßen und Gewichten und ein Kalibrierlaboratorium ein, und man beauftragte ein Amt für Maße und Gewichte beim Ministerium für Landwirtschaft und Handel, diese Angelegenheiten zu leiten. Obwohl dieser Entwurf im 4. Jahr der Republik von der Regierung Nordchinas unter dem Namen „Gesetz über Maße und Gewichte" bekanntgemacht wurde, aber weil die beiden Systeme parallel angewendet wurden und die Umrechnung wegen der komplizierten Beziehungen schwierig war, konnte man sie sich schwer merken. Deshalb wurde der Einführung ein starker Widerstand geleistet. Insbesondere unterlag die politische Macht bei der Regierung Nordchinas einem häufigen Wechsel, und ständig wurde das Land von Kriegshandlungen erschüttert. Die Kriegsherren waren darauf versessen, um Macht und Gewinn zu kämpfen, so dass sie sich um die Finanzen des Staats und den Lebensunterhalt des Volkes überhaupt nicht kümmerten und gar kein Interesse an dem Vorhaben zeigten, die Ordnung der Maße und Gewichte zu vereinheitlichen. Man konnte sich auf keinerlei Finanzmittel stützen, so dass das damals schon verkündete „Gesetz über Maße und Gewichte" nur pro forma und die chaotische Lage der Ordnung der Maße und Gewichte im ganzen Land weiter bestand und nicht die geringste Verbesserung eintrat.

Als im 16. Jahr der Republik (1927) die Regierung von Nanjing gebildet wurde, widmete sie den Maßen und Gewichten große Aufmerksamkeit, weil sie die Finanzen des Staates und den Lebensunterhalt des Volkes berührten. Sie wies das Ministerium für Industrie und Handel an, ein neues System auszuarbeiten und für die Umsetzung verantwortlich zu zeichnen. Das Ministerium für Industrie und Handel fand, dass es sich um eine schwerwiegende Angelegenheit handelte, die umsichtig zu bearbeiten sei. Zuerst müsse man wissenschaftliche Normale schaffen und danach Experten zusammenrufen, um umfassende Untersuchungen durchzuführen. Im Ergebnis der Untersuchungen bildeten sich im Wesentlichen zwei verschiedene Meinungen heraus: die eine meinte, dass man das internationale metrische System komplett über Bord werfen und nach den bekannten wissenschaftlichen Prinzipien die neuesten Methoden, die der wissenschaftliche Fortschritt liefert, anwenden und unter Bezugnahme auf die Traditionen und Gewohnheiten Chinas ein unabhängiges System der Maße und Gewichte Chinas ausarbeiten müsste. Die andere Meinung vertrat die Auffassung, dass man, von den bereits vorhandenen wissenschaftlichen Normalen ausgehend, den internationalen Verkehr erleichtern und unter Berücksichtigung der nationalen Gewohnheiten und Psychologie vollständig das internationale metrische System einführen müsste. Außerdem sollte man ein Hilfssystem für den Übergang schaffen, wobei zwischen dem Hilfs- und dem metrischen System die einfachsten Umrechnungsbeziehungen bestehen sollten. Die zweite Meinung wurde von der Mehrzahl der Gelehrten gebilligt und fand auch die Zustimmung der Kommission für Normale der Maße und Gewichte, die vom Ministerium für Industrie und Handel eingesetzt worden war. Nur wurde recht lange darüber gestritten, wie dieses Hilfssystem aufzustellen sei. Nach wiederholten Abwägungen fand man schließlich, dass der Vorschlag der beiden Experten Xu Shanxiang und Wu Chengluo der optimale sei. Nach diesem Vorschlag ist 1 Liter gleich 1 Markt-Sheng, 1 Kilogramm gleich 2 Markt-Jin (10 Liang gleich 1 Jin) und 1 Meter gleich 3 Markt-Chi (1500 Markt-Chi gleich 1 Li, 6000 Quadrat-Markt-Chi gleich 1 Mu). Nach diesem Vorschlag bildete das internationale metrische System das Normal, und das Marktsystem war für den Übergang gedacht, wobei das Marktsystem wiederum vom metrischen System abgeleitet war. In der Tat bildete es mit dem metrischen System eine Einheit, und mit dem metrischen System bestanden sehr einfache Proportionalitätsbeziehungen von eins, zwei, drei. Das war leicht zu merken und auch leicht umzurechnen. Zudem stand es den Einheitenwerten des alten traditionellen Systems des Volkes nahe. Deshalb wurde es vom damaligen Ministerium für Industrie und Handel und den verschiedenen Kommissionen der Regierung von Nanjing angenommen. Schließlich wurde es nach einer Revision durch die Regierung von Nanjing am 18.7. des 17. Jahres der Republik (1928) unter dem Namen „Entwurf der Normale für die Maße und Gewichte der Republik China" offiziell bekanntgemacht. Der Normal-Entwurf unterschied sich von Xu's und Wu's Entwurf durch die Verhältniszahl des Markt-Jin's. Xu und Wu hatten in ihrem Entwurf mit 1 Jin gleich 10 Liang das Dezimalsystem vorgesehen, aber die Regierung von Nanjing meinte bei ihrer letzten Revision, dass, weil das Marktsystem Übergangscharakter trage und dass es als Zugeständnis an die Traditionen und Gewohnheiten besser sei, wenn 16 Liang gleich 1 Jin sind. Deshalb beharrte man bei der Verkündung des Normal-Entwurfs immer noch auf dem alten System, dass 1 Jin gleich 16 Liang ist, so dass man einen Schritt hinter den Vorschlag von Xu und Wu ging.

Die Bekanntmachung des „Entwurfs der Normale für die Maße und Gewichte der Republik China" bedeutete, dass sich die Ordnung der Maße und Gewichte Chinas an das internationale metrische System anschloss und man begann, in eine neue Etappe der zeitgenössischen Metrologie einzutreten. Um danach die Umsetzung dieses Entwurfs zu gewährleisten, erließ die Regierung von Nanjing im Februar des 18. Jahres der Republik (1929) noch das „Gesetz über die Maße und Gewichte der Republik China". Daraufhin gründete die Zentralregierung ein Allchinesisches Amt für Maß und Gewicht, das für die Verwaltungsangelegenheiten der Maße und Gewichte im ganzen Land verantwortlich war. Gleichzeitig wurde die Werkstätte zur Herstellung von Maßen und Gewichten erweitert, indem sie verschiedene Normalgeräte herstellte, die in allen Provinzen und Kreisen des Landes verbreitet wurden. Weiterhin wurde ein Institut für die Ausbildung von Kalibrierpersonal für Maße und Gewichte gegründet, das Spezialisten und Kalibrierpersonal ausbildete, um ein technisches Rückgrat für die Vereinheitlichung der Maße und Gewichte zu schaffen.

Um die neue Ordnung der Maße und Gewichte umzusetzen, verschickte das Ministerium für Industrie und Handel Schreiben an die anderen zentralen Ministerien und die örtlichen Verwaltungsorgane, in denen zur Mithilfe und Durchführung aufgefordert wurde, um die Unterstützung aller Kreise zu erhalten. Zoll und Handel wurden dann vom Außen- und vom Finanzministerium in einem Befehl an die Zollämter angewiesen, ab dem 23. Jahr der Republik (1934) ohne Ausnahme das neue System anzuwenden. Die einzelnen Provinzen begannen schrittweise, das neue Gesetz umzusetzen. Aber weil verschiedene Ursachen zu einem Niedergang der Volkswirtschaft führten und Industrie, Wissenschaft, Technologie und das Bildungswesen verfielen, insbesondere geriet durch den Einfall Japans in China Territorium des Landes in Feindeshand, und nachdem der chinesisch-japanische Krieg vollkommen ausgebrochen war, führte das dazu, dass das metrische System der Maße und Gewichte in der Periode der Republik von Anfang bis Ende nicht im ganzen Land eingeführt werden konnte. Lediglich das Marktsystem, das mit dem Leben des Volkes eng verbunden war, begann allmählich populär zu werden.

Kapitel 3

Entwicklung der Verfahren der Zeitmessung

Die Metrologie der Zeit ist einer der wichtigen Forschungsinhalte der metrologischen Wissenschaft. Die entscheidenden Elemente der Zeitmetrologie sind die Verfahren der Zeitmessung. Nach der Bestimmung der Zeiteinheiten ist, wie man mit der Auswahl geeigneter Zeitmessinstumente das Vergehen der Zeit widerspiegelt, das Problem, das mit den Zeitmessverfahren gelöst wird. Darum wurde die Entwicklung der Zeitmessinstrumente zu einem wichtigen Forschungsgegenstand der Geschichte der Metrologie.

1. Entwicklung der Zeitmessung mit Sonnenuhren

Die Entstehung des Begriffs der Zeit entsprang aus der Wahrnehmung der scheinbaren Bewegung der Sonne durch die Menschen. Die Unterteilung der Zeiteinheiten in früher Zeit beruht auch auf den Richtungen der Sonne im Raum, zum Beispiel das 12-Doppelstundensystem und das im Buch „Huai Nan Zi" aufgezeichnete 15-Stundensystem geben das wieder. Das regte die Menschen an nachzudenken, dass es ausreicht, nur die Richtungen der Sonne am Himmel zu beobachten, wenn man die Zeit messen will. Aber für die Sonne am Himmel fehlt der Hintergrund der Beobachtung, denn es ist nicht möglich, die konkrete Richtung darzustellen, außerdem ist es für die Beobachtung unbequem, wenn das Sonnenlicht direkt ins Auge fällt. In Anbetracht dessen dachten die Menschen weiter, dass, wenn man auf einer horizontalen Ebene nur einen Stab aufstellt und die Änderung der Richtung seines Schattens beobachtet, man dann entgegengesetzt die Richtung der Sonne im Raum bestimmen kann. Daraus erhielt man entsprechende Zeitmarken. Die Verwirklichung dieser Denkweise führte zur Geburt der Zeitmessung mit einer Sonnenuhr.

Bei der Zeitmessung mit einer Sonnenuhr in früher Zeit wählte man wahrscheinlich ein Stück recht ebenen Boden, in dessen Mitte man senkrecht einen Stab steckte. Auf der Erde rings um den Stab malte man einige Linien, die die Zeitmarken darstellten. Entsprechend der Lage, wohin der Schatten des Stabes zwischen diesen Linien fiel, las man die Zeit ab. Dieser in die Erde gesteckte Stab heißt *biao*表 (Schattenstab). Jetzt nennen wir ein Zeitmessgerät (Uhr) *zhongbiao*钟表(Stunden-Schattenstab). Sein Ursprung hängt damit zusammen. Dieser Schattenstab und der Boden, auf dem ringsherum Linien gemalt sind, die die Zeit ausdrücken, bildeten eine ursprüngliche Sonnenuhr. Der Boden, auf dem die Zeitmarken aufgemalt sind, ist die Gnomonebene der Sonnenuhr. Das Schriftzeichen *gui*晷(Sonnenuhr) enthält die Bedeutung Sonnenschatten. Die Zeitmessung mit einer Sonnenuhr bestimmt entsprechend der Änderung der Lage des Stabschattens unter dem Sonnenlicht die jeweilige Zeit. Eine Sonnenuhr, die auf einer horizontalen Stabebene steht, ist eine horizontale Sonnenuhr. Sie ist ein Produkt der Zeitmessung mit einer Sonnenuhr in früher Zeit.

Darüber wie die Zeitmessung im alten China entstanden ist, gibt es jetzt keine verlässlichen schriftlichen Aufzeichnungen. Die früheste Niederschrift findet sich im „Shi Ji (Historische Aufzeichnungen)". Nach der Aufzeichnung im „Shi Ji, Kap. Biografie von Sima Rangju" heißt es, dass während der Zhanguo-Periode der Staat Qi vom Staat Yan angegriffen wurde und mehrere Niederlagen erlitt. Auf Empfehlung eines Höflings des Fürsten Jing von Qi wurde Sima Rangju ernannt, das Heer anzuführen, um Widerstand zu leisten. Gleichzeitig wurde Zhuang Jia zum Heeresinspektor ernannt. Sima Rangju vereinbarte mit Zhuang Jia, sich am nächsten Tag mittags vollzählig im Feldlager zu versammeln. Um die Mittagsstunde zu bestimmen, ging er zuerst zum Generalstab, und während er die Zeit mit einer Wasseruhr gemessen hatte, stellte er noch einen Schattenstab auf, und mit der Beobachtung des Stabschattens bestimmte er die Zeit. Das bildete eine horizontale Sonnenuhr. Diese Geschichte belegt, dass die Zeitmessung mit einer Sonnenuhr während der Zhanguo-Periode nichts Besonderes mehr war. Dementsprechend folgt daraus, dass die Sonnenuhren nicht später als während der Zhanguo-Periode entstanden sein können.

Glücklicherweise können wir bezüglich der Gestalt von Sonnenuhren während der Qin- und Han-Dynastie einen heimlichen Blick erhaschen. Im Jahre 1897 wurde bei der Stadt Tuoketuo südlich von Huhehaote in der Inneren Mongolei eine quadratische Steintafel ausgegraben, die die Abmessungen 27,5 cm x 27,4 cm x 3,5 cm hat. Auf der Steintafel ist ein großer Kreis eingraviert, in dessen Mittelpunkt sich eine Bohrung befindet. In einem Bereich von etwa 2/3 der Kreisfläche sind 69 radiale Linien eingraviert. Am Schnittpunkt jeder Radialen mit dem Kreis befindet sich eine kleine runde Vertiefung. An der Außenseite der runden Vertiefungen stehen in Uhrzeigerrichtung nacheinander Zahlen von 1 bis 69. Die Zahlen sind in der kleinen Siegelschrift geschrieben, die an der Wende von der Qin- zur Han-Dynastie stark verbreitet war (siehe Bild 3.1). Nach der Situation der Ausgrabung und den eingravierten Schriftzeichen lässt sich bestimmen, dass diese Steintafel ein Relikt aus der Wende von der Qin- zur Han-Dynastie ist. Diese Steinplatte wird jetzt im Museum der Geschichte Chinas in Beijing aufbewahrt.

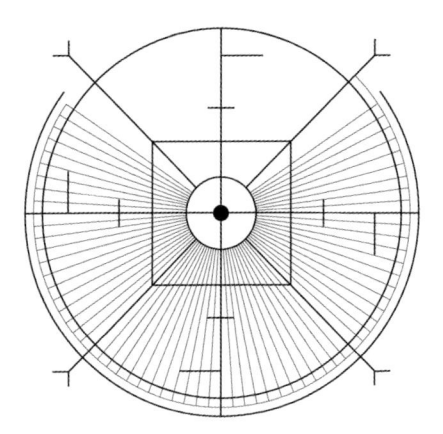

Bild 3.1 Sonnenuhr aus der Wende von der Qin- zur Han-Dynastie

Aus der Gestalt der Steinplatte ersieht man, dass sie zur Messung der Zeit verwendet sein muss. Weil die 69 Vertiefungen den Umfang in 68 Abschnitte unterteilen, entspricht jeder Abschnitt 1 % des Umfangs. Das entspricht einer Unterteilung des ganzen Umfangs in 100 gleiche Abschnitte, was damit übereinstimmt, dass ein Tag in 100 Ke unterteilt wird. Der Bereich, der auf der Steinplatte mit Linien unterteilt ist, stimmt im Wesentlichen mit dem größten Bereich der Verteilung der Richtungen für Auf- und Untergang der Sonne am Ort der Ausgrabung überein. Das zeigt, dass man mit ihr die Zeiten am Tage bestimmte. Hinsichtlich des Verfahrens der konkreten Anwendung musste man die Steinplatte horizontal aufstellen und den Bereich der radialen Linien nach Norden ausrichten, danach in die Mittelbohrung der Steinplatte senkrecht einen Schattenstab stecken und die Lage des gefundenen Stabschattens auf den radialen Markierungen beobachten. So konnte man die jeweilige Zeit ermitteln. Dementsprechend handelte es sich um eine horizontale Sonnenuhr.

Hinsichtlich des Verfahrens der Benutzung dieser Steinplatte aus der Stadt Tuoketuo gibt es bis heute unter den Wissenschaftlern verschiedene Ansichten. Aber die Meinung, dass es sich um eine horizontale Sonnenuhr handelt, stimmt mit dem Verlauf der historischen Entwicklung überein. Im Jahre 1932 wurde in Jinfeng bei Luoyang auch eine Steinplatte ausgegraben, die von der Form mit der Sonnenuhr von Tuoketuo im Wesentlichen übereinstimmt. Das verdeutlicht, dass sie die gleiche Verwendung hatte. Die Sonnenuhr von Jinfeng befindet sich jetzt im Royal Ontario Museum in Kanada. Diese beiden Sonnenuhren gehören beide in die Zeit der Wende von der Qin- zur Han-Dynastie, aber ihre Ausgrabungsstätten sind sehr weit voneinander entfernt. Das bedeutet, dass sie damals in einem sehr großen Gebiet benutzt wurden. Dessen ungeachtet gibt es aber über diese Art von Sonnenuhren aus damaliger Zeit keine Aufzeichnungen, und in nachfolgenden Generationen verschwanden sie spurlos. Das zeigt, dass die Zeit ihrer Existenz nicht lang war, aber weshalb?

Die Ursache hierfür ist, dass diese Art Sonnenuhr einen recht großen Zeitfehler aufwies.

Wir wissen, dass die tägliche scheinbare Sonnenbewegung parallel zur Äquatorebene erfolgt. Nur wenn der Stabschatten der Sonnenuhr in eine Ebene projiziert wird, die parallel zur Äquatorebene liegt, ist die Bewegung des Schattens gleichmäßig. Wenn man die Sonnenuhr eben auf die Erde stellt, verschiebt sich der Stabschatten bei Sonnenaufgang und -untergang sehr schnell, während er sich zum Mittag langsam verschiebt, was den Fehler hervorruft. Wenn man deshalb auf der Sonnenuhrebene einer horizontalen Sonnenuhr eine gleichmäßige Skala aufbringt, kann man nicht die wirkliche Zeit widerspiegeln. Aber sowohl bei der Sonnenuhr von Tuoketuo als auch bei der von Jinfeng war die Verteilung der radialen Linien auf der Sonnenuhrebene gleichmäßig. Deshalb ist es nicht ideal, sie für die Zeitmessung zu benutzen. Das ist vielleicht ein Grund, dass sie nicht weiter verbreitet wurden.

Den Fehler der Zeitmessung mit einer horizontalen Sonnenuhr, die eine gleichmäßige Skala aufweist, kann man nur durch Vergleich mit einem anderen Zeitmessgerät feststellen. Wenn man diesen Fehler kompensieren will, muss man bei der Prüfung mit einem anderen Zeitmessgerät (zum Beispiel einer Wasseruhr) die gleichmäßige Skala in eine ungleichmäßige Skala umbilden. Aber der horizontale Längengrad der Sonne ändert sich, nicht nur innerhalb eines Tages ist die Änderung ungleichmäßig, sondern sie ändert sich auch, wenn der Beobachter seinen geografischen Breitengrad ändert. Das heißt, es ist recht schwierig, wenn man auf einer horizontalen Sonnenuhr eine unveränderliche Skala aufbringen möchte, so dass die widergespiegelte Zeit gleichmäßig vergeht. Darum hat man historische Dokumente über eine solche Reform bis jetzt nicht gefunden.

Im 14. Jahr der Regierungsära Kaihuang der Sui-Dynastie (594) schlug der Astronom Ai Chong eine Idee vor. Eine horizontale Sonnenuhr, die eine gleichmäßige Skala hatte, benutzte er als Bezug für die Zeitmessung, so dass sich eine ungleichmäßige Zeitskala ergab. Obwohl mit dieser Reform die Zeitordnung mit der von der Sonnenuhr angezeigten Zeit übereinstimmte, stimmte aber eine nicht äquidistante Zeitskala nicht mit der traditionellen Gewohnheit überein und stand auch im Widerspruch zu anderen Zeitmessgeräten. Vom Wesen bedeutete dies einen Rückschritt und stieß deshalb verständlicherweise auf Widerstand.

Angesichts dessen blieb als Ausweg für die horizontale Sonnenuhr in der damaligen Zeit nur das eine, sie durch eine äquatoriale Sonnenuhr zu ersetzen.

Eine äquatoriale Sonnenuhr bedeutet, dass der Schattenzeiger der Sonnenuhr zum Himmelsnordpol zeigt und die Sonnenuhrebene so ausgerichtet wird, dass sie parallel zur

Äquatorebene liegt. Die Teilung auf der Sonnenuhrebene ist gleichmäßig. Die Sonnenuhr, die vor dem Palast der höchsten Harmonie links von den Thronstufen in der Verbotenen Stadt von Beijing aufgestellt ist, ist eine äquatoriale. Auf der Ober- und der Unterseite der Sonnenuhrebene befindet sich eine Teilung. Eine eiserne Nadel, die den Schattenzeiger darstellt, durchstößt den Mittelpunkt der Sonnenuhrebene. Es gibt auf der Ober- und der Unterseite je eine Nadel. In dem halben Jahr von der Frühlings-Tag-und-Nachtgleiche bis zur Herbst-Tag-und-Nachtgleiche befindet sich die Sonne nördlich vom Äquator und bescheint die Eisennadel auf der Oberseite. In dieser Zeit liest man die Teilung auf der Plattenoberseite ab. Doch im übrigen halben Jahr befindet sich die Sonne südlich des Äquators und bescheint die Eisennadel auf der Unterseite, so dass der Schatten auf die Unterseite der Platte projiziert wird und man in dieser Zeit die Teilung auf der Plattenunterseite abliest. Weil die Sonnenuhrebene parallel zur Äquatorebene liegt, ist die Drehung des Schattens der Eisennadel gleichförmig und die mit der Teilung auf der Platte angezeigte Zeit genau.

Die äquatorialen Sonnenuhren verbreiteten sich wahrscheinlich seit der Südlichen Song-Dynastie. Obwohl der Astronom Mei Wending am Beginn der Qing-Dynastie einst angegeben hatte, dass es in seiner Heimat eine äquatoriale Sonnenuhr aus der Tang-Dynastie gegeben hätte, wird sie aber in der Literatur der Tang-Dynastie noch nicht erwähnt. Der unabhängige Erfinder der äquatorialen Sonnenuhr, über den es in der Literatur Aufzeichnungen gibt, ist Ceng Nanzhong aus der Südlichen Song-Dynastie. Die entsprechende Aufzeichnung findet sich im zweiten Band des von Ceng Minxing während der Südlichen Song-Dynastie verfassten Werks „Du Xing Za Zhi" (Vermischte Aufzeichnungen eines einsam Erwachten)". Diese Aufzeichnung beschreibt den Aufbau der äquatorialen Sonnenuhr und das Prinzip ihres Gebrauchs mit den beiden Teilungen entsprechend den Jahreszeiten sehr klar. Deshalb legte sie die Grundlage für die Verbreitung der äquatorialen Sonnenuhr (siehe Bild 3.2).

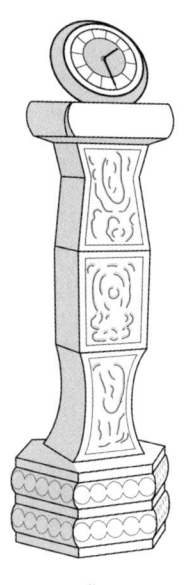

Bild 3.2 Äquatoriale Sonnenuhr

Nachdem die äquatoriale Sonnenuhr aufgetreten war, wurde sie von den Menschen angenommen und war in ihrer Zeit sehr beliebt. Das Prinzip der Zeitmessung mit der äquatorialen Sonnenuhr wurde noch auf verschiedene Weise verbessert. Zum Beispiel wurde sie als tragbares Gerät hergestellt, die Neigung der Sonnenuhrebene wurde auf einer Grundplatte realisiert, den Neigungswinkel konnte man einstellen, um die Sonnenuhr an Orten mit unterschiedlichen Breitengraden zu benutzen. Auf der Grundplatte konnte man noch einen Kompass anbringen, um sie bequem in der Nord-Süd-Richtung auszurichten. Mit einer solchen tragbaren Sonnenuhr konnte man nicht nur beliebig an verschiedenen Orten die Zeit messen, man konnte auch noch mit dem Kompass die Richtung feststellen, und der Gebrauch war höchst einfach. Sonnenuhren dieses Typs verbreiteten sich später auch im Ausland. Der englische Gelehrte Joseph Needham hatte in seinem großartigen Monumentalwerk „Science and Civilisation in China" einst berichtet, dass ähnliche tragbare äquatoriale Sonnenuhren dieses Typs im 17. Jahrhundert in Europa sehr verbreitet waren. Er meinte, dass Missionare aus dem Westen sie nach Europa mitgebracht hätten oder dass sie früher über die Araber oder die Juden nach Europa gelangt wären.

Außer den horizontalen und den äquatorialen Sonnenuhren gibt es noch eine kugelförmige Sonnenuhr. Die berühmteste kugelförmige Sonnenuhr ist das von dem Astronomen Guo Shoujing während der Yuan-Dynastie erfundene Gerät *yangyi*仰仪 (hemispärische Sonnenuhr). Die Form und der Aufbau der hemisphärischen Sonnenuhr sind im „Yuan Shi (Chronik der Yuan-Dynastie), Kap. Aufzeichnungen über Astronomie" konkret beschrieben. Nach dieser Aufzeichnung gleicht die Form der hemisphärischen Sonnenuhr einem Bronzekessel, der auf einer gemauerten Terrasse steht. Auf dem Rand der Öffnung des Kessels sind die Marken der 12 Richtungen eingraviert, während im Kessel verschiedene Koordinatenlinien aufgebracht sind, die die Positionen von Himmelskörpern angeben. Der Radius der Kesselfläche beträgt 6 Chi der Yuan-Dynastie, die etwa 1,8 m entsprechen. Auf dem Umfang des Rands der Öffnung ist eine Rille eingearbeitet. Nachdem man in die Rille Wasser gefüllt hatte, konnte man prüfen, ob die hemisphärische Sonnenuhr horizontal ausgerichtet ist. In der Ost-West-Richtung ist zwischen den Richtungen *Xun* (bezeichnet Südosten) und *Kun* (bezeichnet Südwesten) der 12 Richtungen auf der Öffnung des Kessels eine Querstange montiert. Auf der Querstange wiederum ist rechtwinklig ein Stab befestigt, der in Nord-Süd-Richtung ausgerichtet ist. Am Ende des Stabs ist die Sonnenblende befestigt. Der horizontale Winkel der Sonnenblende lässt sich einstellen, damit sie senkrecht zum Sonnenlicht steht. In der Mitte der Sonnenblende befindet sich eine kleine Bohrung von der Größe eines Senfkorns. Die Lage der kleinen Bohrung fällt mit dem Mittelpunkt der Kugelfläche dieser Sonnenuhr zusammen.

Guo Shoujing hatte eine sphärische Sonnenuhr aus folgender Überlegung gewählt. Nach der Aufzeichnung im „Yuan Shi, Kap. Biografie von Guo Shoujing" meinte Guo Shoujing, „es ist besser die Rundheit des Himmels mit runden Instrumenten als mit rechtwinkligen und quadratisch aufgebauten Sonnenuhren zu messen, deshalb baute ich eine hemisphärische Sonnenuhr." Daran kann man ersehen, dass er vom Aspekt, dass der Himmel eine Kugel sei, ausging. Deshalb meinte er, wenn man die Bewegung der Himmelskörper messen will, muss man „das Runde mit dem Runden messen", so dass er eine Form der Sonnenuhr wählte, die mit der tatsächlichen Situation der Bewegung der Himmelskörper übereinstimmte, um sie zu messen. Weil die tägliche scheinbare Bewegung der Sonne am Himmel eine Kreisbewegung beschreibt, kann sie besser die wirkliche Bewegung widerspiegeln, wenn man diese Bewegung auf eine konkave Sonnenuhrfläche projiziert. Darum entspricht eine kugelförmige Sonnenuhr als Zeitmessinstrument wissenschaftlichen Prinzipien.

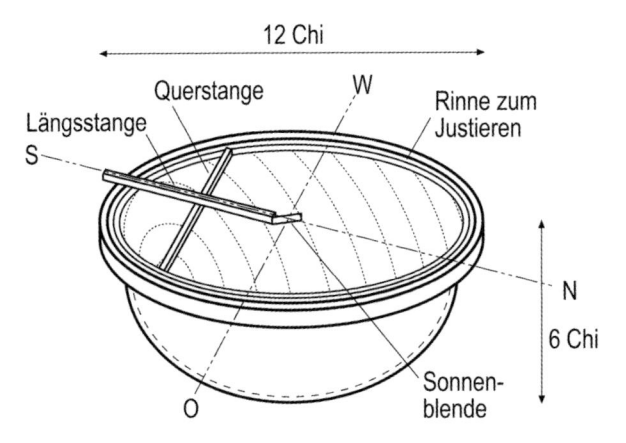

Bild 3.3 Prinzipbild von Guo Shoujing's hemisphärischer Sonnenuhr (entnommen aus: Pan Nai, Xiang Ying: „Guo Shoujing")

Guo Shoujing's hemisphärische Sonnenuhr lässt sich sehr bequem benutzen. Beim Gebrauch muss man nur die Sonnenblende justieren, so dass sie rechtwinklig zum Sonnenlicht steht, dann entsteht nach dem Prinzip der Bilderzeugung mit einem kleinen Loch auf der kugelförmigen Fläche der hemisphärischen Sonnenuhr ein klares Bild der Sonne. Weil das Koordinatennetz auf der Sonnenuhrfläche nach der Methode aufgebracht ist, dass die Halbkugel oberhalb des Horizonts der Himmelskugel auf die Kugelfläche der hemisphärischen Sonnenuhr durch die kleine Bohrung projiziert wird, kann man durch die Beobachtung der Position des Bilds der Sonne auf der Kugelfläche direkt die Position der Sonne am Himmel erfahren und auch direkt die Zeit ablesen.

Andererseits ist die Position der Sonne am Himmel direkt mit den 24 Solarperioden des traditionellen Kalenders verbunden. Darum kann man die hemisphärische Sonnenuhr nicht nur zur Zeitmessung verwenden, sondern auch die Zeit messen, in der die entsprechende Solarperiode auftritt. Außerdem beobachtet man mit der hemisphärischen Sonnenuhr das Bild der Sonne, und sobald eine Sonnenfinsternis auftritt, ändert sich das Bild der Sonne entsprechend. Somit kann man mit einer hemisphärischen Sonnenuhr auch den gesamten Prozess einer Sonnenfinsternis beobachten und die Zeiten der einzelnen Finsternisphasen und die Größe der Finsternisanteile messen. Wenn man in der Vergangenheit eine Sonnenfinsternis beobachtete, konnte man nur die Größe der Finsternisanteile messen, aber wenn man die entsprechenden Zeiten wissen wollte, musste man noch ein spezielles Zeitmessgerät koordinieren. Doch bei Benutzung einer hemisphärischen Sonnenuhr kann man diese Größen gleichzeitig messen; daran können die anderen Geräte nicht heranreichen. Außerdem sind die Abmessungen von Guo Shoujing's hemisphärischer Sonnenuhr relativ groß, so dass man das Koordinatennetz auf der Kugelfläche recht fein aufbringen kann. Dadurch ist die Genauigkeit ihrer Zeitmessung viel höher als die anderer

Sonnenuhren. Deshalb nahmen mit dem Auftreten von Guo Shoujing's hemisphärischer Sonnenuhr die Arbeiten zur Zeitmessung mit Sonnenuhren im alten China einen großen Schritt nach vorn.

2. Entwicklung der Zeitmessung mit Wasseruhren

Zu den verschiedenen Zeitmessgeräten im alten China, die den wichtigsten Platz einnahmen und in der Geschichte am längsten benutzt wurden, gehören wahrscheinlich die Wasseruhren.

Das grundlegende Prinzip der Zeitmessung mit einer Wasseruhr besteht darin, einen gleichmäßigen Wasserfluss zu nutzen, so dass die Änderung des Wasserstands die Zeit anzeigt. Zu verschiedenen Zeiten und in verschiedenen Situationen hatten die Wasseruhren verschiedene Bezeichnungen, wie *Lou* 漏 (Tropfgerät), *Louhu* 漏壶 (Tropfkanne), *Qiehu* 挈壶 (Hebekanne), *Kelou* 刻漏 (Tropfgerät mit Skale), *Shuizhong* 水钟 (Wasserglocke), *Tonghudilou* 铜壶滴漏 (bronzene Tropfkanne) usw. Obwohl sich die Bezeichnungen unterscheiden und sich ihre Formen mit dem Fortschreiten der Zeit änderten, blieb aber ihr Prinzip im Wesentlichen gleich.

Unter dem Blickwinkel der modernen Wissenschaft der Zeitmessung bedeutet die Zeitmessung mit einer Wasseruhr dem Wesen nach, die Zeit zu bewahren. Weil die Wasseruhren nicht durch die Beobachtung der Position der Sonne oder eines anderen Himmelskörpers am Himmel die Zeit messen, brauchen sie den Bezug auf eine andere Methode der astronomischen Zeitmessung, um einen Ausgangspunkt der Zeitmessung zu liefern, damit die von ihnen angezeigte Zeit mit dem Ergebnis einer astronomischen Zeitmessung übereinstimmt. Die Zeitmessung mit Wasseruhren nimmt die astronomische Zeitmessung als Normal; das Ziel ist, die Ergebnisse der astronomischen Zeitmessung zu bewahren und die entsprechenden Messergebnisse der Astronomie durch die Zeitmessung mit Wasseruhren systematisch erscheinen zu lassen. Eine Zeitmessung mit diesem Wesen heißt, die Zeit zu bewahren.

Obwohl die Wasseruhr kein unabhängig zu benutzendes Zeitmessinstrument ist, kann man aber durch den Vergleich ihrer Ergebnisse mit denen der astronomischen Zeitmessung und nach der Bestimmung eines eigenen Anfangspunkts der Zeitmessung und einer Einheit ihren Betrieb ständig wiederholen und eine kontinuierliche Zeitmessung realisieren. Das ähnelt dem Gebrauch der Uhren im modernen täglichen Leben. Deshalb lieferte das Auftreten der Wasseruhren für die Menschen ein Instrument, mit dem man die Zeit erfährt, ohne ständig Beobachtungen anstellen zu müssen. Es bewirkte, dass die Zeitmetrologie des alten Chinas die Abhängigkeit von den Bedingungen der Natur verringerte und bedeutete, dass die Vorfahren bei der Erforschung der Methoden der Zeitmetrologie einen großen Schritt nach vorn nahmen. Der Ursprung der Wasseruhren ist in China sehr früh. Im „Sui Shu (Chronik der Sui-Dynastie), Kap. Aufzeichnungen über Astronomie, Teil I" heißt es: „Einst hatte der Gelbe Kaiser das Tropfen von Wasser beobachtet und nach dieser Regel ein Gerät gebaut, um Tag und Nacht zu unterscheiden." So meinte man, dass der Gelbe Kaiser das aus einem Gefäß tropfende Wasser beobachtete und daraus den Denkanstoß für seine Erfindung bezog. Ob die Wasseruhr vom Gelben

Kaiser erfunden worden ist, wollen wir vorerst nicht diskutieren. Zumindest liefern uns diese Worte zwei Informationen: Erstens, hängt die Erfindung der Wasseruhr mit dem Denkanstoß durch die Erscheinung des aus einem Gefäß tropfenden Wassers zusammen. Man muss sagen, dass diese Vermutung der Logik entspricht. Früh in der Jungsteinzeit konnten die Vorfahren Chinas schon Keramikgefäße herstellen. Keramikgefäße können beim Gebrauch aus verschiedenen Gründen eine Undichtheit kaum vermeiden, und es sind sogar einige Tropfgefäße zu diesem Zweck hergestellt worden, zum Beispiel sind Gärgefäße für das Gären und Filtern so aufgebaut. Wenn man ein tropfendes Gefäß hat, ist es nicht zu vermeiden, dass Wasser verlorengeht, wobei das Verlorengehen des Wassers Zeit benötigt. Diese Erscheinung kann den Menschen den Denkanstoß gegeben haben, dass sie beides miteinander verbunden hatten und durch die Änderung der Wassermenge das Vergehen der Zeit angezeigt wird. Daraus entstand allmählich die Wasseruhr. Zweitens, die Zeit des Auftretens der Wasseruhr ist sehr früh. Unter den jetzt vorliegenden ausgegrabenen Gefäßen der Yangshao-Kultur befinden sich einige aus Keramik hergestellte Tropfgefäße. Obwohl man bei diesen Tropfgefäßen nicht beurteilen kann, ob es sich um Wasseruhren für die Zeitmessung handelt, lässt sich aber bekräftigen, dass zumindest eine gewisse ursprüngliche Beziehung zu Wasseruhren besteht. Darum ist die Formulierung im „Sui Shu, Kap. Aufzeichnungen über Astronomie, Teil I" in einem gewissen Maße begründet.

Aus der Periode der Südlichen und Nördlichen Dynastien Chinas gibt es ein Buch mit dem Titel „Lou Ke Jing" (Klassiker der Wasseruhren), in dem es heißt: „Die Herstellung von Wasseruhren begann wahrscheinlich in den Tagen des Xuan Yuan, der sie an die Generationen der Xia- und Shang-Dynastien weitergab." Xuan Yuan ist ein anderer Name des Gelben Kaisers. Das besagt, dass die Wasseruhren in der Epoche des Gelben Kaisers entstanden und während der Xia- und Shang-Dynastie stark entwickelt wurden. Von den Ergebnissen der Forschung her gesehen, ist die Formulierung „der sie an die Generationen der Xia- und Shang-Dynastie weitergab" plausibel. Das System der 100 Ke, das in den einzelnen Dynastien zur Zeitmessung benutzt wurde, ist nach den Vermutungen frühestens in der Shang-Dynastie festgelegt worden. Darum nannten die Vorfahren die Einheit Ke manchmal *Shang*商. Das ist ein einleuchtender Beleg für die Entwicklung der Wasseruhren in der Shang-Dynastie.

Nach dem Eintritt in die Zhou-Dynastie erhöhte sich der Platz der Wasseruhren weiter. Nach den Aufzeichnungen im „Zhou Li (Riten der Zhou), Kap. Der Sommerbeamte Sima, Qie Hu Shi" sind zwanzig Beamte für die Verwaltung der Wasseruhren genannt. In der Zhanguo-Periode wurde der Gebrauch von Wasseruhren noch verbreiteter. Im vorhergehenden Kapitel wurde angeführt, dass der General des Staates Qi während der Zhanguo-Periode, Sima Rangju, neben einer Sonnenuhr auch eine Wasseruhr benutzte. Das „Shi Ji (Historische Aufzeichnungen), Kap. Biografie von Sima Rangju" beschrieb über die damalige Situation: „Rangju ritt zuerst ins Feldlager, stellte den Schattenstab auf, las die Zeit an der Wasseruhr ab und wartete auf Jia." Dass Sima Rangju die beiden Systeme der Zeitmessung zusammen anführte, bedeutete offensichtlich, dass er sich auf die Zeitmessung mit der Sonnenuhr bezog und die Wasseruhr zusätzlich benutzte. Denn wenn am Mittag zufällig Wolken die Sonne verdeckten, hätte er die Zeit an der Sonnenuhr nicht ablesen können, und er konnte auch nach der Zeit, die er an der Wasseruhr ablas, bestimmen, ob es Mittag wurde. Diese Aufzeichnung im „Shi Ji" ist wahrscheinlich bis jetzt die früheste unumstößliche Stelle, aus der wir vom Gebrauch einer Wasseruhr wissen. Sie belegt, dass man die Wasseruhr damals als ein autoritatives Gerät zur Zeitbestimmung behandelte.

Die Form der Wasseruhren in früher Zeit war recht einfach, wahrscheinlich war sie nur ein einfacher Eimer, der am Boden eine kleine Öffnung hatte, und indem man die Höhenänderung des Wasserspiegels im Eimer beobachtete, wurde die Zeit geschätzt. Diese Art Tropfeimer wurde Ein-Eimer-Wasserauslauf-Wasseruhr genannt. Für die Bedürfnisse der Zeitmessung konnten die Menschen anfangs noch auf der Wand des Eimers Marken einritzen, die die Zeit ausdrücken. Aber es ist nicht einfach, solche Marken auf der Innenwand des Eimers einzuritzen, und auch die Beobachtung ist unbequem. Aber wenn sie auf der Außenwand sind, ist die Beobachtung der Beziehung zum Wasserspiegel äußerst schwierig. Darum nahmen die Vorfahren sehr schnell eine Verbesserung vor. Sie wählten einen Holzstab, auf dem Zeitmarken eingeritzt waren, den sie in den Eimer steckten. Durch die Beobachtung, wie weit der Holzstab in den Wasserspiegel eintauchte, las man die Zeit ab. Weil die Wasseruhren in früher Zeit größtenteils mit dem Gebrauch im Heer in Verbindung standen, war dieser Holzstab höchstwahrscheinlich ein Pfeil für das Militär. Darum wird diese Methode, wie überliefert wurde, auch Verfahren des versinkenden Pfeils genannt. In Wasseruhren späterer Generationen wurde der Holzstab mit den Zeitkerben stets Pfeil genannt. Der Gebrauch des Pfeils bewirkte, dass die Wasseruhr mit Zeigern ähnlich den heutigen Uhren und solchen Zeitanzeigesystemen wie Zifferblättern versehen wurde.

Wenn man mit dem Verfahren des versinkenden Pfeils die Zeit beobachtet, ist es letzten Endes nicht hinreichend bequem. Weil der Tropfeimer in Betrieb ist, benötigt man einen weiteren Eimer, der das herausgeflossene Wasser sammelt. Daraufhin dachte man sich, in diesen Eimer ein Stück Holz zu stecken, so dass mit dem Steigen des Wasserspiegels in dem Eimer auch der Teil des Pfeils, der aus dem Eimer herausragt, allmählich zunimmt. Somit konnte man durch die Beobachtung der Länge des aus dem Eimer herausragenden Pfeils die Länge der verflossenen Zeit direkt beobachten. Die Verwirklichung dieser Idee führte zu einem neuen Typ der Wasseruhren – die Wasseruhr mit schwimmendem Pfeil wurde geboren.

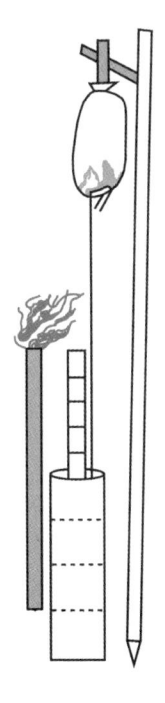

Die anfänglichen Wasseruhren mit schwimmendem Pfeil waren sehr schlicht. In dem von Yang Jia in der Song-Dynastie verfassten Buch „Liu Jing Tu" (Bilder der sechs Klassiker) wird die ursprünglichste Form einer Wasseruhr mit schwimmendem Pfeil beschrieben (siehe Bild 3.4).

Bild 3.4
Ursprünglichste Wasseruhr mit schwimmendem Pfeil

Die Fackel auf der linken Seite der Abbildung soll verhindern, dass, wenn die Wasseruhr im Winter benutzt wird, das Wasser gefriert, und stellt eine Vorsorgemaßnahme dar. Die Zeit, in der die Wasseruhr mit schwimmendem Pfeil entstand, war nach Forschungen von Hua Tongxu im Großen und Ganzen die Periode des Kaisers Wudi der Han-Dynastie. Dass Wasseruhren offiziell zu Geräten für die astronomische Zeitmessung wurden, begann auch in dieser Periode. Das „Hou Han Shu (Chronik der Späteren Han-Dynastie), Kap. Aufzeichnungen über Musik und Kalender" hatte einst angeführt: „Ein Eimer mit einem Loch wurden zu einer Wasseruhr gemacht, ein schwimmender Pfeil zeigte die Zeit an. Wenn man mit einer Wasseruhr die Zeit misst und den Monatsstern beobachtet, kann man die Zeit von Morgen- und Abenddämmerung bestimmen." Hier wird gesagt, dass die Wasseruhr mit schwimmendem Pfeil bei astronomischen Arbeiten benutzt wurde.

Die frühen Wasseruhren, ganz gleich, ob es sich um Wasseruhren mit versinkendem oder mit schwimmendem Pfeil handelt, konnten keine große Genauigkeit der Zeitmessung erzielen. Bei der Wasseruhr mit schwimmendem Pfeil wird das Vergehen der Zeit durch die Änderung des Wasserspiegels in dem Eimer, der das Wasser auffängt, widergespiegelt, wobei die Veränderung des Wasserspiegels im Wasserauffangeimer mit der Wassertropfgeschwindigkeit im Wasserauslaufeimer zusammenhängt. Die Geschwindigkeit des tropfenden Wassers im Wasserauslaufeimer hängt von der Höhe des Wasserspiegels im Inneren ab. Bei einem hohen Wasserstand ist die Fließgeschwindigkeit hoch, bei einem niedrigen Wasserstand ist die Fließgeschwindigkeit niedrig. Das führt zu einer Ungleichmäßigkeit der Steiggeschwindigkeit des Holzpfeils im Wasserauffangeimer. Um dieses Problem zu lösen, kann man die Zeitmarken auf dem Holzpfeil ungleichmäßig aufbringen, aber das erfordert die Prüfung mit einem anderen hochgenauen Zeitmessgerät. In der Han-Dynastie wäre es nicht einfach gewesen, das zu bewerkstelligen. Eine andere Methode ist, dem Wasserauslaufeimer unaufhörlich Wasser zuzufügen, so dass sein Wasserspiegel im Wesentlichen ein und dieselbe Höhe behält, um somit die Änderung der Geschwindigkeit des Wasserauslaufs zu verringern. Diese Herangehensweise, durch sorgfältige Überwachung die Genauigkeit der Zeitmessung zu erhöhen, ist natürlich notwendig, und man kann auch die Wirkung, mit einem aufgestellten Stab den Schatten zu beobachten, einbeziehen, aber der Grad der Verbesserung der Genauigkeit ist begrenzt. Um diese Situation erheblich zu verbessern, muss man im Aufbau der Wasseruhr einen Durchbruch erzielen, das war die Geburt der Mehr-Eimer-Wasseruhr.

Die frühesten Mehr-Eimer-Wasseruhren waren Zwei-Eimer-Wasseruhren, die aus zwei Wasserauslaufeimern und einem Wasserauffangeimer bestanden. Der berühmte Gelehrte Zhang Heng (78-139 n.Chr.) der Östlichen Han-Dynastie hatte einst den Gebrauch einer Zwei-Eimer-Wasseruhr so beschrieben: „Das Gerät wird aus Bronze hergestellt. Die Eimer werden übereinander aufgestellt und mit sauberem Wasser gefüllt. Auf dem Boden des Eimers ist jeweils eine Öffnung. Aus dem Maul eines Jadedrachens tropft das Wasser in zwei weitere Eimer. Links wird die Nacht und rechts der Tag angezeigt." Xu Jian erläuterte in seinem Buch „Chu Xue Ji" (Aufzeichnungen über den Beginn des Studiums) in der Tang-Dynastie diese Worte: Die Eimer wurden aus Bronze hergestellt. Es gab zwei Wasserauslaufeimer, sie haben jeweils auf dem Boden eine Öffnung. Das Wasser, das aus dem ersten Eimer ausfließt, fließt in den zweiten Wasserauslaufeimer, und der zweite Wasserauslaufeimer gibt das Wasser an den Wasserauffangeimer ab. Der Ausdruck „die

Eimer werden übereinander aufgestellt" bezeichnet, dass die beiden Eimer wie auf einer Treppe übereinander aufgestellt sind. Der Jadedrachen ist ein Wasserauslaufrohr, das aus Jade gefertigt ist, und der Austritt ist in Form eines Drachenkopfs geschnitzt. Das Wasser des Wasserauslaufeimers fließt durch das Jadestück aus. Weil Tag und Nacht ungleich lang sind, gab es direkt zwei Wasserauffangeimer, die jeweils am Tag und in der Nacht benutzt wurden. Diese Aufzeichnung belegt, dass die Zwei-Eimer-Wasseruhren spätestens in der Östlichen Han-Dynastie erfunden wurden.

Durch die Benutzung von Mehr-Eimer-Wasseruhren ließ sich die Genauigkeit der Zeitmessung erheblich erhöhen. Der Grund hierfür liegt darin, dass sich mit dem nächsten Wasserauslaufeimer der Einfluss der Änderung des Wasserspiegels im nächsthöheren Wasserauslaufeimer auf das Ergebnis der Zeitmessung bedeutend verringern lässt. Wenn man als Beispiel eine Zwei-Eimer-Wasseruhr nimmt und ansetzt, dass die Querschnittsfläche der Öffnung des Wasserauslaufeimers S, die Änderung der austretenden Wassermenge des ersten Wasserauslaufeimers pro Zeiteinheit ΔV ist, dann gilt unter der Bedingung, dass sich die Wassermenge im zweiten Wasserauslaufeimer nicht ändert, für die entsprechende Änderung des Wasserspiegels $\Delta h = \Delta V/S$

Offensichtlich gilt bei unveränderlicher Wasseraustrittsöffnung, je größer der Öffnungsdurchmesser des Wasserauslaufeimers ist, der Einfluss der Änderung des Durchflusses des vorhergehenden Wasserauslaufeimers auf den inneren Wasserspiegel umso kleiner ist. Wenn $\Delta V = 1$ cm^3, $S = 1256$ cm^2 (entspricht einem runden Eimer mit 40 cm Durchmesser), dann ist $\Delta h \approx 0,0008$ cm, d.h. wenn sich der Durchfluss im ersten Wasserauslaufeimer um 1 cm^3 ändert (diese Änderung ist recht groß), beträgt die Änderung der Höhe des Wasserspiegels im zweiten Wasserauslaufeimer entsprechend nur 0,0008 cm, was vernachlässigbar klein ist. Wenn man berücksichtigt, dass die Änderung des Wasserspiegels im zweiten Wasserauslaufeimer noch eine Änderung der Wasserauslaufgeschwindigkeit bewirkt, dann muss diese Änderung des Wasserspiegels noch kleiner sein. Deshalb schwächte die Existenz des zweiten Wasserauslaufeimers den Einfluss der Änderung des Wasserspiegels im ersten Wasserauslaufeimer auf die schließliche Fließgeschwindigkeit erheblich ab. Das war für die Erhöhung der Genauigkeit der Zeitmessung offensichtlich sehr vorteilhaft.

Mit Zwei-Eimer-Wasseruhren kann man die Genauigkeit der Zeitmessung mit Wasseruhren erheblich erhöhen. Dieses Phänomen regte die Menschen an, sich Gedanken zu machen, die Anzahl der Eimer weiter zu erhöhen. Daraufhin trat eine Wasseruhr in Erscheinung, bei der drei Wasserauslaufeimer miteinander verbunden waren. Die Schrift von Sun Chuo aus der Jin-Dynastie „Lou Ke Ming" (Inschrift für die Wasseruhr) beschrieb zuerst die Existenz einer Drei-Eimer-Wasseruhr. Sun Chuo schrieb: „Drei runde Eimer sind auf einer Treppe miteinander verbunden, das aufgestaute Wasser ist tief, durch das auslaufende Wasser füllt sich das Gefäß, es empfängt das Wasser vom oberen Eimer und gibt es an den unteren ab." In der Tang-Dynastie erhöhte Lü Cai die Zahl der miteinander verbundenen Wasserauslaufeimer auf vier, das führte zur Geburt der Vier-Eimer-Wasseruhr. Yang Jia beschrieb im Buch „Liu Jing Tu" auch Lü Cai's Wasseruhr (siehe Bild 3.5).

Bild 3.5 Lü Cai's Wasseruhr aus der Tang-Dynastie

Tatsächlich bestand keine Notwendigkeit, die Zahl der Eimer in den Wasseruhren weiter zu erhöhen. Hua Tongxu hatte einst viele Simulationen und Experimente mit Mehr-Eimer-Wasseruhren angestellt. Seine Experimente zeigten, dass es bei zweckmäßiger Regulierung möglich ist, den täglichen Fehler unter 20 Sekunden zu halten. Eine derartige Genauigkeit der Zeitmessung war für das gesellschaftliche Leben der Vorfahren ausreichend. Deshalb führte Hua Tongxu in seinem Buch „Zhongguo louke" (Die chinesischen Wasseruhren) aus: „Die Zeitmessgenauigkeit der kompensierten Zwei-Eimer-Wasseruhren mit schwimmendem Pfeil war genügend hoch, so dass es nicht nötig war, die Zahl der Kompensationsgefäße weiter zu erhöhen. Unter dem Aspekt der Stabilität war es überhaupt nicht notwendig, die Zahl der Eimer auf mehr als drei oder vier Stufen zu steigern."[17]

Andererseits fand Hua Tongxu in den Experimenten auch, dass, wenn man eine Mehr-Eimer-Wasseruhr mit hoher Genauigkeit betreiben will, der entscheidende Punkt in der Bedienung der Eimer besteht. Man muss den anfänglichen Wasserspiegel in den einzelnen Eimern und die Zeitabstände, in denen im ersten Eimer Wasser nachgefüllt wird, zweckmäßig bestimmen. Dieser Prozess ist sehr kompliziert, man muss hierfür langzeitige Erfahrungen sammeln. Hierüber haben die Vorfahren unermüdliche Untersuchungen angestellt, wie man mit raschen Beobachtungen einen stabilen Wasserspiegel aufrechterhalten kann. Das Ergebnis dieser Untersuchungen war die Erfindung der Lotosblumen-Wasseruhr durch Yan Su.

Die Lotosblumen-Wasseruhr ist der Enzyklopädie „Gu Jin Tu Shu Ji Cheng (Vollständige Sammlung der Bücher aus alter und neuer Zeit), Teil Kalenderkunde", Band 99 entnommen. Sie heißt Lotosblumen-Wasseruhr, weil der Deckel des Wasserauffangeimers mit goldenen Lotosblumen verziert ist. In der Mitte der Verzierung mit den Lotosblumen befindet sich ein Loch, durch das ein Holzstab mit eingeritzten Zeitmarken in den Eimer ragt. Entsprechend dem Steigen oder Fallen des Wasserspiegels bewegt er sich in dem Loch nach oben oder unten. Vom Aufbau ähnelt die Lotosblumen-Wasseruhr einer

---

17 Hua Tongxu: „Zhongguo louke" (Die chinesischen Wasseruhren), Hefei, Verlag Anhui kexue jishu chubanshe, (Februar 1991), S. 167

Zwei-Eimer-Wasseruhr. Ihre Verbesserung gegenüber gewöhnlichen Zwei-Eimer-Wasseruhren besteht darin, dass an der Seite des zweiten Wasserauslaufeimers (der in der Abbildung „untere Truhe" benannt wurde) die drei Teile „bronzenes Wasserröhrchen, Bambus-Gießrohr und Wasserabzugsbecken angeordnet sind. In der Abbildung fehlt das bronzene Wasserröhrchen. Dieses Rohr soll nach oben die untere Truhe und nach unten das Bambusgießrohr verbinden. Das Wasser in der oberen Truhe fließt durch den „durstigen Vogel" (das ist ein Saugheberohr) in die untere Truhe. Das Wasser in der unteren Truhe fließt durch einen zweiten „durstigen Vogel" in den Pfeileimer. Von der Konstruktion ist der Öffnungsdurchmesser des „durstigen Vogels" der oberen Truhe recht groß, so dass in der gleichen Zeit von der oberen in die untere Truhe viel mehr Wasser fließt als aus der unteren Truhe abfließt. Somit kann in einer bestimmten Zeit das überschüssige Wasser in der unteren Truhe aus der Truhe in ein speziell aufgestelltes Gefäß fließen. Das überfließende Wasser fließt vom „bronzenen Wasserröhrchen" durch das „Bambus-Gießrohr" in das „Wasserabzugsbecken". Das ist das Überlaufsystem der Lotosblumen-Wasseruhr, die spätere Generationen gerühmt hatten. Die Einrichtung eines Überlaufsystems hatte eine wichtige Wirkung erzielt, um einen stabilen Wasserspiegel in der unteren Truhe aufrechtzuerhalten und die Genauigkeit der Zeitmessung zu erhöhen. Deshalb wurde dieser Aufbau von Wasseruhren späterer Generationen in breitem Umfang aufgegriffen (siehe Bild 3.6).

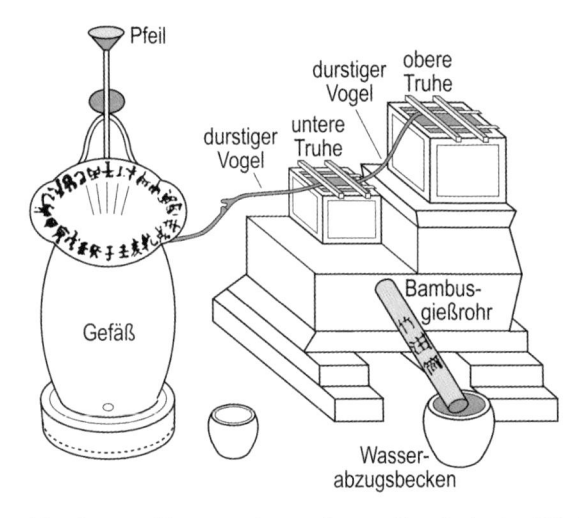

Bild 3.6 Lotosblumen-Wasseruhr von Yan Su in der Nördlichen Song-Dynastie

Außer der Lotosblumen-Wasseruhr von Yan Su gab es in der Geschichte Chinas noch andere berühmte Wasseruhren. Zum Beipiel die im 5. Jahrhundert von dem daoistischen Mönch Li Lan erfundene Wäge-Wasseruhr, die im 11. Jahrhundert von dem Wissenschaftler Shen Kuo der Nördlichen Song-Dynastie geschaffene kombinierte Sonnen- und Wasseruhr der Regierungsära Xining usw. Um die Genauigkeit der Zeitmessung zu erhöhen, hatten sich die Vorfahren nicht nur um die Konstruktion der Wasseruhren bemüht. Man wetteiferte darum, sie zu erneuern und ergriff auch verschiedene Maßnahmen, um sie unter den subjektiven und objektiven Bedingungen zu verbessern. Zum Beispiel legte man für das

Wasser, das für Wasseruhren benutzt wurde, fest, besonderes Brunnenwasser zu verwenden. So konnte man die Stabilität der Wasserqualität, der Wassertemperatur und anderer Faktoren aufrechterhalten. Weiter musste man die Wasseruhr in einem abgeschlossenen Raum aufstellen, damit ihre Arbeitsumgebung stabil ist und um den Einfluss von Temperaturänderungen auf den Durchfluss weitmöglichst zu verringern. Außerdem wählte man bei der Herstellung der Wasseruhren die Konstruktion und die Materialien sehr sorgfältig aus, und bezüglich des Betriebs stellte man sehr strenge Forderungen. Gerade aufgrund der Klugheit und Weisheit der Vorfahren Chinas erfuhren die Wasseruhren durch ihre unermüdlichen Bemühungen im alten China einen hohen Stand der Entwicklung und erzielten hinsichtlich ihrer Genauigkeit der Zeitmessung ein erstaunliches Niveau. In der recht langen historischen Periode nach der Östlichen Han-Dynastie lag der tägliche Fehler der chinesischen Wasseruhren sehr oft innerhalb einer Minute und bei einigen sogar bei nur etwa 20 Sekunden. Das übertraf bei weitem die Genauigkeit der Zeitmessung der mechanischen Uhren des Westens. Im Westen erreichte man nach der Entdeckung des Isochronismus des Pendels durch Galilei erst im 18. Jahrhundert, als man die Ankerhemmung in mechanischen Uhren einsetzte, eine Genauigkeit der mechanischen Uhren von nur wenigen Sekunden pro Tag. Erst dann begann die Genauigkeit der mechanischen Uhren die der traditionellen chinesischen Wasseruhren einzuholen und zu überholen.

3. Evolution der mechanischen Zeitmessung

Auch im alten China existierten mechanische Zeitmessgeräte, aber das waren nicht die im Westen oft benutzten mechanischen Uhren, sondern astronomische Geräte, die eine Zeitmessfunktion besaßen.

Die Entwicklung der astronomischen Geräte in China erreichte bis zur Han-Dynastie einen Höhepunkt. Die Armillarsphären und Himmelsgloben, die eine enorme Wirkung auf die Astronomie späterer Generationen ausgeübt hatten, traten alle in dieser Zeit auf. Ein sogenannter Himmelsglobus ist ein astronomisches Präsentationsgerät, das gleichzeitig eine Zeitmessfunktion besitzt. Nach einer Aufzeichnung des Literaten Yang Xiong der Westlichen Han-Dynastie schuf der Finanzminister Geng Shouchang (er war ein für die Landwirtschaft des ganzen Landes verantwortlicher Beamter) zur Zeit des Han-Kaisers Xuandi zuerst einen Himmelsglobus. Aber Yang Xiong hatte dies nur beiläufig erwähnt, ohne eine Erläuterung zu liefern, so dass man heute hinsichtlich des Aufbaus, der Eigenschaften und Funktionen von Geng Shouchang's Himmelsglobus und ob er überhaupt den Himmelsglobus schuf, Zweifel hegt. In der Geschichte der Entwicklung der Himmelsgloben war der früheste Erfinder eines Himmelsglobus mit einer Zeitmessfunktion der Wissenschaftler Zhang Heng der Östlichen Han-Dynastie. Im „Jin Shu (Chronik der Jin-Dynastie), Kap. Aufzeichnungen über Astronomie" wird Zhang Heng's Erfindung beschrieben:

„In der Zeit des Kaisers Shundi schuf Zhang Heng einen Himmelsglobus, der einen inneren und einen äußeren Armillarkreis besaß, und der den Süd- und den Nordpol, die Ekliptik und den Äquator, die 24 Solarperioden und die 28 Mondhäuser anzeigte. Die zentralen und äußeren Sternbilder und die fünf Planeten drehten sich, durch Wasserkraft angetrieben, auf dem Palast, und die Sterne in der Kammer gingen im Einklang mit dem Himmel auf

und unter. Durch eine Drehvorrichtung drehte sich unterhalb der Stufen ein automatischer Kalender in Form der Pflanze Mingjia, der entsprechend dem Mond abnimmt und zunimmt, entsprechend dem Kalender öffnen sich ihre Hülsen und fallen ab."

Das ist der in der Geschichte der Astronomie berühmte hydraulisch angetriebene Himmelsglobus von Zhang Heng. Aus dieser Beschreibung und anderen historischen Dokumenten wissen wir, dass der Hauptkörper dieses Himmelglobusses eine bronzene Kugel war, die den Himmel symbolisierte. Auf der Kugel waren gegenüberliegend der Himmelssüdpol und –nordpol markiert. Der Himmelsäquator und die Ekliptik waren angezeichnet. Auf der Ekliptik waren die Positionen der 24 Solarperioden markiert, außerdem waren auf der Kugel die Positionen vieler Fixsterne markiert. Mit mehreren beweglichen Marken wurden die Sonne, der Mond und die fünf Planeten Venus, Jupiter, Merkur, Mars und Saturn dargestellt. Der Himmelsglobus wurde in einem geheimen Raum aufgestellt, und mit Wasser, das aus einer Wasseruhr floss, als Antrieb in Drehung versetzt, um die Bewegung der Himmelskörper zu imitieren.

Zhang Heng's hydraulisch angetriebener Himmelsglobus war hauptsächlich ein Präsentationsgerät. Sein Zweck bestand darin, die Theorie des Aufbaus des Kosmos darzustellen und die Theorie des sphärischen Himmels zu propagieren. Aber weil auf dem Himmelsglobus die 24 Solarperioden markiert waren und er die Position der Sonne auf der Himmelssphäre widerspiegeln konnte, waren die Menschen somit in der Lage, durch die Beobachtung der Richtung der Sonne auf dem Himmelsglobus nicht nur die Jahreszeit des jeweiligen Tages, sondern auch die ungefähre Zeit zu erfahren. Die Sonne konnte entsprechend der Rotation des Himmelsglobus eine Zeit ähnlich der realen Sonne liefern. Deshalb kann man diesen Himmelsglobus als eine ursprüngliche mechanische Uhr ansehen. Wenn man ihn außerdem zur Anzeige der Zeit benutzt, hat er eine bestimmte Genauigkeit, weil die Situation mit der realen Bewegung der Himmelskörper recht gut übereinstimmt. Nach der Aufzeichnung im „Sui Shu, Kap. Aufzeichnungen über Astronomie, Teil I" hatte Zhang Heng nach der Herstellung des Himmelsglobusses dem Betriebspersonal befohlen, in einem abgeschlossenen Raum laut die Bewegungen der Himmelskörper auf dem Himmelsglobus anzusagen. Während gleichzeitig die Menschen draußen den Himmel real beobachteten, konnten sie dies mit dem Ergebnis der Anzeige auf dem Himmelsglobus vergleichen. Das Ergebnis des Vergleichs war, „wenn das Gerät angetrieben wurde, traten manche Sterne ins Blickfeld, manche Sterne waren schon mitten am Himmel, manche Sterne gingen unter, und alles stimmte mit der Realität überein." Daran kann man sehen, dass der Himmelsglobus die reale Situation der Bewegung der Himmelskörper im Wesentlichen richtig widerspiegelte und deshalb eine bestimmte Genauigkeit der Zeitmessung gewährleistete. Zhang Heng hatte tatsächlich beabsichtigt, mit diesem hydraulisch angetriebenen Himmelsglobus die Zeit zu messen. Er hatte ihn mit einer Einrichtung, die er „glückverheißende Räder der Kalenderpflanze" nannte, gekoppelt. Durch das Öffnen und Schließen der Blätter der Kalenderpflanze zeigte er das konkrete Datum an. Die Kalenderpflanze *Mingjia* soll nach der Legende zur Zeit des Kaisers Tang Yao[18] gewachsen sein. Diese Pflanze hatte die Besonderheit, dass sie beim Beginn

---

18 Kaiser Tang Yao – Die Regierung dieses Herrschers, des vierten der fünf legendären Herrscher liegt in der vorhistorischen Zeit vor der Xia-Dynastie.

eines synodischen Monats jeden Tag immer eine Hülse austrieb, so dass sie bis zum 15. insgesamt 15 Hülsen hervorbrachte. Ab dem 16. Tag fiel jeden Tag eine Hülse ab, so dass bis zum Monatsende alle wieder abgefallen waren. Wenn man auf einen Kleinmonat (mit 29 Tagen) stieß, konnte die letzte Hülse nur vertrocknen und fiel nicht ab. Deshalb entsprach sie einer Art natürlichem Kalender. Die Pflanze *Mingjia* war ein Produkt der Phantasie. Jetzt hatte Zhang Heng diese legendäre Pflanze in seinen hydraulisch angetriebenen Himmelsglobus verpflanzt, so dass sie zu einem Mechanismus mit der Wirkung eines automatischen Kalenders wurde. Deshalb ähnelte Zhang Heng's hydraulisch angetriebener Himmelsglobus in einem gewissen Grade den heutigen Uhren mit einer Datumsanzeige.

Nachdem Zhang Heng den hydraulischen Himmelsglobus angefertigt hatte, gab es in den einzelnen Dynastien Menschen, die solche Globen nachbauten, wie zum Beispiel in der Zeit der Drei Reiche Wang Fan und Ge Heng aus dem Staat Ost-Wu, in der Periode der Südlichen und Nördlichen Dynastien Qian Lezhi in der Dynastie Liu-Song, Tao Hongjing in der Liang-Dynastie und Geng Xun in der Sui-Dynastie. Unter ihnen machten die berühmten Astronomen der Tang-Dynastie Yi Xing und Liang Lingzan auf dem Gebiet der Herstellung eines hydraulisch angetriebenen Himmelsglobusses bemerkenswerte Fortschritte. Im 11. Jahr der Regierungsära Kaiyuan der Tang-Dynastie (723) entwarfen und bauten Yi Xing und Liang Lingzan zusammen einen bronzenen Himmelsglobus, der auch einen hydraulischen Himmelsglobus darstellte, der in der chinesischen Geschichte einen wichtigen Platz einnimmt. Hinsichtlich der Nachbildung der Bewegung der Himmelskörper ähnelte er Zhang Heng's hydraulisch angetriebenem Himmelsglobus. Er konnte die relative Position von Sonne, Mond und Sternen am Himmel und ihre tägliche scheinbare Bewegung abbilden. Deshalb konnte man anhand der täglichen Bewegung der Sonne auf dem Himmelsglobus die konkrete Zeit erfahren, die Änderung der relativen Positionen zwischen der Sonne und den Fixsternen auf dem Himmelsglobus beobachten und die Jahreszeit am Ort feststellen. Somit lässt sich bekräftigen, dass dieser Himmelsglobus eine Zeitmessfunktion besaß.

Der innere Aufbau von Yi Xing's hydraulisch angetriebenem Himmelsglobus war sehr kompliziert. Im „Xin Tang Shu (Neue Chronik der Tang-Dynastie), Kap. Aufzeichnungen über Astronomie" heißt es, dass „in einem Kasten Räder und Achsen, Haken und Keile untergebracht sind, die ineinander greifen und sich gegenseitig halten". Das belegt, dass dieser Himmelsglobus einen komplizierten Mechanismus eines Zahnradgetriebes benutzte. Nicht nur das, dieser Himmelsglobus war in der Geschichte der astronomischen Geräte Chinas der erste, der eine Einrichtung für eine automatische Zeitanzeige benutzte. Im „Xin Tang Shu, Kap. Aufzeichnungen über Astronomie" wird diese Einrichtung wie folgt beschrieben: „Es stehen zwei Menschen auf einer Ebene: Der eine hat vor sich eine Trommel gestellt und wartet die Viertelstunden ab. Wenn eine Viertelstunde erreicht ist, wird die Trommel automatisch gerührt. Der andere hat vor sich eine Glocke gestellt und wartet die Doppelstunden ab. Wenn eine Doppelstunde erreicht ist, wird die Glocke automatisch angeschlagen." Folglich konnte diese Einrichtung die Doppelstunden und Viertelstunden automatisch anzeigen. Die Menschen mussten nur auf das Ertönen der Glocke oder den Trommelschlag hören und konnten so die Zeit erfahren. Das ist das Gleiche wie die Klangwirkung einer Schlaguhr in der Geschichte der neuzeitlichen mechanischen Uhren. Nach der Tang-Dynastie hatten die hydraulisch angetriebenen Himmelsgloben in den einzelnen

Dynastien zum größten Teil Einrichtungen für eine automatische Zeitanzeige eingebaut, ein Ergebnis dessen, dass sie einen Denkanstoß von Yi Xing's hydraulisch angetriebenem Himmelsglobus erhielten.

In der Song-Dynastie wurde in der Herstellung von hydraulisch angetriebenen Himmelsgloben ein neuer Höhepunkt erreicht. Im 4. Jahr der Regierungsära Taiping Xingguo der Nördlichen Song-Dynastie (979) entwarf und baute der aus dem Volk stammende Astronom Zhang Sixun einen Himmelsglobus. Das „Song Shi (Chronik der Song-Dynastie), Kap. Aufzeichnungen über Astronomie, Teil I" beschrieb den Aufbau und die Funktionen dieses Himmelsglobusses ausführlich:

„Sein Aufbau ist folgendermaßen: Er hatte einen Turm gebaut, der mehr als ein Zhang hoch war, und der Mechanismus war in seinem Inneren verborgen. Er stellte einen runden Himmel und eine quadratische Erde dar. Unten waren die Erdräder und die Erdfüße eingebaut. Auch gab es Querräder, Seitenräder, schräge Räder, verschiedene andere Mechanismen und Himmelssäulen. Es waren sieben Götter aufgestellt: die links stehenden schwenkten ein Glöckchen, die rechts stehenden schlugen eine Glocke an, die in der Mitte stehenden rührten eine Trommel, um die Zahl der Viertelstunden anzuzeigen. Jeweils nach einem Tag und einer Nacht begann der Kreislauf von neuem. Er hatte auch zwölf Götter aus Holz angefertigt, die jeweils eine Doppelstunde repräsentierten. Wenn die entsprechende Doppelstunde erreicht war, hielten sie eine Tafel mit der Doppelstunde hoch, bewegten sich einmal im Kreis und gingen hinaus. Entsprechend der Zahl der Viertelstunden bestimmte er die Länge von Tag und Nacht …"

Nach dieser Beschreibung war der Aufbau von Zhang Sixun's Himmelsglobus recht voluminös. Alle seine mechanischen Einrichtungen waren im Himmelsglobus verborgen. Der Himmelsglobus bestand aus einer großen Kugel, die den Himmel symbolisierte. Die andere Hälfte der Kugel wurde von einem quadratischen Kasten verdeckt, der die Erde repräsentierte. Die Bewegung der verschiedenen Himmelskörper, die er darstellen konnte, glich dem hydraulisch angetriebenen Himmelsglobus von Yi Xing und Liang Lingzan. Hinsichtlich des Systems der Zeitanzeige ging Zhang Sixun einen Schritt weiter. Er benutzte sieben hölzerne Götterfiguren, die Glöckchen schwenkten, Glocken anschlugen und Trommeln rührten, um mit einem akustischen Signal die Viertelstunden anzuzeigen. Gleichzeitig sah er noch 12 hölzerne Götterfiguren vor, die jeweils eine Doppelstundentafel hielten, auf der die jeweilige Doppelstunde aufgeschrieben war, um die Stunde anzuzeigen. Jeweils wenn eine Doppelstunde erreicht war, trat die hölzerne Götterfigur, die die entsprechende Doppelstundentafel hielt, automatisch hervor, und wenn diese Doppelstunde vergangen war, zeigte sich die hölzerne Götterfigur mit der Tafel der nächsten Doppelstunde. So wiederholte sich alles, der Kreislauf begann von neuem. Man musste nur auf die Tafel der Doppelstunde schauen und wusste die jeweilige Doppelstunde. Mit dieser Methode der Gestalten und der direkten Beobachtung wurden die akustische Zeitanzeige und die Anzeige von Tafeln der Doppelstunden miteinander verbunden. Das war Zhang Sixun's Neuerung.

Außerdem berücksichtigte Zhang Sixun auch, dass die Zähigkeit des Wassers dem Einfluss von Temperaturänderungen unterliegt und dass dadurch die aus einer Wasseruhr abfließende Wassermenge nicht stabil ist. Er meinte, dass die Zähigkeit des Wassers, wenn das Wetter im Winter kalt ist, groß ist, was dazu führt, dass die Wasserablaufgeschwindigkeit sinkt, wobei der Himmelsglobus durch das aus einer Wasseruhr abfließende Wasser angetrieben wurde. Das führt dann leicht zu der Erscheinung, dass die Zeitanzeige „bei Kälte und Hitze ungenau ist". Um dieses Problem zu lösen, ersetzte er das Wasser durch Quecksilber und erzielte eine recht gute Wirkung. Aus heutiger Sicht unterliegt der Zähigkeitskoeffizient von Quecksilber keinem großen Einfluss durch Temperaturänderungen, und bei tiefen Temperaturen der Luft erstarrt es nicht leicht. Deshalb konnte er ein gutes Ergebnis erzielen, indem er das Wasser durch Quecksilber ersetzte. Aber Quecksilber gibt leicht für den Menschen giftigen Quecksilberdampf ab. Zudem sind die Kosten der Verwendung von Quecksilber recht hoch. Deshalb hatte man bei Himmelsgloben späterer Generationen nicht wieder beobachtet, dass Quecksilber als Antriebsquelle benutzt wurde.

Die Besonderheiten der hydraulisch angetriebenen Himmelsgloben in der Nördlichen Song-Dynastie nahmen einen großen Umfang ein. Im 7. Jahr der Regierungsära Yuanyou der Nördlichen Song-Dynastie (1092) hatte unter Leitung des Ministers des Beamtenministeriums Su Song sein Untergebener Han Gonglian ein hydraulisch angetriebenes astronomisches Gerät entworfen und gebaut, das von den Abmessungen noch voluminöser als der Himmelsglobus von Zhang Sixun war. Su Song schrieb über dieses hydraulisch angetriebene astronomische Gerät ein Buch, das den Titel „Xin Yi Xiang Fa Yao" (Neue Konstruktion für eine Armillaruhr) trägt. Durch dieses an detaillierten Beschreibungen und Illustrationen in gleicher Weise reiche Werk kann man im Großen und Ganzen den Aufbau, das Prinzip und die Funktionen dieses Geräts verstehen.

Das hydraulisch angetriebene astronomische Gerät von Su Song und Han Gonglian hatte drei Stockwerke. Auf dem obersten Stockwerk war eine Armillarsphäre aufgestellt. Das war ein astronomisches Messgerät, mit dem man auch die Zeit messen konnte. Im mittleren Stockwerk war ein Himmelsglobus aufgestellt, der dazu diente, die Bewegung der Himmelskörper zu simulieren. Im unteren Stockwerk befand sich das System der Zeitanzeige. Das ganze hydraulisch angetriebene astronomische Gerät wurde mit Wasser, das aus einer Wasseruhr abfloss, angetrieben. In dem astronomischen Gerät war eine komplizierte mechanische Einrichtung eingebaut. Der Antrieb durch das aus einer Wasseruhr abfließende Wasser ermöglichte, dass die von dem Himmelsglobus angezeigten Inhalte im Großen und Ganzen mit den realen Himmelserscheinungen übereinstimmten, und das System der Zeitanzeige im unteren Stockwerk gab die entsprechende Zeit an.

Das System der Zeitanzeige des hydraulisch angetriebenen astronomischen Geräts war recht vollkommen. Es untergliederte sich in fünf Teile, die in diesem hölzernen Gebäude untergebracht waren. Im ersten Stockwerk befand sich eine akustische Zeitanzeige. In dem hölzernen Gebäude öffneten sich drei Türen. Eine hölzerne Figur in der linken Tür zeigte durch Schwenken eines Glöckchens die Mitte jeder Doppelstunde an, und indem die hölzerne Figur in der rechten Tür eine Glocke anschlug, zeigte sie das Ende jeder Doppelstunde an, während die hölzerne Figur in der mittleren Tür die Zahl der Viertelstunden anzeigte, bei jeder Viertelstunde rührte sie automatisch eine Trommel. Im zweiten und dritten Stockwerk des Gebäudes wurde die Zeit angezeigt, indem hölzerne Figuren Tafeln präsentierten. Im zweiten Stockwerk waren insgesamt 24 hölzerne Figuren aufgestellt, die jeweils Holztafeln hielten, auf denen die Mitte und das Ende einer jeden der 12 Doppelstunden geschrieben war. Immer wenn die entsprechende Zeit erreicht war, trat eine hölzerne Figur, die in der Hand die Tafel mit der Zeit hielt, aus der kleinen Tür dieses hölzernen Gebäudes heraus, sie war auf den ersten Blick zu erkennen. Im dritten

Stockwerk des hölzernen Gebäudes waren 96 hölzerne Figuren installiert, die in der Hand Tafeln hielten, die die Viertelstunden anzeigten, die nacheinander in der entsprechenden kleinen Tür auftraten und die konkrete Zahl der Viertelstunden vermeldeten. Das vierte und das fünfte Stockwerk des hölzernen Gebäudes diente speziell dazu, die nächtlichen Viertelstunden zu vermelden. Im vierten Stockwerk zeigten hölzerne Figuren die Intervalle der Nachtwachen[19] an, indem sie eine Handglocke anschlugen. Im fünften Stockwerk vermeldeten hölzerne Figuren, die in der Hand eine Tafel mit der nächtlichen Zeit hielten, die konkrete nächtliche Zeit. Das hydraulisch angetriebene astronomische Gerät von Su Song und Han Gonglian hatte nicht nur die Vorteile der akustischen Zeitanzeige und der Zeitanzeige mit Zeittafeln im Himmelsglobus von Zhang Sixun in sich vereinigt, sondern noch die Anzeige der nächtlichen Zeit hinzugenommen und so den Inhalt der Zeitanzeige bereichert. Dadurch wurden die Funktionen auf dem Gebiet der Zeitanzeige weiter vervollkommnet und der Gebrauch noch bequemer.

Nach Su Song fuhr man fort, einige hydraulisch angetriebene Himmelsgloben herzustellen, aber ihr Umfang und Kompliziertheitsgrad ließen beim Vergleich mit Su Song's hydraulisch angetriebenen astronomischen Gerät Schwächen hervortreten. In der Yuan-Dynastie stellte Guo Shoujing ein Zeitmessgerät her, das Laternen-Wasseruhr des Daming-Palasts genannt wurde. Bei diesem Gerät wurde der traditionelle hydraulisch angetriebene Himmelsglobus, um die Bewegung der Himmelskörper darzustellen, weggelassen. So wurde es eine mechanische Uhr, die mit dem aus einer reinen Wasseruhr fließenden Wasser angetrieben wurde. Die Erfindung der Laternen-Wasseruhr des Daming-Palasts ist ein konkreter Ausdruck der Entwicklung der traditionellen hydraulisch angetriebenen Himmelsgloben zu einem Zeitmessgerät.

Außer Himmelsgloben konnte man auch Armillarsphären zur Zeitmessung benutzen. Armillarsphären sind ein im Altertum wichtiges astronomisches Beobachtungsgerät, das zur Messung der Koordinaten verschiedener Himmelskörper benutzt wurde. Das unterscheidet es im Wesentlichen von den Himmelsgloben, deren wichtige Funktion darin besteht, die Bewegung der Himmelskörper simulierend darzustellen. Über die Zeit der Entstehung der Armillarsphären gibt es in der Fachwelt unterschiedliche Ansichten. Allgemein meint man, dass die Armillarsphäre von dem Astronomen Luoxia Hong und anderen in der Periode des Han-Kaisers Wudi erfunden wurde. Im „Jin Shu (Chronik der Jin-Dynastie), Kap. Aufzeichnungen über Astronomie, Teil I" heißt es: „In der Regierungsära Taichu der Han-Dynastie schufen Luoxia Hong, Xianyu Wangren und Geng Shouchang eine Armillarsphäre, um den Kalender zu überprüfen." Auch im „Sui Shu (Chronik der Sui-Dynastie), Kap. Aufzeichnungen über Astronomie, Teil I" heißt es: „Luoxia Hong hatte sich für die Han-Kaiser Xiaodi und Wudi am Mittelpunkt der Erde einer Armillarsphäre bedient, um die Jahreszeiten festzulegen und den Taichu-Kalender aufzustellen." Dementsprechend lässt sich die Zeit der Erfindung der Armillarsphäre spätestens mit der Periode des Han-Kaisers Wudi ansetzen.

Ein wichtiges Teil der Armillarsphäre ist das Visierrohr. Das Visierrohr ist ein hohles Rohr, das zum Anvisieren dient. Das Auge des Beobachters befindet sich am unteren Ende

---

19 Jede Nachtwache, d.h. nächtliche Doppelstunde war in fünf Intervalle bzw. Teilabschnitte zu je 24 Minuten unterteilt.

des Rohrs, und durch das Rohr visiert man den zu beobachtenden Himmelskörper an. Das Visierrohr ist in der Mitte eines Doppelrings befestigt und kann in diesem Doppelring gleiten. Den Doppelring kann man um zwei Drehpunkte drehen, so dass die Ebene des Doppelrings die ganze Himmelskugel abtasten kann. Somit kann das Visierrohr mit Hilfe der Drehung des Doppelrings und der Verschiebung des Visierrohrs auf ein beliebiges Gebiet am Himmel gerichtet werden. Außerdem gibt es auf der Armillarsphäre noch einige Ringe mit unterschiedlicher astronomischer Bedeutung und Stützstrukturen, zum Beispiel den zum Erdhorizont parallelen Erdhorizontring, den Äquatorring, der den Äquator repräsentiert, den Ring der Himmelskonstanz, den Maoyou-Ring, der die Ost-West-Richtung, und den Meridianring, der die Nord-Süd-Richtung repräsentiert usw. (siehe Bild 3.7) Auf den betreffenden Ringen ist eine Teilung markiert. Wenn man mit dem Visierrohr den zu beobachtenden Himmelskörper anvisiert, kann man auf der Teilung des jeweiligen Rings die entsprechenden astronomischen Koordinaten ablesen. Darum wird die Armillarsphäre hauptsächlich dazu benutzt, um astronomische Beobachtungen zu machen.

Bild 3.7 Armillarsphäre (hergestellt im Jahre 1437)

Da die Armillarsphäre ein astronomisches Messgerät ist, kann man, wenn man nur die zeitliche Winkeländerung der Sonne am Himmel misst, die entsprechende Zeit ermitteln. Das ist genau der wesentliche Grund, dass sich die Armillarsphäre zur Zeitmessung benutzen lässt. Das war spätestens in der Tang-Dynastie bekannt. Zu Beginn der Tang-Dynastie hatte der Astronom Li Chunfeng eine Armillarsphäre konstruiert, die er ekliptisches Gerät nannte. Das „Xin Tang Shu, Kap. Aufzeichnungen über Astronomie" berichtet, dass diese Armillarsphäre „oben die Sterne und Mondhäuser am Himmel beobachten und unten nach der Sonnenposition die Zeit messen kann". Auf dem betreffenden Ring der Armillarsphäre waren Marken der zwölf Sterne eingraviert. Die zwölf Sterne bezeichnen hier die Zeiteinheit Doppelstunde. Das ist ein Beweis, dass sie zur Zeitmessung benutzt werden konnte. Später wurden auf der von Yi Xing und Liang Lingzan konstruierten Armillarsphäre – einer ekliptischen Armillarsphäre – Zeitmarken eingraviert, und zwar die 100 Ke eines ganzen Tages, sie waren noch genauer als die von Li Chunfeng. Diese Marken dienten offensichtlich zur Messung der Zeit. Danach wurde es in den einzelnen Dynastien üblich, auf einer Armillarsphäre Zeitmarken einzugravieren.

Dass die Vorfahren die Armillarsphäre zur Zeitmessung benutzten, unterlag einem Entwicklungsprozess. In der Tang-Dynastie waren die Zeitmarken auf dem Erdhorizontring verteilt, was nicht wissenschaftlich war. Der Grund ähnelt der oben erwähnten Ursache, dass die Zeitmessung mit der äquatorialen Sonnenuhr genauer als die mit der horizontalen ist. Diese Situation setzte sich bis zum 3. Jahr der Regierungsära Huangyou der Nördlichen Song-Dynastie (1051) fort, als Shu Yijian, Yu Yuan und Zhou Cong eine Armillarsphäre anfertigten, bei der die Zeitmarken gleichmäßig auf dem Ring der Himmelskonstanz verteilt wurden. Der Ring der Himmelskonstanz liegt parallel zum Äquator. Deshalb kann man mit der Teilung auf dem Ring der Himmelskonstanz die zeitliche Winkeländerung des zu messenden Himmelskörpers ermitteln. Diese Situation gleicht der Benutzung der äquatorialen Sonnenuhr zur Zeitmessung. Sie löste das Problem, dass die Projektion der scheinbaren täglichen Bewegung der Sonne am Himmel pro Zeiteinheit bei verschiedenen Positionen auf dem Erdhorizontring ungleichmäßig ist. Das führte zu einer erheblichen Erhöhung der Genauigkeit der Zeitmessung mit einer Armillarsphäre und war ein großer Fortschritt der astronomischen Messungen.

Mit einer Armillarsphäre kann man eine recht hohe Genauigkeit der Zeitmessung erzielen. Weil die Abmessungen einer Armillarsphäre recht groß sind, lässt sich die Zeitteilung auf dem Ring der Himmelskonstanz sehr fein herstellen, was für die Erhöhung der Genauigkeit der Zeitmessung vorteilhaft ist. Zum Beispiel hat die jetzt existierende Armillarsphäre aus der Ming-Dynastie im Observatorium von Zijinshan in Nanjing eine kleinste Einheit der Zeitmarken der Ke auf dem Ring der Himmelskonstanz von 1/36, was jetzigen 24 Sekunden entspricht. Wenn man beim Ablesen noch schätzt, kann es noch etwas genauer werden. Für die anderen Zeitmessgeräte des Altertums ist es recht schwierig, diese Genauigkeit zu erreichen. Das drückt vollauf die Überlegenheit der Armillarsphären für die Zeitmessung aus.

Am Ende des 16. Jahrhunderts kamen westliche Missionare nach China und brachten auch europäische Uhren mit. Diese Uhren erregten sehr schnell das Interesse der Chinesen. Indem sie sich langsam mit ihnen vertraut machten, verstanden sie allmählich ihren Aufbau, beherrschten die darin steckenden Geheimnisse und die Technologie der Herstellung und entwickelten ein eigenes produzierendes Gewerbe. Guangzhou und Suzhou waren damals zwei berühmte Fertigungszentren für mechanische Uhren im Lande. Jetzt gibt es noch im Museum der Verbotenen Stadt in Beijing eine Uhrenhalle, in der als Kostbarkeit viele Uhren seit dem Anfang der Qing-Dynastie aufbewahrt werden, darunter befinden sich nicht wenige, die in China selbst hergestellt wurden. Sie sind kunstvoll, gutaussehend und auch kompliziert gefertigt und widerspiegeln vollauf Chinas damalige hochstehende Technologie der Uhrenfertigung.

Kapitel 4

Messung der Elemente des Kalenders

Der Kalender besaß in der Gesellschaft des Altertums eine äußerst wichtige Funktion. Die Vorfahren betrachteten die Aufstellung eines Kalenders als eine der wichtigen Aufgaben des Staates. Die Grundlage der Aufstellung eines Kalenders waren Messungen. Nur wenn man zuvor alle Elemente eines Kalenders gemessen hatte, konnte man sie vernünftig anordnen und einen Kalender aufstellen, der die Menschen befriedigte.

Der traditionelle Kalender enthält sehr viele Faktoren. Manche Inhalte sind aus dem jetzt gebräuchlichen Mondkalender schon verschwunden, zum Beispiel die Perioden der Umläufe der fünf Planeten[20]. Diese werden wir nicht weiter vorstellen. Hier wollen wir hauptsächlich die Messung der Größen tropisches Jahr und synodischer Monat besprechen, weil sie im jetzt gebräuchlichen Mondkalender nach wie vor bedeutsam sind.

1. Schattenmessung zur Bestimmung der Solarperioden und des Jahresbeginns

Im traditionellen Kalender ist die Bedeutung des tropischen Jahres unbestritten. Das sogenannte tropische Jahr ist die Zeit, in der die Sonne in ihrer Kreisebene konzentrisch scheinbar zweimal den Punkt der Frühlings-Tag-und-Nachtgleiche passiert. Volkstümlich gesprochen, beschreibt die Sonne bei ihrer scheinbaren jährlichen periodischen Bewegung eine Rückkehr von Süd nach Nord und von Nord nach Süd. Zu unterschiedlichen Jahreszeiten kann man feststellen, dass die Höhe der Sonne jeden Tag am Mittag in genau südlicher Richtung nicht gleich ist. Wenn die Sonne um die Wintersonnenwende am südlichsten steht, ist der Schatten, der gebildet wird, wenn die Sonne auf einen Körper auf der Erde scheint, innerhalb eines Jahres am längsten. Nachdem die Wintersonnenwende vergangen ist, kehrt die Sonne allmählich nach Norden zurück. Um die Sommersonnenwende steht die Sonne jeden Tag am Mittag fast über dem Beobachter (für das Gebiet der Breitengrade auf der Nordhalbkugel der Erde gesprochen). Zu dieser Zeit ist der Schatten, den ein Körper auf der Erde wirft, innerhalb eines Jahres am kürzesten. Nach der Sommersonnenwende verschiebt sich die Sonne wieder allmählich nach Süden, und innerhalb eines halben Jahres kehrt sie wieder zum Punkt der Wintersonnenwende zurück. Die Zeit, die vergeht, in der die Sonne eine solche Bewegung von Süd nach Nord und von Nord nach Süd vollführt, ist eben ein tropisches Jahr. Innerhalb eines tropischen Jahres vollführt das Klima auf der Erde auch eine vollständige Veränderung von kalt nach heiß und von heiß nach kalt. Weil die Bewegung der Sonne an einem beliebigen Punkt auf der Erde direkt die Änderung der Lufttemperatur bestimmt, besitzt die Länge des tropischen Jahres für die Periode, die die Veränderung der Lufttemperatur auf der Erde widerspiegelt, eine große Bedeutung. Das bestimmte seine äußerst wichtige, einzigartige Stellung im Kalender. Jeder beliebige

---

20 Die fünf Planeten bezeichnen die im Altertum bekannten Planeten: Merkur, Venus, Mars, Jupiter und Saturn.

Kalender muss einen eigenen Wert für das tropische Jahr zugrunde legen. Die Vorfahren nannten diese Größe *suishi*岁实(Jahresfülle).

Man kann sich vorstellen, da das tropische Jahr die Periode der Rückkehrbewegung der Sonne widerspiegelt, dass man nur die genaue Zeit messen muss, in der die Sonne bei ihrer Rückkehrbewegung kontinuierlich zweimal einen Punkt eines beliebigen Tages passiert, und man daraus die Länge des tropischen Jahres berechnen kann. Mit anderen Worten muss man nur genau die Zeit messen, in der die Sonne eine bestimmte Höhe über dem Horizont erreicht, dann kann man das tropische Jahr ermitteln. Scheinbar ist das Problem ganz einfach, wenn man die Länge des tropischen Jahres berechnen will, dann ist das möglich, wenn man nur jeden Tag am Mittag die Höhe der Sonne über dem Horizont misst.

Aber in der praktischen Handhabung funktioniert dieser Weg nicht. Das Sonnenlicht blendet die Augen, so dass man nicht direkt beobachten kann. Das Verfahren, durch direkte Beobachtung die Höhe der Sonne über dem Horizont zu messen, ist sehr schwer zu realisieren. Wenn man die Länge des tropischen Jahres messen und berechnen will, muss man einen anderen Weg einschlagen. Hierfür wählten die Vorfahren das Verfahren, mit einem Schattenstab die Schattenlänge zu messen.

Weil, wenn sich die Sonne am Himmel in unterschiedlichen Höhen über dem Horizont befindet, die Länge des Schattens, den ein von ihr beschienener Körper auf der Erde wirft, auch verschieden ist, regte das die Vorfahren an, darüber nachzudenken, ob man mit der Messung der Schattenlänge eines Körpers auf der Erde nicht umgekehrt auf die Stellung der Sonne am Himmel schließen könnte. Das „Han Shu, Kap. Aufzeichnungen über Astronomie" drückte diese Idee sehr deutlich aus:

„*Der Unterschied zwischen fernster und nächster Position der Sonne erzeugt einen langen und einen kurzen Schatten. Da es schwer zu ermitteln ist, wie weit die fernste und die nächste Position sind, muss man einen Schattenstab benutzen. Auf diese Weise erfährt man, wie weit nördlich oder südlich die Sonne steht.*"

Das heißt, wenn die Sonne die Rückkehrbewegung von Süd nach Nord vollführt, wird ihre Entfernung vom Himmelspol durch die Länge des Schattens eines Gnomons auf der Erde bestimmt. Die Entfernung der Sonne vom Himmelspol ist schwer direkt zu messen, man kann sie nur durch die Messung der Schattenlänge eines Gnomons indirekt ermitteln und daraus die Richtung der Sonne am Himmel ableiten.

Das Verfahren der Messung des Schattens eines Gnomons, um die Länge des tropischen Jahres zu bestimmen, ist einfach und leicht zu realisieren. Man muss nur die Schattenlänge bei den Extremwerten messen, und man kann dann direkt die Länge des tropischen Jahres bestimmen. Zum Beispiel entspricht der kürzeste Schatten am Mittag innerhalb eines Jahres der Sommersonnenwende, dann steht die Sonne am weitesten im Norden, was Sonnennordwende genannt wird. Und der Tag, an dem der Schatten am längsten ist, entspricht der Wintersonnenwende, dann steht die Sonne am südlichsten und heißt Sonnensüdwende. Ganz gleich, ob es sich um die Südwende oder die Nordwende handelt, man muss dabei nur eine beliebige konkrete Zeit messen und sie kontinuierlich zweimal messen, dann lässt sich daraus die Länge des tropischen Jahres berechnen. In der Geschichte wählten die Vorfahren in China die Messung des Punktes der Sonnensüdwende bzw. der Wintersonnenwende. Das hängt mit ihrer Kenntnis der Wintersonnenwende zusammen, wie es zum Beispiel im „Hou Han Shu (Chronik der Späteren Han-Dynastie), Kap. Aufzeichnungen über Musik und Kalender" ausgeführt wird: „Wenn die Sonne am Himmel umläuft, wird es einmal kalt und einmal heiß, so entstehen die vier Jahreszeiten … Das nennt man ein Jahr, das ist die Wende am Beginn des Jahres." Die vier Jahreszeiten bezeichnen Frühling, Sommer, Herbst und Winter. Wenn die Sonne am Himmel die Rückkehrbewegung vollführt, vollzieht sich bei jedem Umlauf auf der Erde einmal die Änderung von heiß und kalt während Frühling, Sommer, Herbst und Winter. Das heißt ein Jahr (sui 岁). Offensichtlich ist ein sui ein tropisches Jahr. Und mit „Wende am Beginn des Jahres" ist die Wintersonnenwende gemeint, das heißt, die Wintersonnenwende ist der Beginn des tropischen Jahres. Deshalb muss man nur zweimal die Zeit messen, zu der die Wintersonnenwende eintritt, ihren zeitlichen Abstand ermitteln und durch die Zahl der Jahre zwischen den beiden Wintersonnenwenden dividieren, dann kann man die Länge des tropischen Jahres erhalten. Das ist der grundlegende Gedankengang der Vorfahren in China bei der Messung der Länge des tropischen Jahres.

Die Vorfahren meinten, dass die Natur aus den beiden „Kräften" (qi 气) Yin und Yang besteht und dass sich Yin und Yang unaufhörlich hin und her bewegen. Die Wintersonnenwende ist die Zeit, wenn die Kraft des Yang zu keimen beginnt; die Sommersonnenwende ist die Zeit, wenn die Kraft des Yin zu keimen beginnt. Die 24 Solarperioden eines Jahres entsprechen unterschiedlichen Phasen von Yin und Yang, und diese Jahreszeiten widerspiegeln unterschiedliche Positionen der Sonne auf der Ekliptik, die man mit dem Verfahren von Messungen der Schattenlänge eines Gnomons genau ableiten kann. Deshalb ist die Schattenmessung mit einem Gnomon auch eine Prüfung der beiden Kräfte Yin und Yang. Die Vorfahren nannten dies die Prüfung des Qi. Das Wesen der Prüfung des Qi besteht darin, die 24 Solarperioden zu messen, unter denen die Messung der Winter- und der Sommersonnenwende die wichtigsten sind.

Das Wissen der Vorfahren in China über die Winter- und die Sommersonnenwende setzte recht früh ein. In den Aufzeichnungen auf den Orakelknochen *Jiaguwen* gibt es bereits das Wort „Sonnenwende". Im „Zuo Zhuan" (Meister Zuo's Erweiterung der Chunqiu-Annalen) taucht zweimal eine Registrierung der „Südwende" auf, was belegt, dass es damals schon Messungen der Wintersonnenwende gab. Allgemein meint man, dass ungefähr spätestens in der mittleren Periode der Chunqiu-Zeit die Winter- und die Sommersonnenwende mit dem Verfahren der Messung der Sonnenschattenlänge bestimmt wurde. Das wurde ein wichtiges Mittel für die Kalenderarbeit.

Für die Messung der Sonnenschattenlänge bediente man sich eines speziellen Werkzeugs, des Erdszepters. Das Erdszepter *tugui* 土圭 wurde allgemein aus Jade hergestellt. Im „Kao Gong Ji (Aufzeichnungen über die Handwerker), Kap. Arbeiten des Jadeschleifers" sind die Herstellung und der Gebrauch des Gnomons *tugui* beschrieben: „Das Erdszepter ist ein Chi fünf Cun lang und dient zur Messung der Schattenlänge und zur Vermessung der Erde." Messung der Schattenlänge meint hier, die Schattenlänge messen, um die Sonnenwende zu ermitteln. Daraus kann man ersehen, dass das Erdszepter ein 1 Chi 5 Cun langes Jadewerkzeug ist. Es diente zur Messung der Schattenlänge eines Gnomons, um die Winter- und die Sommersonnenwende zu bestimmen, und man konnte mit ihm auch die Erde vermessen.

Ein Erdszepter war in früher Zeit eine Platte, in die Maße eingraviert waren. Später baute man sie zur bequemen Messung der Schattenlänge mit dem Schattenstab zusammen.

Der Schattenstab stand senkrecht auf der Jadeplatte, auf der Maße eingraviert waren. So konnte man direkt auf der Platte die Längenwerte des Schattens der Sonne am Mittag ablesen. Die Jadeplatte und der Gnomon hießen zusammen Gui-Gnomon *guibiao* (圭表). Zuweilen benutzte man die althergebrachte Bezeichnung weiter und nannte sie wie früher *tugui* oder *gui*. Das Material eines Gui-Gnomons konnte Stein, Bronze oder Jade sein. Wann vollkommene Gui-Gnomone eigentlich zuerst auftraten, ist heute schwer zu entscheiden, aber es konnte nicht später als in der Westlichen Han-Dynastie sein. In dem Buch „San Fu Huang Tu" (Beschreibung der drei Hauptstadtbezirke) aus der Han-Dynastie wurde berichtet: „Auf der Lingtai-Terrasse von Chang'an gibt es einen bronzenen Gnomon, der acht Chi hoch ist, die Platte ist 1 Zhang 3 Chi lang und 1 Chi 2 Cun breit. Eine Aufschrift lautet: 'Angefertigt im 4. Jahr der Regierungsära Taichu.'" Die Lingtai-Terrasse war das damalige Observatorium, das speziell dazu diente, Himmelserscheinungen zu beobachten. „Acht Chi" ist die Höhe des Gnomons, sie war die Standardhöhe von Gui-Gnomonen im alten China. „1 Zhang 3 Chi" ist die Länge der bronzenen Platte, „1 Chi 2 Cun" ihre entsprechende Breite. Das 4. Jahr der Regierungsära Taichu entspricht dem Jahr 101 v. Chr. Das ist die früheste Aufzeichnung, die man über komplette Gui-Gnomone findet.

Wenn man den Gui-Gnomon dazu benutzt, jeden Tag mittags die Schattenlänge des Gnomons zu messen, kann man direkt die Zeit der Wintersonnenwende bestimmen, weil der Tag, an dem der Schatten mittags innerhalb eines Jahres am längsten ist, der Tag der Wintersonnenwende ist. Wenn man dieses Verfahren zur Beobachtung und Messung benutzt, kann sein Fehler zwar einen oder zwei Tage erreichen, aber durch die Sammlung und Mittelung langzeitiger Messungen lässt sich der Einfluss dieses Fehlers erheblich verringern. Tatsächlich wurde für den Ein-Viertel-Kalender, der in der Zhanguo-Periode entstand, schon ein recht genauer Wert der Länge des tropischen Jahres von 365 ¼ Tag benutzt. Wenn man diese Zahl mit der damaligen Länge des tropischen Jahres vergleicht, so beträgt der jährliche Fehler weniger als 1 %. Das beweist vollauf, dass die Bestimmung der Wintersonnenwende mit dem Gui-Gnomon gangbar ist und sich eine bestimmte Genauigkeit erzielen lässt.

Wenn die Länge des tropischen Jahres im Ein-Viertel-Kalender 365 ¼ Tag beträgt, bedeutet das, dass, wenn im ersten Jahr die Wintersonnenwende am Mittag eintritt, dass die Wintersonnenwende im zweiten Jahr ¼ Tag nach dem Mittag eintritt und im dritten Jahr ½ Tag nach dem Mittag eintritt, das heißt um Mitternacht. Im vierten Jahr tritt dann die Wintersonnenwende einen ¾ Tag nach dem Mittag ein, und schließlich im fünften Jahr kehrt die Zeit, zu der die Wintersonnenwende eintritt, wieder zum Mittag zurück. Durch die Messung mit einem Gui-Gnomon, kann man feststellen, dass der Schatten im ersten Jahr am längsten, im zweiten Jahr etwas kürzer, im dritten Jahr am kürzesten und im vierten Jahr gleich dem im zweiten Jahr ist. Erst im fünften Jahr ist er wieder so lang wie im ersten Jahr. Hierzu heißt es im „Hou Han Shu, Kap. Aufzeichnungen über Musik und Kalender":

„Um die Daten für einen Kalender zu ermitteln, errichtet man ein Gerät, das den Sonnenschatten misst. Wenn der Schatten am längsten ist, ist die Sonne am weitesten entfernt. Die Wintersonnenwende ist der Ausgangspunkt. Das Jahr beginnt mit diesem Tag, und es vergeht in einem Umlauf ein Jahr, aber der Schatten wiederholt sich nicht. Erst nach vier Umläufen, nämlich nach 1461 Tagen kehrt der Schatten wieder zurück, und die Sonne hat

das Ende des Umlaufs erreicht. Teilt man die Umlaufzeit durch die Zahl der Tage, so erhält man 365 ¼ Tag, das ist die Zahl der Tage eines Jahres."

Diese Aufzeichnung legt die Herkunft der Länge des tropischen Jahres mit 365 ¼ Tag dar. Sie berichtet uns, dass die Entstehung der grundlegenden Zahl des Kalenders auf der Messung des Schattens mit einem Gnomon beruht. Man wählte die Zeit des längsten Schattens als Ausgangspunkt der Berechnung. Von diesem Zeitpunkt beschreibt die Sonne entlang der Ekliptik einen Umlauf, den man ein Jahr nennt. Obwohl die Sonne einen Umlauf gemacht hatte, ist aber der Schatten am entsprechenden Mittag nicht zur ursprünglichen Länge zurückgekehrt. Sie muss viermal umlaufen, das sind 1461 Tage, ehe sich die Schattenlänge des Gnomons wieder einstellt. Teilt man 1461 durch 4, so erhält man die konkrete Zahl der Tage eines tropischen Jahres (*sui*岁).

Mit Hilfe eines Gui-Gnomons kann man den Zeitpunkt der Wintersonnenwende messen, weil der Tag, an dem in einem Jahr der Mittagsschatten am längsten ist, der Tag der Wintersonnenwende ist. Aber von der praktischen Handhabung gibt es immer noch bestimmte Schwierigkeiten. Eine dieser Schwierigkeiten besteht darin, dass es einen Einfluss durch die klimatischen Bedingungen am Tag der Wintersonnenwende gibt. Noch wichtiger ist, dass der Punkt der Wintersonnenwende nicht unbedingt zur Mittagszeit auftritt. Genauer gesagt, kann man feststellen, dass das Eintreten der Wintersonnenwende exakt zum Mittag äußerst selten eintritt. Deshalb hat man für die Messung der oben dargelegten Zeit der Wintersonnenwende für den Viertel-Kalender nicht unbedingt die genaue Zeit gemessen, bei der die Wintersonnenwende eintrat. Man hatte damals sehr wahrscheinlich kontinuierlich mehrere Jahre mit einem Gnomon die Schattenlänge am Mittag der Wintersonnenwende gemessen und wählte das Jahr, in dem der Schatten am längsten war und bestimmte die Zeit der Wintersonnenwende dieses Jahres genau als Mittag dieses Tages. Wenn danach je ein Jahr verging, verschob sich die Zeit der Wintersonnenwende immer um ¼ Tag. Somit ist die Zeit der Wintersonnenwende, die mit diesem Verfahren bestimmt wurde, durch einen bestimmten subjektiven Einfluss geprägt. Sie muss nicht unbedingt mit der Zeit des tatsächlichen Eintretens der Wintersonnenwende übereinstimmen.

Wie muss man schließlich vorgehen, um die wirkliche Zeit des Auftretens der Wintersonnenwende genau zu messen? Für dieses Problem fand Zu Chongzhi in der Zeit der Südlichen und Nördlichen Dynastien eine Lösungsmethode.

2. Zu Chongzhi's raffinierte Messung der Wintersonnenwende

Zu Chongzhi (429 - ca.500), der den Beinamen Wenyuan trug, war ein berühmter Mathematiker und Astronom zur Zeit der Südlichen und Nördlichen Dynastien. In seinem ganzen Leben lieferte er viele wissenschaftliche Beiträge. Einer von ihnen ist, dass er in Theorie und Praxis das traditionelle Messverfahren der Wintersonnenwende erheblich verbesserte. Traditionell hatte man bei dem Verfahren der Schattenmessung mit einem Gnomon zur Messung der Wintersonnenwende allgemein vor und nach der Wintersonnenwende mehrere Tage gewählt, die Änderung des Schattens gemessen und daraus die Wintersonnenwende bestimmt. Aber die Änderung der Schattenlänge ist vor und nach der Wintersonnenwende sehr gering, zudem gab es den Einfluss solcher Faktoren, wie des

Halbschattens der Sonne und der Brechung des Sonnenlichts durch die Atmosphäre und Staub, so dass es sehr schwer war, die Schattenlänge genau zu messen. Wenn man noch auf Tage mit Bewölkung, Regen oder Schnee traf, war eine Messung gar nicht möglich. Außerdem tritt die Wintersonnenwende nicht immer genau am Mittag ein, aber die Messung des Schattens mit einem Gnomon lässt sich nur am Mittag durchführen. Die Beschränkung durch alle diese Faktoren führte dazu, dass man nach dem traditionellen Verfahren der Schattenmessung mit einem Gnomon kaum einen recht großen Fehler vermeiden konnte. Hierfür schlug Zu Chongzhi ein neues Verfahren vor, dass auf recht strenger mathematischer Grundlage die Zeit der Wintersonnenwende misst. Er benutzte den Gedanken der Symmetrie und hatte jeweils an mehreren Tagen vor und nach der Wintersonnenwende die Schattenlänge gemessen und daraus die genaue Zeit des Eintretens der Wintersonnenwende berechnet. Zu Chongzhi führte damals mit einem anderen Astronomen Dai Faxing eine Debatte über die Kalenderberechnung. In der Debatte stellte Zu Chongzhi sein Verfahren der Messung der Zeit der Wintersonnenwende im 11. Monat des 5. Jahres der Regierungsära Daming (461) vor. Im „Song Shu (Chronik der Song-Dynastie), Kap. Aufzeichnungen über den Kalender" sind seine Messdaten und sein Verfahren ausführlich angegeben. Der Originaltext lautet:

„Am 10. Tag des 10. Monats im 5. Jahr der Regierungsära Daming betrug der Schatten 1 Zhang 7 Cun 7 ½ Fen (10,7750 Chi), am 25. Tag des 11. Monats betrug er 1 Zhang 8 Cun 1 ¾ Fen (10,8175 Chi) und am 26. Tag 1 Zhang 7 Cun 5 1/12 Fen (10,7508 Chi). Die Wintersonnenwende muss innerhalb dieser Tage liegen, und zwar am 3. Tag des 11. Monats. Um die Zeit zu ermitteln, dass am 3. Tag des 11. Monats die Wintersonnenwende eintritt, muss man die Verringerung der Schattenlänge an den letzten beiden Tagen ermitteln (d.h. die Änderung pro Tag = 10,8175 – 10,7508 = 0,0667). Diese Zahl multipliziert man mit 2 (= 0,0667x2 = 0,1334). Das ist die Größe fa(法). Weiter ermittelt man die Verringerung der Schattenlänge an den ersten beiden Tagen und multipliziert die Differenz mit 100 Ke (= 100 Ke x (10,8750 – 10,7750)) = 4,25 Ke. Das ist die Größe shi(实). Jetzt teilt man die Größe shi durch fa, und erhält als genaue Zeit der Wintersonnenwende den 3. Tag des 11. Monats und 31 Ke. Obwohl dieses Datum einen Tag später als der Tag der Wintersonnenwende im „Yuanjia-Kalender" ist, ist es aber exakt."

Jetzt zeigen wir mit dem Bild 4.1 konkret Zu Chongzhi's Rechenverfahren. Die Ordinate bezeichnet im Bild die Schattenlänge und die Abszisse die Zeit. Setzt man A als Mittag des 10. Tags des 10. Monats, so ist die entsprechende Schattenlänge a. B ist Mittag des 25. Tags des 11. Monats, seine Schattenlänge ist b. C ist Mittag des 26. Tags, die entsprechende Schattenlänge ist c. Weil b>a>c, darum muss zwischen B und C ein idealer Punkt A1 liegen, dessen gedachte Schattenlänge a1 gleich der Schattenlänge am Punkt A ist. Deshalb muss unter der Annahme einer symmetrischen Änderung der Schattenlänge vor und nach der Wintersonnenwende der mittlere Punkt E zwischen A und A1 die Zeit der Wintersonnenwende sein.

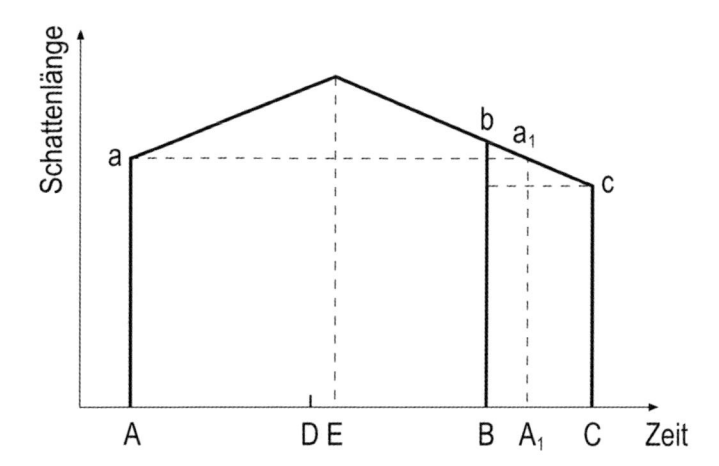

Bild 4.1 Schema von Zu Chongzhi's Berechnungsverfahren bei der Messung der Wintersonnenwende

Vom Punkt A am Mittag des 10. Tags des 10. Monats bis zum Punkt B am Mittag des 25. Tags des 11. Monats sind es insgesamt 45 Tage. Somit muss die genaue Position des mittleren Punkts D zwischen A und B Mitternacht 0 Uhr des 3. Tags des 11. Monats sein. Danach muss man nur noch die Strecke DE ermitteln, und man erhält die genaue Zeit des Eintretens der Wintersonnenwende. Im Folgenden wird DE ermittelt.

Aus dem Bild 4.1 erhält man
$$DE = AE - AD \quad (1)$$
$$AE = (AB + BA1)/2 \quad (2)$$
$$AD = AB/2 \quad (3)$$

(2) und (3) in Gleichung (1) eingesetzt, ergibt
$$DE = BA1/2 \quad (4)$$

Nach dem Prinzip der Proportion zwischen korrespondierenden Seiten von Dreiecken erhält man:
$$(b-c)/BC = (b-a1)/BA1$$

und daraus
$$BA1 = (b-a1) \times BC/(b-c) \quad (5)$$

Wenn man die Gleichung (5) und $BC = 100$ Ke in Gleichung (4) einsetzt, erhält man
$$DE = (b-a1) \times 100/2(b-c) \quad (6)$$

$2(b-c)$ in Gleichung (6) ist „man nehme die Verringerung des Schattens in den letzten beiden Tagen, so erhält man die Differenz eines Tages. Wenn man sie verdoppelt, so erhält man die Größe *fa*(法)."

Fa hat hier die Bedeutung eines Divisors. Der Dividend in Gleichung (6) $(b-a1) \times 100$ entspricht in dem Zitat: „Die Verringerung des Schattens während der ersten beiden Tage wird mit 100 multipliziert und ergibt die Größe *shi*(实)."

Shi ist der Dividend. Setzt man die Größen $a1 = 10{,}7750$, $b = 10{,}8175$, $c = 10{,}7508$ in Gleichung (6) ein, so erhält man $DE \approx 31{,}86$ Ke. Aber weil man bei der Berechnung der Kalender im Altertum gewöhnlich keine Nachkommastellen angab, nahm man $DE = 31$ Ke.

So hatte Zu Chongzhi die Zeit der Wintersonnenwende des 5. Jahres der Regierungsära Daming mit 31 Ke nach Mitternacht des 3. Tages des 11. Monats gemessen.

Wenn man Zu Chongzhi's Messverfahren mit dem traditionellen vergleicht, so zeigen sich offensichtliche Vorzüge. Erstens unterliegt es nicht dem Einfluss des Klimas am Tag der Wintersonnenwende, man muss die Schattenlänge nur ein paar Tage vor und nach der Wintersonnenwende messen. Zweitens erhöhte es auch die Messgenauigkeit. Weil die Änderung der Schattenlänge vor und nach der Wintersonnenwende sehr langsam erfolgt, wählte Zu Chongzhi mehr als 20 Tage vor und nach der Wintersonnenwende, um die Schattenlänge zu messen, so dass die Änderung der Schattenlänge dann deutlicher ist, und Messung und Berechnung sind recht einfach. Noch wichtiger ist, dass man mit Zu Chongzhi's Verfahren die Zeit der Wintersonnenwende relativ genau messen kann. Weil die Wintersonnenwende nicht immer genau mittags eintritt, kann man sie mit einem Gui-Gnomon nicht direkt messen, aber mit seinem Verfahren lässt sie sich ausrechnen. Darum hat die Anwendung von Zu Chongzhi's Verfahren, um die Zeit der Wintersonnenwende zu ermitteln, für die Berechnung des Kalenders eine große praktische Bedeutung.

Andererseits ist auch Zu Chongzhi's Verfahren durchaus nicht vollkommen fehlerfrei. In seinem Verfahren sind zwei Annahmen enthalten: (1) Die Änderung der Schattenlänge vor und nach der Wintersonnenwende ist symmetrisch, das heißt zu zwei Zeiten vor und nach der Wintersonnenwende, die von der Wintersonnenwende gleich weit entfernt sind, sind ihre Schattenlängen gleich. (2) Die Änderung der Schattenlänge innerhalb eines Tages ist gleich. Die hier genannte Änderung der Schattenlänge innerhalb eines Tages meint nicht die Änderung der Schattenlänge an einem Tag, die durch die Bewegung der Sonne vom Aufgehen im Osten und Untergehen im Westen hervorgerufen wird, sondern ist eine Vorstellung: Die heutige Schattenlänge und die morgige Schattenlänge sind nicht gleich, so dass man meinen kann, dass sich die Schattenlänge diesen ganzen Tag kontinuierlich ändert. Obwohl das eine Vorstellung ist, hat sie doch einen bestimmten astronomischen Inhalt, weil sie die scheinbare Änderung der Deklination der Sonne innerhalb eines Tages widerspiegelt. Darum ist die Benutzung dieser Vorstellung erlaubt. Streng genommen, sind diese beiden Annahmen von Zu Chongzhi fehlerhaft, aber der Fehler ist gering. Die Änderung der Schattenlänge vor und nach der Wintersonnenwende ist nicht ganz symmetrisch, aber nähert sich der Symmetrie an. Obwohl man hinsichtlich der Änderung der Schattenlänge innerhalb eines Tages nicht sagen kann, dass sie gleichmäßig ist, aber wenn man sie als gleichmäßig behandelt, ist der Fehler auch gering. Deshalb kann man mit Zu Chongzhi's Verfahren eine recht genaue Messung der Zeit der Wintersonnenwende verwirklichen. Diese Erfindung ist ein Meilenstein der Entwicklung der Messung der Zeit der Wintersonnenwende im alten China. Es ist nur natürlich, dass sie von späteren Astronomen aufgegriffen wurde.

Dass Zu Chongzhi dieses Ergebnis erzielte, ist seiner sorgfältigen Praxis und konzentrierten Gedankenarbeit zuzuschreiben. Über ihn wurde beschrieben, dass er, um die genaue Zeit der Wintersonnenwende zu erhalten, einst „selbst am Schattenstab gemessen und persönlich die Wasseruhr beobachtet hatte. Er legte Wert auf genaueste Ablesung, und vollführte im Kopf Berechnungen."[21] Er hatte die Messungen gewissenhaft durchgeführt.

---

21 „Nan Qi Shu (Chronik der Südlichen Qi-Dynastie), Biografie von Zu Chongzhi"

Seine Anstrengungen führten nicht nur zur Erfindung eines neuen Messverfahrens, sondern bei der Messung der Länge des tropischen Jahres erzielte er einen wichtigen Erfolg. Nach seinen Messungen und Berechnungen beträgt die Länge eines tropischen Jahres 365,2428 Tage. Diese Zahl ist sehr präzise. Erst mehr als 700 Jahre später tauchte eine präzisere Zahl auf. In Europa wurde bis zum 16. Jahrhundert der Julianische Kalender benutzt, dessen Wert der Länge des tropischen Jahres 365,25 Tage betrug. Hier war Zu Chongzhi's Einfluss kaum zu erkennen.

3. Guo Shoujing's hoher Gnomon zur Schattenmessung

Nachdem Zu Chongzhi das traditionelle Messverfahren der Zeit der Wintersonnenwende verbessert hatte, gab es in den verschiedenen Dynastien immer Gelehrte, die Untersuchungen durchführten, um mit Schattenmessungen die Jahreszeiten zu bestimmen. Zum Beispiel hatte Yao Shunfu in der Nördlichen Song-Dynastie das Verfahren der Mehrfachmessungen benutzt, um durch die Ermittlung eines Mittelwerts die Zeit der Wintersonnenwende zu ermitteln. Dieses Verfahren stimmt mit der wissenschaftlichen Fehlertheorie überein.

Nach Zu Chongzhi gab es sehr viele Persönlichkeiten, die die Messverfahren verbesserten. Unter ihnen war der berühmteste der Astronom Guo Shoujing während der Yuan-Dynastie. Guo Shoujing (1231-1316), der den Beinamen Ruosi trug, stammte aus Xingtai im Kreis Shunde (Stadt Xingtai in der heutigen Provinz Hebei). Er war ein hervorragender Wissenschaftler des alten Chinas. Auf den Gebieten der Anfertigung astronomischer Geräte, astronomischer Beobachtungen und von Wasserbauprojekten erzielte er herausragende Ergebnisse. Die Verbesserung der Technologie der Schattenmessung mit einem Gnomon gehörte zu seinen vielen wissenschaftlichen Erfolgen.

Bei einem Überblick über die Geschichte der chinesischen Astronomie, gingen, außer, dass Zu Chongzhi von der Theorie das Messverfahren des Punktes der Wintersonnenwende reformierte, die Kalendermacher in den verschiedenen Dynastien zum größten Teil von der Erhöhung der Messgenauigkeit aus, um eine genauere Zeit für die Wintersonnenwende zu ermitteln. Durch wiederholte Untersuchungen erhöhten sie unablässig die Auflösung des Ablesewerts. Traditionell war die kleinste Maßeinheit das Fen. Um die Genauigkeit zu erhöhen, führten die Vorfahren unterhalb des Fen die Einheiten Li, Hao und Miao ein. Hinter der kleinsten Einheit führten sie noch die geschätzten Zahlen *Qiang*, *Tai* und *Shao* ein. Nach einer Aufzeichnung im Buch „Sui Shi Ji" (Aufzeichnungen über die Jahreslänge und die Jahreszeiten) heißt es: „Während der Dynastien Wei und Jin wurde der Sonnenschatten im Palast mit einer roten Schnur gemessen. Nach der Wintersonnenwende nahm der Schatten täglich um eine Schnurbreite zu." Hier ist sogar der Schnurdurchmesser die kleinste Ableseeinheit. Das widerspiegelte die Anstrengungen der Vorfahren, um die Messgenauigkeit zu erhöhen.

Aber wenn man, ausgehend von der Ableseeinheit die Messgenauigkeit erhöht, ist die Wirkung begrenzt, sie wurde durch das Auflösevermögen des menschlichen Auges begrenzt. Jene Einheiten unterhalb des Fen sind in der Praxis sehr schwierig genau abzulesen. Um dieses Problem zu lösen, schlug Guo Shoujing die Idee der Schattenmessung mit einem hohen Gnomon vor und setzte sie in die Tat um. Im „Yuan Shi (Chronik der

Yuan-Dynastie), Kap. Aufzeichnungen über Kalender, T. I" sind diese Erfindung von Guo Shoujing und ihre Leitideen ausführlich beschrieben:

„*Nach der traditionellen Methode wählte man für die Schattenmessung ein Stück ebene Erde, und mit Wasser und Schnüren und Farbe prüfte man, dass es waagerecht lag. Man steckte in die Mitte einen Schattenstab, und mit einem Lot prüfte man, dass er senkrecht stand, um mit ihm die wahre Länge des Schattens zu messen. Obwohl diese Verfahren gut sind, reicht aber die Höhe des Schattenstabs nicht aus, er hat nur acht Chi. Macht man den Schattenstab niedriger, werden auch die Schatten kürzer. Die Einheiten beim Messen unterhalb von Chi und Cun sind gewöhnlich Fen und Miao und die Ablesewerte Da, Ban und Shao, die schon nicht leicht zu unterscheiden sind. Jetzt stellte man einen bronzenen Gnomon her, der 36 Chi hoch ist. Am Ende des bronzenen Gnomons sind zwei Drachen befestigt, und diese beiden Drachen halten eine horizontale Stange. Die Höhe der horizontalen Stange über der Ebene des Gnomons beträgt 40 Chi, das heißt das 5-fache eines traditionellen Gnomons mit acht Chi. Auf der Gnomonfläche sind die Maße Chi und Cun eingraviert. Entsprechend dem Vielfachen eines ursprünglichen Gnomons beträgt der Schatten das Fünffache, und die Länge wurde auch entsprechend auf das Fünffache der ursprünglichen Länge vergrößert. Die Länge von ursprünglich einem Cun ist jetzt das Fünffache, und die darunter liegenden Einheiten Li und Hao lassen sich nun leicht unterscheiden.*"

Aus dieser Aufzeichnung kann man die Leitidee von Guo Shoujing ersehen. Er meinte, dass die Ursache, dass die Ablesegenauigkeit bei den traditionellen Messverfahren zu niedrig ist, daran liegt, dass die Einheiten Fen, Li, Hao und Miao zu klein und mit dem bloßen Auge kaum zu unterscheiden sind. Wenn man sie unterscheiden möchte, muss man die reale Länge vergrößern, so dass sich die Länge der Ableseeinheit auf der Gnomonfläche vergrößert. Um den Messwert beizubehalten, muss man auch die Höhe um das entsprechende Vielfache vergrößern. Somit muss man einen hohen Schattenstab bauen.

Guo Shoujing's Analyse ist aber nicht richtig, denn mit einem hohen Schattenstab vergrößert man die Länge des Schattens, aber die wirkliche Ablesegenauigkeit bei der Schattenmessung ändert sich deshalb nicht. Dennoch ist Guo Shoujing's Herangehensweise, einen hohen Gnomon zu errichten, wissenschaftlich. Nach der modernen Fehlertheorie wird die Messgenauigkeit durch den relativen Fehler ausgedrückt, wobei der relative Fehler gleich dem Verhältnis aus absolutem Fehler zum Messwert ist, das heißt:

Relativer Fehler = absoluter Fehler/Messwert

Bei der Schattenmessung mit einem Gnomon widerspiegelt der absolute Fehler die Ablesegenauigkeit und der Messwert dann die entsprechende Schattenlänge. Bei einem hohen Gnomon ändert sich die Ablesegenauigkeit nicht, das heißt der absolute Fehler ist unverändert, aber die Schattenlänge wurde vergrößert. Offensichtlich, wenn sich die Schattenlänge um ein Vielfaches vergrößert, verringert sich der relative Fehler um das gleiche Vielfache. Das bedeutet, dass sich auch die Messgenauigkeit um das gleiche Vielfache erhöht.

Der hohe Gnomon von Guo Shoujing ist sehr akkurat gebaut. Er veränderte die Schattenstabspitze eines traditionellen einzelnen Schattenstabs zu einem bronzenen Stab, in dem sich eine Wasserrinne befindet und der in der Höhe von zwei Drachen gehalten wird. Der steinerne Gui-Gnomon befindet sich in Nord-Süd-Richtung, und in die Gnomonebene sind Wasserrinnen eingearbeitet, die ringsherum führen. Der Korpus des Gnomons ist ein wenig nach Norden geneigt, und von dem horizontalen Stab hängen drei Lotschnüre, wobei die Spitze des Lotes den Ausgangspunkt des Schattens bildet. All dies ist sehr gründlich überlegt.

Im Laufe der Zeit ist Guo Shoujing's hoher Gnomon schon verschwunden, aber die Stätte der Schattenmessung existiert noch heute. Das ist das heute bestehende in der Stadt Gaocheng des Kreises Dengfeng der Provinz Henan majestätisch emporragende Sternenobservatorium (siehe Bild 4.2).

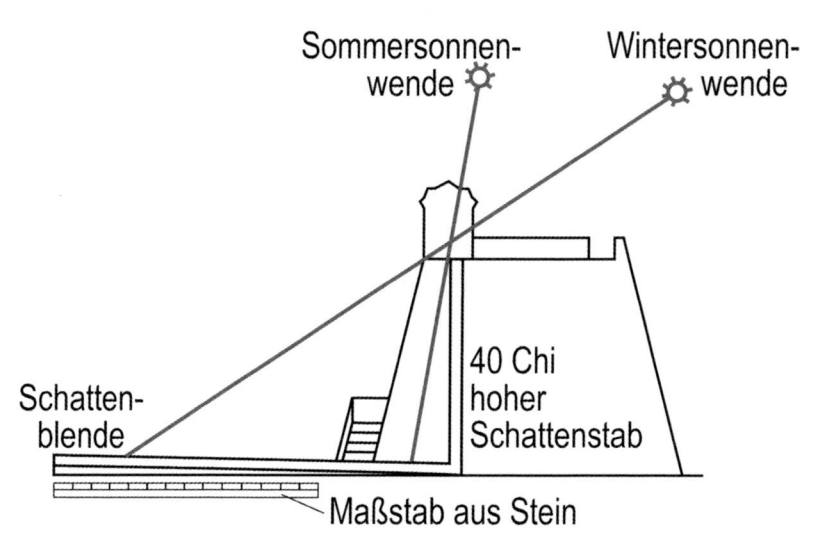

Bild 4.2 Prinzipbild der Schattenmessung im Sternenobservatorium von Dengfeng

In den letzten Jahren haben zuständige Einrichtungen an dem Observatorium Messungen vorgenommen und herausgefunden, dass die Richtung des steinernen Gnomons fast vollkommen mit der Nord-Süd-Richtung übereinstimmt. Als man mit dem Verfahren von Guo Shoujing vor Ort Schattenmessungen durchführte, erzielte man auch das erwartete Ergebnis. Das Sternenobservatorium von Dengfeng ist eine weltberühmte Stätte eines alten Observatoriums und eine Stätte der in ganz China geschützten Kulturgüter. Im Jahre 1975 hatte der Staatsrat Mittel für Reparaturen bewilligt, was für den Schutz dieser Stätte von großer Bedeutung war.

Guo Shoujing's hoher Gnomon beträgt das 5-fache der Höhe eines traditionellen Gnomons. Bei gleicher Klarheit der Schattenbildung würde seine Messgenauigkeit auch auf das 5-fache des ursprünglichen erhöht werden. Aber es ist allbekannt, dass mit der Vergrößerung der Gnomonhöhe die Klarheit der Schattenbildung notwendig abnimmt. Guo Shoujing hat diese Erscheinung so benannt: „Wenn der Gnomon länger wird, werden auch die Schatten länger. Aber dabei ist es unbequem, dass der Schatten undeutlich wird und die wirkliche Schattenlänge schwer zu bestimmen ist." („Yuan Shi, Kap. Aufzeichnungen über Astronomie") Mit den Worten „dass der Schatten undeutlich wird und die wirkliche Schattenlänge schwer zu bestimmen ist" hatte er sehr prägnant die Erscheinung beschrieben, dass das von einem hohen Gnomon erzeugte Schattenende ganz verschwommen ist. Wenn man dieses Problem nicht löst, löst sich der Vorteil der Schattenmessung mit einem hohen Gnomon fast völlig auf.

Guo Shoujing erfand eine Schattenblende, mit der er dieses Problem gründlich meisterte. Die sogenannte Schattenblende ist vom Wesen ein Bilderzeugungsgerät mit einem kleinen Loch. Im „Yuan Shi, Kap. Aufzeichnungen über Astronomie" wird die Gestalt der Schattenblende ausführlich beschrieben:

„Die Schattenblende ist aus einem dünnen Kupferblech hergestellt. Das Kupferblech ist 2 Cun breit und 4 Cun lang. In der Mitte ist ein Loch gebohrt, das so groß wie eine Nadel oder ein Senfkorn ist. Ein quadratischer Rahmen dient als Basis. An einer Seite dieser Basis befindet sich eine Drehachse, so dass sich das dünne Kupferblech um diese Achse drehen lässt. Indem eine Seite des Kupferbleches gehalten wird, kann man es in eine geneigte Lage bringen, so dass es nach Norden hoch und nach Süden tief liegt. Es wird in die Mitte des Schattens der horizontalen Stange verschoben und eingestellt, indem man einen geeigneten Winkel und eine geeignete Position wählt. Das Sonnenlicht, das durch das kleine Loch auf die Gnomonebene fällt, erzeugt ein Bild der Sonne, das so groß wie ein Reiskorn ist, und in der Mitte kann man undeutlich den Schatten der horizontalen Stange sehen. Frühere Verfahren hatten die Schattenlänge mit einem Schattenstab gemessen. Dabei hatte man den Schatten gemessen, den das obere Stabende vom oberen Rand der Sonne geworfen hatte. Aber jetzt hat man den früheren Schattenstab durch eine horizontale Stange ersetzt. Das gemessene Ergebnis widerspiegelt den Schatten des Zentrums der Sonne. Das Ergebnis weist nicht den geringsten Fehler auf."

Aus Guo Shoujing's Beschreibung wissen wir, dass die Schattenblende in der Tat das sogenannte physikalische Prinzip der Bilderzeugung mit einer Blende benutzte. Sie ließ das Sonnenlicht von der Projektion der horizontalen Stange durch das kleine Loch in der Schattenblende hindurchtreten und auf der Gnomonebene ein Bild der Sonne bilden, in dem die horizontale Stange enthalten ist. Wenn der Schatten der Stange das Bild der Sonne gleichmäßig aufteilt, dann erhält man die Schattenlänge vom Zentrum der Sonnenfläche. Aber die früher erhaltene Schattenlänge war immer die Schattenlänge vom oberen Rand der Sonne. Verglichen mit dem Schatten vom Zentrum der Sonne muss er etwas kürzer sein.

Durch die Schattenmessung mit der Schattenblende kann man die exakte Lage des Schattens der horizontalen Stange genau messen. Durch Simulationsexperimente erhielt man, dass, wenn man die Schattenblende um 1,5 bis 2 mm verschiebt, sich der Grad der Symmetrie, mit der der Stabschatten das Bild der Sonne in zwei Teile teilt, deutlich verändert. Somit kann man die Länge eines Schattens mit der Schattenblende auf 1,5 bis 2 mm genau messen. Eine derartige Genauigkeit ist als einzigartig zu bezeichnen.

Die Schattenmessung mit der Schattenblende kann im Wesentlichen die Schwierigkeiten lösen, die durch den hohen Gnomon herbeigeführt wurden, dass „der Schatten undeutlich wird". Das bekräftigte in starkem Maße die Überlegenheit der Schattenmessung mit einem hohen Gnomon. Hierzu schadet es nichts, dies wie folgt konkret zu analysieren.

Wie im Bild 4.3 gezeigt, bezeichnet S die Sonne.

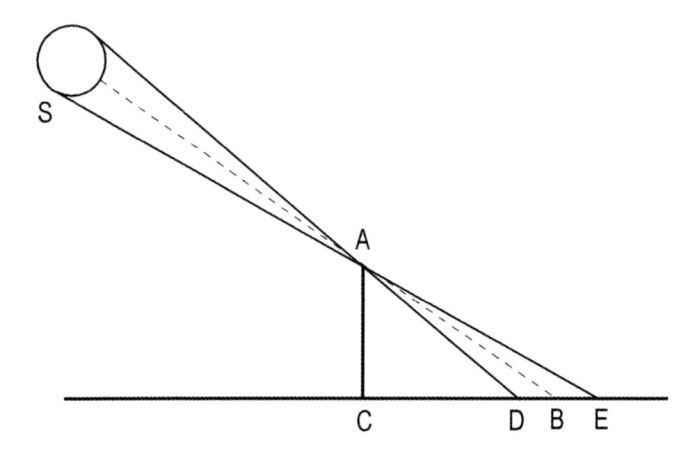

Bild 4.3 Prinzipbild des Fehlers durch den Halbschatten
bei der Schattenmessung mit einem Stab

Ihr Kreis bildet für das menschliche Auge einen Kreis von ca. 0,5°, d.h. Winkel DAE = 30‘, AC ist der 4 Zhang hohe Gnomon zur Schattenmessung, CD ist die Schattenlänge des Kernschattenbereichs, der erzeugt wird, wenn die Sonne auf den hohen Gnomon scheint, CB ist die Schattenlänge, die der scheinbare Mittelpunkt der Kreisfläche der Sonne bei der Projektion des hohen Gnomons bildet. Nach der Aufzeichnung im „Yuan Shi, Kap. Aufzeichnungen über Astronomie" hatte Guo Shoujing diese Größe zu 7 Zhang 6 Chi 7 Cun 4 Fen gemessen, d.h. CB = 7,674 Zhang. Das ist die Schattenlänge des in der Physik sogenannten Halbschattenbereichs. Er bewirkt, dass die Ränder des Schattens verschwommen sind, so dass die Schattenlänge nicht leicht zu bestimmen ist. Er ist ein wichtiger Faktor für den bei der Messung entstehenden Fehler. Im Folgenden ermitteln wir DE.

Im Bild 4.3 sind AC = 4 Zhang und CB = 7,674 Zhang bekannt.
Daraus kann man den Winkel BAC ermitteln, d.h.
Winkel BAC = arctan CB/AC = arctan 7,674/4 = 62°28‘
Daraus lässt sich die Schattenlänge des Kernschattenbereichs ermitteln:
CD = AC tan (62°28‘ – 15‘)
    = 4xtan 62° 13‘ = 7,592 (Zhang)
Weiter kann man die gesamte Schattenlänge ermitteln:
CE = AC tan (62°28‘ + 15‘)
    = 4xtan 62° 43‘ = 7,752 (Zhang)
Deshalb ist die Länge des Halbschattenbereichs
DE = CE – CD = 0,16 (Zhang)

Das heißt, ohne Benutzung der Schattenblende beträgt der Halbschattenbereich ungefähr 1 Chi 6 Cun, und die Differenz zwischen der Schattenlänge vom Mittelpunkt der Sonnenfläche zur Schattenlänge vom oberen Rand der Sonnenfläche ist die Hälfte dieses Werts, d.h. 8 Cun. Wenn man in der Praxis den Beugungseinfluss in der Luft durch Staub berücksichtigt, ist die Unsicherheit des Messergebnisses gegenüber diesem Wert noch größer. Nach der Benutzung der Schattenblende verringert sich der absolute Fehler der Messung auf 2 mm, so dass sich die Messgenauigkeit auf einen Schlag um mehrere hundert Mal erhöhte, was in der Tat ein großartiges Ergebnis ist.

In der Praxis der Schattenmessung mit einem traditionellen Gnomon besteht die Erhöhung der Messgenauigkeit darin, erstens den Gnomonkorpus zu erhöhen, so dass der Gnomonschatten länger und der relative Fehler verringert wird, und zweitens, sich eine Methode zu überlegen, wie man die Schattenlänge genau messen kann, so dass das Ergebnis präzise und der absolute Fehler verringert wird. Indem Guo Shoujing einen hohen Gnomon errichtete und die Schattenblende anfertigte, erzielte er ein hervorragendes Ergebnis. Für die Geschichte der Metrologie in China ist es wert, dies festzuhalten.

4. Messung der Länge des synodischen Monats

In einem traditionellen Kalender ist die Länge des synodischen Monats ein wichtiger Faktor. Der sogenannte synodische Mond bezeichnet die Zeit, wenn der Mond einmal die Änderung vom Vollmond zum Neumond und wieder vom Neumond zum Vollmond vollendet. Wir wissen, dass der Mond um die Erde und die Erde um die Sonne kreist, so dass sich die relative Position dieser drei Gestirne ständig ändert. Von der Erde aus gesehen, liefert der Mond in verschiedenen Positionen unterschiedliche Gestalten, die man Mondphasen nennt. Wenn der Mond sich zwischen der Sonne und der Erde befindet, gehen sie beide gleichzeitig im Osten auf, und die der Erdkugel abgewandte Seite des Mondes wird von der Sonne beschienen, aber seine dunkle Halbkugel befindet sich der Erde gegenüber. Das Sonnenlicht verschluckt die ganze Gestalt des Mondes. Diesen Zeitpunkt nennt man Neumond. In der Astronomie bezeichnet den Neumond die Zeit, wenn die Bahn des Mondes und der Sonne sich überdecken.

Nach dem Neumond vergrößern der Mond und die Sonne allmählich ihren Abstand voneinander, jetzt tritt langsam die von der Sonne beschienene Halbkugel hervor. Am Anfang kann man nur eine blasse Mondsichel wie eine geschwungene Augenbraue sehen. Im Verlauf der Zeit nimmt der sichtbare Bereich des Mondes allmählich zu. Etwa 15 Tage nach dem Neumond bewegt sich der Mond in eine Position, in der er, von der Erde entfernt, der Sonne gegenübersteht. Zu diesem Zeitpunkt ist die von der Sonne beschienene Halbkugel vollkommen der Erde zugekehrt, so dass die Mondphase, die die Menschen sehen, eine runde Mondscheibe ist – das ist der Vollmond. In der Astronomie ist der Vollmond der Zeitpunkt, wenn die Bahnen des Mondes und der Sonne um 180° differieren.

Nach dem Vollmond magert die Mondfläche allmählich ab, und der Mond bewegt sich in die Verbindungslinie zwischen Sonne und Erde. Schließlich kehrt der Mond wieder in die Position des Neumondes zurück. Die Mondphasen durchliefen einmal die Veränderung vom Neumond zum Vollmond und vom Vollmond zum Neumond. Die Zeit, in der diese Veränderung geschieht, ist ein synodischer Mond. In der Astronomie ist der synodische Mond die Zeit, in der sich die Änderung vom Neu- zum Vollmond und vom Voll- zum Neumond vollzieht.

Nach der Definition des synodischen Mondes kann man sich eine Messmethode für die Länge seiner Zeit überlegen. Zum Beispiel muss man nur die Zeit zwischen zwei benachbarten Neumonden oder Vollmonden messen, so dass man natürlich die Länge des synodischen Mondes erhält. Aber in der praktischen Handhabung ist das nicht so einfach. Weil man zur Zeit des Neumondes keine Mondphase beobachten kann, kann man auch nichts messen. Und obwohl die Phase des Vollmondes ganz auffällig ist, ist es dennoch nicht so einfach, durch die Beobachtung des Mondes, ob er ein Vollmond ist, die genaue Zeit zu bestimmen. Außerdem gibt es noch einen wichtigen Faktor: die Länge des synodischen Mondes ist nicht konstant und unveränderlich (siehe in diesem Buch das Kapitel „Festsetzung der Maßeinheiten der Zeit"). Wenn man gewöhnlich vom synodischen Monat spricht, meint man den mittleren synodischen Monat. Die Länge des mittleren synodischen Monats kann man nicht durch ein, zwei Messungen des synodischen Monats erhalten, weil dann der Fehler zu groß wird.

Es ist erwiesen, dass man die Länge des mittleren synodischen Monats durch langzeitige Beobachtungen und Statistiken bestimmen muss. Als die Vorfahren diese Daten ermittelten, berücksichtigten sie die Beziehung zwischen dem synodischen Monat und dem tropischen Jahr und erhielten ein Ergebnis durch mathematische Berechnungen. Diese Berechnung benutzte die Beziehung zwischen der Periode der Schaltmonate und dem tropischen Jahr. Die sogenannte Periode der Schaltmonate bezeichnet die Periode der im Mondkalender eingeschobenen Schaltmonate. Weil nach modernen Beobachtungsergebnissen die mittlere Länge des synodischen Monats 29,5306 Tage und die Länge des tropischen Jahres etwa 365,2422 Tage beträgt, besteht zwischen ihnen kein ganzzahliges Verhältnis. Wenn man somit 12 synodische Monate zu einem Jahr macht, gibt es zwischen dem Kalenderjahr und der Länge des tropischen Jahres eine recht große Differenz. Damit die mittlere Länge des Kalenderjahres mit dem tropischen Jahr möglichst übereinstimmt, muss man immer nach einem bestimmten Zeitabschnitt einen Schaltmonat einfügen. In einem Jahr mit einem Schaltmonat umfasst ein Kalenderjahr 12 synodische Monate. Die Periode der Schaltmonate bezeichnet die Zahl der Schaltmonate, die man in einer bestimmten Zahl von Jahren einfügen muss. Offensichtlich kann man die mittlere Länge des synodischen Monats ausrechnen, wenn man die Länge des tropischen Jahres und die Periode der Schaltmonate kennt.

Die Bestimmung der Periode der Schaltmonate beruht auf der Beobachtung der realen Himmelserscheinungen und der Sammlung von Material, und zuerst muss man die Regeln beherrschen, ausgehend vom synodischen Monat einen Kalender aufzustellen. Die traditionellen Kalender haben eine Besonderheit, denn er erfordert, dass man zwischen den Kalendertagen und den Mondphasen eine streng korrespondierende Beziehung bilden muss. Das erfordert, die Himmelserscheinungen gewissenhaft zu beobachten und nach den Beobachtungsergebnissen den Kalender aufzustellen, das heißt die Kalendertage anzuordnen und die synodischen Monate zuzuweisen. Wenn man das Gesetz der Anordnung der synodischen Monate beherrscht und die gesammelten Daten vermehrt, kann man die Periode der Schaltmonate ableiten. Hat man die Periode der Schaltmonate, kann man die Länge des tropischen Jahres mit dem Verfahren der Schattenmessung mit einem Gnomon erhalten, so dass die Berechnung des mittleren synodischen Monats eine leichte und einfache Angelegenheit wird.

Der früheste Zahlenwert des synodischen Monats, der aus dem alten China überliefert ist, ist $29\frac{499}{940}$ Tage. Dieser Zahlenwert ist nach dem oben erwähnten Verfahren ausgerechnet worden. Das ist ein Zahlenwert aus dem alten „Viertel-Kalender". Damals betrug der bekannte Wert der Länge des tropischen Jahres 365 ¼ Tag und die Periode der Schaltmonate 7 Schaltmonate in 19 Jahren. 7 Schaltmonate in 19 Jahren bedeutet, dass 19 tropischen Jahren gleich 19 Kalenderjahren 7 Schaltmonate hinzugefügt werden. In jedem Kalenderjahr gibt es nach der üblichen Praxis 12 synodische Monate, somit hat man in 19 Kalenderjahren insgesamt 228 synodische Monate plus 7 Schaltmonate, was 235 synodische Monate ergibt. Auf der Grundlage dieser Zahlen lässt sich die Länge des mittleren synodischen Monats berechnen:

19 tropische Jahre = 19x365 ¼ Tag = 6939 ¾ Tage
235 synodische Monate = 19 tropische Jahre = 6939 ¾ Tage
1 synodischer Monat = 6939 ¾ Tage/235 = $29\frac{124\frac{3}{4}}{235} = 29\frac{\frac{499}{4}}{235} = 29\frac{499}{940}$ Tage

Die Zahlenwerte stimmen so gut überein, dass sie beweisen, dass der Zahlenwert $29\frac{499}{940}$ nur aus dem tropischen Jahr und der Periode der Schaltmonate im „Viertel-Kalender" berechnet wurde. Obwohl sie berechnet sind, beruhen die beiden Werte des tropischen Jahres und der Periode der Schaltmonate auf langzeitigen astronomischen Beobachtungen, darum kann der daraus berechnete Wert des synodischen Monats eine bestimmte Genauigkeit gewährleisten. Wenn man den oben genannten Wert des synodischen Monats aus dem „Viertel-Kalender" in eine Dezimalzahl umwandelt, erhält man 29,530851 Tage, so dass der Fehler gegenüber dem heute gemessenen Wert von 23,530588 Tagen nur +0,000263 Tage beträgt, was schon recht genau ist.

Aber in der Herangehensweise, aus der Periode der Schaltmonate und dem tropischen Jahr den Zahlenwert des synodischen Monats zu berechnen, steckt noch ein Mangel. Obwohl der Zahlenwert von 7 Schaltmonaten in 19 Jahren von der mittleren Periode der Chunqiu-Zeit bis zu den Südlichen und Nördlichen Dynastien benutzt wurde, stellt er nur eine ungefähre Zahl dar. Wenn man aus ihr den synodischen Monat berechnet, stößt man bei der Erhöhung der Genauigkeit des tropischen Jahres und des synodischen Monats auf bestimmte Einschränkungen. Konkret gesagt, bedeutet 7 Schaltmonate in 19 Jahren, dass in 19 tropischen Jahren 235 synodische Monate enthalten sind. Dann ist die Länge des synodischen Monats gleich den in 19 tropischen Jahren enthaltenen Tagen geteilt durch 235. Die Zahl 235 ist konstant. Somit beeinflusst eine Änderung des Messwerts des tropischen Jahres das Berechnungsergebnis des synodischen Monats, umgekehrt ist es ebenso. Zum Beispiel hatte der Astronom Liu Hong in den letzten Jahren der Östlichen Han-Dynastie die Länge des tropischen Jahres auf $365\frac{145}{589}$ Tage verringert, was gegenüber den traditionellen 365 ¼ Tag genauer war. Der daraus ermittelte Wert des synodischen Monats betrug 29 773/1457 Tage, d.h. 29,530542 Tage.

Dieser Zahlenwert ist gegenüber der tatsächlichen Länge des synodischen Monats kleiner, sein Fehler beträgt -0,000046 Tage. In den Daten des „Kalenders der Regierungsära Jingchu" von Yang Wei aus dem Reich Wei während der Zeit der Drei Reiche tauchte eine andere Tendenz auf. Er nahm für den synodischen Monat den Wert $29\frac{2419}{4559}$ Tage, bzw. 29,530599 Tage, wobei sich der Fehler auf nur +0,000011 Tage verringerte. Aber der Wert des tropischen Jahres erhöhte sich auf $365\frac{455}{1843}$ Tage bzw. 365,24688 Tage, was gegenüber dem Zahlenwert des tropischen Jahres von Liu Hong zu einem größeren Fehler führte. Das heißt, durch die Beschränkung auf die Periode der Schaltmonate von 7 Schaltmonaten in 19 Jahren stieß man bei der Suche nach der Länge des tropischen Jahres und des synodischen Monats auf bestimmte Grenzen. Wenn man eine Grenze überschritt und den Fehler des tropischen Jahres verringerte, erhöhte sich aber der Fehler des synodischen Monats, und umgekehrt, wenn man den Fehler des synodischen Monats verringerte, erhöhte sich hingegen der Fehler des tropischen Jahres. Beide stehen in einer sich gegenseitig beschränkenden Beziehung.

Diese Situation trat deswegen auf, weil zwischen dem synodischen Monat und dem tropischen Jahr keine einfache Zahlenbeziehung besteht. Der Wert von 7 Schaltmonaten in 19 Jahren ist auch nicht genau, aber es gibt noch genauere Perioden der Schaltmonate. Tatsächlich hatte Zhao Fei aus der Nördlichen Liang-Dynastie im Jahre 412 die Beschränkung mit den 7 Schaltmonaten in 19 Jahren durchbrochen und eine neue Periode der Schaltmonate von 221 Schaltmonaten in 600 Jahren geschaffen. Seine beiden Werte des tropischen Jahres und des synodischen Monats waren gegenüber früheren genauer. Zu Chongzhi hatte dann die Periode der Schaltmonate zu 144 Schaltmonaten in 391 Jahren verbessert. Wenn man unter Benutzung der von ihm gemessenen Länge des tropischen Jahres und der neuen Periode der Schaltmonate die Länge des synodischen Monats berechnet, so ergeben sich 29,530592 Tage, und der Fehler beträgt nur +0,000004 Tage, was man als einzigartige Genauigkeit bezeichnen kann.

Aber die Suche nach neuen Perioden der Schaltmonate ist grenzenlos. Das Auftreten dieser Erscheinung ließ die Vorfahren allmählich erkennen, dass es zwischen dem synodischen Monat und dem tropischen Jahr keine einfache Zahlenbeziehung gibt, so dass sie allmählich diese Methode aufgaben. Seit Li Chunfeng's „Kalender der Regierungsära Linde" aus der Tang-Dynastie beschwerte man sich nicht mehr mit der Last, eine neue Periode der Schaltmonate zu finden. Sie benutzten das Verfahren, durch die Beobachtung und Berechnung der Sonnen- und Mondfinsternisse einen Wert des synodischen Monats zu erhalten.

Nach der Definition ist die Länge des synodischen Monats der zeitliche Abstand zwischen zwei aufeinanderfolgenden Neumonden (oder Vollmonden). Somit muss man nur die Zeit des Neumonds (oder Vollmonds) genau bestimmen, und man kann die Länge des synodischen Monats berechnen. Aber zum Zeitpunkt des Neumonds kann man den Mond nicht sehen und entsprechend nicht messen. Deshalb muss man nur ein Verfahren der Messung des Neumonds entwickeln, und das Problem ist gelöst. Ausgehend von diesem Gedankengang, dachten die Vorfahren an die Sonnen- und Mondfinsternisse. Weil von der Erde aus gesehen, die Sonnenfinsternis das Ergebnis ist, dass der Mond die Sonne verdeckt. Und dieses Verdecken kann nur geschehen, wenn sich der Mond in eine Position auf der Verbindungslinie zwischen Erde und Sonne bewegt, wobei dieser Zeitpunkt gerade ein Neumond nach der astronomischen Definition ist. Somit kann man mit der Sonnenfinsternis den Neumond bestimmen. Wenn man nur die Zeiten von zwei Sonnenfinsternissen kennt, und wenn man mit der zwischen den beiden Sonnenfinsternissen enthaltenen Zahl der Monate durch diesen Zeitabstand teilt, kann man die Länge des mittleren synodischen Monats erhalten. Die Mondfinsternis benutzt man dann, um den Vollmond zu bestimmen. In gleicher Weise kann man daraus die Länge des synodischen Monats berechnen, wobei die Vorfahren den Sonnen- und Mondfinsternissen besondere Aufmerksamkeit geschenkt hatten. In den alten Schriften sind umfangreiche Beobachtungsergebnisse von Sonnen- und Mondfinsternissen überliefert. Aus ihnen kann man durch statistische Auswertung direkt die Länge des synodischen Monats erhalten. Zum Beispiel hatte der Astronom Yi Xing aus der Tang-Dynastie in seinem Werk „Da Yan Li Yi (Diskussion des Kalenders der Regierungsära Dayan), Kap. Diskussion über die Übereinstimmung der Neumonde" einst angeführt: „Die Länge des synodischen Monats im ‚Dayan-Kalender' ist auf der Grundlage der Registrierungen der Sonnenfinsternisse während der Chunqiu-Zeit, den Zeiten des Auftretens von Sonnen- und Mondfinsternissen, die in Büchern des Altertums aufgezeichnet sind, und der Auswertung der Beobachtungen von Beamten des Observatoriums unter Berücksichtigung ihrer Ab- und Zunahme ermittelt worden." Nach Yi Xing wurde die Berechnung des synodischen Monats auf der Grundlage von Beobachtungen der Sonnen- und Mondfinsternisse zur hauptsächlichen Methode der Berechnung der Länge des synodischen Monats in der Astronomie des alten Chinas.

In den Kalendern des alten Chinas ist der genaueste Wert des synodischen Monats der von Yao Shunfu aus der Nördlichen Song-Dynastie im „Kalender der Regierungsära Jiyuan" mit 29,530590 Tagen. Der Fehler liegt unter +0,000002 Tagen, was bei Weitem das Niveau im Westen zu jener Zeit übertraf.

Kapitel 5
Fortschritte in der Metrologie des Raums

In der Metrologie entspricht der Metrologie der Zeit die Metrologie des Raums, wobei die Grundlage der Metrologie des Raums die Metrologie der Länge ist. Außerdem gehört auch die Messung der Richtungen des Raums zum Bereich der Metrologie des Raums. In diesem Abschnitt werden wir die Metrologie des Raums im alten China skizzieren.

1. Die Vielfalt der Längenmetrologie

Unter den verschiedenen Aktivitäten in der Metrologie ist die Längenmetrologie die grundlegendste. In der Längenmetrologie hatten die Vorfahren im Allgemeinen zuerst ein Normal geschaffen und danach das gewählte Normal mit dem zu messenden Gegenstand direkt verglichen. Die Vorfahren nannten diese Praxis „die Höhe mit einer Höhe messen, die Länge mit einer Länge messen." Das heißt, die grundlegende Methode der Längenmetrologie ist eine direkte Vergleichsmessung.

Wenn man die Länge eines Körpers einer direkten Vergleichsmessung unterzieht, ist der Prozess anschaulich, so dass das Ergebnis Überzeugungskraft besitzt und die Vorfahren es akzeptierten. Aber letzten Endes ist der Anwendungsbereich dieser metrologischen Methode begrenzt. Hierfür erfanden die Vorfahren eine Vielfalt von Längenmessmethoden.

Zum Beispiel ist es für die Messung weiter Entfernungen wegen der manchmal wirkenden verschiedenen Faktoren, wie Arbeitskräfte und materielle Ressourcen sehr schwierig, Messungen vor Ort zu organisieren. Hierfür nutzten die Vorfahren gern die Beziehungen zwischen Geschwindigkeit, Zeit und Weg, um Messungen und Rechnungen anzustellen. Die Methode bestand darin, nach der Erfahrung die Geschwindigkeit beim Gehen zu bestimmen, weiter die Geschwindigkeit mit der benötigten Zeit zu multiplizieren, so dass man die schätzungsweise zu messende Entfernung ermitteln konnte. Früh in der Vor-Qin-Zeit wurde dieses Verfahren in dem Buch „Guan Zi (Meister Guan), Kap. Reiten auf Pferden" beschrieben: „Wenn die Führer von Wagen, die von Pferden oder Rindern gezogen werden, die Last des Pferdes oder Rindes bestimmen, wissen sie den Weg, den sie an einem Tag zurücklegen, und man kann die Entfernung erfahren. Das ist ein Verfahren, um die Größe der Gebiete der Fürstentümer zu messen."

Das im „Guan Zi" angeführte Verfahren verwirklicht eine Längenmessung auf der Grundlage der Beziehung zwischen Geschwindigkeit, Weg und Zeit. Wenn es im Text heißt „den Weg, den sie an einem Tag zurücklegen", so ist eine Geschwindigkeit gemeint. Das Wesen dieses Verfahrens besteht darin, die tatsächliche Längenmessung durch eine Messung der Zeit zu ersetzen. Weil eine grobe Zeitmessung für recht große Einheiten leicht zu verwirklichen ist (zum Beispiel für die Einheit Tag), besteht der Vorteil dieses Verfahrens in seiner Einfachheit. Besonders wird im „Guan Zi" noch angeführt, dass man die „Last des Pferdes oder Rindes bestimmen" muss, so kann man garantieren, dass der reale und der Erfahrungswert der Geschwindigkeit nahe beieinander liegen und man einen groben Fehler vermeidet. Offensichtlich hatten die Vorfahren die verschiedenen Faktoren dieses Mess- und Berechnungsverfahrens ernsthaft bedacht. Wenn sie dieses Verfahren zur Messung und Berechnung der Gebiete der Fürstentümer benutzten, so demonstrierte das dieser Punkt. Eben deshalb wurde dieses Mess- und Berechnungsverfahren auch in anderen Büchern des Altertums oft angeführt. So wird im sechsten Kapitel des Buches „Jiu Zhang Suan Shu" (Arithmetik in neun Kapiteln) folgende Aufgabe genannt: „Nehmen wir an, eine Pferdestation übernimmt einen Getreidetransport. Ein leerer Wagen legt täglich 70 Li zurück und ein beladener Wagen täglich 50 Li. Jetzt wird die Hirse vom Speicher nach Shanglin befördert. Man benötigt drei Tage hinwärts und fünf Tage zurück. Ich frage, wie weit ist der Speicher von Shanglin entfernt?" In dieser Rechenaufgabe werden jeweils die Fahrgeschwindigkeiten mit leichten und schweren Wagen und die Fahrzeiten angegeben, und es wird nach der Entfernung zwischen den beiden Orten gefragt. Wir wissen, dass die Mathematik in einem gewissen Grade das Leben der Gesellschaft widerspiegelt, und solche Aufgaben traf man im Altertum oft an. Sie bestätigt, dass sie ein von den Vorfahren oft benutztes Verfahren für eine grobe Messung und Berechnung von Entfernungen war.

Mit Hilfe der Beziehung zwischen Geschwindigkeit, Weg und Zeit eine Entfernung zu messen und zu berechnen, ist im Entwicklungsprozess der Längenmetrologie eine Anwendung physikalischer Methoden. Außerdem benutzten die Vorfahren auch mechanische Verfahren, um eine Längenmessung zu verwirklichen, das war die Anfertigung und Anwendung eines Trommelwagens, der die Wegstrecke in Li anzeigte. Der sogenannte Li-Anzeige-Trommelwagen war ein speziell konstruierter Wagen. Seine Wagenräder waren mit einem Getriebe verbunden, so dass, wenn die Wagenräder ein Li zurückgelegt hatten, ein Zahnrad gerade eine Umdrehung vollführte und eine Holzfigur auf dem Wagen auslöste, die eine Trommel einmal schlug. Darauf beruhte die automatische Anzeige des Weges. Nach der Tang-Dynastie tauchte in den Berichten über die in den Li-Anzeige-Trommelwagen eingebauten Vorrichtungen eine zweistöckige Konstruktion auf: Wenn ein ganzes Li zurückgelegt wurde, schlug die hölzerne Figur im unteren Stockwerk eine Trommel einmal; wenn ganze 10 Li zurückgelegt wurden, schlug die hölzerne Figur im oberen Stockwerk eine Trommel einmal. Nach der Zahl der Trommelschläge der hölzernen Figuren im oberen und unteren Stockwerk wusste man die Länge der zurückgelegten Strecke. Das ähnelt von der Darstellung dem km-Standsanzeiger in heutigen Autos.

Es ist sehr schwer, die konkrete Zeit der Erfindung der Li-Anzeige-Trommelwagen zu bestimmen. In dem Werk „Sun Zi Suan Jing (Arithmetischer Klassiker des Meisters Sun), Kap. 3" aus der Zhanguo-Periode gibt es eine mathematische Aufgabe, die mit einem Li-Anzeige-Trommelwagen zusammenhängen kann. Die Aufgabe lautet. „Es ist bekannt, dass die Entfernung von Chang'an nach Luoyang 900 Li beträgt. Wenn sich ein Wagenrad bei einer Umdrehung 1 Zhang 8 Chi vorwärtsbewegt, wieviel Umdrehungen braucht es von Luoyang nach Chang'an?" Vom Standpunkt der mathematischen Operationen ist diese Aufgabe nicht sehr tiefgründig, aber sie schenkt der Beziehung zwischen der Wegstrecke und der Zahl der Umdrehungen eines Wagenrads Aufmerksamkeit. Wenn man hiervon ausgeht und die Anwendung eines Zahnradsystems hinzufügt, kann der Li-Anzeige-Trommelwagen zur rechten Zeit entstehen.

Entsprechend den Aufzeichnungen traten in der Han-Dynastie Zahnräder auf, und in dem von Liu Xin verfassten Buch „Xi Jing Za Ji" (Vermischte Aufzeichnungen aus der Westlichen Hauptstadt), Kap. 5, wird auch schon angeführt: „Weganzeigewagen werden von vier Pferden gezogen und fahren in der Mitte der Straße." Weganzeigewagen sind Li-Anzeige-Trommelwagen. Daraus kann man sehen, dass es während der Westlichen Han-Dynastie schon Li-Anzeige-Trommelwagen gab. Aber es gibt auch Leute, die sagen, dass der wahre Autor des „Xi Jing Za Ji" Ge Hong aus der Westlichen Jin-Dynastie ist. Deshalb meint man, dass diese Angabe etwas zweifelhaft ist. Aber unter den Wandgemälden im Grabschrein von Xiaotangshan aus der Han-Dynastie gibt es schon eine Abbildung eines Li-Anzeige-Trommelwagens. Das ganze Bild ist sehr lebendig und präzise gestaltet (siehe Bild 5.1).

Bild 5.1 Bild eines Li-Anzeige-Trommelwagens im Grab von Xiaotangshan aus der Han-Dynastie

Deshalb ist die Argumentation, dass es in der Han-Dynastie schon Li-Anzeige-Trommelwagen gab, glaubwürdig.

Der Li-Anzeige-Trommelwagen wurde zuerst eindeutig in einer offiziellen Chronik, im „Jin Shu, Kap. Aufzeichnungen über Wagen und Kleidung" beschrieben. Seit der Jin-Dynastie fehlte wohl in keiner Dynastie ein Mann, der Li-Anzeige-Trommelwagen anfertigte. In den Chroniken gibt es darüber viele Aufzeichnungen. Unter den ausführlichen Aufzeichnungen ist vor allem das „Song Shi (Chronik der Song-Dynastie), Kap. Aufzeichnungen über Wagen und Kleidung" zu nennen, in der Aufbau und Verwendung von Li-Anzeige-Trommelwagen ausführlich beschrieben wurden. Der schon verstorbene Historiker Wang Zhenduo hatte einst den Li-Anzeige-Trommelwagen von Lu Daolong und Wu Deren aus der Song-Dynastie rekonstruiert. Die Rekonstruktion von Wang Zhenduo ist heute im Museum für Geschichte Chinas ausgestellt, die der Welt die glänzenden Erfolge demonstriert, die die Vorfahren in China bei der Verwirklichung der Längenmetrologie und der Automatisierung unter Nutzung der mechanischen Technologie erzielten.

Außer physikalischen Verfahren und mechanischen Mitteln ist immer noch die Anwendung mathematischer Methoden das, was bei den Vorfahren auf dem Gebiet der Längenmetrologie am meisten hervorzuheben verdient, weil man durch die Anwendung mathematischer Methoden den Messbereich erweitern kann. Zum Beispiel muss man an die Messung und Berechnung von Flächen und Volumina nur mit der Längenmetrologie herangehen. Wenn man die mathematische Beziehung zwischen der Länge und der Fläche bzw. dem Volumen nicht gefunden hat, hätte eine solche Messung keinen Sinn. Selbst nur für die Länge verhält es sich ebenso. Wie allgemein bekannt ist, misst man für die Messung eines Kreisumfangs im Allgemeinen zuerst den Durchmesser des Kreises, der dann mit der Kreiszahl π multipliziert wird. Wenn die Kreiszahl nur grob ist, wird schließlich das Ergebnis nicht genau sein, ganz gleich wie genau die Messung des Kreisdurchmessers ist. Darum ist die Ermittlung einer immer genaueren Kreiszahl eine wirksame Maßnahme, die die Vorfahren ergriffen, um die Messgenauigkeit zu erhöhen. Im alten China war das Erzielen eines genauen Werts der Kreiszahl (zum Beispiel der Wert für π von Zu Chongzhi 3,1415926) ein sehr wichtiger Erfolg der Mathematik, und das Erzielen dieses Erfolgs entsprang aus der immanenten Motivation durch das Bedürfnis der Metrologie.

Außerdem kann man durch die Benutzung mathematischer Werkzeuge einige Probleme, die sich ursprünglich nicht realisieren ließen, in eine machbare Messung verwandeln. Auf diesem Gebiet waren die mathematischen Prinzipien, auf die sich die Vorfahren stützten, vor allem das Gougu-Theorem (Satz des Pythagoras) und die Eigenschaften der Proportionen korrespondierender Seiten von ähnlichen Dreiecken. Zum Beispiel beruht die Diskussion über die Höhe des Himmels und die Entfernung der Sonne in dem alten Buch „Zhou Bi Suan Jing" (Arithmetischer Klassiker des Gnomons und der Kreisbahnen) darauf. Das „Zhou Bi Suan Jing" unterstellt gleich im Eröffnungskapitel Fragen und Antworten zwischen Herzog Zhou und Shang Gao. Dabei fragt Herzog Zhou den Shang Gao: „Da man zum Himmel nicht auf einer Treppe hinaufsteigen und die Erde nicht mit Chi und Cun vermessen kann, möchte ich Sie fragen, woher die entsprechenden Zahlen kommen?" Shang Gao antwortete: „Man erhält sie aus dem Verhältnis zwischen der Ankathete und der Gegenkathete eines Dreiecks. Man benutzt ein Rechtwinkelmaß und mit der Beziehung zwischen Ankathete, Gegenkathete und Hypotenuse des Dreiecks kann man die

‚Zahl' des zu messenden Objekts bestimmen." Shang Gao zählte noch die grundlegenden Methoden auf, um mit Hilfe eines Rechtwinkelmaßes Messungen durchzuführen. Er sagte: „Mit dem horizontalen Rechtwinkelmaß kann man eine Ebene prüfen, mit dem liegenden Rechtwinkelmaß eine Höhe messen, mit dem nach unten zeigenden Rechtwinkelmaß eine Tiefe messen, mit dem ruhenden Rechtwinkelmaß eine Entfernung messen und mit einem sich drehenden Rechtwinkelmaß einen Kreis ausmessen. Das sind die gesammelten Methoden des Rechtwinkelmaßes. Was die Zahlen angeht, die man mit dem Rechtwinkelmaß gewinnt, so beherrscht man durch Messung und Berechnung mit dem Rechtwinkelmaß die Zahlenverhältnisse aller Dinge. Es gibt nichts, zu dem es nicht fähig wäre." Von den sechs verschiedenen Verfahren der Benutzung eines Rechtwinkelmaßes diente das erste der Prüfung einer Ebene, und die letzten beiden werden auf Dreiecke angewendet. Jetzt wollen wir die drei dazwischen aufgeführten Verfahren besonders vorstellen.

Sprechen wir zuerst über das liegende Rechtwinkelmaß. „Liegend" meint hier auf dem Rücken liegend. In dieser Lage befindet sich die Ankathete unten, und die Gegenkathete zeigt nach oben, so dass man auf diese Weise eine Höhe messen kann.

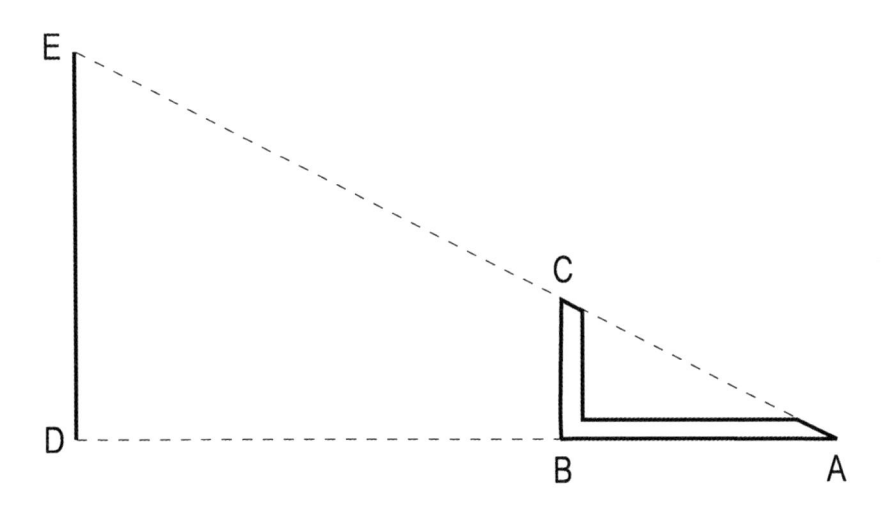

Bild 5.2 Prinzipbild des liegenden Rechtwinkelmaßes zur Messung einer Höhe

Wie im Bild 5.2 gezeigt, ist ED die Höhe des zu messenden Gegenstands. Dann ergibt sich ED = CB x DA/BA.

Sprechen wir weiter über das nach unten zeigende Rechtwinkelmaß. In dieser Lage steht das Rechtwinkelmaß auf der Spitze, um eine Tiefe zu messen.

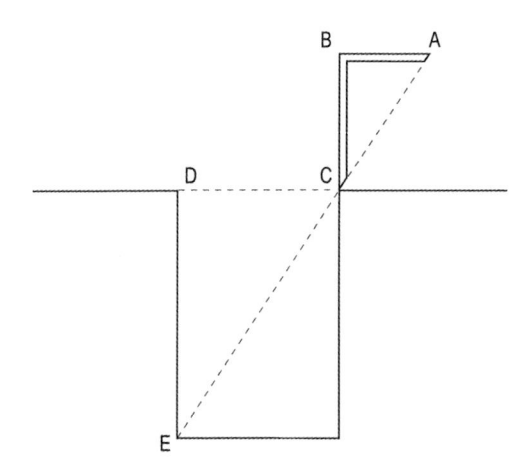

Bild 5.3 Prinzipbild der Messung einer Tiefe mit dem nach unten zeigenden Rechtwinkelmaß

Wie im Bild 5.3 gezeigt, ist DE die zu messende Tiefe. Dann ergibt sich DE = BC x DC/BA
Dann haben wir noch das ruhende Rechtwinkelmaß. Ruhend meint flach liegend. Das ist ein Verfahren, um eine Breite oder Entfernung in horizontaler Richtung zu messen.

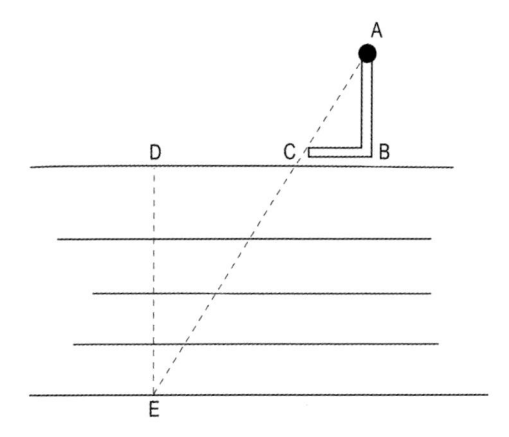

Bild 5.4 Prinzipbild der Messung einer Entfernung mit dem ruhenden Rechtwinkelmaß

Wie im Bild 5.4 gezeigt, ist DE der zu messende Gegenstand (zum Beispiel die Breite eines Flusses). Dann ist DE = AB x DC/CB.

Indem die Vorfahren die Eigenschaften des rechtwinkligen Dreiecks untersuchten, fanden sie Messverfahren für einige Messgegenstände heraus, die sich nicht direkt messen lassen. Deshalb rief Herzog Zhou freudig überrascht aus: „Was die Zahlen angeht, die man mit dem Rechtwinkelmaß gewinnt, so beherrscht man durch Messung und Berechnung mit dem Rechtwinkelmaß die Zahlenverhältnisse aller Dinge. Es gibt nichts, zu dem es nicht fähig wäre!"

Aber die Messung mit dem liegenden, dem nach unten zeigenden und dem ruhenden Rechtwinkelmaß sind einfache Messverfahren, bei denen ein Rechtwinkelmaß oder ein

Stab benutzt werden. Die Anwendung dieser Verfahren weist bestimmte Einschränkungen auf. Wenn man zum Beispiel im Bild 5.2 die Länge DA nicht kennt, dann kann man auch die zu messende Höhe ED nicht ermitteln. Hierfür erfanden die Vorfahren eine Messung, bei der das Rechtwinkelmaß oder der Stab zweimal angesetzt wurden, und berechneten die Höhe aus der gemessenen Differenz. Dieses Verfahren hieß im Altertum „Chong Cha Shu" 重差术(Kunst der doppelten Differenz). Um für die „Kunst der doppelten Differenz" eine sinnliche Erkenntnis zu schaffen, stellen wir jetzt das konkrete Verfahren der Höhenentfernung der Sonne vor, das der berühmte Mathematiker Liu Hui aus der Zeit der Wei- und Jin-Dynastie unter Benutzung der „Kunst der doppelten Differenz" erfunden hatte. Nach der Vorstellung des Verfahrens in Liu Hui's Buch „Jiu Zhang Suan Shu Zhu" (Kommentar zur Arithmetik in neun Kapiteln) wählte er bei der Messung der Höhenentfernung der Sonne zwei Punkte auf einer Ebene, die in Nord-Süd-Richtung liegen. An diesen beiden Punkten stellte er jeweils einen 8 Chi hohen Schattenstab auf und hatte am selben Tag die Länge der Schatten des Schattenstabs bei der Kulmination der Sonne gemessen. Auf der Grundlage der Differenz der beiden Schattenlängen, der Entfernung zwischen diesen beiden Punkten und der Höhe des Schattenstabs kann man die Höhenentfernung der Sonne messen. Nach Liu Hui's Beschreibung können wir ein Prinzipbild wie im Bild 5.5 zeichnen.

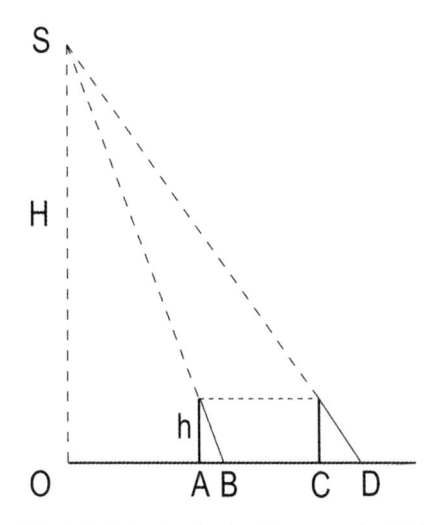

Bild 5.5   Prinzipbild der Messung der Höhe der Sonne mit der „Kunst der doppelten Differenz"

Liu Hui gab eine Gleichung mit der Schattendifferenz CD-AB, der Entfernung zwischen den beiden Schattenstäben AC, der Schattenstabhöhe h, der Höhe der Sonne H und der horizontalen Entfernung zwischen der Sonne und der Messperson (dem vorderen Schattenstab) OA an. Wenn man diese Gleichung mit den im Bild 5.5 gezeigten Symbolen ausdrückt, ergibt sich

$H = AC \times h / (CD-AB) + h$ (1)
$OA = AC \times AB / (CD-AB)$ (2)

Liu Hui hatte nicht erläutert, wie er diese Gleichung abgeleitet hatte, aber sie ist richtig und beweist, dass es hier keine Schwierigkeit gab.

Die Bedeutung der beiden von Liu Hui angegebenen Gleichungen besteht in Folgendem: Sie belegen, dass die Menschen der damaligen Zeit schon durch die Messung der Faktoren naher Entfernungen und die Anwendung mathematischer Werkzeuge Kenntnis von der Größe von Gegenständen in weiter Entfernung erhielten, die man nicht direkt messen konnte. Dieses Verfahrens ist mathematisch gesehen streng, aber bei der praktischen Messung der Höhenentfernung der Sonne trat ein Fehler auf, weil Liu Hui's Verfahren voraussetzt, dass die Erde eben ist, aber in Wirklichkeit ist sie eine Kugel. Darum trat bei der Messung der Entfernung der Sonne nach seinem Verfahren im erhaltenen Ergebnis ein Fehler auf. Ungeachtet dessen hat dieses Verfahren einen reichen praktischen Wert. Darüber hinaus hatte Liu Hui dieses indirekte Messverfahren noch weiter entwickelt. Er hatte einst das Buch „Hai Dao Suan Jing" (Mathematischer Klassiker der Meere und Inseln) verfasst, in dem speziell diskutiert wird, wie man in verschiedenen Situationen, in denen man nicht direkt messen kann, sie sich mit mathematischen Methoden messbar machen lassen. Nicht allein Liu Hui, sondern auch andere Mathematiker lieferten hierfür unermüdliche Anstrengungen und erzielten großartige Erfolge. Eine wichtige Besonderheit der traditionellen Mathematik in China besteht darin, dass sie auf die Lösung praktischer Probleme orientiert war, ihre Praktikabilität war sehr ausgeprägt. Das ist die allgemeine Auffassung vieler Wissenschaftshistoriker. Aber unter den praktischen Problemen, denen sich die Mathematiker des Altertums widmeten, nahm die Metrologie einen recht wichtigen Platz ein.

2. Historische Entwicklung der Richtungsbestimmung mit einem Gnomon

Die Messung von Richtungen ist eine wichtige Aufgabe der Metrologie des Raums. Hierfür wendeten die Vorfahren vielfältige Methoden an, es gab astronomische, mechanische Verfahren (zum Beispiel den Südanzeige-Wagen) und auch physikalische Verfahren (zum Beispiel die Kompassnadel). Ganz gleich welches Verfahren, alle benötigen sie das astronomische Verfahren als letztgültigen Bezug, weil der Begriff der Richtung selbst durch die Beobachtung der Bewegung der Himmelskörper entstanden ist. Und unter den astronomischen Methoden ist die Schattenmessung mit einem Gnomon der grundlegende Weg.

In der Praxis der Richtungsmessung der Frühzeit hatten die Vorfahren allgemein die Richtungen des Sonnenauf- und -untergangs Ost und West unterschieden. Aber weil sich die Richtung des Sonnenauf- und -untergangs täglich ändert, ist es zu grob, aufgrund dessen eine Richtung direkt zu messen. Später entdeckten die Vorfahren, ganz gleich, in welcher Richtung die Sonne auf- und untergeht, dass die Richtung während ihrer Kulmination unveränderlich fest ist. Daraufhin wurde diese Richtung als Süden und die ihr entgegengesetzte Richtung als Norden definiert, und die dazu senkrechte Richtung wurde als Ost und West festgelegt. Somit verwandelte sich die Messung der Richtung in die Unterscheidung, ob sich die Sonne am Kulminationspunkt befindet. Dabei hat die Kulmination der Sonne eine markante Besonderheit: Zu diesem Zeitpunkt ist die Schattenlänge, den ein und derselbe Gnomon wirft, am kürzesten. Deshalb muss man nur einen Schattenstab aufstellen, die Änderung des Schattens während eines Tages beobachten, und die Richtung, die dem kürzesten Schatten entspricht, ist die Nord-Süd-Richtung. Die Umsetzung dieses Gedankengangs in die Praxis führte zur Entstehung von Verfahren der Richtungsmessung.

Aber die Herangehensweise an die Bestimmung der Richtung, ob der gemessene Schatten der kürzeste ist, war in der Praxis recht fehlerhaft. Weil die Veränderung der Schattenlänge vor und nach dem Mittag langsam verläuft, ist die Position des Minimums schwer zu ermitteln und die entsprechende Nord-Süd-Richtung schwer festzulegen. Deshalb hatten die Vorfahren diese Herangehensweise schrittweise verbessert. Das verbesserte Ergebnis führte zum Auftreten des Verfahrens der Richtungsbestimmung durch Schattenmessung im Buch „Kao Gong Ji" (Aufzeichnungen der Handwerker). Dieses Verfahren ist im „Kao Gong Ji", Kap. Bauwesen aufgezeichnet. Es ist ein Verfahren der Richtungsbestimmung, das wirklich praktischen Wert besitzt. Sein originaler Text lautet:

„Die Bauleute bauen Städte. Auf dem eingeebneten Boden werden Schnüre an senkrechten Stäben befestigt, um mit den aufgespannten Schnüren die Geradheit zu prüfen. Sie beobachten den Sonnenschatten und zeichnen Kreise. Sie halten den Schatten bei Sonnenaufgang und –untergang fest. Am Tage bestimmen sie die Richtung des Sonnenschattens am Mittag und in der Nacht die Richtung des Polarsterns, um die Himmelsrichtungen festzulegen."

Das Verfahren im „Kao Gong Ji" ist praktikabel und einfach. Es berücksichtigte auch einige Details und wissenschaftliche Fragen. Zum Beispiel muss die Erde horizontal eben sein, der Schattenstab muss senkrecht in der Erde stecken. Eine Messung reicht nicht aus, man muss noch auf einer anderen Basis eine zweite Messung zum Vergleich machen usw. Das ist offensichtlich die Kristallisation einer langzeitigen Praxis der Vorfahren. Die Entstehung dieses Verfahrens bedeutet, dass sich die traditionelle Richtungsbestimmung mit Schattenmessung zu einem neuen Niveau entwickelte.

Auch die Aufzeichnung im „Kao Gong Ji" war nicht ausreichend. Weil der Schatten des Gnomons beim Sonnenauf- und –untergang relativ verschwommen ist, lassen sich die Schnittpunkte mit dem Kreis nicht leicht präzise festlegen. Im Hinblick auf diesen Mangel hatten die Vorfahren auch eine weitere Verbesserung vorgenommen. Die Schattenmessung mit einem einzelnen Gnomon wurde zum Einsatz mehrerer Gnomone und der direkten Beobachtung der Sonne weiterentwickelt. Dieses Verfahren taucht zuerst in dem astronomischen Werk „Huai Nan Zi" (Meister von Huai Nan) aus der frühen Zeit der Westlichen Han-Dynastie auf. Die Aufzeichnung im „Huai Nan Zi, Kap. Unterweisung in Astronomie" lautet:

„Um Osten und Westen zu bestimmen, wird zuerst im Osten ein Gnomon aufgestellt, und 10 Bu von diesem entfernt benutzt man einen weiteren Gnomon. Wenn die Sonne gerade in nordöstlicher Richtung aufgeht, beobachtet man die Richtung am wandernden und am festen Gnomon. Wenn die Sonne untergeht, stellt man einen weiteren Gnomon im Osten auf und visiert über den westlich stehenden Gnomon das Zentrum der Sonne an. Wenn sie gerade im Nordwesten untergeht, bestimmt man die Richtung des Ostens, indem die Mitte zwischen den beiden wandernden Gnomonen mit dem Gnomon im Westen die Ost-West-Richtung angibt." Nach dieser Beschreibung wissen wir, wie nach dem „Huai Nan Zi" die Ost-West-Richtung richtig bestimmt wurde. Die konkreten Schritte des Vorgehens waren folgende: Zuerst wird auf einer Ebene ein fester Gnomon B aufgestellt, außerdem nimmt man einen Gnomon A, der gegenüber dem Gnomon B um 10 Bu entfernt verschoben wird. Wenn die Sonne gerade im Nordosten aufgeht, beobachtet man sie in der Richtung vom Verschiebegnomon zum festen Gnomon, so dass der feste Gnomon B, der Verschiebegnomon A und das Zentrum der Sonnenfläche in eine Linie fallen. Jetzt wird der Verschiebegnomon A fixiert. Wenn die Sonne im Nordwesten untergeht, nimmt man einen weiteren Verschiebegnomon B', der östlich vom bereits fixierten Gnomon A 10 Bu entfernt aufgestellt wird, und visiert mit dem Verschiebegnomon B' über den Gnomon A das Zentrum der Sonnenfläche an und fixiert B'. Jetzt gibt die Verbindungslinie von B und B' die Nord-Süd-Richtung an und die Verbindungslinie zwischen dem Mittenpunkt dieser Linie und dem Gnomon A ist die Ost-West-Richtung (siehe Bild 5.6).

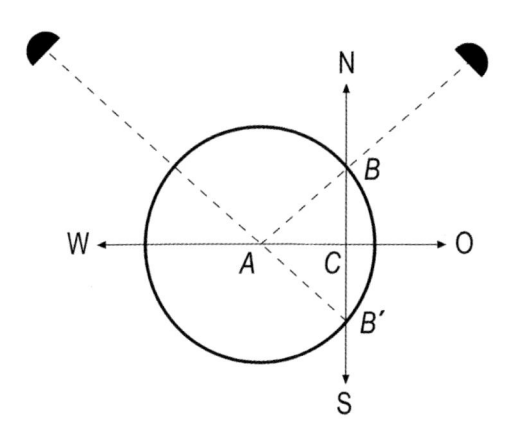

Bild 5.6 Prinzipbild der Richtungsbestimmung mit Gnomonen im „Huai Nan Zi, Kap. Unterweisung in der Astronomie"

Das im „Huai Nan Zi" beschriebene Verfahren beobachtet nicht mehr den Schatten des Gnomons, sondern der Gnomon wird direkt benutzt, um die Sonne anzuvisieren. So vermied man den Fehler, der durch den verschwommenen Gnomonschatten bei Sonnenauf- und -untergang erzeugt wird. Seine Genauigkeit der Richtungsbestimmung ist höher als bei dem im „Kao Gong Ji" beschriebenen Verfahren. Weil dieses Verfahren beim Sonnenauf- und -untergang angewendet wird, ist das Sonnenlicht mild, so dass man die Sonne mit dem Auge anvisieren kann.

Nach dem „Huai Nan Zi" gab es in den einzelnen Dynastien nicht wenige Wissenschaftler, die das Problem der Richtungsbestimmung mit einem Gnomon erörterten. Unter ihnen war Guo Shoujing aus der Yuan-Dynastie derjenige, der den herausragendsten Erfolg erzielte. Er wandte das Prinzip der Symmetrie an und fertigte erfolgreich ein Gerät an, das speziell der Richtungsmessung diente und das er „Quadratplatte" nannte. Im „Yuan Shi, Kap. Aufzeichnungen über Astronomie" ist die Gestalt der Quadratplatte ausführlich beschrieben. Nach der Schilderung im „Yuan Shi" hat die Quadratplatte eine Kantenlänge von 1 Chi und eine Dicke von 1 Cun. 5 Fen vom Rand entfernt lief eine Wasserrinne herum, die dazu diente, die horizontale Lage zu prüfen. Durch den Mittelpunkt verliefen zwei Linien in Form eines Kreuzes, die jeweils bis zur Wasserrinne reichten. Der Mittelpunkt der Platte diente als Kreismittelpunkt, und von außen nach innen waren 19 Kreise gezeichnet, die einen Abstand von 1 Cun voneinander hatten. An dem äußersten Kreis wurde 3 Fen nach innen noch ein weiterer Kreis gezeichnet. Zusammen mit dem äußersten Kreis bildete er einen Kreis mit einer Teilung. Innerhalb dieses Kreises waren die Gradzahlen für den Umfang des Himmels eingezeichnet. Der innerste Kreis hatte einen Durchmesser von 2 Cun, und auf der Position dieses Kreises befand sich ein 2 Cun hoher Zylinder. Im Zentrum des Zylinders war eine Vertiefung eingearbeitet, die bis zum Grund reichte. In die Vertiefung wurde ein Stab gestellt, dessen Höhe man einstellen konnte. Zur Zeit der Tag-und-Nachtgleiche im Frühling und im Herbst ragte der Stab über der Platte 1 Chi 5 Cun heraus, zur Zeit der Sommersonnenwende 3 Chi und zur Zeit der Wintersonnenwende 1 Chi. Das wurde deshalb vorgesehen, um zu gewährleisten, dass das Ende des Stabschattens am Mittag in den verschiedenen Jahreszeiten in die quadratische Platte fiel. Das ist der wesentliche Aufbau dieser Quadratplatte (siehe Bild 5.7).

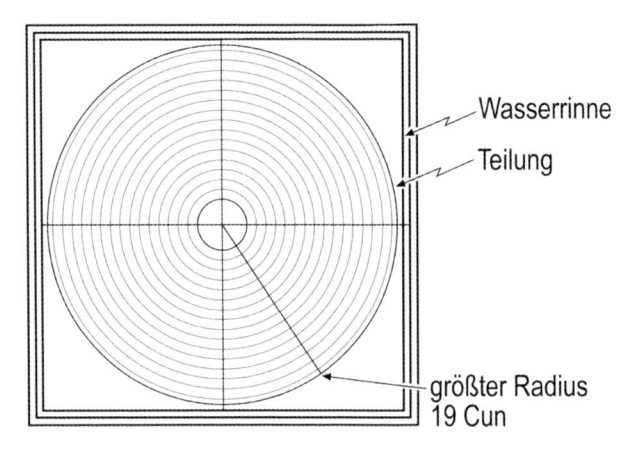

Bild 5.7 Prinzipbild der von Guo Shoujing erfundenen Quadratplatte, entnommen aus dem Buch „Guo Shoujing" von Pan Nai und Xiang Ying

Bei der Benutzung der Quadratplatte zur Messung der Richtung stellte man sie zuerst auf einen ebenen Boden, füllte Wasser in die Wasserrinne und brachte die Plattenfläche in eine horizontale Lage. Danach steckte man in den Zylinder in der Mitte den Schattenstab und beobachtete die Änderung des Stabschattens nach dem Sonnenaufgang. Sowie das Ende des Stabschattens vom Westen her in den äußeren Kreis hineinlief, machte man an der entsprechenden Stelle mit Tusche einen Strich. Entsprechend der Verschiebung des Stabschattens markierte man die Schnittpunkte des Endes des Stabschattens mit jedem Kreis nacheinander mit Tusche, bis der Stabschatten im Osten aus dem äußeren Kreis herauslief. Wenn man die beiden Tuschestriche auf denselben Kreisen miteinander verband, bildete die Richtung der Verbindungslinie zwischen dem Mittenpunkt und dem Kreismittelpunkt die Nord-Süd-Richtung. Man verglich die Gruppe der Tuschestriche der auf allen Kreisen ermittelten Ergebnisse, um die richtige Nord-Süd-Richtung zu ermitteln. Wenn sich vor und nach der Winter- und der Sommersonnenwende die Deklination der Sonne recht wenig ändert, kann man auch ein genaues Ergebnis erzielen, selbst wenn man nur eine Beobachtungsgruppe auf dem äußeren Kreis nimmt. Aber vor und nach der Tag-und-Nachtgleiche im Frühling und im Herbst verändert sich die Deklination der Sonne recht stark, und der Unterschied zwischen morgens und abends ist beträchtlich, wobei die Beobachtungspunkte auf einigen äußeren Kreisen gegenüber der wahren Nord-Süd-Linie nicht symmetrisch liegen. Wenn man diese Messpunkte nicht weiter benutzt und die Messpunkte auf den innersten Kreisen nehmen muss und außerdem noch an mehreren Tagen hintereinander Beobachtungen und Messungen durchführt, um das Ergebnis von vielen Messgruppen zu erhalten, und sie miteinander vergleicht, kann man daraus die genaue Nord-Süd-Richtung bestimmen.

Guo Shoujing's Konstruktion ist reich an schöpferischem Geist. Bei der Richtungsbestimmung mit einem traditionellen Gnomon beobachtet man größtenteils die Richtung der Sonne bei Sonnenaufgang und -untergang und am Mittag. Guo Shoujing schlug einen anderen Weg ein, indem er die gleichlangen Gnomonschatten am Vormittag und am Nachmittag nahm und ihren eingeschlossenen Winkel halbierte, woraus er die richtige Nord-Süd-Richtung erhielt. Das ist eine methodische Neuerung.

Guo Shoujing benutzte noch das Verfahren der Mehrfachbeobachtungen und -messungen, um die Genauigkeit der Messergebnisse zu erhöhen. Die moderne Fehlertheorie meint, dass man mit der Methode der Mehrfachmessungen grobe Fehler vermeiden und den zufälligen Fehler verringern kann, was die Erhöhung der Genauigkeit des Messergebnisses unterstützt. Deshalb stimmt Guo Shoujing's Herangehensweise mit der wissenschaftlichen Fehlertheorie überein. Außerdem sind auch Guo Shoujing's Überlegungen zum Einfluss der Amplitude der Änderung der Sonnendeklination in den verschiedenen Jahreszeiten auf die Messung der Richtung sehr umfassend und detailliert, sie drücken seine guten Anlagen als ein experimentierender Wissenschaftler aus.

Guo Shoujing erzielte mit der Benutzung der Quadratplatte zur Messung der Richtungen einen ganz erstaunlichen Erfolg. Das in der Stadt Gaocheng des Kreises Dengfeng in der heutigen Provinz Henan befindliche Sternobservatorium wurde von Guo Shoujing erbaut. Der über 100 Chi lange Steingnomon für die Schattenmessung ist ein unmittelbares Zeugnis, dass Guo Shoujing die Nord-Süd-Richtung gemessen hatte. Im Jahre 1975 hatte die Sternwarte von Beijing Leute entsendet, um mit modernen wissenschaftlichen Verfahren die dortige Meridianrichtung zu messen. Ihr Messergebnis zeigte, dass die Orientierung der Stätte des Steingnomons recht gut mit der dortigen Meridianrichtung übereinstimmt. Dass Guo Shoujing vor 700 Jahren ein solches Ergebnis erzielen konnte, nötigt uns wirklich Bewunderung ab. Zugleich belegt die erfolgreiche Anfertigung der Quadratplatte, dass die Entwicklung der Richtungsmessung mit einem Gnomon im alten China ein reifes Stadium erreicht hatte.

3. Entwicklung der Kompassnadel

Bei der Messung der Richtung stellt die Richtungsbestimmung mit einem Gnomon ein grundlegendes Verfahren in der Astronomie dar, aber für den Verlauf der menschlichen Gesellschaft erlangten die physikalischen Verfahren, insbesondere die Erfindung und Anwendung der Kompassnadel eine noch größere Bedeutung. Deshalb kann man nicht umhin, wenn man die Entwicklung der Geschichte der Metrologie in China untersucht, die Entwicklung der Kompassnadel in China anzuführen.

Im alten China war das Wissen um magnetische Phänomene sehr früh. Schon vor mehr als 2000 Jahren entdeckten die Menschen natürliche Magnete. Im „Guan Zi (Meister Guan), Kap. Die Zahlen der Erde" gibt es die Beschreibung: „Oben liegend findet man Magneteisenstein und darunter Kupfer und Gold." Der sogenannte „Magneteisenstein" ist ein natürlicher Magnet. Im Buch „Lü Shi Chun Qiu (Frühling und Herbst des Lü Buwei), Kap. Aufzeichnungen des letzten Herbstmonats, Fernwirkungen des Geistes" wird auch erwähnt: „Der Magneteisenstein ruft das Eisen herbei; er zieht es wohl an." Das ist eindeutig die früheste Aufzeichnung, dass Magneteisenstein Eisen anzieht. Die Vorfahren haben Magneteisenstein *cishi*磁石 auch *zishi*慈石 (= gütiger Stein) geschrieben, und weil sie von dem Phänomen ausgingen, dass er Eisen anziehen kann, meinten sie, dass er der Stein der „gütigen Liebe" (*zi ai zhi shi*慈爱之石) sei. Daran kann man ersehen, dass die Menschen in China früh in der Vor-Qin-Periode schon ein gewisses Verständnis hatten, dass Magneteisenstein Eisen anzieht.

Aber das Wissen, dass Magneteisenstein Eisen anzieht, bedeutet nicht, dass man eine Kompassnadel erfinden kann. Weil für die Erfindung der Kompassnadel die Entdeckung, dass der Magneteisenstein eine Polarität aufweist, grundlegend ist, und in einer Situation, in der keinerlei Hintergrundwissen über Magnetismus vorliegt, ist es leicht gesagt, dass man die Polarität entdecken muss.

Man kann von Glück sagen, dass die Vorfahren Chinas sehr früh diese Barriere übersprungen hatten und die Polarität des Magneteisensteins entdeckten. Es ist bedauerlich, dass man über den konkreten Prozess dieser Entdeckung bis heute immer noch nichts weiß. Was wir wissen, ist: Spätestens zur Periode der Östlichen Han-Dynastie nutzte man die Polarität des Magneteisensteins, und die Menschen hatten schon erfolgreich magnetische Südanzeigegeräte hergestellt. Die Vorfahren nannten sie „Südzeiger" (司南). Das Auftreten der Bezeichnung Südzeiger begann durchaus nicht erst während der Han-Dynastie. Im Buch „Han Fei Zi (Meister Han Fei), Kap. Die Notwendigkeit des Maßes" heißt es: „Deshalb stellten die Könige einen Südzeiger auf, um die Richtung von Sonnenaufgang und -untergang zu bestimmen." Man kann noch weitere ähnliche Literaturstellen anführen. Aber in der Literatur der Vor-Qin-Zeit wurden ihr Aufbau, ihre Gestalt und die Art und Weise des Gebrauchs nicht beschrieben. So können wir nicht beurteilen, ob sie hergestellt wurden, um die Polarität des Magneteisensteins zu nutzen. Die früheste Literaturstelle, die uns eindeutig diese Beurteilung liefert, ist das Buch „Lun Heng" (Ausgewogene Diskurse) von Wang Chong aus der Östlichen Han-Dynastie. Im „Lun Heng, Kap. Shi Ying Pian" wird angeführt: „Wenn man den Löffel des Südzeigers auf eine Platte legt, zeigt sein Stiel nach Süden." Die Platte ist eine glatte metallische Grundplatte, auf der die Richtungen eingraviert sind. Wenn man den Südzeiger in Form dieses Löffels auf die glatte metallische Grundplatte legt, wird er automatisch nach Süden zeigen. Ein solcher Südzeiger kann nur ein magnetisches Richtungsanzeigegerät sein. Daher wissen wir, dass der Südzeiger, von dem Wang Chong sprach, der Stammvater des chinesischen Kompasses ist, daran besteht kein Zweifel.

Nach der Beschreibung des „Lun Heng" hatte Wang Zhenduo unter Bezugnahme auf andere entsprechende Indizienbeweise einen Südzeiger des Altertums rekonstruiert. Er nahm einen Magneteisenstein aus einem ganzen Stück und hatte ihn behutsam zur Form eines Löffels geschliffen. Den Südpol des Magneteisensteins schliff er zu einem langen Stiel des Löffels und legte den Schwerpunkt gerade in die Mitte seines Bodens (siehe Bild 5.8).

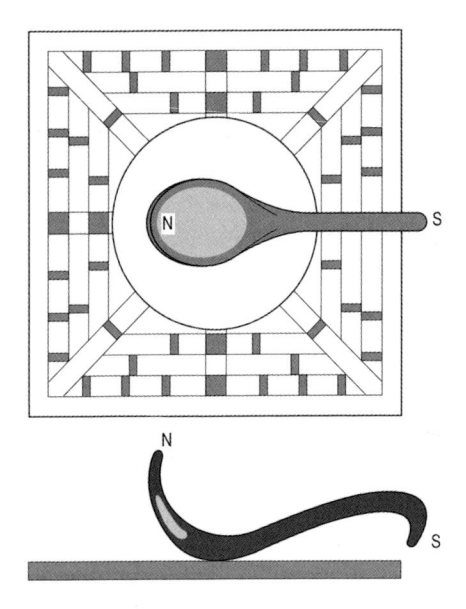

Bild 5.8 Bild des von Wang Zhenduo rekonstruierten Südzeigers

Zum Gebrauch legt man ihn in die Mitte einer aus Bronze hergestellten Grundplatte, bewegt ihn leicht mit der Hand, so dass er sich dreht, und wartet, bis er stehen bleibt. Dann wird sein langer Stiel nach Süden zeigen. Wang Zhenduo's Rekonstruktion wird bis heute von der übergroßen Mehrheit der Gelehrten gutgeheißen.

Aber ein Südzeiger, der aus einem natürlichen Magneteisenstein gefertigt ist, bringt auch viele Unbequemlichkeiten mit sich. Der Magnetismus des natürlichen Magneteisensteins ist schwach und schwingungsempfindlich. Wenn man beim Schleifen auch nur ein wenig unvorsichtig ist, kann sein Magnetismus nachlassen oder sogar verschwinden. Es ist auch nicht leicht, den Schwerpunkt zu beherrschen. Deshalb ist beim Schleifen von Südzeigern der Prozentsatz der fertiggestellten Erzeugnisse gering, und auch der Magnetismus ist relativ schwach. Zudem ist der Reibwiderstand beim Drehen im Kontakt mit der Grundplatte groß, was die Wirkung beeinträchtigt. Darum erfuhren sein Gebrauch und seine Verbreitung bestimmte Einschränkungen.

Nur wenn man den traditionellen Südzeiger verbesserte, konnte man die Anforderungen an den praktischen Gebrauch erfüllen. Der erste Schritt der Verbesserung war, dass man ein Verfahren der künstlichen Magnetisierung finden und vom Material her einen Durchbruch erzielen musste. Für diesen Schritt benötigten die Chinesen mehrere hundert Jahre Zeit, bis er in den Anfangsjahren der Nördlichen Song-Dynastie als vollendet gelten konnte. In den Jahren des Kaisers Renzong (1010-1063) der Nördlichen Song-Dynastie erhielt der Kanzler Ceng Gongliang vom Kaiser den Auftrag, den Vorsitz bei der Kompilation des Buches „Wu Jing Zong Yao" (Sammlung der wichtigsten Militärtechnologien) zu führen. Darin war ein Herstellverfahren für einen Fisch angegeben, der nach Süden zeigte; es enthielt das Wissen, das Magnetfeld der Erde zu nutzen, um eine künstliche Magnetisierung durchzuführen. Nach einer Aufzeichnung im ersten Teil der Sammlung des „Wu Jing Zong Yao" waren das Verfahren der Herstellung und des Gebrauchs des

Südzeigefischs etwa wie folgt: Aus einem dünnen Eisenblech wird ein 2 Cun langer und 5 Fen breiter Eisenfisch ausgeschnitten. Man legt ihn in ein Ofenfeuer zum Erhitzen und wartet, bis er ganz rot glüht. Mit einer Eisenzange wird er herausgenommen, und indem man den Schwanz des Fisches nach Norden ausrichtet und ihn etwas schräg nach unten hält, taucht man ihn in ein Becken mit Wasser. Nachdem man ihn herausgenommen hatte, ist der Südzeigefisch fertig. Gewöhnlich bewahrt man ihn in einer fest verschlossenen Schachtel auf. Zum Gebrauch stellte man eine mit Wasser gefüllte Schale an einem windstillen Ort auf, setzt den Fisch auf die Wasseroberfläche und lässt ihn schwimmen (siehe Bild 5.9). Der Kopf des Fisches wird dann automatisch nach Süden zeigen.

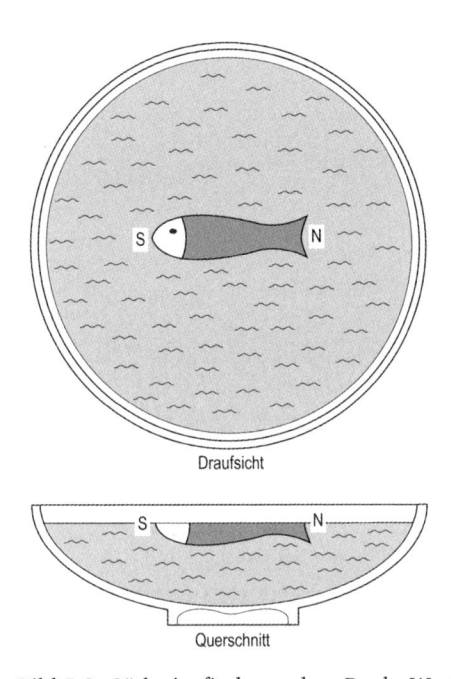

Bild 5.9 Südzeigefisch aus dem Buch „Wu Jing Zong Yao"

Das im „Wu Jing Zong Yao" beschriebene Herstellverfahren des Südzeigefisches birgt eine Fülle wissenschaftlicher Prinzipien. Obwohl das Eisenblech selbst eine große Zahl magnetischer Bezirke enthält, ist die Verteilung dieser magnetischen Bezirke völlig ungeordnet. Deshalb zeigt das Eisenblech nach außen keinen Magnetismus. Erst wenn diese magnetischen Bezirke in einer bestimmten Richtung ausgerichtet werden, besitzt das Eisenblech makroskopisch gesehen einen bestimmten Magnetismus. Wenn das Eisenblech bis zur Rotglut erhitzt wird, liegt die Temperatur oberhalb der Curie-Temperatur von 769 °C. Bei dieser Temperatur zerfallen die magnetischen Bezirke und verwandeln sich in einen paramagnetischen Körper. Im Zustand des Paramagnetismus verändert sich das Magnetfeld eines Magneten sehr leicht entsprechend dem umgebenden Magnetfeld. Wenn man das Eisenblech, nachdem man es aus dem Ofen genommen hatte, in Nord-Süd-Richtung bringt, das heißt, indem man es entlang der Feldlinien des Erdmagnetfelds ausrichtet, bilden sich beim Prozess des Abschreckens wieder die magnetischen Bezirke.

Durch die Wirkung des Erdmagnetfelds richten sich die magnetischen Bezirke im Prozess ihrer erneuten Bildung in einer bestimmten Richtung aus. Wenn man das Blech plötzlich ins Wasser taucht und es abrupt abschreckt, verfestigt sich die Anordnung der magnetischen Bezirke. Das Eisenblech bildet Martensit aus, das eine hohe Koerzitivkraft und einen recht guten permanenten Magnetismus aufweist. Wenn es auf dem Wasser schwimmt, kann es die Nord-Süd-Richtung anzeigen.

Die Beschreibung im „Wu Jing Zong Yao" kann nur eine Zusammenfassung von Erfahrungen sein. Weil die Menschen damals nichts über das Erdmagnetfeld wussten, fehlte auch das grundlegende Verständnis der Mechanismen der Physik des Magnetismus. Unter der Voraussetzung, dass dieses Hintergrundwissen fehlte, konnte die Erfindung des Südzeigefisches nur durch unermüdliche Untersuchungen sowie sorgfältige Beobachtung und seriöse Verallgemeinerung der Erscheinungen des Lebens gelingen. Es ist besonders erstaunlich, dass das „Wu Jing Zong Yao" erwähnt, dass man beim Eintauchen des Bleches ins Wasser zum Abschrecken den Schwanz des Eisenfisches nach Norden und ein wenig nach unten halten soll. Unter heutigem Aspekt beruht die Wissenschaftlichkeit dieses Vorgehens darin, dass man den Fischkörper der Richtung des Erdmagnetfelds annähert, wodurch sich die wirksame Stärke des Magnetfelds, das den Fisch magnetisiert, vergrößert. Das Erdmagnetfeld weist einen recht großen Neigungswinkel auf, der zum Beispiel im Gebiet des Yangtse und des Gelben Flusses 45° beträgt. Würde man den Fisch horizontal halten, könnte nur die horizontale Komponente des Erdmagnetfelds die Magnetisierungswirkung ausüben. Sie wäre dann gegenüber der Gesamtstärke des Erdmagnetfelds um ca. 40 bis 50 % verringert. Das heißt, früh in der Mitte des 11. Jahrhunderts wussten die Vorfahren in China schon, wie man in der Praxis den Neigungswinkel des Erdmagnetfelds nutzen kann, aber zu dieser Zeit fehlte noch das notwendige Verständnis des Erdmagnetfelds an sich. Das ist wirklich ein merkwürdiger Fall. Deshalb müssen wir den Vorfahren für ihre scharfsinnige Beobachtungsgabe wiederum unsere Bewunderung zollen.

Die Herstellung des Südzeigefisches ist reich an wissenschaftlichen Prinzipien. Dass man die Drehung des Südzeigelöffels auf einer Grundplatte durch Schwimmen im Wasser ersetzte, verringerte die Reibkraft und erhöhte die Empfindlichkeit und Genauigkeit der Richtungsanzeige. Dennoch ist seine Herstellung recht schwierig, und auch der erhaltene Magnetismus ist nicht stark genug, und man kann auch nicht behaupten, dass der Gebrauch bequem wäre. Darum erlangte er in späteren Generationen auch keine weite Verbreitung. In späteren Generationen wurde das Verfahren, eine Eisennadel durch Reiben mit einem natürlichen Magneteisenstein zu magnetisieren, das in der Anfangsperiode der Nördlichen Song-Dynastie auftauchte, weit verbreitet. Das Auftauchen dieses Verfahrens machte die Herstellung von Kompassnadeln wirklich möglich.

In der Geschichte war der Gelehrte, der zuerst das Verfahren der Magnetisierung durch Reibung beschrieb, der berühmte Wissenschaftler Shen Kuo aus der Nördlichen Song-Dynastie. Shen Kuo schrieb in seinem Werk „Meng Xi Bi Tan" (Pinselunterhaltungen am Traumbach), Kap. 24: „Wenn die Magier die Spitze einer Nadel mit einem Magneteisenstein schleifen, vermag sie, nach Süden zu zeigen. Jedoch weicht die Nadel immer ein wenig nach Osten ab, so dass sie nicht genau nach Süden weist." Die Magier waren Geomanten, die bei solchen Aktivitäten, wie eine Grabstätte auswählen, das Fengshui bestimmen, Zinnober raffinieren und beim Bauen einen Kompass zur

Richtungsbestimmung benutzten. Eben sie erfanden das Verfahren der Magnetisierung einer Eisennadel durch Reiben mit einem Magneteisenstein. Das ist eine wundersame Verbindung von Wissenschaft und Aberglauben. Da eine Eisennadel bei der Magnetisierung durch Reibung mit einem Magneteisenstein wegen ihrer schlanken, langen Gestalt einen kleineren Entmagnetisierungsfaktor als ein Südzeigefisch hat, ist sie für die langzeitige Erhaltung des Magnetismus vorteilhafter. Ihre Genauigkeit der Richtungsanzeige ist auch viel höher als beim löffelförmigen Südzeiger oder dem fischförmigen Südzeigefisch. Weil dieses Verfahren einfach und leicht zu handhaben und es auch sehr wirksam ist, erregte es gleich nach seinem Auftauchen die Aufmerksamkeit und wurde verbreitet. Bevor im 19. Jahrhundert die modernen Elektromagneten auftauchten, wurden fast alle Magnetnadeln nach diesem Verfahren der künstlichen Magnetisierung hergestellt.

„Jedoch weicht die Nadel immer ein wenig nach Osten ab, so dass sie nicht genau nach Süden weist." Diese Aussage enthält einen wichtigen Erfolg der Physik: Damals hatte man in Experimenten gefunden, dass die Richtungsanzeige der Magnetnadel nicht ganz mit der Meridianrichtung übereinstimmt. Unter heutigem Aspekt gesehen, wurde damit die Existenz eines Deklinationswinkels des Erdmagnetismus aufgedeckt. Natürlich ist die technische Schwierigkeit bei dieser Entdeckung nicht sehr groß. In der Entwicklung der Methoden der astronomischen Richtungsbestimmung im alten China musste man nur die Richtungsbestimmung mit der Magnetnadel mit der astronomischen Richtungsbestimmung vergleichen, so dass man die Differenz zwischen beiden entdecken konnte. Aber im Westen hatte erst Kolumbus im Jahre 1492, als er den Atlantischen Ozean überquerte und einen neuen Kontinent entdeckte, die Existenz des Winkels der magnetischen Deklination entdeckt. Verglichen mit den Vorfahren in China war das viel später.

Das Auftauchen von Magnetnadeln und die Entdeckung des Deklinationswinkels des Erdmagnetismus liegen etwas vor Shen Kuo's Epoche. In den Anfangsjahren der Nördlichen Song-Dynastie verfasste der Beamte Yang Wei des kaiserlichen Observatoriums eine Schrift über die Auswahl eines Grabes mit dem Titel „Ying Yuan Zong Lu" (Aufzeichnungen über eine Gräberebene), in dessen erstem Kapitel eine „Bingwu-Nadel" erwähnt wird. „Nadel" meint zweifellos eine Magnetnadel, und „Bingwu" bedeutet, dass die Nadel nicht genau nach Süden, sondern etwas nach Südosten zeigt. Diese Entdeckungen liegen alle mehrere zehn Jahre vor Shen Kuo. Aber Shen Kuo war der Gelehrte, der in der Geschichte zuerst aufgezeichnet hatte, dass man mit dem Reibverfahren einen künstlichen Magneten erhält.

Das Auftauchen des Reibverfahrens bewirkte, dass die Menschen ein Herstellverfahren für Magnetnadeln beherrschten. Das nächste Problem war: Wie soll die Magnetnadel aufgestellt werden? Wie kann sie sich empfindlich drehen und dabei stabil sein? Hierzu stellte Shen Kuo Untersuchungen an. Im Anschluss an das obige Zitat schrieb er: „Wenn man die Nadel auf Wasser schwimmen lässt, schwankt sie leicht. Man kann die Nadel auch auf einen Fingernagel oder den Rand einer Schale legen, wo sie sich leicht drehen kann, doch je nachdem, wie hart oder glatt die Unterlage ist, kann sie leicht herunterfallen. Deshalb ist es am besten, sie an einem Faden aufzuhängen, wobei man einen einzelnen Faden eines Kokons von neuer Seide wählt. Der Faden wird mit einem Stück Wachs von der Größe eines Senfkorns in der Mitte der Nadel befestigt, und wenn man sie dann an einer windgeschützten Stelle aufhängt, wird sie stets nach Süden zeigen." Hier stellte Shen Kuo vier verschiedene Verfahren des Anbringens der Magnetnadel vor: 1) Schwimmen im

Wasser. Wenn man die Nadel mit mehreren Stengeln Binsengras zusammenband, konnte sie auf dem Wasser schwimmen und die Nord-Süd-Richtung anzeigen. Der Mangel ist, dass sie bei Schwankungen nicht stabil liegt. 2) Drehen auf einem Fingernagel. Man legt die Magnetnadel auf einen Fingernagel, so dass sie sich drehen und Süden anzeigen kann. Der Mangel ist, dass sie leicht herunterfallen kann und deshalb nicht stabil ist. 3) Drehen auf dem Rand eines Gefäßes. Man legt die Magnetnadel auf den glatten Rand eines Gefäßes. Sie lässt sich noch leichter drehen, aber sie fällt auch leicht herunter. 4) Aufhängen an einem Faden. An einem einzelnen neuen Seidenfaden wird die Nadel in ihrer Taille mit ein wenig Wachs angeklebt und an einem windgeschützten Ort aufgehängt, so dass sie dann die Richtung anzeigt. Shen Kuo hatte dieses Verfahren besonders geschätzt. Er meinte, dass es die Instabilität durch Schwankungen, wenn sie im Wasser schwimmt, überwindet und auch das leichte Herunterfallen vom Fingernagel oder vom Gefäßrand vermeidet und gleichzeitig eine recht hohe Empfindlichkeit aufweist. Shen Kuo's Ansicht ist begründet. Da dieses Verfahren außerdem einen neuen Seidenfaden benutzt, ist diese Seide relativ fest, und er vermied, dass sich beim Verdrillen mehrerer Fäden ein spezifisches Drehmoment ausbildet. Indem er die Magnetnadel in ihrer Mitte mit ein wenig Wachs von der Größe eines Senfkorns festklebte, vermied er ebenso, dass sich beim Verknoten der Magnetnadel mit dem Seidenfaden ein Drehmoment bildet und beeinflusste dadurch die Genauigkeit des Messergebnisses. Von diesen Faktoren her gesehen, sind Shen Kuo's Überlegungen recht durchdacht. Aber das Verfahren des Aufhängens an einem Seidenfaden hat schließlich auch etwas Unbequemes an sich, so dass man fortfuhr, Verfahren der Befestigung der Magnetnadel zu untersuchen. In den letzten Jahren der Song-Dynastie wurde ein neuer Kompass geboren. Das war die aus Holz geschnitzte Südzeige-Schildkröte, die Chen Yuanjing aus der Südlichen Song-Dynastie in dem Buch „Shi Lin Guang Ji" (Führer durch den Wald der Ereignisse), Kap. 10 beschrieben hatte. Nach der Aufzeichnung in diesem Buch ist die Südzeige-Schildkröte eine aus Holz geschnitzte Schildkröte, in deren Bauch sich eine Nut befindet, und in dieser Nut wurde ein Magneteisenstein mit ausgewählter Polarität eingebracht und mit Wachs versiegelt. In den Schwanz der Schildkröte wurde eine Nadel gesteckt, die die Richtung anzeigt. In den unteren Teil des Bauches der Schildkröte bohrte man ein kleines Loch und stützte sie auf einer Bambusnadel ab (siehe Bild 5.10).

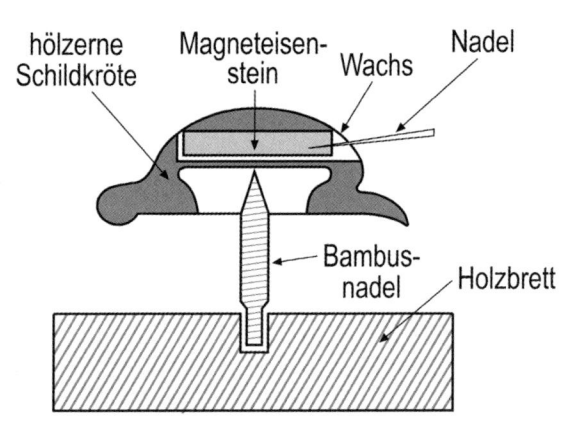

Bild 5.10 Querschnitt der Südzeigeschildkröte nach der Beschreibung im Buch „Shi Lin Guang Ji" (nach der Rekonstruktion von Wang Zhenduo gezeichnet)

Wenn man die hölzerne Schildkröte berührte, so dass sie sich drehte, zeigte der Kopf der Schildkröte, nachdem sie zur Ruhe gekommen war, nach Norden und die Nadel nach Süden.

Bei der Südzeige-Schildkröte muss man die Form der Lagerung am meisten loben. Vom Prinzip her gesehen, stimmt sie mit der Drehachse eines modernen Kompasses überein. In den Jahren der Regierungsära Jiajing der Ming-Dynastie tauchte der trockene Kompass auf. Einerseits führte der trockene Kompass die Kompasstradition der Südlichen Song-Dynastie fort, die Kompassnadel mit einer Richtungsplatte zu vereinigen, gleichzeitig entwickelte er auch die Lagerform der Südzeige-Schildkröte. Die Kompassnadel wurde auf einem Nagel gelagert, wobei man sich bemühte, die Reibkraft des Lagerpunkts zu verringern, um eine freie Drehung der Kompassnadel zu ermöglichen. Wieder später wurde auch die kardanische Aufhängung beim Kompass angewendet, so dass die Kompassnadel sogar bei stürmischer See eingesetzt werden und sich ungehindert drehen konnte.

Die Kompassnadel ist zuerst in China ungefähr gegen Ende des 12. bis zum Beginn des 13. Jahrhunderts erfunden worden und gelangte über die Seewege nach Arabien und weiter von Arabien nach Europa und leistete so einen eigenen Beitrag zum historischen Fortschritt der menschlichen Gesellschaft. Sie ist eine der weltberühmten vier großen Erfindungen des alten Chinas.[22]

4. Messung der Richtungen der Himmelskörper

Eine der Aufgaben der Raummetrologie besteht darin, die räumlichen Richtungen der Himmelskörper zu messen, um die Basisdaten für die Ausarbeitung eines Kalenders zu liefern. Wenn man die räumlichen Richtungen eines Himmelskörpers messen will, muss man zuerst ein entsprechendes Koordinatensystem errichten. Hierfür wählten die Vorfahren die beiden Komponenten des Mondhaus-Abstandswinkels und des Pol-Abstandswinkels eines Himmelskörpers und benutzten „Du" als Maßeinheit. 1 Du bezeichnet die Länge, wenn ein Kreisumfang in den 365 ¼. Teil unterteilt wird. Das wurde in diesem Buch bereits oben bei der „Unterteilung der Richtungen des Raums" vorgestellt.

Der Mondhaus-Abstandswinkel bezeichnet die Rektaszensionsdifferenz zwischen dem zu messenden Himmelskörper und einem der 28 Mondhäuser. Um den Mondhaus-Abstandswinkel zu messen, muss man zuvor die Abstände zwischen den Referenzsternen der Mondhäuser messen. Die Vorfahren nannten dies „Festlegung der Winkelabstände auf dem Himmelsäquator". In dem in China jetzt existierenden alten Buch „Zhou Bi Suan Jing" wurde zuerst ein Verfahren zur konkreten Handhabung der „Festlegung der Winkelabstände auf dem Himmelsäquator" angegeben. Dieses Verfahren besteht in folgendem: Man wählt ein Stück ebenen Boden, auf dem ein großer Kreis mit einem Durchmesser von 121 Chi 7 Cun 5 Fen gemalt wurde. Man wählte diese Zahl, weil die Menschen damals die Kreiszahl so festlegten, dass „beim Umfang drei der Durchmesser eins" ist und wenn der entsprechende Kreisumfang 365 ¼ Du beträgt, entspricht dies genau der Unterteilung

---

22 Vier große Erfindungen des alten Chinas – Als diese vier Erfindungen gelten die Herstellung von Papier, die Kompassnadel, das Schießpulver und der Buchdruck.

des Himmelsumfangs in 365 ¼ Du. Nun kann man nach der Methode 1 Chi gleich 1 Du diesen großen Kreis in 365 ¼ Du unterteilen. Danach wurde nach der Methode, in Nord-Süd-Richtung einen Meridian und in Ost-West-Richtung einen Breitengrad zu bilden, zwei Kreuzlinien in Ost-West- und in Nord-Süd-Richtung errichtet, die den Kreis in vier Teile unterteilten, wobei jeder Teil gleich 91 5/16 Du war. Somit war die vorbereitende Arbeit getan.

Als man zu messen anfing, stellte man in den Mittelpunkt des Kreises einen Schattenstab. An der Spitze des Schattenstabs war eine Schnur angebunden. Mit der Schnur visierte man die im Süden kulminierenden Mondhäuser an. Wenn der Referenzstern eines beliebigen Mondhauses der 28 Mondhäuser im Süden kulminierte, schwenkte eine Person schnell die Schnur und visierte den Referenzstern des benachbarten Mondhauses an. Zugleich nahm eine weitere Person einen beweglichen Schattenstab und stellte, während man den Stern anvisierte, den Schattenstab auf den entsprechenden Schnittpunkt der Sichtebene mit dem Kreis. Der Abstand dieses Schnittpunkts vom exakten Südpunkt auf dem Kreis ist der Abstand zwischen diesen beiden Mondhäusern. Mit diesem Verfahren kann man nacheinander die Abstände zwischen den 28 Mondhäusern messen. Das nennt man „die Winkelabstände auf dem Himmelsäquator festlegen". Die Mondhaus-Abstandswinkel der verschiedenen anderen Himmelskörper wurden alle mit diesem Verfahren gemessen.

Aber mit dem Verfahren im „Zhou Bi Suan Jing" kann nur der Horizontwinkel gemessen werden, wenn die 28 Mondhäuser genau im Süden erscheinen, aber nicht die Aszensionsdifferenz. Wenn man nach diesen Messergebnissen die Abstände der 28 Mondhäuser aufsummiert, ergibt sich notwendig eine Gesamtzahl für den Himmelsumfang von mehr als 365 ¼ Du, doch das ist nicht erlaubt. Wenn man auf einem großen Kreis mit 365,25 Chi Umfang die Sternbilder der 28 Mondhäuser vernünftig aufzeichnen will, muss man mit den ursprünglichen Daten eine bestimmte mathematische Behandlung durchführen und sie mit einem Faktor, der kleiner als 1 ist, multiplizieren. Das „Zhou Bi Suan Jing" hat diese Operation nicht klar beschrieben, sondern erwähnte, dass man die beiden sich gegenüberliegenden Mondhäuser Dongjing (Ostbrunnen) und Qianniu (Rinderhirt) in den beiden gegenüberliegenden Richtungen „Chou" und „Wei" positionieren muss. Somit erreichte man, dass „der Himmel mit der Erde harmoniert" – dass die reale Situation am Himmel mit den auf der Erde gezeichneten Sternbildern übereinstimmt. Aber nach dem im „Zhou Bi Suan Jing" vorgestellten Messverfahren lässt sich ein solches Ergebnis nicht erzielen. Deshalb führten die damaligen Astronomen an ihren Messergebnissen korrigierende mathematische Operationen durch, damit sie Ergebnisse erhielten, die im Wesentlichen mit der Realität übereinstimmten.

Die Herangehensweise des „Zhou Bi Suan Jing" widerspiegelt die Idee der Messungen der Vorfahren. Sie unterteilten den Himmelsumfang in 365 ¼ Du. Die Du befinden sich am Himmel, und wenn man sie messen will, muss man sie entsprechend auf der Erde verkleinern. Gerade wie in diesem Buch gesagt, soll die Teilung „den 365 ¼ Du des Himmelsumfangs entsprechen", das heißt, sie soll den 365 ¼ Du des großen Kreises am Himmel entsprechen. Die Verfasser des „Zhou Bi" meinten, dass der Himmel eine Kuppel und die Erde eine ebene Scheibe, dass der Himmel oben und die Erde unten sei. Himmel und Erde sind voneinander getrennt, der Himmel kreist um den Himmelspol und vollführt während eines Tages und einer Nacht eine Umdrehung. Die Sonne, der Mond und die fünf Planeten haften an der Himmelsschale, und während sie durch die Drehung der Himmelsschale angetrieben werden, vollführen sie noch ihre eigene unabhängige Bewegung, so als ob eine Ameise auf einer sich drehenden Schleifscheibe krabbelt. Die Sternbilder der 28 Mondhäuser sind an die Himmelsschale geheftet und vollführen, sich um den Himmelspol drehend, eine Umdrehung. Diese Lehrmeinung des „Zhou Bi Suan Jing" wird in der Geschichte Chinas Theorie der Himmelskuppel genannt. Nach dem Modell des Aufbaus des Kosmos in der Theorie der Himmelskuppel haften die Sonne, der Mond und die Sterne an der Himmelsschale und vollführen ebene Umdrehungen. Wenn man dieses Bild auf der Erde verkleinert wiedergibt, kann man bei einer entsprechenden Proportionalitätsbeziehung ihre korrespondierenden Positionen messen, das erfordert, auf der ebenen Erde einen Kreis zu zeichnen. Weil der Himmel eben ist, wird man nur, wenn man auf der ebenen Erde einen Kreis zeichnet, die entsprechende wirkliche Situation wie am Himmel erhalten.

Aber selbst wenn man nach der Theorie der Himmelskuppel verfährt, ist das Messverfahren im „Zhou Bi Suan Jing" nicht hinreichend streng. Wenn man die Messungen vollkommen nach Proportionalitätsbeziehungen durchführt, dann muss der große Kreis der Himmelsschale dem auf der Erde gemessenen Mittelpunkt des kleinen Kreises entsprechen, das heißt, eine derartige Messung muss unter dem Himmelsnordpol erfolgen (der Mittelpunkt der Drehung der Himmelsschale, das heißt das in der Theorie der Himmelskuppel sogenannte „Zentrum von Himmel und Erde), anderenfalls ist die Verhältniszahl zwischen einem Du am Himmel und der Bogenlänge eines Du auf der Erde nicht konstant. Da nach dem im „Zhou Bi Suan Jing" vorgestellten Verfahren nur Winkel gemessen werden können und für gleiche Winkel die Abstände von den Messpunkten nicht gleich sind, sind die entsprechenden Bogenlängen natürlich auch nicht gleich, ist es nicht möglich, sie mit einer Proportion auszurechnen. Aber der Kern der Idee der Messung im „Zhou Bi Suan Jing" ist die Entsprechung einer Proportion, das genau ist der Grund, dass sie nicht hinreichend streng ist. Aber die Anhänger der Theorie der Himmelskuppel sahen sich außerstande, diesen Mangel zu überwinden. Unter den Bedingungen des damaligen gesellschaftlichen Hintergrunds konnte man sich nicht zu der Stelle unterhalb des Himmelsnordpols begeben, um Messungen durchzuführen.

Außerdem war es nach dem im „Zhou Bi Suan Jing" vorgestellten Verfahren nicht möglich, den Pol-Abstandswinkel der Himmelskörper zu messen. Der Begriff des Pol-Abstandswinkels war für die Theorie der Himmelskuppel nicht erforderlich.

Die beiden Unzulänglichkeiten des Messverfahrens im „Zhou Bi Suan Jing" wurden in der Theorie des sphärischen Himmels, die die Theorie der Himmelskuppel ablöste, überwunden.

Die Theorie des sphärischen Himmels war eine Lehre des Aufbaus des Kosmos, die in der Periode der Westlichen Han-Dynastie entwickelt wurde. Diese Theorie behauptet, dass der Himmel eine Kugel sei und der Himmel die Erde umschließe. Der Himmel ist groß und die Erde klein. Die Erde ist eben, und der Himmel dreht sich um die Erde. Der Himmelsnordpol befindet sich unter 36 Du über der Erde. Der Südpol befindet sich dann unter 36 Du unterhalb der Erde. Die Theorie des sphärischen Himmels durchbrach die traditionelle Vorstellung „Der Himmel ist über der Erde" der Theorie der Himmelskuppel, indem sie meinte, dass sich der Himmel auch unterhalb der Erde drehen würde. Das ist von der Idee und den Begriffen her eine gewaltige Neuerung. Darum rief sie den Kampf zwischen der Theorie des sphärischen Himmels und der Theorie der Himmelskuppel hervor, der mehrere hundert Jahre andauerte.

Über die konkrete Zeit der Entstehung der Theorie des sphärischen Himmels gibt es jetzt noch verschiedene Meinungen. Shen Dao aus der Zhanguo-Periode (ungefähr 4. Jahrhundert v.Chr.) hatte einst gesagt: „Die Himmelskörper gleichen Kugeln, sie sind geneigt." Das ist der klassische Gedanke der Theorie des sphärischen Himmels. Aber weil das Buch „Shen Zi" (Meister Shen) in den Wirren der einzelnen Dynastien Streichungen und Verbesserungen von Nachfahren erfuhr, ist das heute vorliegende durchaus nicht das ursprüngliche Buch, und weil diese Worte in allgemeinen Ausgaben nicht vorkommen, ruft die Herkunft dieser Aussage Zweifel hervor. Natürlich waren die Ideen der Menschen in der Chunqiu- und Zhanguo-Periode sehr dynamisch, so dass die Behauptung nicht unmöglich erscheint, dass der Himmel eine sphärische Gestalt hat. Aber selbst wenn es eine solche Behauptung gab, stieß sie damals auf überhaupt keinen Widerhall, was als Beleg genügt, dass ihr Einfluss sehr gering war und noch keine Theorie gebildet hatte. Deshalb kann man nicht die Meinung vertreten, die Lehre des sphärischen Himmels wäre schon damals aufgetaucht. Shen Dao's Aussage widerspiegelte nur eine grobe Vorstellung von einem sphärischen Himmel.

Dass die Vorstellung von einem sphärischen Himmel zu einer Theorie und einem Bestandteil der Physik wurde, geschah durch Luoxia Hong zur Zeit des Han-Kaisers Wudi. Als Kaiser Wudi den „Kalender der Regierungsära Taichu" ausarbeiten ließ, warb er eine Gruppe von Astronomen aus dem Volk an, zu der Luoxia Hong gehörte. Luoxia Hong glaubte an die Theorie vom sphärischen Himmel und fertigte nach den Prinzipien dieser Theorie entsprechende Beobachtungsgeräte an und arbeitete weiter auf der Grundlage der von ihm gemessenen Daten einen neuen Kalender aus, so dass sich die Theorie des sphärischen Himmels mit Messungen bestätigen ließ. In dem Register „Yi Bu Qi Jiu Zhuan" (Biografien der alten Gelehrten und Minister aus Sichuan) im „Shi Ji" heißt es: „Hong führte den Beinamen Changgong. Er war in Astronomie sehr beschlagen und lebte zurückgezogen in Luoxia. Kaiser Wudi berief ihn, sich an der Ausarbeitung eines neuen Kalenders zu beteiligen, und Hong leistete hierfür einen eigenen Beitrag. Der Ausspruch „die Armillarsphäre dreht sich in der Mitte der Erde" ist Luoxia Hong's Beitrag zur Theorie der Beobachtungen und Messungen für die Theorie des sphärischen Himmels.

Nach der Theorie des sphärischen Himmels umschließt der Himmel die Erde, so dass er sich auch unter der Erde dreht. Somit war das Verfahren der Theorie der Himmelskuppel, auf der ebenen Erde einen Kreis zu malen, einen Schattenstab aufzustellen und die Sterne anzuvisieren, um sie zu messen und zu beobachten, nicht mehr wirksam. Wenn man die Messungen durchführen wollte, musste man auf der ebenen Erde einen Kreis malen, und damit er mit der Orientierung der Bewegungsbahnen der Himmelskörper übereinstimmt, müssen sie mit der Ebene des Himmelsäquators zusammenfallen. Nachdem er aufgemalt war, tat der in der Mitte des Kreises ursprünglich aufgestellte Schattenstab nicht mehr seinen Dienst, er wurde durch ein Visierrohr ersetzt, das um den Kreismittelpunkt gedreht werden konnte. Der Kreisring, der in der Äquatorebene lag, und das Visierrohr bildeten ein neues Messgerät, das man „*huntian* 浑天, *yuanyi* 员仪 oder *hunyi* 浑仪"(Armillarsphäre) nannte. Wenn es in dem Zitat über Luoxia Hong heißt „dass sich die Armillarsphäre in der

Mitte der Erde dreht", so beschreibt es die Tatsache, dass Luoxia Hong mit der Armillarsphäre astronomische Beobachtungen durchführte. Erst in späteren Generationen benutzte man allmählich die Bezeichnung *hunyi*, um dieses Messgerät zu benennen.

Die frühen Armillarsphären hatten wahrscheinlich nur einen Kreisring, der in der Äquatorebene angebracht war, womit es nur möglich war, den Mondhaus-Abstandswinkel der Himmelskörper, das heißt, das Element der Rektaszensionsdifferenz zu messen, so dass sein Anwendungsbereich beschränkt war. Um diesen Mangel zu überwinden, erweiterte man die Armillarsphäre noch um mehrere Ringe, die ermöglichten, dass das Visierrohr auf ein beliebiges Gebiet des Himmels gerichtet werden konnte. Somit wurde nicht nur die Messung des Mondhaus-Abstandswinkels möglich, sondern man konnte auch den Pol-Abstandswinkel eines beliebigen Himmelskörpers messen. Dadurch wurde es zu einem überaus wichtigen astronomischen Beobachtungsgerät im alten China. Den allgemeinen Aufbau einer Armillarsphäre haben wir bereits im Abschnitt „Evolution der mechanischen Zeitmessung" vorgestellt, so dass man ihn hier nicht wiederholen muss.

Die Messung der räumlichen Richtungen der Himmelskörper ist vom Wesen her dem im „Zhou Bi Suan Jing" vorgestellten Verfahren ähnlich, es beruht auf dem Gedanken einer proportionalen Skalierung: Durch das Visieren mit dem Visierrohr (im „Zhou Bi Suan Jing" sind es der Schattenstab und die Schnur) verkleinert man die entsprechende Position des Sterns auf dem großen Kreis des Himmels auf den entsprechenden Ring der Armillarsphäre (im „Zhou Bi Suan Jing" ist es der große Kreis auf der Erde), und wenn man ihren Abstand auf dem Ring beobachtete, konnte man den Abstand am Himmel in Zahlen von Du ermitteln.

Da das Wesen der Armillarsphäre darin besteht, auf konzentrischen Ringen eine entsprechende Bogenlänge proportional zu verkleinern oder zu vergrößern, erforderte dies, bezüglich der Position der Armillarsphäre, sie unbedingt im Mittelpunkt der Himmelskugel aufzustellen, die Vorfahren nannten ihn „Mittelpunkt der Erde". Anderenfalls konnte man diese Proportionalitätsbeziehung nicht aufstellen und das Messergebnis würde Abweichungen aufweisen, was zu Fehlern bei der Ausarbeitung des Kalenders führen würde. Darum bekräftigten die Vorfahren, dass man diese Messung unbedingt im „Mittelpunkt der Erde" durchführen müsste. Im obigen Zitat hieß es über Luoxia Hong, dass „sich die Armillarsphäre in der Mitte der Erde dreht", womit dieser Gedanke ausgedrückt ist. Zu diesem Punkt wäre die Theorie der Himmelkuppel nicht in der Lage gewesen, weil die Theorie des sphärischen Himmels behauptet, dass sich der Mittelpunkt der Erde unter dem Nordpol befindet, der für die Menschen schwer erreichbar ist.

Hingegen meinten die Anhänger der Armillarsphäre, dass der Mittelpunkt der Erde der Mittelpunkt der Himmelskugel ist, der sich in Yangcheng, in der Nähe von Dengfeng in der heutigen Provinz Henan befindet. Nur wenn man dort Messungen durchführt, werden die erhaltenen Ergebnisse genau sein.

Gerade weil die Vorfahren solche Kenntnisse hatten, gab es in den einzelnen Dynastien Menschen, die unermüdlich nach dieser rein fiktiven Mitte der Erde suchten. Von Luoxia Hong in der Han-Dynastie über Zu Geng während der Südlichen und Nördlichen Dynastien, Yi Xing in der Tang-Dynastie bis zu Zhao Youqin am Ende der Song-Dynastie und zum Beginn der Yuan-Dynastie verfolgten sie alle das gleiche Ziel. Bis am Ende der Ming-Dynastie die Geometrie des Westens nach China gelangte, entwickelten die Vorfahren den

Begriff des Zentriwinkels und ersetzte durch ihn die Idee der traditionellen Messung auf der Grundlage der proportionalen Skalierung einer Bogenlänge. Außerdem tauchte die Lehre von der Erdkugel auf. Erst dies führte dazu, dass die Vorfahren die Bemühungen, die „Mitte der Erde" zu finden, schließlich aufgaben. Der Prozess dieser Entwicklung ist nicht von der Evolution der Gedanken der Vorfahren über die astronomischen Messungen zu trennen.

Kapitel 6

Entwicklung von Volumenmaßen und Waagen

In der traditionellen Metrologie Chinas ging bei dem, was die Gesellschaft am meisten beachtete, nichts über die Maße und Gewichte. Von den Maßen für Länge, Volumen und Masse haben wir die Metrologie der Länge und der mit ihr zusammenhängenden Größen, die sich hauptsächlich in der Anwendung verschiedener Messverfahren äußert, im vorigen Kapitel schon vorgestellt. Hinsichtlich Volumen und Masse zeigen sich die Erfolge, die die Vorfahren erzielten, hauptsächlich in der Anfertigung von Normalgeräten, der Auswahl von Messwerkzeugen und in der Beherrschung entsprechender wissenschaftlicher Prinzipien. In diesem Abschnitt werden wir besonders auf diese Inhalte eingehen.

1. Volumennormale der Vor-Qin-Zeit

In der Geschichte der Entwicklung der Volumenmessgeräte des Altertums war die Vor-Qin-Zeit eine Grundlagen schaffende Etappe. Die Entwicklung der Volumenmessgeräte in der Vor-Qin-Zeit durchlief einen Entwicklungsprozess vom Chaos zur Vereinheitlichung, von der Beliebigkeit zur Wissenschaft. Dabei wurde der erstgenannte Prozess durch die Reformen von Shang Yang und die Vereinheitlichung der Maße und Gewichte durch Qin Shihuang verwirklicht. Unter den jetzt vorhandenen Realien ist das Sheng-Normal von Shang Yang ein Repräsentant; im Li Shi-Normal schlug sich das Herzblut der Gelehrten und Handwerker des damaligen Staates Qi nieder; die Regeln seiner Gestaltung wurden durch die Beschreibung im „Kao Gong Ji" den Nachfahren bekannt. Nachfolgend stellen wir das Sheng-Normal von Shang Yang vor.

Die Herstellung des Sheng-Normals wurde von dem hohen Beamten des Staates Qin, Shang Yang, überwacht. Shang Yang war ursprünglich ein Mann aus dem Staat Wei, er stammte aus der Sippe des Herrschers des Staates Wei. Deshalb nannte man ihn auch Wei Yang oder Gongsun Yang. Weil er mit der Reform im Staat Qin erfolgreich war, wurde er mit Shang belehnt (im Südosten des Kreises Shang der heutigen Provinz Shaanxi gelegen), deshalb nannte man ihn Shang Yang.

Das Lebenswerk von Shang Yang war die Reform des Staates Qin. Eine der wesentlichen Inhalte dieser Reform war, die Vereinheitlichung der Ordnung der Maße und Gewichte voranzubringen. Er benutzte die Verwirklichung einer vereinheitlichten Ordnung der Maße und Gewichte als wichtige technische Maßnahme, um den Erfolg der Reform zu sichern. Er arbeitete nicht nur die Gesetze aus, die eine obligatorische Vereinheitlichung im Maßstab des ganzen Landes vorsahen, sondern überwachte persönlich die Herstellung einer Reihe von Normalgeräten für Volumen und Masse, die an alle Regionen des Landes ausgegeben wurden. Durch die Beaufsichtigung der Ordnung der vereinheitlichten Maße und Gewichte erreichte er ihre Durchsetzung.

Ein Normalgerät, dessen Herstellung Shang Yang überwachte, ist bis heute überliefert worden – das bronzene Sheng-Normal von Shang Yang, das im Museum von Shanghai aufbewahrt wird. Es hat eine rechteckige Form, und an einem Ende befindet sich ein kurzer Griff. An drei Seiten der Wände des Geräts und auf dem Boden sind Inschriften eingraviert. Die in die linke Wand gravierte Inschrift lautet: „Im 18. Jahr des Herzogs Xiao von Qin (344 v. Chr.) hatte eine Delegation von Ministern und Würdenträgern aus dem Staat Qi den Staat Qin besucht. Im 12. Monat dieses Jahres überwachte der Oberbefehlshaber Yang [Shang Yang's damaliger Beamtenrang] die Herstellung eines Normalgeräts, das mit 16 1/5 Kubik-Cun 1 Sheng verkörpert." Vom heutigen Standpunkt gesehen, besitzt diese Inschrift eine wichtige Bedeutung, weil sie die Chroniken beweist und ergänzt. Im „Shi Ji" heißt es, dass Shang Yang im Staat Qin zum Oberbefehlshaber ernannt wurde. „Er vereinheitlichte die Volumenmaße, die Gewichte und Waagen und die Längenmaße." Das wird mit der Inschrift bestätigt. Offensichtlich stand der Besuch der Delegation aus dem Staat Qi, der in der Inschrift erwähnt ist, im Zusammenhang mit der Reform der Maße und Gewichte. Das belegt, dass es zwischen den Fürstentümern während der Zhanguo-Zeit einen Austausch über Fragen der Maße und Gewichte gab. Außerdem wendete Shang Yang bei der Herstellung des Volumennormals das Verfahren an, „das Volumen mit der Länge zu überprüfen". Indem er das konkrete Volumen des Sheng-Normals festlegte, garantierte er die Übereinstimmung mit dem Sollwert. Dieses Verfahren ist sehr wissenschaftlich, es benutzt Längeneinheiten, um ein Volumen zu überprüfen, und bewirkte, dass sich die Herstellung von Volumennormalen im alten China seither auf dem wissenschaftlichen Weg der Verbindung mit dem Volumen bewegte.

Auf der Seite des Sheng-Normals gegenüber dem Griff sind die beiden Schriftzeichen „Zhongquan 重泉" eingraviert. Der Stil der Schriftzeichen stimmt mit der Inschrift auf der linken Seite überein. „Zhongquan" ist ein Ortsname, der Ort liegt in Pucheng in der heutigen Provinz Shaanxi. Das belegt, dass das Sheng-Normal zuerst im Gebiet von Zhongquan benutzt wurde.

Auf dem Boden des Sheng-Normals ist das Edikt des Qin Shihuang eingraviert, das im 26. Jahr seiner Herrschaft (221 v. Chr.) zur Vereinheitlichung der Maße und Gewichte erlassen wurde. Auf der rechten Seite ist das Schriftzeichen lin 临 eingraviert. Der Schriftstil stimmt mit dem des Edikts überein, unterscheidet sich aber vom Schriftstil der Inschrift auf der linken Wand. Das zeigt, dass diese Zeichen erst später eingraviert wurden. Die Inschrift bedeutet, dass dieses Sheng-Normal im Staat Qin mehr als 100 Jahre als Volumennormal benutzt wurde, bis Qin Shihuang die Maße und Gewichte vereinheitlichte. Dann stellte man nach einer Überprüfung fest, dass es der Regel entsprach, und wurde danach in die Gegend „Lin" zur weiteren Benutzung geschickt. Es belegt, dass die von Shang Yang ausgearbeitete Ordnung der Maße und Gewichte im Staat Qin weiter befolgt wurde. Nach dem Tod des Herzogs Xiao von Qin beschuldigten alte Adelsfamilien im Staat Qin, die gegen die Reformen waren, Shang Yang fälschlich, dass er einen Umsturz plante. Er erhielt die Todesstrafe, indem er mit Streitwagen grausam in Stücke gerissen wurde. Aber Shang Yang's Reform wurde deshalb nicht abgebrochen, man fuhr im Staat Qin fort, sie umzusetzen. Die zusätzlich eingravierten Inschriften auf dem Sheng-Normal beweisen das überzeugend.

Das Sheng-Normal von Shang Yang stellt für uns Heutige eine Realie zum Studium der Ordnung der Maße und Gewichte des Staates Qin und auch einen überzeugenden materiellen Beweis für die historische Leistung von Shang Yang bei der Vereinheitlichung der Maße und Gewichte dar. Bis auf den heutigen Tag sind nicht viele alte Volumennormale überliefert worden, sondern der größte Teil sind im Volk benutzte Volumenmaße. Ein Gerät wie Shang Yang's Sheng-Normal, das eine ausführliche Inschrift, ein eindeutiges Sollmaß enthält, das vorzüglich gearbeitet und das bei der Vereinigung des Landes mit der großen historischen Reform verknüpft ist, das über mehr als 2000 Jahre erhalten werden konnte, gehört fürwahr zu den Seltenheiten und gilt zu Recht als nationaler Schatz.

Wenn wir sagen, dass das Sheng-Normal von Shang Yang ein Repräsentant einer Realie der Standardisierung von Volumennormalen der Vor-Qin-Zeit ist, dann verkörpert die Beschreibung des Normals des Li Shi im „Kao Gong Ji" (Aufzeichnungen über die Handwerker) in konzentrierter Form die Verwissenschaftlichung der Volumennormale der Vor-Qin-Zeit. Das reale Objekt des Li Shi-Normals existiert nicht mehr, aber seine Gestalt und der Herstellprozess sind im „Kao Gong Ji, Kap. Li Shi" aufgezeichnet:

„Der Beamte Li Shi stellt Messgeräte her. Kupfer und Zinn werden zuerst geschmolzen und raffiniert, bis keine Beimengungen mehr vorkommen. Dann wiegt man die benötigte Menge von Kupfer und Zinn, und das Volumen des Gussmaterials wird durch Eintauchen in Wasser und Wiegen des verdrängten Wassers bestimmt. Schließlich wird das Volumengefäß Fu gegossen. Der Hauptkörper dieses Volumengefäßes ist ein Zylinder mit einer Höhe von einem Chi. Innen ist ein Quadrat mit einer Kantenlänge von einem Chi eingeschrieben, und außen ist das Gefäß rund. Das ergibt ein Volumen von einem Fu. Der Fuß des Gefäßes hat eine Höhe von einem Cun und bildet ein Volumen von einem Dou. Die wie Ohren an beiden Seiten des Hauptgefäßes angebrachten kleinen Gefäße haben eine Höhe von drei Cun, ihr Volumen beträgt ein Sheng. Das Gewicht des Volumengefäßes Fu beträgt ein Jun. Wenn man das Gefäß anschlägt, gibt es den Ton Gong der Standardpfeife Huangzhong ab. Beim Messen des Volumens von Korn wird das Korn mit einem Lineal glatt gestrichen, aber die Verwendung dieses Volumengefäßes ist nicht für das Eintreiben von Steuern vorgesehen. Die Inschrift auf dem Gefäß lautet: 'Der tugendhafte Herrscher sorgt sich um das Volk. Deshalb schuf er dieses Messgerät, das tiefes Vertrauen schafft. Das Standardgerät wurde erfolgreich hergestellt und in allen vier Himmelsgegenden verkündet. Für immer soll es an die Nachkommen weitergegeben werden, damit dieses Gerät wie ein Gesetz bewahrt wird."

Mit diesen Worten werden der Herstellungsprozess, der Sollwert, die Abmessungen und das Volumen dieses Volumennormals kurz und knapp beschrieben. „Kupfer und Zinn werden zuerst geschmolzen, das heißt man erhält eine Legierung aus Kupfer und Zinn, nämlich Bronze. Warum wurde das Normal aus Bronze gegossen? Der Grund ist vielseitig. Bronze hat einen niedrigen Schmelzpunkt, eine hohe Härte und eine hohe Korrosionsbeständigkeit. Wenn man aus ihr ein Gefäß gießt, wird es sich nicht leicht verformen und nicht korrodieren, so dass es eine lange Haltbarkeit hat. Im „Han Shu, Kap. Aufzeichnungen über Musik und Kalender" heißt es: „Bronze ist das feinste Material, es wechselt durch Trockenheit, Feuchte, Kälte und Hitze nicht seine Gestalt und ändert durch Wind, Regen, Sturm und Tau nicht seine Form." Das zeigt, dass die Vorfahren die Bronze allgemein als ein hochqualitatives Material ansahen, weshalb auch das Normal des Li Shi aus Bronze gegossen worden ist.

Nach der Beschreibung im „Kao Gong Ji" ist das Normal des Li Shi ein Normalgerät, das die drei Größen Fu, Dou und Sheng vereinigt. Wenn man drei verschiedene Größen in einem Gerät vereinigt, so ist der Zweck offensichtlich die Benutzung als Normal, das heißt, die Beschreibung im „Kao Gong Ji" bezieht sich auf ein von den Vorfahren sorgfältig konstruiertes Normal. Die Konstruktionsidee dieses Normalgeräts für mehrere Volumeneinheiten war in der damaligen Welt sehr fortschrittlich.

Obwohl das „Kao Gong Ji" die Gestalt und die Herstellungstechnologie ausführlich beschrieb, kann man aber seine konkrete Bauart nur anhand dieser Beschreibung im „Kao Gong Ji" schlussfolgern, weil man das reale Li Shi-Normal bis jetzt nicht entdeckt hat. Über die konkrete Gestalt des Li Shi-Normals gibt es jetzt in der Gelehrtenwelt unterschiedliche Auffassungen. Eine dieser Meinungen hatte der Gelehrte Dai Zhen in der Qing-Dynastie vorgebracht. Seine Meinung hatte Wu Chengluo übernommen und weiterentwickelt, die auch von den meisten Gelehrten nachfolgender Generationen akzeptiert wurde. Im Folgenden stellen wir zuerst diese Meinung vor, die durch Wu Chengluo's Theorie repräsentiert wird. Die Gestalt des Li Shi-Normals, wie sie Wu Chengluo beschrieben hatte, ist im Bild 6.1 dargestellt.[23]

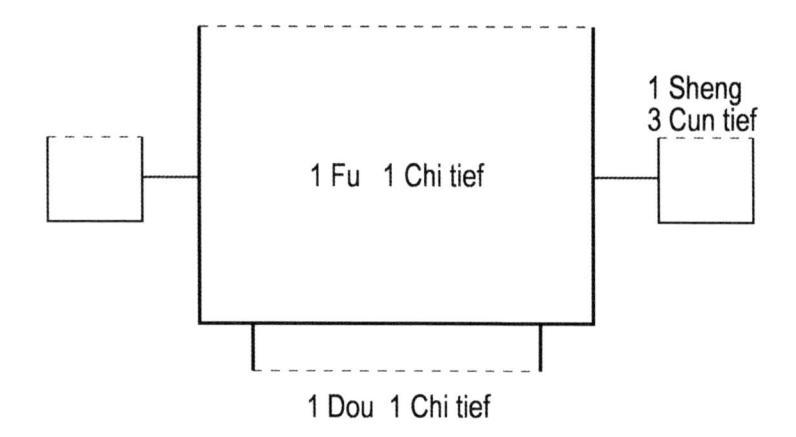

Bild 6.1 Aufbau des Li Shi-Normals nach der Beschreibung von Wu Chengluo

---

23 Siehe Wu Chengluo (bearbeitet von Cheng Lijun): „Zhongguo duliangheng shi" (Geschichte der Maße und Gewichte in China), Shanghai, Shangwu yinshuguan, Februar 1937, Mai 1957 neu aufgelegt, S. 62-67

Der rekonstruierte Aufbau des Li Shi-Normals von Wu Chengluo beruht auf der kritischen Untersuchung der im Staat Qi damals benutzten Volumeneinheiten Fu, Dou, Sheng und Ou. Diese vier Einheiten bildeten im damaligen Staat Qi ein System der Volumeneinheiten. Zwischen ihnen existierten bestimmte Progressionsverhältnisse. Im „Zuo Zhuan (Meister Zuo's Erweiterung der Chunqiu-Annalen), Kap. 3. Jahr des Herzogs Zhao" ist aufgezeichnet: „Die vier Volumeneinheiten des alten Systems im Staat Qi heißen Dou, Ou, Fu und Zhong. 4 Sheng sind 1 Dou, und die anderen Einheiten haben auch das Verhältnis 4, bis man die Einheit Fu erreicht, wobei 10 Fu gleich 1 Zhong sind."

Somit lauten die Umrechnungsbeziehungen dieser Volumeneinheiten:

1 Zhong = 10 Fu
1 Fu = 4 Ou
1 Ou = 4 Dou
1 Dou = 4 Sheng

Nach diesen Umrechnungsbeziehungen und der Aufzeichnung der konkreten Abmessungen des Li Shi-Normals im „Kao Gong Ji" kann man seine Gestalt rekonstruieren. Der Hauptkörper des Li Shi-Normals ist das Fu, wobei das Fu eine zylindrische Form hat, mit 1 Chi Tiefe und einem Volumen von 1 Fu. Der Öffnungsdurchmesser des Zylinders wird durch ein eingeschriebenes Quadrat mit einer Kantenlänge von 1 Chi festgelegt. Am Fuß des Zylinders befindet sich ein Volumen von 1 Sheng mit einer Tiefe von 1 Cun, das sich nach unten öffnet. Die Tiefe der beiden seitlichen Ohren beträgt 3 Cun mit einem Volumen von 1 Sheng. Der Fuß des Normals und die beiden Ohren sind alle zylindrisch, ihr Öffnungsdurchmesser ist nicht angegeben, aber mit Hilfe des angegebenen Volumens und der Tiefe kann man ihn ausrechnen. Das rechnerische Ergebnis beträgt für das linke Ohr „ein eingeschriebenes Quadrat mit 7 Cun 9 Fen Kantenlänge und außen rund." Für das rechte Ohr ergibt sich dann „ein eingeschriebenes Quadrat mit 2 Cun 3 Fen Kantenlänge und außen rund". (Die Kreiszahl folgt der festgelegten Berechnung der Volumeneinheit Fu des Li Shi-Normals.)

Nach dem von Wu Chengluo rekonstruierten Design ist der Öffnungsdurchmesser des Dou-Normals etwas kleiner als der Öffnungsdurchmesser des Fu-Normals. Dieses Design wurde von den meisten Vertretern der Gelehrtenwelt akzeptiert. Doch je tiefer man in die Forschung eindrang, brachten auch einige Gelehrte eine abweichende Meinung vor, wobei die von Qiu Guangming recht repräsentativ ist. Sie führte die Ansicht des berühmten Historikers Chen Mengjia an, der sagte: „Das ‚Kao Gong Ji' beschreibt, dass das Fu-Normal 1 Chi tief ist. Innen ist ein Quadrat mit 1 Chi Kantenlänge eingeschrieben, und außen ist es rund, das heißt Durchmesser und die Tiefe beträgt 1 Chi. Der Fuß des Gefäßes enthält das Normal des Dou. Es ist 1 Cun tief, aber der Durchmesser ist nicht angegeben, deshalb muss sein Durchmesser gleich dem des Fu-Normals sein. Das Dou-Normal liegt unter dem Fu-Normal und muss 1/10 des Fu-Normals verkörpern, aber nicht 1/16. Auf der Grundlage der Ansicht von Chen Mengjia hatte Qiu Guangming diese Ansicht weiterentwickelt. Sie wies darauf hin, dass das Volumen-Normal aus der Xin Mang-Periode nach dem Vorbild des Li Shi-Normals angefertigt wurde. Obwohl das Li Shi-Normal nicht mehr existiert, kann man aber auf der Basis des Volumen-Normals der Xin Mang-Zeit das Modell des Li Shi-Normals verstehen. Bezüglich der Zeit der Entstehung kann das „Kao Gong Ji" ein Werk nach der Ablösung des Jiang Qi durch Tian Shi sein, aber in dieser Zeit wurde im

Staat Qi das System mit dem Verhältnis 4 für die Einheiten Dou, Ou, Fu und Zhong in das Dezimalsystem der Einheiten Sheng, Dou und Fu umgewandelt. Deshalb kann man nicht mit dem Vierersystem von Dou, Ou und Fu des Jiang Qi 1 Dou als 1/16 Fu bestimmen und somit zu der Schlussfolgerung gelangen, dass der Durchmesser des Dou-Normals kleiner als der Durchmesser des Fu-Normals ist. Weiterhin ist hinsichtlich des geschichtlichen Erbes das Einheitensystem vom Sheng-Normal des Shang Yang bis zum Volumen-Normal der Xin Mang-Periode durch geistige Bande verknüpft, so dass das Li Shi-Normal diese Tradition nicht durchbrechen sollte. Nach der Ansicht von Chen Mengjia und Qiu Guangming ist die wesentliche Gestalt des Li Shi-Normals wie im Bild 6.2 gezeigt.

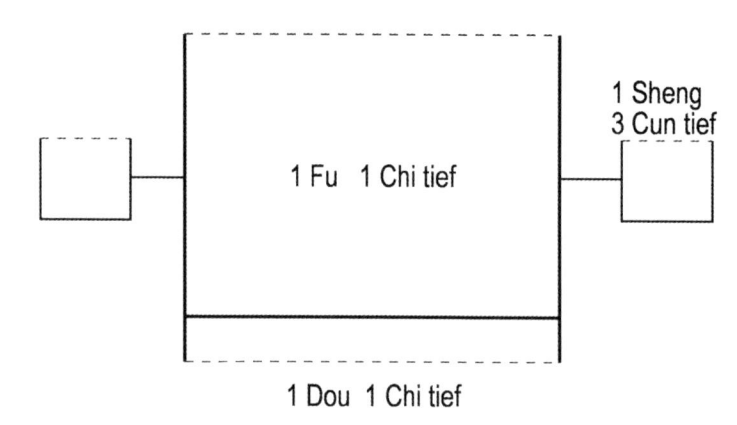

Bild 6.2 Aufbau des Li Shi-Normals, gezeichnet nach der Ansicht von Chen Mengjia und Qiu Guangming

Ganz gleich, welcher Ansicht man folgt, widerspiegelt das Li Shi-Normal das höchste Niveau der Konstruktion eines Normalgeräts für Maße und Gewichte der damaligen Zeit. Das steht außer Frage.

Man muss außerdem darauf hinweisen, dass dieser Text des „Kao Gong Ji" die Herangehensweise begründete, mit einem in einen Kreis eingeschriebenen Quadrat die Größe eines Kreises zu bestimmen. Die Worte in dem Zitat „Innen ist ein Quadrat mit einer Kantenlänge von 1 Chi eingeschrieben, und außen ist das Gefäß rund" drückt nicht aus, dass dieses Volumennormal außen rund und innen quadratisch ist, sondern besagt, dass die Größe des Öffnungsdurchmessers gerade ein eingeschriebenes Quadrat mit einer Kantenlänge von 1 Chi enthält. Der Grund, warum man so verfuhr, lag wahrscheinlich daran, dass die Vorfahren damals noch kein Verfahren gefunden hatten, den Durchmesser eines Kreises genau zu messen. Man konnte ihn nur mit Hilfe eines eingeschriebenen Quadrats ausdrücken. Wenn man in jener Zeit einen Kreis bestimmte, musste man zuerst die Abmessung eines Quadrats festlegen und danach außen herum einen Kreis zeichnen. Bei der Messung ging man auch so vor. Im „Zhou Bi Suan Jing, Teil I" heißt es: „Die Verfahren des Rechnens gehen aus dem Kreis und dem Quadrat hervor, der Kreis geht aus dem Quadrat hervor, das Quadrat geht aus dem rechten Winkel hervor, und der rechte Winkel geht aus der Rechnung hervor, dass 9 x 9 = 81 ist." Diese Worte widerspiegeln diese Tatsache, sie stimmen mit den Festlegungen für das Li- Shi-Normal überein.

Im „Kao Gong Ji" wurde durch die Festlegung des Öffnungsdurchmessers und der Tiefe des Fu-Normals gewährleistet, dass sein Volumen mit einer vorgegebenen Forderung übereinstimmt. Somit wurde die Methode „das Volumen mit Längenmaßen zu überprüfen" verwirklicht. Das ist ein weiterer Ausdruck der Progressivität seiner Konstruktion. Das Ergebnis dieses Vorgehens war, dass man bei dem Volumennormal die Einheitlichkeit zwischen Länge und Volumen verwirklichte: nicht nur wurden gleichzeitig die Einheitenwerte der Länge und des Volumens angegeben, sondern man musste nur die Länge festlegen, so dass man daraus das Volumen erhielt. Das hilft, das Normalvolumen zu reproduzieren und einheitliche Volumenwerte zu verbreiten, so dass die Methode einen hohen Grad von Wissenschaftlichkeit besitzt.

Das Li Shi-Normal verkörpert nicht nur Maße und Volumina, sondern stellt auch die Forderung an das Gewicht, dass es „ein Jun schwer ist". Somit kann man mit einem Normalgerät Einheitenwerte der Länge, des Volumens und des Gewichts erhalten, aber das ist nicht einfach. Um diesen Punkt zu garantieren, legte das „Kao Gong Ji" ein strenges technologisches Regime fest. Zuerst werden „Kupfer und Zinn geschmolzen und raffiniert, bis keine Beimengungen mehr vorkommen". Jia Gongyan aus der Tang-Dynastie sagte in einer Anmerkung: „Wiederholtes Schmelzen heißt raffinieren." Das Ergebnis des Raffinierens ist, dass sich die in der Bronze enthaltenen Beimengungen fast völlig verflüchtigt haben. Wenn man das Gerät jetzt gießt, enthält es „keine Beimengungen". Wenn man dieses Stadium erreicht hat, kann man „wiegen", man wiegt die entsprechende Menge Bronze, um das Gießen vorzubereiten. Der nächste Schritt ist, dass man „das Volumen des Gussmaterials bestimmt". Über den konkreten Inhalt dieses Schritts gibt es bei den Gelehrten in den einzelnen Dynastien verschiedene Ansichten. Wir meinen, dass „das Volumen des Gussmaterials zu bestimmen" sich darauf bezieht, dass die Gussform dem Normal entspricht, weil, wenn die Gussform der Forderung nicht entspricht, das gegossene Volumennormal nicht das Ziel erreichen kann, dass Länge, Volumen und Gewicht in einem Gerät vereinheitlicht werden. Die Vorfahren nannten die Gussform *fa* 法 (Gesetz), worin dieser Sinn auch enthalten ist. Wie schließlich „das Volumen des Gussmaterials bestimmt" wird, darüber spricht sich das „Kao Gong Ji" nicht aus, und wir können das nicht gut erraten. Der Gelehrte Dai Zhen der Qing-Dynastie meinte in seinem Werk „Kao Gong Ji Tu" (Illustriertes Kao Gong Ji), dass, wenn man damals dieses Normalgerät herstellte, man schon mit dem spezifischen Gewicht von Wasser das Volumen des Geräts ermittelte, um zu gewährleisten, dass das gegossene Bronzegerät genau 1 Jun schwer ist. Das ist auch eine Erklärung für „das Volumen des Gussmaterials zu bestimmen". Nachdem man eine Gussform hatte, die mit dem Normal übereinstimmte, konnte man das Gerät gießen (*liang* 量). Zheng Xuan sagte im Kommentar, dass „*liang*" „in die Form gießen" bedeutet, das heißt, „*liang*" ist der Prozess, dass die flüssige Bronze in die Gussform gegossen wird. Nach dem Gießen erhielt man ein Volumengefäß, das mit dem Normal übereinstimmte.

In dem Zitat kommt der Satz vor: „Wenn man das Gefäß anschlägt, gibt es den Ton Gong der Standardpfeife Huangzhong ab." Allgemein meint man, dass ein nach der oben genannten Prozedur hergestelltes Volumennormal auch noch den Ton Gong der Huangzhong-Stimmpfeife abgeben kann. Ein solches Verständnis kann etwas pedantisch sein. Der Bedeutungsinhalt dieser Worte will sagen, dass zwischen dem Li Shi-Normal und dem Ton Gong der Huangzhong-Stimmpfeife eine immanente Beziehung besteht. Beim Anschlagen des Li Shi-Normals kann man nicht unbedingt einen konkreten Ton erzeugen. Weil das Li Shi-Normal die Einheit von Länge, Volumen und Gewicht verwirklichte und nach dem Wissen der Vorfahren die Huangzhong-Stimmpfeife die Basis der Maße und Gewichte darstellt, besteht zwischen diesen beiden natürlich eine immanente Beziehung. Zum Beispiel verkörpert das Li Shi-Normal eine Längeneinheit, und gestützt auf die Einheit kann man die Huangzhong-Stimmpfeife bestimmen, oder umgekehrt, die Solllänge am Li Shi-Normal folgt der Längeneinheit, die durch die Huangzhong-Stimmpfeife bestimmt wurde. All dies kann bedeuten, „es gibt den Ton Gong der Stimmpfeife Huangzhong ab".

Das Zitat führt noch einen Satz an: „… der Zweck dieses Volumengefäßes ist nicht für das Eintreiben von Steuern vorgesehen". Das belegt, dass das Li Shi-Normal nicht als ein gewöhnliches Messgerät benutzt wurde, es diente ausschließlich als Normal. In der Vor-Qin-Zeit gab es viele Volumenmessgeräte auf Seiten der Beamten, um Steuern einzutreiben, den Beamtensold auszuteilen und Proviant zu verteilen. Wenn bei diesem Gerät besonders bekräftigt wird, dass es „nicht zum Eintreiben von Steuern vorgesehen" ist, soll ausgedrückt werden, dass es sich um ein Normal handelt. Es kann nicht wie ein gewöhnliches Messgerät benutzt werden. Die aus 24 Schriftzeichen bestehende Inschrift, die auf dem Li Shi-Normal gegossen ist, lässt uns auch unzweideutig verstehen, dass es sich um ein Normal handelt. Diese Tatsache demonstriert, dass man früh in der Zhanguo-Periode eindeutig um die Bedeutung des Aufbaus von Normalen für die Maße und Gewichte wusste.

Das Li Shi-Normal repräsentierte das höchste Niveau der Herstellung von Normalen für die Maße und Gewichte Chinas in der Zhanguo-Periode. Der Einfluss seiner Konstruktionsidee auf die Nachfahren war sehr stark. Das „Volumen-Normal der Xin Mang-Zeit", das im Jahre 9 n. Chr. als Normalgerät in China in Kraft gesetzt wurde, wurde, eindeutig vom Li Shi-Normal inspiriert, konstruiert und hergestellt. In der Geschichte der Maße und Gewichte Chinas nimmt es einen eigenen Platz ein.

2. Das Volumen-Normal der Xin Mang-Zeit

Unter den Normalen der Maße und Gewichte, die aus dem alten China überliefert sind, ist das Normal, das mit dem Sheng-Normal von Shang Yang wetteifern kann oder dieses sogar übertrifft, das Volumen-Normal der Xin Mang-Zeit (*Xin Mang Jia Liang* 新莽嘉量), das gegenwärtig im Palast-Museum von Taibei aufbewahrt wird.

Das Wort „liang" in „Volumen-Normal der Xin Mang-Zeit" bezeichnet ein Volumenmessgerät, und „jia" heißt „schön". Als Wortverbindung bedeutet „jialiang" ein Volumennormal. Die Herkunft der beiden Schriftzeichen „*Xin Mang*" bezieht sich auf das erste Jahr der Gründung der neuen Dynastie durch Wang Mang, in dem dieses Volumennormal verkündet wurde.

Die Entstehung des Volumen-Normals der Xin Mang-Zeit hängt tatsächlich mit Wang Mang zusammen und ist ein Produkt seines politischen Komplotts. In den letzten Jahren der Westlichen Han-Dynastie riss Wang Mang die Macht am Hofe an sich. Um seine politischen

Ambitionen zu verwirklichen, berief er im Namen einer Reform durch Rückkehr zum Altertum viele Gelehrte des Reiches, die mit den Stimmpfeifen versiert waren, zu sich. Unter Leitung des berühmten Gelehrten der Musik und Kalenderkunde, Liu Xin, überprüften sie systematisch die Ordnung der Maße und Gewichte in den einzelnen Dynastien und führten eine groß angelegte Reform der Ordnung der Maße und Gewichte durch. Das Volumen-Normal der Xin Mang-Zeit ist eines der Produkte dieser Reform. Wang Mang's neue Dynastie war recht kurzlebig, aber die von Liu Xin aufgestellte Theorie der Maße und Gewichte und die hergestellten Normale der Maße und Gewichte erfuhren die volle Zustimmung der Nachfahren. Im „Han Shu, Kap. Aufzeichnungen über Musik und Kalender" wurde bei der Aufzeichnung dieser Theorie von Liu Xin und der Ideen bezüglich der Gestalt und der Konstruktion des Normals eine sehr klare Beschreibung geliefert: „Von den Volumeneinheiten verkörpert es Yue, Ge, Sheng, Dou und Hu. Darum misst es die Größe dieser Volumina. Es geht auf die Huangzhong-Stimmpfeife zurück, bei der ihr Volumen durch die Länge überprüft wird. Mit 1200 mittleren Hirsekörnern wird ihre Pfeife gefüllt und mit Brunnenwasser ihr Volumen gemessen. 2 Yue bilden 1 Ge, 10 Ge gleich 1 Sheng, 10 Dou gleich 1 Hu, so sind die fünf Volumeneinheiten in diesem Normal verkörpert. In seine Gussform gießt man Bronze, und im Gefäß ist innen ein Quadrat eingeschrieben. Zwischen Kreis und Quadrat ist ein Abstand festgelegt. Oben ist die Einheit Hu und unten die Einheit Dou verkörpert. Im linken Ohr ist die Einheit Sheng und im rechten Ohr sind die Einheiten Ge und Yue verkörpert. Seine Form ähnelt einem Weinkelch des Typs Jue. Das Normal wurde benutzt, um den Adel und die Beamtengehälter zu beschränken. Auf der Oberseite sind drei Einheiten und auf der Unterseite zwei Einheiten verkörpert. Es lässt sich mit Himmel und Erde vergleichen, es ist rund und enthält Quadratisches. Links ist eine Einheit und rechts sind zwei Einheiten verkörpert. Es entspricht dem Bild von Yin und Yang. Sein Zylinder ist wie mit dem Zirkel gemacht, es ist zwei Jun schwer und enthält die Zahlen des Qi's und der Materie. Zusammen addiert ergeben sie 11520. Wenn man das Normal anschlägt, gibt es den Ton der Huangzhong-Stimmpfeife ab. Die Töne beginnen mit der Huangzhong-Stimmpfeife und wiederholen sich von dort."

Aus dieser Aufzeichnung wissen wir, dass das Volumen-Normal fünf einzelne Volumeneinheiten Yue, Ge, Sheng, Dou und Hu verkörperte. Ihre Umrechnungsbeziehungen lauten:

1 Hu = 10 Dou
1 Dou = 10 Sheng
1 Sheng = 10 Ge
1 Ge = 2 Yue

Diese fünf Volumeneinheiten sind durch eine meisterliche Konstruktion miteinander verknüpft und bilden das Volumen-Normal. Von der jetzt existierenden Realie her gesehen, besteht das Volumen-Normal aus Bronze. Sein Hauptkörper ist ein großes zylindrisches Gefäß, in der Nähe des unteren Randes befindet sich ein Boden, und auf dem Boden ist das Volumen eines Hu und darunter das eines Dou verkörpert. Auf der linken Seite befindet sich ein kleines zylindrisches Gefäß, das das Volumen eines Sheng darstellt. Der Boden dieses Gefäßes ist sein unterer Rand. Auch auf der rechten Seite gibt es ein kleines zylindrisches Gefäß, dessen Boden sich in der Mitte befindet. Oben befindet sich das Volumen eines Ge und unten das Volumen eines Yue. Die Öffnungen der drei Volumina

Hu, Sheng und Ge zeigen nach oben und die Öffnungen der beiden Volumina Dou und
Yue nach unten (siehe Bild 6.3).

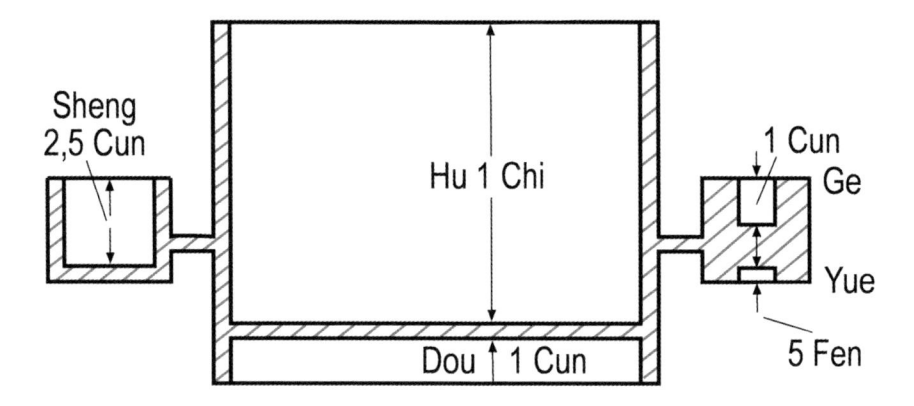

Bild 6.3 Prinzipbild des Volumen-Normals der Xin Mang-Zeit

   Dieser Aufbau stimmt völlig mit der Beschreibung im „Han Shu, Kap. Aufzeichnungen
über Musik und Kalender" überein. Es ist wirklich eine Seltenheit, dass es ein Normal der
Maße und Gewichte gibt, das in der Literatur ausführlich beschrieben wird und unversehrt
bis auf den heutigen Tag überliefert wurde.
   Auf der Gefäßwand des Volumen-Normals der Xin Mang-Zeit ist der Text im Umfang
von 81 Schriftzeichen eines Edikts von Wang Mang über die Vereinheitlichung der Maße
und Gewichte eingraviert. Daraus wissen wir, dass dieses Volumenmessgerät im ersten
Jahr der Regierungsära Shijianguo, „als der kostbare Thron bestiegen wurde", das heißt
im Jahr 9 n. Chr. von Wang Mang verkündet wurde. Die Gestalt des Volumen-Normals
stimmt mit der Aufzeichnung im „Han Shu" überein, und wenn außerdem das Edikt des
Wang Mang eingraviert ist, beweist dies zweifelsfrei, dass es sich um ein Normal handelt.
Auf jedem Volumengefäß des Volumen-Normals sind noch einzelne Inschriften eingraviert.
Sie beschreiben ausführlich die Gestalt, das Sollmaß, das Volumen und die Umrechnungsbeziehung mit den anderen Volumeneinheiten: „Die Einheit Hu des auf der Grundlage der
Stimmpfeifen hergestellten Volumen-Normals stellt einen Kreis dar, in den ein Quadrat mit
1 Chi Kantenlänge eingeschrieben ist, und ist außen rund. Der Abstand zwischen Kreis und
Quadrat beträgt 9 Li 5 Hao und die Grundfläche 162 Quadrat-Cun. Die Tiefe ist 1 Chi und
das Volumen 1620 Kubik-Cun. 1 Hu fasst 10 Dou." „Die Einheit Dou des auf der Grundlage
der Stimmpfeifen hergestellten Volumen-Normals stellt einen Kreis dar, in den ein Quadrat
mit 1 Chi Kantenlänge eingeschrieben ist, und ist außen rund. Der Abstand zwischen Kreis
und Quadrat beträgt 9 Li 5 Hao und die Grundfläche 162 Quadrat-Cun. Die Tiefe ist 1 Cun
und das Volumen 162 Kubik-Cun. 1 Dou fasst 10 Sheng." „Die Einheit Sheng des auf der
Grundlage der Stimmpfeifen hergestellten Volumen-Normals stellt einen Kreis dar, in den
ein Quadrat mit 1 Chi Kantenlänge eingeschrieben ist, und ist außen rund. Der Abstand
zwischen Kreis und Quadrat beträgt 1 Li 9 Hao und die Grundfläche 648 Quadrat-Fen.
Die Tiefe ist 2 Cun 5 Fen und das Volumen 16200 Kubik-Fen. 1 Sheng fasst 10 Ge." „Die

Einheit Ge des auf der Grundlage der Stimmpfeifen hergestellten Volumen-Normals stellt einen Kreis dar, in den ein Quadrat mit 1 Chi Kantenlänge eingeschrieben ist, und ist außen rund. Der Abstand zwischen Kreis und Quadrat beträgt 9 Hao und die Grundfläche 162 Quadrat-Fen. Die Tiefe ist 1 Cun und das Volumen 1620 Kubik-Fen. 1 Ge fasst 2 Yue." „Die Einheit Yue des auf der Grundlage der Stimmpfeifen hergestellten Volumen-Normals stellt einen Kreis dar, in den ein Quadrat mit 1 Chi Kantenlänge eingeschrieben ist, und ist außen rund. Der Abstand zwischen Kreis und Quadrat beträgt 9 Hao und die Grundfläche 162 Quadrat-Fen. Die Tiefe ist 5 Fen und das Volumen 810 Kubik-Fen. Das Volumen gleicht dem der Stimmpfeife." Mit der Stimmpfeife ist hier die Huangzhong-Stimmpfeife gemeint. Die Huangzhong-Stimmpfeife verkörpert einen der zwölf Töne des Altertums, dem die Vorfahren die größte Aufmerksamkeit geschenkt hatten, denn sie meinten, dass er der Ursprung aller Dinge sei, und wenn man ein Normal anfertigt, muss man sich natürlich auf sie stützen. Die Sätze über die Einheiten Dou, Sheng, Ge und Yue des auf der Grundlage der Stimmpfeifen hergestellten Volumen-Normals sind alle nach dem gleichen Muster formuliert.

Aber die Huangzhong-Stimmpfeife stellt letzten Endes ein Tonsystem dar, wenn sie nur eine Tonhöhe verkörpert, wie kann sie dann mit einem Volumenmessgerät zusammenhängen? Hierüber beschrieb das „Han Shu, Kap. Aufzeichnungen über Musik und Kalender" die Beziehung zwischen beiden: Die Stimmpfeife, die die Tonart Huangzhong aussendet, fasst genau 1200 Hirsekörner, und das Volumen eines Yue fasst auch gerade das Volumen von 1200 Hirsekörnern. Deshalb ist das Volumen eines Yue gleich dem der Huangzhong-Stimmpfeife,[24] so dass die Einheiten Hu, Dou, Sheng und Ge über die Einheit Yue mit der Huangzhong-Stimmpfeife in Beziehung stehen. Außerdem wurde noch gefordert, dass, wenn man das Volumen-Normal anschlug, dieses den Ton der Huangzhong-Stimmpfeife aussendet.

Mit Hirsekörnern als Medium ein Volumennormal zu bestimmen, ist in starkem Maße eine Vorstellung der Vorfahren, allerdings sind die praktischen Schwierigkeiten beträchtlich. Weil die Hirsekörner elliptisch sind, gibt es zwischen den Hirsekörnern Hohlräume. Deshalb ist es sehr schwierig, mit dem Volumen, das 1200 Hirsekörner einnehmen, um die Größe eines Yue zu bestimmen, ein stabiles Ergebnis zu erhalten. Wenn es außerdem heißt, das Volumen-Normal „sendet den Ton der Huangzhong-Stimmpfeife aus", sind die Vorstellungen noch vielfältiger, so dass man schwerlich davon überzeugt sein kann. Dessen ungeachtet versucht diese Idee, mit allen Mitteln ein Normal der Maße und Gewichte auf der Grundlage eines Naturprodukts zu schaffen, und diese Richtung des Strebens ist wissenschaftlich. Außerdem hatten Qiu Guangming und andere in jüngster Zeit, gestützt auf diese Idee, die Herangehensweise, ein Längennormal zu bestimmen, durch wiederholte Versuche als machbar bewiesen.

Es „stellt einen Kreis dar, in den ein Quadrat mit 1 Chi Kantenlänge eingeschrieben ist, und ist außen rund" bedeutet, dass mit der Kantenlänge eines Quadrats, das in einen Kreis eingeschrieben wird, die Größe des Kreises bestimmt wird, und drückt nicht aus, dass dieses Volumenmessgerät so aufgebaut ist, dass es außen rund und innen quadratisch

---

24 Wegen dieser Beziehung bedeutet das Schriftzeichen *yue* 龠 für die Volumeneinheit ursprünglich Längsflöte.

ist. Der Grund für diese Darstellung liegt wohl darin, dass, wie oben ausgeführt wurde, die Vorfahren in früher Zeit noch kein Verfahren gefunden hatten, um den Durchmesser eines Kreises genau zu messen. „Der Abstand zwischen Kreis und Quadrat beträgt 9 Li 5 Hao und die Grundfläche 162 Quadrat-Cun. Die Tiefe ist 1 Chi und das Volumen 1620 Kubik-Cun. 1 Hu fasst 10 Dou." Diese Sätze enthalten einen tiefen wissenschaftlichen Sinn. Sie sind der konkrete Ausdruck der Methode, „das Volumen mit der Messung einer Länge zu prüfen". Das sogenannte „das Volumen mit der Messung einer Länge zu prüfen" bedeutet, eine konkrete Bestimmung gewisser ausschlaggebender Maße des Volumen-Normals und durch diese Bestimmungen zu gewährleisten, dass das Volumen-Normal mit den Forderungen übereinstimmt.

Der „Abstand zwischen Kreis und Quadrat" (*tiaopang* 庣旁) bezeichnet einen Abstand zwischen einer Ecke des Quadrats und dem Kreis (siehe Bild 6.4).

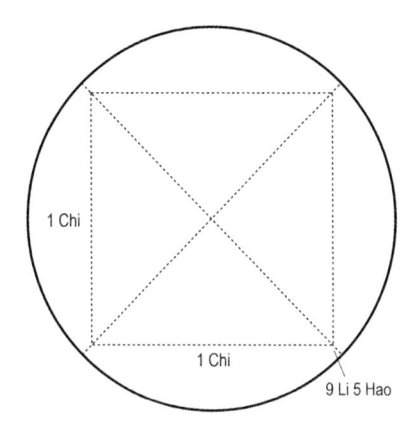

Bild 6.4 Prinzipbild des Abstands zwischen Kreis und Quadrat (dieser Abstand ist im Bild vergrößert dargestellt)

Auf dem Volumen-Normal ist schriftlich fixiert, dass die Kreisfläche 162 Quadrat-Cun beträgt, das heißt, dass die Querschnittsfläche des Hu-Volumens 162 Quadrat-Cun beträgt. Nur wenn diese Zahl erfüllt wird, kann sein Volumen bei einer Tiefe des Hu-Volumens von 1 Chi genau 1620 Kubik-Cun betragen. Die Vorfahren wussten schon, dass das Volumen eines Zylinders gleich der Querschnittsfläche mal der Höhe ist. Deshalb gab es diese Festlegung. Aber wenn man mit dem Verfahren, es „stellt einen Kreis dar, in den ein Quadrat mit 1 Chi Kantenlänge eingeschrieben ist, und ist außen rund" den Kreisdurchmesser bestimmt, erfüllt die Kreisfläche nicht den Wert 162 Quadrat-Cun. Das ist sehr leicht nachzuvollziehen. Aus der Elementargeometrie wissen wir, dass, wenn ein Quadrat eine Kantenlänge von 1 Chi hat, sein Durchmesser des umschriebenen Kreises (die Diagonalenlänge) Chi und die entsprechende Kreisfläche 1,57 Quadrat-Chi beträgt (bei einer Kreiszahl $\pi = 3{,}14$), was gegenüber der geforderten Kreisfläche von 162 Quadrat-Cun um 5 Quadrat-Cun zu klein ist. Deshalb muss man an den beiden Enden der Diagonalen des Quadrats jeweils 9 Li 5 Hao zum Kreisdurchmesser hinzufügen, damit die Fläche mit dem Sollwert übereinstimmt. Das ist die Herkunft des „Abstands zwischen Quadrat und Kreis".

Es ist wunderbar, dass Liu Xin den Abstand zwischen Quadrat und Kreis zu 9 Li 5 Hao bestimmen konnte. Weil in der Westlichen Han-Dynastie 1 Hao jetzigen 0,023 mm entsprach, war eine solche Ablesegenauigkeit bei praktischen Messungen sehr schwer zu realisieren. Deshalb kann man davon ausgehen, dass die Zahl 9 Li 5 Hao die Grenze der damaligen Messgenauigkeit erreichte. Entsprechend der Inschrift gab Liu Xin in seiner Konstruktionsidee das Volumen und die Tiefe des Hu-Volumens an und ermittelte daraus die Fläche des Kreisquerschnitts und weiter rückwärts aus der Kreisfläche den Durchmesser. Bei der Prozedur, den Durchmesser aus der Kreisfläche abzuleiten, kann man nicht umhin, die Kreiszahl zu benutzen. Wie groß ist nun der Wert der Kreiszahl, die Liu Xin benutzt hatte? Wir können dies ohne weiteres hier ableiten. Nach dem Satz des Pythagoras (bzw. Gougu-Theorem) wissen wir, dass die Diagonalenlänge eines Quadrats mit 1 Chi Kantenlänge

$$\sqrt{1^2 + 1^2} = \sqrt{2} \approx 14.1421 \text{ Cun}$$

beträgt.

Wenn wir zu diesem Wert zweimal den Abstand zwischen Quadrat und Kreis addieren, erhalten wir den Durchmesser des Kreises des Hu-Volumens des Volumen-Normals. Der Abstand zwischen Quadrat und Kreis, den Liu Xin bestimmt hatte, beträgt 9 Li 5 Hao, das heißt 0,095 Cun. Somit ergibt sich der entsprechende Durchmesserwert zu

$$D \approx 14{,}1421 + 0{,}095 \times 2 = 14{,}3321 \text{ Cun}$$

Dann ist der Radius
$$R = D / 2 \approx 7{,}1661 \text{ Cun}$$

Da die bekannte Kreisfläche des Hu-Volumens des Volumen-Normals S = 162 Quadrat-Cun beträgt, ergibt sich für die von Liu Xin benutzte Kreiszahl

$$\pi = S / R^2 = 162 / 7{,}1661^2 = 3{,}1547$$

Mit welchem Verfahren Liu Xin dieses Ergebnis erhielt, wissen wir heute nicht. Aber dass in den Daten des Volumen-Normals diese Kreiszahl enthalten ist, steht außer Frage. Wenn man bedenkt, dass man damals allgemein als Wert der Kreiszahl nur „bei einem Kreis von 3 ist der Durchmesser 1" benutzte, kann man sehen, dass Liu Xin's Konstruktion das damalige Niveau übertraf.

Das Volumen-Normal der Xin Mang-Zeit ist aus Bronze hergestellt, das widerspiegelte das Wissen der Menschen in jener Periode. Im „Han Shu, Kap. Aufzeichnungen über Musik und Kalender" heißt es:

„Für Maße und Gewichte, die auf der Grundlage der Stimmpfeifen hergestellt werden, verwendet man allgemein Bronze, weil der Name „Bronze" (*tong*铜) gleich wie das Wort für „übereinstimmen" (*tong*同) lautet. Darum führt es zur Übereinstimmung im ganzen Reich und wirkt ordnend auf die Sitten und Gebräuche. Bronze ist die feinste von aller Materie, sie verändert durch Trockenheit, Feuchte, Kälte und Hitze nicht ihre Gestalt, sie wandelt durch Wind, Regen, Sturm und Tau nicht ihre Form."

Daraus kann man sehen, dass die Vorfahren zwei Gründe hatten, für die Herstellung von Maßen und Gewichten Bronze zu verwenden, erstens, weil sein Name mit dem Schriftzeichen 同 (übereinstimmen) harmoniert und so eine psychologische Befriedigung erzielt, zweitens, weil Bronze selbst nicht dem Einfluss von Änderungen der Umgebungsbedingungen unterliegt. Tatsächlich dehnt sich Bronze bei Hitze aus und zieht sich bei Kälte zusammen, aber das hatte die damalige Messgenauigkeit nicht erfasst, die Vorfahren wussten es einfach nicht. Dessen ungeachtet ist die Herstellung von Maßen und Gewichten aus Bronze als Rohstoff aus der Sicht der Vorfahren dennoch eine optimale Wahl. Weil von den Metallen, die die Vorfahren beherrschen, Bronze nicht zu teuer und auch leicht zu gießen war, außerdem weist sie eine bestimmte Festigkeit auf und liefert ein recht gutes Aussehen.

Die Konstruktion des Volumen-Normals der Xin Mang-Zeit ist raffiniert, indem es fünf Volumeneinheiten in einem Gerät vereinigt. Man hatte eine ausführliche Inschrift eingraviert, die nicht nur das Edikt wiedergibt, das es als Teil der Vereinheitlichung der Maße und Gewichte durch Wang Mang identifiziert. Außerdem werden die Maße des Durchmessers, der Tiefe und der Grundfläche sowie das Volumen der einzelnen Volumeneinheiten angegeben. Die Genauigkeit der Berechnung stellt das damalige höchste Niveau dar. Auch die Herstellung ist ganz ausgefeilt. Außerdem stellt es bestimmte Forderungen an das Gewicht. Im „Han Shu, Kap. Aufzeichnungen über Musik und Kalender" steht „sein Gewicht beträgt zwei Jun". Somit konnte man in der Westlichen Han-Dynastie von einem Gerät die Einheitenwerte für Länge, Volumen und Gewicht erhalten. Mit dem Volumen-Normal wurde die Einheit der Maße und Gewichte realisiert. Eben aufgrund dieser Faktoren wurde es in den einzelnen Dynastien hochgeschätzt und gilt als nationaler Schatz.

Dass Liu Xin ein Normal wie das Volumen-Normal konstruieren und herstellen konnte, war auch keine leichte Angelegenheit. Vor ihm gab es das Li Shi-Normal, das ein ideales Normalgerät der Zhanguo-Periode darstellte. Das Volumen-Normal der Xin Mang-Zeit stimmt von der Form mit der des Li Shi-Normals überein. Außerdem wurde es noch gewaltsam mit der Lehre der Huangzhong-Stimmpfeife in Verbindung gebracht und bediente so bestimmte damals verbreitete philosophische Vorstellungen. Aber noch wichtiger war, dass die Einheiten für Länge, Volumen und Gewicht mit dem System der Han-Dynastie übereinstimmen mussten, aber die damalige Wissenschaft konnte für die Kreiszahl nur den traditionellen Wert „bei einem Kreis 3 ist der Durchmesser 1" liefern, woran man die große Schwierigkeit bei Konstruktion und Berechnung ermessen kann. Entsprechend kann man sagen, dass das Erscheinen des Volumen-Normals der Xin Mang-Zeit in einem gewissen Grade das damals erreichte Niveau von Wissenschaft und Technologie widerspiegelt.

Das Volumen-Normal der Xin Mang-Zeit lieferte ein vertrauenswürdiges reales Normal der Maße und Gewichte der Han-Dynastie, und in den einzelnen Dynastien gab es nicht wenige Gelehrte, die es untersuchten. Im „Jin Shu (Chronik der Jin-Dynastie), Kap. Aufzeichnungen über Musik und Kalender" ist niedergeschrieben: „Liu Hui sagte im Kommentar zum Buch „Jiu Zhang" (Mathematik-Klassiker in neun Kapiteln): Das Chi des bronzenen Hu-Normals von Liu Xin aus der Zeit von Wang Mang ist gegenüber dem heutigen Chi um 4 Fen 5 Li kürzer." Li Chunfeng aus der Tang-Dynastie überprüfte mit dem Chi des bronzenen Hu-Normals von Liu Xin die Chi-Maße vor den Dynastien Sui und Tang und hatte sie in 15 Stufen angeordnet und im „Sui Shu (Chronik der Sui-Dynastie), Kap. Aufzeichnungen über Musik und Kalender, Teil I" verzeichnet.

Das sind konkrete Beispiele der Überprüfung der Ordnung der Maße und Gewichte, bei der dieses Volumen-Normal als Bezug diente.

In der Zeit der Südlichen und Nördlichen Dynastien wies Zu Chongzhi bei der Überprüfung der Inschrift des Volumen-Normals der Xin Mang-Zeit auf eine Ungenauigkeit in Liu Xin's Berechnung hin. Zu Chongzhi hatte sich in die Berechnung der Kreiszahl vertieft und mit dem von ihm ermittelten Wert der Kreiszahl die betreffenden Daten des Volumen-Normals untersucht und meinte, dass der Abstand zwischen Quadrat und Kreis in der Konstruktion von Liu Xin um 1 Li 4 Hao und ein Rest zu klein ist", und er stellte fest, dass „Xie's Mathematik nicht die höchste Genauigkeit erreicht". Zu Chongzhi berechnete, dass der genaue Wert der Kreiszahl zwischen 3,1415926 und 3,1415927 liegt. Darum meinte er, dass Liu Xin's „Mathematik nicht genau" sei. Aber wenn man bedenkt, dass die Periode der Herstellung des Volumen-Normals um mehr als 400 Jahre vor Zu Chongzhi's π-Wert lag, ist Liu Xin's Berechnung dennoch recht genau.

Auch Kaiser Qianlong in der Qing-Dynastie interessierte sich sehr für die Ordnung der Maße und Gewichte. Im 9. Jahr der Herrschaft Qianlong's (1744) wurde am Qing-Hof die Gestalt des Volumen-Normals der Xin Mang-Zeit kopiert, und unter Bezugnahme auf die damaligen verschiedenen Längenmaße wurde das Volumen-Normal der Qing-Dynastie sorgfältig konstruiert und hergestellt (es ist jetzt immer noch in einem kleinen aus Stein geschnitzten Pavillon auf der rechten Seite der Thronstufen vor der Halle der höchsten Harmonie im Beijinger Palastmuseum ausgestellt). Das Volumen-Normal der Xin Mang-Zeit wurde in einem Palast des Qing-Hofes aufbewahrt. Im Jahre 1911 stürzte die Qing-Dynastie. 1924 wurde der abgesetzte Kaiser aus dem Palast vertrieben, und die Verbotene Stadt wurde zum Palastmuseum umgestaltet, wobei das Volumen-Normal der Xin Mang-Zeit wieder das Licht der Sonne erblickte und großes Interesse der Gelehrten erregte. 1928 nahm Liu Fu am Volumen-Normal präzise Messungen und Berechnungen vor. Nach seiner Berechnung entsprach zur Xin Mang-Zeit 1 Chi heutigen 23,1 cm, 1 Sheng fasste moderne 200 ml und 1 Jin war heutige 226,7 g schwer. Das sind die heute allgemein anerkannten Einheitenwerte der Maße und Gewichte der Westlichen Han-Dynastie.

3. Waagen und Hebelprinzip

Im vorigen Abschnitt diskutierten wir Volumenmessgeräte, und in diesem stellen wir die Waagen vor.

Die Vorfahren nannten die Geräte zur Messung des Gewichts *heng* 衡 (Waage). Im alten China umfassten die Formen der Waagen gleicharmige, ungleicharmige und Hebelwaagen. Als Zubehör zu den Waagen dienten Gewichte *quan* 权. Für die Waagen wurden Wägestücke und für die Hebelwaagen Laufgewichte verwendet. Die drei Formen der Waagen durchliefen einen Entwicklungsprozess, wobei dieser Prozess von der Vertiefung des Wissens um das Hebelprinzip und seine geschickte Anwendung nicht zu trennen ist.

Die Waagen traten sehr früh auf. Im Buch „Da Dai Li Ji (Buch der Riten des Da Dai), Kap. Tugend der fünf Kaiser" heißt es: „In der Zeit des Gelben Kaisers wurden die fünf Größen Waagen, Volumenmaß, Längenmaß, Flächenmaß und Zahlen erfunden." Im Buch „Shang Shu (Buch der Geschichte), Kap. Das Beispiel des Shun" steht: Shun „vereinheitlichte die

Stimmpfeifen und die Maße und Gewichte". Obwohl es sich um bruchstückhafte Aufzeichnungen handelt, die in die Periode der historischen Legenden gehören, widerspiegeln sie in gewissem Maße den Zustand der Maße und Gewichte vor den Dynastien Shang und Zhou. Diesen Aufzeichnungen kann man entnehmen, dass vor den Dynastien Shang und Zhou schon Waagen existierten. Dieses Urteil stimmt im Wesentlichen mit dem Stand der damaligen gesellschaftlichen Entwicklung überein.

Die anfängliche Form der Waagen konnte nur die gleicharmige Waage sein, weil das Auftreten der ungleicharmigen Waagen und der Hebelwaagen sich nur auf der Grundlage der Beherrschung des Hebelprinzips entwickeln konnte. Es gibt keinen Beweis, dass man vor den Dynastien Shang und Zhou das Hebelprinzip beherrschte.

Entsprechend welchem Prinzip wurden nun die gleicharmigen Waagen hergestellt? Es gibt nicht wenige Leute, die meinen, dass sie nach dem Hebelprinzip gebaut wurden. Diese Meinung erscheint unangemessen. Wir wissen, dass das Hebelprinzip quantifiziert ist. Es fordert, dass im Zustand des Gleichgewichts die Produkte aus Kraft und Kraftarm zahlenmäßig gleich sind. Nur wenn man diese quantitative Beziehung beherrscht, kann man davon sprechen, dass das Hebelprinzip im Wesentlichen beherrscht wird (hier wird nicht verlangt, dass die Vorfahren den strengen Begriff des Kraftmoments gekannt hätten). Der Betrieb einer gleicharmigen Waage erfüllt auf natürliche Weise das Hebelprinzip, aber das bedeutet nicht, dass ihre ersten Hersteller dieses Prinzip schon beherrschten. Wir meinen, dass die Herstellung gleicharmiger Waagen durch die Vorfahren auf der direkten Beobachtung der Idee der Symmetrie beruht. Der Lagerpunkt einer gleicharmigen Waage liegt in der Mitte, die beiden Arme sind gleich lang. Wenn man dann an die beiden Enden verschieden schwere Körper hängt, muss sie sich nach der schwereren Seite neigen. Das kann man sich direkt vorstellen, und man benötigt nicht das Wissen des Hebelprinzips. Im „Huai Nan Zi (Meister von Huai Nan), Kap. Shuo Shan Xun" heißt es: „Wenn die Gewichte an der Waage gleich sind, neigt sie sich nicht." Das beschreibt diese Erscheinung.

Bis heute ist eine recht frühe und unversehrte Waage, die ausgegraben wurde, ein hölzerner Waagbalken mit bronzenen ringförmigen Gewichten aus einem Grab im Staat Chu der Zhanguo-Periode aus Zuojiagongshan bei Changsha in der Provinz Hunan. Dieser hölzerne Waagbalken ist eine gleicharmige Waage. Die ringförmigen Gewichte sind fein gearbeitet und bilden von ihrer Größe einen Satz. Sie waren die Wägestücke, die als Zubehör mit der Waage benutzt wurden. In diesem Satz bronzener ringförmiger Wägestücke war das kleinste nur 0,6 g schwer. Es belegt, dass diese Waage schon eine sehr hohe Genauigkeit erreicht hatte. Es gibt noch weitere Sätze ringförmiger Gewichte, die dem von Zuojiagongshan ähneln. Sie widerspiegeln, dass in der Chunqiu- und Zhanguo-Periode gleicharmige Waagen allgemein verbreitet waren.

Die Zeit der Anwendung gleicharmiger Waagen war sehr lang, bis sie im „Han Shu, Kap. Aufzeichnungen über Musik und Kalender" als vorherrschende Form der Waagen beschrieben wurden, das war das sogenannte „System der fünf Gewichtseinheiten":

„Als Gewichte gibt es Zhu, Liang, Jin, Jun und Shi. Man wiegt die Körper, bis der Waagbalken horizontal liegt, so weiß man, wie leicht oder schwer ein Körper ist. ... Das System der fünf Gewichtseinheiten ist nach der Bedeutung der festgelegten Massen aufgebaut, und beim Messen wird das Gleichgewicht mit dem zu messenden Körper eingehalten. Gewichtsunterschiede kleiner als ein Zhu muss man durch Schätzen bestimmen."

Die Aufzeichnung im „Han Shu, Kap. Aufzeichnungen über Musik und Kalender" über das System der fünf Gewichtseinheiten ist offensichtlich die Ordnung für eine große Waage, weil ihre Wägestücke bis zu Shi reichen. Aber die Aufzeichnung im „Han Shu" legt nicht dar, dass es vor der Han-Dynastie keine ungleicharmigen Waagen gegeben hätte. Gleicharmige Waagen zeigen beim Gebrauch viele Unbequemlichkeiten. Erstens sind die Messdaten gestreut. Wenn die Gewichte des Körpers und des Wägestücks (einschließlich zusammengesetzter Wägestücke) nicht gleich sind, ist es nicht möglich, eine genaue Messung durchzuführen. Dann kann man nur, wie es im „Han Shu" heißt, schätzen: „Gewichtsunterschiede kleiner als ein Zhu muss man durch Schätzen bestimmen". Genaue Werte erhält man nur durch Schätzen. Weiter, wenn man mit einer Waage misst, bringt die Auf- und Abbewegung der Wägestücke im Betrieb viel Unbequemlichkeit mit sich. Insbesondere wird der Messbereich bei gleicharmigen Waagen ziemlich eingeschränkt. Das heißt, hinsichtlich des Systems der fünf Gewichtseinheiten ist der Messbereich nur auf den Bereich „Shi" begrenzt, und es ist schwierig, den Messbereich zu erweitern. Hierfür mussten die Vorfahren neue Formen von Waagen erforschen. Das anfängliche Produkt dieser Erforschung war, dass etwa in der Zhanguo-Zeit ein neuer Waagentyp, die ungleicharmige Waage, gerade zur rechten Zeit auftauchte.

Zuerst wurden ungleicharmige Waagen im Buch „Mo Jing" (Klassiker des Mo Di), das in der Zhanguo-Periode entstand, erörtert. Das „Mo Jing" ist in die beiden Teile „Schrift" (*jing*) und „Erläuterungen" (*shuo*) unterteilt, wobei die Erläuterungen den Inhalt der Schrift interpretieren. Im „Mo Jing" lautet der betreffende Inhalt über die ungleicharmigen Waagen wie folgt. Schrift: „Wenn man einen Körper wiegt, muss die Waage gerade stehen, weil der Körper und das Wägestück dann gleich sind." Erläuterung: „Wenn man einen Körper an eine Seite einer Waage hängt, muss sie sich neigen. Nur wenn der Körper und das Wägestück gleich sind, befindet sich die Waage im Gleichgewicht. Wenn die beiden Arme der Waage nicht gleich sind und man an beide Seiten einen Körper und ein Wägestück hängt, die gleich schwer sind, dann muss sich der längere Arm nach unten neigen. Das liegt daran, dass das Wägestück zu schwer ist."

Die Beschreibung im „Mo Jing" belegt, dass damals schon die ungleicharmigen Waagen aufgetaucht waren. Aber aus dem Abschnitt im „Mo Jing" können wir nicht erkennen, dass die Mohisten schon das Hebelprinzip beherrschten, und wir wissen natürlich auch nicht, ob sie schon mit einer ungleicharmigen Waage eine Wägung durchführen konnten. Das heißt, wenn man beweisen will, dass die Menschen der Zhanguo-Zeit schon ungleicharmige Waagen benutzen konnten, muss man einen konkreten Nachweis finden.

Es gibt ein solches Beispiel. Ji Wuzeng aus dem Reich Song der Südlichen und Nördlichen Dynastien führte in seinem Werk „Neng Gai Zhai Man Lu" (Plaudereien aus dem Studierzimmer des möglichen Wandels) ein altes Buch mit dem Titel „Fu Zi" (Das Amulett) an, aus dem er zitiert: „Im Buch ‚Fu Zi' heißt es: Die Leute im Norden brachten dem König Zhao des Staates Yan ein großes Schwein dar ... Der König hieß daraufhin den Schweineschlächter, das Schwein zu füttern. Es vergingen 15 Jahre, in denen das Schwein die Größe eines Sandhügels erreichte. Seine vier Füße konnten den Körper kaum noch tragen. Der König war ganz verblüfft und befahl seinem Wägemeister, es mit einer ‚Brücke' zu wiegen. Nacheinander wurden zehn ‚Brücken' zerbrochen, ohne das Schwein wiegen zu können. Darauf befahl er seinem Flussmeister, es mit der Methode eines schwimmenden Bootes zu wiegen. Im Ergebnis fand er, dass es tausend Jun wog."

In dieser Aufzeichnung des „Neng Gai Zhai Man Lu" achtete man früher besonders darauf, dass sie die früheste Erwähnung der Methode „einen Körper mit einem Boot wiegen" darstellt. Das ist berechtigt. Aber gleichzeitig darf man auch ihre Bedeutung für die Geschichte der Maße und Gewichte nicht geringschätzen, weil sie uns deutlich sagt, dass die Menschen damals schon die Methode beherrschten, unter Nutzung des Hebelprinzips einen Körper zu wiegen. „Brücke" (桥) bezeichnet hier einen Hebel. „Es mit einer Brücke wiegen" bedeutet, mit einem Hebel wiegen. Darum ist das ein konkretes Beispiel des Wiegens mit einer ungleicharmigen Waage. Obwohl diese Wägung misslang, war es aber dadurch verursacht, dass der Hebel die Last nicht trug, aber nicht, dass man diese Methode nicht verstanden hätte.

Außerdem gibt es unter den Kulturgütern der Vor-Qin-Zeit auch ein reales Beispiel einer damals existierenden ungleicharmigen Waage. Die frühesten in China existierenden ungleicharmigen Waagen sind zwei bronzene Waagbalken aus der Zhanguo-Zeit, die im Museum der Geschichte Chinas aufbewahrt werden. Diese beiden Waagbalken sind eben, ihre Länge entspricht 1 Chi der Zhanguo-Zeit. Genau in der Mitte befindet sich eine „Nasenknopf" genannte Bohrung zum Aufhängen, unter der Bohrung gibt es eine Aufwölbung. Die Arme sind eben. Auf der Vorderseite des Waagbalkens befinden sich in Längsrichtung äquidistante Teilstriche (siehe Bild 6.5).

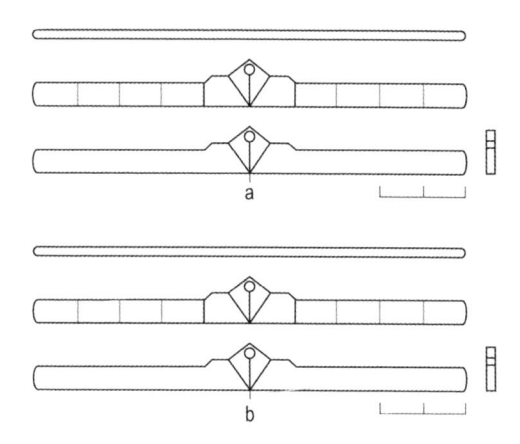

Bild 6.5 Bronzene „Königs"-Waagbalken (a = Waagbalken A, b = Waagbalken B)

In der Bohrung des Knopfes befinden sich rillenförmige Schleifspuren, die einen langzeitigen Gebrauch anzeigen. Auf den beiden Waagbalken ist das Schriftzeichen *wang* 王 (König) eingraviert. Darum werden sie „Königs"-Waagbalken genannt.

Diese beiden Waagbalken hatte der Spezialist für Kulturgüter Liu Dongrui einer tiefgründigen Untersuchung unterzogen. Er urteilte: „Diese beiden kurzarmigen Waagbalken sind Waagbalken, die aus den der Zhanguo-Periode angehörenden Waagen hervorgegangen sind. Sie sind Produkte, bei denen Chi-Maß und Wägestücke miteinander verknüpft sind. … Diese Waagbalken sind mit einem Gewicht von beträchtlicher Masse versehen.

Daraus kann man eine Waage mit ungleicharmigem Waagbalken zusammensetzen. Beim Gebrauch werden der Körper und das Gewicht jeweils an die beiden Arme gehängt und man sucht eine bestimmte Aufhängeposition, in der der Waagbalken horizontal steht (siehe Bild 6.6).

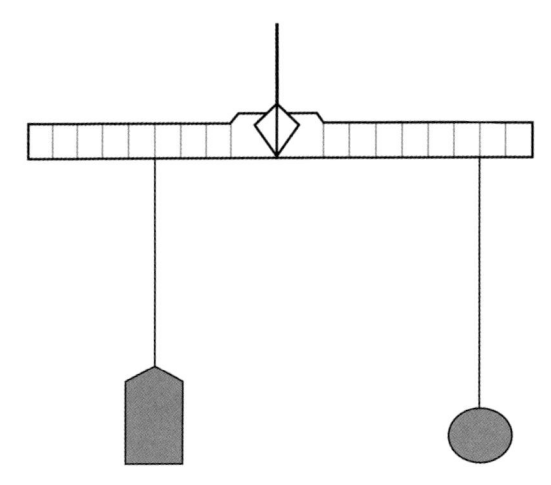

Bild 6.6 Prinzipbild der Wägung einer Masse mit dem bronzenen „Königs"-Waagbalken

Unter bestimmten Bedingungen sind die Abstände der Aufhängepositionen des Körpers und des Gewichts auf der Teilung im Zentrum des Waagbalkens gleich. Die Wirkungsweise einer ungleicharmigen ist dann gleich der einer gleicharmigen Waage. Die Normalmasse des Gewichts ist gleich der Masse des Körpers. Unter allgemeinen Bedingungen sind die Abstände nicht gleich. Aus den Teilungswerten der Aufhängepositionen und der Normalmasse des Gewichts kann man die Masse des gewogenen Körpers ausrechnen. Da das halbkreisförmige Nasenknopfgewicht eine Normalmasse wie ein Wägestück hat und man es auf dem mit einer Teilung versehenen Waagbalken wie die späteren Schiebegewichte verschieben kann, hat es die zwei Eigenschaften eines Wägestücks und eines Schiebegewichts."[25]

Liu Dongrui's Ansicht ist sehr berechtigt. Unter den Ausgrabungen wurden viele Nasenknopf-Gewichte einzeln zu Tage gefördert, sie bildeten nicht wie im Fall der bronzenen ringförmigen Gewichte einen ganzen Satz. Das unterstützt auch Liu Dongrui's Ansicht. Liu Dongrui wies weiter darauf hin: „In China wurden schon mehr als 50 verschiedene Knopf-Gewichte aus den Materialien Bronze, Eisen und Stein von der Chunqiu- bis zur Östlichen Han-Zeit gefunden. Nach dem damaligen Wägesystem sind sie von einem halben Liang bis zu 120 Jin verschieden, aber überwiegend ganzzahlig. Aber auf sehr vielen bronzenen Teilen von der Zhanguo- bis zur Qin- und Han-Zeit gibt es Inschriften, auf denen das Gewicht vermerkt ist, und auch in alten Büchern der Qin- und Han-Zeit gibt es sehr viele Daten, die ein Gewicht vermerken, oft sind es komplizierte mehrstellige

---

25 Liu Dongrui: „Tan zhanguo shiqi de budeng bicheng ‚wang' tongheng" (Über die bronzenen „Königs"-Waagbalken einer ungleicharmigen Waage aus der Zhanguo-Periode), Wenwu (1979) 4

Zahlen. Die halbkreisförmigen Nasenknopf-Gewichte können nicht als allgemeine Wägestücke benutzt worden sein. Aber wenn die halbkreisförmigen Nasenknopf-Gewichte für ungleicharmige Waagen ähnlich dem bronzenen „Königs"-Waagbalken benutzt wurden, ist es völlig möglich, dass diese benötigten Daten gemessen wurden." Dem kann man ohne jeden Zweifel entnehmen, dass man in China in der Zhanguo-Periode schon das Verfahren beherrschte, eine ungleicharmige Waage zum Wiegen zu benutzen.

Mit einer ungleicharmigen Waage messen, weist, verglichen mit einer gleicharmigen Waage, eine bestimmte Überlegenheit auf. Zunächst stellt sie vom Prinzip her einen Durchbruch dar. Sie steht dafür, dass die Vorfahren schon das Hebelprinzip beherrschten, und sie schuf die wissenschaftliche Grundlage, die Wägegeräte weiter zu entwickeln. Dann wandelten sich die Messdaten von gestreuten zu kontinuierlichen Daten. Drittens wurde der Messbereich stark vergrößert und war nicht mehr durch die Größenordnung des Wägestücks begrenzt. Aber dieses Verfahren hatte auch seine Unbequemlichkeit, die hauptsächlich darin bestand, dass man das Ergebnis erst durch eine Berechnung erhielt. Das schränkte seine breite Anwendung sehr ein. Von den ausgegrabenen Nasenknopf-Gewichten sind einige recht groß. Zum Beispiel ist das 1964 an der Stätte des Afang-Palasts in Xi'an in der Provinz Shaanxi ausgegrabene bronzene Gaonuheshi-Gewicht mehr als 30 Jin schwer, so dass es für den Transport und den Gebrauch unbequem ist. Deshalb musste man die ungleicharmigen Waagen weiter entwickeln.

Nach langzeitigen Untersuchungen tauchte eine Waage neuen Typs auf – die hochgehaltene Laufgewichtswaage. Sie steht dafür, dass die Vorfahren mit der Anwendung des Hebelprinzips gründlich vertraut waren. Eine mathematische Gleichung, die das Hebelprinzip ausdrückt, kann man volkstümlich wie folgt schreiben:

Kraft x Kraftarmlänge = Reaktionskraft x Reaktionskraftarmlänge

Bei einer Laufgewichtswaage kann man das Gewicht (das heißt das Laufgewicht) als Kraft und das Gewicht des zu messenden Körpers als Reaktionskraft ansehen. Dann lässt sich die obige Gleichung umschreiben:

Masse des Gewichts x Armlänge des Gewichts = Masse des Körpers x Armlänge des Körpers

Bei einer ungleicharmigen Waage, wie dem bronzenen „Königs"-Waagbalken ist die Masse des Gewichts fest, und die drei übrigen Größen sind veränderlich. Wenn man daraus die Masse des Körpers bestimmt, muss man eine Rechnung vornehmen. Bei einer hochgehaltenen Laufgewichtswaage sind die Masse des Gewichts und die Armlänge des Körpers fest, so dass die Änderung der Masse des Körpers mit der Änderung der Armlänge des Gewichts in einem direkten Proportionalitätsverhältnis steht. Darum kann man die Masse des Körpers einfach durch die entsprechende Länge des Gewichtsarms ausdrücken. Somit verwandelte sich die Messung der Masse in die Messung der entsprechenden Länge des Gewichtsarms. Das führte zu einer großen Überlegenheit. Chen Chunzai aus der Südlichen Song-Dynastie hatte in seinem Werk „Bei Xi Zi Yi Jing Quan" (Die Bedeutung der Schriftzeichen aus dem Studierzimmer des Nordbaches, Kapitel Gewichte) eine bildhafte

Erklärung der hochgehaltenen Laufgewichtswaage geliefert: „Das Schriftzeichen *quan* 权 (Gewicht) hat seine Bedeutung vom Laufgewicht erhalten. Als Körper kann das Laufgewicht leicht und schwer bestimmen, wenn der Waagbalken horizontal steht. Darum heißt es *quan*. Das Gewicht (*quan*) bedeutet Veränderung. Wenn das Wägeergebnis gegenüber den Markierungen der Liang etwas differiert, wird das Gewicht feinfühlig hin und hergeschoben, wodurch man das Gewicht des Körpers erhält." Das Hin- und Herschieben ist gerade das Merkmal, dass sich die Massemessung in eine Längenmessung verwandelte. Dieses Merkmal bewirkte, dass die Massemessung einfach und leicht durchzuführen war.

Die Messdaten einer Waage sind gestreut, aber eine hochgehaltene Laufgewichtswaage bedarf nicht mehr einer Umrechnung, sondern man kann die benötigten kontinuierlich verteilten Messdaten ablesen. Das ist der besondere Vorzug gegenüber einer gleicharmigen Waage.

Der Messbereich und die Genauigkeit einer Schnellgewichtswaage hängen vollständig von der Lage des Aufhängepunkts des Gewichts ab. Recht viele Laufgewichtswaagen haben zwei Aufhängepunkte des Gewichts. Bei relativ leichten zu messenden Körpern benutzt man den weiter entfernten Aufhängepunkt des Gewichts. So wird der Arm des Körpers vergrößert, und man erzielt eine höhere Messgenauigkeit; bei relativ schweren zu messenden Körpern benutzt man den weniger entfernten Aufhängepunkt des Gewichts. So wird der Arm des Körpers verkürzt, und man vergrößert den Messbereich. Auch diese Besonderheit weisen gleicharmige Waagen nicht auf.

Die Empfindlichkeit von hochgehaltenen Laufgewichtswaagen schneidet gegenüber sorgfältig konstruierten gleicharmigen Waagen schlechter ab, aber was die Befriedigung der gesellschaftlichen Bedürfnisse angeht, ist sie im Gebrauch ausreichend. Zum Beispiel hatte die Apothekerwaage, die Liu Chenggui in der Nördlichen Song-Dynastie anfertigte, einen Skalenwert von 1 Li, das heißt, man konnte die Masse von 1/1000 eines damaligen Liang messen. Eine solche Genauigkeit ist ganz erstaunlich.

Eben weil die hochgehaltene Laufgewichtswaage so viele Vorteile hatte, wurde sie nach ihrem Auftreten sehr schnell verbreitet und das häufigste Wägegerät im alten China. Die hochgehaltene Laufgewichtswaage ist ein Musterbeispiel, wie die Vorfahren erfolgreich das Hebelprinzip anwendeten, sie ist die Kristallisation der Weisheit der Vorfahren.

Kapitel 7

Metrologische Theorie des Altertums

Während die Vorfahren verschiedene Messungen in der Praxis durchführten, gab es auch einige Überlegungen über die Metrologie an sich. Sie lieferten über die Eigenschaften und die gesellschaftliche Wirkung der Metrologie Deutungen, die reich an Eigenheiten waren, und führten Untersuchungen durch, wie man vom Standpunkt der Theorie und Praxis die Zuverlässigkeit der Messungen erhöhen kann. Diese Untersuchungen bereicherten den Forschungsinhalt der Geschichte der Metrologie Chinas.

1. Kenntnis der metrologischen Eigenschaften

Die sogenannte Metrologie ist dem Wesen nach eine Aktivität des Messens, wobei das Ziel des Messens darin besteht, mit Hilfe verschiedener Verfahren den Messgegenstand mit der Maßeinheit zu vergleichen und daraus eine zahlenmäßige Beziehung zu ermitteln. Dafür hatten die Vorfahren ein bestimmtes Verständnis. Zum Beispiel wurde im Buch „Xun Zi (Meister Xun), Kap. Zhi Shi" einst angeführt: „Das Messen ist der Maßstab der Dinge. … Das Messen dient dazu, Zahlen aufzustellen." Xun Zi meinte, dass die Metrologie einen Maßstab der Dinge bildet, und dass der Zweck der Metrologie darin besteht, „Zahlen aufzustellen", das heißt, die Größe der entsprechenden Eigenschaft eines Körpers durch einen Vergleich mit Zahlen auszudrücken. Über diesen Gedanken stellte Liu Xin in den letzten Jahren der Westlichen Han-Dynastie, als er die Ordnung der Maße und Gewichte untersuchte, weitere theoretische Erörterungen an. Liu Xin meinte, dass die sogenannten Zahlen, das heißt, die konkreten Zahlen eins, zehn, hundert, tausend, zehntausend, eine wichtige Rolle in der Metrologie spielen. Ganz gleich, um welche Art von Messung es sich handelt, alle müssen sie benutzen, wie die Messungen für den Kalender, die Ableitung der Größe der Stimmpfeifen, die Herstellung von Geräten, die Maße und Gewichte, sie gelten überall. Im „Hou Han Shu (Chronik der Späteren Han-Dynastie), Kap. Aufzeichnungen über Musik und Kalender" ist dieser Gedanke weiter entwickelt:

„Die Funktion der Zahlen eins, zehn, hundert, tausend, zehntausend ist immer gleich. Die Ableitung der Größe der Stimmpfeifen, die Maße und Gewichte und die Berechnung des Kalenders sind ihre konkreten Anwendungen. Darum kann man die Länge und Kürze eines Körpers mit einem Maß prüfen, das Viel oder Wenig der Menge eines Körpers mit einem Volumengefäß messen, ob ein Körper schwer oder leicht ist, mit einem Gewicht auf einer Waage wiegen. Die klaren und trüben Töne kann man mit den Tonarten harmonisieren und den Umlauf von Sonne, Mond und Planeten mit einem Kalender festhalten. Nur so kann man die den Dingen innewohnenden Geheimnisse verstehen und die feinsten Veränderungen beherrschen."*

Aufgrund der obigen Erörterungen der Vorfahren sieht man, dass die Menschen im alten China schon wussten, dass man bestimmte Eigenschaften der Dinge quantitativ ausdrücken kann und man dies durch die Methode des Messens vornehmen muss. Verschiedene Messmethoden erfüllen verschiedene Funktionen, aber alle Messergebnisse werden mit Zahlen ausgedrückt, wobei die Messung das Mittel ist, um diesen Vorgang zu verwirklichen.

Da der Zweck des Messens darin besteht, bestimmte Eigenschaften eines Körpers quantitativ auszudrücken, kann man auch nur jene quantifizierten Eigenschaften der Materie messen. Auch hierfür hatten die Vorfahren ein gewisses Verständnis. Zum Beispiel wurde im Buch „Sun Zi (Meister Sun), Kap. Der Einsatz von Spionen" einst angeführt: „Vorabwissen erlangt man nicht von den Geistern und Dämonen, entspringt nicht einem Vergleich nichtvergleichbarer Dinge, und es kommt nicht aus Messungen." Im Kommentar zu „Sun Zi" von Li Quan aus der Tang-Dynastie wird über diesen Abschnitt gesagt: „Mit Messungen kann man lang und kurz, eng und weit, fern und nah, klein und groß prüfen, aber ob die Gefühle eines Menschen echt oder falsch sind, lässt sich nicht durch eine Messung erfahren."[26] Eine Messung ist nicht fähig, herauszufinden, „ob die Gefühle eines Menschen echt oder falsch sind", weil man sie nicht quantifizieren kann. Li Quan's Argumentation ist zweifellos richtig.

Wenn man eine Zahlenbeziehung zwischen dem Messgegenstand und einer gegebenen Einheit herstellen will, muss man den Messgegenstand mit einem Messnormal vergleichen. Über den Vergleich an sich hatten die Vorfahren auch Diskussionen geführt, wobei die im „Mo Jing" die hervorstechendsten sind. „Schrift": „Dinge mit verschiedenen Eigenschaften kann man nicht miteinander vergleichen." Die „Erläuterung" sagt: „Wer ist länger: das Holz oder die Nacht? Was ist mehr, die Weisheit oder Hirsekörner? Hoch und Niedrig der Adelsränge, Nah und Fern der Verwandtschaftsränge, Gut oder Übel des Leumunds, Teuer oder Billig der Preise, welches dieser vier Dinge ist edler? ..." Offensichtlich wollten die Mohisten sagen, dass man diese Dinge nicht vergleichen darf, weil ihre Eigenschaften verschieden sind. In diesen von den Mohisten angeführten Beispielen kann man einige Größen selbst nicht messen. Zum Beispiel kann man einen Vergleich nur für quantifizierte Dinge und außerdem nur an gleichartigen Dingen durchführen. Es ist sehr wertvoll, dass die Mohisten auf diesen Punkt besonders hinweisen.

Selbst wenn man an Dingen die quantifizierten Eigenschaften misst, existiert noch die Frage des messbaren Bereichs. In dem alten chinesischen Medizinbuch „Ling Shu (Der Angelpunkt der Seele), Kap. Jing Shui" heißt es: „Die Höhe des Himmels kann man nicht messen, die Weite der Erde kann man nicht messen, ... weil die Kraft des Menschen nicht so weit reicht, es zu messen." Das im „Ling Shu" angeführte Beispiel ist auf Orte beschränkt, die der Messende nicht erreichen kann. Dieser Gedanke fand im „Huai Nan Zi" (Meister von Huai Nan) eine Steigerung. Im „Huai Nan Zi, Kap. Tai Zu Xun" wurde unter dem Aspekt der Theorie eine Zusammenfassung über den Messbereich gegeben: „Generell ist das Messbare klein und das Abzählbare wenig, unendlich große Dinge kann man nicht mehr messen und nicht mehr mit Zahlen ausdrücken."

Der hier vorgebrachte Gedanke, dass man Messungen nur an endlichen Größen durchführen kann, dass Unendliches sich nicht mit konkreten Zahlen ausgedrücken lässt, bezeichnet eine Vertiefung der theoretischen Kenntnis der Vorfahren über das Unendliche. Diese Aussage stellt eine Verknüpfung der Theorie des Unendlichen mit dem Erfolg der Lehre der Metrologie dar.

---

26 „Sun Zi Shi Jia Zhu" (Sun Zi mit den Kommentaren von zehn Gelehrten), in „Zhu Zi Ji Cheng" (Gesammelte Werke aller Meister), Shanghai: Shanghai Shudian Yingyin Chuban, (1987), Bd. 6, S. 228

Das Charakteristikum der Metrologie besteht in ihrer Objektivität und ihrer Genauigkeit. Um das zu erreichen, muss man den Einfluss des subjektiven Bewusstseins des Messenden ausschließen. Darüber hatten die Vorfahren nüchterne Kenntnisse. In der Geschichte Chinas hatte Shang Yang zuerst mit der Macht des Staates eine Ordnung vereinheitlichter Maße und Gewichte durchgesetzt. Er hatte einst gesagt:

„Die weisen Könige hatten Gewichte an die Waage gehängt und Längenmaße festgelegt, die die Menschen bis heute wie ein Gesetz benutzen, weil das erhaltene Ergebnis objektiv und klar ist. Wenn man jetzt auf die Gewichte und Waagen verzichten würde, wenn man Leicht und Schwer eines Körpers zu beurteilen hat, wenn man die Längenmaße abschaffen würde, wenn man Lang und Kurz eines Körpers zu messen hat, würde man zwar auch ein konkretes Ergebnis erhalten, aber die Händler würden eine solche Methode nicht anwenden, weil sie nicht vertrauenswürdig ist."[27]

Der berühmte Dichter der Nördlichen Song-Dynastie Su Shi hatte die Frage, wie man die Objektivität und Genauigkeit der Messungen gewährleisten könne, tiefgründig analysiert. Er hatte erklärt:

„Der Mensch glaubt seinen eigenen Sinnesorganen Hände, Füße, Ohren und Augen. Mit den Augen kann er die Menge der Dinge unterscheiden, mit den Händen kann er Leicht und Schwer eines Körpers abwiegen. Aber die Menschen wiegen nicht mit den Händen und messen nicht mit den Augen als Bezug, sondern benutzen unbedingt Längenmaße und Gewichte und Waagen. Heißt das nicht, dass man sich selber nicht glaubt, sondern dass man vielmehr Geräten, die kein Gefühl haben, traut? Es ist nicht so. Weil man nur, wenn man die Störung durch das subjektive Bewusstsein ausschließt, ein wahres Verständnis aller Dinge erlangt."[28]

Diese Worte von Su Shi sind für die Theorie der Metrologie wichtig und bedeutsam. Genau wie Su Shi darauf hingewiesen hatte, haben die Menschen die Fähigkeit, die Dinge zu erkennen, können sie die Dinge mit ihren Sinnesorganen wahrnehmen, aber wenn sie die Dinge direkt mit den Sinnesorganen wahrnehmen, vermischen sie sie leicht mit dem subjektiven Bewusstsein. Erst wenn man diese Subjektivität ablegt, kann man objektive Kenntnisse über die Dinge erlangen. Was die Metrologie angeht, „benutzen sie unbedingt Längenmaße und Gewichte und Waagen", das heißt, sie führen Messungen mit Geräten durch. Su Shi's Worte, mit denen er die Messgeräte erörterte, besitzen eine große Bedeutung, um die Objektivität und Genauigkeit der Messergebnisse zu gewährleisten, seine Kenntnisse sind sehr tiefgründig.

Insgesamt gesehen, führte man im alten China keine theoretischen Untersuchungen über die Metrologie als ein zu einem Ganzen entwickelten System durch. Sie berührten dieses Problem bei der Diskussion anderer Themen, deshalb erscheint es nicht hinreichend systematisch. Ungeachtet dessen schnitten die Vorfahren dieses Problem in recht breitem Umfang an und veröffentlichten viele geniale Ansichten, und einige von ihnen strahlen bis heute das Licht der Wahrheit aus.

---

27 Shang Jun Shu, Kap. Xiu Quan
28 Su Dongpo Quan Ji (Vollständige Sammlung der Werke von Su Dongpo), Teil I, Bd. 20 „Xuzhou lianhua lou ming" (Inschrift über die Lotos-Wasseruhr von Xuzhou)

2. Die soziale Wirkung der Metrologie

Die Vorfahren maßen der Metrologie eine große Bedeutung bei, weil sie im gesellschaftlichen Leben im Altertum eine gewichtige Rolle spielte. Unter dem Aspekt der Technik kann eine beliebige Gesellschaft, wenn sie sich von der Metrologie entfernt, schwerlich normal funktionieren. Ob es sich um Bauarbeiten, das Schmelzen von Eisen und Bronze, die Regulierung von Hochwasser oder um das Eintreiben von Steuern und die Austeilung des Beamtensolds handelt, überall benötigt man die Metrologie, um eine technische Basis zu liefern. Außerdem betrachteten die Vorfahren die Metrologie und besonders die Maße und Gewichte als ein Grundelement für den Aufbau des Staates. Sie meinten, dass die Einführung der von der Regierung verkündeten metrologischen Normale das Bild des Staates und des Herrschers prägt und die Anständigkeit der Sitten und Gebräuche des Volkes beeinflusst. Im Buch „Guan Zi, Kap. Ming Fa Jie" heißt es: „Ein erleuchteter Herrscher verwirklicht ein System vereinheitlichter Maße und Gewichte, er stellt Schattenstäbe auf und bewahrt sie unbeirrt, deshalb befolgt das Volk im ganzen Reich seine Befehle." Wenn der Königshof des Staates Qin eine Ordnung vereinheitlichter Maße und Gewichte vorantrieb, so steht das mit diesem Gedanken im „Guan Zi" im Zusammenhang. Die Herrscher des Staates Qin richteten ihr Augenmerk auf die wirtschaftliche Bedeutung dieser Maßnahme und beachteten noch mehr ihre politische Bedeutung. Li Si, der damals daran beteiligt war, diese Politik zu entwerfen, wies später darauf hin: „Weiter arbeiteten wir die Vereinheitlichung der Maße und Gewichte und der Schrift aus, wir verkündeten sie im ganzen Reich und befestigten so das Ansehen des Staates Qin."[29] Li Si meinte, dass man auf diese Weise die alte Ordnung der sechs Staaten östlich des Passes zerschlagen und die Autorität des Staates Qin aufpflanzen könnte. Er unterstrich eben die Beziehung zwischen der Verwaltung der Maße und Gewichte und der Regierung des Staates. Auch im Buch „Huai Nan Zi, Kap. Ben Jing Xun", das in der Anfangsperiode der Westlichen Han-Dynastie entstanden ist, heißt es: „Wenn man auf die Maße und Gewichte achtgibt und die Gewichte überprüft, kann man das Land gut regieren." Diese Erörterungen verdeutlichen, dass die Bekräftigung der Metrologie durch die Vorfahren einen Grad erreicht hatte, der durch nichts zu überbieten war. Im Altertum gab es noch viele ähnliche Erörterungen, die wir hier aber nicht wiederholen wollen.

Die Vorfahren bekräftigten nicht nur in der Theorie die Bedeutung der Metrologie für die Politik der Gesellschaft, sondern sie benutzten die Metrologie in der Praxis des politischen Kampfes tatsächlich als eine wichtige Waffe. Hierüber lassen sich nicht wenige Beispiele anführen. Zum Beispiel wurde 1972 in einem Grab aus der Westlichen Han-Dynastie in Yinqueshan bei Linyi in der Provinz Shandong eine Reihe von Büchern auf Bambusstreifen über den Krieg ausgegraben. Darunter befanden sich einige restliche Bambusstreifen, auf denen ein Gespräch des Königs von Wu mit Sun Wu aufgezeichnet ist. Unter den Staaten in der damaligen Chunqiu-Periode war der Staat Jin mächtig. Unter dem Herrscher von Jin wirkten sechs Minister. Sie besaßen eine hohe Stellung und eine gewichtige Autorität, doch sie intrigierten gegeneinander und suchten, den Staat Jin in ihre Gewalt zu bringen. Angesichts dieser Situation fragte der König von Wu den Sun Wu:

---

29 Sima Qian (Han-Dynastie): „Shi Ji, Kap. Li Si Lie Zhuan (Biografie von Li Si)"

Wer wird von den sechs Ministern im Staat Jin zuerst untergehen? Sun Wu antwortete: Fan Shi und Zhong Hang Shi werden zuerst untergehen, danach folgt Zhi Shi, nach ihm kommen Han und Wei, und schließlich wird der Staat Jin durch Zhao Shi vereinigt.

Auf welcher Grundlage machte Sun Wu diese Vorhersage? Er gelangte durch das von diesen Ministern benutzte System der Einheit Mu zu unterschiedlichen Schlussfolgerungen. Sun Wu sagte: „Die Sippen Fan und Zhong Hang rechnen 160 Quadrat-Bu als 1 Mu, die Sippe Wei rechnet 180 Quadrat-Bu als 1 Mu, und die Sippe Zhao nimmt 240 Quadrat-Bu als 1 Mu. Die Sippen Fan und Zhong Hang haben ein kleines Mu-System. Wenn sie die Steuern nach der Zahl der Mu erheben, ist ihr Einkommen groß, außerdem sind sie selbstgefällig, die Hofbeamten leben im Luxus, sie führen gern Krieg, so dass sie die Herzen der Menschen nicht gewinnen. Darum werden sie zuerst untergehen. Die Sippe Zhi ähnelt ihnen sehr, darum wird sie als nächste untergehen. Mit Han und Wei steht es ähnlich wie mit der Sippe Zhi, darum werden sie nach der Sippe Zhi untergehen. Nur bei der Sippe Zhao ist das Mu eines Feldes groß, sie hält sich beim Eintreiben der Steuern zurück und unterhält nur wenige Soldaten, in allen Dingen ist sie sparsam, so dass ihr die Herzen des Volkes zufallen. Deshalb wird der Staat Jin natürlich ihr gehören."[30]

Sun Wu hatte nicht vorausgesehen, dass Han und Wei Fürstentümer werden konnten, aber seine Analyse über die Gründe von Existenz und Untergang der sechs Minister lag nahe an der Realität. Hier war der Begriff der Metrologie der Ausgangspunkt, der ihn zu dieser Analyse bewog. Er erörterte den Ausgangspunkt, dass die sechs Minister unterschiedliche Größen der Einheit Mu benutzten. Sun Wu konnte zu einem in der Geschichte erfolgreichen Politiker und Militärexperten werden. Das hängt damit zusammen, dass er sich darauf verstand, ein Problem ausgehend vom Aspekt der Metrologie zu analysieren.

Sun Wu wendete den Begriff der Metrologie auf die Analyse des Problems an, weil die Sippe Tian aus dem Staat Qi während der Chunqiu-Zeit die Metrologie als eine Art Waffe benutzte, um der Sippe Jiang die Macht zu entreißen. Nach einer Aufzeichnung im „Zuo Zhuan" hatte der Herzog Jing von Qi in der Zeit vor Christi Geburt Yan Ying als Botschafter zum Staat Jin entsendet. Der Würdenträger Shu Xiang vom Staat Jin fragte Yan Ying bei dessen Empfang nach der politischen Lage im Staat Qi, worauf Yan Ying antwortete: Der Staat Qi ist untergegangen, die Sippe Tian hat die Macht an sich gerissen. Von den vier Volumenmessgeräten des Staates Qi - Dou, Ou, Fu und Zhong - stehen die ersten drei im Verhältnis 1:4 zueinander, und Zhong gehört zum Dezimalsystem. Sie heißen die allgemeinen Volumenmaße. Aber bei den Volumenmaßen der Familie Tian wurde das Verhältnis für Ou, Fu und Zhong auf 1:5 verändert, so dass das Maß Zhong entsprechend vergrößert wurde. Die Sippe Tian hatte die Volumengefäße vergrößert, um „mit den Volumenmaßen der Familie etwas zu verleihen und mit den allgemeinen Maßen etwas zu empfangen". Er verleiht mit dem großen Volumenmaßen der Familie und nimmt es mit den kleinen allgemeinen Maßen zurück, um sich beim Volk beliebt zu machen. Deshalb unterstützt das Volk die Sippe Tian. „Es liebt sie wie Vater und Mutter, seine Liebe fließt ihr zu." Als sich die Landsleute nach längerer Zeit von ihrem Herrscher abwendeten, wie sollte da die

---

30 Der Originaltext findet sich in: Gruppe zum Studium der Bambusbücher aus dem Han-Grab von Yinqueshan: „Yinqueshan hanmu zhujian" (Bambusbücher des Han-Grabs von Yinqueshan), Beijing, Wenwuchubanshe, 1985, S. 80

Macht nicht der Sippe Tian zufallen? Wie Yan Ying die Entwicklung der Dinge vermutet hatte, hatte die Sippe Tian, indem sie über mehrere Generationen so verfuhr, schließlich die Sippe Jiang abgelöst, und sie wurde zu den Herrschern im Staat Qi. Offensichtlich war das Ausnutzen der Metrologie eine Ursache, dass die Sippe Tian den Sieg davontrug.

In dem berühmten klassischen Werk „San Guo Yan Yi" (Die Geschichte der Drei Reiche) ist anschaulich eine Episode beschrieben, wie Cao Cao im Krieg mit der Metrologie sein Spiel trieb. Cao Cao führte ein großes Heer an, um Yuan Shu's Stadt Shouchun anzugreifen. Lange griff er an, ohne sie zu bezwingen, so dass das Korn im Heerlager knapp wurde. Daraufhin riet Cao Cao dem Beamten, der das Korn verwaltete, Wang Hou, das Korn mit einem kleinen Hu-Maß auszuteilen, um einstweilen die Krise zu überdauern. Als die Soldaten unzufrieden wurden, ließ Cao Cao, indem er Wang Hou schuldig gesprochen hatte, die Ration gekürzt zu haben, hinrichten und motivierte sie so, mutig zu kämpfen, und nahm schließlich Shouchun ein. Indem Cao Cao mit Hilfe der Metrologie heimlich eine Affäre inszenierte, konnte er die Krise überdauern und errang den Sieg im Krieg. „San Guo Yan Yi" ist ein Werk der Literatur, aber die Werke der Literatur widerspiegeln das Bewusstsein der Gesellschaft. Durch die im „San Guo Yan Yi" erzählte Geschichte erhalten wir ein lebendiges Verständnis dafür, wie die Vorfahren die Metrologie in der Praxis des Krieges benutzten.

Die Wirkung der Metrologie auf die Wirtschaft im Altertum hatte eine noch größere Bedeutung, die ihres gleichen suchte, das versteht sich natürlich von selbst und braucht nicht weiter erläutert zu werden.

Die Bedeutung der Metrologie drückt sich nicht nur in vielen Feldern, wie Wirtschaft, Politik und Militär aus, sondern für die Förderung des Fortschritts von Wissenschaft und Technik ist ihr Verdienst noch weniger zu vernachlässigen. Zum Beispiel bekräftigt auf dem Gebiet der Humanwissenschaften der Medizinklassiker „Huang Di Nei Jing (Innerer Klassiker des Gelben Kaisers), Kap. Ling Shu, Jing Shui" die Wichtigkeit der Metrologie und des Sezierens: „Wenn man einen Mann von acht Chi nimmt, so kann man seine Haut und sein Fleisch von außen abmessen und abtasten, nach seinem Tode kann man ihn sezieren und in ihn hineinschauen." Außerdem gibt dieses Buch auch praktische Ergebnisse des Sezierens auf der Grundlage von Messungen an. Das ist ein direktes Beispiel für die Anwendung der Metrologie in der Medizin des Altertums. Die fördernde Wirkung der Metrologie auf den Fortschritt von Wissenschaft und Technologie äußert sich vor allem auf dem Gebiet der Astronomie. Die Astronomie des alten Chinas hat eine vorzügliche Tradition, nämlich ununterbrochene Beobachtungen von Himmelserscheinungen durchzuführen, wobei die Beobachtungsergebnisse die Grundlage für die Überprüfung des Kalenders bildeten. Der Wissenschaftler Shen Kuo aus der Song-Dynastie drückte es mit seinen Worten aus: „Die Güte des Kalenders muss man mit der Armillarsphäre prüfen."[31]

Nicht nur zur Überprüfung des Kalenders benötigte man Beobachtungen. Zur Beurteilung der Qualität der Theorie vom Aufbau des Kosmos musste man sich auf Beobachtungen stützen. Zur Zeit des Han-Kaisers Wudi entbrannte in der Gelehrtenwelt Chinas hinsichtlich des Aufbaus des Kosmos ein heftiger Kampf über die Theorie des sphärischen Himmels

---

31 Shen Kuo (Nördliche Song-Dynastie): „Hun Yi Yi" (Erörterung über die Armillarsphäre), enthalten in „Song Shi, Kap. Aufzeichnungen über Astronomie, Teil I"

und die Theorie der Himmelskuppel. Die Theorie des sphärischen Himmels meinte, dass der Himmel eine Kugel sei, der Himmel umgebe die Erde, der Himmel sei groß und die Erde klein. Die Theorie der Himmelskuppel hingegen behauptete, der Himmel sei oben und die Erde unten, und Himmel und Erde seien gleich groß. Darüber, welche von beiden Theorien schließlich richtig und welche falsch ist, wurde ein erbitterter Kampf geführt, und der Weg der Kritik bestand darin, Beobachtungen durchzuführen. Für die Vorfahren war jene Theorie richtig, die mit den Beobachtungsergebnissen übereinstimmte, und die Vorfahren wählten die Theorie des sphärischen Himmels. Gerade wie der große Wissenschaftler der Südlichen und Nördlichen Dynastien, Zu Geng, geäußert hatte: „Nach oben wird die Richtung des Polarsterns beobachtet, an allen vier Seiten beobachtet man Auf- und Untergang von Sonne und Mond und verfolgt die Bahnen der fünf Planeten, vergleicht sie mit der Armillarsphäre und überprüft sie mit der Sonnen- und der Wasseruhr. So können wir finden, dass die Theorie des sphärischen Himmels vertrauenswürdig und bewiesen ist." Die Beobachtung ist der Kern der Metrologie. An der Wirkung der Metrologie auf die Astronomie erkennt man, wie sie im Ganzen wirkte.

Mit Metrologie kann man außerdem für die Überprüfung einer wissenschaftlichen Hypothese einen Beweis liefern. Im alten China war immer die Hypothese überliefert, dass sich der Schatten in einem Abstand von 1000 Li um 1 Cun ändert. Die Menschen meinten, dass, wenn man in Nord-Süd-Richtung am Tag der Sommersonnenwende einen acht Chi hohen Schattenstab aufstellt und die Schattenlänge misst, sich jeweils im Abstand von 1000 Li die Schattenlänge um 1 Cun ändert. Diese Hypothese wurde seit langem von den Astronomen als ein Gesetz geachtet. Später äußerte Liu Chuo in der Sui-Dynastie daran Zweifel. Die von ihm vorgeschlagene Methode der Überprüfung war: Geodätische Messungen in großem Umfang durchführen. Liu Chuo's Idee wurde während der Tang-Dynastie verwirklicht. Der Mönch Yi Xing organisierte und führte mit Unterstützung des Tang-Kaisers Xuanzong in der Geschichte Chinas die erste astronomische Messung auf der Erde in großem Maßstab durch. Das Ergebnis der Messung verneinte nicht nur die traditionelle Lehre, dass sich die Schattenlänge aller 1000 Li um 1 Cun ändert, sondern zudem erzielte man einige wichtige wissenschaftliche Entdeckungen. Diese Messung ist ein Musterbeispiel, wie die Metrologie den Fortschritt der Wissenschaft förderte.

3. Fehlertheorie

Um die Objektivität und Genauigkeit der Messergebnisse zu sichern, machten die Vorfahren auch Untersuchungen über die Erscheinung des Fehlers und entwickelten auf dieser Grundlage eine eigene Fehlertheorie.

Auf der Grundlage der Zusammenfassung einer umfangreichen Messpraxis erkannten die Vorfahren, dass, obwohl man sehr genau messen kann, bei jeder beliebigen Messung immer ein bestimmter Fehler auftritt. Hierüber gibt es im „Huai Nan Zi, Kap. Shuo Lin Xun" eine vorzügliche Erörterung:

„Selbst wenn das Wasser glatt ist, treten immer Wellen auf; obwohl der Waagbalken horizontal steht, hat er eine Abweichung. Obwohl die Maße gleich sind, haben sie ihre Tücken. Ohne Zirkel und Winkelmaß kann man Quadrate und Kreise nicht messen. Ohne

eine Richtschnur kann man nicht gerade und krumm unterscheiden. Beim Gebrauch des Zirkels, des Winkelmaßes und der Richtschnur muss man bestimmte Regeln beachten."

Diese Sätze belegen bildhaft eine wichtige Erkenntnis, die die Vorfahren bezüglich der Fehlertheorie erlangt hatten: Bei der Messung lässt sich ein Fehler nicht vermeiden. Gleichzeitig unterstreichen sie die Wichtigkeit, Regeln des Gebrauchs einzuhalten.

Tatsächlich hatten die Vorfahren noch früher als das „Huai Nan Zi" schon eine ähnliche Erkenntnis gewonnen. Zum Beispiel nachdem Qin Shihuang die Maße und Gewichte vereinheitlicht hatte, baute er nicht nur eine strenge Ordnung der Überprüfung auf, sondern die Gesetze des Qin-Hofs legten ausführlich die erlaubten Fehlerbereiche der Messgeräte beim Gebrauch fest. Das belegt, dass sich die Vorfahren in der Praxis schon dessen bewusst waren, dass Fehler nicht zu vermeiden sind. Der Beitrag des „Huai Nan Zi" besteht darin, dies klar ausgesprochen zu haben.

Natürlich ist es nicht so, dass man sämtliche Fehler nicht vermeiden könnte. Zum Beispiel sind Fehler vermeidbar, die dadurch auftreten, dass die Regeln des Gebrauchs nicht eingehalten werden. Xun Zi hatte einst ein Beispiel eines groben Fehlers angeführt. Er sagte: Wenn an einer Waage der Waagbalken nicht horizontal eingestellt wird und der schwere Körper an der nach oben gerichteten Seite hängt, kann man meinen, er sei leicht; wenn ein leichter Gegenstand an der nach unten geneigten Seite hängt, kann man meinen, er sei schwer. Das in dieser Situation erhaltene Ergebnis ist falsch. Diesen Fehler, auf den Xun Zi hinwies, muss man in der Praxis natürlich vermeiden.

Obwohl man bei der Messung Fehler nicht vermeiden kann, kann man sie dennoch möglichst verringern. Um das zu erreichen, ist die Auswahl eines Messgeräts sehr wichtig. Verschiedene Messgeräte haben verschiedene Genauigkeiten, die für verschiedene Bereiche benutzt werden. Wenn die Auswahl unzweckmäßig ist, kann die Messgenauigkeit sinken, sogar kann die Messung unmöglich werden. Im Buch „Shen Zi" (Meister Shen) wurde einst ein Beispiel angeführt, das die Wichtigkeit der Auswahl eines Messgeräts zeigt. In dem Buch heißt es, dass, wenn man mit so großen Wägestücken wie Jun und Shi nur Objekte in der Größenordnung von Zi und Zhu misst, wird selbst ein Heiliger wie der Große Yu kein brauchbares Ergebnis erhalten. Das liegt daran, dass die Wahl des Messgeräts unzweckmäßig und die Einheit zu groß ist, so dass man die Messung nicht durchführen kann.

Um die Messgenauigkeit zu erhöhen, muss man eine möglichst kleine Ableseeinheit benutzen. Die Vorfahren stellten hierzu unermüdliche Anstrengungen an. Zum Beispiel beweisen die archäologischen Ausgrabungen von Waagen, dass die Herstellung von Waagen schon in der Zhanguo-Periode recht genau war. Unter den bronzenen ringförmigen Gewichten aus der Zhanguo-Zeit, die bei Changsha in der Provinz Hunan ausgegraben wurden, gibt es ein kleines Wägestück mit einer zuverlässigen Masse von nur 0,6 g, das diene als Beleg. Im „Han Shu, Kap. Aufzeichnungen über Musik und Kalender" ist als kleinste Längeneinheit das Fen aufgezeichnet, aber im Prozess praktischer Messungen benutzten die Vorfahren kleinere Einheiten als das Fen, zum Beispiel Li, Hao und Miao. Hinter der kleinsten Einheit fügte man noch die Schätzzahlen *qiang, ban, tai* und *shao* hinzu. Offensichtlich sind sie ein Ausdruck der zunehmenden Genauigkeit der Längenmessungen.

Andererseits muss man möglichst achtgeben, um das Aufsummieren von Fehlern zu vermeiden. Das erfordert, entsprechend der Größe des Messgegenstands ein geeignetes

Messgerät auszuwählen. Wenn das Messgerät ungeeignet und die Einheit zu groß ist, kann das dazu führen, dass sich die Messung nicht durchführen lässt. Ist die Einheit zu klein, muss man zwangsläufig die Zahl der Messungen erhöhen, wodurch sich der aufsummierte Fehler vergrößert. Im „Huai Nan Zi, Kap. Tai Zu Xun" heißt es:

„Wenn man einen Gegenstand von einem Zhang Länge mit einem Maß von einem Cun misst, ist das Ergebnis bestimmt fehlerhaft. Wenn man einen Gegenstand, der ein Shi schwer ist, mit einem Wägestück von einem Zhu wiegt, ist das Ergebnis bestimmt verkehrt. Wenn man gleich mit einem Wägestück von einem Shi wiegt und mit einem Maß von einem Zhang misst, ist der Fehler auf diesem Wege klein."

Das „Huai Nan Zi" gelangte mit diesen Worten zu einer wichtigen Schlussfolgerung: ist der Fehler auf diesem Wege klein. Diese Schlussfolgerung widerspiegelt, dass man bei der Arbeit des Messens ein grundlegendes Prinzip befolgen muss, das einen wichtigen anleitenden Wert besitzt.

Eine Messung muss eine bestimmte mathematische und physikalische Basis haben. Diese Basis an sich kann manchmal auch zu einer Fehlerquelle werden. Die Vorfahren hatten das oft behandelt. Zum Beispiel äußerte Wang Fan in der Zeit der Drei Reiche, als er die Himmelskugel diskutierte, seine Unzufriedenheit mit dem Ergebnis des Vorfahren Lu Ji. Er meinte, dass Lu Ji bei der Messung und Berechnung des Durchmessers der Himmelskugel einen Wert der Kreiszahl von 3 benutzt hätte und diese Zahl ungenau sei, was zu einem Fehler des Messergebnisses führte. Auch Zu Geng von der Liang-Dynastie übte an Zhang Heng eine ähnliche Kritik. Als Zu Geng's Vater Zu Chongzhi das von Liu Xin angefertigte Volumen-Normal der Xin Mang-Zeit überprüfte, wies er auch klar darauf hin, dass der Wert der Kreiszahl, auf den sich Liu Xin gestützt hatte, nicht genügend genau sei. Sie alle wiesen auf der Grundlage der Analyse der mathematischen Beziehung, auf die sich letztlich das Messergebnis stützt, auf Ursachen für die Entstehung von Fehlern hin.

Eine physikalische Grundlage der von den Vorfahren durchgeführten astronomischen Messungen ist die geradlinige Ausbreitung des Lichts. Diese Grundlage wurde am Ende der Ming-Dynastie von Fang Yizhi bestritten. Er hatte einst einen sehr wichtigen Begriff vorgeschlagen, den er „das Licht ist fett und der Schatten mager" nannte. Sein wesentlicher Sinn ist, dass sich das Licht nicht geradlinig ausbreitet, weil das Licht bei seiner Ausbreitung oft in den Schattenbereich der geometrischen Projektion eindringt. Fang Yizhi meinte, wenn sich das Licht nicht geradlinig ausbreitet, dann ist ein geometrisches Mess- und Berechnungsverfahren, das auf der geradlinigen Ausbreitung des Lichts beruht, „nicht genau". Diese Diskussionen von Fang Yizhi sind konzentriert in seinem Buch „Wu Li Xiao Shi" (Kleines Wissen über die Prinzipien der Dinge) ausgedrückt. Ob der konkrete Inhalt dieser Erörterung richtig ist oder nicht, kann man vorläufig beiseite lassen, aber zumindest widerspiegelt es die Aufmerksamkeit, die die Vorfahren dem physikalischen Prinzip, auf das sich eine Messung stützt, schenkten. Für die Geschichte der Metrologie ist das von weitreichender Bedeutung. Es kennzeichnet die Vertiefung des Wissens der Vorfahren über die Ursachen der Entstehung von Messfehlern.

In der Geschichte der Metrologie Chinas ist die Unterscheidung und Untersuchung der Vorfahren über Präzision und Genauigkeit einer Messung ein wichtiger Erfolg, der in der traditionellen Fehlertheorie erzielt wurde. Der Prozess dieser Unterscheidung begann schon früh in der Vor-Qin-Zeit. In dem Werk der Vor-Qin-Zeit „Han Fei Zi (Meister Han Fei),

Kap. Linke äußere Sammlung von Erzählungen" gibt es eine Geschichte, die sich auf diese Unterscheidung bezieht. Der Inhalt dieser Geschichte besagt: Ein Armbrustpfeil, der gerade geschliffen wurde, hat eine scharfe Spitze. Wenn man mit dem Pfeil auf einen Gegenstand schießt, entsteht an der Einschussstelle jedes Mal ein kleiner Punkt. Bedeutet das, dass der Schütze eine vortreffliche Fähigkeit besitzt? Die Antwort im „Han Fei Zi" lautet: „Wenn er die Stelle nicht wieder trifft, kann man ihn nicht als guten Schützen bezeichnen." Wenn er die Einschussstelle nicht wiederholen kann, kann man seine Schießtechnik nicht als vortrefflich bezeichnen, ganz gleich, wie klein die Einschussstellen sind. Wenn man diese Worte im „Han Fei Zi" unter dem Aspekt der Metrologie diskutiert, können wir zu einer bedeutsamen Entdeckung gelangen: Die Pfeilspitze ist scharf und die Einschussstelle klein, das bedeutet eine hohe Präzision. Wenn ein vortrefflicher Schütze jedes Mal die gleiche Stelle trifft, bedeutet das eine hohe Genauigkeit. Eine hohe Präzision muss nicht unbedingt auch eine hohe Genauigkeit sein. Um zu beurteilen, wie hoch die Genauigkeit ist, muss man schauen, ob man die Messung wiederholen kann, kann man sie nicht wiederholen, kann man, obwohl die Präzision der Ablesung hoch ist, nicht von einer hohen Genauigkeit sprechen. Diese im „Han Fei Zi" enthaltenen Gedanken sind zweifellos richtig.

In der Geschichte Chinas muss man bezüglich einer wirklich theoretischen Untersuchung der Begriffe Präzision und Genauigkeit Shen Kuo aus der Song-Dynastie anführen. Er berührte bei der Diskussion astronomischer Messungen mit der Armillarsphäre diesen Inhalt. Damals gab es die Sichtweise, dass, wenn man die Armillarsphäre auf eine hohe Terrasse stellt, die Beobachtung des Auf- und Untergangs von Sonne und Mond nicht mehr vom Erdhorizont erfolgt und deshalb der Messfehler zunimmt. In einer Eingabe an den Kaiser mit dem Titel „Hun Yi Yi" (Diskussion über die Armillarsphäre) verwies er auf folgendes:

„Die Größe von Himmel und Erde wird nicht durch die Höhe einer Terrasse verändert. Wenn man mit einer Armillarsphäre die Körper des Himmels und der Erde untersucht, erhält man reale und bezogene Zahlen. Die realen Zahlen stellen das Verhältnis der Zahlen des Himmels mit denen auf der Armillarsphäre her. Wenn man hier um zehn Fen verschiebt, verschiebt man auch dort um zehn Fen. Die bezogenen Zahlen beschreiben die Genauigkeit am Himmel mit der auf der Armillarsphäre. Ein Fen auf der Armillarsphäre ist mehrere Tausend Li am Himmel. Jetzt ist die Höhe der Terrasse eine solche reale Zahl. Die Höhe einer Terrasse beträgt nicht mehr als mehrere Zhang. Eine Differenz am Himmel wirkt sich darauf nicht aus. Was macht angesichts der Größe von Himmel und Erde die Höhe von ein paar Zhang aus? Andererseits hat man es beim Heben und Senken des Visierrohrs mit einer bezogenen Zahl zu tun. Verschiebt man das Visierrohr um ein Fen, dann weiß man nicht, wie viele Tausend Li dies am Himmel sind. Deshalb muss man das Visierrohr genau einstellen, während man die Höhe der Terrasse nicht berücksichtigen muss." [32]

Shen Kuo hat hier die Begriffe „reale Zahl" (shi shu 实数) und „bezogene Zahl" (zhun shu 准数) eingeführt. Die sogenannte „reale Zahl" hängt mit der Präzision der Messung zusammen, sie widerspiegelt den absoluten Wert des Messergebnisses, und der entsprechende Fehler ist ein absoluter Fehler. Die „bezogene Zahl" ist der relative Wert

---

32 Shen Kuo (Nördliche Song-Dynastie): „Hun Yi Yi" (Diskussion der Armillarsphäre), enthalten in „Song Shi, Kap. Aufzeichnungen über Astronomie, Teil I"

der Messung, sie ist die Ablesung, mit der ein beobachteter Himmelskörper direkt auf der Armillarsphäre widergespiegelt wird, und der daraus entstehende Fehler beeinflusst direkt die Genauigkeit des Messergebnisses. In dem von Shen Kuo angegebenen Beispiel ist die Höhe der Terrasse eine „reale Zahl". Obwohl der absolute Fehler der auf dieser Grundlage durchgeführten Messung die Größe von „mehreren Zhang" erreichen kann, ist sie aber, verglichen mit der Größe von Himmel und Erde, vernachlässigbar klein, das heißt ihre Wirkung auf den relativen Fehler ist nahe Null, sie beeinflusst die Genauigkeit der Messung nicht. Deshalb sagte Shen Kuo: „Was macht angesichts der Größe von Himmel und Erde die Höhe von ein paar Zhang aus?" Andererseits ist die Ablesung auf der Armillarsphäre mit dem Visierrohr eine „bezogene Zahl". Der Ablesefehler bei der Messung ist vielleicht nicht groß, aber weil sie einen relativen Messwert widerspiegelt, gilt folgendes: „Verschiebt man das Visierrohr um ein Fen, dann weiß man nicht, wie viele Tausend Li dies am Himmel sind", so dass der Einfluss auf das schließliche Ergebnis recht groß ist. Deshalb braucht man die Höhe der Terrasse nicht zu berücksichtigen, während die Richtungseinstellung des Visierrohrs sehr präzise sein muss. Shen Kuo's Analyse zeigt, dass er bei der Beurteilung des Einflusses eines Fehlers auf das Messergebnis schon eine klare und korrekte Erkenntnis hatte.

Auf dem Gebiet der Anwendung der Fehlertheorie, um einen Messfehler zu verringern, hatten die Vorfahren inhaltsreiche Untersuchungen angestellt. Sie bekräftigten, dass man wissenschaftliche metrologische Normale entwickeln, die Einheitlichkeit und Stabilität der Messgeräte erhalten und außerdem im Hinblick auf die Ursachen entstehender Fehler „die Krankheiten heilen" muss. Unter den verschiedenen Maßnahmen, die die Vorfahren ergriffen, um die Fehler zu verringern, gibt es zwei Herangehensweisen, die es wert sind, angeführt zu werden, weil sie die Fehlertheorie sehr geschickt anwendeten.

Eine Herangehensweise ist die Verringerung des relativen Fehlers bei der Messung, sie erfuhr im Verlaufe der Entwicklung der Schattenmessungen der Vorfahren mit einem Schattenstab eine gewisse Widerspiegelung. Das hatten wir im Abschnitt „Guo Shoujing's hoher Gnomon zur Schattenmessung" bereits diskutiert, so dass wir hier nichts weiter ausführen.

Das andere Verfahren wurde von Zhao Youqin am Ende der Song- und Anfang der Yuan-Dynastie bei der Messung der Aszensionsdifferenz der Fixsterne angewendet. Er beabsichtigte damit, grobe Fehler zu vermeiden und den zufälligen Fehler zu verringern. Um die Genauigkeit und Zuverlässigkeit der Messergebnisse zu sichern, teilte Zhao Youqin die Beobachtungspersonen in zwei Gruppen ein. Die beiden Gruppen benutzten gleiche Geräte und hatten die bei der Beobachtung derselben Fixsterne erhaltenen Ergebnisse untereinander verglichen. Er schrieb in einem Buch „Ge Xiang Xin Shu (Neues Buch über die umlaufenden Gestirne), Kap. Ce Jing Du Fa": „Man muss vier Wasseruhren und zwei Armillarsphären aufstellen und gleichzeitig die Gestirne beobachten. Dann wird es keine Fehler geben." Wenn man bei der Messung vier Wasseruhren bereitstellt, zwei Armillarsphären aufstellt und zwei Gruppen gleichzeitig beobachten lässt und die so erhaltenen Ergebnisse miteinander vergleicht, kann man Fehler vermeiden.

Zhao Youqin's Herangehensweise ist sehr berechtigt. Um grobe Fehler zu vermeiden, muss man die Messungen auswerten und vergleichen. Gleichzeitig ist es auch vorteilhaft, dass man von den Messergebnissen den Mittelwert bilden kann, so dass der Grad der Genauigkeit des Endergebnisses erhöht wird. Jetzt nimmt man bei Messungen den Mittelwert aus vielen Messungen als wahren Wert. Das belegt die Wissenschaftlichkeit des Messverfahrens von Zhao Youqin.

Die Diskussion über das Problem des Fehlers im alten China ist allgemein über viele Bücher und Schriften verstreut, es wurde kein von Kopf bis Fuß durchgängiges System geschaffen. Ungeachtet dessen hatten die Untersuchungen der Vorfahren über die Fehlertheorie eine bestimmte Tiefe und Breite erreicht, die es wert ist, ernsthaft zusammengefasst zu werden.

Teil II: Transformation der traditionellen zur neuzeitlichen Metrologie

Kapitel 8

Die von den Jesuiten mitgebrachte Reform

In der Geschichte des Kulturaustausches zwischen Ost und West wurde die christliche Religion im Mittelalter dreimal nach China gebracht: in der Tang-Dynastie, in der Yuan-Dynastie und am Ende der Ming- und zu Beginn der Qing-Dynastie.[33] Bei den ersten beiden Kontakten war das Ausmaß der kulturellen Beeinflussung gering, sie übten keine starke Wirkung auf die Geisteswelt Chinas aus. Einen wirklichen Einfluss auf die chinesische Kultur verursachte der dritte Kontakt. Dieser Kontakt währte vom Ende des 16. Jahrhunderts bis zum Ende des 18. Jahrhunderts mehr als zwei Jahrhunderte. Hinsichtlich der Methode drangen die Missionare direkt in das chinesische Binnenland ein und betrieben ihre Mission. Dabei arbeiteten sie mit chinesischen Intellektuellen zusammen, um Bücher zu verfassen und Theorien aufzustellen. Sie trachteten danach, durch Tributgeschenke und Eingaben sowie durch Diskussionen mit der Beamtenschaft die intellektuellen Schichten Chinas zu beeinflussen. Vom Inhalt propagierten sie hauptsächlich die mittelalterliche christliche Theologie, gleichzeitig verbreiteten sie unter den chinesischen Intellektuellen klassische Wissenschaften des Westens. Das Ziel, warum die Missionare nach China gekommen waren, bestand darin zu missionieren, aber wegen der Unterschiede der Kulturen in Ost und West und wegen der Existenz von Antipathien gegen fremde Religionen im Volk, war es für sie nicht einfach, in China Fuß zu fassen. Schmerzliche Niederlagen machten den

---

33 He Zhaowu: Zhongxi wenhua jiaoliu shilun (Erörterung der Geschichte des Kulturaustausches zwischen China und dem Westen), Beijing, Zhongguo qingnian chubanshe, Oktober 2001, 1. Auflage, S. 1

Missionaren bewusst, dass, wenn die christliche Religion von den Chinesen angenommen werden soll, man nicht nur predigen kann, sondern dass man vor allem die Sympathie der Chinesen für die Kultur des Westens gewinnen muss. An diesem Punkt angelangt, erwies es sich als effektiver Weg, durch die Darstellung von Wissenschaft, Technik und Zivilisation des Westens die Neugier der Chinesen zu wecken und schließlich die Sympathie der Chinesen zu erringen. Eben deshalb wurde die Verbreitung von Wissenschaft, Technik und Zivilisation zu einem wichtigen Inhalt in diesem Kulturaustausch zwischen Ost und West.

Die Wissenschaft, die die Missionare nach China brachten, war hauptsächlich die klassische Wissenschaft des Westens. Obwohl dem so war, aber weil diese Wissenschaften für die Chinesen völlig neu waren und weil die in ihnen enthaltenenen grundlegenden Begriffe für den Entwicklungsprozess der neuzeitlichen Wissenschaften unabdingbar waren, füllte die Einfuhr dieser wissenschaftlichen Kenntnisse die Unzulänglichkeiten der traditionellen chinesischen Wissenschaften aus. Für die Metrologie gesprochen, erweiterten sie den Inhalt der Metrologie, führten zum Auftreten neuer Zweige der Metrologie und erfüllten die Bedingung, dass diese neuen Zweige der Metrologie von Anfang an international angeschlossen waren.

1. Grundsteinlegung der Winkelmetrologie

In der traditionellen Metrologie Chinas gab es keine Winkelmetrologie. Das lag daran, dass im alten China ein metrologisch verwendbarer Begriff des Winkels nicht existierte.

Wie bei anderen Nationen der Welt konnten die Vorfahren in China nicht umhin, im Alltagsleben auf Winkelprobleme zu stoßen. Aber bei der Behandlung von Winkelproblemen handelten die Chinesen nach der Maxime „konkrete Probleme konkret lösen". Sie hatten keinen abstrakten Winkelbegriff entwickelt und auf dieser Grundlage ein einheitliches Winkelsystem ausgearbeitet (zum Beispiel wie das System des Zentriwinkels von 360°, das im Westen weithin angewendet wurde), um damit verschiedenste Winkelprobleme zu lösen. Wenn man kein einheitliches System hat, konnte man auch keine einheitliche Einheit haben, und natürlich existierte dann auch keine entsprechende Metrologie. Darum gab es in China nur Winkelmessungen, aber keine Winkelmetrologie.

Bei der Durchführung von Winkelmessungen hatten die Vorfahren in China gewöhnlich für die von ihnen diskutierten Probleme ein spezielles Winkelsystem festgelegt und mit diesem System gemessen. Zum Beispiel hatten die Vorfahren bei der Lösung von Richtungsproblemen im Allgemeinen mit den 12 Erdzweigen Zi, Chou, Yin, Mao, Chen, Si, Wu, Wei, Shen, You, Xu und Hai 12 horizontale Richtungen bezeichnet, wie im Bild 1.1 gezeigt.

In Situationen, bei denen noch feinere Unterteilungen benötigt wurden, verwendeten die Vorfahren die 12 Erdzweige und dazu von den 10 Himmelsstämmen Jia, Yi, Ding, Geng, Xin, Ren und Kui und von den acht Trigrammen Qian, Kun, Gen und Xun, die 24 spezielle Bezeichnungen bilden, um Richtungen auszudrücken, wie im Bild 1.2 gezeigt.

Aber ganz gleich, ob man das Verfahren mit den 12 oder den 24 Richtungen benutzt, jede spezielle Bezeichnung drückt immer einen speziellen Bereich aus, und innerhalb eines Bereiches gibt es keine feinere Unterteilung, so dass die mit diesem Verfahren bezeichneten Winkel nicht kontinuierlich sind. Noch wichtiger ist, dass sie ein Winkelsystem darstellen, das nur eine spezielle Anwendung hat, man kann es nur verwenden, um horizontale Richtungen auszudrücken, aber nicht auf beliebige andere Bedürfnisse anwenden, um Winkelmessungen durchzuführen. Deshalb kann man mit diesem System keine Winkelmetrologie entwickeln.

Bei bestimmten technischen Standards, die die Produktion erfordern, benutzten die Vorfahren die Methode, spezielle Winkel festzulegen, zum Beispiel wurde im „Kao Gong Ji, Kap. Arbeiten des Wagenbauers" ein Satz spezieller Winkel festgelegt:

„*Die Arbeit des Wagenbauers. Ein halber rechter Winkel Ju矩 heißt Xuan宣. Der Winkel Xuan宣 plus seine Hälfte heißt Shu㰚. Der Winkel Shu㰚 plus seine Hälfte heißt Ke柯. Der Winkel Ke柯 plus seine Hälfte heißt Qingzhe 磬折.*"

Ju ist ein rechter Winkel. Wenn man diesen Satz von Winkeln mit dem geläufigen 360°-System darstellt, ergibt sich:

1 Ju = 90°
1 Xuan = 90° x ½ = 45°
1 Shu = 45° + 45 x ½ = 67°30'
1 Ke = 67°30' + 67°30' x ½ = 101°15'
1 Qingzhe = 101°15' + 101°15' x ½ = 151°52'30"

Offensichtlich konnte man dieses System eines Satzes von Winkeln nur bei der Herstellung von Wagen, die im „Kao Gong Ji" beschrieben ist, anwenden, in anderen Fällen wurde es nicht benutzt. Selbst im „Kao Gong Ji" konnten die Vorfahren nicht umhin, bei Winkeln, die außerhalb dieses Satzes von Winkeln lagen, andere Festlegungen zu treffen. Zum Beispiel gibt es im „Kao Gong Ji, Kap. Der Hersteller von Klangsteinen" über die Größe des von den beiden Schenkeln der Oberseite des Klangsteins eingeschlossenen Winkels eine spezielle Festlegung: „Der obere Scheitelwinkel beträgt 90° plus seine Hälfte." Das heißt, die Größe dieses Winkels beträgt 90° + 90° x ½ = 135°. Diese Herangehensweise, für konkret anzutreffende Winkel eine spezielle Festlegung zu treffen, ist offensichtlich nicht in der Lage, eine Winkelmetrologie zu entwickeln, weil sie nicht die Forderung der Metrologie nach Einheitlichkeit erfüllt.

Im alten China war das Winkelsystem, das dem jetzt üblichen 360°-System am nächsten kam, das System der Unterteilung des Umfangs der Himmelskugel in 365 ¼ Du. Die Entstehung dieses Systems der Unterteilung beruht darauf, dass die Vorfahren bei astronomischen Beobachtungen entdeckten, dass die Sonne jeweils nach 365 ¼ Tag vor dem Hintergrund der Fixsterne einen Umlauf auf der Himmelskugel vollführte. Dieser Denkanstoß brachte sie darauf, dass, wenn man den Umfang des Himmels in 365 ¼ Du unterteilt, sich die Sonne auf der Himmelskugel jeden Tag um 1 Du bewegt. Gestützt darauf kann man sehr bequem die räumlichen Richtungen der Sonne während der vier Jahreszeiten bestimmen. Die Vorfahren wendeten dieses Unterteilungssystem auf astronomische Geräte an, sie benutzten Proportionen, die die Idee der Messung beinhaltete, um die räumlichen Richtungen von Himmelskörpern zu messen.[34] Aufgrunddessen wurden uns umfangreiche quantitative astronomische Beobachtungsergebnisse hinterlassen.

Aber dieses Unterteilungssystem konnte auch nicht zur Geburt der Winkelmetrologie führen, weil die Vorfahren es von Anfang an nicht als Winkel behandelten. Zum Beispiel

---

34 Guan Zengjian: „Zhongguo gudai wuli sixiang tansuo" (Untersuchung des physikalischen Denkens im alten China), Changsha, Hunan jiaoyu chubanshe 1991, S. 224–232

benutzte Yang Xiong während der Westlichen Han-Dynastie die Formel, dass bei einem Umfang von drei der Durchmesser eins ist, um die Beziehung zwischen Kreisumfang und Durchmesser in Du zu behandeln.[35] Man kann sehr viele ähnliche Beispiele anführen.[36] Nicht nur das, die Vorfahren wendeten dieses System allgemein nicht auf Fälle anderer Winkelmessungen außerhalb der Astronomie an: Eben deshalb konnte sich, wenn wir die astronomischen Beobachtungsergebnisse der Vorfahren diskutieren, obwohl wir ihre Aufzeichnungen direkt als Winkel interpretieren können, aus diesem Unterteilungssystem jedoch keine Winkelmetrologie entwickeln.

Der Begriff des Winkels, den die Missionare mitbrachten, durchbrach diese Situation und schuf die Grundlage für die Geburt der Winkelmetrologie in China. Hierbei spielte Li Madou (Matteo Ricci, 1552–1610) eine wichtige Rolle.

Li Madou, der den Beinamen Xitai (Frieden des Westens) führte, war ein römischer Jesuit. Im Jahre 1582 wurde Ricci von den Jesuiten nach China entsendet. Zuerst erlernte er in Zhaoqing in der Provinz Guangdong Chinesisch. Später gelangte er im 29. Jahr der Regierungsära Wanli (1601) auf verschlungenen Pfaden nach Beijing und brachte dem Hof der Ming eine Schlaguhr, ein Prisma und anderes als Geschenk dar. Mit Genehmigung des Kaisers Wanli durfte er sich in Beijing niederlassen. Während seines Aufenthalts in der Hauptstadt entfaltete Ricci in der Schicht der Beamten seine Missionarstätigkeit. Damit er die Mission erfolgreich durchführen konnte, präsentierte er den Beamten seine Kenntnisse in Mathematik und Naturwissenschaften, um ihre Sympathie zu erlangen. Die Chronik „Ming Shi, Kap. Aufzeichnungen über Astronomie, Teil I" beurteilte ihn so: „Während der Herrschaft des Ming-Kaisers Shenzong [d.i. Wanli] kam Li Madou aus dem Westen nach China. Er war in Astronomie und Mathematik versiert. Er konnte ihre schwierigsten Geheimnisse erklären. Auf den Gebieten der Berechnungen und der Anfertigung von Geräten hatte es vordem niemand wie ihn gegeben." Dieses Urteil stellte die Ansicht seiner Zeitgenossen dar und erscheint auch recht angemessen.

Matteo Ricci stellte den chinesischen Intellektuellen nicht nur seine eigenen wissenschaftlichen Kenntnisse vor, sondern übersetzte noch in Zusammenarbeit mit einigen chinesischen Beamten eine Reihe wissenschaftlicher Bücher und verbreitete die klassischen Wissenschaften des Westens, die die Chinesen damals die Welt mit neuen Augen sehen ließen. Unter diesen Büchern waren das wichtigste die „Elemente der Geometrie", die er zusammen mit Xu Guangqi übersetzt hatte. Die „Elemente der Geometrie" sind ein Klassiker der Mathematik des Westens, das der berühmte Mathematiker Euklid (ca. 325 – ca. 270 v. Chr.) im alten Griechenland verfasst hatte. Dieses Buch ist der Repräsentant eines allgemein anerkannten, auf Axiomen beruhenden Werks. Ausgehend von einigen notwendigen Definitionen, Postulaten und Axiomen vereinigte es mit der Methode deduktiver Schlüsse das Wissen über Geometrie im alten Griechenland zu einem strengen mathematischen System. Das in den „Elementen der Geometrie" benutzte Beweisverfahren wurde bis zum Ende des 17. Jahrhunderts als Muster für wissenschaftliche Beweise geschätzt. Als Matteo

---

35 Yang Xiong: „Nan Gai Tian Ba Shi" (Acht Dinge, die die Theorie der Himmelskuppel schwer erklärbar machen), „Sui Shu, Kap. Aufzeichnungen über Astronomie, Teil I")
36 siehe Guan Zengjian: „Chuantong 365 ¼ fendu bushi jiaodu" (Die traditionelle 365 ¼ Du-Unterteilung stellt keinen Winkel dar), „Ziran bianzhengfa tongxun" 1989, Nr. 5

Ricci nach China kam, brachte er dieses berühmte wissenschaftliche Buch mit, er trug es mündlich vor, und Xu Guangqi schrieb die Übersetzung nieder, wodurch die ersten sechs Kapitel dieses Buches der Welt der Intellektuellen in China vorgestellt wurden.

Im Hinblick auf die Winkelmetrologie legten die „Elemente der Geometrie" den Grundstein für die Winkelmetrologie in China. Sie lieferten eine allgemeine Definition des Winkels und beschrieben die verschiedenen Arten der Winkel und die Darstellungsmethoden der verschiedenen Situationen und der Winkel sowie, wie man die Winkel miteinander vergleichen kann. Das war für die Schaffung des Begriffs des Winkels sehr bedeutsam, weil man ohne einen allgemeinen Begriff des Winkels nicht von Winkelmetrologie sprechen kann.

Außer der Festlegung des Winkelbegriffs in den „Elementen der Geometrie" stellte Matteo Ricci in China das System des Zentriwinkels von 360° vor. Das war für die Winkelmetrologie äußerst wichtig, weil die Grundlage der Metrologie auf der Einheit des Einheitensystems beruht. Das Teilungssystem des Zentriwinkels von 360° liefert ein solches einheitliches Winkeleinheitensystem, das man in der Metrologie anwenden kann. Nachdem er dieses Teilungssystem vorgestellt hatte, erkannten die Chinesen genau deshalb seine Vorzüge. Zum Beispiel wurde im „Ming Shi, Kap. Aufzeichnungen über Astronomie, Teil I" darauf verwiesen, dass das von Matteo Ricci vorgestellte Teilungsssystem, „den Umfang des Himmels in 360° unterteilt, … das für Berechnungen und die Anfertigung von Geräten sehr bequem ist." Eben deshalb wurde dieses Teilungssystem von den Chinesen rasch angenommen und zur Grundlage der Einheiten, wenn die Chinesen Winkelmessungen durchführten. Somit erhielten wir durch die Vorstellung der „Elemente der Geometrie" eine Definition des Winkels und Verfahren zum Vergleich der Größe von zwei Winkeln. Durch Matteo Ricci's Verbreitung erhielten wir das Teilungssystem mit dem Zentriwinkel von 360° und eine Einteilung der Einheit des Winkels, die die Größe eines Winkels ausdrückt: Wenn man einen Vergleich hat, kann man auch Messungen durchführen; hat man ein einheitliches Einheitensystem, dann kann sich diese Messung zur Metrologie entwickeln. Deshalb gab es ab dieser Zeit schon die wesentlichen Voraussetzungen, um eine Winkelmetrologie zu verwirklichen. Außerdem war diese Voraussetzung von Anfang an an das international übliche Winkelsystem angeschlossen. Das war die Grundlage für die Geburt der Winkelmetrologie in China. Natürlich muss man für den Aufbau einer wirklichen Winkelmetrologie noch ein entsprechendes Winkelnormal (wie zum Beispiel Winkelendmaße) und Winkelmessgeräte schaffen. Aber dessen ungeachtet kann man ohne ein einheitliches Einheitensystem keine Winkelmetrologie aufbauen. Deshalb sagen wir, dass die Einführung der „Elemente der Geometrie" die Grundlage für die Winkelmetrologie in China schuf.

Der Fortschritt des Begriffs des Winkels zeigte sich auf vielen Gebieten. Zum Beispiel bei der Darstellung der horizontalen Richtungen nahm das traditionelle Verfahren der Darstellung der Richtungen einen qualitativen Sprung. Das Werk „Ling Tai Yi Xiang Zhi" (Aufzeichnungen über den Himmelsglobus auf der Lingtai-Terrasse) vom Anfang der Qing-Dynastie beschrieb ein Verfahren der Darstellung von 32 horizontalen Richtungen: „Der Umfang des Globus ist in 360° unterteilt. Von Ost nach West gibt es Meridiane und von Nord nach Süd Breitengrade. Er unterscheidet sich nicht von der Himmelskugel. Reisende auf dem Meer und dem Land stützen sich auf den Kompass. Hierin stecken ein Prinzip, ein

Verfahren und ein Gerät. Das Gerät ist der Kompass, ein sogenannter Horizontalrichtungsmesser. Sein Teller ist in 32 Richtungen unterteilt, wie Süden, Norden, Osten, Westen, das sind vier Richtungen. Ferner Südosten, Nordosten, Südwesten, Nordwesten, das sind vier weitere Richtungen. Dann bildet man in der Mitte eines Winkels je drei Richtungen, die jeweils 11°15' voneinander entfernt sind und dann ein Viertel des Horizonts ausfüllen."[37] Dieses Darstellungsverfahren ist im Bild 1.3 gezeigt.

Anhand dieser Beschreibung können wir ersehen, dass man damals bei der Darstellung der horizontalen Richtungen schon das Unterteilungssystem in 360° benutzte, was zweifellos einen großen Fortschritt bedeutete. Gleichzeitig gab man die traditionelle Herangehensweise auf, für die Richtungen spezielle Namen zu benutzen, um stattdessen auf der Grundlage des 360°-Unterteilungssystems ein Darstellungsverfahren von Richtungen aufzubauen. Das traditionelle Verfahren der Darstellung von Bereichen besaß nicht die Funktion einer kontinuierlichen Größe, weil jeder Name fest einen speziellen Bereich darstellt und jeder Punkt innerhalb dieses Bereichs zu dieser Bezeichnung gehört. Dadurch war die Messgenauigkeit erheblich eingeschränkt, weil sie nicht erlaubte, innerhalb eines Bereiches eine weitergehende Unterteilung des Winkels vorzunehmen. Wenn man diese Situation ändern will, muss man die Bereichspositionen zu Richtungen ändern, um zwischen den Richtungen eine noch feinere Unterteilung vorzunehmen. Dieses neue Darstellungsverfahren von 32 Richtungen liefert diese Funktion, denn zwischen den benachbarten Richtungen kann man immer feiner unterteilen. Deshalb kann es die Forderung nach einer kontinuierlichen Messung erfüllen. Da das neue Verfahren der Darstellung von Richtungen die Forderung in der metrologischen Praxis nach immer weiterer Erhöhung der Messgenauigkeit erfüllen kann, wendete man das neue Teilungssystem an, und sein Auftauchen bereitete die Bedingungen für die allgemeine Anwendung der Winkelmetrologie vor.

Der Fortschritt durch den Begriff des Winkels äußerte sich in der Astronomie besonders deutlich. Die unter dem Einfluss der Missionare angefertigten astronomischen Geräte wendeten, was die Winkelmessung angeht, ausnahmslos das Unterteilungssystem mit 360° an. Das ist ein klarer Beweis. Als die Missionare das astronomische Wissen des Westens weitergaben, stellten sie europäische astronomische Geräte vor, die das Interesse der Chinesen erregten. Xu Guangqi hatte speziell an den Kaiser Chongzhen eine Eingabe gerichtet, in der er um die Erlaubnis bat, dass eine Reihe der neuen astronomischen Geräte angefertigt wird. Die Geräte, deren Herstellung er forderte, waren alle vom westlichen Typus. Nach Xu Guangqi hatten der Chinese Li Tianjing und die Missionare Jacques Rho (Luo Yage, 1590 - 1638), Adam Schall von Bell (Tang Ruowang, 1591 – 1666) sowie später Ferdinand Verbiest (Nan Huairen, 1623 – 1688) nicht wenige westliche astronomische Geräte angefertigt. Diese Geräte spielten bei den astronomischen Beobachtungen am Ende der Ming-Dynastie und in der Qing-Dynastie eine bedeutende Rolle. Diese westlichen astronomischen Geräte hatten zweifellos „auch die astronomische Tradition und die kulturellen Besonderheiten der chinesischen Astronomie berücksichtigt. Zum Beispiel hatten die Missionare und ihre chinesischen Mitarbeiter auf den Geräten die 28 Mondhäuser und die 24 Solarperioden

---

37 Siehe Gu Jin Tu Shu Ji Cheng (Vollständige Sammlung der Bücher aus alter und neuer Zeit), Kap. Li Xiang Hui Bian, Li Fa Dian, Bd. 91, Ling Tai Yi Xiang Zhi, T. 3

eingraviert und die Zahlen mit chinesischen Schriftzeichen angegeben."[38] Aber im Hinblick auf die Teilungen der Geräte hatte man das traditionelle Teilungsssystem mit 365 ¼ Du aufgegeben, vielmehr bediente man sich der Herangehensweise, dass „man alle Ringe der Geräte, die die Bewegung der Sterne und der Mondhäuser kennzeichnen sollen, unbedingt in 360° unterteilte."[39] Der Grund hierfür ist unter dem Aspekt der Technik natürlich, weil Europäer den Kalender ausgearbeitet hatten und sie das 60er System benutzten. Hätten sie auf den neuen Geräten weiter die traditionelle Teilung benutzt, hätte dies notwendig zu komplizierten Umrechnungen geführt, und auch die Unterteilung wäre unbequem gewesen. Darum war diese Herangehensweise eine weise Tat.

Im Gefolge des Auftauchens des Winkelbegriffs und der Popularisierung des Einteilungssystems in 360° trat auch eine große Zahl von Winkelmessgeräten auf. Man muss sich nur die Beschreibungen der verschiedenen Winkelmessgeräte in dem Werk über Astronomie vom Anfang der Qing-Dynastie „Ling Tai Yi Xiang Zhi" ansehen, dann verstehen wir diesen Punkt unschwer.

Obwohl das Einteilungssystem in 360° ein Inhalt des Geometrieklassikers aus dem alten Griechenland und durchaus kein Produkt der neuzeitlichen Wissenschaft war, wurde es mit seiner Einführung breit angewendet, und man kann bestätigen, dass es den Grundstein für die Geburt der neuzeitlichen Winkelmetrologie in China legte.

2. Einführung des Thermometers

Die Temperaturmetrologie ist ein wichtiger Inhalt der physikalischen Metrologie. In China wurde der Grundstein für die neuzeitliche Temperaturmetrologie in der Qing-Dynastie gelegt. Ihr Kennzeichen ist die Einführung des Thermometers.

Zur Temperaturmetrologie gehören zwei Faktoren, der eine ist die Erfindung des Thermometers, der andere die Aufstellung einer Temperaturskale. In China wurden diese beiden Faktoren im Zuge der Einführung der Wissenschaften des Westens realisiert. Die Vorfahren in China hatten sehr früh begonnen, Überlegungen über das Temperaturproblem anzustellen. Die Wirkung von Veränderungen der Lufttemperatur auf die Außenwelt kann entsprechende Veränderungen des Aggregatzustands hervorrufen. Deshalb konnte man durch die Beobachtung der Änderung des spezifischen Aggregatzustands eine Änderung der Temperatur der Außenwelt wahrnehmen. Das Thermometer ist aufgrund dieses Prinzips erfunden worden. Die Vorfahren in China hatten auch entlang dieses Weges Untersuchungen angestellt. Im „Lü Shi Chun Qiu, Kap. Shen Da Lan, Cha Jin (Betrachtung über die Vorsicht in hoher Stellung, Erforschung der Neuzeit)" gibt es folgende Argumentation:

„Wenn man darum den Schatten der Sonnenuhr im Hofe prüft, kann man den Lauf von Sonne und Mond, den Wechsel von Yin und Yang erkennen. Sieht man Eis in einer Flasche, so

---

38 Zhang Bochun: „Ming Qing cetian yiqi zhi ouhua" (Die Europäisierung der astronomischen Geräte in der Ming- und Qing-Dynastie), Shenyang, Liaoning jiaoyu chubanshe 2000, S. 160
39 „Xin Fa Li Shu, Hun Tian Yi Shuo" (Buch über den Kalender nach den neuen Methoden, Kap. Erläuterung der Armillarsphären), „Li Fa Da Dian" (Großes Kompendium der Kalendermethoden), Kap. 85, Shanghai, Shanghai wenyi chubanshe, 1993, fotomechanischer Nachdruck

erkennt man daraus, dass es im Lande kalt ist und die Fische und Schildkröten sich verbergen."

Hier wird gesagt, dass wir durch die Beobachtung, ob das Wasser in der Flasche zu Eis gefriert, wissen, dass die Lufttemperatur draußen gesunken ist. Das Wesen ist, dass man durch die Beobachtung des Aggregatzustands grob den Bereich der Änderung der Lufttemperatur draußen beurteilen kann. Das „Lü Shi Chun Qiu" äußert, dass es dabei natürlich einen Grund gibt, weil bei relativ stabilem Luftdruck der Atmosphäre die Temperatur der Phasenänderung des Wassers auch relativ stabil ist. Aber man kann eine mit Wasser gefüllte Flasche absolut nicht mit einem Thermometer gleichsetzen, weil die Schätzung des Bereichs der Temperaturänderung sehr begrenzt ist und außer, dass man einen kritischen Punkt der Temperatur (den Eispunkt) beurteilen kann, gibt es keinerlei Quantifizierung.

In China hatte der Jesuit Ferdinand Verbiest (Nan Huairen, 1623–1688) in den 60er und 70er Jahren des 17. Jahrhunderts ein quantitatives Thermometer vorgestellt. Verbiest war ein Belgier, der im Jahre 1656 nach China entsendet wurde. 1658 erreichte er Macao und 1660 Beijing, wo er als Gehilfe von Adam Schall von Bell im Kaiserlichen Observatorium wirkte und einen astronomischen Kalender ausarbeitete. Das hier erwähnte Thermometer wurde zuerst in seinen Werken „Ling Tai Yi Xiang Tu" (Illustrationen zu den Geräten der Lingtai-Terrasse) und „Yan Qi Tu Shuo" (Erläuterungen zu den Illustrationen der Prüfung der Solarperioden) vorgestellt. Diese beiden Werke wurden jeweils in den Jahren 1664 und 1671 veröffentlicht. Beide wurden von Verbiest in das von ihm kompilierte Werk „Xin Zhi Ling Tai Yi Xiang Zhi" (Aufzeichnungen über die neu angefertigten Geräte der Lingtai-Terrasse) aufgenommen. Das erste wurde zu einem Bildanhang dieses Buches, das letztere zu einem Teil des eigentlichen Textes, nämlich „Yan Qi Shuo" (Erläuterungen zur Prüfung der Solarperioden) im vierten Kapitel.[40] Ferdinand Verbiest stellte in „Yan Qi Shuo" im Werk „Xin Zhi Ling Tai Yi Xiang Zhi" die Notwendigkeit der Anfertigung eines Thermometers vor, er meinte, dass die Menschen stets durch den Tastsinn die Höhe der Umgebungstemperatur unterscheiden, aber von den fünf Sinnesorganen des Menschen Augen, Ohren, Nase, Zunge und Körper hat der Tastsinn des Körpers die geringste Empfindlichkeit. Deshalb „fertigte er eigens ein Gerät an, wobei das Sehorgan, das heißt das empfindlichste der fünf Sinnesorgane, den unvollkommenen Tastsinn unterstützt." Somit wird durch die visuelle Beobachtung eines speziellen Geräts und nicht durch den Kontakt des Körpers mit der Umgebung eine Veränderung der Temperatur beurteilt. Das führte zur Geburt des Thermometers. Verbiest beschrieb eingehend die Herstellung und den Gebrauch des Thermometers:

„Für die Herstellung wird ein Gerät aus Glas benutzt, siehe die Komponenten A, B, C, D. Es wird in ein Gestell aus Holz gesetzt, siehe Bild 108 [Anmerkung: die Nummer im Original]. Die obere Kugel A ist mit der unteren Röhre B, C, D verbunden. Die Größen und Längen erfüllen bestimmte Regeln. Das hölzerne Gestell ist entsprechend der Länge des Rohrs in drei Etagen unterteilt, die die drei Regionen des ursprünglichen Qi zwischen Himmel und Erde verkörpern. Die kleine Hälfte des unteren Rohrs nimmt den Erdhorizont als Bezug. Darüber befindet sich die größere Hälfte. Beide Seiten sind jeweils in zehn Grade unterteilt.

---

40 Wang Bing: „Nan Huairen jieshao de wenduji he shiduji shixi" (Versuch einer Analyse des von Verbiest vorgestellten Thermometers und Hygrometers), „Ziran kexueshi yanjiu" (1986) H. 1

Die Unterteilung der Marken ist nicht gleichmäßig, damit sie der Zu- und Abnahme von Kälte und Hitze der umgebenden Luft entspricht. Darum sind die Marken vom Horizont in senkrechter Richtung etwas entfernt, so dass ihre Größe ihrer Zu- und Abnahme entspricht. […] Somit ist die Prüfung von Kälte und Hitze notwendig. Deshalb stimmt das Gerät für die Beobachtung der Luft mit diesem Gesetz überein, und die Marken für Kälte und Hitze sind ungleichmäßig unterteilt."

Verbiest hatte in seinem Buch noch das von ihm angefertigte Thermometer skizziert, wie im Bild 8.1 gezeigt.

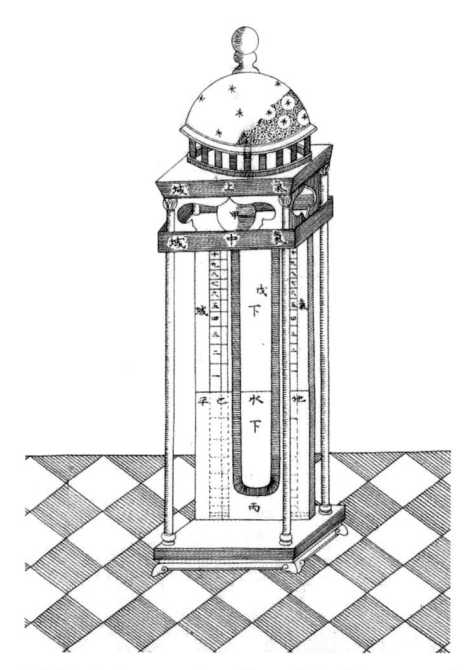

Bild 8.1   Das von Ferdinand Verbiest angefertigte Thermometer (entnommen aus „Xin Zhi Ling Tai Yi Xiang Zhi", die obige Nummer ist die Bildnummer im originalen Buch)

Nach seiner Beschreibung besteht dieses Thermometer aus einem gläsernen U Rohr, wobei ein Ende des Rohrs mit einer kupfernen Kugel verbunden und das andere Ende nach oben offen ist. Das Rohr und ein Teil der Kugel werden mit Wasser gefüllt. Mit dem Horizont als Bezug unterteilte er das Rohr in einen oberen und einen unteren Teil. Der obere Teil ist lang und der untere Teil kurz. An den beiden Seiten des Rohrs befindet sich eine ungleichmäßige Teilung, die als Skale für die Temperaturmessung dient.

Aber weshalb benötigt man für die Temperturskale eine ungleichmäßige Unterteilung? Verbiest meinte, dass das Thermometer ein Temperaturmessgerät sei und dass die Unterteilung der Skale mit der Verteilung der Umgebungstemperatur in der gesamten Luft übereinstimmen müsse, „damit sie der Zu- und Abnahme von Kälte und Hitze der umgebenden Luft entspricht", und wenn er sagt: „Somit ist die Prüfung von Kälte und Hitze notwendig. Deshalb stimmt das Gerät für die Beobachtung der Luft mit diesem Gesetz überein, und die Marken für Kälte und Hitze sind ungleichmäßig unterteilt", dann ist das gemeint. Das heißt, die ungleichmäßige Unterteilung der oberen Skale seines Thermometers ist das Ergebnis der Übereinstimmung mit der Temperaturverteilung der Umgebungsluft.

Wie ist nun die Temperatur der Umgebungsluft in der Atmosphäre verteilt? Bezüglich dieser Frage vertraten die Missionare generell die „Theorie der drei Sphären", und Verbiest bildete unter ihnen keine Ausnahme. Er wies darauf hin: „Hinsichtlich des Himmels über der Erde gibt es die drei Regionen oben, in der Mitte und unten. Die obere Region ist nah dem Feuer, und in der Nähe des Feuers ist es immer heiß; die untere Region ist nah dem Wasser und der Erde. Da Wasser und Erde immer von der Sonne beschienen werden, ist die Luft warm. Die mittlere Region ist nach oben weit vom Himmel und nach unten weit von der Erde entfernt, deshalb sie kalt." Das ist die sogenannte „Theorie der drei Sphären". Nach der Auffassung von Verbiest werden die Temperaturveränderungen in der Luft durch die Wechselwirkungen zwischen diesen drei Sphären hervorgerufen, wobei die Entfernungen der Verteilung der drei Sphären in der Atmosphäre ungleich sind. Die obere Sphäre ist nah am Himmel, ihr Bereich ist am größten. Die untere Sphäre ist nahe der Erde, und diese Region ist die schmalste. Wenn man ein Thermometer als ein Temperaturmessgerät anfertigt, muss seine Konstruktion damit übereinstimmen. So kam es dazu, dass das Rohr oben lang und unten kurz ist und dass die Abstände der Marken am Rohr natürlich nicht gleichmäßig sein konnten.

Die ungleichmäßige Teilung von Verbiest's Temperaturskale ist das Ergebnis der „Theorie der drei Sphären" des Westens und des Einflusses der traditionellen chinesischen Ideen der Entsprechung zwischen Himmel und Mensch. Diese Methode der Unterteilung lässt sich zwar hinsichtlich der Ideen zurückverfolgen, ist aber vom Wesen unwissenschaftlich, so dass sie recht große Fehler des Messergebnisses hervorrufen kann.

Über das Arbeitsprinzip dieses Thermometers hatte Verbiest eine ausführliche Erläuterung gegeben. Er schrieb:

„Das Steigen und Fallen des Wassers hat eine feste Beziehung zu Hitze und Kälte. Aber welches ist die Ursache? Sowie warme Luft die obere Kugel A berührt, wird sich die im Innern befindliche Luft ein wenig ausdehnen. Ihre Kraft entwickelt sich, aber die Kugel kann sie nicht aufnehmen, und sie kann auch nicht entweichen, so dass sie auf das Wasser im linken Rohr drückt, das vom Horizont bis zum Punkt D absinkt, während das Wasser im rechten Rohr gegenüber dem Horizont bis zum Punkt E steigt. Das ergibt sich notwendig aus dem Prinzip der Hitze. Das Prinzip der Kälte ist nun umgekehrt. Stößt die kalte Luft auf einen hindurchgehenden Stoff, zieht er sich zusammen. Wenn kalte Luft auf die Kugel A trifft, so muss sich die im Innern befindliche Luft zusammenziehen, so dass das Wasser im linken Rohr diese Leere ausfüllen will und es steigen muss."

Diese Erläuterung erklärt mit der Grundlage der Ausdehnung der Luft bei Hitze und des Zusammenziehens bei Kälte den Vorgang und das Wirkprinzip dieses Thermometers. Außer der Formulierung „so dass das Wasser im linken Rohr diese Leere ausfüllen will", die das Ergebnis des Einflusses der Ideen von Aristoteles (384–322 v. Chr.) ist, ist seine Erläuterung im Wesentlichen zu akzeptieren.

Zur Anwendung des Thermometers hatte Verbiest vier Gebiete angeführt, „die Luft des Himmels messen, die Luft in der Erde messen, die Luft am Menschen und an Körpern messen und die Atmosphäre der Sterne und des Mondes messen." Die Luft des Himmels messen, meint, die Lufttemperatur der Atmosphäre zu messen, natürlich kann das Thermometer das leisten. Um die Luft in der Erde zu messen, „stellt man dieses Gerät in die Erde, und indem man es ein wenig neigt, beobachtet man das Steigen oder Fallen des Wassers, so dass man Kälte oder Hitze der Luft in der Erde unterscheiden kann." Wenn man bei der Messung der Luft am Menschen und an Körpern „zum Beispiel zwei Personen gleichen Alters hat und möchte ihren Zustand unterscheiden, so lässt man sie ein, zwei Minuten eines Ke auf der Kugel A reiben, wobei eine Minute 60 Sekunden hat, die Regel für die Festlegung von Minute und Sekunde ist in dieser Darlegung angegeben (ungefähr eine Pulslänge entspricht einer Sekunde). Wenn man beobachtet, dass das Wasser ein wenig steigt oder fällt, dann unterscheidet sich der Zustand der beiden Personen." Mit dieser Methode kann man tatsächlich die Körpertemperatur der beiden Personen vergleichen, darum kann „der Arzt mit dieser Methode die Schwere, die Progression oder den Rückgang einer Krankheit bestimmen", aber wenn behauptet wird, dass man damit noch die Wesensart, die Intelligenz und andere Faktoren eines Probanden, „den Grad der Klugheit einer Person schlussfolgern" könne, so ist das zweifellos übertrieben, weil man solche Faktoren nicht mit einem Thermometer messen kann. Ebenso lässt sich die Aussage über die Messung der Atmosphäre der Sterne und des Mondes nicht aufrechterhalten, weil die mit dem Licht der Sterne und des Mondes dargestellte Temperaturdifferenz tatsächlich zu schwach ist, so dass man sie mit diesem Thermometer grundsätzlich nicht messen kann. Verbiest war vielleicht in das von ihm angefertigten Thermometer so verliebt, so dass er sich natürlich einige ursprünglich nicht mögliche Anwendungen ausgedacht hatte.

In Verbiest's Thermometer besteht ein wesentliches Problem: Ein Ende des Rohrs des Thermometers ist offen, so dass es mit der Atmosphäre verbunden ist. Dadurch unterliegen die Messergebnisse dem Einfluss von Änderungen des atmosphärischen Luftdrucks, so dass das Steigen und Fallen der Wassersäule im Rohr nicht ausschließlich die Höhe der Temperatur des Messobjekts widerspiegelt. Verbiest hatte den Begriff des atmosphärischen Luftdrucks nicht angeführt, aber er stellte ernsthafte Überlegungen an, ob das Rohr nach außen geöffnet sein sollte. Er sagte: „Wenn man die Öffnung des Rohrs verschließt und die Umgebungsluft nicht durchgehen lässt, wird die Luft zwischen den Punkten A und C durch die Kälte von außen veranlasst sich zusammenzuziehen. Obwohl das Gerät bei den Punkten A und C aus Kupfer und Eisen angefertigt ist, muss es brechen, indem die umgebende Atmosphäre die entstehende Leere ausfüllen wird. Wenn andererseits die von außen kommende Atmosphäre sehr heiß ist, will sich die innen befindliche Luft ausdehnen, aber findet keinen Raum zu expandieren. Somit kann der Bereich zwischen A und C sie nicht aufnehmen, und er muss ebenso brechen, damit die Materie entweichen kann." Offensichtlich war der Ausgangspunkt, als er dieses Problem bedachte, die Lehre von Aristoteles „Die Natur hasst das Vakuum". Um mit seinen Worten zu sprechen, „die Materie nimmt die Luft nicht auf". Um konkret auf sein Thermometer zu kommen, bestand die theoretische Grundlage darin, dass, wenn die kupferne Kugel Kälte ausgesetzt wird, sich die im Innern befindliche Luft zusammenzieht, so dass ein lokales Vakuum entsteht, aber weil die Natur nicht die Existenz eines Vakuums zulässt, worauf die Luft der Umgebung die Kugel notwendig zerstört und eindringt, so dass die kupferne Kugel zerbricht und das Thermometer unbrauchbar wird. Um das Eintreten dieser Situation zu vermeiden, muss man natürlich das Rohr offen lassen, damit es mit der Umgebung verbunden ist.

Obwohl Verbiest's Vorgehensweise vernünftig ist, muss man aber bedenken, dass bereits im Jahre 1643 E. Torricelli (1608 – 1647) und V. Viviani (1622 – 1703) den wissenschaftlichen Begriff des Luftdrucks vorgeschlagen und ein Quecksilber-Barometer erfunden hatten. Zu dieser Zeit war Verbiest noch nicht nach China gereist, so dass er von dieser wissenschaftlichen Entwicklung Kenntnis haben musste. Aber als er nach mehr als 20 Jahren das Arbeitsprinzip des Thermometers erklärte, bediente er sich wieder der Lehre des Aristoteles, was von den Nachfahren mit Bedauern aufgenommen wurde. Außerdem ist seine Temperaturskale willkürlich, es gibt keinen Fixpunkt. Deshalb konnte er keine allgemein anerkannten Temperaturwerte liefern, sondern nur relative Temperaturänderungen messen. In dieser Situation kennzeichnete die Geburt von Verbiest's Thermometer noch nicht die Entstehung der Temperaturmetrologie in China.

Im Westen hatte Galileo Galilei (1564–1642) im Jahre 1593 ein Luftthermometer erfunden. Die Messergebnisse seines Thermometers unterlagen ebenso dem Einfluss von Veränderungen des Luftdrucks, und ebenso war seine Temperaturskale willkürlich, so dass es keine Verbreitung fand. Nach Galilei beschäftigten sich viele Wissenschaftler unermüdlich mit der Verbesserung des Thermometers. Ein wichtiger Inhalt war die Entwicklung einer von der Allgemeinheit akzeptierten Temperaturskale. Robert Boyle (1627 – 1691) sorgte sich, dass es kein absolutes Temperaturnormal gab, und Christian Huygens (1629 – 1695) bemühte sich um die Standardisierung des Thermometers, aber erst 1714 hatte der deutsche Wissenschaftler Gabriel Daniel Fahrenheit (1686 – 1736) das bis heute allgemein bekannte Quecksilber-Thermometer erfunden.[41] Zehn Jahre später erweiterte er noch seine Temperaturskale und schlug die noch heute in einigen Ländern gebräuchliche Fahrenheit-Temperaturskale vor. Wieder vergingen fast zwanzig Jahre, bis 1742 der Schweizer Wissenschaftler Anders Celsius (1701 – 1744) eine Temperaturskale erfand, bei der er den Eispunkt des Wassers gleich 100 °C und den Siedepunkt des Wassers gleich 0 °C setzte, aber im nächsten Jahr vertauschte er die beiden Punkte. So schuf er die in 100 Teile unterteilte, in dieser Form heute gebräuchliche Temperaturskale. 1948 beschloss man mit breiter Zustimmung, sie als Celsius-Temperaturskale zu bezeichnen. Diese Temperaturskale wird bis heute benutzt und wurde zu der im gesellschaftlichen Leben am häufigsten angetroffenen Temperaturskale.

Wenn man die Entwicklungsgeschichte der Thermometer in Europa vergleicht, können wir sehen, obwohl in dem von Verbiest angefertigten Thermometer noch der Mangel existierte, dass es dem Einfluss von Änderungen des Luftdrucks unterlag, und obwohl die Temperaturskale seines Thermometers nicht hinreichend wissenschaftlich war, waren aber diese Probleme, auf die er stieß, bei den zeitgenössischen Wissenschaftlern im Westen ebenfalls ungelöst. Indem er das Thermometer in China einführte, wurde es zu einem der wissenschaftlichen Instrumente, die Beachtung fanden. Das sicherte ihm in der Geschichte der Temperaturmetrologie Chinas einen Platz als Begründer.

Nach Verbiest gab es in China nicht wenige Vertreter aus dem Volk, die Thermometer herstellten. Nach historischen Aufzeichnungen gab es am Anfang der Qing-Dynastie

---

41 A. Wolf: „Shiliu shiqi shiji kexue, jishu he zhexue shi" (Wissenschaft im 16. und 17. Jahrhundert, Geschichte von Technologie und Philosophie), Übersetzung aus dem Englischen von Zhou Changzhong u.a., Bd. 1, Beijing, Shangwu yinshuguan, 1995, S. 104–108

Huanglü Zhuang, der ein „Kälte- und Hitze-Prüfgerät" erfand, mit dem man die Luft- und die Körpertemperatur messen konnte. In den mittleren Jahren der Qing-Dynastie hatten Huang Chao und Vater und Tochter Huanglü, die alle aus Hangzhou stammten, eine „Kälte- und Hitzeuhr" selbst hergestellt. Weil die ursprünglichen Aufzeichnungen sehr knapp gehalten sind, können wir über den konkreten Inhalt dieser Erfindungen im Volk keine weiteren Erläuterungen geben. Aber wir können bekräftigen, dass ihre Aktivität die Begeisterung der Chinesen für die Temperaturmessung ausdrückte.

Indem Verbiest das Thermometer in China vorstellte, löste er nicht nur Aktivitäten im Volk aus, selbst Thermometer anzufertigen, sondern er gab auch den Anstoß, dass die Jesuiten immer wieder neue Thermometer nach China mitbrachten. „Nach Verbiest brachten die Jesuiten Hubert Cousin de Méricourt (Li Junxian), Antoine Gaubil (Song Junrong) und Jean Joseph Marie Amiot (Qian Deming) Thermometer nach China mit, die gegenüber dem von Verbiest vorgestellten viel fortschrittlicher waren."[42] Eben durch die Bemühungen in China und im Ausland kamen immer mehr verbesserte Thermometer nach China. Als schließlich das Quecksilberthermometer und die Celsius-Temperaturskale nach China gelangten, bekam die Temperaturmessung in China eine einheitliche Einheitenunterteilung und ein bequemes, praktisches Messinstrument. Das Auftauchen dieser Faktoren stellt die Keime der Temperaturmetrologie in China dar, aber im Hinblick auf das offizielle Erscheinen der neuzeitlichen Temperaturmetrologie muss man ins 20. Jahrhundert gehen, deren Kennzeichen die Anwendung der „Internationalen praktischen Temperaturskale von 1927" des CIPM ist, die eine gute Reproduzierbarkeit hatte und sich der thermodynamischen Temperaturskale annäherte. In China wurde die vollständige Verwirklichung der neuzeitlichen Temperaturmetrologie in den 60er Jahren des 20. Jahrhunderts vollzogen. Damals war die thermodynamische Temperaturskale schon geboren.

3. Aufbau einer modernen Zeitmetrologie

Relativ zur Temperaturmetrologie ist die Zeitmetrologie für die Entwicklung von Wissenschaft und Technologie und das gesellschaftliche Leben noch wichtiger. Die Zeitmetrologie in China weist auch einen Transformationsprozess von der Tradition zur Neuzeit auf. Das Kennzeichen für den Beginn dieses Prozesses äußert sich hauptsächlich in der Erneuerung und Vereinheitlichung der Zeitmesseinheiten und in der Verbesserung und Verbreitung der Zeitmessgeräte.

Im Hinblick auf die Zeitmesseinheiten sind außer den Einheiten für große Zeitabschnitte, wie Jahr, Monat (Neumond und Vollmond) und Tag, die durch spezifische periodische Erscheinungen in der Natur bestimmt sind, Zeiteinheiten kleiner als ein Tag das Ergebnis künstlicher Unterteilungen. Die Chinesen benutzten als Zeiteinheiten unterhalb des Tages traditionell zwei Systeme, das eine ist das System der zwölf Doppelstunden und das andere das 100 Ke-System. Beim System der zwölf Doppelstunden wird ein ganzer Tag gleichmäßig in zwölf Zeitabschnitte eingeteilt, die mit den zwölf Erdzweigen Zi, Chou,

---

42 Cao Zengyou: „Chuanjiaoshi yu zhongguo kexue" (Die Missionare und die Wissenschaft in China), Beijing, Zongjiao wenhua chubanshe, 1999, S. 265

Yin, Mao, Chen, Si, Wu, Wei, Shen, You, Xu und Hai ausgedrückt wurden, wobei jede Bezeichnung einen bestimmten Zeitabschnitt ausdrückt. Beim System der 100 Ke wird ein ganzer Tag gleichmäßig in 100 Ke unterteilt, jedes Ke entspricht heutigen 14,4 Minuten, womit die Vorfahren im Leben eine feinere Zeitunterteilung erreichen.

Obwohl das System der zwölf Doppelstunden und das System der 100 Ke zwei verschiedenen Systemen angehören, sind aber die Objekte, die sie ausdrücken, gleich, es handelt sich immer um einen ganzen Tag. Die Zeitabschnitte im System der zwölf Doppelstunden sind recht lang. Obwohl nach der Tang-Dynastie jeder Zeitabschnitt in zwei Teile, die Mitte und das Ende der Doppelstunde unterteilt wurde, krankte sie doch daran, dass diese Zeiteinheit zu groß ist und nicht das Bedürfnis nach einer präzisen Zeitmessung befriedigen konnte. Obwohl das 100 Ke-System recht fein unterteilt ist und es die Entwicklung in Richtung auf eine größere Präzision des Zeitmesssystems des Altertums verkörperte, fehlte aber zwischen einem Tag und einem Ke eine passende dazwischen liegende Einheit. Im Gebrauch war es unbequem. Deshalb konnten sich diese beiden Systeme nicht gegenseitig ersetzen, sie konnten nur gleichzeitig existieren und einander ergänzen. In der Praxis benutzten die Vorfahren das 100 Ke-System, um das System der zwölf Doppelstunden zu ergänzen, und das System der zwölf Doppelstunden unterstützte das 100 Ke-System.

Weil das System der zwölf Doppelstunden und das 100 Ke-System parallel existierten, gab es zwischen ihnen ein Koordinationsproblem. Aber 100 hat kein ganzzahliges Vielfaches von 12, so dass die Koordination schwierig ist. Deshalb hatten die Vorfahren unterhalb des Ke das kleine Ke abgeteilt, wobei 1 Ke gleich 6 kleine Ke ist. So umfasste jede Doppelstunde 8 Ke und 2 kleine Ke und die erste und die zweite Hälfte einer Doppelstunde umfasste 4 Ke und 1 kleines Ke. Obwohl man mit diesem Verfahren eine erzwungene Koordination zwischen dem 100 Ke-System der 100 Ke und dem 12 Doppelstunden-System erreichte, war jedoch die Unterteilung der Zeiteinheiten verwickelt. Das Problem, dass die Größen zwischen Ke und kleinem Ke nicht übereinstimmten, vergrößerte die Schwierigkeit bei der Herstellung entsprechender Geräte, und ihr Gebrauch war sehr unbequem. Sie stand in krassem Widerspruch zu den Forderungen der Zeitmetrologie.

Das von den Jesuiten vorgestellte Zeitsystem veränderte diese Situation. Nachdem in den letzten Jahren der Ming-Dynastie Missionare nach China gekommen waren, gehörten zu dem ersten, das sie an wissenschaftlichen Kenntnissen eingeführt hatten, die neuen Zeiteinheiten. Diese neuen Zeiteinheiten äußerten sich zuerst in einer Reformierung des „Ke". Die Missionare schufen die Herangehensweise ab, einen Tag in 100 Ke einzuteilen, und ersetzten sie durch ein 96 Ke-System, damit es mit dem 12 Doppelstunden-System harmoniert. Die Herangehensweise, das 100 Ke-System zu reformieren, war in der Geschichte Chinas nichts Neues. Zum Beispiel benutzte man zur Zeit des Han-Kaisers Aidi und von Wang Mang jeweils ein 120 Ke-System, und zur Zeit der Südlichen und Nördlichen Dynastien führte der Kaiser Wudi der Liang-Dynastie von den Südlichen Dynastien ein 96 Ke- und ein 108 Ke-System ein, aber infolge solch unwissenschaftlicher Einflüsse, dass man nicht die Reaktion der Himmlischen erhielt, währten diese Reformen nur sehr kurze Zeit. Am Ende der Ming- und zum Beginn der Qing-Dynastie waren die historisch wirkenden Einflüsse gegen eine Reform des Zeitsystems schon sehr abgeschwächt, so dass der Kreis der chinesischen Astronomen sehr schnell die Vorteile der Reform der Missionare erkannte und akzeptierte, dass Matteo Ricci und seine Mitarbeiter „durch die Einteilung des Tages in 96 Ke erreichten, dass eine Doppelstunde 8 Ke ohne Rest beträgt, was für die Berechnung und die Anfertigung von Geräten sehr bequem ist".[43]

Es hatte seinen Grund, dass die Missionare zuerst in der Winkel- und der Zeitmetrologie Reformen durchführten. Wenn sie, gestützt auf Wissenschaft und Technologie, die Beachtung der chinesischen Gelehrten gewinnen wollten, musste zuerst der astronomische Kalender genau sein. Das erforderte, mit dem Wissen der Astronomie des Westens die chinesischen Beobachtungsergebnisse zu vergleichen und zu berechnen. Aber wenn man bei solch grundlegenden Einheiten wie dem Winkel und der Zeit das traditionelle chinesische System anwendet, würden sich ihre Berechnungen sehr kompliziert gestalten.

Bei der Reform des Zeitsystems schlugen die Missionare zuerst ein 96 Ke-System vor, aber nicht das System der Zeiteinheiten des Westens mit Stunde, Minute und Sekunde (HMS), weil sie die traditionelle chinesische Kultur berücksichtigten. Im System der Zeitmesseinheiten HMS des Westens ist Ke keine unabhängige Einheit. Dass die Missionare es einführten, lag natürlich daran, dass das 100 Ke-System im System der Zeitmessung Chinas einen äußerst wichtigen Platz eingenommen hatte und schon seit langem benutzt wurde. Um sich dem Gefühl der Chinesen für die Zeiteinheiten anzupassen, konnten sie nicht umhin, so zu handeln. Mit der Einführung des 96 Ke-Systems durch die Missionare wich die Länge eines Ke vom Ke des ursprünglichen 100 Ke-Systems nur um 36 Sekunden ab, so dass die Menschen von den Lebensgewohnheiten den Unterschied zwischen beiden kaum spürten, was die Akzeptanz erleichterte. Da die Stunde des Westens gleich der Stunde des 12 Doppelstunden-Systems ist, kam es bei der Einführung des neuen Zeitsystems nicht zu allzu großen Unterschieden gegenüber dem traditionellen Zeitsystem, so dass die Chinesen es abgelehnt hätten, aber es konnte auch nicht die Vollkommenheit des HMS-Systems zerstören. Darum war diese Reform auch vorteilhaft, um schrittweise das HMS-System voranzubringen.

Obwohl das 96 Ke-System die chinesische Tradition berücksichtigte, stieß es dennoch auf Kritik. Das klassische Beispiel war der von Yang Guangxian in den Anfangsjahren der Herrschaft von Kaiser Kangxi ausgelöste Fall der Vertreibung der Jesuiten, der zu einer der Grundlagen für die Verurteilung der Missionare wurde. Im „Qing Sheng Zu Shi Lu" (Annalen des Kaisers Shengzu der Qing-Dynastie), ist über diese Strafsache aufgezeichnet: „Die Kalender sind sehr tiefgründig und schwer zu unterscheiden. Aber nach der alten Methode in den einzelnen Dynastien hatte der Tag immer zwölf Doppelstunden und 100 Ke. Nach der neuen Methode hat er nun 96 Ke, ... was aber nicht mehr mit der Vergangenheit übereinstimmt."[44] Jedoch ging diese Kritik nicht vom Aspekt der Wissenschaft aus, sie beeinflusste nicht die Annahme des neuen Verfahrens im Kreis der Astronomen. Hierüber lieferte Verbiest einen Beleg: „Wenn nach dem ‚Shoushi-Kalender' der Tag mit 100 Ke unterteilt wird, ist jede Doppelstunde 8 Ke und ein Rest lang. Wenn man vom Groben zum Feinen kommt und nacheinander rechnet, muss man wegen dieses Rests endlose

---

43 „Ming Shi, Kap. Aufzeichnungen über Astronomie, Teil I"
44 Qing Sheng Zu Shi Lu (Annalen des Kaisers Shengzu der Qing- Dynastie), Kap. XIV „Kangxi Si Nian San Yue Ren Yin" (Tag Renyin im 3. Monat des 4. Jahres der Regierung von Kangxi)

Rechnungen vollführen. Besonders wenn man zu den Astronomen kommt, so ist ihnen klar, dass das 100 Ke-System wegen seiner Beschwerlichkeit nicht bequem anzuwenden ist. Wenn sie die genaue Zeit von Verfinsterungen berechnen, benutzen sie ausnahmslos das 96 Ke-System." Das heißt, das alte Zeitsystem war höchst kompliziert, weshalb sogar traditionsbewusste Kalendermacher es verworfen hatten und nicht weiter benutzten, sondern daraufhin das neue 96 Ke-System aufgriffen. Das zeigt deutlich, dass die Ablösung des 100 Ke-Systems durch das neue 96 Ke-System vollkommen gerechtfertigt war. Verbiest hatte die Wahrheit ausgesprochen, denn nachdem die Missionare das neue Zeitsystem eingeführt hatten, löste das 96-Ke-System das 100 Ke-System ab. Die gemeinsame Verwendung des 12 Doppelstunden-Systems und des 96-Ke-Systems war eine Besonderheit des Systems der Zeitmessung bei den Beamten am Hof der Qing.

Aber das neue Zeitsystem war nicht perfekt und ohne Makel, zum Beispiel beharrte man darauf, spezielle Namen mit chinesischen Schriftzeichen anstelle von Zahlen zu benutzen, um die konkrete Zeit auszudrücken. Das war für die mathematischen Ableitungen unvorteilhaft. Aber die Missionare blieben hier nicht stehen, außer dem 96-Ke-System führten sie das HMS-System ein. Wir wissen, dass das HMS-System auf der Grundlage der Einteilung eines Zentriwinkels von 360° entstanden ist. Da das System der Einteilung eines Zentriwinkels in 360° von den Chinesen akzeptiert wurde, konnte auch das neue System der Zeitmesseinheiten HMS in gleicher Weise von den Chinesen akzeptiert werden. Das war ein systematisches Vorgehen. Als man darum im 9. Jahr der Regierung des Kaisers Kangxi (1670) begann, das 96-Ke-System einzuführen, hatte man von Anfang an ein System mit „einem vollen Tag gleich 12 Doppelstunden, einer Doppelstunde gleich 8 Ke, 1 Ke gleich 15 Minuten und einer Minute gleich 60 Sekunden".[45] Das ist in der Tat das HMS-System.

Nachdem das neue Zeitsystem eingeführt war, erlangte es rasch weite Verbreitung. Dieser Punkt äußerte sich hinlänglich in der Astronomie. Vor allem bei der Anfertigung von astronomischen Geräten wurde das neue Zeitsystem angewendet. Auf dem Zeitring der astronomischen Geräte der Qing-Dynastie wurde, außer, dass die zwölf Sternbilder noch angegeben wurden, die HMS-Einteilung eingraviert.[46] Hier soll ein konkretes Beispiel angeführt werden. Unter den neuen astronomischen Geräten, die unter der Leitung und überwacht von Verbiest angefertigt wurden, gibt es ein sogenanntes Äquatorgerät. Auf diesem Gerät sind „auf dem Ring innerhalb des Äquators und auf der Oberseite die 24 Stunden, die mit den beiden Schriftzeichen ‚Anfang' und ‚Mitte' unterschieden werden, eingraviert. Jede Stunde wird gleichmäßig in vier Ke unterteilt, so dass die 24 Stunden insgesamt 96 Ke haben. Auf der Ringfläche wird jedes Ke mit drei Rechtecken gleichmäßig unterteilt, so dass jedes Rechteck 5 Minuten entspricht und 1 Ke 15 Minuten hat. Jede Minute wird mit der Proportionalität einer Diagonalen weiter in 12 Teile unterteilt, so dass 1 Ke 180 feine Teile hat, und jedes Teil 5 Sekunden entspricht."[47] Aufgrund dieser

---

45 F. Verbiest: Li Fa Bu De Yi Bian (Unumgängliche Klarstellung des Kalenders), Kap. Diskussion über die Unterteilung des Tages mit 100 Ke

46 „Jia Qing Hui Dian" (Sammlung der Gesetze der Regierungsära Jiaqing) Kap. 64 „Qing Hui Dian" (Sammlung der Gesetze der Qing-Dynastie), Beijing, Zhonghua shuju, 1991

47 Wang Lixing: „Jishi zhidu kao" (Untersuchung über das System der Zeitmessung), „Zhongguo tianwenxue shi wenji" (Literatursammlung zur Geschichte der chinesischen Astronomie), 4. Sammlung, Beijing, Kexue chubanshe, 1986, S. 41

Darlegung erkennen wir unschwer, dass auf diesem neuartigen Gerät das HMS-System angewendet wurde. Bei der Vorstellung der Temperaturmetrologie im vorigen Abschnitt führte Verbiest an, als er die Anwendung des Thermometers erläuterte, „Wenn man die Kugel A bis zu ein, zwei Minuten eines Ke reibt (eine Minute hat 60 Sekunden, die Regel für die Festlegung von Minute und Sekunde ist in dieser Darlegung angegeben (ungefähr eine Pulslänge entspricht einer Sekunde)." Die hier erwähnten Minuten und Sekunden sind die Einheiten des HMS-Systems. Diese Ausführung ist ein Beispiel für die Anwendung des HMS-Systems außerhalb des Bereichs der Astronomie.

In Kangxi's „kaiserlich herausgegebenem" Werk „Shu Li Jing Yun" (Grundlegende Prinzipien der Mathematik) ist im Kap. I „Du Liang Quan Heng" (Maße und Gewichte) das HMS-System als Zeitsystem offiziell aufgezeichnet worden:

„Die Einheiten des Kalenders lauten Gong (Sternbildabstand) (30 Grad), Grad (60 Minuten), Minute (60 Sekunden), Sekunde (60 Wei), Wei (60 Qian), Qian (60 Hu), Hu (60 Mang), Mang (60 Chen)."

„Außerdem gibt es die Einheiten Tag (12 Doppelstunden oder 24 kleine Stunden), Doppelstunde (8 Ke oder für die kleine Stunde 4 Ke), Ke (15 Minuten), Minute, die darauf folgenden Einheiten sind wie oben."

Der in Klammern gesetzte Text in dem Zitat sind Anmerkungen des Originalbuches. Die vordere Hälfte des Zitats gibt die Winkeleinheiten nach dem 60er System an. Sie sind ein Ergebnis der Einführung durch die Missionare. Die nachfolgende Hälfte ist das neue Zeitsystem, das im Wesentlichen mit dem von den Missionaren vorgestellten westlichen Zeitsystem übereinstimmt. Weil das Werk „Shu Li Jing Yun" den Status „kaiserlich herausgegeben" hat, bedeutet seine Aufzeichnung, dass das neue Zeitsystem von der Beamtenschaft vollständig anerkannt wurde.

Mit einem neuen Zeitsystem, aber ohne der Epoche entsprechende Zeitmessgeräte kann sich die Zeitmetrologie nicht entwickeln.

Als traditionelle Zeitmessgeräte gab es in China Sonnenuhren, Wasseruhren und mechanische Zeitmessgeräte, die mit astronomischen Geräten verbunden waren. Unter den letzteren befanden sich der hydraulisch angetriebene Himmelsglobus von Yi Xing aus der Tang-Dynastie, die hydraulisch angetriebene Armillaruhr von Su Song aus der Nördlichen Song-Dynastie und andere. Bei den Sonnenuhren misst der Benutzer durch die Beobachtung der Richtung des auf ihr projizierten Schattens die Zeit. Bei bedecktem Wetter oder Regen und am Abend konnte man sie nicht benutzen, was ihren Verwendungsbereich stark einschränkte. Im Altertum war eine noch wichtigere Anwendung der Sonnenuhr nicht die Zeitmessung, sondern dass sie für andere Zeitmessgeräte ein Normal lieferte. Das Arbeitsprinzip der Wasseruhr besteht darin, dass ein gleichmäßiger Wasserfluss eine Änderung des Wasserstands bewirkt, mit dem die Zeit angezeigt wird. Wasseruhren waren die wichtigsten Zeitmessgeräte im alten China. Da die Vorfahren ihnen viel Beachtung schenkten, erlangten Wasseruhren im alten China eine hochgradige Entwicklung, und ihre Messgenauigkeit erreichte ein erstaunliches Niveau. Innerhalb einer relativ langen historischen Periode nach der Östlichen Han-Dynastie hielt sich der tägliche Fehler der Wasseruhren in China innerhalb einer Minute, manchmal betrug er sogar nur etwa 20 Sekunden. Aber die Wasseruhren wiesen auch die Mängel auf, dass sie sehr voluminös, die technischen Forderungen an sie hoch waren und die Handhabung kompliziert war. Wenn verschiedene Wasseruhren von verschiedenen Personen betrieben wurden, konnten ihre Zeitmessergebnisse sehr große Unterschiede aufweisen. Offensichtlich konnten sie den Forderungen der Zeitmetrologie nach Präzision und Einheitlichkeit nicht entsprechen.

Bei den mechanischen Zeitmessgeräten, die mit astronomischen Geräten verbunden waren, existierten auch Faktoren, die für die Entwicklung der Zeitmetrologie ungünstig waren. Im alten China wurden die mechanischen Zeitmessgeräte zu einem glänzenden Niveau entwickelt. Su Song's hydraulisch angetriebene Armillaruhr war hinsichtlich ihres Ausmaßes, der raffinierten Konstruktion und der Vollkommenheit des Zeitanzeigesystems einmalig auf der Welt. Aber die ursprüngliche Absicht, wenn die Vorfahren derartige Zeitmessgeräte konstruierten, war nicht darauf gerichtet, für die Allgemeinheit die Zeit zu messen, sondern es als eine Art Präsentationsgerät zu benutzen, um den Herrschern die Prinzipien der Astronomie vorzuführen. Daraus ergab sich, dass man mit ihnen die Zeitmetrologie nicht entwickeln konnte. Von den Eigenschaften der Vergesellschaftung der Metrologie her gesehen, war es auch sehr schwierig, zwischen verschiedenen derartigen Geräten Genauigkeit und Einheitlichkeit der Messergebnisse zu erreichen. Darum musste man die mechanischen Zeitmessgeräte von den astronomischen Geräten trennen, um die grundlegenden Forderungen der Zeitmetrologie zu verwirklichen, und man musste die traditionellen Kräfte des Wassers oder des rinnenden Sandes durch die Antriebskraft von Gewichten oder Federn ersetzen, erst so konnte man das Tor zu den modernen Uhren aufstoßen und für den Fortschritt der Zeitmetrologie Voraussetzungen schaffen. In China wurde dieser Prozess mit Hilfe der von den Missionaren eingeführten mechanischen Uhren schrittweise verwirklicht.

Der erste Missionar, der eine Uhr aus dem Westen nach China mitgebracht hatte, war Michele Ruggieri (Luo Mingjian, 1543 – 1607).[48] Ruggieri war ein italienischer Jesuit. 1581 kam er nach China. Zuerst lernte er in Macao Chinesisch, später siedelte er nach Zhaoqing in der Provinz Guangdong um. Nachdem er nach Guangdong gekommen war, schenkte er dem Generalgouverneur von Guangdong Chen Rui eine große Schlaguhr. Chen Rui war über sie sehr erfreut und erlaubte ihm danach, in Guangdong zu bleiben und zu missionieren.

Ruggieri hatte an der Chen Rui geschenkten Schlaguhr, um sie den Gewohnheiten der Chinesen anzupassen, beim Anzeigessystem mehrere Modifizierungen vorgenommen. Zum Beispiel hatte er das 24-Stundensystem, bei dem der Stundenzeiger, der bei den europäischen mechanischen Uhren zweimal umläuft, durch ein 12-Doppelstunden-System ersetzt, bei dem der Zeiger einmal umläuft, und hatte die römischen Ziffern auf dem Zifferblatt durch die Bezeichnungen der zwölf Erdzweige mit chinesischen Schriftzeichen dargestellt. Seine Abänderungen beeinflussten im Wesentlichen nicht die spätere Reform der Missionare am Zeitsystem. Eben deshalb wurde die von ihm geschaffene Anzeigeplatte mit den zwölf Doppelstunden bis zum Ende der Qing-Dynastie beibehalten.

Ruggieri's Herangehensweise regte die nacheinander nach China gekommenen Missionare wie den ein Jahr später nach China gekommenen Matteo Ricci an, westliche Uhren mitzubringen. Als er noch in Zhaoqing in der Provinz Guangdong lebte, zeigte Matteo Ricci

---

48 F. Verbiest: „Xin Zhi Liu Yi" (Sechs neu angefertigte Geräte), „Xin Zhi Ling Tai Yi Xiang Zhi", Kap. 1, Shanghai, Shanghai wenyi chubanshe, 1993, fotomechanischer Nachdruck

den Chinesen eine mitgebrachte Uhr, eine Weltkarte und ein Prisma und erregte damit ihre Neugier. Als er nach Beijing kam und dem Hof diese Dinge als Geschenk überreichte, war man darüber sehr erfreut. Der Kaiser Wanli stellte die westliche Uhr neben sich auf, zeigte sie anderen und erlaubte Matteo Ricci und seinen Mitarbeitern, sich in der Hauptstadt niederzulassen und zu missionieren.

Nachdem die Ming-Dynastie untergegangen war, wandten sich die nach China gekommenen Missionare an den Hof der Qing-Dynastie, um ihre missionarische Tätigkeit in China fortzusetzen. Unter den verschiedenen Dingen, die sie dem Qing-Hof als Geschenk überreichten, nahmen die mechanischen Uhren nach wie vor einen hervorragenden Platz ein. Adam Schall von Bell hatte dem Kaiser Shunzhi einst eine Schlaguhr mit Himmelsglobus geschenkt. Gabriel de Magalhaes (An Wensi, 1609–1677), der mit Adam Schall von Bell eng befreundet war, war in Mechanik sehr versiert. Er betreute nicht nur für die Kaiser Shunzhi und Kangxi die Uhren, sondern hatte dem Kaiser Kangxi persönlich eine Uhr geschenkt. Ferdinand Verbiest hatte die neuartigen mechanischen Uhren in seinem Werk „Ling Tai Yi Xiang Zhi" gezeichnet (siehe Bild 8.2), wodurch sie sich noch mehr verbreiteten.

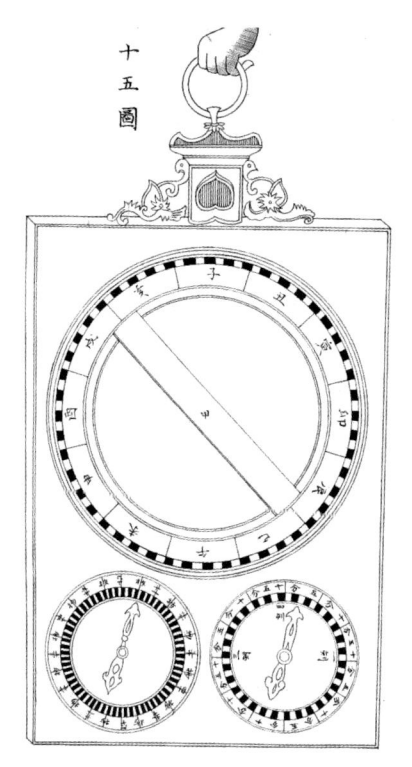

Bild 8.2 Die im Werk „Ling Tai Yi Xiang Zhi" gezeichnete mechanische Uhr

Unter den Missionaren, die daraufhin nacheinander in China eintrafen, gab es viele, die mechanische Uhren mitbrachten. Es gab auch nicht wenige Missionare, die in China als Uhrmacher arbeiteten.

Die von den Missionaren eingeführten mechanischen Uhren weckten bei den Chinesen ein sehr starkes Interesse. Als der Ritenminister Xu Guangqi im zweiten Jahr der Regierungsära Chongzhen das Kalenderamt leitete, standen auf der Liste der astronomischen Geräte, deren Anfertigung er in einer Eingabe an den Kaiser erbat, auch „drei Zeitanzeigeglocken",[49] was belegt, dass er schon auf die Funktion mechanischer Uhren aufmerksam wurde. Während der Qing-Dynastie nahm das Interesse des Kaiserhofes und der Adligen für Schlaguhren nur noch zu. Zur Zeit des Kaisers Kangxi wurde am Hof „ein Mann damit betraut, die Schlaguhren zu warten. Die Beschäftigten dieses besonderen Amts wurden mit Silber bezahlt, sie prüften die Zeit der Schlaguhren." Unter dem Amt zur Aufsicht über die Schlafgemächer wurde auch eine Fertigungsstätte für Uhren eingerichtet, die „Uhrenwerkstatt" hieß, und es wurde ein Aufsicht führender Beamter eingesetzt, der für die Reparatur und Herstellung von Uhren verantwortlich war.[50] Unter dem Einfluss der Oberschicht der Gesellschaft verbreitete sich die Leidenschaft für die Herstellung von Uhren bis ins Volk. Etwa zur gleichen Zeit, als man bei Hofe Uhren herstellte, tauchten in Guangzhou, Suzhou, Nanjing und Fuzhou nacheinander Gewerbe zur Herstellung und Reparatur von Uhren auf Familienbasis auf, und es trat eine ganze Reihe chinesischer Handwerker auf den Plan, die sich auf die Herstellung von Uhren verstand. Unter den Handwerkern in der Fertigungsstätte für Uhren gab es außer den Missionaren, die als Handwerker aus dem Westen fungierten, nicht wenige chinesische Handwerker, das ist ein handfester Beleg. Die Verbreitung der Herstellung von Uhren bereitete gute technische Bedingungen für die Verbreitung der Zeitmetrologie in China.

Die Chinesen beherrschen nicht nur die Technologie der Uhrenherstellung, sondern hielten dies auch in Aufzeichnungen fest. Sie führten Untersuchungen und Verbesserungen hinsichtlich ihres Aufbaus und der Theorie durch. Nicht lange nachdem die westlichen Uhren gerade in China eingeführt waren, hatte Wang Zheng in seinem Werk „Xin Zhi Zhu Qi Tu Shuo" (Illustrierte Erläuterungen zu den neu hergestellten Geräten) (das Buch entstand im Jahre 1627) ein Prinzipbild einer Schlaguhr mit einem Gewichtsantrieb wiedergegeben, und anknüpfend an die Tradition der Zeitanzeige in mechanischen Uhren in China hatte er die Vorrichtung für die Zeitanzeige zu Holzfiguren, die eine Glocke anschlugen und eine Trommel rührten, abgewandelt. Am Anfang der Qing-Dynastie hatte Liu Xianting in seinem Werk „Guang Yang Za Ji (Vermischte Notizen aus Guangyang) ausführlich beschrieben, wie die aus dem Volk stammenden Uhrenbauer Zhang Shuochen und Ji Tanran Schlaguhren herstellten. In dem in die Sammlung „Si Ku Quan Shu" aufgenommenen Werk aus der Qing-Dynastie „Huang Chao Li Qi Tu Shi" (Illustrationen zu den rituellen Geräten des Kaiserhofes) waren eigens eine Schlaguhr, eine Uhr für Doppelstunden und andere mechanische Uhren, die am Qing-Hof hergestellt wurde, abgebildet. Im 14. Jahr der Regierungsära Jiaqing (1809) verfasste Xu Chaojun, ein Nachfahre von Xu Guangqi, das Buch „Zhong Biao Tu Shuo" (Illustrierte Erläuterung der Uhren), in dem er die entsprechende Herstellungstechnologie und die Theorie systematisch zusammengefasst hatte. Dieses Buch ist

---

49 Kangxi „kaiserlich herausgegebenes Werk" „Shu Li Jing Yun" (Grundlegende Prinzipien der Mathematik), „Si Ku Quan Shu" (Sammlung der Bücher in vier Abteilungen), Ausgabe der Halle Wen Yuan Ge
50 Hua Dongxu: „Zhongguo louke" (Chinesische Wasseruhren), Hefei, Anhui keji chubanshe, 1991, S. 180, S. 215

die erste technologische Enzyklopädie über mechanische Uhren in der Geschichte Chinas und zugleich ein seltenes Werk über Zeitmessgeräte und angewandte Mechanik.[51]

Während sich das Uhrengewerbe in China unter dem Einfluss der Missionare weiter entwickelte, verbesserte sich die Herstellungstechnologie der Uhren im Westen ebenfalls ununterbrochen. Die Genauigkeit der Zeitmessung mit mechanischen Uhren im europäischen Mittelalter war durchaus nicht hoch, aber als im 17. Jahrhundert Galilei den Isochronismus des Pendels entdeckte, führten er und Huygens unabhängig voneinander tiefgründige Untersuchungen über den Isochronismus des Pendels und die Pendellinie durch und legten dadurch den Grundstein für das Aufkommen und den Aufschwung moderner Uhren sowie für die moderne Zeitmetrologie. 1658 erfand Huygens die Penduhr[52], und 1680 hatte der Londoner Uhrenbauer Clement die Ankerhemmung bzw. den Uhranker in die Herstellung von Uhren eingeführt.[53] Diese Fortschritte kennzeichneten die Geburt des modernen Uhrengewerbes.

Wurden also die Fortschritte der modernen Uhrentechnologie im Gefolge des kontinuierlichen Eintreffens von Missionaren in China rechtzeitig vorgestellt? Die Antwort ist eindeutig ja. Man kann sagen, dass die vor dem Untergang der Ming-Dynastie (1644) von den Jesuiten nach China mitgebrachten Uhren Wasseruhren, Sanduhren, Uhren mit mittelalterlichem Gewichtsantrieb oder wenig verbesserte Produkte waren; aber die ab dem 15. Jahr der Regierungsära Shunzhi (1658) nach China eingeführten Uhren waren wahrscheinlich Uhren des Huygens-Typs; nach dem 20. Jahr der Regierungsära Kangxi (1681) waren es wahrscheinlich vor allem Uhren mit Ankerhemmung und Feder (oder Unruhfeder)."[54] Das heißt, dass die technologische Entwicklung der chinesischen Uhren mit dem technologischen Fortschritt der modernen Uhren fast Schritt gehalten hatte. Das bereitete die grundlegenden Bedingungen vor, dass China in die Modernisierung der Zeitmetrologie eintrat. Natürlich hatte man nur einheitliche Zeitmesseinheiten und Uhren, die eine bestimmte Präzision erreicht hatten, aber kein einheitliches Zeitmesssystem im ganzen Land, es gab nicht den Begriff der Normalzeit und keine Weitergabe der Größen von Zeit und Frequenz. Deshalb konnte selbstverständlich nicht die Rede davon sein, dass die Forderungen der Modernisierung der Zeitmetrologie schon verwirklicht worden wären.

---

51 Cao Zengyou: „Chuanjiaoshi yu zhongguo kexue" (Die Missionare und die Wissenschaft Chinas), Beijing, Zongjiao wenhua chubanshe 1999, S. 157
52 „Ming Shi" (Geschichte der Ming-Dynastie), Kap. Aufzeichnungen über Astronomie, Teil I"
53 „Qing Shi Gao" (Entwurf der Geschichte der Qing-Dynastie), Kap. Zhi Guan Zhi (Aufzeichnungen über Beamte)
54 Dai Nianzu: Zhongguo kexue jishu shi, wulixue juan (Geschichte von Wissenschaft und Technik in China, Band Physik), Beijing, Kexue chubanshe, 2001, S. 505

4. Einfluss des Begriffs der Erdkugel

Die Keime der neuzeitlichen Metrologie äußerten sich nicht nur im Auftreten solcher Messgeräte, wie des Thermometers und neuzeitlicher mechanischer Uhren, noch wichtiger war der Import neuer Ideen. Ohne wissenschaftliche Ideen, die der neuzeitlichen Metrologie entsprechen, kann keine neuzeitliche Metrologie entstehen. Diese Ideen sind nicht sämtlich Produkte der neuzeitlichen Wissenschaft, aber ohne sie gibt es keine neuzeitliche Metrologie. Der oben erwähnte Begriff des Winkels ist ein Beispiel davon, und die Vorstellung von der Erdkugel ist eben solch ein Fall.

Die Entstehung der Idee der Erdkugel hängt nicht mit der Revolution der neuzeitlichen Wissenschaft des 17. Jahrhunderts zusammen. Schon im alten Griechenland gab es das Wissen, dass die Erde eine Kugel ist. Die Griechen hatten durch die Beobachtung der Form des Schattens auf der Mondoberfläche bei einer Mondfinsternis, durch die Beobachtung des Verschwindens und Auftauchens des Schiffskörpers und des Segels von Segelschiffen auf dem Meer und durch die Beobachtung der Veränderung der Höhe des Polarsterns bei Reisen in Nord-Süd-Richtung schließlich den wissenschaftlichen Begriff der Erdkugel gebildet. Diese Vorstellung wurde im frühen Mittelalter von der christlichen Religion stets abgelehnt, aber diese Ablehnung führte nicht dazu, dass die Lehre von der Erdkugel verschwand, vielmehr als sich im 13. Jahrhundert die Lehre des Aristoteles herausbildete, wurde die Lehre von der Erdkugel noch tiefer in die Herzen der Gelehrten eingepflanzt. „In dieser Periode stimmte jeder mittelalterliche Gelehrte zu, dass sie eine Kugel sei, und ihnen war der Schätzwert ihres Umfangs geläufig und akzeptiert."[55] Als die wissenschaftliche Revolution der Neuzeit eintrat, stimmten eben deshalb, ganz gleich, ob es sich um Wissenschaftler handelte, die der neu aufgetretenen heliozentrischen Lehre des Kopernikus anhingen, oder um Gelehrte handelte, die noch die geozentrische Lehre des Ptolemäus unterstützten, bei dem Problem der Gestalt der Erde in dem allgemeinen Wissen überein, dass die Erde eine Kugel sei.

Obwohl die Entstehung der Idee der Erdkugel nicht mit der Revolution der Wissenschaft der Neuzeit verknüpft ist, war sie dennoch eine Vorbedingung für die Entstehung der neuzeitlichen Metrologie. Ohne die Idee der Erdkugel hätte die französische Nationalversammlung in den 90er Jahren des 18. Jahrhunderts nicht beschließen können, dass der vierzigmillionste Teil des durch Paris verlaufenden Erdmeridians die Basiseinheit der Länge darstellt. Dadurch wurde der Vorhang des metrischen Systems in der Geschichte der neuzeitlichen Metrologie aufgezogen. Ohne die Idee der Erdkugel hätte es auch nicht die Idee der Einteilung in Zeitzonen gegeben, und die Zeitmetrologie hätte sich nicht entwickeln können. Darum ist die Idee der Erdkugel für die Entstehung der neuzeitlichen Metrologie äußerst wichtig.

In der traditionellen Kultur Chinas gab es nicht die Vorstellung einer Erdkugel. Um die wissenschaftliche Idee der Erdkugel hervorzubringen, muss man zuerst erkennen, dass das Wasser ein Teil der Erde und die Wasseroberfläche gekrümmt ist und ein Teil der Erdoberfläche darstellt. Die Chinesen hatten immer geglaubt, dass die Wasseroberfläche

---

55 David C. Lindberg: Xifang kexue de qiyuan (The Beginnings of Western Science), übersetzt von Wang Jun u.a., Beijing, Zhongguo dui wai fanyi chuban gongsi, 2001, S. 259

eben ist. Die Idee des Horizonts (im Chinesischen wörtlich: 水平 „ebenes Wasser") war tief im Bewußtsein der Menschen verwurzelt und konnte zweifellos das Aufkommen einer Idee der Erdkugel behindern. Im alten China gab es mehrere repräsentative Lehren über den Aufbau des Kosmos, ob es sich um die Lehre der Darlegung des Nachthimmels oder um die Theorie der Himmelskuppel handelt, die eine vollkommene Theorie darstellt, und schließlich die Theorie des sphärischen Himmels, die später einen beherrschenden Platz eingenommen hatte, gab es doch niemals eine im wissenschaftlichen Sinne Idee einer Erdkugel. Während der Yuan-Dynastie eroberten die monoglischen Heere weite Gebiete im Westen, wodurch China und die Gesellschaften Europas und Arabiens in einen breiteren und direkteren Austausch traten, wobei auch die westliche Lehre der Erdkugel nach China gelangte. Der arabische Gelehrte Jamāl al-Dīn fertigte in China eine Reihe astronomischer Geräte an, von denen eines „ku lai yi a er zi" hieß. In der Chronik „Yuan Shi. Kap. Aufzeichnungen über Astronomie" wird dieses Gerät vorgestellt:

„Das Ku-lai-yi-a-er-zi heißt auf Chinesisch Di Li Zhi 地理志 (Geografie). Es ist als eine Kugel aus Holz hergestellt. Sieben Teile sind Wasser, seine Farbe ist grün; drei Teile sind Land, seine Farbe ist weiß. Auf ihr sind die Ströme, Flüsse, Seen und Meere aufgezeichnet, die das Land wie Adern durchziehen. Auf ihm sind kleine Quadrate gezeichnet, mit denen sich die Ausdehnung auf der Kugel abmessen lässt, sie geben die Entfernung in Li an."

Zweifellos handelte es sich um einen Globus. Ohne jeden Abstrich verkörpert er die Idee der Erdkugel. Aber dieses Ereignis hatte „auf die Geschichte der Astronomie in der Yuan-Dynastie keinen Einfluss ausgeübt".[56] Bis zur Ming-Dynastie hatte die Idee der Erdkugel in der Auffassung der chinesischen Gelehrten keine Wurzeln geschlagen. Eine grundlegende Änderung in dieser Situation fand erst am Ende der Ming- und zu Anfang der Qing-Dynastie statt, als die Missionare die wissenschaftliche Idee der Erdkugel nach China brachten.

Die Einfuhr der Idee der Erdkugel führte von Matteo Ricci an zu einer grundlegenden Wandlung. Im „Ming Shi, Kap. Aufzeichnungen über Astronomie, Teil I" wurde der Inhalt der von Matteo Ricci eingeführten Lehre der Erdkugel ausführlich vorgestellt:

„Er sagte, dass die Erde rund sei und sich in der Mitte des Himmels befände. Ihre Gestalt ist kreisrund, und sie stimmt mit den Gestirnen des Himmels überein. China liegt nördlich des Äquators, deshalb ist der Polarstern stets sichtbar, und der Südpol bleibt immer verborgen. Wenn man 250 Li nach Süden geht, dann steht der Polarstern um 1° niedriger; geht man 250 Li nach Norden, steht der Polarstern 1° höher. Nach Osten und Westen ist es das Gleiche. 250 Li ergeben ebenfalls eine Differenz von 1°. Wenn man eine Messung anhand des Umfangs des Himmels vornimmt, so ergeben sich für den Umfang der Erde 90000 Li. Wenn man mit der präzisen Kreiszahl rechnet, erhält man einen Durchmesser von 28647 und 8/9 Li. Die Breitengrade in Nord-Süd-Richtung bestimmen die Ausdehnung des Reiches in senkrechter Richtung. Allgemein wenn die Gradzahl eines Orts vom Nordpol gleich ist, dann weisen die vier Jahreszeiten und Kälte und Hitze keine Unterschiede auf. Wenn die Gradzahl eines Orts vom Südpol gleich der des Nordpols ist, dann wird sich die Länge von Tag und Nacht nicht unterscheiden, einzig die Jahreszeiten sind entgegengesetzt. Wo hier Frühling ist, herrscht dort der Herbst; wo hier Sommer ist, herrscht dort der Winter. Die Längengrade von Ost

---

56 Kleine Forschungsgruppe zur Geschichte der Astronomie Chinas: „Zhongguo tianwenxue shi" (Geschichte der Astronomie in China), Beijing, Kexue chubanshe 1987, S. 201

nach West bestimmen die horizontale Ausdehnung des Reiches. Wenn die Längengrade von zwei Orten um 30° voneinander entfernt sind, dann differiert die Zeit um eine Doppelstunde. Sind sie um 180° voneinander entfernt, dann kehren sich Tag und Nacht um."

Es handelt sich um eine wirkliche Lehre der Erdkugel. Aus dieser Darlegung folgt, dass man damals die Lehre der Erdkugel angenommen hatte. Zuerst empfing man eine Beweisführung der westlichen Gelehrten zur Lehre der Erdkugel. Die Angabe „wenn man 250 Li nach Süden geht, dann steht der Polarstern um 1° niedriger; geht man 250 Li nach Norden, steht der Polarstern 1° höher" ist ein direkter Beleg für die Lehre der Erdkugel. Diese Erscheinung wurde in der Tang-Dynastie bei der ersten geodätischen Messung in der Geschichte Chinas, die Yi Xing organisiert hatte, entdeckt, aber man konnte sie noch nicht mit der Lehre der Erdkugel in Verbindung bringen. Als jedoch die Missionare die Lehre der Erdkugel einführten, hatten sie zuerst diesen Beleg für die Lehre der Erdkugel vorgestellt, der die Chinesen zum Nachdenken veranlasste, und als Ergebnis des Nachdenkens erkannten sie die Richtigkeit der Lehre der Erdkugel an. Es gibt die Worte des Gelehrten Fang Yizhi vom Ende der Ming-Dynastie als Beleg, der sagte: „Wenn man 250 Li direkt nach Norden geht, steht der Polarstern 1° höher, das beweist, dass die Erde rund wie eine Frucht ist."[57]

Als die Chinesen die Lehre empfingen, dass die Erde rund ist, erkannten sie natürlich an, dass das Wasser ein Teil der Erde ist. Fang Yizhi hatte hierüber eine klare Kenntnis, er sagte: „Die Gestalt der Erde ist tatsächlich rund, sie befindet sich in der Mitte des Himmels. … Wenn die Überlieferung sagt, dass die Erde auf Wasser schwimmt, und der Himmel alles außerhalb des Wassers umschließt, so ist das falsch. Die Erde hat eine Form wie der Kern einer Walnuss, die Berge ragen hervor, und die Meere füllen die Tiefen."[58] Fang Yizhi's Schüler Jie Xuangeng hatte die Krümmung der Wasseroberfläche klar ausgesprochen: „Die Erde ist rund, und da das Wasser der Erde folgt, ist es auch rund. Allgemein ist jedes Wasser, ob in einem Fluss, See oder in einer Schüssel in der Mitte etwas höher, man merkt es nur nicht."[59] Diese Beweisführung zeigt, dass die westliche Lehre der Erdkugel bei den Unterstützern in China tatsächlich Freunde fand.

Es gab auch Chinesen, die aus Vernunftgründen die Lehre der Erdkugel anzweifelten. Die Zweifel des Qing-Konfuzianers Chen Benli sind besonders typisch, er sagte:

„Wenn Ricci meint, dass die Erde oben und unten in den vier Richtungen von Menschen bewohnt sei, sind diese Worte besonders unglaubwürdig. An den vier Seiten der Erde gibt es jeweils einen Rand. Wenn die Menschen, die an den Rändern stehen, vom östlichen zum westlichen Ende schauen, so erscheint es ihnen wie eine andere Welt, aber sie stehen alle auf der Erde. Wenn man sie nebeneinander gehen und stehen lässt, so finden sie schwerlich Halt. Besonders wenn die Fußsohlen sich umkehren und sie entgegen dem Erdmittelpunkt gerichtet sind, wie können sie dann noch stehen, ohne von der Erde herunterzufallen?"

---

57 Fang Yizhi (Ming): „Tong Ya" (Versiert und erhaben), Kap. 11 „Astronomie und Kalendermessungen"

58 Fang Yizhi (Ming): „Wu Li Xiao Shi" (Kleines Wissen über die Prinzipien der Dinge), Kap. I „Arten der Kalender"

59 Fang Yizhi (Ming): „Di Lei, Shui Yuan" (Über die Erde, Kap. Die Rundheit des Wassers), „Wu Li Xiao Shi" (Kleines Wissen über die Prinzipien der Dinge), Kap. 2, Ausgabe Wan You Wen Ku, Shanghai, Shangwu yinshuguan, 1933, S. 48

Die Frage, wie ein Mensch auf einer Kugel „stehen kann, ohne von der Erde herunterzufallen" erfuhr in der Geschichte der Wissenschaften des Westens mit dem Aufkommen von Newtons universeller Anziehungstheorie eine gründliche Lösung. Vordem hatten Gelehrte im Westen versucht, mit der Vorstellung von relativem Oben und Unten dieses Problem zu lösen. Sie meinten, wenn sich die Erdkugel im Mittelpunkt des Weltalls befindet, zeigt die Richtung im Zentrum nach unten. Entgegen dem Zentrum zeigt sie nach oben. Wenn die Menschen auf einer Kugel stehen, müssen sie sich nur nach der Richtung von oben und unten richten, so dass sie nicht schief stehen und hinfallen können. Eine solche Erklärung fand auch ein Echo unter chinesischen Unterstützern der Idee der Erdkugel, so dass Fang Yizhi's Sohn Fang Zhongtong einst gesagt hatte:

„Oberhalb eines Quadrats ist die Oberseite, darunter ist die Unterseite. Der Rand eines Kreises ist die Oberseite, seine Mitte bestimmt unten. Da sich die Erde genau in der Mitte des Himmels befindet, ist die Erde, auf der alle Menschen stehen, unten, so dass sie nichts davon wissen, dass sie herunterfallen könnten."[60]

Obwohl es danach noch chinesische Gelehrte gab, die die Idee der Erdkugel ablehnten, schlug sie aber in China allmählich Wurzeln.

Nach dem Begriff der Erdkugel folgten ihm auch Fortschritte in der Metrologie. Zum Beispiel beruht der in der Geschichte der Metrologie sehr wichtige Begriff der Zeitdifferenz darauf. Der Begriff der Zeitdifferenz ist mit der traditionellen Lehre der ebenen Erde nicht vereinbar. Nachdem Yelü Chucai am Anfang der Yuan-Dynastie durch seine Beobachtungspraxis die Erscheinung der Zeitdifferenz entdeckte, gelangte er aber nicht weitergehend zu einem wissenschaftlichen Begriff der Zeitdifferenz. Die Angelegenheit entsprang einer Beobachtung einer Mondfinsternis. Nach der Berechnung des damals gebräuchlichen „Kalenders der Regierungsära Daming" musste diese Mondfinsternis etwa um Mitternacht auftreten, aber das Ergebnis von Yelü Chucai's Beobachtung in Taschkent war, dass „die erste Hälfte der Doppelstunde Geng noch nicht zu Ende war, als sich der Mond schon verfinsterte." Nachdem er darüber nachgedacht hatte, kam er zum Schluss, dass dies nicht an einem Berechnungsfehler des Kalenders lag, sondern dass es durch die Differenz der geografischen Positionen hervorgerufen wurde. Wenn eine Mondfinsternis auftritt, wird sie überall zugleich gesehen, aber die Zeit wird abhängig vom Ort verschieden angezeigt. Die Berechnung des „Kalenders der Regierungsära Daming" war für das Gebiet Zentralchinas, aber nicht für die westlichen Gebiete vorgenommen worden. Er erklärte:

„Die erste Hälfte der Stunde Zi entsprechend dem „Daming-Kalender" ist die erste Hälfte der Stunde Zi in China. Die erste Hälfte der Stunde Geng in den westlichen Gebieten gilt für dieses Land. Woher wissen wir, dass die nicht völlig vergangene erste Hälfte der Stunde Geng in den westlichen Gebieten nicht die erste Hälfte der Stunde Zi in China ist? Warum sollte man daran zweifeln, dass bei einer Entfernung von mehreren zehntausend Li nur eine Doppelstunde überschritten wird?"[61]

---

60 Siehe Fang Yizhi: „Wu Li Xiao Shi", Band 1, Kommentar von Fang Zhongtong zu „Runde Körper"
61 Von Su Tianjue (Yuan-Dynastie) kompiliert und verfasst, von Yao Jing'an kommentiert: „Yuan Chao Ming Chen Shi Lüe" (Abriss berühmter Diener des Yuan-Hofes), Beijing, Zhonghua shuju chuban, 1996, S. 75

Aber Yelü Chucai hatte nur darauf verwiesen, dass für ein Ereignis an zwei in Ost-West-Richtung recht weit entfernten Orten unterschiedliche Zeiten angezeigt werden, aber dass die Differenz der angezeigten Zeiten mit der Gestalt der Erde und wie sie mit der Entfernung zwischen den beiden Orten zusammenhängt, darüber machte er nur vage Andeutungen. Da er nicht vom wissenschaftlichen Begriff der Erdkugel ausging, konnte er diese Erscheinung auch nicht eindeutig erklären. Und wenn man die quantitative Beziehung zwischen beiden nicht versteht, kann die Zeitmetrologie auch nicht voranschreiten.

Die Einführung der Idee der Erdkugel löste dieses Problem gründlich. In der vorgestellten Lehre der Erdkugel verwies Matteo Ricci unmissverständlich darauf: „Zwei Orte, die um 30° der Längengrade voneinander entfernt sind, haben eine Zeitdifferenz von einer Doppelstunde. Wenn sie um 180° entfernt sind, kehren sich Tag und Nacht um."[62] Das ist der wissenschaftliche Begriff der Zeitzonen. Wenn man über diesen Begriff und weiter das HMS-System und Zeitmessgeräte einer bestimmten Genauigkeit (wie zum Beispiel Pendeluhren) verfügt, sind für die Geburt der Zeitmetrologie im neuzeitlichen Sinne die Bedingungen bereitet.

Die Einführung der Idee der Erdkugel führte noch zu einem anderen Ereignis, das es wert ist zu erwähnen. Das war die Arbeit der Vermessung für eine Landkarte im Maßstab des ganzen Landes, die in den Jahren der Herrschaft von Kangxi in der Qing-Dynastie entfaltet wurde. Das Besondere der größten unter den zahlreichen Vermessungen in der Geschichte Chinas besteht darin, dass erstmals im Bereich des ganzen Landes die Breiten- und Längengrade gemessen wurden, und man wählte relativ wichtige 641 Punkte der Breiten- und Längengrade[63]. Indem der durch das Kaiserliche Observatorium von Beijing verlaufende Meridian als Ausgangsmeridian und der Äquator als 0° Breite festgelegt wurden, hatte man die Breiten- und Längengrade dieser Punkte gemessen und berechnet. Auf dieser Grundlage wurde eine Landkarte des ganzen Landes vermessen, wobei die Messergebnisse der Breiten- und Längengrade vollauf eine Kontrollfunktion im Prozess der Vermessung der Karte ausübten. Offensichtlich wäre ohne die Idee der Erdkugel ein solches Messverfahren nicht möglich gewesen, und die Vermessungsarbeit am Anfang der Qing-Dynastie hätte nicht einen so großen Erfolg erzielen können. Die Geburt dieses Vermessungsverfahrens ist ein konkreter Ausdruck für den Übergang von der traditionellen zur neuzeitlichen Vermessung in China.

Die Idee der Erdkugel hängt auch mit der Schaffung eines Längennormals zusammen. Das international angewendete metrische System wurde anfangs mit Bezug auf die Länge des Meridians der Erdkugel als Normal ausgearbeitet. Als die Missionare die Idee der Erdkugel in China einführten, erkannten sie vage, dass die Erdkugel selbst ein unveränderliches Längennormal liefern kann. In der Enzyklopädie Gu Jin Tu Shu Ji Cheng (Vollständige Sammlung der Bücher aus alter und neuer Zeit), Kap. Li Xiang Hui Bian (Kompilation über Kalender und astronomische Geräte), Li Fa Dian (Werke über Kalender)" sind im Kap. 815 in „Xin Fa Li Shu (Kalenderbuch nach den neuen Methoden), Hun Tian Yi Shuo (Erläuterung der Armillarsphäre)" diese Worte aufgezeichnet:

....
62 „Ming Shi, Kap. Aufzeichnungen über Astronomie, Teil I"
63 Redaktionskomitee „Zhongguo cehui shi" (Geschichte der Vermessung Chinas): „Zhongguo cehui shi", Bd. 2, Beijing, Cehui chubanshe, 1995, S. 119

„Auf der Armillarsphäre sind große und kleine Ringe installiert, wobei jeder Ring in 360° unterteilt ist. So sind die Zahlen gleich, aber je nach der Größe des Rings sind die Teilungen dementsprechend weiter oder enger. Das gilt ebenso für die Erde. Deshalb ist auf den großen Kreisen der Erde die einem Grad entsprechende Zahl der Li gleich. Die kleinen Kreise haben weitere und engere Teilungen. So ist die Zahl der Li auf einem Kreis parallel zum Äquator unter 40° notwendig kleiner, und bei Kreisen parallel zum Äquator unter 60° und 70° besonders klein. Wenn man die Zahl der Li auf dem Umfang der Erde ermittelt, nimmt man einen großen Kreis als Normal, und auf den kleinen Kreisen berechnet man die Zahl der Li entsprechend dem Verhältnis der Entfernung vom Äquator. Obwohl die Länge des Li in den einzelnen Ländern verschieden ist, so ist die tatsächliche Länge doch schließlich gleich. In den Ländern des Westens sind 15 Li gleich 1°, aber es gibt auch Länder, in denen 17 ½ Li oder 22 Li oder 60 Li gleich 1° sind. Früher sagte man, dass 500 Li einem Du entsprechen, in Persien rechnet man 60 Li, … bis man im „Daming-Kalender" 250 Li gleich 1° setzte. Für den Umfang der Erde erhält man über 90000 Li. So gibt es für die Messung des Li eine Regel, die in alter und neuer Zeit gleich ist."

Der sogenannte große Kreis meint den Äquator- und den Meridiankreis auf der Erdkugel und die kleinen Kreise die Breitenkreise außerhalb des Äquatorkreises. Diese Darlegung sagt uns, dass der Äquator- und der Meridiankreis eine bestimmte Umfangslänge der Erdkugel liefern, und auch wenn in den verschiedenen Ländern die Bogenlänge eines Grads, die den Meridian ausdrückt, entsprechend den konkreten Zahlenwerten verschieden ist, ist jedoch die tatsächliche Länge, die sie repräsentiert, immer gleich. Mit anderen Worten, wenn man gestützt auf den Umfang „eines großen Kreises" ein Längennormal schafft, dann ist dieses Längennormal sehr stabil und kann nicht abhängig von den Menschen oder den Orten differieren.

Obwohl nach den Gedanken des Werkes „Xin Fa Li Shu" von den Chinesen kein Längennormal geschaffen wurde, hatte aber der Kangxi-Kaiser Aixin Jueluo Xuanye den Gedanken „die einem Grad entsprechende Zahl der Li (ist) gleich" in Worte gekleidet. Darauf gestützt, sprach Xuanye den Gedanken aus, entsprechend der Änderung des Breitengrads den Abstand auszurechnen, um die Landkarte zu zeichnen. Er hatte sich einst in einer „Erklärung an die Gelehrten" gewendet:

„Die Zahl der Grade am Himmel stimmt mit den Größen auf der Erde überein. Wenn man es mit einem Chi-Maß aus der Zhou-Dynastie berechnet, entspricht ein Grad am Himmel 250 Li auf der Erde, aber mit einem heutigen Chi-Maß entspricht ein Grad am Himmel 200 Li auf der Erde. Seit alters hatten die Kartographen sich nicht auf die Gradzahl am Himmel gestützt, um die Entfernungen auf der Erde zu berechnen. Deshalb traten viele Fehler auf. Jetzt haben Wir eigens Leute entsendet, die sich auf Mathematik und Kartografie verstehen, die die Berge und Ströme des Nordostens nach der Zahl der Grade am Himmel berechnen und es danach auf eine Karte übertragen, um das Land sichtbar zu machen."[64]

Wenn man Kangxi's eigene Worte aufmerksam liest, kann man sehen, dass die „Zahl der Grade am Himmel", von der er spricht, die Änderung der Breitengrade auf der Erdkugel meint. Er tritt dafür ein, dass man beim Zeichnen einer Landkarte entsprechend

---

64   4. bis 6. Monat des 50. Jahrs der Regierung des Kangxi, „Qing Sheng Zu Shi Lu" (Aufzeichnungen des Kaisers Kangxi der Qing-Dynastie), Kap. 26, Beijing, Zhonghua shuju, 1985

der Änderung der Breitengrade auf der Erdkugel nach einer Proportion (aber nicht nach tatsächlichen Messungen) die geografischen Entfernungen der entsprechenden Punkte auf der Erde berechnen muss. Weil die Messung des Breitengrads viel einfacher ist als die Messung einer geografischen Entfernung, ist Kangxi's Meinung praktisch durchführbar und befolgt auch wissenschaftliche Prinzipien. Es versteht sich von selbst, dass seine Meinung unter dem Einfluss der Idee der Erdkugel entstanden ist.

Über das Kartografieren während der Regierung von Kangxi untersuchten nicht wenige Bücher unter dem Aspekt der Metrologie das Problem des Chi-Normals für die Vermessungen. Zum Beispiel führte das Werk „Zhongguo cehui shi" (Geschichte der Vermessung in China) aus: „Aixin Jueluo Xuanye legte fest, dass die Bogenlänge eines Grades auf dem Meridian 200 Li entspricht, und da 1 Li gleich 1800 Chi ist, entspricht das Normal des Chi 0,01" der Bogenlänge des Meridians. Dieses Chi wurde Yingzao-Chi-Maß des Ministeriums für öffentliche Arbeiten genannt (entspricht heutigen 0,317 m)."

Xuanye's Festlegung, dass 0,01" der Bogenlänge des Meridians das Längennormal des Chi sind und für die Messungen im ganzen Land anzuwenden ist, war eine Pioniertat für die Welt, die 88 Jahre bzw. 120 Jahre vor der Festlegung der französischen Nationalversammlung im Jahre 1792 erfolgte, dass der vierzigmillionste Teil des durch Paris verlaufenden Meridians die Normallänge eines Meters und anzuwenden ist (nach 1830 wurde es international angewendet)."[65] Darum ist diese Festlegung offensichtlich eine große Tat, die es wert ist, in der Geschichte der neuzeitlichen Metrologie Chinas aufgezeichnet zu werden.

Dieser Aspekt des Werks „Zhongguo cehui shi" ist reich an repräsentativem Gehalt, darüber sind sich die Werke über die Wissenschaftsgeschichte einig und vertreten ähnliche Ansichten. Doch kein Rauch ohne Feuer, diese Ansicht muss man belegen, weil Kangxi selbst eindeutig angeführt hatte, „ein Grad am Himmel entspricht 200 Li". Somit kann man anhand der Bogenlänge eines Meridians das Chi-Maß definieren.

Aber wenn die Regierung der Qing-Dynastie wirklich nach der Festlegung von Kangxi, dass 0,01" der Bogenlänge eines Meridians als Länge eines Normal-Chi-Maßes genommen werden, dann muss 1 Chi heutigen 30,9 cm entsprechen (nach den Daten der Qing-Dynastie betrug der Umfang der Erdkugel 72 000 Li gleich 129 600 000 Chi, und nimmt man davon den vierzigmillionsten Teil als 1 Meter, dann erhält man dieses Resultat, aber die Normallänge des Yingzao-Chi-Maßes der Qing-Dynastie ist 32 cm lang.[66] Da beide Ergebnisse nicht übereinstimmen, kann man sehen, dass die Argumentation, dass die Länge des Yingzao-Chi-Maßes mit 0,01" der Bogenlänge eines Erdmerdians bestimmt wurde, nicht den Tatsachen entspricht.

Ferner, wenn Kangxi wirklich 0,01" der Bogenlänge eines Erdmeridians als Normallänge eines Chi des Yingzao-Chi-Maßes genommen hatte, dann musste er zuerst die Bogenlänge eines Erdmeridians messen, und dann entsprechend dem Messergebnis das

---

65 Redaktionskomitee von „Zhongguo cehui shi": „Zhongguo cehui shi", Bd. 2, Beijing, Cehui chubanshe, 1995, S. 111
66 Qiu Guangming, Qiu Long, Yang Ping: "Zhongguo kexue jishu shi , Duliangheng juan" (Geschichte von Wissenschaft und Technologie Chinas, Band Maße und Gewichte), Beijing, Kexue chubanshe, 2001, S. 423

Normal des Chi-Maßes bestimmen und im ganzen Land verbreiten, aber nicht zuerst die Länge des Chi bestimmen und es dann als Normal benutzen, um die Länge des Erdmeridians zu messen.

Außerdem beweist noch ein anderes bei der damaligen Vermessung erhaltenes Ergebnis, dass Kaiser Kangxi die Bogenlänge von 0,01″ des Erdmeridians nicht als Normal des Chi-Maßes genommen haben konnte. Dieses Ergebnis hatte Kangxi im 49. Jahr seiner Herrschaft erzielt. Als damals der Missionar Lei Xiaosi (Jean-Baptiste Regis, 1663–1738) und andere im Nordosten Chinas Vermessungen durchführten, „hatten sie zwischen dem 41. und dem 47. Breitengrad die Meridianlänge gemessen und durch wiederholte Prüfungen gefunden, dass die Meridianlänge bei 47° gegenüber 41° um 258 Chi länger ist. Sie gelangten zur Schlussfolgerung, dass die Meridianlänge von Grad zu Grad länger wird, je höher der Breitengrad wird."[67] Regis' Arbeit ist für die Wissenschaftsgeschichte sehr bedeutungsvoll, weil, „obwohl man damals von der Theorie und vom Standpunkt der wissenschaftlichen Forschung noch nicht das Problem, dass die Erde eine abgeplattete Kugel ist, erkannt hatte, gehören aber die gewonnenen Daten tatsächlich zu dem frühesten zuverlässigen messtechnischen Beleg, dass die Erde eine abgeplattete Kugelform hat. Als am Anfang des 18. Jahrhunderts Newtons Theorie der Polabplattung der Erdkugel und Cassini's Theorie des großen Polradius einander gegenüber standen und es noch kein endgültiges Urteil gab, kam die Feststellung, dass Newtons Theorie durch die Daten der damaligen großen geodätischen Vermessung in China als richtig bestätigt wurden, 27 Jahre früher als ähnliche Ergebnisse in Europa."[68] Aber dieses Resultat bedeutet auch, dass Kaiser Kangxi mit dieser Methode nicht das Normal des Chi-Maßes bestimmt haben konnte, weil, wenn die Erde keine exakte Kugel ist, dann hat die Bogenlänge für einen Grad des Breitengradunterschieds keinen festen Wert, so dass er auch nicht zu einem Normal des Chi-Maßes werden kann. Um dieses Problem zu lösen, hätte man wie die Französische Nationalversammlung eindeutig eine bestimmte Länge eines Erdmeridians als Bezug festlegen müssen, um ein Normal für das Chi-Maß zu schaffen.

Außerdem belegen uns die Aufzeichnungen in der Literatur, dass der Hof von Kangxi bei der Vereinheitlichung der Maße und Gewichte mit der traditionellen Methode des „Aufhäufens von Hirsekörnern die Stimmpfeifen bestimmte", um ein Normal für die Länge des Chi zu schaffen. Das hatte mit dem Erdmeridian nichts zu tun. In dem von Kangxi „kaiserlich kompilierten" Werk „Shu Li Jing Yun" wird eindeutig ausgeführt:

„Für das Li gilt, 360 Bu sind 180 Zhang gleich 1 Li. Im Altertum sagte man, dass ein Grad am Himmel 250 Li auf der Erde entsprechen. Wenn man das mit einem heutigen Chi überprüft, dann sind ein Grad am Himmel 200 Li auf der Erde, so dass ein Chi des Altertums 0,8 heutigen Chi gleichkommen. Das wurde tatsächlich aus der Einheit

---

67 Redaktionskomitee von „Zhongguo cehui shi": „Zhongguo cehui shi", Bd. 2, Beijing, Cehui chubanshe, 1995, S. 120. Bedauerlicherweise hatte sich in dem o.g. Buch ein Übertragungsfehler eingeschlichen. In den Messdaten der Missionare ist festgehalten, dass die Meridianlänge bei 47° gegenüber 41° Breite um 258 Chi kürzer ist. So bestätigt dieses Messergebnis tatsächlich Newton's Theorie der Abplattung der Erde an den Polen.
68 Redaktionskomitee von „Zhongguo cehui shi": „Zhongguo cehui shi", Bd. 2, Beijing, Cehui chubanshe, 1995, S. 120

Fen mit Hirsekörnern erhalten, die längs und breitlings aneinandergelegt wurden."[69]

Diese Worte sagen uns eindeutig, dass das Längennormal des Chi, bei dem ein „heutiges Chi", das mit dem sogenannten „ein Grad am Himmel entspricht 200 Li auf der Erde" übereinstimmt, mit der traditionellen Methode des Aufhäufens von Hirsekörnern, um die Stimmpfeifen zu bestimmen, erhalten wurde. Hier können wir nicht einen Schatten sehen, dass das Chi-Normal aus der Bogenlänge eines Erdmeridians als Normal bestimmt wurde.

Offensichtlich konnte Kangxi sich nicht vorstellen, aus der Bogenlänge eines Erdmeridians als Maßstab das Chi-Maß zu bestimmen, noch weniger nach dieser Vorstellung staatliche Normalgeräte zu schaffen, um dieses Normal zu verbreiten. Wenn er seine Untertanen darauf verwies, mit der Proportion, dass „ein Grad am Himmel 200 Li auf der Erde entspricht", die Karten zu zeichnen, so ging es um die Vereinfachung der Messungen, aber es gab keinen Zusammenhang mit der Bestimmung eines Längennormals.

Kapitel 9

Entwicklung der Wissenschaft der Maße und Gewichte in der Qing-Dynastie

In der Qing-Dynastie zeichnete sich die Entwicklung der Metrologie durch zwei Charakteristika aus, erstens, dass sich durch den Einfluss der von den Jesuiten mitgebrachten Wissenschaft des Westens der Bereich der Metrologie erweiterte, es traten neue Zweige der Metrologie auf, wie die Winkelmetrologie, die Temperaturmetrologie usw., und die Zeitmetrologie begann, sich zur modernen Metrologie umzuwandeln; andererseits hinkte der Hauptteil der traditionellen Metrologie, die Maße und Gewichte nach wie vor entlang den ausgetretenen Pfaden weiter, aber bei der Untersuchung metrologischer Normale, der Kompilation von Büchern über Metrologie und der Anfertigung von metrologischen Normalgeräten wurden Erfolge erzielt, die jene früherer Dynastien übertrafen, so dass die traditionelle Metrologie in der Epoche des Kaisers Qianlong einen Höhepunkt erreichte.

---

69 Kangxi's „kaiserlich kompiliertes" Werk „Shu Li Jing Yun" (Grundlegende Prinzipien der Mathematik), Kap. 1, „Si Ku Quan Shu". Über die von Kangxi benutzte Methode mit „aufgehäuften Hirsekörnern die Stimmpfeifen zu bestimmen", um Normale für die Maße und Gewichte zu erhalten, siehe auch die Bücher „Lü Lü Zheng Yi" (Rechter Sinn der Stimmpfeifen) und „Lü Lü Zheng Yi Hou Bian" (Spätere Redaktion des Werks Rechter Sinn der Stimmpfeifen).

1. Die Anfänge am Hof des Kaisers Shunzhi

Als das Heer der Qing im Jahre 1644 in die Pässe eindrang und die Hauptstadt Beijing besetzte, begann eine mehr als 260 Jahre währende Herrschaft der Qing-Dynastie über China. Damals war der höchste Herrscher der Qing-Dynastie der junge Kaiser Shunzhi. Die Epoche von Shunzhi war die Zeit eines wichtigen Wendepunkts in der Geschichte der Qing-Dynastie. Einerseits hatte das Qing-Heer die Armee der Ming im Krieg besiegt und das Heer des Bauernaufstands von Li Zicheng in die Flucht geschlagen, das dem Ansturm der Qing nicht standhalten konnte, andererseits war aber das Heer des Bauernaufstands nicht vollständig vernichtet, die Regierung der Südlichen Ming[70] fand noch einen beträchtlichen Widerhall bei ihren Anhängern, und die durch nationale Stimmungen hervorgerufenen Widerstandsaktionen flammten immer wieder auf. Andererseits war Kaiser Shunzhi am Qing-Hof anfangs noch unerfahren, die Macht am Hofe lag in den Händen von mächtigen Beamten. Wenn er hiergegen keine Maßnahmen ergreifen würde, müsste die Dynastie stürzen. Während der Hof der Qing in dieser Lage fortfuhr, in allen Regionen mit Waffengewalt das Werk der Vereinigung Chinas zu vollenden, begann er, die Gesetzlichkeit wiederherzustellen und den Staatsapparat in Betrieb zu nehmen, um zu gewährleisten, dass die Herrschaft der Qing-Dynastie durchgesetzt werden kann. Hierin waren einige Maßnahmen zur Sanierung der Maße und Gewichte eingeschlossen.

Dass die Regierung der Qing die Maße und Gewichte sanierte, hatte einen Grund. Damals löste die Qing-Regierung den Hof der Ming ab und wurde Herr über China. Gleichzeitig übernahm sie auch einige von der Ming-Dynastie hinterlassene eingewurzelte Übel. An dem „Höchsten Erlass" an die „aus dem ganzen Reich in Audienz empfangenen Beamten" im Namen des Kaisers Shunzhi aus dem 4. Jahr seiner Herrschaft können wir diese Situation verstehen. In dem „Höchsten Erlass" heißt es:

„Das Volk im Reich lebte in größter Not. Wir haben es aus Flut und Feuer befreit, und danach strebten Wir zusammen mit den Beamten der Präfekturen und Kreise danach, den Frieden herzustellen. So sind schon vier Jahre vergangen. Wie hätten Wir die eingewurzelten Übel aus der Zeit der Ming schon ausmerzen können? Die verkommenen Sitten wirken noch sehr stark. Wenn bei den Beamten die Gier zur Gewohnheit wurde, wer erbarmt sich dann der Not der kleinen Leute? Die Provinzbeamten haben sich mit Bestechungen das Herz geräuchert, und man kann nicht unterscheiden, ob die kleinen Beamten treu oder untreu sind. Die Wunden des Volkes sind noch nicht gestillt, seine Ausplünderung ist noch schlimmer geworden. Das Volk zieht arm und obdachlos umher, aber Wir sehen nicht, wer sich um es sorgt. Räuber und Rebellen rotten sich in den Bergwäldern zusammen, aber wir hören nicht, welches Organ sie vernichtet. Der tugendhafte Wille des Kaiserhofs ist allzeit eifrig, doch in den Bezirken und Kreisen ist man wie früher saumselig. Untätig verbringen sie die Zeit, ehrfurchtsvoll begegnen sie sich, und hoffen, befördert und versetzt zu werden. Obwohl sich die korrupten untereinander anzeigen, zahlen die hinterlistigen immer noch mehr Bestechungen, um sich freizukaufen. Wir sind darüber äußerst empört. Wir haben

---

70 Südliche Ming – Nach dem Sturz der Ming-Dynastie durch den Einmarsch der Qing in Beijing im Jahre 1644 flüchteten Angehörige der Kaiserfamilie nach Südchina, wo sie noch bis 1683 Widerstand gegen die Qing-Herrschaft leisteten.

schon allen Beamten streng befohlen, die Gier unbarmherzig schwer zu bestrafen, und werden nicht Gnade walten lassen."[71]

Diese Ausführungen offenbaren, dass die Regierung der Qing mit den von der Ming-Dynastie überkommenen eingewurzelten Übeln der unteren Beamtenschaft unzufrieden war, und bekunden die Entschlossenheit, die Rechtlichkeit in der Gesellschaft wiederherzustellen. Will man die Rechtlichkeit wiederherstellen, darf man natürlich die Maße und Gewichte nicht auslassen. Deshalb hatte die Qing-Dynastie von Anfang an die Sanierung der Maße und Gewichte auf die Tagesordnung gesetzt. Aber als der Qing-Hof Beijing besetzte, war er in kultureller Hinsicht recht rückständig und sah sich konkret für die Maße und Gewichte gesprochen außerstande, die Entwicklung von Normalen für Maße und Gewichte sorgfältig abzuwägen. Wollte man die Maße und Gewichte reorganisieren, konnte man einerseits nur das alte System der Ming-Dynastie übernehmen und andererseits sich bezüglich der Verwaltung der Metrologie oben und unten bemühen. Die Qing-Regierung hat das eben so in Angriff genommen. In dem Werk „Lü Lü Zheng Yi Hou Bian" (Spätere Redaktion des Werkes Rechter Sinn der Stimmpfeifen) sind einige Maßnahmen von Shunzhi's Hof zur Reorganisation der Maße und Gewichte genannt:

„Im fünften Jahr der Herrschaft von Shunzhi wurde entschieden, dass das Finanzministerium die Hu-Volumenmaße überprüft. Als Muster wurde ein Maß hergestellt und an die Ämter für die Annahme des Tributgetreides ausgegeben. Ferner wurde entschieden, dass das Ministerium für öffentliche Arbeiten zwei Hu-Volumenmaße aus Eisen gießt, von denen eines im Finanzministerium und das andere beim Oberaufseher über die Getreidespeicher verbleibt. Weiter wurden zwölf Hu-Volumenmaße aus Holz angefertigt, die an die Provinzen ausgegeben wurden.

Im elften Jahr befahlen die Präfekten der Provinzen, die im Namen des Kaisers Geld und Steuergetreide eintrieben, streng ihren untergebenen Beamten, unbedingt die vom Ministerium geprüften Gewichte zu benutzen, und wenn privat vergrößerte Gewichte benutzt werden, so sind sie zu überprüfen, und es ist Bericht zu erstatten.

Im zwölften Jahr wurden die eisernen Hu-Volumenmaße aufgrund einer Eingabe vom Kaiser genehmigt, von denen eines im Finanzministerium und jeweils eines beim Oberaufseher über die Getreidespeicher und eines beim Oberaufseher für den Tributreistransport verbleibt; ferner wurde je eines an die Provinzen ausgegeben. Die Präfekten übergaben nach diesem Muster an die Transportbeamten für den Tributreis und die Aufseher der Getreidespeicher entsprechende Maße, um immer diese Normale zu benutzen.

Im fünfzehnten Jahr billigte der Kaiser die folgende Maßnahme und wies die Grenzpunkte des Tributreistransports an, bei der Messung der Größe der Schiffe und dem Wiegen ihrer Ladung unbedingt geprüfte Waagen und Chi-Maße zu benutzen; es ist unzulässig, die Gewichte und die Längenmaße willkürlich zu verändern."[72]

Außerdem hatte die Qing-Regierung noch in ihren Regierungsaktivitäten mehrere spezielle Normale für Maße und Gewichte verkündet. Zum Beispiel: „Nachdem der Qing-Hof in die Pässe eingezogen war, wurde ein Erlass zur Beschlagnahme von Land verkündet. Es

---

71 Qing Shi Lu (Aufzeichnungen über die Qing-Dynastie): Viertes Jahr Shunzhi
72 „Lü Lü Zheng Yi Hou Bian", Bd. 113, Ausgabe in „Guo Chao Zhi Du" und „Si Ku Quan Shu"

wurden Beamte zu Pferde ausgeschickt, die das Land mit Seilen nach Zhang zu vermessen hatten, wobei die Landgüter, die vom aufständischen Heer am Ende der Ming-Dynastie für verdienstvolle Verwandte des Kaiserhofes der Ming konfisziert wurden, und viele kleine Felder von Bauern für Landgüter für die Mandschu-Adligen eingezogen wurden. Um das Land zu vermessen, wurden im 10. Jahr der Regierung von Shunzhi (1653) die Maße ‚Bu Gong Chi' und ‚Sheng Chi' zum Vermessen von Land für die Bannerleute verkündet. Das Maß ‚Bu Gong Chi' wurde auf einer Steinstele eingraviert, um es als Normal zu verkünden."

In der Geschichte der Qing-Dynastie vollendete der Qing-Hof bis zum Ende der Herrschaft von Shunzhi noch nicht die Aufgabe, China zu vereinigen: Die Regierungsgewalt der Südlichen Ming-Dynastie existierte noch durchweg, die Macht von Zheng Chenggong[73] übte im Südosten entlang der Küste einen starken Einfluss aus, Wu Sangui hatte keine Kontrolle mehr über seine Untergebenen. In dieser Situation erließ die Qing-Regierung unaufhörlich Dekrete, in denen sie bekräftigte, dass in allen Regionen die vom Staat verkündeten Normale für Maße und Gewichte anzuwenden seien. Das drückte die starke Beachtung vereinheitlichter Maße und Gewichte aus.

Jedoch ist die Herrschaft von Shunzhi die Anfangsepoche der Qing-Dynastie, der Staat existierte noch nicht lange. Während die Kampfrösser noch eilten, obwohl der Hof die Wichtigkeit der Maße und Gewichte beachtete und bekräftigte, dass man bei wirtschaftlichen Aktivitäten sich nach den schon verkündeten Normalen der Maße und Gewichte zu richten hätte, zeigte er sich bei der schrittweisen Entwicklung der Wissenschaft der Maße und Gewichte hilflos. Wenn man sich die Aktivitäten der Herrschaft von Shunzhi zur Reorganisation der Maße und Gewichte ansieht, so gehören sie alle zur Verkündung von Mustern von Messgeräten und Gewichten und zur Forderung, dass sie in allen Regionen anzuwenden sind. Die ergriffenen Maßnahmen trugen provisorischen Charakter, sie waren darauf gerichtet, das normale Funktionieren der gesellschaftlichen und wirtschaftlichen Aktivitäten zu gewährleisten, es fehlten die nach einer neuerlichen Überprüfung ausgearbeiteten einheitlichen Normale: Die Muster der verkündeten Normale der Maße und Gewichte folgten natürlich dem alten System der Ming-Dynastie. Der Qing-Hof, der gerade die Zentrale Ebene eingenommen hatte, sah sich noch außerstande und hatte auch keine Zeit, es zu reformieren. Ob die schon vorhandenen Normalgeräte wissenschaftlich waren, wie Normale für Maße und Gewichte anzufertigen sind, die Beziehung zwischen den derzeit geltenden Normalen und der Tradition, die Entwicklung der grundlegenden Theorie der Maße und Gewichte usw. konnten noch weniger auf die Tagesordnung gesetzt werden. Die Herrschaft von Shunzhi war nur der Beginn des Werks zur Vereinheitlichung der Maße und Gewichte am Beginn der Qing-Dynastie. Die weitere Arbeit, insbesondere die schwierige Aufgabe, die Wissenschaft der Maße und Gewichte und sogar die metrologische Wissenschaft zu entwickeln, konnte nur vom nachfolgenden Kaiser Kangxi erfüllt werden.

---

73 Zheng Chenggong (1624-1662) war ein berühmter General, der der Qing-Herrschaft Widerstand leistete. Auf Taiwan besiegte er holländische Truppen der Ostindischen Kompanie. Er ist auch unter dem in zeitgenössischen Aufzeichnungen geführten Namen Koxinga bekannt.

2. Kaiser Kangxi und die Wissenschaft der Maße und Gewichte

Als im Jahre 1662 Kaiser Shunzhi verschied, gelangte der nur 8-jährige Aixin Jueluo Xuanye auf den Thron und wurde Kaiser. Er war der später in der Geschichte Chinas hochgerühmte Kaiser Kangxi.

Anfangs als Kaiser Kangxi den Thron bestieg, konnte er wegen seines jugendlichen Alters keinen Einfluss auf die Wissenschaft der Maße und Gewichte ausüben. Wie es in den Chroniken heißt: „In der Anfangszeit von Kangxi's Herrschaft bestieg Shengzu in jungen Jahren den Thron. Deshalb übernahm er zunächst die alten Vorschriften, ohne etwas zu reformieren."[74] Nachdem er selbst die Regierungsgeschäfte übernommen hatte, warteten schwierige Aufgaben aus der Innen- und Außenpolitik und viele andere Aufgaben darauf, von dem jungen Kaiser gelöst zu werden. Die Skrupellosigkeit des mächtigen Beamten Aobai beunruhigte ihn zutiefst. Die Probleme des Reistransports, des Flussdeichbaus und der drei chinesischen Hilfsarmeen[75] lasteten wie drei große Berge auf seinem Herzen und ließen ihn keine Ruhe finden. In dieser Situation gab es natürlich keine Möglichkeit, über die Entwicklung der Wissenschaft der Maße und Gewichte zu diskutieren.

Nachdem Aobai bestraft, der Reistransport reorganisiert und der Flussdeichbau auf einen regulären Weg gebracht worden war, wurden die auf Xuanye lastenden Berge einer nach dem anderen beiseite geräumt. Als im 21. Jahr der Herrschaft Kangxi's (1682) die drei chinesischen Hilfsarmeen liquidiert worden waren, trat für die mandschurische Qing-Dynastie die seltene Lage ein: „Im Reich ist nichts passiert." Damals begannen sich unter den Hofbeamten Stimmen zu erheben, die Ordnung der Riten und der Musik zu reorganisieren. Der stellvertretende oberste Zensor Yu Guozhu verwies in einer Eingabe darauf: „Wenn bei Audienzen und Festmählern Musik gespielt wird, klingt sie nicht vornehm. Deshalb sollte man kaiserlich befehlen, dass die verantwortlichen Beamten die Regeln des Altertums auf unsere Zeit anwenden und sie den Ursprung der Töne suchen, um eine vornehme Musik zu ermöglichen."[76] Yu Guozhu's Bitte steht in einer bestimmten Beziehung zur Metrologie, weil nach der traditionellen Ordnung für Riten und Musik die Frage, ob eine Melodie harmonisch klingt, dadurch bestimmt wird, ob die Huangzhong-Stimmpfeife richtig ist, wobei die Länge des Rohrs der Huangzhong-Stimmpfeife mit dem Normal des Musik-Chi-Maßes untrennbar verbunden ist. Wenn man deshalb „den Ursprung der Töne suchen" will, muss man zuerst die Huangzhong-Stimmpfeife überprüfen. Aber wenn man die Huangzhong-Stimmpfeife überprüfen will, muss man zuerst beurteilen, ob das Musik-Chi-Maß richtig ist. So gelangt man, beginnend mit der Regelung von Riten und Musik, notwendigerweise zur erneuten Überprüfung des Normals des Chi-Maßes. Deshalb

---

74   „Qing Shi Gao" (Entwurf der Geschichte der Qing-Dynastie), Kap. 94, Aufzeichnungen über Musik, Teil I

75   Drei chinesische Hilfsarmeen – Am Anfang der Qing-Dynastie setzte Kaiser Shunzhi drei chinesische Hilfsarmeen unter Führung von Wu Sangui, Shang Kexi und Geng Jingzhong ein, um den Bauernaufstand von Li Zisheng und die Armee der Südlichen Ming zu unterdrücken. Als ihre Macht zu groß wurde, löste Kaiser Kangxi sie auf, aber es kam zu einer Rebellion, die mit Waffengewalt niedergeschlagen wurde.

76   „Qing Shi Gao" (Entwurf der Geschichte der Qing-Dynastie): Bd. 94, Aufzeichnungen über Musik, Teil I

bedeutet Yu Guozhu's Ersuchen in der Tat den Auftakt für die Untersuchungen über die Wissenschaft der Maße und Gewichte in der Epoche von Kangxi.

Yu Guozhu's Eingabe wurde von Kaiser Kangxi gebilligt, und er benannte den Gelehrten des Kabinetts Chen Tingjing als Verantwortlichen für diese Angelegenheit, „die Musik für die Festmähler neu zu komponieren". Aber unerwartet erreichte die diesmalige Reorganisation der Ordnung von Riten und Musik nicht das erwartete Ziel. Nach der Aufzeichnung im „Qing Shi Gao" (Entwurf der Geschichte der Qing-Dynastie) folgte die Musik nach der Reorganisation „den alten Regeln der Ming-Dynastie, obwohl man sich bemühte, dass sie vornehm klingen sollte, gab es aber keinen von Instrumenten begleiteten klaren Gesang. Die Melodien der Musik setzten die Fehler der Vergangenheit fort, so dass die Leute über sie erschraken." Die Ursache für diesen Zustand lag daran, dass die Aktivitäten der Reorganisation fähiger Personen ermangelten: „Von den Dienern konnte niemand erklären, dass die Huangzhong-Stimmpfeife der Ursprung der zehntausend Dinge ist."[77] Das zeigt, wenn man die Ordnung der Riten und der Musik reorganisieren und die Normale der Maße und Gewichte überprüfen will, muss man zunächst wissenschaftliche Vorbereitungen treffen.

Als sich im 29. Jahr der Herrschaft Kangxi's (1690) der Stamm der Khalka unterwarf, hielt der Qing-Hof eine feierliche Parade ab. „Eine Ehrenkompanie spielte die große Militärmusik" (Quelle wie oben), aber die große Militärmusik klang offenbar nicht harmonisch. Das veranlasste Kaiser Kangxi, dem Problem der Reorganisation der Riten und der Musik Aufmerksamkeit zu schenken. „Der Kaiser fand, dass die Riten und die Musik ruiniert seien, was seinen Willen bestärkte, sich dieser Angelegenheit zu widmen." (Quelle wie oben) Seit dieser Zeit war Kaiser Kangxi entschlossen, die Ordnung der Riten und der Musik zu reorganisieren. Aber im Ergebnis dieser Reorganisation konnte man natürlich nicht umhin, die Wissenschaft der Maße und Gewichte zu entwickeln.

Wenn Kaiser Kangxi entschlossen war, die Ordnung der Töne und der Maße und Gewichte zu reorganisieren, so brachte er für seine Person die Voraussetzungen mit. Er liebte die Naturwissenschaften. Von den aus Europa nach China gekommenen Missionaren hatte er nicht wenige naturwissenschaftliche Kenntnisse erworben. So waren für die Überprüfung der Töne und der Maße und Gewichte hinreichende Voraussetzungen gegeben. Bei seiner Überprüfung richtete er von Anfang an sein Augenmerk auf die Verknüpfung von Mathematik und metrologischer Wissenschaft. Dadurch verstärkte er für die Entwicklung der Wissenschaft der Maße und Gewichte während der Qing-Dynastie den Hauch des Modernen.

Im 31. Jahr der Herrschaft von Kangxi (1692) versammelte Xuanye im Qianqing-Palast die Gelehrten des Kabinetts, die neun Minister und andere Würdenträger vor dem kaiserlichen Thron, um seine Kenntnisse über das Problem der Töne und der Metrologie darzulegen. Er sprach:

„Die Vorfahren meinten, dass, wenn die zwölf Stimmpfeifen und danach die acht Töne bestimmt sind, dass dann die acht Töne harmonisch sind. Spielt man sie zwischen Himmel und Erde, dann harmonieren die Winde der acht Richtungen, und alle Glück bringenden

---

[77] „Qing Shi Gao" (Entwurf der Geschichte der Qing-Dynastie): Bd. 94, Aufzeichnungen über Musik, Teil I

Dinge verwirklichen ein glückliches Omen, es gibt keines, das nicht vollkommen ist. Wenn Wir über die Töne sprechen, worin ihre Größe besteht und woher die zwölf Stimmpfeifen kommen, so muss man ihre Bedeutung erkennen. So heißt es in dem Buch „Lü Lü Xin Shu" [Neues Buch der Stimmpfeifen] zu den Berechnungen, dass speziell die Regel angewendet wird, dass bei einem Durchmesser von eins der Umfang drei beträgt. Wenn diese Regel stimmt, dann stimmen alle Berechnungen. Ist diese Regel fehlerhaft, dann gibt es nichts, das nicht fehlerhaft wäre. Wenn Wir die Regel betrachten, dass bei einem Durchmesser von eins der Umfang drei ist, so kann ihre Anwendung nicht zu richtigen Ergebnissen führen. Ist der Durchmesser ein Chi, dann muss der Umfang drei Chi ein Cun vier Fen ein Li und ein Rest betragen. Wenn man das auf hundert Zhang aufsummiert, so erreicht die Differenz vierzehn Zhang und ein Rest. Wenn man hier fortfährt, lässt sich der Fehler vollständig erfassen? ... Mit der Regel, dass bei einem Durchmesser von eins der Umfang drei ist, kann man nur ein Sechseck berechnen, aber für den umschreibenden Kreis ergibt sich zusätzlich ein Rest. Die Gesetzmäßigkeit steht uns vor Augen, sie ist ganz offensichtlich. Wir haben in mathematischen Tabellen gesehen, dass die Gougu-Regel [Satz des Pythagoras] für einen Radius sehr fein ist. Allgemein kann man mit einem Kreis Quadrate berechnen, und die Regel für das Wurzelziehen rührt daher. Wenn man der Reihe nach die Probe macht, stimmt alles zusammen. Was die Huangzhong-Stimmpfeife angeht, deren Rohr neun Cun lang bei einem Umfang des Rohrs von neun Fen und einem Volumen von 810 (Kubik-)Cun ist, so ist sie die Wurzel der Stimmpfeifen. Das ist eine alte Angabe. Wenn man die Fen und Cun mit dem Maß Chi ausdrückt, so waren die Ordnungen für das Maß Chi in alter und neuer Zeit verschieden. Nach Unserer Meinung sollte man ein Maß aus der Natur als Normal nehmen."[78]

In dieser Rede des Kaisers Kangxi gibt es mehrere beachtenswerte Punkte. Der eine ist seine Wertschätzung für die Musik. Diese Wertschätzung stimmt mit dem traditionellen Denken über die Musik in China überein. Ein anderer Punkt ist seine Beurteilung der die traditionelle Musiklehre betreffenden mathematischen Werkzeuge. Er fand die traditionelle Methode, die die Beziehung zwischen Durchmesser und Kreisumfang berücksichtigt, dass „bei einem Durchmesser von eins der Umfang drei ist", zu grob, weil der genaue Wert der Kreiszahl mehr als 3,14 beträgt, und nicht 3. Kaiser Kangxi hatte bei dieser Beurteilung der Kreiszahl hinsichtlich der Geschichte der Mathematik nichts dargelegt, sondern hatte hinsichtlich der Geschichte der Metrologie dargelegt, dass er die Genauigkeit der die Musik betreffenden mathematischen Werkzeuge für wichtig hält, und deutete an, dass er bei der Reorganisation der Musik und der Maße und Gewichte Wert auf die Verknüpfung zwischen Mathematik und Metrologie legt. Das ist zweifellos eine Denkweise, die es wert ist zu bekräftigen. Man muss besonders darauf hinweisen, dass Kaiser Kangxi unterstrich, dass die traditionelle Musiklehre mit einer Länge des Rohrs der Huangzhong-Stimmpfeife von neun Cun als Wurzel der Töne problematisch ist. Weil die Chi-Maße in alter und neuer Zeit verschieden sind, aber die Stimmpfeife immer neun Cun lang sein soll, ist die entsprechende tatsächliche Länge verschieden. Wenn man dieses Problem lösen will, muss man zuerst das Chi-Maß überprüfen und ein Normal eines Chi-Maßes bestimmen. Hierzu brachte er vor, dass man „ein Maß der Natur als Normal nehmen sollte" und mit ihm das Chi-Maß bestimmen müsste. Diese seine Vorstellung ist sehr bedeutungsvoll, weil am Ende des 18. Jahrhundert

---

78 Qing Shi Lu (Aufzeichnungen über die Qing-Dynastie): Kangxi's 31. Jahr

die Französische Nationalversammlung beschloss, dass ein 40-millionstel der Länge des durch Paris verlaufenden Erdmeridians ein Meter ist, wodurch das metrische System geschaffen wurde. Das Wesen dieser Festlegung ist eben „ein Maß der Natur als Normal (zu) nehmen", was mit dem Gedanken des Kaisers Kangxi übereinstimmt. Darum ist diese Rede des Kaisers Kangxi unter dem Blickwinkel der Geschichte der Metrologie sehr bedeutsam. Sie verkörperte, dass Kaiser Kangxi bei der Reorganisation der Ordnung der Musik und der Maße und Gewichte schon einige Gedanken der modernen Metrologie vorgebracht hatte.

Aber in der Praxis der Reorganisation der Maße und Gewichte hatte Xuanye nicht nach dem von ihm vorgestellten „ein Maß der Natur als Normal (zu) nehmen" das Normal für die Länge des Chi-Maßes geschaffen. Er wendete nach wie vor die traditionelle Lehre von den in den Stimmpfeifen aufgehäuften Hirsekörnern an.

Die Lehre der in den Stimmpfeifen aufgehäuften Hirsekörner hat in China einen sehr frühen Ursprung. Am Ende der Westlichen Han-Dynastie hatte Liu Xin sie geordnet und bildete aus ihr eine Lehre über die Normale für die Maße und Gewichte. Diese Lehre meint, dass die Normale für die Länge, das Volumen und das Gewicht mit dem Ton der Huangzhong-Stimmpfeife in Beziehung stehen, die man mit der Methode der in der Huangzhong-Stimmpfeife aufgehäuften Hirsekörner bestimmen kann. Die Chronik „Han Shu, Aufzeichnungen über Musik und Kalender" hatte diese Lehre konkret aufgezeichnet:

„Als Längenmaße gibt es Fen, Cun, Chi, Zhang und Yin, mit denen man lang und kurz bestimmen kann. Ihr Ursprung geht auf die Länge der Stimmpfeife Huangzhong zurück. Das Blasrohr, das den Ton Huangzhong aussenden kann, hat eine Länge von 9 Cun. Diese Länge kann man mit einer bestimmten Menge von Hirsekörnern realisieren. Das konkrete Verfahren besteht darin, eine angemessene Hirseart auszuwählen, deren Breite des Korns 1 Fen misst, und wenn man 90 Körner hintereinander legt, so erhält man 90 Fen, das ist eben die Länge der Stimmpfeife Huangzhong. Ein Korn ergibt 1 Fen, 10 Fen ergeben 1 Cun, 10 Cun ergeben 1 Chi, 10 Chi ergeben 1 Zhang, 10 Zhang ergeben 1 Yin. Somit lassen sich diese fünf Längeneinheiten prüfen. […] Als Volumenmaße gibt es Yue, Ge, Sheng, Dou und Hu, mit denen man die Größe eines Volumens messen kann. Ihr Ursprung geht auf das Volumen Yue der Stimmpfeife Huangzhong zurück. Das sogenannte Volumen Yue der Stimmpfeife Huangzhong wird aus dem mit der Stimmpfeife Huangzhong gebildeten Längennormal bestimmt. 1200 mittlere Hirsekörner füllen ein Yue. Man streicht sie glatt. 2 Yue ergeben 1 Ge, 10 Ge ergeben 1 Sheng, 10 Sheng ergeben 1 Dou, 10 Dou ergeben 1 Hu. Somit erhält man die fünf Volumeneinheiten. […] Als Gewichtseinheiten hat man Zhu, Liang, Jin, Jun und Shi, um leicht und schwer eines Körpers mit einer Waage zu bestimmen. Ihr Ursprung geht auf das Gewicht der Stimmpfeife Huangzhong zurück. Ein Yue fasst 1200 Hirsekörner, die 12 Zhu wiegen. Das Doppelte ergibt 1 Liang, das heißt 24 Zhu ergeben 1 Liang, 16 Liang ergeben 1 Jin, 30 Jin ergeben 1 Jun, 4 Jun ergeben 1 Shi."

Das ist die in der Geschichte der Metrologie Chinas berühmte Lehre von den in den Stimmpfeifen aufgehäuften Hirsekörnern. Der Kern dieser Lehre besteht darin, dass eine bestimmte Hirsesorte als Medium benutzt wird, denn man meinte, dass man durch die Anordnung dieser Hirsekörner ein Längennormal erhalten kann. Durch ihr Aufhäufen im Rohr der Huangzhong-Stimmpfeife kann man ein Volumennormal erhalten. Durch die Bestimmung des Gewichts einer bestimmten Zahl von Körnern kann man ein Gewichtsnormal erhalten.

Nachdem das „Han Shu, Aufzeichnungen über Musik und Kalender" die Lehre der in den Stimmpfeifen aufgehäuften Hirsekörner aufgezeichnet hatte, wurde diese Lehre zu einer Norm, die die späteren Chinesen bei der Anfertigung von Normalen für Maße und Gewichte zu befolgen hatten. Wenn man in den einzelnen Dynastien unter Berufung auf die Klassiker die Ordnung der Maße und Gewichte überprüfte, dann war der locus classicus das „Han Shu, Kap. Aufzeichnungen über Musik und Kalender", so wie es Zhang Zhao während der Qing-Dynastie geäußert hatte: „Wenn die Konfuzianer in den einzelnen Dynastien die alte Ordnung überprüften, hielten sich alle an ihn als ihren geistigen Vater."[79] Der Ausgangspunkt dieser Lehre beinhaltete ein bestimmtes wissenschaftliches Prinzip, weil die von dem Stimmpfeifenrohr ausgesendete Tonhöhe tatsächlich mit der Rohrlänge zusammenhängt. Deshalb kann man durch die Auswahl einer Rohrlänge der Stimmpfeife, die einer bestimmten Tonhöhe entspricht, ein Längennormal bilden. Damit gleichzeitig dieses Normal unabhängig von Zeit und Ort bequem reproduziert werden kann, muss man die Hirsekörner als Medium zum Prüfen und Korrigieren benutzen. Deshalb ist diese Vorstellung offenbar vernünftig.

Aber wenn man die Methode der in den Stimmpfeifen aufgehäuften Hirsekörner in der Praxis realisiert, treten beträchtliche Schwierigkeiten auf, wie es Wu Chengluo analysiert hatte: „Die Stimmpfeifenrohre waren über die Zeit nicht gleich, die Größe des Rohrdurchmessers war nicht festgelegt, so dass der Zustand der Aussendung des Tons über die Zeit auch verschieden war. Deshalb konnte die in den einzelnen Dynastien von der Huangzhong-Stimmpfeife bestimmte Länge des Chi-Maßes von Anfang bis Ende nicht gleich sein, und wenn man mit ihr die Maße und Gewichte bestimmte, konnten sie von Anfang bis Ende nicht genau sein. Mit der Tonhöhe die Länge einer Stimmpfeife und davon die Maße und Gewichte zu bestimmen, ist von der Theorie zwar sehr wissenschaftlich, aber weil von Anfang bis Ende die Stimmpfeifenrohre nicht gleich waren, wies die Länge auch Differenzen auf. Deshalb stellten die Nachfahren fest, dass es schwierig ist, die Huangzhong-Stimmpfeife zu realisieren, so dass die Methode, sich auf die aufgehäuften Hirsekörner zu stützen, nicht zuverlässig sein kann."[80]

Wenn dem so ist, weshalb hatte Kaiser Kangxi dennoch diese Methode benutzt?

Ein wichtiger Grund muss der Ausdruck der Akzeptanz der Han-chinesischen Kultur gewesen sein. Als die mandschurische Herrschaft als eine nationale Minderheit in die Zentrale Ebene eindrang, hätte sich ihr Regime kaum festigen können, wenn sie nicht kulturell die Tradition der Geschichte der Han-chinesischen Nation übernommen hätte. Wie es Qian Mu ausgedrückt hatte: „Der Nationenbegriff der Chinesen beinhaltete immer eine sehr tiefgründige kulturelle Bedeutung. Wer die chinesische Kultur empfangen konnte, den wollten die Chinesen immer als ihresgleichen behandeln, sie sahen ihn wie einen Landsmann an."[81] Dessen war sich Xuanye unausgesprochen bewusst. Deshalb bemühte er sich, die Han-chinesische Kultur zu akzeptieren. Wobei sich diese Akzeptanz besonders in der Bekräftigung der traditionellen

---

79 „Lü Lü Zheng Yi Hou Bian" Spätere Redaktion des Werks Rechter Sinn der Stimmpfeifen), Teil 1, Ausgabe des „Si Ku Quan Shu"
80 Wu Chengluo: „Zhongguo duliangheng shi" (Geschichte der Maße und Gewichte Chinas), Shanghai: Fotokopie der Ausgabe des Verlags Shangwu yinshuguan (1937), (1984), S.14-15
81 Qian Mu: „Guo Shi Da Gang" (Abriss der Landesgeschichte), Beijing, Shangwu Yinshuguan, September 1999, Bd. 2, S. 848

konfuzianischen Sittenlehre und der Satzungen äußerte, und darin war die Überprüfung der Ordnung der Maße und Gewichte mit traditionellen Methoden eingeschlossen. Wenn man mit der Han-chinesischen Kulturtradition die Ordnung der Maße und Gewichte überprüfen will, muss man natürlich die Lehre der in den Stimmpfeifen aufgehäuften Hirsekörner befolgen, die in den einzelnen Dynastien wie eine Norm respektiert wurde. Obwohl Kaiser Kangxi zwar die moderne metrologische Idee entwickelt hatte, „ein Maß der Natur als Normal (zu) nehmen", konnte er bei der Überprüfung der Ordnung der Maße und Gewichte nach wie vor nicht umhin, nochmals zu beteuern, dass man dem traditionellen Gesetz folgen müsste, die Stimmpfeifen mit aufgehäuften Hirsekörnern zu bestimmen. In seinem „kaiserlich kompilierten" Werk „Lü Lü Zheng Yi" lieferte er über die Beziehung zwischen beiden dieses Resumée: „Die Größe des Volumens und des Gewichts leitet sich von der Länge des Chi-Maßes ab. Die Länge des Chi-Maßes entspringt den Differenzen bei der Bestimmung der Huangzhong-Stimmpfeife. Die Differenzen bei der Bestimmung der Huangzhong-Stimmpfeife beruhen auf der Verschiedenheit der aufgehäuften Hirsekörner. Wenn dem so ist, dann gehen die Maße und Gewichte alle aus der Huangzhong-Stimmpfeife hervor. Ist es möglich, die Richtigkeit der Huangzhong-Stimmpfeife zu prüfen, ohne sich auf die Maße und Gewichte zu stützen? So erkennt man aus einer die zehntausend Arten, auch wenn die zehntausend Arten kaum alle regelmäßig sind. Wenn die zehntausend Arten auf eine zurückgeführt werden, so folgen sie ausschließlich einem Prinzip. Deshalb vereinheitlichten die Heiligen des Altertums die Stimmpfeifen und die Maße und Gewichte als eine wichtige Angelegenheit des Staates, um dem Volk zu nützen."[82] Das zeigt, dass in Kaiser Kangxi's Bewusstsein das Gesetz der aufgehäuften Hirsekörner zur Bestimmung der Stimmpfeifen bei der Überprüfung der Maße und Gewichte selbst durch Geister und Dämonen nicht ersetzt werden kann.

Aber wenn man mit dem Gesetz der aufgehäuften Hirsekörner zur Bestimmung der Stimmpfeifen die Normale für Maße und Gewichte überprüft, stieß man bei der damaligen Realisierung auf erhebliche Schwierigkeiten. Weil, wenn man nach der Formulierung im „Han Shu" 90 Hirsekörner hintereinander legt, sich die Länge des Rohrs der Huangzhong-Stimmpfeife von 9 Cun ergeben muss, aber wenn man diese Länge mit dem damaligen Chi-Maß gemessen hatte, erhielt man nur etwa 7 Cun, auf keine Weise erhielt man 9 Cun. Wenn man jedoch Normale für Maße und Gewichte anfertigt, muss man außer den Forderungen, dass sie wissenschaftlich und leicht zu reproduzieren sein müssen, noch die Realisierbarkeit berücksichtigen. Weil, wenn das bei der Überprüfung erhaltene Ergebnis gegenüber dem gegenwärtigen Chi-Maß recht stark abweicht, lässt sich kaum vermeiden, dass die Menschen es psychologisch ablehnen, was auch die Verbreitung des neuen Normals beeinträchtigt. Angesichts dieser Realität hatte Kaiser Kangxi sehr geschickt dieses Problem gelöst, indem er die Hirsekörner hintereinander und nebeneinander legte, und verwirklichte so die Einheit der Theorie des Altertums mit der zeitgenössischen Realität.

Nach der Aufzeichnung im „Lü Lü Zheng Yi" hatten Kaiser Kangxi und seine Mitarbeiter folgende Kenntnis über die Bestimmung der Stimmpfeifen mit aufgehäuften Hirsekörnern: „Die Huangzhong-Stimmpfeife hat eine bestimmte Länge und einen bestimmten Umfang.

---

82 „Lü Lü Zheng Yi" (Rechter Sinn der Stimmpfeifen), Teil 1, Bd. 1, Maße und Gewichte, Ausgabe „Si Ku Quan Shu"

Daraus leitet sich das Chi-Maß ab, und danach erhält man eine Zahl für die Länge. Der ursprüngliche Ton der Huangzhong-Stimmpfeife ist in der Welt nie abgerissen. Aber die auf der Grundlage der Stimmpfeifen hergestellten Chi-Maße haben sich immer wieder verändert. Die ‚Chronik der Sui-Dynastie' führt 15 Chi-Maße der einzelnen Dynastien auf, und danach wurden sehr viele Reformen durchgeführt. […] Aber mit dem Chi-Maß misst man die Länge der Stimmpfeife, wobei die Hirsekörner das Chi-Maß bestimmen. Obwohl die Chi-Maße in alter und neuer Zeit alle verschieden sind, kann sich aber die Länge der Stimmpfeife nicht verändern, und auch die Größe der Hirsekörner hat sich nicht verändert. Deshalb kann man mit der Länge der Huangzhong-Stimmpfeife durch wechselseitige Prüfung die wahre Länge ermitteln." Das heißt, die Länge der Huangzhong-Stimmpfeife kann sich nicht verändern, und die Größe der Hirsekörner kann sich auch nicht verändern. Wenn man deshalb mit dem Gesetz der aufgehäuften Hirsekörner zur Bestimmung der Stimmpfeifen die Chi-Maße überprüft und die ursprüngliche Länge der Huangzhong-Stimmpfeife ermittelt, so ist das theoretisch realisierbar.

Wie hat nun Kaiser Kangxi „durch wechselseitige Prüfung (die wahre Länge) ermittelt" und das Normal des Chi-Maßes und die Huangzhong-Stimmpfeifen bestimmt? Er hat dieses Problem durch das Nebeneinander- und Hintereinanderlegen der Hirsekörner gelöst. Im „kaiserlich kompilierten" „Lü Lü Zheng Yi" wurden die Herangehensweise und die Kenntnis des Kaisers Kangxi und seiner Mitarbeiter wie folgt aufgezeichnet:

„Als Wir das heutige Chi-Maß prüften, ergaben 100 hintereinander gelegte Hirsekörner 10 Cun, während 100 nebeneinander gelegte Hirsekörner 8 Cun 1 Fen lieferten. … In der ‚Chronik der Früheren Han-Dynastie' heißt es: Die Länge der Huangzhong-Stimmpfeife ergeben für mittlere Hirsekörner, wenn man sie nebeneinander legt, eine Länge von 90 Fen. D.h. ein Korn ist gleich 1 Fen. Nebeneinander heißt quer. Die Länge von 90 Fen für die Huangzhong-Stimmpfeife bedeutet, dass 90 Hirsekörner hintereinander quer gelegt werden. Das Maß für die quergelegten Hirsekörner zum Maß für die hintereinander gelegten Hirsekörner entspricht dem Verhältnis des alten zum heutigen Chi-Maß. Wenn man die 10 Cun des alten Chi-Maßes (d.h. das Maß für 100 quer gelegte Hirsekörner) als ersten Wert nimmt, die 8 Cun 1 Fen des heutigen Chi-Maßes (d.h. das Maß für 81 hintereinander gelegte Hirsekörner) als zweiten Wert nimmt und das alte Chi-Maß der Huangzhong-Stimmpfeife mit 9 Cun als dritten Wert nimmt, so erhält man als vierten Wert 7 Cun 2 Fen 9 Li, d.h. das Maß der Huangzhong-Stimmpfeife mit dem heutigen Chi-Maß. Wenn man den Ton, aber nicht die Länge prüft, können sie theoretisch nicht besonders gut übereinstimmen. Prüft man die Länge, aber nicht die Hirsekörner, dann tritt auch nicht das Wunder der Übereinstimmung auf. Wenn man mit dem jetzt bestimmten Chi-Maß die Huangzhong-Stimmpfeife anfertigt und den Ton überprüft, so erhält man den rechten Ton. Füllt man sie mit Hirsekörnern, so entspricht das Volumen der Zahl 1200. Wenn dem so ist, wie sollte dann das Maß von 8 Cun 1 Fen nicht das wahre Maß der von den Vorfahren angefertigten Stimmpfeife sein?"[83]

Das heißt, die Huangzhong-Stimmpfeife war in alter und heutiger Zeit gleich, unveränderlich, aber wenn man sie überprüfte, muss man zuerst das Chi-Maß bestimmen, und um das Chi-Maß zu bestimmen, muss man das Gesetz der aufgehäuften Hirsekörner anwenden.

---

83 „Lü Lü Zheng Yi", (Rechter Sinn der Stimmpfeifen), Bd. 1, Maße und Gewichte, Ausgabe „Si Ku Quan Shu"

Als validiertes Ergebnis nach dem Gesetz der aufgehäuften Hirsekörner erhielt man mit 100 hintereinander gelegten Hirsekörnern für das heutige Chi-Maß (Yingzao-Chi-Maß) 1 Chi und mit 100 nebeneinander gelegten Hirsekörnern für das heutige Chi-Maß 8 Cun 1 Fen und für das alte Chi-Maß 1 Chi. Deshalb entspricht das alte Chi-Maß 8 Cun 1 Fen des heutigen Chi-Maßes. Die Länge der Huangzhong-Stimmpfeife beträgt nach dem alten Chi-Maß 9 Cun, die 7 Cun 2 Fen 9 Li des heutigen Chi-Maßes entsprechen. Dieses Ergebnis stimmt gerade mit der Aufzeichnung des „Han Shu" überein, dass, „mit quer gelegten Hirsekörnern gemessen, die Länge der Huangzhong-Stimmpfeife 90 Fen beträgt". Die daraus erhaltene Huangzhong-Stimmpfeife ist das „wahre Maß der von den Vorfahren angefertigten Stimmpfeife". Deshalb kann man die Chi-Maße, die mit den beiden Arten der quer und hintereinander gelegten Hirsekörner erhalten wurden, als die Normale für das alte und das heutige Chi-Maß ansehen. So hatte der Kaiser Kangxi mit der traditionellen Methode der mit aufgehäuften Hirsekörnern bestimmten Stimmpfeifen sehr geschickt eine Basis für die Länge des Normals des damaligen Yingzao-Chi-Maßes und infolgedessen auch für die Normale des gesamten Systems der Maße und Gewichte gefunden.

Diese Herangehensweise des Kaisers Kangxi bereitete in der Praxis keine Probleme, doch das von ihm erhaltene Ergebnis differierte gegenüber der Realität des alten Chi-Maßes. Wir wissen, dass das Yingzao-Chi-Maß am Anfang der Qing-Dynastie 32 cm betrug, und wenn man nach der Proportion zwischen altem und neuen Chi-Maß, die Kaiser Kangxi bestimmt hatte, umrechnet, muss die Länge des Chi-Maßes während der Han-Dynastie

32 x 0,81 = 25,92 cm

betragen. Aber Realien und Literaturquellen belegen, dass das alte Chi-Maß, oder konkret gesagt, das mit aufgehäuften Hirsekörnern bestimmte Chi-Maß 23,1 cm beträgt, aber nicht 25,92 cm.[83] Diese Tatsache zeigt auf, dass, wenn man mit der Methode, mit aufgehäuften Hirsekörnern die Stimmpfeifen bestimmt, um Normale für Maße und Gewichte festzulegen, sehr leicht Fehler auftreten.

Obwohl Kaiser Kangxi's Praxis mit der Realität des alten Chi-Maßes nicht übereinstimmte, erregte sein Versuch die Aufmerksamkeit und trieb die Entwicklung der Wissenschaft der Maße und Gewichte in der frühen Phase der Qing-Dynastie voran und förderte auch den Fortschritt der Metrologie. Über die Bedeutung von Kaiser Kangxi's Überprüfung des Chi-Maßes der Maße und Gewichte mit dem Verfahren, mit aufgehäuften Hirsekörnern die Stimmpfeifen zu bestimmen, lieferte Wu Chengluo eine scharfsinnige Einschätzung, er urteilte: „Nach der Aufzeichnung im ‚Lü Lü Zheng Yi' aus den Jahren der Herrschaft von Kangxi hatte er persönlich die aufgehäuften Hirsekörner beobachtet und berechnet und erhielt für das heutige Chi 8 Cun 1 Fen, was gerade mit dem Volumen von 1200 Hirsekörnern übereinstimmte. Daraufhin machte er das Chi für 100 quer gelegte Hirsekörner zum „Musik-Chi" und das Chi für 100 hintereinander gelegte Hirsekörner zum ‚Yingzao-Chi'. Das ist der Beginn des Yingzao-Chi-Maßes in der Qing-Dynastie. Ganz gleich, ob es sich um die Volumina von Sheng und Dou oder um die Masse der Gewichte handelte, so wurden sie alle nach dem Cun-Maß des Yingzao-Chi-Maßes bestimmt. Dieses wurde in einer Zeit, als die Wissenschaft noch nicht aufgeblüht war und das alte System schon durcheinander geriet und man kein besseres Verfahren kannte, mehrere hundert Jahre angewendet, und das Volk baute darauf, ohne Zweifel zu hegen. Sein Verdienst bei dieser Überprüfung kann man als großartig bezeichnen."[84] Diese Einschätzung geht von den Tatsachen aus.

3. Weitere Entwicklung der traditionellen Metrologie

Kaiser Kangxi schenkte nicht nur der Wissenschaft der Maße und Gewichte seine Aufmerksamkeit, sondern gelangte auch auf anderen Gebieten der metrologischen Wissenschaft zu bedeutenden Errungenschaften. Einst hatte er seine Höflinge versammelt und legte vor seiner Dienerschaft das Problem der Messung und Berechnung des Durchflusses von Wasser dar und führte ihr vor, wie man mit Mathematik die Sonnenschattenlänge berechnet. In der Chronik „Qing Shi Lu" (Annalen der Qing-Dynastie) wurde dies anschaulich aufgezeichnet:

„Der Kaiser rief die Gelehrten des Kabinetts, die neun Minister und andere am Qianqing-Tor vor seinem Thron zusammen [...] und sprach: ‚Die Mathematik ist exakt, zum Beispiel kann man das aus einer Schleusenöffnung eines Flusslaufs an einem Tag fließende Wasser berechnen. Zuerst misst man die Größe der Schleusenöffnung und misst dann, wieviel Wasser in einer Sekunde durchfließt, und wenn man das Volumen für einen ganzen Tag berechnet, kann man ermitteln, wieviel Wasser durchfließt.' Dann befahl er, eine Sonnenuhr zu bringen, und mit seinem kaiserlichen Pinsel hatte er einen Strich gemalt und erklärt: ‚Das ist der Ort, den der Sonnenschatten am Mittag erreicht.' Als es dann am Qianqing-Tor Mittag wurde, befahl er den Dienern, die Sonnenuhr abzulesen, und genau um Mittag stimmte der Sonnenschatten mit dem gemalten Strich völlig ohne den geringsten Fehler überein."[85]

Die von Kaiser Kangxi erläuterte Methode der Messung des Durchflusses von Wasser wird noch heute angewendet. Seine Berechnung der Sonnenschattenlänge wurde unter zahlreichen Blicken bestätigt. Dies zeigt seine Meisterschaft auf dem Gebiet der Metrologie. Natürlich hatte Kaiser Kangxi in seinen Darlegungen inhaltlich gesehen nicht viel Innovatives vorgestellt, aber dass er als geachteter Landesherr seinen Worten Taten folgen ließ und konkreten metrologischen Fragen Beachtung schenkte, hatte bestimmt eine gewaltige vorantreibende Wirkung für die Entwicklung der damaligen metrologischen Wissenschaft ausgelöst.

Unter dem vorantreibenden Einfluss von Kaiser Kangxi nahm die metrologische Wissenschaft der frühen Periode der Qing-Dynastie einen raschen Fortschritt. Dieser Fortschritt äußerte sich vor allem in der Kompilation von Werken über die Metrologie.

Unter den Werken über Metrologie, die von den Beamten kompiliert wurden, steht „Lü Lü Zheng Yi" an erster Stelle. Die Kompilation dieses Buches geht auf die Überprüfung der Stimmpfeifen durch Kaiser Kangxi zurück. Die Erläuterung der Bestimmung der Stimmpfeifen mit aufgehäuften Hirsekörnern durch Kaiser Kangxi erregte das Interesse der Hofbeamten. Daraufhin reichten die Gelehrten des Kabinetts Li Guangdi und Zhang Yushu jeweils Eingaben ein, in denen sie darum baten, dass hinsichtlich der Theorie der Berechnung bei der Bestimmung der Stimmpfeifen mit aufgehäuften Hirsekörnern

---

84 „Lü Lü Zheng Yi", Bd. 1, Das Maß der Huangzhong-Stimmpfeife, Ausgabe „Si Ku Quan Shu"
85 „Quing Shi Lu" (Aufzeichnungen über die Quing-Dynastie): 31. Jahr Kangxi

durch Kaiser Kangxi „eigens eine Entscheidung gewährt wird, die Unterlagen als Buch herauszugeben und es im Reich zu verbreiten, damit alle davon lernen mögen." Der Kaiser entsprach ihrer Bitte, und im 52. Jahr der Herrschaft von Kangxi (1713) „wurde ein Edikt erlassen, Bücher über die Stimmpfeifen zu verfassen. Bei der Studierklause Mengyangzhai wurde eine Halle errichtet, um Experten der Musik aus dem ganzen Reich zusammenzurufen. Li Guangdi empfahl, dass Wei Tingzhen aus Jingzhou, Mei Juecheng aus Ningguo und Wang Lansheng aus Jiaohe die Kompilation übernehmen." (Quelle wie oben) Li Guangdi's Empfehlung wurde von Kaiser Kangxi angenommen. Xuanye ließ diese Gelehrten nicht nur für die Kompilationsarbeit verantwortlich zeichnen, sondern ständig kümmerte er sich um den Inhalt des Buches. „Wenn sie auf eine zweifelhafte Stelle stießen, erschien er persönlich, um darüber zu entscheiden." (Quelle wie oben) So wurde dieses Buch in angestrengter Arbeit im zweiten Jahr schließlich zu Ende redigiert. In der Chronik „Qing Shi Gao, Aufzeichnungen über Musik, Teil I" wurde über dieses Buch folgendes aufgezeichnet:

„*Der Kaiser war in der Mathematik sehr bewandert. Als er sich der Kreiszahl zuwendete, gründete er sie auf reale Messungen. So wurde der über tausend Jahre weitergegebene Fehler der Musik durch die Stimmpfeifen schließlich aufgeklärt. Dann entschied er, das Buch zu verfassen. Im nächsten Jahr war es fertiggestellt, das in drei Teile aufgeteilt war, die hießen: Korrektur der Stimmpfeifen und Prüfung der Töne, Erläuterung der Ursprungszahlen der Huangzhong-Stimmpfeife, weiterhin die Prinzipien von Länge, Volumen, Fläche, Umfang und Durchmesser, das Gesetz der Zu- und Abnahme der Stimmpfeifen und die Gesetze der Maße der Huangzhong-Stimmpfeife und die Verschiebung des Tones Gong. Der zweite Teil hieß: Harmonisierung der Töne zur Bestimmung der Musikinstrumente, Erklärung der Grundzüge der acht Töne und der Herstellung von Musikinstrumenten, detaillierte Überprüfung der Unterschiede in alter und neuer Zeit. Der dritte Teil hieß: Harmonisierung der Melodien in Noten, die von dem Portugiesen Thomas Pereira (Xu Risheng) und dem Italiener Teodoricus Pedrini (De Lige) dargelegte Intonation und Rhythmus, Regeln des in den Klassikern belegten Tonsystems der Stimmpfeifen, Notation, aufgeteilt in die beiden Harmonien Yin und Yang. Das Buch erhielt den Titel „Lü Lü Zheng Yi" (Rechter Sinn der Stimmpfeifen). Wang Lansheng und Wei Tingzhen wurde der Grad eines Jinshi verliehen, und sie wurden auf unterschiedliche Stellen berufen.*"

Das zeigt, dass Kaiser Kangxi im Verlaufe der Abfassung dieses „Lü Lü Zheng Yi" betitelten Buches nicht wenig Herzblut hingab. Er nutzte seinen Vorteil, dass er selbst in Mathematik bewandert war. Anstelle des traditionellen Werts, dass bei einem Umfang von drei der Durchmesser eins ist, führte er im Zuge der Überprüfung der Stimmpfeifen eine genauere Kreiszahl ein. Außerdem legte er Wert darauf, dass die berechneten Werte durch praktische Messungen bestätigt wurden. Schließlich leitete er über die Lehre der Beziehung zwischen den Stimmpfeifen und den Maßen und Gewichten, über die man sich tausend Jahre gestritten hatte, eine überzeugende Schlussfolgerung ab. Nachdem das Buch fertiggestellt war, gab er ihm auch den Titel und verlieh den an der Kompilation beteiligten Personen sehr hohe Belohnungen, was seine Wertschätzung für dieses Buch ausdrückte.

In der Geschichte der Maße und Gewichte der Qing-Dynastie ist das Werk „Lü Lü Zheng Yi" tatsächlich sehr wichtig. Das liegt hauptsächlich daran, dass Xuanye mit seiner Autorität dieses Buch „kaiserlich kompiliert" hatte. Deshalb wurden die in dem Buch dargelegten

Regeln für die Überprüfung der Ordnung der Maße und Gewichte zu einem Dogma, das man bei der Anfertigung von Normalen für Maße und Gewichte befolgen musste. Der Verhältniswert zwischen den alten und neuen Chi-Maßen, den Xuanye bestimmt hatte, wagte in der Qing-Dynastie niemand anzuzweifeln. Die in dem Buch dargelegten Kenntnisse über die Bestimmung der Stimmpfeifen mit aufgehäuften Hirsekörnern wurden zu einer Voraussetzung, die die Konfuzianer der Qing-Zeit bei der Diskussion der Lehre von der Vereinheitlichung der Stimmpfeifen und der Maße und Gewichte unbedingt beachten mussten.

Ein weiteres wichtiges die Metrologie betreffendes Werk, das in gleicher Weise „kaiserlich kompiliert" wurde, ist das Buch „Shu Li Jing Yun" (Grundlegende Prinzipien der Mathematik). Dieses Buch wurde hauptsächlich von Mei Juecheng gemeinsam mit Chen Houyao und He Guozong kompiliert und mit Kaiser Kangxi's Prädikat „kaiserlich kompiliert" herausgebracht. Das gesamte Buch enthält insgesamt 53 Kapitel und ist in zwei Teile unterteilt. Es stellt hauptsächlich die westliche Mathematik vor, die seit dem Ende der Ming- und dem Beginn der Qing-Dynastie nach China gelangt war. Die im „Shu Li Jing Yun" vorgestellte westliche Mathematik übte eine nicht zu unterschätzende Wirkung auf die Förderung der Metrologie in China aus. Zum Beispiel leistete das berühmte Werk der westlichen Mathematik „Elemente der Geometrie", das in dieses Buch aufgenommen wurde, eine nicht zu ersetzende Wirkung auf die Schaffung der Winkelmetrologie in China. Die in dem Buch vorgestellten Rechenmethoden der westlichen Mathematik hatten auch einen großen Einfluss auf die Verknüpfung von Metrologie und Mathematik in China. Besonders wird im Kapitel 30 des zweiten Teils dieses Buches die Bedeutung des spezifischen Gewichts für die Schaffung von Normalen der Maße und Gewichte demonstriert:

„Die Mathematik hält vollkommene Körper bereit, die sich mit ihren Längs- und Querflächen ganz für den Gebrauch als Maße und Gewichte eignen. Wenn für die Linien und Flächen Maße und für die Körper Volumina existieren und das Gewicht mit einer Waage ermittelt wird, so erhält man ein Verhältnis zwischen Gewicht und Länge. Nach diesem Gesetz kann man aus allen Körpern Würfel herstellen. Wenn die Kantenlänge ein Cun ist, beträgt das Volumen 1000 Kubik-Fen. So ergibt sich ein proportionales Verhältnis. Wenn man dann von allen Stoffen sein Volumen kennt, so lässt sich das Gewicht ableiten, und wenn man das Gewicht kennt, so lässt sich das Volumen ableiten, und zwischen Gewicht und Länge gibt es keine verborgenen Tatsachen mehr."

Das heißt, wenn man das spezifische Gewicht der verschiedenen Materialien kennt, kann man zwischen den Maßen und Gewichten Beziehungen aufstellen. Aus dem Volumen kann man das Gewicht ermitteln, und umgekehrt kann man aus dem Gewicht das Volumen ermitteln. So lässt sich ein Chaos der Maße und Gewichte vermeiden. Diese Idee ist gegenüber der traditionellen Bestimmung der Stimmpfeifen mit aufgehäuften Hirsekörnern wissenschaftlicher, weil das Waagennormal das Gewicht widerspiegelt, wobei das Gewicht über das spezifische Gewicht mit dem Chi-Maß in Beziehung steht. Wenn man so das Waagennormal kennt, benötigt man nicht die Überprüfung und Korrektur mit Hirsekörnern. Entsprechend dem spezifischen Gewicht der Substanzen der bekannten gebildeten Normale kann man Normale für die drei Größen Länge, Volumen und Gewicht erhalten. Obwohl es über die Beziehung zwischen dem spezifischen Gewicht den Maßen und Gewichten im „Han Shu" schon die Aufzeichnung gibt „ein Würfel Gold mit einer Kantenlänge von 1 Cun ist 1 Jin schwer"[86], ist die Aufzeichnung im „Han Shu" bei weitem nicht so eingehend und klar wie dies im „Shu Li Jing Yun" dargestellt wurde. Außerdem ist im „Shu Li Jing Yun" noch eine Tabelle des spezifischen Gewichts von Gold, Silber, Kupfer, Eisen und weiteren 32 Substanzen aufgeführt, zudem sind zahlreiche Berechnungsbeispiele des spezifischen Gewichts angegeben, wodurch sie eine ausgeprägte Praktikabilität erlangte. Die Herangehensweise des „Shu Li Jing Yun" hatte zweifellos eine bestimmte vorantreibende Wirkung bei der Transformation der traditionellen zur modernen Metrologie in China ausgelöst.

In der Qing-Dynastie war eine weitere mit der traditionellen Metrologie verbundene wichtige Angelegenheit die Anfertigung des Volumennormals von Qianlong. Obwohl Kaiser Kangxi von der Theorie die konkrete Bedeutung der „Vereinheitlichung der Stimmpfeifen und der Maße und Gewichte" dargelegt und durch das Verfahren der neben- und hintereinander gelegten Hirsekörner einen Verhältniswert für das alte und das neue Chi-Maß und die Länge der Huangzhong-Stimmpfeife und aufgrund dessen die Normale für die Maße und Gewichte bestimmt hatte, hatte er aber keine Normalgeräte für die Maße und Gewichte nach dem traditionellen Verfahren angefertigt. Das barg die Gefahr in sich, dass die neuen Normale verloren gingen. Dessen war man sich in der Qing-Dynastie sehr bewusst, wie es im „Lü Lü Zheng Yi Hou Bian" (Spätere Redaktion des Werks Rechter Sinn der Stimmpfeifen) ausgedrückt wurde:

„Im ersten Teil heißt es, dass die Maße und Gewichte sämtlich der Huangzhong-Stimmpfeife entspringen, aber wenn man die Huangzhong-Stimmpfeife überprüft, kann man sich etwa nicht auf Maße und Gewichte als Beleg stützen? Es heißt, dass der Ton leer ist und nicht erhalten werden kann. Dagegen ist ein Gerät real und kann an die Nachfahren weitergegeben werden."[87]

Dieses Wissen entspricht den Regeln der Verwaltung der Maße und Gewichte, weil unter dem Aspekt des Systems der Verwaltung der Maße und Gewichte der Staat die höchsten Normale der Maße und Gewichte innehaben soll. Danach befriedigt man mit dem Verfahren der Weitergabe des Wertes der Einheit, indem Normale aufeinanderfolgender Stufen von hoch nach niedrig geschaffen werden, nacheinander die Bedürfnisse der Gesellschaft an der Metrologie. Wenn man dieses Verfahren nicht anwendet, wobei die Normale jeder tieferen Ebene jeweils mit dem Verfahren der aufgehäuften Hirsekörner reproduziert werden, muss zwischen den Normalen notwendigerweise Chaos entstehen und die Bemühungen von Kaiser Kangxi um die Vereinheitlichung der Maße und Gewichte sind mit einem Schlage zunichte. Nur wenn man entsprechend der Theorie der Maße und Gewichte Normalgeräte anfertigt, kann man das Maß an die Nachfahren weitergeben, so dass sich zehntausend Generationen danach richten. Das ist gemeint mit „ein Gerät ist real und kann an die Nachfahren weitergegeben werden." Deshalb war die Schaffung entsprechender Normalgeräte auf der Grundlage der Überprüfung von Normalen der Maße und Gewichte durch Kaiser Kangxi eine wichtige Aufgabe der damaligen Verwaltung der Maße und Gewichte. Diese Aufgabe wurde in der Epoche von Qianlong vollendet, ihr Kennzeichen war die Anfertigung des Jialiang-Volumennormals von Kaiser Qianlong.

---

86 „Qing Shi Lu" (Aufzeichnungen über die Qing-Dynastie): 31. Jahr Kangxi
87 „Qing Shi Gao": Kap. 94, Aufzeichnungen über Musik, Teil I

„Jialiang" (Volumennormal) ist eine historische Bezeichnung für ein Normalgerät der Maße und Gewichte. Nach dem Prinzip der Bestimmung der Stimmpfeifen mit aufgehäuften Hirsekörnern vereinigt es die drei Einheitennormale von Länge, Volumen und Gewicht in einem Gerät. Das ist die konkrete Verkörperung des Gedankens der Vereinheitlichung der Stimmpfeifen und der Maße und Gewichte. In der Geschichte Chinas ist das berühmteste Jialiang-Volumennormal das von Liu Xin in den letzten Jahren der Westlichen Han-Dynastie für die neue Dynastie von Wang Mang konstruierte und angefertigte Volumennormal der Xin Mang-Zeit. Dieses Volumennormal vereinigt fünf Einheiten (Yue, Ge, Sheng, Dou und Hu) in einem Gerät und ist ein metrologisches Normalgerät, das die Normale der drei Größen Länge, Volumen und Gewicht gleichzeitig widerzuspiegeln vermag. Nachdem Liu Xin's Theorie der Maße und Gewichte zu einer Norm wurde, die die Gelehrten späterer Generationen bei der Untersuchung von Problemen der Maße und Gewichte zu respektieren hatten, wurde das von ihm konstruierte Volumennormal der Xin Mang-Zeit auch zu einem Objekt, das die Menschen beachteten und untersuchten. Die Metrologen nach Liu Xin, wie Liu Hui, Xun Xu, Zu Chongzhi und Li Chunfeng stellten entweder an der Realie oder anhand der Literatur tiefgründige Untersuchungen an dem Volumennormal der Xin Mang-Zeit an. Das Volumennormal der Xin Mang-Zeit wurde bis zu den Dynastien Tang und Song überliefert, dann war es spurlos verschwunden, aber in den Jahren der Herrschaft von Qianlong in der Qing-Dynastie tauchte es auf wunderbare Weise wieder auf. In dem Werk „Qing Hui Dian Ze Li" (Verwaltungsvorschriften der Qing-Dynastie) wird erwähnt: „Im 9. Jahr der Herrschaft von Qianlong erhielt der Kaiser ein Volumennormal der Östlichen Han-Dynastie, es hat eine runde Form"[88], damit ist dieses Normal gemeint.

Da das Volumennormal der Xin Mang-Zeit wieder aufgetaucht war, wollte Kaiser Qianlong das unvollendete Werk seines Großvaters fortführen und gemäß der vereinheitlichten Ordnung von Stimmpfeifen und Maßen und Gewichten der Han-chinesischen Kultur musste man natürlich die Gestalt des Volumennormals der Xin Mang-Zeit nachahmen und ein neues Volumennormal herstellen, das die bei Kangxi's Überprüfung der Maße und Gewichte erzielten neuen Ergebnisse widerspiegelte. Eben aufgrund solcher Überlegungen hatten die damaligen Gelehrten, nachdem man das Volumennormal der Xin Mang-Zeit erhalten hatte, unter der Aufsicht des Kaisers Qianlong, indem sie das Volumennormal der Xin Mang-Zeit und die Gestalt des Volumennormals mit quadratischem Querschnitt von Zhang Wenshou aus der Tang-Dynastie, der dieses unter Bezugnahme auf das Xin Mang-Normal abgeändert hatte, zwei Volumennormale, eines mit quadratischem und eines mit rundem Querschnitt, hergestellt. Somit wurde es zur Richtschnur für die Normalgeräte der Maße und Gewichte der Qing-Dynastie. Im Kapitel 38 des „Qing Hui Dian Ze Li" ist dieses Ereignis so beschrieben:

„Im 9. Jahr der Herrschaft von Qianlong erhielt der Kaiser ein Volumennormal aus der Östlichen Han-Dynastie, es hat eine runde Form. Man untersuchte seine Abmessungen, die mit der Länge der jetzigen Stimmpfeife Taicu übereinstimmte. Ferner überprüfte man das von Zhang Wenshou in der Tang-Dynastie hergestellte Volumennormal mit quadratischem Querschnitt. Daraufhin ahmte man seine Herstellung nach, und auf der Grundlage des heutigen Stimmpfeifenmaßes wurden auf kaiserlichen Befehl zwei Volumennormale angefertigt,

---

88 „Han Shu", Kap. 24, 2. Teil, Aufzeichnungen über Nahrung und Waren, 4. Teil unten

eines mit quadratischem und eines mit rundem Querschnitt. Sie wurden aus Bronze gegossen und vergoldet. Die Normale wurden vom Ministerium für öffentliche Arbeiten ausgeführt und im Palasthof aufgestellt. Oben befindet sich das Hu-Maß, unten das Dou-Maß, das linke Ohr enthält das Sheng-Maß und das rechte Ohr die Maße Ge und Yue. Angeschlagen, sendet es den Ton Gong der Huangzhong-Stimmpfeife aus."

Um die Wertschätzung für die Volumennormale auszudrücken, hatte Kaiser Qianlong, als die neuen Volumennormale gerade angefertigt waren, persönlich eine Inschrift verfasst, in der er ihre große Bedeutung darlegte. Der konkrete Wortlaut der Inschrift folgt hier:

„Mein Großvater Shengzu hatte bei der Schaffung der Gesetze den Himmel nachgeahmt. Die Maße und die Stimmpfeifen, die Gewichte Jun und die Volumenmaße Zhong harmonieren umfassend mit dem Ton der Huangzhong-Stimmpfeife. Das winzige Helle erklärt das Dunkle. Welcher Himmelsweg führt zum Glück? Ich habe das Werk der Vorfahren geerbt. Im ganzen Reich tröste und regiere ich, harmonisiere die Jahreszeiten und Monate und ordne die Tage zu und vereinheitliche die Stimmpfeifen und die Maße und Gewichte. Ich ließ diese Geräte gießen und stellte sie im großen Hof auf. Sie verkörpern kein simples Muster der Herstellung, sondern das große Dao. Wir beachteten das Volumen Zhong und erhielten die Längenmaße. Wir richteten uns nach den Längen- und Volumenmaßen. Das Volumen wurde zur Grundlage für das Gewicht. Die Stimmpfeifen harmonieren mit den sechs alten Musikinstrumenten. Durch die Heiligen herrscht Eintracht mit dem Himmel. Der Wille des Himmelsherrschers ist weise. Sonne, Mond und die fünf Planeten bewegen sich im Gleichmaß. Das Gerät gilt als Gesetz für zehntausend Generationen. Wie eine Waage wirkt es ohne Willkür, wie ein Laufgewicht bleibt es nicht stecken. Wie ein Chi-Maß verkörpert es das Gesetz, wie ein Volumenmaß gewährt es Gerechtigkeit. Mit den Stimmpfeifen erfasst man die Leere. Wir nehmen das klare Mandat des Himmels an. Wir schätzen das ewige Gelingen. Die Kinder und Enkel sollen sich nach diesem Gerät richten, solange Tage und Monate vergehen. Im Jahr Jiazi am Geister-Fest wurde diese Inschrift von Kaiser Qianlong verfasst."[89]

Der wesentliche Sinn dieser Inschrift besagt, Kaiser Kangxi überprüfte die Stimmpfeifen und die Ordnung der Maße und Gewichte. Kaiser Qianlong erbte sein Werk und stellte entsprechende Normalgeräte her und stellte sie im Palasthof auf. Bei der Herstellung der Normalgeräte richtete man sich nach dem Gesetz der in den Stimmpfeifen aufgehäuften Hirsekörner, als Kaiser Kangxi sie überprüfte und von daher ein Normal für das Chi-Maß erhielt. Von dem Chi-Maß bestimmte er die Volumengeräte, während die Volumengeräte wiederum das Normal für das Gewicht lieferten. Die nach dieser Prozedur hergestellten Volumennormale sind gesetzliche Normale, die sich in zehntausend Generationen nicht verändern, und die Kinder und Enkel müssen sie für immer befolgen. Die acht Schriftzeichen 中元甲子，乾隆御銘 besagen, dass diese Inschrift im 9. Jahr der Herrschaft von Qianlong (1744) (dieses Jahr war ein Jiazi-Jahr) am 15. des 7. Monats (nach den alten Bräuchen hieß dieser Tag Geisterfest) von Kaiser Qianlong persönlich geschrieben wurde.

Der Text der Inschrift umfasst eine umfassende und eine ergänzende Inschrift. Im obigen Zitat ist die umfassende Inschrift wiedergegeben, während die ergänzende Inschrift

---

89 „Lü Lü Zheng Yi Hou Bian" (Spätere Redaktion des Werks Rechter Sinn der Stimmpfeifen), Kap. 130, Überprüfung der Maße und Gewichte, Teil I, Ausgabe „Si Ku Quan Shu"

konkret die entsprechenden Daten der einzelnen Volumina für das Volumennormal mit quadratischem und rundem Querschnitt angibt. Nachfolgend steht die Inschrift für die einzelnen Volumina des runden Volumennormals:

Hu-Maß des Volumennormals: Volumen 860 (Kubik-)Cun 934 (Kubik-)Fen 420 (Kubik-)Li, es fasst 10 Dou, Tiefe 7 Cun 2 Fen 9 Li, Querschnittsfläche 118 (Quadrat-)Cun 9 (Quadrat-)Fen 80 (Quadrat-)Li, Durchmesser 1 Chi 2 Cun 2 Fen 6 Li 2 Hao.

Dou-Maß des Volumennormals: Volumen 86 (Kubik-)Cun 93 (Kubik-)Fen 442 (Kubik-)Li, es fasst 10 Sheng, Tiefe 7 Fen 2 Li 9 Hao, Querschnittsfläche 118 (Quadrat-)Cun 9 (Quadrat-)Fen 80 (Quadrat-)Li, Durchmesser 1 Chi 2 Cun 2 Fen 6 Li 2 Hao.

Sheng-Maß des Volumennormals: Volumen 8609 (Kubik-)Fen 344 (Kubik-)Li 200 (Kubik-)Hao, fasst 10 Ge, Tiefe 1 Cun 8 Fen 2 Li 2 Hao 5 Si, Querschnittsfläche 472 (Quadrat-)Fen 39 (Quadrat-)Li 20 (Quadrat-)Hao, Durchmesser 2 Cun 4 Fen 5 Li 2 Hao.

Ge-Maß des Volumennormals: Volumen: 860 (Kubik-)Fen 934 (Kubik-)Li 420 (Kubik-)Hao, fasst 2 Yue, Tiefe 1 Cun 9 Li 6 Hao, Querschnittsfläche 78 (Quadrat-)Fen 53 (Quadrat-)Li 98 (Quadrat-)Hao, Durchmesser 1 Cun

Yue-Maß des Volumennormals: Volumen, Fassung und Tiefe sind ein Halb der des Ge-Maßes, Querschnittsfläche und Durchmesser sind gleich.

Die Inschrift für das Volumennormal mit quadratischem Querschnitt ähnelt diesem und lautet konkret wie folgt:

Hu-Maß des Volumennormals: Volumen: 860 (Kubik-)Cun 934 (Kubik-)Fen 420 (Kubik-)Li, fasst 10 Dou, Tiefe 7 Cun 2 Fen 9 Li, Querschnittsfläche 118 (Quadrat-)Cun 9 (Quadrat-)Fen 80 (Quadrat-)Li, Kantenlänge 1 Chi 8 Cun 6 Li 7 Hao.

Dou-Maß des Volumennormals: Volumen: 86 (Kubik-)Cun 93 (Kubik-)Fen 442 (Kubik-)Li, fasst 10 Sheng, Tiefe 7 Fen 2 Li 9 Hao, Querschnittsfläche 118 (Quadrat-)Cun 9 (Quadrat-)Fen 80 (Quadrat-)Li, Kantenlänge 1 Chi 8 Cun 6 Li 7 Hao.

Sheng-Maß des Volumennormals: Volumen: 8609 (Kubik-)Fen 344 (Kubik-)Li 200 (Kubik-)Hao, fasst 10 Ge, Tiefe 1 Cun 8 Fen 2 Li 2 Hao 5 Si, Querschnittsfläche 472 (Quadrat-)Fen 39 (Quadrat-)Li 20 (Quadrat-)Hao, Kantenlänge 2 Cun 1 Fen 7 Li 3 Hao.

Ge-Maß des Volumennormals: Volumen: 860 (Kubik-)Fen 934 (Kubik-)Li 420 (Kubik-)Hao, fasst 2 Yue, Tiefe 8 Fen 6 Li 9 Si, Querschnittsfläche 100 (Quadrat-)Fen, Kantenlänge 1 Cun.

Yue-Maß des Volumennormals: Volumen, Fassung und Tiefe sind ein Halb der des Ge-Maßes, Querschnittsfläche und Kantenlänge sind gleich.

Die Texte der Inschriften sind auf Mandschurisch und Chinesisch geschrieben. Das Schema des Textes ahmt die Ordnung des chinesischen Hu-Maßes nach. Die Inschriften für die Maße Hu, Sheng und Ge sind in Normalschrift gehalten, während die Inschriften für die Maße Dou und Yue in senkrechten Zeilen gehalten sind. Wenn man das Normal umdreht, um die Maße Dou und Yue zu betrachten, so sind sie vollendet gearbeitet. Der mandschurische Text fängt von links an."[90]

---

90 „Da Qing Hui Dian Ze Li" Kap. 38, Gewichte und Volumen, Ausgabe „Si Ku Quan Shu"

嘉量方制　唐太宗時張文收進嘉量形方未仿其制而用今律度

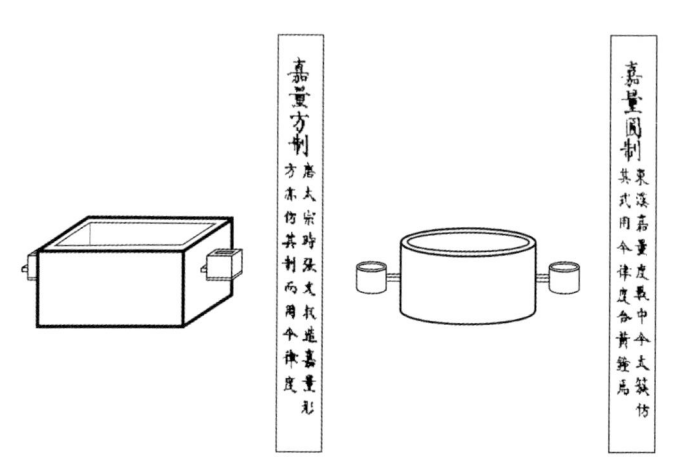

嘉量圓制　其東深嘉量度最中今太筴仿合黃發品式用今律度合黃發品

Bild 9.1 Die „auf Befehl des Kaisers" Qianlong angefertigten Volumennormale mit quadratischem und rundem Querschnitt, abgebildet im Buch „Qing Hui Dian" (Verwaltungsvorschriften der Qing-Dynastie)

Kaiser Qianlong verfolgte mit der unbeirrbaren Darstellung dieser Daten eine Absicht. Nach seiner Auffassung waren Kaiser Kangxi's Überprüfung der Maße und Gewichte und seine Anfertigung der Volumennormale Taten, die würdig sind, in die Chroniken aufgenommen zu werden. Die Aufzeichnung und Beurteilung im „Lü Lü Zheng Yi Hou Bian", in der diese beiden Ereignisse zusammen dargestellt sind, drückte diese seine Ansicht aus:

„*Kaiser Kangxi hat auf wunderbare Weise den Einklang mit den ursprünglichen Tönen hergestellt. Eingehend untersuchte er die Zahlen der Erscheinungen. So erhielt er das wahre Maß der Huangzhong-Stimmpfeife. Bei der Herstellung der Maße und Gewichte erkennt man durch die Prüfung der Verschiedenheiten, wie die Ordnung hergestellt wird. Im 9. Jahr der Herrschaft von Yongzheng wurden sie in das Werk „Da Qing Hui Dian" (Verwaltungsvorschriften der Großen Qing-Dynastie) aufgenommen und im Reich verbreitet. Im 9. Jahr der Herrschaft von Qianlong wurden auf kaiserlichen Befehl Volumennormale angefertigt und im Palasthof aufgestellt. Daraufhin war die Ordnung der Stimmpfeifen und der Maße und Gewichte völlig klar, so dass die Ungleichmäßigkeiten bei den Größen der Länge, des Volumens und des Gewichts durch Vergleich vereinheitlicht wurden. Außerdem erhält man das Ungleiche und macht es gleich. Deshalb sind diese Anfertigungen tatsächlich vollkommen.*"[91]

Das zeigt, er wollte mit den Volumennormalen die von Kaiser Kangxi erzielten Ergebnisse bei der Überprüfung der Maße und Gewichte sowie die Normale der Maße und Gewichte mit der Methode von Realien verkörpern. Deshalb musste er natürlich auf den Volumennormalen die betreffenden Daten ausführlich aufführen. Das Prinzip dieser Angabe war: „Mit dem Musik-Chi-Maß den Ursprung der Maße angeben und mit dem Yingzao-Chi-Maß die übrigen Maße dekretieren." Das sogenannte Musik-Chi-Maß ist das von Kaiser Kangxi bei der Überprüfung der Maße und Gewichte von Herzen verehrte Chi-Maß

---

91 „Lü Lü Zheng Yi Hou Bian" (Spätere Redaktion des Werks Rechter Sinn der Stimmpfeifen): Kap. 130, Überprüfung der Maße und Gewichte, Ausgabe „Si Ku Quan Shu"

des Altertums, das heißt das im Volumennormal der Xin Mang-Zeit manifestierte Chi-Maß. Somit kann man „den Zustand der Verschiedenheit der alten und neuen Maße und Gewichte vollkommen klarstellen". (Quelle wie oben) Das heißt, die tatsächliche Größe der Volumennormale der Qing-Dynastie verkörpert nicht die Normale der Qing-Dynastie, sondern die Ordnung des Altertums. Zum Beispiel: „Das Volumen des Hu-Maßes beträgt 860 (Kubik-)Cun 934 (Kubik-)Fen 420 (Kubik)Li, somit beträgt das Musik-Chi-Maß 1620 (Kubik-)Cun." (Quelle wie oben) Konkret gesagt, widerspiegelt die Größe des Hu-Volumens im Volumennormal der Qing-Dynastie nicht die wirkliche metrologische Einheit Hu der Qing-Dynastie, sondern sie ist die Größe des Hu im Altertum, und die Größe des Hu des Altertums wurde mit den vom Yingzao-Chi-Maß der Qing Dynastie angegebenen Daten umgerechnet. Das heißt, das auf der Inschrift angeführte Volumen des Hu beträgt 860,934420 Kubik-Cun, und mit dem Ergebnis des Yingzao-Chi-Maßes ergibt sich, wenn man mit dem Musik-Chi-Maß rechnet, 1620 Kubik-Cun. Das ist gerade die Größe eines Hu nach der Ordnung des Altertums. Die auf den Volumennormalen widergespiegelten anderen metrologischen Einheiten sind alle in gleicher Weise zu verstehen.

Die Konstruktion der Volumennormale widerspiegelt außer, dass das System der Qing- und der alten Maße dargestellt wird, noch die Länge der Huangzhong-Stimmpfeife. Diese Angabe wird durch die Tiefe des Hauptkörpers des Volumennormals – des Hu-Volumens ausgedrückt. „Die Tiefe des Hu-Volumens beträgt 7 Cun 2 Fen 9 Li und stellt das Maß der Huangzhong-Stimmpfeife dar, das heißt 9 Cun der Länge der Stimmpfeife." (Quelle wie oben) Somit verkörperten die Volumennormale tatsächlich die Einheiten von Länge, Volumen und Gewicht in einem Körper, allseitig widerspiegelten sie solche Faktoren, wie das System der Qing-Dynastie, das alte System und die Länge der Huangzhong-Stimmpfeife.

Über die alte Ordnung der drei Größen Länge, Volumen und Gewicht, die mit den Volumennormalen ausgedrückt werden, und die Umrechnungsbeziehungen der Ordnung der Qing-Dynastie wird im „Lü Lü Zheng Yi Hou Bian" Kap. 130 konkret angegeben:

„Das Hu-Maß ist 7 Cun 2 Fen 9 Li tief, das Dou-Maß ist 7 Fen 2 Li 9 Hao tief, und die Dicke des Bodens beträgt 8 Li 1 Hao, das ergibt insgesamt 8 Cun 1 Fen, was dem gesamten Maß des Musik-Chi-Maßes entspricht. Das Chi-Maß ist in Cun angegeben. Die Regel für die Cun des Altertums lautet: Die Summe der Cun ergibt ein Chi, wobei auch die Regel für das heutige Chi-Maß enthalten ist, so dass man die Unterschiede zwischen altem und heutigem Chi-Maß sehen kann."

Hier ist die Länge beschrieben. Die Tiefe des Hu ergibt die Länge des Rohrs der Huangzhong-Stimmpfeife. Die Tiefen der Maße Hu und Dou zusammen mit dem dazwischen liegenden Boden ergibt das Musik-Chi-Maß (das heißt das Chi-Maß des Altertums), weil alle Zahlen mit der Einheit des Yingzao-Chi-Maßes angegeben sind. Daraus kann man weiter das Normal des Yingzao-Chi-Maßes der Qing-Dynastie erhalten. Deshalb kann man mit den Volumennormalen „die Unterschiede zwischen altem und heutigem Chi-Maß erkennen".

Für das Volumennormal existiert auch eine ähnliche Beziehung:

„Aus der Länge ergibt sich das Volumen. Ein Hu fasst 2000 Yue, die tatsächlich 10 Dou sind. Wenn man dies nach der Regel des heutigen Volumens bestimmt, so erhält man 2 Dou 7 Sheng und etwas über 2 Ge. Durch 10 geteilt, beträgt dann für das Volumen des Dou heutige 2 Sheng und etwas über 7 Ge. Das Volumen des Sheng beträgt heutige 2 Ge und etwas über

7 Shao, so dass man die Unterschiede zwischen den alten und den heutigen Volumenmaßen erkennen kann."

Für die Gewichtsnormale existiert in gleicher Weise eine entsprechende Umrechnungsbeziehung:

„Aus dem Volumen ergibt sich das Gewicht. Das Volumen eines Hu fasst 2 400 000 Hirsekörner, die 1000 Liang wiegen. Wenn man dies nach der Regel des heutigen Gewichts bestimmt, so erhält man etwas mehr als 531 Liang, so dass man die Unterschiede zwischen den alten und den heutigen Gewichtsmaßen erkennen kann."

So verwirklichten die Volumennormale der Qing-Dynastie durch eine sorgfältige Konstruktion theoretisch eine Reproduktion der tatsächlichen Größe des Volumennormals der Xin-Mang-Zeit, und zugleich konnte man die tatsächlichen Normale der Maße und Gewichte der Qing-Dynastie ausrechnen und erhielt die Einheit der alten und heutigen Normale der Maße und Gewichte mit einem Gerät. Man kann sich die Schwierigkeiten vorstellen, so viele Faktoren mit einem Gerät auszudrücken. Deshalb ist die vollendete Konstruktion der Volumennormale der Qing-Dynastie ein wichtiges Ergebnis, das bei der Entwicklung der Wissenschaft der Maße und Gewichte der Qing-Dynastie erzielt wurde.

Die Volumennormale der Qing-Dynastie weisen auch Mängel auf, und ihr größter besteht darin, dass die Konstruktion vollkommen auf dem Ergebnis der Überprüfung mit dem Verfahren der Bestimmung der Stimmpfeifen mit aufgehäuften Hirsekörnern durch Kaiser Kangxi beruht. Das Ergebnis hatte die Konsequenz, dass das Chi-Maß des Altertums (d.h. das Chi-Maß von Wang Mang), das die Volumennormale widerspiegeln, mit der historischen tatsächlichen Länge des Chi-Maßes des Altertums nicht übereinstimmte. Wir haben oben schon angeführt, dass die nach der Berechnung des von Kaiser Kangxi bestimmten Verhältnisses zwischen altem und heutigem Chi-Maß das Chi-Maß der Han-Dynastie 25,92 cm sein soll, dass aber Realien und Literaturquellen belegen, dass der tatsächliche Wert der Länge des Chi der Han-Dynastie 23,1 cm beträgt, so dass die Differenz zwischen beiden fast 3 cm ergibt, und man kann nicht behaupten, dass der Fehler gering wäre. Jetzt ist dieser Fehler durch die Anfertigung der Volumennormale der Qing-Dynastie weiter bestätigt worden, der tatsächlich nicht akzeptabel ist, weil Kaiser Qianlong bei der „kaiserlich befohlenen" Anfertigung der Volumennormale der Qing-Dynastie bereits das Volumennormal der Xin Mang-Zeit erhalten hatte. Man hätte nur an dem Volumennormal der Xin Mang-Zeit einige Messungen machen müssen, um dieses Problem aufzulösen. Aber wenn die Konstrukteure der Volumennormale dieses Problem entdeckt hätten, hätten sie kaum eine Korrektur vornehmen dürfen, weil nach den feudalen Ritengesetzen die Verehrung der Ahnen und die Ehrfurcht vor den Heiligen gefordert wurde, was sie unbedingt zu befolgen hatten. Das von dem „heiligen Ahn" Xuanye „kaiserlich bestimmte" Ergebnis zu annullieren, wäre ganz und gar unmöglich gewesen.

Ein weiterer Mangel in der Konstruktion der Volumennormale bestand darin, dass die Genauigkeit der Daten ungenügend beachtet wurde. Bei der Konstruktion des runden Volumennormals ist die von den Konstrukteuren benutzte Kreiszahl noch recht genau. Die im „Lü Lü Zheng Yi Hou Bian", Kap. 130 für die Konstruktion des Volumennormals benutzten Daten zeigen, dass sie auf diesen Punkt einen Blick werfen können:

„Bei einem Kreisdurchmesser von 1 Cun beträgt die Querschnittsfläche 78 (Quadrat-) Fen und 5398/10000."

Aus diesen beiden Daten können wir die bei der Konstruktion des Volumennormals benutzte Kreiszahl zu π = 3,141592 ausrechnen. Das ist recht genau. Aber in den Daten, die in der Inschrift des Volumennormals aufgeführt sind, ist die Wahl der Genauigkeit ungenügend streng. Die Genauigkeit geht teils bis zu Li, teils bis zu Hao, und es gibt auch eine Genauigkeit bis zu Si. Wenn man nach den in der Inschrift des Volumennormals aufgelisteten Daten eine Rechnung vornimmt, kann man feststellen, dass einige Daten nicht sehr gut zueinander passen, und die hauptsächliche Ursache besteht eben darin. In der Metrologie des alten China fehlte der Begriff der gültigen Zahlen, und Rundungsregeln waren unbekannt. Wenn deshalb bei der Konstruktion des Volumennormals solche Mängel auftraten, so ist das entschuldbar.

Kapitel 10

Der Abgesang der Ordnung der traditionellen Maße und Gewichte

Die Qing-Dynastie unternahm bei der Verwaltung der Maße und Gewichte einige Anstrengungen, aber aufgrund falscher Leitgedanken führte es dazu, dass nach der mittleren Epoche der Qing-Dynastie ein Zustand des Chaos eintrat. Mit dem Niedergang der Staatsmacht des Qing-Kaiserhofs und dem Eindringen des Imperialismus trat die Ordnung der Maße und Gewichte des Zolls auf. Das führte dazu, dass die staatliche Souveränität auf dem Gebiet der Maße und Gewichte teilweise verlorenging. Gleichzeitig eskalierte der chaotische Zustand der Maße und Gewichte im Maßstab des ganzen Landes. Als sich der Qing-Kaiserhof notgedrungen aufraffte und eine letzte Anstrengung zum Aufbau einer modernen Ordnung der Maße und Gewichte unternahm, stand er schon am Vorabend des Untergangs und war nicht mehr in der Lage, den Lauf der Dinge umzukehren und verfügte nicht über die Qualifikation, diese historische Mission zu erfüllen.

1. Die Verwaltung der Maße und Gewichte in der Qing-Dynastie

Die Qing-Dynastie ergriff für die Verwaltung der Maße und Gewichte verschiedene Maßnahmen. Diese Maßnahmen äußerten sich vor allem in der Verbreitung, Aufbewahrung und Überprüfung von Normalgeräten. Früh während der Herrschaft von Shunzhi am Anfang der Qing-Dynastie hatte der Qing-Hof mehrfach Edikte erlassen, um die Maße und Gewichte in Ordnung zu bringen, an entsprechende Einrichtungen wurden Normalgeräte ausgegeben, und es wurde befohlen, sich nach ihnen zu richten. Dies haben wir im vorhergehenden Kapitel schon diskutiert.

Nach der Herrschaft von Shunzhi hatte der Qing-Hof noch gelegentlich einige Edikte erlassen, die forderten, die Maße und Gewichte in Ordnung zu bringen, und die verhindern sollten, dass die Beamten die Maße und Gewichte ausnutzen, um sich illegal zu bereichern und Profit daraus zu ziehen. Insgesamt gesehen, bestand die Besonderheit dieser Edikte darin, dass sie als technisches Kettenglied strenge Vorschriften ausgaben, die forderten, dass diejenigen, die den Vorschriften zuwiderhandelten, streng bestraft werden. Zum Beispiel hatte der Kaiser Yin Zhen im 5. Jahr der Herrschaft von Yongzheng (1727) folgendes Edikt erlassen:

„Die vom Finanzministerium ausgegebenen Gewichte entsprechen dem korrekten Wert. Die Präfekturen müssen sie entsprechend den erlassenen Vorschriften überprüfen, und können sie zur Herstellung von Gewichten benutzen, und es wird gefordert, dass alle Organe sie einheitlich befolgen. Aber wenn die bronzenen Gewichte durch Abnutzung leichter geworden sind und von den ursprünglich ausgegebenen Maßen und Gewichten abweichen, kann man das Finanzministerium bitten, sie umzutauschen. Dies ist zu beachten!"[92]

Dieses Edikt verkörperte die Besonderheit, dass an die technischen Kettenglieder strenge Forderungen gestellt werden. Es bestätigte vor allem, dass die vom Finanzministerium ausgegebenen Gewichte von den Verwaltungsbeamten in den Provinzen als Normal und zur Herstellung von Gewichten benutzt werden. Das Edikt führt eigens an, dass, wenn die bronzenen Gewichte im Verlaufe des Gebrauchs durch Abnutzung leichter werden, man das Finanzministerium bitten solle, sie gegen neue auszutauschen. Diese Vorgehensweise ist vernünftig, sie schränkte die Möglichkeit ein, dass in der Gesellschaft privat Gewichte hergestellt werden, und ist vorteilhaft, um die Einheitlichkeit der Werte der Maße und Gewichte zu bewahren. Yongzheng's Edikt führt speziell das Problem des Umtausches der Gewichte an. Das ist ein Signal, das die Aufmerksamkeit des Qing-Kaiserhofes für die konkreten technischen Kettenglieder bei der Verwaltung der Maße und Gewichte ausdrückt.

Auf dem Gebiet der Ausgabe von Normalgeräten für Maße und Gewichte sind die im 11. Jahr der Herrschaft von Yongzheng (1733) ergriffenen Maßnahmen noch konkreter und detaillierter. Durch diese Festlegungen können wir weiter auf die oben erwähnten Besonderheiten bei der Verwaltung der Maße und Gewichte in der Qing-Dynastie einen Blick werfen:

„Im 11. Jahr wurden die geprüften und genehmigten Gewichte im Finanzministerium auf ihren Wert geprüft. Sie wurden im Ministerium für öffentliche Arbeiten gegossen. Die einzelnen Präfekturen entsendeten Beamte, die sie entgegennahmen. Die Beamten des Ministeriums führten zusammen mit den Beamten des Amts für Wirtschaft und Handel die Überprüfung sorgfältig durch, sie schlossen die Gewichte erster und zweiter Ordnung ab und übergaben sie dem Beamten, der die Gewichte entgegennimmt und sie dann zurücknahm. Die Provinzämter haben die vom Ministerium ausgegebenen Gewichte zweiter Ordnung aufbewahrt, während Gewichte erster Ordnung eingesetzt wurden. Wenn die Gewichte erster Ordnung nach langen Jahren nicht mehr mit den Gewichten zweiter Ordnung übereinstimmten, wurden sie gegen die Gewichte erster Ordnung ausgetauscht, und die Gewichte erster Ordnung wurden zum Ministerium geschickt, um sie einzuschmelzen. Beamte, die Gewichte gefälscht und nicht übereinstimmende Gewichte benutzt hatten, wurden dem Ministerium zur Bestrafung

---

92 „Qing Hui Dian Ze Li", Kap. 28, Ausgabe „Si Ku Quan Shu"

überstellt. (Die vom Ministerium ausgegebenen Gewichte bilden Sätze von 1 Fen bis 9 Fen, von 1 Qian bis 9 Qian, von 1 Liang bis 10 Liang, 20 Liang, 30 Liang, 50 Liang, 100 Liang, 200 Liang, 300 Liang und 500 Liang jeweils erster und zweiter Ordnung.)"

Weiter wurde die Überführung von Geld und Getreide von den örtlichen Organen zum Ministerium diskutiert und entschieden. Dabei erwies es sich als notwendig, die vom Ministerium ausgegebenen Gewichte abzuschließen und sie den Beamten zu übergeben, die Geld und Getreide überführen. Die Beamten in den Speichern überprüfen die in den Speichern existierenden ursprünglichen Gewichte auf ihre Übereinstimmung, danach werden sie ausgetauscht. Wenn Gewichte fehlen, wird der entlassene Beamte angezeigt und zur Zahlung des Ersatzes verpflichtet. Wer Gewichte privat verändert oder gießt, wird nach dem Gesetz bestraft. Wenn ein Speicherbeamter bewusst Gewichte verändert oder andere erpresst hatte, wird er streng bestraft.

Wenn die Präfekturen, die die Überprüfung durchführen, die in den Bezirken und Kreisen gegossenen Gewichte erster und zweiter Ordnung mit den vom Ministerium ausgegebenen Gewichten überprüfen, überreichen sie dem Militärbeamten den Prüfbericht und senden die Gewichte in die Bezirke und Kreise zurück. Für die Überführung von Geld und Getreide zum Ministerium werden die Gewichte zweiter Ordnung gestempelt und in das Amt zur Prüfung und zum Austausch zurückgeschickt. Wer bewusst Gewichte verändert und willkürlich erpresst, wird angeklagt." (Quelle wie oben)

Das sind Vorschriften für die ausgegebenen Gewichte. Die Vorschrift legt klar die Behörde für die Überprüfung und das Gießen sowie die Prozedur der Prüfung und der Versiegelung und Übergabe fest. Ferner wurden die Ordnung der Gewichte erster und zweiter Ordnung und die Verantwortung der lokalen Beamten festgelegt, und es wurde angegeben, dass Beamte, die ihre Pflichten versäumt oder Gewichte gefälscht haben, zu bestrafen sind. Aus diesen Aufzeichnungen ist zu ersehen, dass der Qing-Hof bei wichtigen wirtschaftlichen Aktivitäten der Bewahrung der Einheitlichkeit der Maße und Gewichte sehr große Aufmerksamkeit schenkte.

Der Qing-Hof erließ nicht nur klare Vorschriften über die Ausgabe von Maßen und Gewichten, sondern erhob auch Forderungen an die konkreten technischen Kettenglieder ihrer Herstellung, um unter dem technologischen Aspekt die Einheitlichkeit der Maße und Gewichte zu sichern. So hatte Kaiser Kangxi Xuanye über die konkrete Gestalt der Maße und Gewichte folgendes Edikt erlassen:

„Wir haben die vom Volk benutzten Waagen in Zhili[93] und den einzelnen Provinzen inspiziert. Obwohl die Gewichte ein wenig differierten und die Ergebnisse nicht sehr weit voneinander lagen, waren aber die Größen der Volumenmaße Hu und Dou völlig verschieden. Nicht nur in den einzelnen Provinzen waren sie unterschiedlich, selbst innerhalb eines Kreises, einer Stadt oder eines Dorfes waren sie nicht gleich. Das sind alles Händler und Leute, die Preise aushandeln und versuchen, Profit herauszuschlagen. Die Sheng- und Dou-Maße haben eine weite Öffnung und einen kleinen Boden. Wenn man einen kleinen Berg hineinschüttet, zeigen sie eine zu große Menge. Wenn die Oberfläche leicht eingesunken ist, zeigt sich ein erheblicher Fehlbetrag, so dass leicht ein Missstand auftritt. Geht man den Ursachen nach, so ist das für das Volk sehr ungünstig. Welche Form für die Größe der Dou- und Hu-Maße in Zhili

---

93 In der Qing-Dynastie war Zhili die um die Hauptstadt Beijing gelegene Provinz, die stets gesondert genannt wurde.

und den Provinzen soll man wählen? Kann man mit den Sheng- und Dou-Maßen einheitlich Aufkäufe und Ausgabe von Getreide durchführen, um den Missstand zu unterbinden? Auch muss man die goldenen Shi-Gewichte, die goldenen Dou-Maße und das Guandong-Dou-Maß in der Hauptstadt Shenyang[94] allesamt vereinheitlichen. Wir haben mit den neun Ministern, dem Kanzler, den Beamten, die für die Stempelung verantwortlich sind und jenen, die nicht dafür verantwortlich sind, und dem Zensor ausführlich den Text des Ediktes beraten."[95]

Xuanye hatte mit seiner Autorität als Kaiser in dem Edikt konkret Forderungen an die Form der Volumenmaße behandelt. Das drückt wahrhaftig die Aufmerksamkeit des Qing-Hofes für konkrete technische Probleme im Prozess der Vereinheitlichung der Maße und Gewichte aus. Nachdem sein Edikt verkündet worden war, hatten Hofbeamte nach seiner Weisung für die Form der im ganzen Reich benutzten Volumenmaße einheitliche Vorschriften ausgearbeitet, einige nicht normgerechte Volumengeräte aus dem Verkehr gezogen und mit der Forderung, sich in allen Landesteilen nach ihnen zu richten, eine Serie von Normalgeräten ausgegeben. In dem Werk „Yu Zhi Lü Lü Zheng Yi Hou Bian" (Kaiserlich kompilierte spätere Redaktion des Werkes Rechter Sinn der Stimmpfeifen), Kap. 113, Untersuchung der Maße und Gewichte, ist unmittelbar nach dem obigen Zitat der Zustand der Umsetzung von Kaiser Kangxi's Edikt durch die Qing-Regierung aufgezeichnet:

„Der Befehl des Kaisers wurde entgegengenommen, beraten und entschieden. Die vom Volk in Zhili, den einzelnen Provinzen, den Präfekturen, Bezirken, Kreisen, Städten, Landgütern, Marktflecken, Weilern und Dörfern benutzten Hu-Maße müssen der vom Finanzministerium ursprünglich ausgegebenen Form des eisernen Hu-Maßes entsprechen. Die Sheng- und Dou-Maße müssen ebenso dem Speicher-Dou-Maß und dem Speicher-Sheng-Maß des Finanzministeriums entsprechen. Der Boden muss ausnahmslos eben sein. Das goldene Shi-Gewicht, das goldene Dou-Maß und das Guandong-Dou-Maß in der Hauptstadt Shenyang werden aus dem Verkehr gezogen. An das Finanzministerium in der Hauptstadt Shenyang, die Speicher in den fünf Städten der Präfektur Shuntian, den Oberaufseher der Tributreistransporte sowie an die Militärkommandanten von Zhili und den einzelnen Provinzen wurden 30 aus Eisen gegossene Dou-Maße und 30 eiserne Sheng-Maße geschickt. Es wurde befohlen, die Maße an die Speicheraufseher der Finanzverwaltungen in Tianfu, Ningguta und Heilongjiang sowie in den Provinzen, Präfekturen, Bezirken und Kreisen auszugeben. Dieser Befehl wurde ausgeführt. Es wurden ausführliche Anweisungen erteilt, damit das Volk in den Regionen sich danach richtet."

Daran sieht man, dass Kaiser Kangxi's Forderungen an technische Details bei der Vereinheitlichung der Gestalt der im Maßstab des ganzen Landes benutzten Volumenmaße Wirkung zeigte. Die Qing-Regierung forderte nicht nur, dass die Gestalt der Volumenmaße im Maßstab des ganzen Landes mit dem vom Staat verkündeten Normalgerät übereinstimmen muss, man zog auch einige lokale Volumenmaße aus dem Verkehr, die schon seit langem im Gebrauch

---

94 Hauptstadt Shenyang – Shenyang, die heutige Hauptstadt der Provinz Liaoning im Nordosten Chinas, war vor der Eroberung Chinas durch die Mandschu im Jahre 1644 ihre Hauptstadt. Auch nach 1644 verbrachten die Mandschu-Kaiser eine gewisse Zeit des Jahres in dem dortigen Palast, der noch heute besichtigt werden kann.

95 „Yu Zhi Lü Lü Zheng Yi Hou Bian" (Kaiserlich kompilierte spätere Redaktion des Werkes Rechter Sinn der Stimmpfeifen), Kap. 113, Untersuchung der Maße und Gewichte, Ausgabe „Si Ku Quan Shu"

waren und goss außerdem eine Serie von Normalgeräten, die an die Regionen ausgegeben wurden. Diese Maßnahmen mussten eine nachhaltige Wirkung für die Einheitlichkeit der Ordnung und der Gestalt der damaligen Volumenmaße gezeigt haben.

Nach der Herrschaft von Kangxi übernahm der Qing-Hof bezüglich der Vorschriften für die Maße und Gewichte immer noch die Besonderheiten der Herrschaft von Kangxi und erreichte einen Grad einer ausgeprägten Gründlichkeit. Wu Chengluo hatte einst die Ausgabe von Volumenmaßen in der Qing-Dynastie und die Details der Herstellung ausführlich beschrieben, was hier wiedergegeben wird:

„*Bezüglich der Ausgabe der Volumenmaße und der Prüfmethoden hatte das Ministerium für öffentliche Arbeiten nach dem im Finanzministerium aufbewahrten Muster Hu-, Dou- und Sheng-Maße aus Eisen gegossen. Von den eisernen Hu-Maßen blieb eins im Finanzministerium, eins wurde an den Getreidespeicher, eins an den Oberaufseher der Tributreistransporte, und die übrigen wurden an die Finanzverwaltungen der einzelnen Provinzen und an die drei Speicher und den Speicher der gnädigen Ernte des Hofsekretariats ausgegeben. Die eisernen Dou- und Sheng-Maße wurden nach Zhili und in die einzelnen Provinzen ausgegeben und benutzt. Die in den Speichern verwendeten hölzernen Hu-Gefäße hatten alle ein eisernes Hu-Gefäß als Normalgerät. Im Hinblick auf die vom Finanzministerium ausgegebenen Hu-Maße für den Tributreis und die Hu-Maße für die Speicher und die Reis-Shi-Maße, mit denen in den Provinzen das Tributgetreide eingetrieben und in den Speichern Reis empfangen und ausgegeben wird, sind alle vom Ministerium ausgegebene eiserne Hu-Maße. Wenn nach diesem Muster hölzerne Hu-Maße hergestellt werden, so wurden sie vor dem Gebrauch überprüft. Wenn in den Bezirken und Kreisen hölzerne Hu-Maße angefertigt werden, so muss das benötigte Holz im Frühling zu Brettern verarbeitet werden. Nach dem Trocknen wird das Maß angefertigt. Im achten Monat wird ein Prüfstempel für den Getreidetransport geschickt. Die Maße, die man nicht austauschen und neu anfertigen muss, und auch die alten Maße, die in die Provinzhauptstadt zur Prüfung geschickt wurden, erhalten einen Stempel, mit dem vermerkt wird, wann das Maß wieder zu prüfen ist. Die hölzernen Hu-Maße in den Speichern der hauptstädtischen Provinz werden alle drei Jahre einmal geprüft und tragen den Stempel des Ming-Speichers. An den Tagen, wenn der Reis empfangen und ausgegeben wird, werden die verwendeten Dou- und Hu-Maße jeden Abend im Getreidespeicher eingeschlossen und am nächsten Morgen wieder ausgegeben. Der Speicher in Tongzhou wird vom Hauptspeicher und der hauptstädtische Speicher vom Oberaufseher der Speicher und dem Zensor beaufsichtigt, und der mandschurische Bannermann, der Geld und Getreide entgegennimmt, muss sämtliche Gewichte überprüfen. Wenn das eiserne Hu-Maß etwas zuviel oder zuwenig fasst, so wird befohlen, es bald zu reparieren.*"[96]

Das zeigt, dass es in der Qing-Dynastie klare Vorschriften über die Ausgabe, die Herstellung und die Überprüfung von Volumenmaßen gab; selbst darüber, wann das für die Herstellung benötigte Holz vorzubereiten ist, gab es konkrete Anweisungen, und man kann nicht sagen, dass die Vorschrift nicht detailliert genug gewesen sei.

Die Qing-Dynastie hatte nicht nur über die konkreten Kettenglieder der Ausgabe und des Gebrauchs von Maßen und Gewichten Vorschriften ausgearbeitet, sondern auch eine

---

96 Wu Chengluo: „Zhongguo duliangheng shi" (Geschichte der Maße und Gewichte Chinas), Shanghai: Fotokopie der Ausgabe des Verlags Shangwu yinshuguan (1937), (1984), S.273-274

Richtschnur für die Herstellung und technische Normen schriftlich im Reich verkündet. So gibt es im „Qing Hui Dian" diese Aufzeichnung über die Herstellung von Waagen:

„*Das Ebene wird zum Waagbalken und das Schwere zum Gewicht. Der Waagbalken wird aus Eisen gefertigt. Oben befindet sich eine Aufhängung, die zwei zahnförmige Spitzen hat. Sie werden in einem eisernen quadratischen Rahmen befestigt. Der obere Zahn ragt in den quadratischen Rahmen von oben, und die Spitze zeigt nach unten, entsprechend bewegt er sich nicht in dem Rahmen. Der untere Zahn gehört zum Waagbalken. Seine Spitze zeigt nach oben und greift in den Raum des unteren Rahmenteils. Er ist als Drehpunkt ausgebildet und schwenkt dabei nach rechts oder links. An den Enden des Waagbalkens befindet sich je ein Haken, an dem vier Eisendrähte befestigt sind, die zwei Kupferteller halten. Die rechte und die linke Seite sollen sich im Gleichgewicht befinden. Der obere Zahn hat ursprünglich ein Loch, durch das ein eiserner Haken gesteckt und der an einem Gestell aufgehängt wird. Beim Gebrauch nimmt der eine Teller das Objekt und der andere Teller das Gewicht auf. Man beobachtet, dass die Spitzen des oberen und des unteren Zahns übereinander stehen, dann befindet sich der Waagbalken im Gleichgewicht, und das Gewicht und das Objekt sind gleich schwer.*"

Das Gewicht hat eine abgeplattete runde Form und ist oben und unten eben. Als Material benutzt man Messing, wobei die Masse nach der Cun-Regel bestimmt wird. Ein Messingwürfel mit 1 Cun Kantenlänge wiegt 6 Liang 8 Qian."[97]

Indem die konkrete Technologie der Herstellung für die Allgemeinheit zugänglich gemacht wurde, gab man den Handwerkern eine Norm in die Hand, auf die sie sich stützen konnten, so dass man nach diesem Muster ein brauchbares Gerät erhalten konnte; der Nutzer hatte ein Dokument, auf das er sich stützen konnte.

Bild 10.1 Bild eines Musters einer Waage des Ministeriumsspeichers am Anfang der Qing-Dynastie

Wenn man genau nach dem Muster vorging, wusste man, dass man nicht betrogen wird, und natürlich war das nützlich, um die Einheitlichkeit der Maße und Gewichte und die Stabilität der Einheitenwerte zu bewahren.

---

97 Entnommen aus Wu Chengluo: : „Zhongguo duliangheng shi" (Geschichte der Maße und Gewichte Chinas), Shanghai: Fotokopie der Ausgabe des Verlags Shangwu yinshuguan (1937), (1984), S.275

Es ist wert, dies positiv zu bewerten. Ähnliche Vorschriften findet man zahlreich in „Lü Lü Zheng Yi", „Lü Lü Zheng Yi Hou Bian", „Shu Li Jing Yun" „Qing Hui Dian" und anderen Dokumenten der Bürokratie der Qing-Dynastie, so dass man sie hier nicht wiedergeben muss.

Der Qing-Kaiserhof schuf nicht nur Vorschriften über Normen für die Ausgabe und die Herstellung von Maßen und Gewichten, sondern erhob auch konkrete Forderungen, welche Strafen gegen Zuwiderhandelnde zu verhängen sind, deren Leitgedanke lautete: „Ob es sich um Ämter handelt, um die Herstellung von Waren für die Beamten, Einnahmen und Ausgaben, Getreidesteuern, Warensteuern, untergeordnete Städte und Landgüter, Straßen und Gassen, den täglichen Bedarf von Kaufleuten und des Volkes handelt, die Maße und Gewichte müssen nach dem Muster geprüft sein. Wer dem zuwiderhandelt und privat Maße und Gewichte herstellt, die geltenden Gesetze erweitert oder verkürzt, muss nach den Gesetzen bestraft werden."[98] Das heißt, ganz gleich, ob es sich um Beamte, Privatpersonen, Kaufleute oder einfaches Volk handelt, ganz gleich um welche wirtschaftliche Aktivität es sich handelt, müssen alle Maße und Gewichte mit einem Normal geprüft werden, und Zuwiderhandelnde werden bestraft. Das in den Jahren der Herrschaft von Qianlong revidierte Werk „Da Qing Lü Li" (Gesetzeskodex der großen Qing-Dynastie) traf konkrete Festlegungen, mit welcher gesetzlichen Verantwortung Zuwiderhandelnde zu verfolgen sind:

„Wer privat Hu- und Dou-Maße, Waagen und Chi-Maße herstellt, die falsche Werte liefern und sie auf dem Markt einsetzt, und wer die Hu- und Dou-Maße, die Waagen und die Chi-Maße der Behörden in betrügerischer Absicht vergrößert oder verkleinert, bekommt 60 Stockhiebe; Handwerker erhalten dieselbe Strafe.

Der Inhaber behördlicher Maße und Gewichte, die nicht dem Normal entsprechen, erhält 70 Stockhiebe (Beamte, Handwerker). Wenn die verantwortlichen Beamten den Fall nicht überprüft hatten, werden sie um eine Stufe degradiert (Beamte und Handwerker werden bestraft); Mitwisser erhalten dieselbe Strafe.

Selbst wenn die auf dem Markt benutzten Hu- und Dou-Maße, Waagen und Chi-Maße richtig anzeigen, aber keinen Stempel tragen (gilt für privat hergestellte Maße und Gewichte), erhält der Inhaber 40 Hiebe mit dem Bambusstock.

Wenn die Beamten in den Speichern die behördlichen Hu- und Dou-Maße, Waagen und Chi-Maße eigenmächtig vergrößern oder verkleinern und bei der Annahme und Ausgabe von öffentlichem Vermögen willkürlich handeln (wenn sie die Maße und Gewichte bei der Annahme vergrößern und bei der Ausgabe verkleinern), erhalten sie 100 Stockhiebe. Bezüglich des durch Vergrößerung oder Verkleinerung unterschlagenen Gutes wird im schweren Fall (100 Stockhiebe) Anklage wegen Unterschlagung erhoben. Wer sich die dadurch erlangten Güter angeeignet hat, wird wegen Diebstahls angeklagt (wenn das Diebesgut nicht verschwunden ist, werden der Rädelsführer und sein Gefolge nach dem Gesetz abgeurteilt), Handwerker erhalten 80 Stockhiebe. Aufsichtführende Beamte, die den Fall nicht anzeigen, erhalten die gleiche Strafe wie der Delinquent, und sie werden um drei Stufen degradiert und erhalten 100 Stockhiebe."[99]

Diese Vorschriften sind sehr streng, die Erwägungen gelten zu Recht als akribisch. Eine solche Verwaltung ist sehr rigoros. Insbesondere legen die Paragrafen noch eindeutig

---

98 „Qin Ding Da Qing Hui Dian" Kap. 11, Gewichte und Volumenmaße, Ausgabe „Si Ku Quan Shu"
99 „Da Qing Lü Li", Kap. 15, Gesetze des Finanzministeriums, privat hergestellte Hu- und Dou-Maße, Waagen und Chi-Maße, Ausgabe „Si Ku Quan Shu"

fest, dass, selbst wenn die Maße und Gewichte den Forderungen entsprechen, d.h. keine Abweichungen aufweisen, aber wenn sie nicht den amtlichen Prüfstempel tragen, der Nutzer eine Strafe von 40 Hieben mit dem Bambusstock erhält. Eine solche Festlegung zielt auf die Forderung der periodischen Überprüfung der Maße und Gewichte und entspricht wissenschaftlichen Verwaltungsprinzipien für die Maße und Gewichte.

Die Untersuchung der Maße und Gewichte durch den Qing-Hof war recht umsichtig, und die gesetzlichen Bestimmungen waren sehr streng. Sie verkörperten die feste Absicht und Hoffnung der Herrscher der Qing-Dynastie, die Stabilität der Werte der Maße und Gewichte zu bewahren.

2. Zustand der Maße und Gewichte nach der mittleren Periode der Qing-Dynastie

Die feste Absicht und Hoffnung der Herrscher der Qing-Dynastie, die Stabilität der Werte der Maße und Gewichte zu bewahren, stieß nicht auf die von ihnen erwartete Resonanz. Insgesamt gesehen, zeigten die Maße und Gewichte in der Qing-Dynastie seit ihrem Anbeginn „durch die Ordnung und die Untersuchung des Systems in der Epoche von Kangxi allmählich eine Tendenz zur Vereinheitlichung"[100]. Aber diese Tendenz hielt nicht lange Zeit an. Nach der mittleren Epoche der Herrschaft von Qianlong begann ein chaotischer Zustand einzutreten, der sich in der Folgezeit noch verschärfte. Schließlich erreichte das Chaos einen erschreckenden Grad.

Tatsächlich beachtete Kaiser Kangxi, als er die Maße und Gewichte in Ordnung brachte, die Fragen der Normen für die behördlich benutzten Maße und Gewichte und verbot auch einige Maße und Gewichte, die offensichtlich nicht den Normen entsprachen. Die in der Qing-Dynastie lange Zeit benutzten vergoldeten Dou-Maße und die Dongguan-Dou-Maße wurden in den Jahren der Herrschaft von Kangxi aus dem Verkehr gezogen. Aber die im Volk gebräuchlichen nicht normgerechten Maße und Gewichte wurden schon seit langem benutzt, und die Maßnahmen Kaiser Kangxi's zur Vereinheitlichung der Maße und Gewichte erstreckten sich nicht konsequent bis zum Volk, im Gegenteil erlaubte er nach wie vor die Existenz verschiedener Maße und Gewichte im Volk und forderte lediglich, dass zwischen diesen Maßen und Gewichten und den amtlichen Normalen der Maße und Gewichte Proportionalitätsbeziehungen aufgestellt werden, und hoffte, dass dadurch Erscheinungen der illegalen Bereicherung beim Handel unterbunden werden. Diese Gedanken Kangxi's wurden zur Zeit von Qianlong konkretisiert. In dem „kaiserlich kompilierten" Werk „Lü Lü Zheng Yi Hou Bian" wurde zu den vom Qing-Hof bestimmten „Proportionalitäten zwischen den behördlichen und im Volk befindlichen Maßen und Gewichten" aufgezeichnet:

„8 Cun 1 Fen des Yingzao-Chi-Maßes sind 1 Chi des Musik-Chi-Maßes. 9 Cun des Schneider-Chi-Maßes sind 1 Chi des Yingzao-Chi-Maßes. 7 Cun 2 Fen 9 Li des Schneider-Chi-Maßes sind 1 Chi des Musik-Chi-Maßes. 1 Chi 2 Cun 3 Fen 4 Li 5 Hao des Musik-Chi-Maßes sind 1 Chi des Yingzao-Chi-Maßes. 1 Chi 3 Cun 7 Fen 1 Li 7 Hao des Musik-Chi-Maßes sind 1 Chi des Schneider-Chi-Maßes.

---

100 Wu Chengluo: „Zhongguo duliangheng shi" (Geschichte der Maße und Gewichte Chinas), Shanghai: Fotokopie der Ausgabe des Verlags Shangwu yinshuguan (1937), (1984), S.257

12 Dou 5 Sheng des Speicher-Hu-Maßes im Finanzministerium sind 10 Dou des Hong-Hu-Maßes. 8 Dou des Hong-Hu-Maßes sind 10 Dou des Speicher-Hu-Maßes. 5 Dou des Guandong-Dou-Maßes sind 10 Dou des Speicher-Hu-Maßes. 6 Dou 2 ½ Sheng des Guandong Dou-Maßes sind 10 Dou des Hong-Hu-Maßes. 2 Dou 7 Sheng 2 Ge 4 Shao des Speicher-Hu-Maßes sind 10 Dou des Volumennormals. 2 Dou 1 Sheng 7 Ge 7 Shao des Hong-Hu-Maßes sind 10 Dou des Volumennormals. 1 Dou 3 Sheng 6 Ge 2 Shao des Guandong Dou-Maßes sind 10 Dou des Volumennormals.

5 Liang 3 Qian 1 Fen 4 Li 4 Hao des Gewichts im Finanzministerium sind 10 Liang des Musik-Gewichts. 5 Liang 4 Qian 7 Fen 3 Li 8 Hao auf dem hauptstädtischen Markt sind 10 Liang des Musik-Gewichts. 5 Liang 5 Qian 8 Fen nach den Bestimmungen zum Gießen von Geld sind 10 Liang des Musik-Gewichts. 10 Liang 3 Qian auf dem hauptstädtischen Markt sind 10 Liang des Gewichts im Finanzministerium. 10 Liang 5 Qian nach den Bestimmungen zum Gießen von Geld sind 10 Liang des Gewichts im Finanzministerium."[101]

Durch diese Bestimmungen können wir schon einen Blick auf die Ansätze des damaligen Chaos der Maße und Gewichte werfen. Diese Bestimmungen sind so umständlich, dass sie beim praktischen Handel nicht befolgt werden konnten. Noch wichtiger ist, dass sie für die Existenz der nicht normgerechten Maße und Gewichte im Volk eine gesetzliche Grundlage schufen, sogar das Dongguan-Dou-Maß, das in der Zeit von Kangxi durch eine kaiserliche Order aus dem Verkehr gezogen wurde, erlangte in dieser Bestimmung wieder eine würdevolle legale Existenz. Durch die ungewollte Ermunterung infolge dieser Bestimmungen traten scharenweise verschiedene nicht normgerechte Maße und Gewichte auf. Das führte dazu, dass ab der mittleren Periode der Qing-Dynastie die Maße und Gewichte in einen immer schlimmeren chaotischen Zustand gerieten.

Das Chaos der Maße und Gewichte in der Qing-Dynastie äußerte sich vor allem in einer Lockerung der Verwaltung. Obwohl der Qing-Hof eine strenge Ordnung der Maße und Gewichte ausgearbeitet und auch rigorose Strafmaßnahmen bei Zuwiderhandlung gegen die Ordnung festgelegt hatte, wurden diese Bestimmungen nicht mehr streng umgesetzt. Im Hinblick auf die vom Staat ausgegebenen Geräte gab es, obwohl eine Ordnung periodischer Überprüfungen festgelegt war, in der Praxis doch keine Überprüfungen mehr, und selbst die „Geräte der Ahnen"[102] wurden infolge einer nicht sorgsamen Aufbewahrung durch eine Feuersbrunst zerstört, so dass man nicht umhin konnte, sie wieder neu zu gießen. Nach dem Buch „Cao Yun Quan Shu" (Vollständiges Buch des Tributreistransports) heißt es im Kapitel „Schaffung von Hu-Maßen": „In den Jahren der Herrschaft von Kangxi hatte das Finanzministerium vorgeschlagen, den Guss eiserner Hu-Maße zu erlauben, die an die Speicher, den Oberaufseher der Tributreistransporte und die mit dem Tributreistransport befassten Provinzen ausgegeben wurden. Im Finanzministerium verblieben ein Normal-Hu-Maß, ein Normal-Dou-Maß und ein Normal-Sheng-Maß. Im 52. Jahr der Herrschaft von Qianlong wurden die eisernen Hu-, Dou- und Sheng-Maße

---

101 „Lü Lü Zheng Yi Hou Bian" (Spätere Redaktion des Werkes Rechter Sinn der Stimmpfeifen), Kap. 112 „Die heutigen Proportionalitäten zwischen den Maßen und Gewichten der Behörden und des Volkes", Ausgabe „Si Ku Quan Shu"

102 Die „Geräte der Ahnen" bezeichnen die damaligen höchsten staatlichen Normalgeräte der Maße und Gewichte.

im Finanzministerium durch eine Brandkatastrophe zerstört. Im 53. Jahr wurden sie im Ministerium für öffentliche Arbeiten neu gegossen. Im 12. Jahr der Regierungsära Jiaqing wurden die im Finanzministerium existierenden eisernen Hu-, Sheng- und Dou-Maße, die neu gegossene Geräte waren, mit den im Hauptspeicher vorhandenen eisernen Dou- und Sheng-Maßen aus den Jahren der Herrschaft von Kangxi verglichen. Im Ergebnis stimmten die eisernen Hu-Maße überein, aber die eisernen Dou- und Sheng-Maße differierten. Man wendet sich an das Ministerium für öffentliche Arbeiten, nach dem Muster der im Hauptspeicher existierenden eisernen Dou- und Sheng-Maße neue Maße zu gießen." Das zeigt, dass die Normalgeräte der Maße und Gewichte der Qing-Dynastie nicht nur durch eine Brandkatastrophe zerstört worden waren, sondern dass auch die neu gegossenen Normalgeräte Fehler aufwiesen. Das wurde natürlich durch die Nachlässigkeit der für die Aufbewahrung verantwortlichen Beamten verursacht. Anhand dieses Vorkommnisses kann man vollauf die Pflichtvergessenheit in der Verwaltung der Maße und Gewichte der Qing-Dynastie erkennen.

Wu Chengluo hatte einst das Chaos der Maße und Gewichte in der Qing-Dynastie so zusammengefasst:

„Die Qing-Regierung bemühte sich von Anfang bis Ende nicht um den Plan der Vereinheitlichung der Maße und Gewichte, worauf die Beamten in den Provinzen eine Politik der Nachsicht und des Laissez-Faire verfolgten, so dass die Ordnung der Maße und Gewichte allmählich verfiel und immer chaotischer wurde. Im Hinblick auf das gesetzliche Yingzao-Chi-Maß hatte es in Beijing tatsächlich eine Länge von 9 Cun 7 Fen 8 Li, in Taiyuan 9 Cun 8 Fen 7 Li und in Changsha 1 Chi 7 Fen 5 Li lang. Ein und dasselbe Dou fasste in Suzhou 9 Sheng 6 Ge 1 Shao, in Hangzhou 9 Sheng 2 Ge 4 Shao, in Hankou 1 Dou 1 Ge 1 Shao und in Jilin 1 Dou 6 Shao. Ein und dasselbe Kuping-Liang wog in Beijing 1 Liang 5 Li und in Tianjin 1 Liang 1 Li 5 Hao. Das bezieht sich auf die Maße und Gewichte, die der Ordnung entsprachen. Aber im Hinblick auf die nicht gesetzlichen Geräte gab es die unterschiedlichsten Bezeichnungen, die man nicht alle erfragen kann. Auf dem Gebiet der Länge gab es das Chi-Maß für lange Weihrauchstäbe, das Chi-Maß der Holzfabriken, das Schneider-Chi-Maß, das Chi-Maß für den Seeverkehr, die Chi-Maße von Ningbo und Tianjin, das Chi-Maß für den Warenhandel, das Chi-Maß für Mastbäume, das Chi-Maß der Präfekturen, das Arbeiter-Chi-Maß, das Unteramts-Chi-Maß, das Wengong-Chi-Bandmaß, das Chi-Maß der Zimmerleute, das Chi-Maß von Guangzhou und das Chi-Maß für Baumwollstoffe. Bei den Volumenmaßen gab es das Markt-Hu-Maß, das Hu-Maß für den Laternenmarkt, das Sesam-Hu-Maß, das Mehl-Hu-Maß, das aus Ahornholz gefertigte Hu-Maß, das Shu-Hu-Maß, das öffentliche Dou-Maß, das Hu-Maß von Shantou und das Hu-Maß von Chengdu. Bei den Gewichten gab es das hauptstädtische Liang, das Markt-Liang, die öffentlichen Gewichte, das Hangzhou-Liang, das Tributreis-Liang und die Sima-Gewichte. Wenn man sie miteinander vergleicht, so sind sie alle verschieden."[103]

Wu Chengluo's Ausführungen beziehen sich auf den Zustand der Maße und Gewichte in der späten Periode der Qing-Dynastie. Tatsächlich gibt es gegenüber Wu Chengluo's Ausführungen solche, die noch darüber hinausgehen und durch nichts erreicht werden.

---

103 Wu Chengluo: „Zhongguo duliangheng shi" (Geschichte der Maße und Gewichte Chinas), Shanghai: Fotokopie der Ausgabe des Verlags Shangwu yinshuguan (1937), (1984), S.280–281

Am Ende der Qing-Dynastie schrieb Xu Ke in dem Buch „Qing Bai Lei Chao" (Vermischte Notizen aus der Qing-Dynastie): „Der Amerikaner William, der schon lange in China lebt, hatte ein Buch verfasst, in dem er insgesamt 84 verschiedene Chi-Maße aufführt, wobei das längste in englischen Yard 16 85/100 Zoll und das kürzeste 11 14/100 Zoll misst. Ein solches außerordentliches Durcheinander gibt es fürwahr nicht in anderen Ländern."[104] Obwohl diese Worte nicht besonders höflich sind, widerspiegeln sie doch den tatsächlichen Zustand der Maße und Gewichte in China.

Hinsichtlich der Ursachen des Chaos der Maße und Gewichte in der Qing-Dynastie werden diese in den vorliegenden Untersuchungen größtenteils auf die Vernachlässigung der Verwaltung, die Korruption der Beamten usw. zurückgeführt. Die oben angeführte Erörterung von Wu Chengluo enthielt schon diese Gedanken. Diese Kenntnis ist natürlich vernünftig. Wenn man Gesetze hat, sich aber nicht auf sie stützt und die Gesetze nicht strikt durchsetzt, so war das tatsächlich ein wesentlicher Faktor, der zum Chaos der Maße und Gewichte in der Qing-Dynastie führte. Aber andererseits wies die Verwaltung der Maße und Gewichte in der Qing-Dynastie einen schwerwiegenden Mangel auf, der in den leitenden Ideen bestand. Dieser Mangel ist auch eine wichtige Ursache, die das Chaos der Maße und Gewichte hervorrief, so dass wir nicht umhin können, darauf zu verweisen.

Die leitenden Ideen der Verwaltung der Maße und Gewichte in der Qing-Dynastie wurden von Kaiser Kangxi Xuanye, der die Ordnung der Maße und Gewichte gründlich untersucht hatte, ausgearbeitet. Xuanye hatte einst darüber für seine Hofbeamten diese „Hofbelehrung" gegeben:

„Im Buch der Urkunden heißt es: ‚Man vereinige die Stimmpfeifen und die Maße und Gewichte' und in den ‚Gesprächen' heißt es: ‚Man achte sorgsam auf die Gewichte und Maße'. Um den Wind der Gewinnsucht aufzuhalten und den Betrug auszumerzen, muss man die Preise festlegen, so dass die Menschen gleich empfinden. Jetzt geht auf den Märkten und Landgütern und in den Dörfern bei den notwendigsten Gütern des Alltags nichts über die Längenmaße Zhang und Chi, die Volumenmaße Sheng und Dou und die Gewichte. Dabei kommt es vor, dass Längen und Mengen manchmal differieren, doch man muss die ausgegebenen Maße und Gewichte als Standard benutzen, um einen Kompromiss zu schließen und eine Umrechnung festlegen. Dann gelangt man zur Vereinheitlichung, dann wird aus einer Differenz tatsächliche Gleichheit. Wenn man eine Ordnung auf der Grundlage der großen Gleichheit schafft, indem man den Bräuchen folgt, um sich dem Fühlen des Volkes anzupassen, dann erreicht man eine gute Regierung. Vom frühen Altertum bis heute sind mehrere tausend Jahre vergangen, in denen sich die Maße und Gewichte immer wieder wandelten. Wenn man sie nun eines Tages gewaltsam vereinheitlichen wollte, so ist das nicht nur nutzlos für das Wohlergehen des Volkes, sondern auch hinderlich für die Regierung. Hier kann man nicht umhin, die Gründe zu bedenken."[105]

Kaiser Kangxi hob das Problem der Maße und Gewichte auf die Höhe des Wohlergehens des Volkes und der Regierung, was durchaus angemessen ist, aber die Maßnahmen, die er daraus ableitete, widersprachen vollkommen den entsprechenden

---
104 Xu Ke: „Qing Bai Lei Chao", Bd. 12, Beijing, Zhonghua Shuju, 1986, S. 6001
105 „Lü Lü Zheng Yi Hou Bian" (Spätere Redaktion des Werks Rechter Sinn der Stimmpfeifen), Kap. 113, Untersuchung der Maße und Gewichte, Ausgabe „Si Ku Quan Shu"

Prinzipien der Verwaltung der Maße und Gewichte. Anhand seiner „Hofbelehrung" kann man sehen, dass Kaiser Kangxi's Idee für die Verwaltung der Maße und Gewichte lautete: Nachdem die Normale der Maße und Gewichte untersucht sind, werden von den verantwortlichen Institutionen des Staates Normalgeräte ausgegeben, und gleichzeitig erlaubt man, dass die im Volk gebräuchlichen Maße und Gewichte weiter existieren, doch muss man Proportionalitäten mit den amtlichen Normalen festlegen. So ist es für das Volk bequem, und man kann wirksam Erscheinungen von Betrug bei wirtschaftlichen Aktivitäten verhindern.

Kaiser Kangxi's Konzeption bestand darin: „eine Ordnung auf der Grundlage der großen Gleichheit (zu) schaffen, indem man den Bräuchen folgt, um sich dem Fühlen des Volkes anzupassen". Man kann nicht sagen, dass der Ausgangspunkt schlecht sei, aber seine Leitidee stimmt nicht mit der von der Verwaltung der Maße und Gewichte geforderten Einheitlichkeit und dem gesetzlichen Charakter überein, und sie ist in der Praxis unrealistisch. Man kann sich schwer vorstellen, wie die Beamten bei den in großer Zahl im Volk benutzten Maßen und Gewichten Proportionalitäten mit den amtlichen Normalen festlegen wollen und wie sie gewährleisten, dass die amtlich festgelegten Proportionalitäten bei den verschiedenen Handelsaktivitäten im Volk befolgt werden. Da die Maße und Gewichte im Volk legal waren, konnte man noch mehr Arten von Maßen und Gewichten anfertigen, die für ihren eigenen Gebrauch bequem sind. Da die amtlich festgelegten Proportionalitäten sehr umständlich waren, konnte man sie im gesellschaftlichen Leben nicht anwenden. Hinsichtlich der Einheitenwerte dieser Maße und Gewichte im Volk konnte kaum vermieden werden, dass ein immer größeres Chaos resultierte. Das zeigt, dass diese seine Leitidee von der Theorie völlig falsch war, denn sie vergrößerte die Schwierigkeit der Verwaltung und erhöhte ihre Kosten, so dass die Verwaltung der Maße und Gewichte unmöglich wurde und schließlich zum Chaos der Maße und Gewichte führte. Da aber ein Wort von Kaiser Kangxi so schwer wie neun Dreifüße wog und er in der Qing-Dynastie als heiliger Ahn verehrt wurde, konnten Gelehrte bis zum Ende der Qing-Dynastie, selbst wenn sie den Fehler dieses seines Gedankens erkannt hätten, dies nicht öffentlich aussprechen. Darum öffnete diese Leitidee von Xuanye in der mittleren und späten Periode der Qing-Dynastie das Tor zum Chaos der Maße und Gewichte.

Ein anderer Missstand in der Verwaltung der Maße und Gewichte der Qing-Dynastie bestand darin, dass die Beamten, während sie die Fahne schwenkten, zum Nutzen des Staates zu handeln, sich mittels der Maße und Gewichte skrupellos bereicherten. Das Tun der Oberen wurde unten nachgeahmt, was zum Durcheinander der Ordnung der Maße und Gewichte führte. Hierüber hatte zur Zeit von Qianlong der Justizminister Zhang Zhao eine scharfsinnige Ausführung geliefert, er sagte:

„Kaiser Shengzu's Gedanken durchdringen den Himmel, seine Gelehrsamkeit reicht bis zum Drehpunkt des Himmels. Er hatte Dou- und Chi-Maße, Waagen und Gewichte im Reich ausgegeben, so dass alle Provinzen, Präfekturen, Bezirke und Kreise eiserne Hu-Maße besaßen und die Annahme und Ausgabe von Getreide durch das Normal gerecht war. Für die Zuwiderhandelnden gab es Strafen. Doch die Furcht vor dem Gesetz ist schon lange verschwunden. Außerdem wurde das Chi-Maß nach der alten Methode der aufgehäuften Hirsekörner bestimmt. Nachdem das Chi-Maß festgelegt war, wurden auch die Volumen- und Gewichtsmaße davon abgeleitet. Doch da das Chi-Maß nicht korrekt war, stimmte die

Zahl der Hirsekörner nicht überein. Persönlich hatte der Kaiser Hirsekörner aufgehäuft und Rechnungen ausgeführt und erhielt als Ergebnis, dass 8 Cun 1 Fen nach dem heutigen Chi-Maß genau 1200 Hirsekörnern entsprechen, was der himmlischen Zahl 9x9 entsprach, mit der das Musik-Chi-Maß für die Huangzhong-Stimmpfeife bestimmt wurde. Nachdem das Chi-Maß bestimmt war, fürchtete er, dass, wenn nicht alle Maße darin enthalten sind, das Gesetz nicht allgemeingültig sei. Daraufhin wurde in dem Buch „Yu Zhi Shu Li Jing Yun" (Kaiserlich kompilierte grundlegende Prinzipien der Mathematik) die Methode aufgezeichnet, mit Würfeln aus Gold und Silber mit einer Kantenlänge von 1 Cun das Gewicht anzugeben, wobei die Verbindung zwischen Länge und Gewicht ganz offenbar ist. Im 9. Jahr der Herrschaft von Yongzheng wurden diese Daten in einer Tabelle aufgeführt, die in das Werk „Da Qing Hui Dian" (Verwaltungsvorschriften der Großen Qing-Dynastie) aufgenommen wurde. Es wurde im Reich verbreitet. Fürwahr können sich hundert Generationen ohne Zweifel auf Shengzu stützen. ... Doch der Kaiser befand, dass die Maße und Gewichte im Reich immer noch nicht vereinheitlicht sind. Emsig und aufrichtig erkundigte er sich im Volk, nach oben erkannte er die tiefgründige Bedeutung der Gerechtigkeit im Reich. Der Diener meint, dass es heute nicht zuträfe, es gäbe keine Gesetze, aber sie werden nicht befolgt. [...] Bei der Ausarbeitung von Gesetzen müssen diese bestimmt tiefgründig erörtert werden, so dass der Schlüssel bei der Anwendung der Gesetze darin liegt, fähige Leute zu finden. Obwohl die Maße und Gewichte vereinheitlicht sind, aber wenn die Beamten sie benutzen, so ist das Gewicht bei der Annahme schwer und bei der Ausgabe leicht. Sie haben nur den Vorteil ihrer Sippe im Sinn. Doch die noch schlimmeren tun so, als handelten sie nur zum Nutzen des Staates. [...] Wenn oben so verfahren wird, muss das einfältige Volk meinen, dass die Maße und Gewichte eigentlich vom Staat nicht durch Normale bestimmt sind. So vom Falschen durchtränkt, macht sich das Volk selbst seine Maße und Gewichte. Allmählich macht ein jeder im Volk seine eigenen Maße, und allmählich finden die Beamten die Maße des Volkes bequem für ihre Gier. Das ist die Ursache, dass die Maße und Gewichte in den einzelnen Dynastien nicht einheitlich sind."[106]

Zhang Zhao's Worte entsprechen im Großen und Ganzen der Realität in der Qing-Dynastie. Die von ihm aufgezählten Maßnahmen der Verwaltung der Maße und Gewichte in der Qing-Dynastie sind von Kangxi's Untersuchung der Normale der Maße und Gewichte über die Ausgabe von Normalgeräten der Maße und Gewichte bis zur Veröffentlichung konkreter technischer Normen in autoritativen Büchern nicht übertrieben. Insgesamt gesehen, sind die Maßnahmen der Qing-Dynastie zur Verwaltung der Maße und Gewichte noch recht lückenlos, aber weshalb konnte ein Zustand der Uneinheitlichkeit der Maße und Gewichte auftreten? Zhang Zhao meinte, dass das nicht daran lag, dass entsprechende Gesetze fehlten, sondern dass die Umsetzung der Gesetze problematisch war, was sich hauptsächlich bei der Annahme und Ausgabe von Steuergetreide äußerte: „ist das Gewicht bei der Annahme schwer und bei der Ausgabe leicht". Nicht nur die ausführenden Personen suchten sich auf fremde Kosten zu bereichern, es gab sogar Leute, die die Fahne schwenkten, Gewinn für den Staat zu schaffen und offen die Einheitenwerte der Normalgeräte der Maße und Gewichte veränderten. So kam es, dass die Volksmenge fälschlich

---

106 Entnommen aus: Wu Chengluo: „Zhongguo duliangheng shi" (Geschichte der Maße und Gewichte Chinas), Shanghai: Fotokopie der Ausgabe des Verlags Shangwu yinshuguan (1937), (1984), S.274

glaubte, dass es in der Ordnung der Maße und Gewichte staatlicherseits eigentlich keine festen Regeln gäbe, was dazu führte, dass sie selbst Maße und Gewichte anfertigte, die nicht mit dem Normal übereinstimmten. Nach längerer Zeit kamen die Beamten den Geräten des Volkes entgegen, was zur grundlegenden Ursache für das Chaos der Maße und Gewichte wurde.

Zhang Zhao sah die nicht ernsthafte Durchführung der Bestimmungen zu den Maßen und Gewichten als die grundlegende Ursache an, die zum Chaos der Maße und Gewichte führte. Obwohl seine Meinung von Kaiser Qianlong Hongli gebilligt und der gesamte Text seiner Eingabe in das von Hongli „kaiserlich kompilierte" Werk „Lü Lü Zheng Yi Hou Bian" aufgenommen wurde, wurde aber das von ihm angesprochene Problem bis zum Ende der Qing-Dynastie nicht gelöst. Im Werk „Hu Bu Ze Li" (Verwaltungsvorschriften des Finanzministeriums) vom Ende der Qing-Dynastie ist im Kapitel „Abgabe des Getreides an den Speicher und Prüfung der Verluste" aufgezeichnet: „Die Getreideämter nehmen den Reis mit einem Hong-Hu-Maß entgegen. Das Hong-Hu-Maß des hauptstädtischen Getreidespeichers ist für ein Shi gegenüber dem Getreidespeicher-Hu-Maß um 2 Dou 5 Sheng größer, das Hong-Hu-Maß der Getreidespeicher der Provinzen ist für ein Shi gegenüber dem Getreidespeicher-Hu-Maß um 1 Dou 7 Sheng größer. Die regelrechte Ausgabe beinhaltet einen Ersatz für Verluste von 25 %, und die angepasste Ausgabe beinhaltet einen Ersatz für Verluste von 17 %. Ab dem 27. Jahr der Regierungsära Guangxu (1901) begann man, eine neue Vorschrift anzuwenden, indem die Anteile der regelrechten und der angepassten Reisverluste abgeschafft wurden. Ausnahmslos wird das Getreide mit einem Ping-Hu-Maß (ein Ping-Hu-Maß ist das Getreidespeicher-Hu-Maß) angenommen. Wenn die Getreidespeicher Reis ausgaben, wurde ebenfalls das Ping-Hu-Maß benutzt usw." Das zeigt, dass die Ämter bei der Annahme von Getreide Volumenmaße benutzten, die nicht mit dem Normal übereinstimmten. Dieses Problem bestand noch bis zum Jahre 1901, als der Qing-Dynastie bis zu ihrem Sturz nur noch zehn Jahre verblieben.

3. Maße und Gewichte des Zolls der Qing-Dynastie

Im 20. Jahr der Regierungsära Daoguang (1840) brach der Opiumkrieg aus, durch den die chinesische Gesellschaft in einen halb kolonialen, halb feudalen Status geriet. Im 7. Monat des 22. Jahres der Regierungsära Daoguang (August 1842) verlor China den Opiumkrieg, so dass es den ungleichen „Vertrag von Nanjing" unterzeichnen musste, in dem es gezwungen wurde, die fünf Städte Guangzhou, Fuzhou, Xiamen, Ningbo und Shanghai als Freihandelshäfen zu öffnen, die in der Geschichte die „fünf Vertragshäfen" hießen. Danach fanden auf Forderung von England weitere chinesisch-englische Verhandlungen über die konkreten Bedingungen in den fünf Vertragshäfen statt, und im 6. und 8. Monat des 23. Jahrs der Regierungsära Daoguang (Juli und Oktober 1843) wurde das „Statut der fünf Vertragshäfen (einschließlich der allgemeinen Bestimmungen über den Zoll)" und die „Klauseln über die Beseitigung der Folgen in den fünf Vertragshäfen" (auch als „Vertrag von Humen" bezeichnet; das „Statut der fünf Vertragshäfen" wurde als ein Bestandteil des Vertrags von Humen angesehen) fertiggestellt.[107] Die Unterzeichnung dieser Verträge bedeutete, dass die Isolationspolitik Chinas von den Kanonenbooten der imperialistischen Mächte beiseite gefegt wurde. China öffnete nicht nur die Tore weit für den Handel mit den Großmächten, sondern wurde auch gezwungen, viele souveräne Rechte eines Staates aufzugeben. Das wurde in der betreffenden historischen Forschung Chinas schon deutlich herausgearbeitet.

Die Vertragshäfen berührten notwendigerweise die Ordnung der Maße und Gewichte. Damals befand sich die Ordnung der Maße und Gewichte schon in einem chaotischen Zustand. In einer Situation, als der Staat seine eigene Souveränität nicht mehr zu schützen vermochte, drangen die Ordnungen der Maße und Gewichte der westlichen Staaten im Gefolge der Missionare und der Handelsgüter in großer Zahl ein und vermehrten nicht nur die Konfusion der Ordnung der Maße und Gewichte in China, sondern sie brachten China in eine halbkoloniale Abhängigkeit. Die Qing-Regierung sah sich nicht nur außerstande, die Maße und Gewichte im Lande zu vereinheitlichen, sondern hatte auch keine Möglichkeit, dem Eindringen und dem Gebrauch der verschiedenen Ordnungen des Auslands zu widerstehen. Deshalb entstand damals ein extremes Durcheinander der Maße und Gewichte im Hinblick auf die Ordnung, die Geräte und die Einheitenwerte."[108]

Zum Beginn der Öffnung der Vertragshäfen wurden für die Angelegenheiten der Maße und Gewichte, die den Handel betrafen, vom chinesischen Zoll an die Konsuln in den chinesischen Vertragshäfen ein Satz von Zhang- und Chi-Maßen, Waagen und Gewichten ausgegeben, die als Normale für die Maße und Gewichte des Zolls dienen sollten. Aber die von China ausgegebenen Normalgeräte der Maße und Gewichte stimmten nicht mit den vom Staat ministerial ausgegebenen Normalen überein. Nach einer Aufzeichnung im Werk „Qing Chao Xu Wen Xian Tong Kao" (Allgemeine Untersuchung weiterer Dokumente der Qing-Dynastie) heißt es: „Als Chi-Maß des Zolls wurde das beim Zoll in Yue benutzte Maß genommen. Anfangs war es zugleich das vom Ministerium für öffentliche Arbeiten ausgegebene Maß, aber weil man es nach alter Tradition schon seit langem heimlich vergrößert hatte, war der Unterschied gegenüber dem Chi-Maß des Ministeriums für öffentliche Arbeiten sehr groß."[109] Qiu Guangming hatte anhand der Aufzeichnung in „Qing Chao Xu Wen Xian Tong Kao" einen Vergleich der Maße und Gewichte des Zolls mit den vom Ministerium ausgegebenen Maßen und Gewichten angestellt und erhielt folge Proportionalitäten zwischen beiden: 1 Zoll-Chi entsprach 1,11875 Chi des Ministeriums. Das Chi des Ministeriums ist das 32 cm lange Yingzao-Chi. Dann ist das Zoll-Chi = 32 x 1,11875 ≈ 35,8 cm. 1 Liang des Zolls entspricht 1 Liang 1 Fen 2 Li 9 Hao 7 Kuping-Liang. Da 1 Kuping-Liang 37,301 g Masse hat, wog 1 Zoll-Liang ≈ 37,38 g. Die Einheitenwerte des im „Qing Chao Xu Wen Xian Tong Kao" enthaltenen Zoll-Chi-Maßes

---

107 Siehe Hu Sheng: Cong yapian zhanzheng dao wusi yundong" (Vom Opium-Krieg bis zur Bewegung des 4. Mai), Beijing, Renmin chubanshe, 1981, 1985 4. Auflage, Bd. 1, S. 59
108 Qiu Guangming, Qiu Long, Yang Ping: "Zhongguo kexue jishu shi - Duliangheng juan (Geschichte von Wissenschaft und Technologie in China – Band Maße und Gewichte), Beijing, Kexue chubanshe, 2001, S. 435
109 Liu Jinzao (Qing-Dynastie): „Qing Chao Xu Wen Xian Tong Kao" (Allgemeine Untersuchung weiterer Dokumente der Qing-Dynastie), Hangzhou, Zhejiang guji chubanshe, 2. Auflage 2000, S. 9376

und des Zoll-Liang-Gewichts waren einander nahe: „Das Zoll-Liang entsprach 37,783125 französischen Gramm und 583,333 englischen Gran."[110] Das Zoll-Liang stimmt mit dem Kuping-Liang und das Zoll-Chi mit dem Chi des Ministeriums nicht überein, und wenn man sie mit den Maßen und Gewichten der einzelnen Länder verglich, so war das noch unbequemer, so dass sie im Gebrauch schwer zu verbreiten waren.

Angesichts dieser Situation wäre die korrekte Lösung gewesen, wenn die chinesische Regierung sich um die Vereinheitlichung der Maße und Gewichte bemüht und Maße und Gewichte angefertigt hätte, die mit den vom Ministerium ausgegebenen Normalen übereinstimmten und wenn sie sie an die Konsuln ausgegeben hätte, damit sie als Normale der im Zoll benutzten Maße und Gewichte fungieren. Da die Großmächte die Souveränität Chinas ignorierten, befolgten sie nicht nur nicht die Gesetze Chinas und benutzten nicht die von der Qing-Regierung ausgegebenen Normale, im Gegenteil führten sie nacheinander die Ordnung der Maße und Gewichte des eigenen Landes ein, zwangen China Bestimmungen über die Umrechnungsbeziehungen mit dem chinesischen System auf und berechneten danach die Zolltarife, so dass sie zum Normal der Maße und Gewichte wurden. So verfuhren sie nicht nur in der Praxis, sondern forderten von der Qing-Regierung in dem entsprechenden Vertrag eindeutig, dass sie diesen Punkt anerkennt. Im 8. Jahr der Regierungsära Xianfeng (1858) unterzeichneten China und England, China und die USA sowie China und Frankreich den „Vertrag von Tianjin", der die Privilegien der Großmächte in China noch erweiterte. Nach dem Abschluss dieses Vertrages legte jeder in seinem Vertragshafen die eigenen Maße und Gewichte der Großmächte bei der Berechnung der Zolltarife für Umrechnungsverhältnisse mit den chinesischen Maßen und Gewichten zugrunde. Das sind die sogenannten Maße und Gewichte des Zolls, die „Zoll-Chi-Maß" und „Zoll-Ping-Gewicht" hießen. Das Auftreten der Maße und Gewichte des Zolls bedeutete, dass die Ordnung der Maße und Gewichte der Qing-Regierung im chinesischen Zoll, den die Großmächte an sich gerissen hatten, offiziell preisgegeben wurde. In der Tat legte der Text außer der Ordnung der Maße und Gewichte noch fest, dass in den Vertragshäfen Ausländer eingeladen wurden, das Zollwesen zu unterstützen, wodurch die administrativen Rechte des chinesischen Zolls in fremde Hände fielen. Da die Macht des Zolls sich in der Hand von Ausländern befand, die in allem ihr eigenes System schufen und nicht das administrative System Chinas beachteten, befolgte die Ordnung der Maße und Gewichte nicht mehr die Normale Chinas, und es wurde auch notwendig, zumal die Maße und Gewichte Chinas damals schon völlig verworren und chaotisch ohne jegliche Norm waren. Die Großmächte, die ihren eigenen Vorteil im Auge hatten, legten Normale fest und zwangen China, sie anzunehmen, ihrer Übermacht konnte China nicht entgehen.

---

110 Am Ende der Qing-Dynastie wurde das Gramm mit wa 瓦, gelanmu 格兰姆 usw. übersetzt. Über diesen Abschnitt siehe Qiu Guangming: „Zhongguo wulixue shi daxi – Jiliang shi" (Reihe Geschichte der Physik in China – Geschichte der Metrologie), Changsha, Hunan jiaoyu chubanshe, Dezember 2002, S. 551. Die Erörterung der Maße und Gewichte des Zolls in der Qing-Dynastie bezieht sich vor allem auf dieses Werk.

Nach den Schlussfolgerungen von Wu Chengluo kann man die Umrechnungen der Maße und Gewichte, die in den Verträgen über die Vertragshäfen festgelegt sind, im Großen und Ganzen in fünf Arten einteilen:[111]

1) Das chinesische System, das mit Normalen des englischen Systems festgelegt wurde. 1 Dan des chinesischen Systems (d. h. 100 Jin) entsprach nach dem englischen System 133 1/3 Pfund, 1 Zhang nach dem chinesischen System entsprach 141 englischen Zoll, 1 Chi entsprach 14 1/10 englischen Zoll. Somit waren 100 Jin = 133,33 Pfund, 1 Jin = 1,3333 Pfund, 1 Chi = 14,1 englische Zoll. Diese Ordnung wendeten England, die USA, Dänemark und Belgien an. Wenn man berücksichtigt, dass 1 Pfund = 453,6 g und 1 englischer Zoll = 2,54 cm entsprachen, kann man die Umrechnungsbeziehungen zu den modernen Maßen und Gewichten ausrechnen zu: 1 Jin = 604,8 g, 1 Liang = 37,8 g, 1 Chi = 35, 814 cm, 1 Cun = 3,5814 cm.

2) Das chinesische System, das mit Normalen des französischen Systems festgelegt wurde. 100 Jin des chinesischen Systems entsprachen 60,453 kg des französischen Systems, 1 Zhang des chinesischen Systems entsprachen 3,55 m. Umgerechnet auf moderne Daten, ergaben sich 1 Jin = 604,53 g und 1 Chi = 35,5 cm. Diese Normale wendeten Frankreich und Italien an.

3) Das deutsche System als Normal. Es wurde das chinesische System festgelegt, außerdem wurde das französische System angegeben. Konkret ergab sich: 100 Jin des chinesischen Systems entsprachen nach dem deutschen System 120 Pfund 27 Lot 1 Quent 8 Zent, d.h. 60,453 kg nach dem französischen System. 1 Zhang nach dem chinesischen System entsprachen nach dem deutschen System 1 Fuß 3 Zoll 9 Linien.[112] Nach dem französischen System ergab sich 3,055 m. Umgerechnet in moderne Daten erhielt man 1 Jin = 604,53 g, 1 Chi = 35,5 cm. Diese Normale galten in Deutschland und Österreich. Sie stimmten mit den Festlegungen nach dem französischen System überein. Später gingen die Staaten, die diese Normale benutzten, zum französischen System über.

4) Normale, die nach dem Muster des Zolls von Yue festgelegt waren. Staaten, die zu dieser Kategorie gehörten, waren Schweden, Norwegen, Portugal usw. Die vom chinesischen Zoll nach den Normalen des Zolls von Yue festgelegten Zhang- und Chi-Maße sowie Waagen und Gewichte wurden in den Häfen an die Konsulate dieser Staaten zur Benutzung ausgegeben. Die ausgegebenen Geräte waren ausnahmslos gestempelt, und man hatte eine Beschriftung eingraviert. Sie wurden in den fünf Vertragshäfen einheitlich angewendet, damit sie nicht unterschiedliche Maße und Gewichte einsetzten und die Missstände noch zunahmen.

5) Zu den Staaten dieser Kategorie gehörte Japan. In einer Throneingabe wurde festgelegt, die Normale zu vereinheitlichen, und sie wurden ausnahmslos in

---
111 Wu Chengluo: „Zhongguo duliangheng shi" (Geschichte der Maße und Gewichte Chinas), Shanghai: Fotokopie der Ausgabe des Verlags Shangwu yinshuguan (1937), (1984), S. 282-284
112 Im chinesischen Original hatte Wu Chengluo anstelle von „Linien" „Fen" geschrieben.

den Provinzen mit dem vorgehaltenen Motiv eingesetzt, den chinesischen und ausländischen Kaufleuten zu nutzen: „Weil die von den Kaufleuten in den Städten der Provinzen Chinas benutzten Maße und Gewichte verschieden sind und auch die vom Ministerium festgelegten Muster nicht befolgt werden, sind sie für den Handel der chinesischen und ausländischen Kaufleute höchst hinderlich. Deshalb sollen die Generalgouverneure, die sich in der gegenwärtigen Situation auskennen, mit den Handelsleuten Muster vereinheitlichen, die in den einzelnen Provinzen bei den Beamten und dem Volk ausnahmslos gleich sind. Die Throneingabe erklärte deutlich, dass man zuerst bei den Vertragshäfen beginnen und sie dann allmählich im Binnenland verbreiten soll. Einzig weil die vom Ministerium ausgegebenen Maße und Gewichte sich von den jetzt angefertigten unterschieden, so dass sie bald zu viel, bald zu wenig anzeigten, muss man sie nach ihren Werten umrechnen, damit sie gerecht sind."[113]

Die Großmächte gingen von ihrem eigenen Vorteil aus, wenn sie nach einer Prüfung über die Normale entschieden. Natürlich verglichen sie das System ihres Staats mit dem chinesischen System, aber die Ordnungen der Maße und Gewichte waren bei den einzelnen Großmächten durchaus nicht einheitlich. Ihre Umrechnungen gegenüber dem chinesischen System konnten natürlich nicht einheitlich sein, was zum Chaos der Normale der Maße und Gewichte im chinesischen Zoll führte. Außerdem stimmten die oben aufgeführten Umrechnungswerte nicht mit dem Yingzao- und Kuping-System der Qing-Regierung und auch nicht vollkommen mit den in diesen Ländern angewendeten Ordnungen überein; sie waren nicht allgemein gültig. Das zeigt vollauf, dass die Maße und Gewichte des Zolls keine unabhängige Ordnung der Maße und Gewichte darstellten. „Die Maße und Gewichte des Zolls waren ein irreguläres Produkt unter spezifischen historischen Bedingungen. Als eine Facette widerspiegelten sie die Einbuße der Souveränität der Qing-Dynastie über den Zoll und die historische Tatsache der Vertiefung des halbkolonialen Zustands."[114]

4. Letzte Bemühungen der Qing-Regierung um die Vereinheitlichung der Maße und Gewichte

Die Entwicklung der traditionellen Maße und Gewichte Chinas zeitigte in der Endphase der Qing-Dynastie eine kurzlebige Wendung zum Besseren. Am Vorabend des Untergangs der Qing-Dynastie unternahm sie eine letzte Anstrengung, um die Maße und Gewichte im Maßstab des ganzen Landes zu vereinheitlichen und sie an die internationale Entwicklung anzuschließen.

Diese Anstrengung der Qing-Dynastie ist nicht von der Entwicklung der Lage in der chinesischen Gesellschaft zu trennen. Nachdem im 24. Jahr der Regierungsära Guangxu

---

113 Siehe den § 7 des „Zhong Ri Tong Shang Xing Chuan Xu Yue" (Fortgesetzter chinesisch japanischer Vertrag über Handel und Schiffahrt) vom 29. Jahr der Regierungsära Guangxu (1903), entnommen aus: Wu Chengluo: „Zhongguo duliangheng shi" (Geschichte der Maße und Gewichte Chinas), Shanghai: Fotokopie der Ausgabe des Verlags Shangwu yinshuguan (1937), (1984), S.284
114 Siehe Qiu Guangming: „Zhongguo wulixue shi daxi – Jiliang shi" (Reihe Geschichte der Physik in China – Geschichte der Metrologie), Changsha, Hunan jiaoyu chubanshe, Dezember 2002, S. 553

(1898) die Hundert-Tage-Reform gescheitert war, holte sich die Kaiserinwitwe Cixi die Macht zurück, die sie einst dem Kaiser Guangxu übergeben hatte und erstickte die vom Kaiser Guangxu unterstützte Reformbewegung. Zwar konnte die Kaiserinwitwe Cixi mit Leichtigkeit die Hundert-Tage-Reform abwürgen, aber sie war nicht in der Lage, das Eindringen der Großmächte in China aufzuhalten. Am 20. des 7. Monats des 26. Jahrs der Regierungsära Guangxu (14.8.1900) drang die vereinigte Armee von acht Staaten in Beijing ein. Das war nach der Besetzung Beijings durch die vereinigte englisch-französische Armee im 10. Jahr der Regierungsära Xianfeng (1860) ein weiteres Mal, dass die Hauptstadt der Qing-Dynastie von den imperialistischen Großmächten besetzt wurde. Angesichts der Gewehre und Kanonen der Großmächte flüchtete die Kaiserinwitwe Cixi mit dem Kaiser Guangxu Hals über Kopf nach Xi'an und ließ zu, dass die Hauptstadt Beijing von den Großmächten verwüstet wurde.

Unter dem Druck der Großmächte und angesichts der allerorten immer wieder aufflammenden Anti-Qing-Welle konnte die Kaiserinwitwe Cixi nicht umhin, die Flagge der Reformen aus den Händen der Reformpartei an sich zu reißen, und sie begann, das Lied der Reformen zu singen. Als sie sich noch auf der Flucht in Xi'an befand und bevor sie nach Beijing zurückgekehrt war, gab sie eine Proklamation heraus, „in der sie einen Eid ablegte, Reformen durchführen zu wollen".[115]

Cixi's Reformen waren erzwungen, sie wollte nicht wirklich politische Reformen durchführen, aber wenn man sie durchführt, muss man symbolisch einige Dinge tun, wobei man die Maßnahmen zur Vereinheitlichung der Maße und Gewichte gegen Ende der Qing-Dynastie als Flaggenschwenken des „Durchführens von Reformen" der Qing-Regierung ansehen kann, sie waren einer der Inhalte der Bemühungen, „nach Kräften Realpolitik zu betreiben".

Im 29. Jahr der Regierungsära Guangxu (1903) wurde der „Fortgesetzte chinesisch-japanischer Vertrag über Handel und Schiffahrt" unterzeichnet. Nach den Bestimmungen des Vertrages musste die Qing-Regierung, auf das Chaos der damaligen Ordnung der Maße und Gewichte im Lande gerichtet, ein Muster vereinheitlichter Maße und Gewichte schaffen und schrittweise die Arbeit zur Vereinheitlichung der Maße und Gewichte voranbringen. Als der Vertrag unterzeichnet wurde und die Qing-Regierung ständig Reform und Erneuerung im Munde führte, wurden die Festlegungen in dem Vertrag über die Vereinheitlichung der Maße und Gewichte bei dieser Gelegenheit sogleich in die Vorhaben der Regierung aufgenommen und allgemein verbreitet und realisiert. Aber wegen der seit langem in der Qing-Dynastie eingewurzelten Übel, obwohl die Maßnahmen zur Vereinheitlichung der Maße und Gewichte mit dem sogenannten Kampf um das Wesen des Staates in keinem Zusammenhang standen und die Herrschaft der Qing-Dynastie nicht beeinflussen konnten, wurden sie dennoch nach wie vor weiter verzögert und gelangten niemals in die Etappe der praktischen Umsetzung.

Als im 33. Jahr der Regierungsära Guangxu (1907) nicht der geringste Fortschritt bei der Vereinheitlichung der Maße und Gewichte zu verzeichnen war, konnte die Qing-Regierung nicht ignorieren, dass der chaotische Zustand der Maße und Gewichte im Lande sich

---

115 Siehe Hu Sheng: Cong yapian zhanzheng dao wusi yundong" (Vom Opium-Krieg bis zur Bewegung des 4. Mai), Beijing, Renmin chubanshe, 1981, 1985 4. Auflage, Bd. 2, S. 663

weiter verschlechtert hatte, so dass sie schließlich einen Befehl verkündete, der forderte, dass das Ministerium für Landwirtschaft, Industrie und Handel und das Finanzministerium gemeinsam Muster einheitlicher Maße und Gewichte und Wege ihrer allgemeinen Verbreitung festlegen. Innerhalb von sechs Monaten war ein konkretes Programm zu erarbeiten, um diese Angelegenheit praktisch voranzubringen. Im März des nächsten Jahres hatten die beiden Ministerien die Dokumente „Ordnung vereinheitlichter Maße und Gewichte" und „Bestimmungen zur Durchführung" vorgelegt und dem Qing-Kaiserhof übergeben. Hiermit, so meinte man, war das konkrete Programm der Vereinheitlichung der Maße und Gewichte am Ende der Qing-Dynastie fertiggestellt.

Nach dem Programm des Ministeriums für Landwirtschaft, Industrie und Handel und des Finanzministeriums gab es im Wesentlichen vier Hauptpunkte:

1) Nach wie vor an dem alten Verfahren des auf Hirsekörnern gegründeten Chi-Maßes festhalten, das als Kern der Ordnung angesehen wird
2) Dem Sinn des „Zhou Li" (Riten der Zhou) bezüglich des Schmelzens von Kupfer und Zinn nacheifern, das als Kern der Herstellung angesehen wird
3) Die Methoden des Finanzministeriums der Song-Dynastie für Verwaltung und Herstellung anwenden, die als Methode für den Verkauf der amtlichen Geräte angesehen wird
4) Anwendung der Geräte des neuen metrischen Systems des Auslands, die als Voraussetzung für den Nachbau in den Ministerien und Fabriken angesehen wird.[116]

Anhand dieser vier Punkte kann man die Leitideen dieser Vereinheitlichung der Maße und Gewichte am Ende der Qing-Dynastie erkennen. Weil die Maßnahmen zur Vereinheitlichung der Maße und Gewichte nach wie vor vom Qing-Kaiserhof angeleitet wurden, war es nicht möglich, das Chi-Normal, das vom „heiligen Ahn" Kaiser Kangxi mit der Methode der Bestimmung der Stimmpfeifen mit aufgehäuften Hirsekörnern untersucht worden war, aufzugeben. Das ist der wesentliche Gehalt des ersten Punktes. Aber bezüglich der folgenden drei Punkte verkörpern sie eine Anstrengung, zur modernen Metrologie überzugehen. Der zweite Punkt besagt, dass man die Normalgeräte der Maße und Gewichte präzis gießen muss. Der dritte Punkt betrifft das Verkaufsmonopol der Maße und Gewichte, aber der vierte Punkt ist noch wichtiger, er besagt, dass man zu den Normalen der Maße und Gewichte des französischen metrischen Systems feste Proportionalitätsbeziehungen aufstellen muss. Damit kann die Ordnung der Maße und Gewichte zweifellos einen höheren Grad von Wissenschaftlichkeit erlangen. Wenn diese Maßnahmen zur Vereinheitlichung der Maße und Gewichte Erfolg verbucht hätten, könnte man sie ohne Zweifel als Beginn einer modernen Ordnung der Maße und Gewichte Chinas in die Annalen schreiben. Aber es war bedauerlich, dass, weil diese Maßnahmen zur Vereinheitlichung der Maße und Gewichte zur falschen Zeit geboren wurden, sie schließlich infolge des Untergangs der Qing-Dynastie auf halbem Wege stehengeblieben waren.

---

116 Siehe für die folgenden Ausführungen dieses Abschnitts: Wu Chengluo: „Zhongguo duliangheng shi" (Geschichte der Maße und Gewichte Chinas), Shanghai: Fotokopie der Ausgabe des Verlags Shangwu yinshuguan (1937), (1984), S.285-291

Konkret beinhaltete diese Reform der Maße und Gewichte am Ende der Qing-Dynastie entsprechend dem Entwurf des Ministeriums für Landwirtschaft, Industrie und Handel und des Finanzministeriums folgendes:

1) Regelung der Normale

1. Länge. Natürlich konnte nur das Yingzao-Chi-Maß, das Kaiser Kangxi mit den aufgehäuften Hirsekörnern erhalten hatte, das Normal sein. Aber das ursprüngliche Yingzao-Chi-Maß aus der Zeit von Kangxi existierte wegen ungenügender Aufbewahrung schon nicht mehr, so dass man ein anderes Normal finden musste. Obwohl die Beamten der Qing-Regierung gegen Kangxi's Methode, mit aufgehäuften Hirsekörnern die Stimmpfeifen zu bestimmen, um daraus Normale für die Maße und Gewichte abzuleiten, nicht den geringsten Einwand vorzubringen wagten, aber wenn sie mit der Methode der aufgehäuften Hirsekörner erneut die Länge von Kangxi's Yingzao-Chi-Maß reproduziert hätten, so wäre das bestimmt nicht machbar gewesen, weil die Größe der Hirsekörner verschieden und ihre Anordnung mal locker, mal eng gewesen wäre, so dass es sehr schwierig ist, durch die Anordnung von Hirsekörnern eine bestimmte Länge zu erhalten. Glücklicherweise existierte im Amt des Hauptspeichers noch ein eisernes Dou-Maß vom 34. Jahr der Herrschaft Kangxi's (1704), dessen Abmessungen mit der Länge des Yingzao-Chi-Maßes, das im „Bild des neuen Chi-Maßes" im „kaiserlich kompilierten" Buch „Lü Lü Zheng Yi" vollkommen übereinstimmte. Daraufhin diente das mit diesem eisernen Dou-Maß gegebene Chi-Maß als Normal des Yingzao-Chi-Maßes, und es wurde mit dem französischen metrischen System verglichen. Man erhielt, dass 1 Chi des Yingzao-Chi-Maßes 32 cm des metrischen Systems entsprechen. Durch diesen Vergleich wurde für das Yingzao-Chi-Maß Chinas schließlich eine feste Proportionalitätsbeziehung mit dem metrischen System des internationalen Einheitensystems aufgestellt, so dass die internationale Ausrichtung provisorisch verwirklicht wurde.

2. Volumen. Bei den Volumen-Maßen diente das Tributreis-Hu-Maß als Normal. Im Amt des Hauptspeichers existierte noch ein eisernes Hu-Maß, das im 10. Jahr der Herrschaft von Qianlong gegossen worden war. Dieses Hu-Maß hat eine kleine Öffnung und einen großen Boden, so dass es für den Gebrauch als Normal bequem ist. Daraufhin beschloss man, es auf der Grundlage seiner Abmessungen und Form zu einem Volumennormal zu machen.

3. Gewicht. Als Gewichtsnormal diente nach wie vor das traditionelle Kuping-System. Das Kuping-Liang wurde zu Beginn der Qing-Dynastie aus dem Gewicht eines Würfels aus Metall mit einer Kantenlänge von 1 Cun berechnet, aber weil die Struktur und die Reinheit der Metalle ungleich sind, führt das dazu, dass das Gewicht verschieden ist und leicht Fehler entstehen. Deshalb beschloss man in der Folge, sich auf die Herangehensweise in den westlichen Ländern zu beziehen, das Gewicht von 1 Kubik-Cun reinem Wasser bei 4 °C als Gewicht eines

Kuping-Liang festzulegen. Gleichzeitig wurden mit den spezifischen Gewichten von reinem Wasser bei 4 °C und von Metallen, die in der modernen Wissenschaft des Westens aufgezeichnet sind, die spezifischen Gewichte von Gold und Silber für 1 Kubik-Cun festgelegt, um so Fehler zu vermeiden.

Außerdem wurden in der neu festgelegten Ordnung der Maße und Gewichte die Basiseinheiten mit dem Chi für die Länge, dem Sheng für das Volumen und dem Liang für das Gewicht eindeutig bestimmt. Die Festlegung der Basisinheiten verkörperte wiederum die Bemühung, diese Reform der Maße und Gewichte am Ende der Qing-Dynastie international auszurichten.

2) Verbesserung der Geräte für Maße und Gewichte
Diese Reform der Maße und Gewichte am Ende der Qing-Dynastie berücksichtigte auch das Problem der Anwendung der Maße und Gewichte in der Gesellschaft, und es wurden mehrere Arten und Formen von Maßen und Gewichten hinzugenommen. Zum Beispiel gab es bei den Längenmessmitteln außer dem ursprünglichen Maßstabs-Lineal neu die vier Arten rechter Winkel, Gliedermaßstab, Kettenmaß und Bandmaß. Der rechte Winkel ist ein von den Tischlern benutztes Winkelmaß, um den rechten Winkel zu prüfen. Es ist ein Maß mit breiter Anwendung. Der Gliedermaßstab ist bequem, um ihn mit sich zu tragen, und dient für Messungen bei etwas größeren Abmessungen. Das Kettenmaß ist eine Reform eines früheren Feldvermessungsgeräts und dient hauptsächlich zur Land- und allgemeinen Vermessung. „Das Seil-Chi-Maß, das beim Urbarmachen im jetzigen Nanyuan benutzt wird, ist aus Eisen gefertigt. Jedes Chi ist ein Glied, und jeweils nach fünf Chi folgt ein eiserner Ring. Jedes Seil ist 20 Gong lang. Es gleicht den Kettenmaßen des Auslands im Osten und Westen. Wenn bei den Eisenbahnen in verschiedenen Orten die Strecke überprüft wird, benutzt man auch ausländische Kettenmaße, aber nicht die alten Feldvermessungsgeräte."[117] Die hier erwähnten Seil-Chi-Maße sind Ketten-Chi-Maße. Das Auftreten von Bandmaßen ist auch bequem zur Landvermessung: „Man misst mit ihnen die Topografie. Wenn man auf Berge steigt und durch Wasser watet, sind Bandmaße bequem. Sie werden in allen Ländern unterschiedlich aus Leder, Hanf und Metallen hergestellt. Wenn in den Provinzen Holz ausgemessen werden, so benutzte man seit jeher Bambus-Chi-Maße, mit denen man Umfang und Durchmesser misst. Sie heißen auch Sandbank-Chi-Maß. Weil beim Zoll der Umfang oft mit Lederriemen bestimmt wird, hatte man eine Art ‚Bandmaß' geschaffen, um Kreise zu messen und hervorragende und vertiefte Stellen zu messen." (Quelle wie oben)
Bei den Volumenmaßen wurden die beiden Einheiten Shao und Ge hinzugefügt. Unter Berücksichtigung dessen, dass beim Messen von Öl, Wein und anderen Flüssigkeiten oft runde Zylinder genommen wurden, legte man für die Volumengefäße Shao, Ge, Sheng und Dou die beiden Arten von Gefäßen mit quadratischem

---

117 Wu Chengluo: „Zhongguo duliangheng shi" (Geschichte der Maße und Gewichte Chinas), Shanghai: Fotokopie der Ausgabe des Verlags Shangwu yinshuguan (1937), (1984), S.288

und mit rundem Querschnitt fest. Ferner weil in den „Qing Hui Dian" (Verwaltungsvorschriften der Qing-Dynastie) noch nicht die Gestalt der Nivellierlatte festgelegt, aber in der Praxis oft eine solche benutzt wurde, obwohl beim Messen von Flüssigkeiten die Oberfläche leicht eben wird, aber wenn man insbesondere mit einem Volumenmaß Getreide, Bohnen und ähnliche Produkte misst, ist die Oberfläche etwas uneben, so dass das Ergebnis erheblich differieren kann. In einer solchen Situation wird eine Nivellierlatte benutzt, um die Oberfläche abzuziehen. Deshalb hat man besonders die Gestalt der Nivellierlatte hinzugefügt und festgelegt, dass sie T-förmig sein soll.

Im Hinblick auf das Gewicht wurden die quadratischen Verbindungsrahmen der Waagen zu runden Verbindungsrahmen abgeändert, und die Gestalt der Gewichte wurde von abgeflachten Ringen zu runden Zylindern verändert, außerdem wurde eine neue Festlegung zur Zahl der Gewichte getroffen. Nach dem alten System in den „Qing Hui Dian" umfassten die Gewichte für je 1000 Liang jeweils von 1 Fen bis 500 Liang insgesamt 32 Stück. Der neue Vorschlag lehnte sich an die Ordnung in den westlichen Ländern an, jeweils für eine Größenordnung vier Gewichte zu verwenden, zum Beispiel innerhalb der Fen enthielten sie 1 Stück 1 Fen 2 Stücke 2 Fen und 1 Stück 5 Fen. Somit konnte man innerhalb der Größenordnung von Fen alle Zahlen von 1 bis 9 durch Kombination dieser Gewichte darstellen. Diese Kombinationen konnten sowohl das Bedürfnis, die Zahlen von 1 bis 9 darzustellen, befriedigen, als auch dass die Zahl der Gewichte in jeder Größenordnung minimal ist. Deshalb ist sie sehr wissenschaftlich. Außerdem wurden noch die sechs verschiedenen Gewichte von 1 Li, 2 Li, 5 Li, 1 Hao, 2 Hao und 5 Hao aufgenommen, um die Bedürfnisse an den entsprechenden Wägungen zu befriedigen. Bei den Arten der Waagen wurde außer den schon vorhandenen Balken- und Apothekerwaagen wegen der Bequemlichkeit der Wägung schwerer Güter festgelegt, aus England Plattformwaagen zu importieren, die in Schwerlastwaagen umbenannt wurden. Bei den Schwerlastwaagen wurden als Einheit nicht das englische Pfund, sondern die chinesischen Einheiten Jin und Liang benutzt (der Bequemlichkeit des Vergleichs halber wurden auf den Schwerlastwaagen auch die Einheiten des englischen Systems angegeben), und die zugehörigen Gewichte gehörten entsprechend zum chinesischen System.

3) Bestimmungen zur Realisierung

In dem vom Ministerium für Landwirtschaft, Industrie und Handel und vom Finanzministerium ausgearbeiteten Plan der Vereinheitlichung der Maße und Gewichte waren auch ausführliche Bestimmungen zur Realisierung enthalten. Diese Bestimmungen umfassten insgesamt 40 Paragrafen, deren hauptsächlicher Inhalt folgender ist:

1. Herstellung von Normalen und Geräten für den Gebrauch

Die Normale sind der Kern einheitlicher Maße und Gewichte. In Anbetracht dessen, dass Frankreich auf dem Gebiet der Wissenschaft der Maße und Gewichte am fortgeschrittensten war, wurde beschlossen, in Frankreich die Herstellung je eines sehr genauen Yingzao-Chi-Maßes und eines Kuping-Liang-Gewichts zu bestellen, um als Primärnormal zu dienen; weiter ließ man nach der Größe und dem Muster des Primärnormals in Frankreich noch zwei Exemplare eines Sekundärnormals aus Nickelstahl herstellen, wovon eines anstelle des Etalons benutzt und das andere im Finanzministerium aufbewahrt wurde, damit es für jederzeitige Überprüfungen zur Verfügung steht. Danach waren nach der Größe und dem Muster des Sekundärnormals in einer Gießerei, die vom Ministerium für Landwirtschaft, Industrie und Handel der Qing-Regierung eingerichtet werden sollte, örtliche Primärnormale herzustellen, die an die örtlichen Ämter und Handelskammern ausgegeben werden sollten. Die Maße und Gewichte in den Regionen, ganz gleich, ob es sich um solche für den amtlichen oder den zivilen Gebrauch handelte, waren sämtlich auf das vom Ministerium ausgegebene Primärnormal zurückzuführen, und ausnahmslos sollten die in der Fabrik des Ministeriums hergestellten Geräte benutzt werden.

2. Planung des zeitlichen Fortschritts der Vereinheitlichung
Die Umsetzung des Plans der Vereinheitlichung der Maße und Gewichte sah die Reihenfolge vor, erst die Ämter und dann das Volk, erst die Hauptstadt und dann die Präfekturen und Kreise zu berücksichtigen. Allgemein sollten die in den Ämtern zu benutzenden Maße und Gewichte nach dem Erhalt der vom Ministerium ausgegebenen Normalgeräte innerhalb von drei Monaten ausnahmslos auf neue Geräte umstellen. Der Wechsel auf neue Geräte bei den Kaufleuten sollte von der Hauptstadt zu den Provinzhauptstädten und den Vertragshäfen erfolgen und schrittweise zu den Präfekturen, Bezirken und Kreisen und zu den größeren und kleineren Städten des Binnenlandes vor sich gehen. Die Frist war auf 10 Jahre festgelegt. Für diese Frist waren nach Jahren gestaffelt strenge Umsetzungsverfahren festgelegt. Nach 10 Jahren sollte es ausnahmslos nicht mehr erlaubt sein, alte Geräte zu benutzen.

3. Einrichtung spezieller Organe und Umsetzung des neuen Systems
Nachdem die Region Zhili und die Provinzen die offizielle Mitteilung erhalten hatten, sollten innerhalb eines Monats Ämter für Maße und Gewichte eingerichtet werden. Nachdem diese Ämter eingerichtet waren, sollten Beamte in die einzelnen Regionen entsendet werden, die mit den örtlichen Beamten und den Handelskammern die einstweilig zur Benutzung verbliebenen alten Geräte zu überprüfen hatten. Die Prüfung sollte ergeben, welche alten Geräte weiter benutzt werden können und welche auszusondern sind. Innerhalb eines Jahres sollte der Generalgouverneur dem Ministerium Bericht erstatten, um nach einer Prüfung zu entscheiden.

4. Verfahren zum Schutz vor Missbrauch
Es wurde die Strategie angewendet, das Problem bei der Wurzel zu packen. Für alle verbliebenen alten Geräte war es nur erlaubt, sie zu benutzen, aber nicht, sie weiter herzustellen. Alle Werkstätten, die die alten Geräte herstellten, sollten

innerhalb von drei Monaten ausnahmslos die Herstellung und den Verkauf einstellen, um zu verhindern, dass sie erneut auf der Bildfläche auftauchen. Die Besitzer der Werkstätten der alten Geräte und ihre Angestellten können die vom Ministerium eingerichtete Fertigungsstätte aufsuchen, um die Technologie der Herstellung der neuen Geräte zu studieren. Die Unternehmer, die den Handel und die Reparatur der neuen Geräte betreiben, können bei den örtlichen Beamten ein Gesuch an das Ministerium für Landwirtschaft, Industrie und Handel richten, um sich registrieren zu lassen. Wenn sie eine Lizenz erhalten, ist es ihnen gestattet, den Beruf auszuüben. Aber es ist nicht gestattet, Chi-Maße und Gewichte zu reparieren.

Die vom Ministerium für Landwirtschaft, Industrie und Handel und vom Finanzministerium ausgearbeiteten Bestimmungen zur Vereinheitlichung der Maße und Gewichte wurden von der Qing-Regierung angenommen. Der Qing-Hof beschloss, Beamte des Ministeriums für Landwirtschaft, Industrie und Handel ins Ausland zu Untersuchungen zu entsenden und dass sie den chinesischen Gesandten in Frankreich konsultieren, das Internationale Büro für Maß und Gewicht (BIPM) in Paris zu bitten, Primärnormale für die Länge und die Masse aus einer Platin-Iridium-Legierung und Sekundärnormale aus Nickelstahl herzustellen und die Geräte präzise zu prüfen. Im 1. Jahr der Regierungsära Xuantong (1909) wurden diese Primär- und Sekundärnormale vom BIPM fertiggestellt, nach ihrer Kalibrierung erhielten sie Zertifikate und wurden nach China geschickt. Das Ministerium für Landwirtschaft, Industrie und Handel richtete dann im Ministerium ein Amt für Maße und Gewichte ein, das für die Umsetzung der Verwaltung des neuen Systems der Maße und Gewichte verantwortlich war. Das Amt für Maße und Gewichte wählte noch einen Ort zum Aufbau einer Fabrik, und die für die Fabrik benötigten Maschinen und Geräte wurden alle aus Deutschland importiert. Der Aufbau der Fabrik am Standort wurde im 2. Jahr der Regierungsära Xuantong (1910) vollendet, aber diese Fabrik gelangte nicht zur Inbetriebnahme, denn im Jahre 1911 brach die Xinhai-Revolution aus, und die Qing-Dynastie stürzte unter der Wucht der Wogen der Xinhai-Revolution, so dass dieser Plan der Vereinheitlichung der Maße und Gewichte am Ende der Qing-Dynastie keine Früchte trug.

 Obwohl der Plan der Vereinheitlichung der Maße und Gewichte am Ende der Qing-Dynastie auf halbem Wege steckengeblieben war, verkörperte er aber hinsichtlich der Schaffung von Normalen, der Vollkommenheit des Verwaltungssystems und der Ausrichtung nach dem internationalen metrischen System ein Bemühen, zu einer Ordnung präziser Maße und Gewichte überzugehen. Diese Maßnahmen der Qing-Regierung zu einheitlichen Maßen und Gewichten kennzeichnen den Beginn moderner, präziser Maße und Gewichte in China. Obwohl der Plan nicht das erwartete Ziel erreicht hatte, ist er aber wert, in die Annalen aufgenommen zu werden.

Kapitel 11

Der Versuch der Beiyang-Regierung zur Vereinheitlichung der Maße und Gewichte

Die von Sun Yatsen geführte Xinhai-Revolution stürzte die mehrhundertjährige Herrschaft der Qing-Dynastie, und im Jahre 1912 wurde die Republik China gegründet. Am Neujahrstag 1912 wurde Sun Yatsen in Nanjing Präsident der provisorischen Regierung. Nicht lange nach der Gründung der Republik China riss Yuan Shikai das Amt des Präsidenten an sich, so dass Sun Yatsen im April 1912 zurücktrat und Yuan Shikai Präsident der provisorischen Regierung wurde. Die historische Periode ab hier bis 1928 heißt „Beiyang-Periode" und die Regierung der Republik China in dieser Periode „Beiyang-Regierung". Im Widerstand gegen die Beiyang-Militärmachthaber gründete die Guomindang im Juli 1925 in Guangzhou die Nationalregierung und begann im nächsten Jahr den Nordfeldzug. Im März 1927 eroberte die Armee des Nordfeldzugs Nanjing. Im September 1928 eröffnete die Guomindang in Nanjing den zweiten Parteitag des fünften Zentralkomitees und verkündete, dass man in eine Periode der politischen Unterweisung eingetreten sei, dass die Guomindang verantwortlich sei, die politische Unterweisung durchzuführen, und man beschloss, eine Nationalregierung zu bilden. Von hier bis 1949 wird diese Zeit historisch als die Periode der Nationalregierung von Nanjing bezeichnet.

In Bezug auf die Metrologie hoffte man schon bald nach der Gründung der Republik einerseits aufgrund vielfältiger Einflussfaktoren wegen des immer schlimmer werdenden Chaos der Maße und Gewichte am Ende der Qing-Dynastie sehnlich, dass die neu geborene Republik schnellstmöglich die Einheit der Maße und Gewichte verwirklichen könnte, andererseits hatten damals als eine internationale Entwicklungstendenz der Maße und Gewichte viele Länder nacheinander das metrische System eingeführt. Wegen der internationalen Ausrichtung der Wissenschaften wuchs das Verständnis für die wissenschaftlichen Prinzipien der Maße und Gewichte, was für die Vereinheitlichung der Maße und Gewichte eine überzeugende wissenschaftliche Grundlage lieferte. Unter diesen Umständen begann die Nationalregierung eine Reform der Maße und Gewichte und veröffentlichte nacheinander entsprechende Gesetze, arbeitete eine betreffende Ordnung der Maße und Gewichte aus und leistete eine wirkungsvolle Arbeit zu ihrer Verbreitung, so dass die traditionelle Ordnung der Maße und Gewichte, die mehr als 2000 Jahre andauerte, schließlich den Übergang zur modernen Metrologie vollzog.

Die wesentlichste Reform der Maße und Gewichte in der Periode der Republik sind zwei Bewegungen zur Vereinheitlichung der Maße und Gewichte, bei denen das metrische System die Hauptrolle spielte. Die erste ist der Plan in der Periode der Beiyang-Regierung des Vorschlags der gemeinsamen Anwendung der Systeme A und B. Er war so ausgearbeitet, dass das System A (das metrische System) die Richtung vorgibt und das System B (das System des Yingzao-Chi-Maßes und des Kuping-Gewichts) ein Hilfssystem für den Übergang darstellt. Dieser Plan beachtete sowohl die internationale Ausrichtung und berücksichtigte zugleich die traditionellen Gewohnheiten, eine Konzeption, die nicht unbedingt unzweckmäßig war. Aber wegen der unsicheren politischen Lage, der schwachen Umsetzung und weil der Plan selbst Mängel aufwies, blieb er auf halbem Wege stecken. Die zweite Bewegung war der in der Periode der Nanjing-Regierung vorgebrachte Plan eines Systems mit dem metrischen System als Standard und dem Marktsystem als Unterstützung für den Übergang. Dieser Plan nahm sich den Plan der gemeinsamen Anwendung der Systeme A und B zum Vorbild, und zwischen dem metrischen und dem Marktsystem wurden vernünftige, einfache Umrechnungsbeziehungen von „1,2,3" festgelegt. Weil die Maßnahmen qualifiziert, der Plan umfassend und außerdem die Regierung umfangreiche Aktivitäten zur Propagierung auslöste, überwand diese Bewegung zur Vereinheitlichung der Maße und Gewichte erfolgreich den chaotischen Zustand der Maße und Gewichte am Ende der Qing-Dynastie und zum Beginn der Republik. Sie legte nicht nur eine gute Grundlage für den Übergang vom Markt- zum metrischen System, sondern bereitete auch anfängliche Bedingungen für die Geburt der industriellen und der wissenschaftlichen Metrologie.

1. Schaffung und Entwicklung des internationalen metrischen Systems

Die Bewegung zur Vereinheitlichung der Maße und Gewichte in der Periode der Republik fand vor dem großen Hintergrund statt, dass die Länder der Welt allgemein das internationale metrische System annahmen. Hierfür ist es notwendig, zuerst den Verlauf der Schaffung und Entwicklung des internationalen metrischen Systems zu verstehen.

Das internationale metrische System wurde in Franreich geschaffen. Vor dem Jahre 1789 war die Ordnung der Maße und Gewichte in Frankreich ein großes Durcheinander, und die benutzten Maße und Gewichte waren sehr verschieden. Nach der Großen Französischen Revolution richtete der Franzose de Talleyrand eine Denkschrift an die Nationalversammlung, in der er ausführlich die verschiedenen Missstände des alten Systems der Maße und Gewichte darlegte und darum bat, eine Verordnung zur Vereinheitlichung der Maße und Gewichte auszuarbeiten. Im Jahre 1790, als die Bourgeoisie gerade die politische Bühne erklommen hatte, war sie sich mit dem ihr eigenen Scharfsinn der Wichtigkeit einheitlicher Maße und Gewichte bewusst und beauftragte sogleich die Französische Akademie, einerseits das alte System der Maße und Gewichte zu ordnen und andererseits neue Normale der Maße und Gewichte zu schaffen, die „auf ewig unveränderlich" sind. Diese Maßnahme der bürgerlichen Regierung Frankreichs öffnete ein neues Kapitel der modernen Metrologie.

Bald nach diesem Auftrag wählte die Französische Akademie eigens die fünf namhaften Wissenschaftler Lagrange, Laplace, Monge, Concordet und Borda, diese Aufgabe zu übernehmen. Damals gab es zwei wesentliche Meinungen über die Auswahl der Basiseinheit Länge. Die eine meinte, die Länge des Ausschlags eines Sekundenpendels zugrundezulegen, und die andere, die Länge eines Meridianbogens der Erdkugel zur Basislänge zu nehmen. Die fünf Wissenschaftler verglichen die beiden Vorschläge und fanden, dass die Länge des betreffenden Sekundenpendels von der Gravitationsbeschleunigung abhängt und sie sich entsprechend dem Breitengrad ändert; deshalb sollte man diesen Vorschlag nicht wählen. Demgegenüber sei die Meridianbogenlänge, auf die sich der zweite Vorschlag stützt, dauerhaft unveränderlich, deshalb kann man sie zur Basiseinheit der Länge machen. Im Namen der Akademie legten sie einen Untersuchungsbericht vor, in dem sie vorschlugen, dass 1/10 000 000 eines Meridianviertels die Basiseinheit der Länge sein soll, die sie „mètre" nannten. Der Bericht verwies auch darauf, dass die Länge der Einheit mètre vom Zahlenwert relativ nahe den damals in den Ländern Europas gebräuchlichen verschiedenen Längeneinheiten, wie Elle, Yard und Braccio lag. Darum ist sie nicht nur in Frankreich, sondern in allen Ländern Europas, sogar der ganzen Welt anwendbar. Der Bericht schlug noch vor, dass die Basiseinheit des Gewichts durch das Gewicht eines Volumens von reinem Wasser mit der Längeneinheit bestimmt werden kann.

Im Jahre 1791 nahm die Französische Nationalversammlung den Vorschlag der Akademie an und beauftragte die beiden Doktoren Méchain und Delambre, den Abstand zwischen dem Hafen von Dünkirchen und der Stadt Barcelona zu messen, um daraus die Gesamtlänge des Meridians zu berechnen. Im April 1795 verkündete die französische Regierung, das metrische System anzuwenden, und befahl, ein provisorisches Metermaß zu schaffen. Der wesentliche Inhalt dieses Dekrets lautete:

(1) Es wurde festgelegt, für die Maße und Gewichte Frankreichs das Dezimalsystem durchgängig anzuwenden.
(2) Es wurde festgelegt, dass die Länge eines Meters 1/10 000 000 der vom Nordpol durch Paris verlaufenden Meridianlänge bis zum Äquator ist.
(3) Es wurde festgelegt, dass das Volumen eines Liters das Volumen eines Kubikdezimeters ist.
(4) Es wurde festgelegt, dass das Gewicht eines Kilogramms gleich dem Gewicht (oder der Masse) eines Kubikdezimeters von reinem Wasser bei der größten Dichte (4 °C) ist.

Im Juni 1799 beendeten Méchain und Delambre die geodätische Messung und bestimmten den neuen Zahlenwert des Meters. Der neue Zahlenwert war gegenüber dem ursprünglich festgelegten provisorischen Metermaß um 0,3 mm kürzer. Nach dem neuen Zahlenwert des Meters hatte der berühmte Chemiker Lavoisier präzise das Gewicht von einem Kubikdezimeter reinem Wasser gemessen. Auf dieser Grundlage wurden in Frankreich aus Platin ein Meterprototyp mit einem rechteckigen Querschnitt von 25,3 x 4,05 mm und ein Kilogrammprototyp angefertigt, die im Archiv der Republik in Paris aufbewahrt wurden. Diese beiden wurden später die Normalprototypen des Meters und des Kilogramms d'Archives genannt. Man kann sagen, dass sie die Vorform und der Startpunkt des jetzt allgemein angewendeten internationalen metrischen Systems sind.

Nach 1840 wendeten immer mehr Staaten der Welt das metrische System an. Weil auf dem Meter d'Archives die Kennzeichnung der Endpunkte nicht eindeutig ist, so dass mit ihm Vergleichsmessungen sehr schwierig sind, berief die französische Regierung in den Jahren 1870 und 1872 zweimal die „Internationale Meterkommission" ein, die vorschlug, aus einer Platin-Iridium-Legierung einen neuen Prototyp des Kilogramms und einen neuen Meterprototyp mit einer speziellen geometrischen Form herzustellen und Prototypen an die Länder der Welt auszugeben. Am 1.3.1875 wurde in Paris die Internationale Meterkonferenz eröffnet. 20 Staaten hatten Regierungsvertreter und Experten als Teilnehmer entsendet, von denen die bevollmächtigten Vertreter von 17 Staaten am 21. Mai die „Meterkonvention" unterzeichneten. Das Internationale Büro für Maß und Gewicht (BIPM) wurde offiziell gegründet, und es wurden neue Meterprototypen hergestellt. 1888 wählte das BIPM von 30 aus der Platin-Iridium-Legierung hergestellten Metermaßen, das Metermaß Nr. 6 aus, das dem Mètre d'Archives am nächsten kam, und machte es zum internationalen Etalon, das ist das „Internationale Meter". Seine Reproduzierunsicherheit kann 1×10^{-7} einhalten.

1889 hatte das BIPM 31 Meterprototypen und 40 Kilogrammprototypen aus der Platin-Iridium-Legierung hergestellt, wobei die Differenz zwischen den Meterprototypen 0,01 mm und die Differenz zwischen den Kilogrammprototypen 1 mg nicht überschritt. Das BIPM wählte ein Stück als internationales Primärnormal und eines als Sekundärnormal. Die anderen Länder erhielten jeweils ein Stück, das als staatlicher Prototyp diente. Seitdem wurde das metrische System zur generellen Entwicklungstendenz eines allgemeinen internationalen Systems der Maße und Gewichte. Die im selben Jahr einberufene 1. Generalkonferenz für Maß und Gewicht legte folgende Definition des „Meters" vor: „Das Meter ist der Abstand zwischen den beiden Mittelstrichen des im Internationalen Büro für Maß und Gewicht bei 0°C aufbewahrten Metermaßes." Mit dieser Definition wechselte das „Meter" vom Abstand der Endflächen zum Abstand zwischen Strichen. Aber die Meterdefintion als Abstand zwischen Strichen hat auch einen Mangel, weil die Qualität der Striche und die Stabilität der Materialeigenschaften die Stabilität des Maßes und die Erhöhung der Reproduziergenauigkeit beeinflussen können, und falls es einmal zerstört werden sollte, kann man es nicht mehr reproduzieren.

1893 hatte der amerikanische Physiker Michelson einen Vergleich zwischen der Wellenlänge der roten Linie des Kadmiums und dem Platin-Iridium-Etalonmetermaß vorgenommen, wodurch er die Möglichkeit eröffnete, dass eine Lichtwellenlänge als Längennormal dient. 1895 bestätigte die 2. Generalkonferenz für Maß und Gewicht die Meterdefinition mit der Lichtwellenlänge der roten Linie des Kadmiums als beigeordnete Definition. Auf der 7. Generalkonferenz für Maß und Gewicht im Jahre 1927 legte man die Wellenlänge der roten Kadmiumlinie in trockener Luft bei einer Temperatur von 15 °C, einem Luftdruck von 101325 Pa und einem CO_2-Gehalt von 0,03 % mit 0,643 846 96 μm fest, und machte sie zu einem beigeordneten Normal, d. h. 1 m = das 1 553 164,13-fache der beigeordneten Wellenlänge, aber die Darstellung des Metermaßes des internationalen Etalons wurde unverändert weiter beibehalten.

Nach 1950 tauchten infolge der Entwicklung von Lichtquellen der Isotopenspektren einige Lichtquellen mit hoher Reproduzierbarkeit und guten monochromatischen Eigenschaften auf. Das führte dazu, dass die 11. Generalkonferenz für Maß und Gewicht im Jahre 1960 eine Definition des Meters mit der Wellenlänge der von Kr-86 ausgesendeten Strahlung beschloss. Diese Meterdefinition lautet: „Das Meter ist das 1 650 763,73-fache der Wellenlänge der von Atomen des Nuklids Kr86 beim Übergang vom Zustand 5d5 zum Zustand 2p10 emittierten und sich im Vakuum ausbreitenden Strahlung." Gleichzeitig wurde das mit der Meterdefinition von 1889 festgelegte internationale Normal-Metermaß abgeschafft. Somit kann das „Meter" unter festgelegten physikalischen Bedingungen an einem beliebigen Punkt auf der Erde reproduziert werden, darum wird es auch als Naturnormal bezeichnet, und seine Reproduzierunsicherheit kann 1/250 000 000 einhalten.

Mit dem Fortschritt von Wissenschaft und Technologie wurden weitere Untersuchungen zur Definition des Meters durchgeführt. Diese Untersuchungen führten zu einer neuen

Meterdefinition auf der Generalkonferenz für Maß und Gewicht im Jahre 1983, und es wurde verkündet, dass die Herangehensweise an die Definition des Meters mit der Lichtwellenlänge der Strahlung von Kr86 abgeschafft wird.

Auf der im Oktober 1983 einberufenen 17. Generalkonferenz für Maß und Gewicht wurde die gegenwärtig gültige Meterdefinition angenommen: „Das Meter ist die Strecke, die das Licht im Vakuum während der Dauer von 1/299 792 458 Sekunden zurücklegt." Die Besonderheit der jetzt geltenden Meterdefinition besteht darin, dass die Definition selbst von der Methode der Reproduktion getrennt ist; das Längennormal ist nicht mehr eine festgelegte Länge oder die Wellenlänge einer Strahlung, aber sie kann durch mehrere Wellenlängen oder Frequenzen von Strahlungen reproduziert werden. Deshalb ist die Reproduziergenauigkeit des Meters nicht mehr durch die Meterdefinition beschränkt; sie wird sich entsprechend der Entwicklung von Wissenschaft und Technologie erhöhen.

2. Das Chaos der Maße und Gewichte im ganzen Land in den Anfangsjahren der Republik

In den Anfangsjahren der Republik erreichte das Chaos der Maße und Gewichte im ganzen Land ein beispielloses Ausmaß. „Die Maße und Gewichte waren nicht nur von Provinz zu Provinz und von Kreis zu Kreis verschieden, sondern selbst wenn man das Chi-Maß des östlichen mit dem des westlichen Nachbarn verglich, konnte es sich um zehn Fingerbreiten unterscheiden."[118]

Das Chaos der Längenmaße äußerte sich hauptsächlich bei der Anwendung des Chi-Maßes. Aufgrund der Überlieferung der einzelnen Dynastien und durch die Gewohnheiten im Volk bildete sich die Konvention heraus, dass für unterschiedliche Bereiche unterschiedliche Chi-Maße verwendet werden. Damals gab es hauptsächlich drei Arten von Chi-Maßen: 1) das Musik-Chi-Maß für die Herstellung von Musikinstrumenten, das im Volk wenig gebraucht wurde, 2) das Yingzao-Chi-Maß für die Tischler, Steinmetze, Schnitzer und Landvermesser, das auch Chi-Maß für Holzarbeiten, Chi-Maß für Arbeiter und Lu Ban-Chi-Maß[119] genannt und breit angewendet wurde, und 3) das Stoff-Chi-Maß, das zum Schneidern verwendet und auch Schneider-Chi-Maß genannt wurde. Diese drei verschiedenen Chi-Maße wurden in den Regionen des ganzen Landes angewendet, aber weil sie abhängig vom Gebiet und dem Gewerbe unterschiedliche Einheitenwerte verkörperten, erreichte das Durcheinander einen nicht zu überbietenden Grad. Wu Chengluo hatte in dem von ihm verfassten Werk „Zhongguo duliangheng shi" (Geschichte der Maße und Gewichte in China) über das Durcheinander der damals im Volk benutzten Längenmaße eine Statistik angefertigt, indem er das Chaos der seinerzeitigen Längenmaße in Tabellenform dokumentierte. Seine Statistik erfasste die damals im Volk benutzten Chi-Maße und fand, dass es mindestens 53 verschiedene Arten gegeben hatte, die unterschiedlich

---

118 Wu Chengluo: „Huayi quanguo duliangheng zhi huigu yu qianzhan" (Rückblick und Perspektiven der Vereinheitlichung der Maße und Gewichte im ganzen Land), „Gongye biaozhun yu duliangheng" (Industrienormen und Maße und Gewichte), Bd. 3, H. 8, (1936)
119 Lu Ban wurde als Ahn der Zimmerleute verehrt.

groß waren. Die Differenz der Einheitenwerte war gewaltig. Das kleinste entsprach 0,598 Markt-Chi, das größte 3,741 Markt-Chi, so dass die Differenz zwischen dem kleinsten und dem größten Chi-Maß das 6,256-fache ergab.[120]

Das Chaos der Volumenmaße äußerte sich hauptsächlich in der Anwendung der Volumengeräte. In den Anfangsjahren der Republik benutzten die Chinesen allgemein die Einheiten Hu, Dou und Sheng, aber es wurden auch die Bezeichnungen Tong 桶 (Eimer), Guan 管 (Röhre) oder Tong 筒 (Bambusrohr) benutzt, wobei die Größen des Eimers, der Röhre und des Bambusrohrs kein eindeutiges Normal hatten. Im Großen und Ganzen waren mehrere Bambusrohre oder mehrere Röhren ein Eimer, und das Volumen eines Bambusrohrs oder einer Röhre lag im Allgemeinen zwischen ¼ und ½ Sheng. Schon von dem Chaos der Bezeichnungen kann man einen Blick auf das Chaos der Volumeneinheiten werfen. Dabei hatte das Sheng, das nach dem alten System die grundlegende Einheit der Volumengeräte war, keine feste Zahl des Volumens; die in den Branchen und Gewerben benutzten Volumengeräte zeigten nach der Umrechnung in Sheng riesige Differenzen der tatsächlichen Größe gegenüber dem Markt-Sheng. Wu Chengluo hatte sie auch untersucht und trug die in mehr als 30 Orten, wie Shanghai, Beijing, Hangzhou, Jinan, Kaifeng, Hankou, Lanzhou im Getreidehandel und bei der Regierung benutzten 32 verschiedenen Volumengeräte zusammen[121], listete sie ausführlich nach Bezeichnung und Verwendungszweck auf, rechnete sie entsprechend dem benutzten System in Sheng um, und schließlich untersuchte er ihre Differenz gegenüber dem Einheitenwert des Markt-Shengs. Er fand, dass ihre Einheitenwerte sehr uneinheitlich sind. Der kleinste ergab 0,476 eines Markt-Shengs, aber der größte das 8,4-fache eines Markt-Shengs, so dass die Größe der Differenz zwischen beiden das 17,65-fache erreichte, ein erschreckender Wert.

Das Durcheinander bei Wägungen äußerte sich hauptsächlich in der Massemetrologie. Im Volk verwendete man oft die Einheit „Jin", die aber für die verschiedenen Arten der Güter unterschiedlich war, und die Verfahren des Verkaufs waren verschieden. Das führte dazu, dass Waagen für die einzelnen Gewerbe auftauchten, so dass es sehr viele Arten von Waagen gab, und der Einbau der Gewichte in die Waagen war sehr willkürlich, wodurch die Wägeergebnisse in unterschiedlichen Zweigen sehr stark untereinander differierten. In gleicher Weise rechnete er alle Einheiten in Jin um, aber die Größe eines Jin war höchst unterschiedlich. Zum Beispiel entsprachen bei den Gewichten einer Tributreiswaage 16 Liang einem Jin, bei den Gewichten einer Waage in Suzhou entsprachen 14 Liang 4 Qian einem Jin, und bei den Gewichten einer Waage in Guangzhou entsprachen 15 Liang 4 Qian einem Jin. Wu Chengluo erstellte eine Statistik über das Durcheinander der Wägeinstrumente in verschiedenen Gebieten und Gewerben, in der er 36 verschiedene Wägeinstrumente erfasste, die in verschiedenen Gewerben in 36 Gebieten benutzt wurden. Er fand, dass diese Wägeinstrumente das Gewicht uneinheitlich wiegen, so dass die Einheitenwerte stark differierten. So ergab der kleinste Einheitenwert bei der alten Kohlenwaage umgerechnet 0,570 Markt-Jin und der größte Einheitenwert bei der alten Garnwaage 4,921 Markt-Jin, so

---

[120] Wu Chengluo: „Zhongguo duliangheng shi" (Geschichte der Maße und Gewichte Chinas), Shanghai: Fotokopie der Ausgabe des Verlags Shangwu yinshuguan (1937), (1984), S.299-303

[121] Wu Chengluo: „Zhongguo duliangheng shi" (Geschichte der Maße und Gewichte Chinas), Shanghai: Fotokopie der Ausgabe des Verlags Shangwu yinshuguan (1937), (1984), S.304-306

dass die Differenz zwischen beiden das 8,633-fache erreichte.[122] Weil die Verwaltung durch die Regierung die Kontrolle verlor, führte das dazu, dass vielfältigste Wägeinstrumnete den Markt überschwemmten. Weil die Geschäftsinhaber dem Profit nachjagten, benutzten sie beim Einzelverkauf im Allgemeinen Waagen für etwa 14 Liang, deren Masse, umgerechnet etwa 0,85 Markt-Jin ergab, aber wenn sie in großen Mengen einkauften, benutzten sie meistens eine große Waage, die durchschnittlich einen Einheitenwert von 1,2 Markt-Jin hatte. Wenn sie in großen Mengen Getreide und Rohstoffe von den Bauern aufkauften, zeigten die verwendeten Waagen allgemein das 1,5-fache eines Markt-Jin an, manchmal sogar mehr als das 2-fache.

Das Durcheinander der Maße und Gewichte in den Anfangsjahren der Republik hatte spezifische Gründe. Kurz gesagt, gab es hauptsächlich zwei Gründe. Einerseits folgte die Republik unmittelbar auf die Qing-Dynastie. In der späten Phase der Qing-Dynastie nahm die Korruption der Beamten von Tag zu Tag zu. Weil die Verwaltung der Gesellschaft ernsthaft an Ordnung einbüßte, konnte die Regierung nicht mit ganzer Kraft die Maße und Gewichte vereinheitlichen, und sie achtete auch nicht darauf, periodische Überprüfungen durchzuführen. Nach der Gründung der Republik traten alle möglichen Schwierigkeiten im Innern und Äußeren zugleich auf, und die Regierung war es müde, sie zu bewältigen. Insgeheim wurde das System geändert, um einen unrechtmäßigen Vorteil einzuheimsen. Als diesem illegalen Gewinnstreben nicht rechtzeitig Einhalt geboten und dieses nicht geahndet wurde, beging einer ein Unrecht, und die anderen nahmen sich ihn zum Vorbild, so dass die Betrügerei mit den Maßen und Gewichten und das Chaos der Maße und Gewichte immer schlimmer wurden. Andererseits steigerten die Großmächte im Zuge der schrittweisen Öffnung des Zolls am Ende der Qing-Dynastie und zum Beginn der Republik entsprechend den verschiedenen ungleichen Verträgen unablässig den Handel mit China und führten wegen des Durcheinanders der Maße und Gewichte in China und unter dem Vorwand, dass die im Volk und von den Beamten benutzten Messmittel völlig regellos wären, zwangsweise die Ordnungen der Maße und Gewichte ihrer Länder ein. Da zum Beispiel England den Zoll verwaltete, wendete man hier das englische System an, da die Franzosen die Post verwalteten, wendete man das metrische System an; bei den Eisenbahnen und in der Schifffahrt, die hauptsächlich England und den USA gehörten, wendete man das englische System an, soweit sie Deutschland und Frankreich gehörten, wendete man das metrische System an, soweit sie Japan gehörten, wendete man das japanische System an, soweit sie Russland gehörten, wendete man das russische System an. Wenn die Geschäfte und Fabriken im Lande mit ausländischen Waren zu tun hatten, wendeten sie, wenn sie mit Waren irgendeines Landes handelten, wenn sie Rohstoffe von irgendeinem Land importierten oder Maschinen irgendeines Landes benutzten, weiterhin die Ordnung der Maße und Gewichte dieses Landes an. So bildete sich die Situation des Chaos der gleichzeitigen Existenz von Maßen und Gewichten verschiedener Länder auf dem Markt heraus. Diese Situation und das Chaos der Maße und Gewichte im Volke hallten gegenseitig wider, so dass das Chaos der Maße und Gewichte in den Anfangsjahren der Republik schließlich ein nie dagewesenes Ausmaß erreichte.

---

122 Wu Chengluo: „Zhongguo duliangheng shi" (Geschichte der Maße und Gewichte Chinas), Shanghai: Fotokopie der Ausgabe des Verlags Shangwu yinshuguan (1937), (1984), S.304-306

3. Die Reform der Maße und Gewichte bei gleichzeitiger Anwendung der Systeme A und B

Die Gründung der Republik war eine äußerst günstige Gelegenheit, um das Durcheinander der Maße und Gewichte zu beseitigen und die Maße und Gewichte im ganzen Land zu vereinheitlichen. In der Regierung und unter den Bürgern bemerkte man die Entwicklungstendenz, dass international allerorten Maße und Gewichte nach dem metrischen System eingeführt wurden. Daraufhin wurde bei verschiedensten Gelegenheiten an die entsprechenden Organe der Regierung appelliert, diesem Trend der Welt zu folgen und das allgemeine internationale System anzuwenden, um die metrologischen Hemmnisse für den Außenhandel zu beseitigen. So wurde damals der Ruf immer lauter, das alte System abzuschaffen und das neue System anzunehmen.

In dieser Situation rief die Regierung der Republik unter Führung des Ministeriums für Industrie und Handel Vertreter verschiedener Regierungsorgane zusammen, um eine neue Ordnung der Maße und Gewichte zu beraten. Nach wiederholten Diskussionen erzielte man in vielen Fragen Übereinstimmung. Generell meinte man, dass dem alten System eine präzise Grundlage fehlte, die Maßeinheiten nicht übereinstimmten, das Stellenwertsystem uneinheitlich und die Berechnung kompliziert war. Demgegenüber hat das internationale Einheitensystem eine wissenschaftliche Grundlage, die Maßeinheiten sind einfach und klar, das Dezimalsystem wird durchgängig angewendet, und die Berechnung ist einfach. Nach dem Ergebnis einer breiten Umfrage verwies das Ministerium für Industrie und Handel in einem Bericht an den Staatsrat: „Wir hatten die Systeme des Messens in alter und neuer Zeit verglichen. Anhand der gegenwärtigen Erwartungen der Kaufleute wissen wir, dass sie die Vereinheitlichung verwirklicht wünschen. Es gibt nur die Möglichkeit, das alte System völlig abzuschaffen. Wir haben auch die Gesetze in verschiedenen Ländern und die Tendenzen in der Welt untersucht. So wissen wir, dass man wünscht, ein neues Gesetz auszuarbeiten, für das nur die Möglichkeit besteht, das in allen Ländern angewendete vollkommen metrische System anzuwenden."[123]

Nachdem die Nationalversammlung den Bericht des Ministeriums für Industrie und Handel angenommen hatte, entsendete das Ministerium im 2. Jahr der Republik (1913) Chen Chengxiu und Zheng Liming nach Europa, um in Frankreich, Belgien, Holland, Österreich und Italien die Ordnungen der Maße und Gewichte zu studieren, und sie nahmen an der Generalkonferenz für Maß und Gewicht teil. Es entsendete Zhang Yingxu und Qian Hanyang nach Japan, um die Verwaltungsordnung und Verfahren der Verwaltung der Herstellung von Maßen und Gewichten in Japan zu untersuchen. Dies waren recht hochrangige und ziemlich einflussreiche Auslandsdelegationen in den Westen und zum östlichen Nachbarn, um Aktivitäten im Zusammenhang mit fortgeschrittenen Ordnungen der Maße und Gewichte zu studieren, die in einem bedeutendem Maße die Reform des Systems der Maße und Gewichte in China voranbrachten.

Nach wiederholten Untersuchungen legte das Ministerium für Industrie und Handel einerseits dem provisorischen Senat einen Entwurf zur Erörterung vor, der vorsah, dass

---

123 Wu Chengluo: „Zhongguo duliangheng shi" (Geschichte der Maße und Gewichte Chinas), Shanghai: Fotokopie der Ausgabe des Verlags Shangwu yinshuguan (1937), (1984), S.316

das metrische System nacheinander entsprechend einer Einteilung in amtliche und kommerzielle Gebiete innerhalb von zehn Jahren geordnet eingeführt wird. Andererseits hatte es die chinesischen Benennungen der Einheiten des metrischen Systems für die Maße und Gewichte zusammengestellt. Wie sollten die chinesischen Benennungen der Einheiten des metrischen Systems aufgebaut sein? Anfangs gab es zwei verschiedene Meinungen. Die eine ging davon aus, dass eine phonetische Übersetzung relativ gut sei, zum Beispiel wurde Mètre phonetisch übersetzt als mi-da密达, Litre als li-tuo-er立脱耳, Kilomètre als ke-lan-mu 克兰姆usw. Der Grund war, dass die Länder, die das metrische System anwenden, alle eine phonetische Übersetzung benutzten, so dass auch China so verfahren müsste. Somit richtete man sich sowohl international aus, und man konnte sich zugleich die Mühe einer Übersetzung ersparen. Nach der anderen Meinung war eine sinngemäße Übersetzung relativ gut, zum Beispiel wurde Mètre als französisches Chi übersetzt, Litre als französisches Sheng und Kilomètre als französisches Li. Der Grund war, dass das metrische System zwar gut ist, aber man braucht noch einen Existenzraum für die einheimischen Talente, was sowohl den Gewohnheiten des chinesischen Volkes entsprach, und die Schwierigkeiten der Einführung verringern könnte. Das Ministerium für Industrie und Handel hatte die beiden Meinungen immer wieder miteinander verglichen und meinte, dass eine phonetische Übersetzung zwar die Mühe der Übersetzung ersparen könnte, aber die phonetische Übersetzung unterstreicht die Exaktheit des Tons, und dass es mehr als zwanzig Benennungen der Einheiten des metrischen Systems gibt, und wenn man die französischen Laute ins Chinesische übersetzt, klingen sie nicht nur ganz holprig, und die Aussprache ist nicht exakt, sondern die Benennungen sind auch schwer zu merken und unbequem einzuführen. Obwohl die sinngemäße Übersetzung die obigen Mängel der phonetischen Übersetzung überwindet und die Benennungen den Gewohnheiten des chinesischen Volkes ziemlich entsprechen, aber wenn man die Namen von einigen nach China importierten Waren untersucht, wie Petroleum *yangyou*洋油, Streichhölzer *yanghuo*洋火, Dampfschiff *yangchuan*洋船usw., lieben es die Chinesen, vor den alten Bezeichnungen das Schriftzeichen *yang*洋(ausländisch) oder ein anderes ähnliches Schriftzeichen zu setzen. Die letztliche Schlussfolgerung war, dass die sinngemäße besser als die phonetische Übersetzung ist und es bei der sinngemäßen Übersetzung am besten ist, die Bezeichnungen „Chi", „Sheng", „Jin" und „Liang" des alten Systems der Maße und Gewichte zu benutzen und das Schriftzeichen *xin*新(neu) voranzustellen. Ausführlich siehe in der folgenden Tabelle.

Tabelle der Benennungen der allgemein gebräuchlichen Maße und Gewichte, die in der Anfangsphase der Republik zusammengestellt wurde[124]

---

124 Wu Chengluo: „Zhongguo duliangheng shi" (Geschichte der Maße und Gewichte Chinas), Shanghai: Fotokopie der Ausgabe des Verlags Shangwu yinshuguan (1937), (1984), S.316

Tabelle 11.1 Bezeichnungen der Längenmaße

Ursprünglicher französischer Name	Chinesische Benennung	Verhältnis
Kilomètre	Neues Li (新里)	1000 neue Chi
Hectomètre	Neues Yin	100 neue Chi
Decamètre	Neues Zhang	10 neue Chi
Mètre	Neues Chi	1 neues Chi
Decimètre	Neues Cun	0,1 neues Chi
Centimètre	Neues Fen	0,01 neues Chi
Millimètre	Neues Li(新厘)	0,001 neues Chi

Tabelle 11.2 Bezeichnungen der Volumenmaße

Ursprünglicher französischer Name	Chinesische Benennung	Verhältnis
Kilolitre	Neues Shi	1000 neue Sheng
Hectolitre	Neues Hu	100 neue Sheng
Decalitre	Neues Dou	10 neue Sheng
Litre	Neues Sheng	1 neues Sheng
Decilitre	Neues Ge	0,1 neue Sheng
Centilitre	Neues Shao	0,01 neue Sheng
Millilitre	Neues Cuo	0,001 neue Sheng

Tabelle 11.3 Bezeichnungen der Gewichtsmaße

Ursprünglicher französischer Name	Chinesische Benennung	Verhältnis
Kilogramme	Neues Jin	1000 neue Zi
Hectogramme	Neues Liang	100 neue Zi
Decagramme	Neues Qian	10 neue Zi
Gramme	Neues Zi	1 neues Zi
Decigramme	Neues Zhu	0,1 neue Zi
Centigramme	Neues Lei	0,01 neue Zi
Milligramme	Neues Shu	0,001 neue Zi

Die zuerst festgelegten Einheiten des metrischen Systems der Maße und Gewichte behielten noch die Benennungen des alten Systems bei und stellten das Wort „neu" voran, aber nachdem diese Benennungen gerade ausgearbeitet und noch nicht in die Gesellschaft gelangt waren, wurde vorgeschlagen, weil das vorangestellte Schriftzeichen „neu" kein Wort bildet, das Schriftzeichen *gong* 公 (allgemein) im Namen „Allgemeines internationales System" voranzustellen, was generelle Zustimmung fand. Deshalb begannen die Bezeichnungen der Maße und Gewichte *gongjin* 公斤 (allgemeines Jin = Kilogramm), *gongchi* 公尺 (allgemeines Chi = Meter) in China zuerst aufzutauchen, die noch heute benutzt werden.

Die Nationalversammlung fasste über den Vorschlag des Ministeriums für Industrie und Handel, das alte System abzuschaffen und das allgemeine internationale System anzunehmen, keinen Beschluss, aber der Reformelan in den Regierungsorganen erlahmte nicht. Damals argumentierte der damalige Minister für Landwirtschaft und Handel, Zhang Jian, dass das Meter zu lang und das Kilogramm zu schwer sei, so dass die vollständige Abschaffung des Yingzao-Chi-Maßes und des Kuping-Liang-Gewichts nicht dem über mehrere tausend Jahre in China überlieferten Empfinden des Volkes entsprechen würde und die neuen Maße schwer einzuführen seien. Daraufhin entschied die Regierung im 3. Jahr der Republik (1914) bei der Ausarbeitung des Entwurfs des Gesetzes über die

Maße und Gewichte, das Verfahren, die Systeme A und B gleichzeitig anzuwenden. Das System A war das System des Yingzao-Chi-Maßes und des Kuping-Liang-Gewichts, und das System B das allgemeine internationale System der Maße und Gewichte. Obwohl die Systeme A und B beide gesetzliche Ordnungen beinhalteten, war aber das System A nur ein Hilfssystem für eine Übergangsperiode, dessen Verhältnisse und Umrechnungen sich auf die Normale des allgemeinen internationalen Systems stützten.

Im Januar des 4. Jahrs der Republik (1915) verkündete der Präsident der Beiyang-Regierung, Yuan Shikai, das Gesetz über die Maße und Gewichte, das auszugsweise lautet:

1) *Die Maße und Gewichte stützen sich auf den Platin-Iridium-Meter-Maßstab und den Kilogramm-Prototyp, die von der Generalkonferenz für Maß und Gewicht hergestellt und beschlossen wurden.*
2) *Die Maße und Gewichte unterteilen sich in zwei Gruppen:*
   A) *System des Yingzao-Chi-Maßes und des Kuping-Liang-Gewichts. Die Länge hat die Einheit Chi des Yingzao-Chi-Maßes, und die Masse die Einheit Liang des Kuping-Liang-Gewichts. Ein Chi des Yingzao-Chi-Maßes ist gleich 0,32 der Länge des Meternormals bei einer Temperatur von 0 Grad der 100-Grad-Skale zwischen den beiden Kennmarken am Anfang und Ende des Stabes (d.h. 32 cm). Ein Liang des Kuping-Liang-Gewichts ist gleich 37301/1 000 000 des Kilogramm-Prototyps (d.h. 37,301g)*
   B) *Das allgemeine internationale System der Maße und Gewichte. Die Länge hat die Einheit 1 Meter und die Masse die Einheit 1 Kilogramm. 1 Meter ist gleich der Länge zwischen den beiden Kennmarken am Anfang und Ende des Meternormals bei einer Temperatur von 0 Grad der 100-Grad-Skale, 1 Kilogramm ist gleich der Masse des Kilogrammprototyps.*

Der Kerninhalt des „Gesetzes über die Maße und Gewichte" bestand darin, dass das allgemeine internationale System der Maße und Gewichte in der Ordnung der Maße und Gewichte Chinas auf einen autoritativen Platz gestellt wurde. Seine Verkündung kennzeichnete, dass die Herangehensweise der traditionellen Metrologie, die Einheiten und Normale der Maße und Gewichte mit aufgehäuften Hirsekörnern zu bestimmen, endgültig zu Grabe getragen wurde. Im März des 4. Jahrs der Republik (1915) hatte das Ministerium für Landwirtschaft und Handel die ursprüngliche Fertigungsstätte für Maße und Gewichte in Fertigungsstätte für Gewicht und Länge umbenannt und verpflichtete sie dazu, einerseits die amtlichen Normalgeräte und andererseits eiligst Maße und Gewichte für das Volk herzustellen, um die Bedürfnisse der Kaufleute und des Volkes zu befriedigen. Gleichzeitig wurde ein Grundstück für eine Verkaufseinrichtung neuer Geräte ausgesucht, damit die Kaufleute und das Volk sie dort erwerben konnten. Wenn die Finanzmittel nicht reichten, dann legte das Ministerium für Landwirtschaft und Handel sie aus, um einen normalen Betrieb aufrechtzuerhalten.

Im Juni des 4. Jahrs der Republik (1915) richtete das Ministerium für Landwirtschaft und Handel eine Prüfstelle für Maße und Gewichte ein, die zuständig war, die Maße und Gewichte zu prüfen und die Arbeiten zur Einführung zu führen. Weil auf diesem Gebiet Fachleute fehlten, beriet sich das Ministerium für Landwirtschaft und Handel mit dem

Bildungsministerium, Absolventen des ersten Durchgangs der Staatlichen Industriefachschule in Beijing auszuwählen; man ließ sie ihren Abschluss aufschieben, und sie wurden unter der Leitung von Zheng Liming ausgebildet, der vom Ministerium für Landwirtschaft und Handel einst nominiert worden war, in Europa die Maße und Gewichte zu untersuchen, und der nach China zurückgekehrt war. Über den notwendigen Lehrgang über Maße und Gewichte, in dem die Absolventen unterrichtet wurden, legten sie später eine Prüfung ab. Von ihnen wurden 16 Absolventen ausgewählt, die die Prüfung mit Auszeichnung bestanden hatten; sie wurden als Experten für die Prüfstelle für Maße und Gewichte eingestellt. Nachdem diese Experten auf ihrem Platz waren, überprüften sie gemeinsam mit Polizisten des Gebiets der Hauptstadt bezirksweise die Werkstätten und Angestellten, die Maße und Gewichte herstellten und reparierten, und auf den Märkten die Arten der alten Maße und Gewichte. Sie übernahmen es, Umrechnungstabellen zwischen den verschiedenen alten und den neuen Maßen und Gewichten auszuarbeiten und die von ihrer Fertigungstätte hergestellten Normale zu prüfen usw.

Ursprünglich war geplant, in Tianjin, Shanghai, Hankou und Guangzhou vier Prüfstellen als Erweiterung einzurichten. Die Angelegenheiten zu Maßen und Gewichten in Jinan, Yantai, Kaifeng und Fengtian wurden der Prüfstelle in Tianjin zugeordnet. Die entsprechenden Angelegenheiten in Nanjing, Suzhou, Wuxi und Hangzhou wurden der Prüfstelle in Shanghai zugeordnet, die Angelegenheiten in Nanchang, Jiujiang, Yuezhou und Changsha wurden der Prüfstelle in Hankou zugeordnet, und die Angelegenheiten zu Maßen und Gewichten in Shantou, Xiamen und Fuzhou wurden der Prüfstelle in Guangzhou zugeordnet. Aber später konnten die vier oben genannten Prüfstellen in Tianjin, Shanghai, Hankou und Guangzhou wegen der instabilen politischen Lage und aus Geldmangel nicht offiziell eingerichtet werden.

Nach der Verkündung des „Gesetzes über Maße und Gewichte" wählte die Beiyang-Regierung im Zuge der eifrig durchgeführten Vorbereitungsarbeiten die Hauptstadt als Experimentalstadt. Nach mehreren Verzögerungen trat am 1. Januar des 6. Jahrs der Republik (1917) die neue Ordnung der Maße und Gewichte offiziell in Kraft. Die neu eingerichtete Prüfstelle für Maße und Gewichte entsendete ihre Experten unter Begleitung von Polizisten in den verschiedenen Bezirken zu den Geschäften, um spezielle Kontrollen durchzuführen. Sie verglichen sämtliche alten Maße und Gewichte mit den neuen gesetzlichen Geräten. Alle Geräte, die mit dem gesetzlichen Yingzao-Chi-Maß und dem Kuping-Liang-Gewicht nicht übereinstimmten, wurden mit dem Schriftzeichen yi 弌 (eins) gestempelt, und ab dem 1.1. des 6. Jahres der Republik (1917) mußten Längenmaße innerhalb eines Monats, Volumenmaße innerhalb von zwei Monaten und Waagen innerhalb von drei Monaten gegen neue Geräte ausgetauscht werden. Die beim Tausch entgegengenommenen alten Geräte wurden in den einzelnen Handelskammern eingesammelt und zur Fertigungsstätte für Gewichte und Länge geschickt, um sie umzuarbeiten oder zu vernichten. Die Fertigungsstätte für Gewichte und Länge schlug in den Geschäften noch Umrechnungstabellen zwischen neuen und alten Geräten an, und der Handel sämtlicher Waren musste nach diesen Tabellen umgerechnet werden. Da die Propaganda bis vor Ort reichte und die Maßnahmen wirksam waren, wurden innerhalb von kurzen fünf, sechs Jahren in Beijing und vier Vorortkreisen die in den Geschäften benutzten Maße und Gewichte allmählich vereinheitlicht. Nicht wenige

Kaufleute und Leute aus dem Volk erwarben die neuen Maße und Gewichte. Aber damals gab es fortwährend Regierungsumstürze, ununterbrochen griff die Kriegsnot um sich. Finanzmittel standen nicht zur Verfügung, und die Regierung hatte keine Zeit, sich um die politischen Aufgaben der Maße und Gewichte zu kümmern. Dadurch erlebte die Arbeit an den Versuchspunkten des in der Hauptstadt umgesetzten „Gesetzes über Maße und Gewichte" einen anfänglichen Erfolg, aber es war schwer, ihn fortzusetzen.

Außerhalb der Hauptstadt wurde das „Gesetz über Maße und Gewichte" auch nacheinander in den Regionen und Provinzen umgesetzt. Die Provinz Shanxi hatte von jeher einen entwickelten Handel, aber unter dem Druck der äußerst verwickelten alten Maße und Gewichte lebten das Volk und die Händler in einer nicht mehr mit Worten zu fassenden Not. Nachdem das „Gesetz über Maße und Gewichte" veröffentlicht worden war, wurden in der Provinz Shanxi verschiedene Bestimmungen zur Realisierung dieses Gesetzes ausgearbeitet, zum Beispiel „Vorgehensweise zur Einführung der Maße und Gewichte", „Bestimmungen zur Durchführung der Kontrolle der Maße und Gewichte" usw. Im April des 8. Jahres der Republik (1919) setzte die Provinz Shanxi mit Genehmigung des Ministeriums für Landwirtschaft und Handel Experten des Amts für Maße und Gewichte ein und gründete ein Amt für einheitliche Maße und Gewichte. Nachdem das Amt für einheitliche Maße und Gewichte eingerichtet war, gab es zuerst ein Datum für die Einführung bekannt und bestimmte, dass die Längengeräte ab Juli, die Volumengeräte ab August und die Waagen ab September nacheinander die Ordnung der Bestimmungen des „Gesetzes über Maße und Gewichte" realisieren müssen. Danach wurden Mitarbeiter in die Kreise zu Überprüfungen entsendet. Sie fanden, dass in großem Umfang und in vielen Branchen alte Maße und Gewichte verwendet werden und ein sehr großer Bedarf an neuen Geräten besteht. Außer dass das Amt für einheitliche Maße und Gewichte bei der Fertigungsstätte für Maße und Gewichte des Ministeriums für Landwirtschaft und Handel Geräte bestellte, sammelte es Investitionen, um eine Fabrik zu bauen. Sie reichten eine Bittschrift an die Zentrale ein, Normalgeräte für Maße und Gewichte auszugeben und sich mit der Prüfung und Herstellung von Normalen zu befassen. Sie arbeiteten Herstellungsverfahren für Maße und Gewichte aus, die als Referenz für Fertigungsbetriebe dienten. Gleichzeitig warb das Amt für einheitliche Maße und Gewichte in den Kreisen über 100 Handwerker an, die sich früher mit der Herstellung von Maßen und Gewichten beschäftigten, aber die Herstellung von Waagen mit Messerschneide und anderen neuen Geräten noch nicht beherrschen, und schickte sie zur Fertigungsstätte für Maße und Gewichte, damit sie verschiedene neue Technologien erlernten. Nachdem sie eine Prüfung abgelegt hatten, kehrten sie in ihre Kreise mit der Lizenz zurück, verschiedene Maße und Gewichte zu reparieren und herzustellen. Es ist wert hervorzuheben, dass in jedem Kreis der Provinz Shanxi ein Prüfer vorhanden war, der vom Kreis nominiert und im Amt für einheitliche Maße und Gewichte ausgebildet wurde und eine Prüfung absolviert hatte. Sie besaßen die Lizenz, alte Geräte aus dem Verkehr zu ziehen, neue Geräte in Einsatz zu bringen und die Umrechnung zwischen neuen und alten Geräten vorzunehmen. Aufgrund der Aufmerksamkeit von amtlicher Seite und der wirksamen Maßnahmen verzeichnete die Provinz Shanxi bei der Einführung des „Gesetzes über Maße und Gewichte" eine Wende zum Besseren.

Auch die Provinz Yunnan im südwestlichen Grenzgebiet realisierte mit ganzer Kraft das „Gesetz über Maße und Gewichte", und die Provinzregierung hatte entsprechende

Bestimmungen ausgearbeitet, das Gesetz zeitlich gestaffelt und nach Bezirken getrennt geordnet einzuführen. Um Abweichungen zu verhindern, benannte die Provinz Yunnan eine amtliche Fabrik für Mustertechnologien, die zur einzigen Fabrik für die Produktion von neuen Maßen und Gewichten erhoben wurde. Die Fabrik für Mustertechnologien musste nach dem Vorbild der von der Zentrale ausgegebenen Normalgeräte produzieren, und danach achtete das Gewerbeamt auf strenge Einhaltung. In nicht langer Zeit begannen nacheinander viele große Städte und relativ blühende große Kreise, das „Gesetz über Maße und Gewichte" anzuwenden.

Die Aktivitäten in den anderen Provinzen waren unterschiedlich. Die in der Zentralen Ebene gelegene Provinz Henan arbeitete im 10. Jahr der Republik (1921) eine kurzgefasste Bestimmung zur Vereinheitlichung der Maße und Gewichte aus und richtete in der Provinzhauptstadt eine Fertigungs- und eine Prüfstätte ein. Die Aktivitäten in der Provinz Hebei verliefen etwas langsamer, erst im 14. Jahr der Republik (1925) richtete sie ein Prüfamt für Maße und Gewichte ein und arbeitete „Bestimmungen zur Vereinheitlichung von Maßen und Gewichten" aus. Die Provinz Shandong richtete im 16. Jahr der Republik (1927) beim Gewerbeamt eine Behörde zur Vorbereitung der Vereinheitlichung von Maßen und Gewichten ein und machte Vorgaben für die Einführung. Im ersten Jahr sollte die hauptsächliche Arbeit, die Untersuchung und Ausbildung und im zweiten Jahr die Herstellung und Verwirklichung erfolgen. Die Provinz Zhejiang gründete im 14. Jahr der Republik (1925) eine Ausbildungsstätte für die Prüfungen und forderte über 100 Studenten zur Aufnahmeprüfung auf, aber das Vorhaben der Vereinheitlichung der Maße und Gewichte konnte wegen der unsicheren politischen Lage nicht voranschreiten. Die Provinz Fujian richtete im 14. Jahr der Republik ein Amt zur Vereinheitlichung der Maße und Gewichte ein, das diese Angelegenheit förderte. Die Provinz Guangdong gründete mit Hilfe des Gewerbeamts eigens ein spezielles Amt für die Prüfung von Maßen und Gewichten und Zweigämter in verschiedenen Gegenden, aber weil die Prüfungen überhaupt nicht effektiv waren, wurden das eingerichtete Spezialamt und die Zweigämter bald wieder aufgelöst.

Insgesamt für das ganze Land gesehen, fing man mit Ausnahme der Provinz Shanxi, die die Einführung sehr wirksam betrieben hatte, und der Provinz Yunnan, die einen gewissen Fortschritt verzeichnete, in den übrigen Provinzen und Bezirken entweder gerade an, indem nur ein entsprechendes Organ eingerichtet oder kurzgefasste Bestimmungen zur Einführung ausgearbeitet wurden, so dass die Aktivitäten in den Wirren des Krieges steckengeblieben waren, oder man blieb völlig ungerührt, ohne irgendwelche Maßnahmen zu ergreifen, obwohl die damalige Regierung einen Plan hatte, das „Gesetz über Maße und Gewichte" einzuführen. Wenn man den Ursachen hierfür nachgeht, so waren außer, dass die Regierungen rasch stürzten und Anweisungen nicht befolgt wurden, sehr wichtige Ursachen, dass die finanzielle Situation schwierig war, die Menschen ein ärmliches Leben führten, Fachleute generell und Experten für die Prüfung von Maßen und Gewichten, die die Qualifikation zum Unterrichten besaßen, fehlten.

Obwohl die Ergebnisse die Menschen verzweifeln ließen, schuf die probeweise Realisierung des „Gesetzes über Maße und Gewichte" in der frühen Phase der Republik hinsichtlich der Ausarbeitung des Gesetzes, der Konstruktion der Prototypen, der Einrichtung von Fabriken, der Herstellung von Normalgeräten und der Ausbildung von Fachleuten für die nachfolgende Vereinheitlichung der Maße und Gewichte eine sehr gute Grundlage. Insbesondere die im „Gesetz über Maße und Gewichte" vorgeschlagene Schaffung von zwei Systemen A und B der Maße und Gewichte, mit der gesetzlichen Strategie, dass das System B (allgemeines internationales System der Maße und Gewichte) die Richtung vorgab und das System A (System des Yingzao-Chi-Maßes und des Kuping-Liang-Gewichts) als Unterstützung für den Übergang vorgesehen war, entsprach dem Empfinden des Volkes und war auch für die Arbeit zur Vereinheitlichung der Maße und Gewichte der nationalen Regierung von Nanjing ein nützlicher Versuch.

Kapitel 12

Aufbau der Ordnung der zeitgenössischen Metrologie

Im Gefolge der instabilen politischen Lage, der Zerstückelung des Landes durch die Warlords und des Auftretens einer chaotischen Kriegssituation wurde das „Gesetz über Maße und Gewichte" der Beiyang-Regierung allmählich zu einem leeren Blatt Papier und das Ziel der Vereinheitlichung der Maße und Gewichte im ganzen Land zu einer Seifenblase. Nach dem erfolgreichen Abschluss des Nordfeldzugs[125] im Jahre 1927 und der Bildung der Nanjing-Regierung forderten viele Provinzen und Städte der Regionen sowie Organe aktiv eine Reform der Maße und Gewichte. Die Stadtregierung von Shanghai richtete eigens an die Zentrale eine Bittschrift, Normale festzulegen und auszugeben; die Provinzregierung von Shaanxi richtete an die Zentrale eine Bittschrift, eine Ordnung der Maße und Gewichte zu verkünden; die Provinzregierung von Anhui richtete an die Zentrale eine Bittschrift, die Normale der Maße und Gewichte zu vereinheitlichen und ein Komitee einzurichten, das die Maße und Gewichte vereinheitlicht, um dem Volk zu nützen; die Provinzregierung von Fujian wartete nicht, dass die Zentrale neue Normale für Maße und Gewichte schafft, sondern verwirklichte nach Korrekturen die Bestimmungen des vom Ministerium für Landwirtschaft und Handel der früheren Beiyang-Regierung verkündeten Gesetzes. Die Handelsverbände in den Regionen leiteten nacheinander Maßnahmen ein. So erregte der Reishandel von Shanghai mit dem Problem des „leichten Hu" mehrfach Unruhe. Darum baten die Gilde des Reishandels, das Dunhe-Fischereiamt, die Unterorganisation des Teegewerbes im Handelsverband, die Unterorganisation für Gemüsehandel und das Amt des Obstgewerbes nacheinander aus eigener Initiative, frühestmöglich die Ordnung der Maße und Gewichte zu vereinheitlichen.

Bald nach der Bildung der Nanjing-Regierung waren zahlreiche verwickelte Angelegenheiten zu lösen, so dass man nicht wagte, an die Vereinheitlichung der Maße und Gewichte leichtfertig heranzugehen. Der Grund war, wenn die Maße und Gewichte nicht einheitlich sind, können viele Übel wuchern, nicht nur die Statistik der Volkswirtschaft wird fehlerhaft

---

125 Nordfeldzug – Im Jahre 1926 brach eine vereinigte Armee aus Anhängern der Guomindang, der Kommunisten und anderer Kräfte von Guangzhou aus nach Norden auf, besetzte Wuhan, Shanghai und Nanjing und besiegte 1927 die Armeen der Warlords des Nordens.

sein, was den Staat in hohem Grade beeinträchtigt, sondern korrupte Beamte können die Gelegenheit zu Betrügereien ausnutzen, was das Vermögen des Staates schädigt, dass sogar die Funktion des Staates versagt. Genau wegen dieser Faktoren schufen die vom Bildungsministerium einberufene erste Bildungskonferenz und die vom Finanzministerium einberufene Wirtschaftskonferenz des ganzen Landes und die erste Finanzkonferenz den Entwurf über die frühestmögliche Vereinheitlichung der Maße und Gewichte.

1. Diskussion über die Normale der Maße und Gewichte

Die Nanjing-Regierung schenkte den oben und unten erschallenden Aufrufen und Anträgen, die Maße und Gewichte zu vereinheitlichen, große Aufmerksamkeit und verpflichtete das Ministerium für Industrie und Handel, die Probleme konkret zu lösen. Das Ministerium für Industrie und Handel berief sogleich Wu Jian, Wu Chengluo, Shou Jingwei, Xu Shanxiang und Liu Yinfo als Vertreter der Organe und Experten, um breitangelegt nützliche Ideen aufzugreifen und einen Plan zur Vereinheitlichung der Ordnung der Maße und Gewichte zu untersuchen. Im Verlaufe der Diskussion äußerten die Teilnehmer sehr enthusiastische Meinungen, und es bildeten sich verschiedene Positionen, von denen hauptsächlich zwei die repräsentativsten Aspekte enthielten:

Die eine Meinung, die von Fei Delang, Liu Jinyu, Chen Jingyong, Qian Li, Yuan Zhiming, Fan Zongxi und Zeng Houzhang vertreten wurde, schlug vor, konsequent vom allgemeinen internationalen System abzukehren und nach den Prinzipien des wissenschaftlichen Fortschritts unter Achtung der chinesischen Traditionen und Gebräuche erneut ein einzigartiges System der chinesischen Maße und Gewichte zu schaffen.

Die andere Meinung, die von Qian Hanyang, Zhou Ming, Shi Konghuai, Xu Shanxiang, Wu Chengluo, Wu Jian, Liu Yinfo, Ji Yaomu, Gao Mengdan und Duan Yuhua vertreten wurde, schlug vor, das allgemeine internationale System durchgängig anzuwenden, aber entsprechend den Gebräuchen und der Psychologie des chinesischen Volkes zuerst provisorisch für den Übergang ein Hilfssystem zu schaffen, wobei zwischen dem Hilfssystem und dem allgemeinen internationalen System die einfachsten Umrechnungsbeziehungen bestehen sollten.

Die beiden Meinungen waren einander diametral entgegengesetzt, die Kontroverse wurde in den Medien geführt, in der jeder seine Meinung behauptete. Welche Meinung wurde zuletzt angenommen? Das verantwortliche Komitee im Ministerium für Industrie und Handel führte eine gründliche Untersuchung durch und brachte schließlich einige sehr autoritative Meinungen vor: Erstens, die Welt der Wissenschaft hatte schon vollkommen das allgemeine System angenommen, die Wissenschaft führte zu allgemeiner Übereinstimmung, darum sei das allgemeine System das Vorzeichen für die Maße und Gewichte aller Länder; zweitens, hatte China schon entschlossen den Mondkalender aufgegeben und den Sonnenkalender der Allgemeinheit angenommen, so dass die Innovation der Maße und Gewichte auch den Weg dieser Revolution nehmen müsste; drittens, es wurde schon im 2. Jahr der Republik (1913) auf der allchinesischen Konferenz für Industrie und Handel des Ministeriums für Industrie und Handel beschlossen, das allgemeine internationale System anzuwenden, und im 4. Jahr der Republik (1915) hatte das Ministerium für Landwirtschaft und Handel verkündet, dass das allgemeine internationale System als System B und das System A (System des Yingzao-Chi-Maßes und des Kuping-Liang-Gewichts) gleichzeitig parallel angewendet werden. Im 17. Jahr der Republik (1928) beschloss die allchinesische Bildungskonferenz des Bildungsministeriums, dass das allgemeine internationale System im Bereich der Bildung zuerst eingeführt wird; viertens, im Ingenieurwesen sowie bei den Organen der Post, der Eisenbahn, des Militärs und der Vermessung wird das allgemeine internationale System schon angewendet; auf der Welt gibt es schon mehr als 50 Staaten, die das allgemeine System durchgängig anwenden, was zeigt, dass das allgemeine internationale System schon international anerkannt ist; sechstens, man sollte ein neues System der Maße und Gewichte nicht leichtfertig anwenden, bevor es nicht von namhaften Gelehrten der Welt ernsthaft untersucht und sein Wert bestätigt wurde. Diese oben genannten Argumente zusammenfassend, wurde schließlich entschieden, das allgemeine internationale System, das einst auf der Generalkonferenz für Maß und Gewicht in Frankreich beschlossen wurde, als das Standardsystem der Maße und Gewichte Chinas anzuwenden.

Diese Diskussion über die Ordnung der Maße und Gewichte, die in den Zwanziger Jahren des 20. Jahrhunderts in China stattfand, war sehr bedeutsam. Im Gefolge des Fortschritts der Wissenschaft und der Zunahme des internationalen Handels konnte die Ordnung der Maße und Gewichte in China sich absolut nicht vom internationalen Einheitensystem lösen und unabhängig existieren. Wenn man nicht die Umrechnungsbeziehungen zum internationalen Einheitensystem berücksichtigt und selbst ein neues System geschaffen hätte, dann hätte man nur die Hindernisse für den internationalen Austausch und den Widerstand gegen die Entwicklung der Wissenschaft vermehrt und Barrieren im Handel Chinas mit den anderen Staaten errichtet. Damals hatte man auf dem Diskussionswege mit dem allgemeinen internationalen System ein Standardsystem für die Maße und Gewichte Chinas gewählt. Das war für die Entwicklung der Metrologie in China von entscheidender Bedeutung.

Die Entscheidung, das allgemeine internationale System anzuwenden, konnte durchaus nicht alle Widersprüche lösen. Es gab Leute, die argumentierten, dass das Meter des allgemeinen Systems zu lang und das Kilogramm zu schwer und ihr Gebrauch sowohl ungewohnt als auch unbequem sei, könnte man nicht außer dem Meter und dem Kilogramm gleichzeitig ein Hilfssystem schaffen? Tatsächlich gab es in dem „Gesetz über die Maße und Gewichte" vom 4. Jahr der Republik bei der parallelen Anwendung der beiden Systeme A und B ein Hilfssystem, aber weil es zwischen den beiden Systemen keine festgelegten einfachen und leicht zu berechnenden Umrechnungsbeziehungen gab, konnte man sie nicht im ganzen Land durchgängig anwenden. Darum wurde die Frage, wie zwischen dem Hilfssystem und dem allgemeinen System eine einfache Poportionalitätsbeziehung zu bestimmen ist, zu einem von allen diskutierten Diskussionsthema. Die Experten diskutierten mehr als zwei Monate und schlugen verschiedene Entwürfe vor. Auf der Grundlage dieser Entwürfe arbeitete das Ministerium für Industrie und Handel im Juni des 17. Jahrs der Republik (1828) drei Methoden aus, die der Nanjing-Regierung vorgelegt wurden, um nach einer Erörterung einen Beschluss zum Vollzug zu fassen. Diese drei Methoden lauteten wie folgt:

1. Die Landesregierung wird gebeten, öffentlich die Annahme des allgemeinen internationalen Systems und die ausnahmslose Abschaffung der übrigen Systeme bekanntzugeben.
2. Das allgemeine internationale System ist das Standardsystem, das alle öffentlichen Organe, amtliche und private Unternehmen, Schulen und Korporationen benutzen. Um außerdem den Gewohnheiten des Volkes entgegenzukommen, gibt es ein Marktsystem, das mit dem Standardsystem einfache Proportionen hat. Beim Volumen ist 1 Liter gleich 1 Markt-Sheng, bei der Masse ist ½ Kilogramm 1 Markt-Jin (10 Liang sind 1 Jin), und bei der Länge ist 1/3 Meter gleich 1 Markt-Chi (1500 Markt-Chi sind 1 Li, 6000 Quadrat-Markt-Chi sind 1 Mu).
3. ¼ Meter sind 1 Markt-Chi (2000 Markt-Chi sind 1 Li, 10000 Quadrat-Markt-Chi sind 1 Mu). 1 Liter ist 1 Markt-Sheng, ½ Kilogramm ist 1 Markt-Jin (10 Liang sind 1 Jin).

Nach den drei aufgeführten Verfahren drückte das Ministerium für Industrie und Handel die Meinung aus, zu der es selbst neigte: „Von den drei Verfahren scheint das Verfahren 2, bei dem einfachste Proportionen von 1,2,3 mit dem allgemeinen internationalen System bestehen und bei dem das Chi dem in unserem Land allgemein gebräuchlichen alten System folgt, am zweckmäßigsten, aber beim Verfahren 3 ist das Markt-Chi gegenüber dem Chi des alten Systems kürzer, doch das Mu (10000 Quadrat-Chi) kommt dem alten Mu näher. Weil man das Dezimalsystem realisieren will, kann man auch dieses Verfahren anwenden. Im Hinblick auf die gesetzlichen Bezeichnungen des Standardsystems, ist es zweckmäßig, die im „Gesetz über Maße und Gewichte" benutzten festzulegen."[126]

Dieser Vorschlag des Ministeriums für Industrie und Handel wurde auf der 72. Sitzung des Komitees der Nanjing-Regierung angenommen. Sie hatte Cai Yuanpei, Niu Yongjian, Xue Dubi, Wang Shijie, Kong Xiangxi und andere Komiteemitglieder benannt, den Entwurf zu prüfen, und hatte eigens Xu Shanxiang und Wu Chengluo eingeladen, daran teilzunehmen. Nach zwei Prüfungen gelangte man zur übereinstimmenden Ansicht, das Verfahren 2 zur Grundlage zu nehmen, es wurde der „Entwurf über die Normale der Maße und Gewichte der Republik China" ausgearbeitet und ein Bericht an die Nanjing-Regierung geliefert. Danach wurde die Veröffentlichung in einer Sitzung des Komitees korrigiert und am 18.7. des 17. Jahrs der Republik (1928) verkündet. Sein wesentlicher Inhalt ist folgender:

1) Standardsystem
   Das allgemeine internationale System (d.h. das metrische System) ist das Standardsystem für Maße und Gewichte der Republik China.
   Länge: 1 *gongchi* 公尺 (d.h. 1 Meter) ist das Standard-Chi.
   Volumen: 1 *gongsheng* 公升 (d.h. 1 Kubikdezimeter) ist das Standard-Sheng.
   Masse: 1 *gongjin* 公斤 (d.h. 1 Kilogramm) ist das Standard-Jin.

---

126 Wu Chengluo: „Zhongguo duliangheng shi" (Geschichte der Maße und Gewichte Chinas), Shanghai: Fotokopie der Ausgabe des Verlags Shangwu yinshuguan (1937), (1984), S.330-331

2) Marktsystem
Zwischen dem Standardsystem und dem Marktsystem, das den Gebräuchen des Volkes nahekommt, bestehen einfachste Proportionen.
Länge: 1/3 Standard-Chi sind 1 Markt-Chi, bei der Berechnung von Feldflächen sind 6000 Quadrat-Markt-Chi gleich 1 Mu.
Volumen: 1 Standard-Sheng ist 1 Sheng.
Masse: ½ Standard-Jin ist 1 Markt-Jin (d.h. 500 Gramm), 1 Jin sind 16 Liang (1 Liang ist gleich 31 ¼ g).

Man muss erklären, dass das Ministerium für Industrie und Handel ursprünglich ein Marktsystem der Maße und Gewichte mit den Proportionen 1,2,3 entworfen hatte und dass Cai Yuanpei und die anderen Komiteemitglieder nach der Prüfung des Entwurfs überzeugt waren, dass man 1 Jin in 10 Liang unterteilen müsse, um das Dezimalsystem konsequent zu handhaben, aber als die Nanjing-Regierung die Sitzung des Komitees einberief, meinte man, dass, weil das Marktsystem ein Hilfssystem für den Übergang darstellt, es am besten sei, den Gebräuchen des Volkes entgegenzukommen und nach wie vor die Unterteilung 1 Jin gleich 16 Liang zu benutzen. Die Bezeichnungen der Einheiten in beiden Systemen wurden in den nachfolgenden Verordnungen festgelegt. Diese Entscheidung der Nanjing-Regierung war tatsächlich eine Maßnahme, die zuviel des Guten tat. Denn wenn man eine neue Ordnung der Maße und Gewichte einführen will, muss man entsprechende Normale der Maße und Gewichte herstellen, und gleichzeitig mit der Herstellung der neuen Normale gelangt man mit einem Schritt ohne weitere Umstände an das Ziel des Dezimalsystems. Dieses Zögern der Nanjing-Regierung führte dazu, dass das System mit der Unterteilung von 1 Jin gleich 16 Liang in China bis zum Jahre 1959 fortgesetzt wurde. Die Regierung der 1949 gegründeten Volksrepublik China verkündete am 25.6.1959 die „Anweisung über die Ordnung einheitlicher Maße und Gewichte in China", in der das allgemeine internationale System (d.h. das metrische System, abgekürzt SI) als grundlegende metrologische Ordnung in China festgelegt und gefordert wurde, sie im Rahmen des ganzen Landes einzuführen und anzuwenden. Diese Anweisung weist deutlich darauf hin, „das ursprünglich auf der Grundlage des allgemeinen internationalen Systems ausgearbeitete Marktsystem ist im täglichen Leben unseres Volkes schon eingebürgert, so dass man es beibehalten kann. Die im Marktsystem ursprünglich getroffene Unterteilung, dass 1 Jin gleich 16 Liang ist, wird wegen der umständlichen Umrechnung ausnahmslos in 10 Liang gleich 1 Jin abgeändert." Damit kam die traditionelle Ordnung, dass 1 Jin gleich 16 Liang ist, zu ihrem schließlichen Ende.

2. Verkündung des „Gesetzes über die Maße und Gewichte" und Ausarbeitung von Durchführungsbestimmungen

Die Bekanntmachung des „Entwurfs der Normale für die Maße und Gewichte der Republik China" bendete die Kontroversen über die Normale der Maße und Gewichte seit den Anfangsjahren der Republik und legte das Einheitssystem der Maße und Gewichte fest. Damit der

Entwurf über die Normale der Maße und Gewichte weiter auf eine gesetzliche Grundlage gestellt wurde, verkündete die Nanjing-Regierung am 16.2. des 18. Jahres der Republik (1929) das „Gesetz über die Maße und Gewichte"; dieses Gesetz hat insgesamt 21 Paragraphen:[127]

§ 1 Die Maße und Gewichte der Republik China stützen sich auf die von der internationalen Generalkonferenz für Maß und Gewicht aus Platin-Iridium hergestellten Prototypen des Meters und des Kilogramms als Normale.

§ 2 Die Republik China wendet das „allgemeine internationale System" als Standardsystem an und richtet ein vorläufiges „Hilfssystem" ein, das Marktsystem genannt wird.

§ 3 Im Standardsystem hat die Länge die Einheit Meter, das Gewicht die Einheit Kilogramm und das Volumen die Einheit Liter. 1 Meter ist gleich dem Abstand zwischen den beiden Marken am Anfang und Ende des Meterprototyps bei 0 Grad der 100-Grad-Skale, 1 Kilogramm ist gleich dem Gewicht des Kilogramm-Prototyps; 1 Liter ist gleich dem Volumen von 1 Kilogramm reinen Wassers bei seiner höchsten Dichte und einem Luftdruck von 760 Millimetern. Dieses Volumen ergibt bei üblichem Gebrauch ein Kubikdezimeter.

§ 4 Die Bezeichnungen im Standardsystem und das Verfahren der Bestimmung der Größenordnung lauten wie folgt:

Länge

Millimeter	*gleich 1/1000 Meter*	*(0,001 m)*
Zentimeter	*gleich 1/100 Meter bzw. 10 Millimeter*	*(0,01 m)*
Dezimeter	*gleich 1/10 Meter bzw. 10 Zentimeter*	*(0,1 m)*
Meter	*Einheit bzw. 10 Dezimeter*	
Dekameter	*gleich 10 Meter*	*(10 m)*
Hektometer	*gleich 100 Meter bzw. 10 Dekameter*	*(10 dam)*
Kilometer	*gleich 1000 Meter bzw. 10 Hektometer*	*(10 hm)*

Fläche

Quadratmeter	*gleich 1/100 a*	*(0,01 a)*
Ar	*Einheit bzw. 100 Quadratmeter*	
Hektar	*gleich 100 Ar*	*(100 a)*

Volumen

Milliliter	*gleich 1/1000 Liter*	*(0,001 l)*
Centiliter	*gleich 1/100 Liter bzw. 10 Milliliter*	*(0,01 l)*
Deziliter	*gleich 1/10 Liter bzw. 10 Centiliter*	*(0,1 l)*
Liter	*Einheit bzw. 1 Kubikdezimeter*	
Dekaliter	*gleich 10 Liter*	*(10 l)*
Hektoliter	*gleich 100 Liter*	*(100 l)*
Kiloliter	*gleich 1000 Liter bzw. 10 Hektoliter*	*(1000 l)*

---

127 Wu Chengluo: „Zhongguo duliangheng shi" (Geschichte der Maße und Gewichte Chinas), Shanghai: Fotokopie der Ausgabe des Verlags Shangwu yinshuguan (1937), (1984), S.342-350

Gewicht (Anmerkung: Die Masse ist nicht aufgelistet, entsprechend den Vorschriften in einzelnen Ländern ist sie aus der allgemeinen Anwendung herausgenommen.)

Milligramm	gleich 1/1 000 000 Kilogramm	(0,000001 kg)
Centigramm	gleich 1/100 000 Kilogramm bzw. 10 Milligramm	(0,0001 kg)
Dezigramm	gleich 1/10000 Kilogramm bzw. 10 Centigramm	(0,0001 kg)
Gramm	gleich 1/1000 Kilogramm bzw. 10 Dezigramm	(0,001 kg)
Dekagramm	gleich 1/100 Kilogramm bzw. 10 Gramm	(0,01 kg)
Hektogramm	gleich 1/10 Kilogramm bzw. 10 Dekagramm	(0,1 kg)
Kilogramm	Einheit bzw. 10 Hektogramm	
Centitonne	gleich 10 Kilogramm	(10 kg)
Dezitonne	gleich 100 Kilogramm	(100 kg)
Tonne	gleich 1000 Kilogramm	(1000 kg)

§ 5 Die Länge im Marktsystem ist 1 Markt-Chi (abgekürzt Chi) gleich 1/3 Meter, das Gewicht ist 1 Markt-Jin (abgekürzt Jin) gleich ½ Kilogramm, das Volumen ist 1 Liter gleich 1 Markt-Sheng (abgekürzt Sheng). 1 Jin wird in 16 Liang unterteilt. 1500 Chi sind 1 Li, 6000 Quadrat-Chi sind 1 Mu. Die übrigen Einheiten folgen alle dem Dezimalsystem (Anmerkung: Nach späteren Verordnungen musste man vor den Einheiten des Marktsystems stets das Schriftzeichen shi 市 (Markt) setzen.)

§ 6 Die Bezeichnungen im Marktsystem und das Verfahren der Bestimmung der Größenordnung lauten wie folgt:

Länge

Hao 毫	gleich 1/10000 Chi	(0,0001 Chi)
Li 厘	gleich 1/1000 Chi bzw. 10 Hao	(0,001 Chi)
Fen 分	gleich 1/100 Chi bzw. 10 Li	(0,01 Chi)
Cun 寸	gleich 1/10 Chi bzw. 10 Fen	(0,1 Chi)
Chi 尺	Einheit bzw. 10 Cun	
Zhang 丈	gleich 10 Chi	(10 Chi)
Yin 引	gleich 100 Chi	(100 Chi)
Li 里	gleich 1500 Chi	(1500 Chi)

Fläche

Hao 毫	gleich 1/1000 Mu	(0,001 Mu)
Li 厘	gleich 1/100 Mu	(0,01 Mu)
Fen 分	gleich 1/10 Mu	(0,1 Mu)
Mu 亩	Einheit bzw. 6000 Quadrat-Chi	
Qing 倾	gleich 100 Mu	(100 Mu)

Volumen gleich dem allgemeinen internationalen System

Cuo 撮	gleich 1/1000 Sheng	(0,001 Sheng)

Shao 勺	gleich 1/100 Sheng bzw. 10 Cuo	(0,01 Sheng)
Ge 合	gleich 1/10 Sheng bzw. 10 Shao	(0,1 Sheng)
Sheng 升	Einheit bzw. 10 Ge	
Dou 斗	gleich 10 Sheng	(10 Sheng)
Shi 石	gleich 100 Sheng bzw. 10 Dou	(100 Sheng)

Gewicht

Si 丝	gleich 1/1 600 000 Jin	(0,000000625 Jin)
Hao 毫	gleich 1/160 000 Jin bzw. 10 Si	(0,00000625 Jin)
Li 厘	gleich 1/16 000 Jin bzw. 10 Hao	(0,0000625 Jin)
Fen 分	gleich 1/1600 Jin bzw. 10 Li	(0,000625 Jin)
Qian 钱	gleich 1/160 Jin bzw. 10 Fen	(0,00625 Jin)
Liang 两	gleich 1/16 Jin bzw. 10 Qian	((0,0625 Jin)
Jin 斤	Einheit bzw. 16 Liang	
Dan 担	gleich 100 Jin	(100 Jin)

§ 7 Die Prototypen der Maße und Gewichte der Republik China werden vom Ministerium für Industrie und Handel aufbewahrt.

§ 8 Das Ministerium für Industrie und Handel stellt nach den Prototypen Sekundärnormale her, die in den Yuan's[128], den Ministerien und Komitees der Regierung der Republik, bei den Regierungen der Provinzen und der regierungsunmittelbaren Städte aufbewahrt werden.

§ 9 Die vom Ministerium für Industrie und Handel nach den Sekundärnormalen hergestellten örtlichen Normalgeräte werden von den Provinzen und den regierungsunmittelbaren Städten an die Kreisstädte für Zwecke der Prüfung und der Herstellung ausgegeben.

§ 10 Die Sekundärnormale müssen aller zehn Jahre einmal mit den Prototypen kalibriert werden; die örtlichen Normalgeräte müssen aller fünf Jahre einmal mit den Sekundärnormalen kalibriert werden.

§ 11 Bei allen die Maße und Gewichte betreffenden Angelegenheiten muss mit Ausnahme der zeitweiligen Benutzung des Marktsystems für den Handel der Privatleute das Standardsystem angewendet werden.

§ 12 Die Vereinheitlichung der Maße und Gewichte muss vom Allchinesischen Amt für Maße und Gewichte, das vom Ministerium für Industrie und Handel eingerichtet wurde, wahrgenommen werden. In den Provinzen und regierungsunmittelbaren Städten sollen Prüfstellen für Maße und Gewichte und in jedem Kreis und jeder Stadt Zweigprüfstellen für Maße und Gewichte eingerichtet werden, die die Prüfaufgaben ausführen. Die Statuten des Allchinesischen Amts für Maße und Gewichte sowie der Prüfstellen und der Zweigprüfstellen für Maße und Gewichte werden gesondert festgelegt.

§ 13 Die Prototypen und die Normalgeräte der Maße und Gewichte werden von der Fertigungsstätte für Maße und Gewichte hergestellt, die vom Allchinesischen Amt für Maße und Gewichte des Ministeriums für Industrie und Handel eingerichtet wird.

---

128 Yuan – Die nationale Regierung hatte 5 Yuan's als höchste Staatsorgane gebildet, die einem Staatsrat vergleichbar sind. Es gab einen Yuan für die Exekutive, für die Legislative, die Judikative, die Kontrolle und die Prüfung. Diese Organe bestehen noch in der Regierung Taiwans.

Das Statut der Fertigungsstätte für Maße und Gewichte wird gesondert festgelegt.

§ 14 Die Arten, Muster, Toleranzen, Materialeigenschaften und Anwendungsgrenzen der Maße und Gewichte werden vom Ministerium für Industrie und Handel durch ministerielle Anordnung festgelegt.

§ 15 Maße und Gewichte, für die bestätigt wurde, dass sie nicht nach dem Gesetz kalibriert sind, dürfen nicht gehandelt und benutzt werden.

Die Kalibriervorschriften für Maße und Gewichte werden vom Ministerium für Industrie und Handel gesondert festgelegt.

§ 16 Alle in China öffentlich und privat gebrauchten Maße und Gewichte müssen geprüft werden.

Die Ausführungsvorschriften für die Prüfung der Maße und Gewichte werden vom Ministerium für Industrie und Handel gesondert festgelegt.

§ 17 Alle Unternehmer, die Maße und Gewichte herstellen, handeln und reparieren, benötigen eine Lizenz des örtlichen zuständigen Organs.

Die Bestimmungen für Betriebe auf dem Gebiet der Maße und Gewichte werden gesondert festgelegt.

§ 18 Bei allen Unternehmern, die mit einer Lizenz Maße und Gewichte herstellen, handeln oder reparieren und die gegen dieses Gesetz verstoßen, muss das zuständige Organ die Lizenz entziehen und den Betrieb einstellen.

§ 19 Wer gegen die Bestimmungen des § 15 oder § 18 verstößt, keine Kalibrierung erhalten hat oder eine Prüfung verweigert, muss eine Strafe von bis zu 30 Yuan zahlen.

§ 20 Ausführungsbestimmungen zu diesem Gesetz werden gesondert festgelegt.

§ 21 Das Datum des Inkrafttretens nach der Verkündung dieses Gesetzes wird vom Ministerium für Industrie und Handel durch ministerielle Anordnung festgelegt.

Das „Gesetz über die Maße und Gewichte" ist das grundlegende Gesetz der Nanjing-Regierung zur Vereinheitlichung der Maße und Gewichte im ganzen Land. Dieses grundlegende Gesetz lieferte ausführliche Bestimmungen über die Bezeichnungen der Einheiten der Maße und Gewichte und die Größenordnungen. Besonders im § 2 des „Gesetzes über Maße und Gewichte" wird klar angegeben, dass die Republik China das „allgemeine internationale System" als Standardsystem anwendet und zeitweilig ein „Hilfssystem" einrichtet, das „Marktsystem" genannt wird. Über das Marktsystem wird im § 5 des „Gesetzes über Maße und Gewichte" festgelegt, dass die Länge des Marktsystems 1 Markt-Chi (abgekürzt als Chi) gleich 1/3 Meter ist, dass das Gewicht 1 Markt-Jin (abgekürzt als Jin) gleich ½ Kilogramm und das Volumen das Markt-Sheng (abgekürzt als Sheng) gleich dem Liter ist. 1 Jin ist unterteilt in 16 Liang, 1500 Chi sind als 1 Li und 6000 Quadrat-Chi als 1 Mu festgelegt. Alle übrigen Einheiten folgen dem Dezimalsystem. Das verdeutlichte nicht nur die einfache Proportion von „1,2,3" zwischen dem Standard- und dem Hilfssystem, sondern berücksichtigte vollauf die Gebräuche des Volkes, es wurden das 16er System, das System von 1500 und von 6000 als nicht dezimale Systeme beibehalten.

Nach der Verkündung des „Gesetzes über Maße und Gewichte" arbeitete das Ministerium für Industrie und Handel für die Umsetzung in die Praxis für die fünf Bereiche Herstellung, Kalibrierung, Prüfung, Einführung und Zusatzbestimmungen 53 Ausführungsbestimmungen aus.[129] Diese Ausführungsbestimmungen stellen nicht nur konkrete Regeln auf, sondern

---

129 Siehe Wu Chengluo: „Zhongguo duliangheng shi" (Geschichte der Maße und Gewichte Chinas), Shanghai: Fotokopie der Ausgabe des Verlags Shangwu yinshuguan (1937), (1984), S.351–370

quantifizieren präzise, so dass sie bequem zu handhaben sind. Auf dem Gebiet der Herstellung werden zu den Fragen des Materials, der Arten, der Form, Größe, Bezeichnung, Proportion, Skale, Empfindlichkeit und Toleranz strenge Festlegungen getroffen. Auf dem Gebiet der Kalibrierungen und Prüfungen wurde bekräftigt, dass die autoritativen Organe für die Kalibrierung und Prüfung von Maßen und Gewichten das Allchinesische Amt für Maße und Gewichte, die örtlichen Kalibrierstellen für Maße und Gewichte und die Zweigstellen sind. Auf dem Gebiet der Einführung wurden die erlaubten Gebrauchsfristen für Geräte festgelegt, die nicht dem „Gesetz über Maße und Gewichte" entsprechen. Das Allchinesische Amt für Maße und Gewichte, die Kalibrierstellen für Maße und Gewichte und die Zweigstellen wurden ermächtigt, jederzeit die Situation des Gebrauchs von Maßen und Gewichten zu untersuchen und Umrechnungstabellen der Werte zwischen dem neuen und dem alten System auszuarbeiten. In den Zusatzbestimmungen wurden die in China gebräuchlichen Bezeichnungen detailliert den Einheiten der Maße und Gewichte des allgemeinen internationalen Systems gegenübergestellt, und die Proportionen zwischen dem Markt- und dem Standardsystem in beiden Richtungen wurden nach dem Prinzip „1,2,3" quantifiziert. Die Ausführungsbestimmungen unterstrichen die Praktikalibität, und ihre Bekanntmachung kennzeichnete, dass die Ordnung der Maße und Gewichte Chinas schon die Bindung an das alte System gelöst hatte und über die Schwelle zur Neuzeit geschritten war.

Kapitel 13

Einführung und Management der

zeitgenössischen Metrologieordnung

Wie sollte man nach dem Aufbau der Ordnung der Maße und Gewichte im Maßstab des ganzen Landes das „Gesetz über Maße und Gewichte" einführen? Damals gab es zwei Meinungen, die eine vertrat die beschleunigte und die andere die allmähliche Einführung. Die Meinung der beschleunigten Einführung befürwortete, das ganze Land nicht in Gebiete aufzuteilen, sondern das Gesetz gleichzeitig überall einzuführen. Innerhalb einer festgelegten Frist sollte das alte System vollständig abgeschafft und ausnahmslos gegen das neue System ausgetauscht sein. Obwohl diese Herangehensweise eine hohe Effektivität versprach, waren aber die Schwierigkeiten nicht gering. Hauptsächlich waren es drei Faktoren: erstens, China hat eine große Ausdehnung, die Bevölkerung ist groß, das kulturelle Niveau der Volksmassen und der Grad des Verständnisses sind unterschiedlich; zweitens, wenn man in allen Regionen des Landes gleichzeitig die Organe für die Kalibrierung und Prüfung der Maße und Gewichte organisiert, ist es für die Regierung momentan schwierig, die notwendigen gewaltigen Finanzmittel bereitzustellen; drittens, wenn man im ganzen Land gleichzeitig die neuen Geräte umarbeitet, ist es für die Hersteller von Maßen und Gewichten schwierig, mit einem Mal den gewaltigen Bedarf zu befriedigen. Darum konnte man den Weg der beschleunigten Einführung nicht wählen, so dass nur die allmähliche Einführung blieb. Die allmähliche Einführung verwies darauf, dass man das Gesetz mit den drei Herangehensweisen der

Unterteilung nach Gerätearten, Provinzen und Gebieten einführen sollte. Die Nanjing-Regierung wählte diese drei Wege und arbeitete einen Plan der allmählichen Einführung aus.

1. Plan der allmählichen Einführung einheitlicher Maße und Gewichte im ganzen Land

Nach der Bestimmung des §21 des „Gesetzes über Maße und Gewichte" verkündete das Ministerium für Industrie und Handel, dass das „Gesetz über Maße und Gewichte" am 1.1. des 19. Jahres der Republik (1930) offiziell in Kraft tritt. Um die Umsetzung des „Gesetzes über Maße und Gewichte" voranzubringen, berief das Ministerium für Industrie und Handel im September des 18. Jahres der Republik (1929) ein Einführungskomitee für Maße und Gewichte. An der Sitzung nahmen 26 Personen teil, die die zentralen Ministerien und Komitees und die allchinesische Handelskammer vertraten. Ihm wurden 21 Entwürfe vorgelegt, wie z.B. „Entwurf der Vorgehensweise bei der Vereinheitlichung der Maße und Gewichte im ganzen Land", „Entwurf des Statuts des Allchinesischen Amts für Maße und Gewichte", „Entwurf des vorläufigen Verfahrens für die Aussonderung der alten Geräte", „Entwurf der Regeln und der Durchführungsbestimmungen für Betriebe auf dem Gebiet der Maße und Gewichte", „Entwurf über die Vereinheitlichung der öffentlich gebrauchten Maße und Gewichte", „Entwurf über die Korrektur der Maße und Gewichte des Zolls", „Entwurf der revidierten Satzung der für die Landvermessung verwendeten Chi-Maße", „Entwurf einer provisorischen Prüfvorschrift für Maße und Gewichte", „Entwurf einer Vorschrift zur Erhebung von Kalibriergebühren für Maße und Gewichte", „Entwurf einer Bestimmung über die Stempelung von Maßen und Gewichten" usw., die nach der Beschlussfassung auf der Sitzung des Einführungskomitees für Maße und Gewichte vom Ministerium für Industrie und Handel verkündet und in Kraft gesetzt wurden. Unter diesen Entwürfen war der „Entwurf über die Vorgehensweise bei der Vereinheitlichung der Maße und Gewichte im ganzen Land" besonders bedeutsam. Nach diesem Entwurf wurde entsprechend der unterschiedlichen verkehrstechnischen und wirtschaftlichen Entwicklung der Zeitraum für die Vereinheitlichung der Maße und Gewichte in den Provinzen und Städten des ganzen Landes in drei Phasen eingeteilt:

Erste Phase: Die Provinzen Jiangsu, Zhejiang, Jiangxi, Anhui, Hubei, Hunan, Fujian, Guangdong, Guangxi, Hebei, Henan, Shandong, Shanxi, Liaoning, Jilin, Heilongjiang und die regierungsunmittelbaren Städte sollen die Vereinheitlichung bis zum 20. Jahr der Republik (1931) abschließen.

Zweite Phase: Sichuan, Yunnan, Guizhou, Shaanxi, Gansu, Ningxia, Xinjiang, Rehe, Chahar und Suiyuan sollen die Vereinheitlichung bis zum 21. Jahr der Republik (1932) abschließen.

Dritte Phase: Qinghai, Xikang, die Mongolei und Tibet sollen die Vereinheitlichung bis zum 22. Jahr der Republik (1933) abschließen.

Im September des 18. Jahres der Republik (1929) führte die Nanjing-Regierung die 2. Plenarsitzung des 3. Zentralen Exekutiv-Yuans durch. Entsprechend den Beschlüssen der Sitzung wurden die Yuan's, Ministerien und Komitees beauftragt, für ihre Zuständigkeit Jahrespläne der Vereinheitlichung der Maße und Gewichte aufzustellen, die ab dem 19. Jahr der Republik (1930) umzusetzen waren, und bis zum 24. Jahr der Republik (1935) sollte die Vereinheitlichung abgeschlossen werden. Die Jahrespläne waren wie folgt aufgeteilt:

Tabelle 13.1　　Aufteilung der Jahrespläne der Vereinheitlichung der Maße und Gewichte[130]

Jahr/Aufgabe	Einrichtung von Organen	Arbeitsaufgaben
Erstes Jahr (20. Jahr der Republik)	Einrichtung von Kalibrierstellen für Maße und Gewichte in den Provinzen und regierungsunmittelbaren Städten	Nach den Verfahren d. Vereinheitlichung d. öffentl. verwendeten Maße u. Gewichte d. Vereinheitlichung der in den Regierungen d. Zentrale u. der Provinzen und regierungsunmittelb. Städte unterstellten Organe öffentl. verwendeten Maße und Gewichte realisieren
Zweites Jahr (21. Jahr der Republik)	Einrichtung von Zweigkalibrierstellen in den Kreisen und Städten und die neuen Kalibrierstellen der Provinzen der 2. Phase realisieren	Vollendung der Vereinheitlichung der öffentlich verwendeten Maße und Gewichte und nach der Vorgehensweise der Vereinheitlichung der Maße und Gewichte im ganzen Land die Arbeit der 1.Phase zu den Maßen und Gewichten in den Provinzen, Bezirken und regierungsunmittelbaren Städten realisieren
Drittes Jahr (22. Jahr der Republik)	Einrichtung von Zweigkalibrierstellen in den Kreisen und Städten und die neuen Kalibrierstellen der 3. Phase realisieren	Die Arbeiten zur Vereinheitlichung der Maße und Gewichte in der 1. Phase in den Provinzen und Bezirken abschließen und die Arbeiten zur Vereinheitlichung der Maße und Gewichte in der 2. Phase in den Provinzen und Bezirken realisieren
Viertes Jahr (23. Jahr der Republik)	Einrichtung von Kalibrierstellen der Kreise und Städte in den Bezirken der Provinzen	Die Arbeiten zur Vereinheitlichung der Maße und Gewichte in der 2. Phase in den Provinzen und Bezirken abschließen und die Arbeiten zur Vereinheitlichung der Maße und Gewichte in der 3. Phase in den Provinzen und Bezirken realisieren
Fünftes Jahr (24. Jahr der Republik)	Einrichtung von Kalibrierstellen für Maße und Gewichte in den Kreisen und Städten	Die Arbeiten zur Vereinheitlichung der Maße und Gewichte in der 3. Phase in den Provinzen und Bezirken abschließen und die Vereinheitlichung der Maße und Gewichte im ganzen Land verkünden
Anmerkung	Die öffentlich verwendeten Maße und Gewichte werden bis zum 19. Jahr der Republik vereinheitlicht. Die Vereinheitlichung der zivilen Maße und Gewichte der 1. Phase soll in Jiangsu, Zhejiang, Jiangxi, Anhui, Hubei, Hunan, Fujian, Guangdong, Guangxi, Hebei, Henan, Shandong, Shanxi, Liaoning, Jilin, Heilongjiang und in den regierungsunmittelbaren Städten bis zum 20. Jahr der Republik abgeschlossen werden. Die 2. Phase für Sichuan, Yunnan, Guizhou, Shaanxi, Gansu, Ningxia, Xinjiang, Rehe, Chahar und Suiyuan soll bis zum 21. Jahr der Republik abgeschlossen werden. Die 3. Phase für Qinghai, Xikang, die Mongolei und Tibet soll bis zum 22. Jahr der Republik abgeschlossen werden.	

130　Wu Chengluo: „Zhongguo duliangheng shi" (Geschichte der Maße und Gewichte Chinas), Shanghai: Fotokopie der Ausgabe des Verlags Shangwu yinshuguan (1937), (1984), S.371

Nach den Bestimmungen der Vorgehensweise für die Vereinheitlichung der Maße und Gewichte und der Aufstellung dieser Jahrespläne gründete die Nanjing-Regierung am Tage des Inkrafttretens des „Gesetzes über die Maße und Gewichte" das Allchinesische Amt für Maße und Gewichte, unter dessen Leitung folgende zehn Arbeiten in Angriff genommen wurden:

1. Propaganda des neuen Systems: Die Propaganda wurde mit Erläuterungstafeln des neuen Systems, die vom Allchinesischen Amt für Maße und Gewichte herausgegeben wurden, und anderen Methoden durchgeführt.
2. Untersuchung der alten Geräte: Die Untersuchung wurde nach provisorischen Vorschriften für die Maße und Gewichte durchgeführt.
3. Verbot der Herstellung alter Geräte: Nach den Durchführungsbestimmungen des „Gesetzes über Maße und Gewichte" mussten die Unternehmen, die alte Maße und Gewichte herstellten, ein Jahr vor dem Abschluss der Vereinheitlichung ausnahmslos die Herstellung einstellen.
4. Registrierung der Unternehmen: Jeder, der Maße und Gewichte herstellt und handelt oder repariert, musste nach den Bestimmungen für Unternehmen auf dem Gebiet der Maße und Gewichte eine Registrierung beantragen und eine Lizenz erwerben.
5. Anleitung bei der Herstellung neuer Geräte: Nach den Durchführungsbestimmungen des „Gesetzes über Maße und Gewichte" ist die Herstellung neuer Maße und Gewichte anzuleiten.
6. Anleitung bei der Umarbeitung alter Geräte: Nach den Vorschriften des Allchinesischen Amts für Maße und Gewichte sind Verfahren für die Umarbeitung alter Maße und Gewichte auszuarbeiten, und die Umarbeitung ist anzuleiten.
7. Verbot des Verkaufs alter Geräte: Nach den Durchführungsbestimmungen des „Gesetzes über Maße und Gewichte" ist nach einem Stichtag der Verkauf alter Maße und Gewichte zu verbieten.
8. Prüfung der Maße und Gewichte: Nach den Durchführungsbestimmungen über die Prüfung von Maßen und Gewichten ist eine provisorische Prüfung durchzuführen.
9. Aussonderung alter Geräte: Nach einer Prüfung müssen alle alten Geräte, die nicht umgearbeitet werden können, ausnahmslos ausgesondert werden.
10. Bekanntgabe der Vereinheitlichung: Alle Provinzen und Städte müssen innerhalb der festgelegten Fristen der Vereinheitlichung periodisch die Erfüllung der Vereinheitlichung bekanntgeben.

Im November des 19. Jahres der Republik (1930), als das Gesetz über Maße und Gewichte fast ein Jahr in Kraft gesetzt war, berief das Ministerium für Industrie und Handel wieder eine allchinesische Konferenz über Maße und Gewichte ein, auf der erneut die Probleme der Vereinheitlichung der Maße und Gewichte im ganzen Land erörtert wurden. 95 Personen, zu denen Vertreter, die von den Yuan's, Ministerien und Komitees der Zentrale und den Regierungen der Provinzen und Städte kamen, sowie eigens eingeladene Experten gehörten, wurden 108 verschiedene Anträge vorgelegt, die die Einführung, Herstellung, Kalibrierung, Prüfung usw. betrafen. Darunter waren die beiden Entwürfe „Entwurf eines Antrags an die Regierungen der

Provinzen und Städte über Verfahren, innerhalb einer Frist die Maße und Gewichte zu vereinheitlichen" und „Entwurf über Verfahren, die Vereinheitlichung der öffentlich verwendeten Maße und Gewichte zu vollenden" besonders wichtig. Nach der Beschlussfassung über alle Entwürfe wurden sie vom Ministerium für Industrie und Handel in Kraft gesetzt.

2. Einrichtung von Organen für Maße und Gewichte und Ausbildung von Personal

Am 16.2. des 18. Jahres der Republik (1929) veröffentlichte die Nanjing-Regierung das „Organisationsstatut des Allchinesischen Amts für Maße und Gewichte"[131]. Der ausführliche Text lautet wie folgt:

§ 1 Das Allchinesische Amt für Maße und Gewichte des Wirtschaftsministeriums übernimmt die Vereinheitlichung der Maße und Gewichte im ganzen Land und ist für die Aufgaben der Industrienormen verantwortlich.

§ 2 Im Allchinesischen Amt für Maße und Gewichte werden drei Abteilungen eingerichtet:
1. Abteilung
2. Abteilung
3. Abteilung

§ 3 Die Zuständigkeit der 1. Abteilung ist folgende:
Aufgaben der Einführung neu produzierter Maße und Gewichte
Aufgaben der Lizenzen für Unternehmen auf dem Gebiet der Maße und Gewichte
Allgemeine Angelegenheiten bezüglich Urkunden sowie Angelegenheiten der Einnahmen und Ausgaben
Angelegenheiten, die die anderen Abteilungen nicht betreffen

§ 4 Die Zuständigkeit der 2. Abteilung ist folgende:
Technische Aufgaben der Herstellung von Normalgeräten, Sekundärnormalen und anderen Messgeräten
Aufgaben der Herstellung und Reparatur von Maßen und Gewichten sowie der Anleitung
Aufgaben der Kalibrierung, Prüfung und Stempelung von Normalgeräten, Sekundärnormalen und anderen Messgeräten
Aufgaben der Überwachung und Anleitung der Kalibrierung von regionalen Maßen und Gewichten
Ausbildungsaufgaben der Ausbildungsstätte für das Kalibrierpersonal für Maße und Gewichte im ganzen Land
Andere Aufgaben im Hinblick auf Maße und Gewichte

§ 5 Die Zuständigkeit der 3. Abteilung ist folgende:
Aufgaben der Untersuchung, Kompilation und Regelung von Industrienormen
Aufgaben der Realisierung von Industrienormen und der Kontakte und Zusammenarbeit mit Organen und Körperschaften des In- und Auslandes

---

131 „Jingjibu: Quanguo dulinagheng ju zuzhi tiaoli"(Wirtschaftsministerium: Organisationsstatut des Allchinesischen Amts für Maße und Gewichte): „Gongye biaozhun yu duliangheng" (Industrienormen und Maße und Gewichte), Bd. 7–8, S. 11–12

*Sammlung und Aufbewahrung von Referenzmaterialien über Industrienormen
Andere Aufgaben bezüglich Industrienormen*

§ 6 Beim Allchinesischen Amt für Maße und Gewichte wird eine Fertigungsstätte für Maße und Gewichte eingerichtet, die verschiedene gesetzliche Maße und Gewichte herstellt.

§ 7 Beim Allchinesischen Amt für Maße und Gewichte wird eine Ausbildungsstätte für das Kalibrierpersonal für Maße und Gewichte eingerichtet, die das Kalibrierpersonal für Maße und Gewichte des ganzen Landes ausbildet.

§ 8 Das Allchinesische Amt für Maße und Gewichte ist verantwortlich für die Anleitung und Überwachung der Kalibrierstellen für Maße und Gewichte, die in den Provinzen, in Zhili oder in den Städten des Exekutiv-Yuan's eingerichtet wurden.

§ 9 Im Allchinesischen Amt für Maße und Gewichte wird ein Direktor eingesetzt, der die Anweisungen des Wirtschaftsministers entgegennimmt, die Angelegenheiten des ganzen Amtes verwaltet und alle ihm unterstehenden Angestellten überwacht.

§ 10 Im Allchinesischen Amt für Maße und Gewichte werden drei Abteilungsleiter eingesetzt, die die Anweisungen des Direktors entgegennehmen und die Aufgaben ihrer Abteilung leiten.

§ 11 Das Allchinesische Amt für Maße und Gewichte beschäftigt 9 bis 11 Mitarbeiter und 3 bis 6 Büroangestellte, die die Anweisungen der Vorgesetzten entgegennehmen und die allgemeinen Angelegenheiten bezüglich Urkunden sowie Angelegenheiten der Einnahmen und Ausgaben erledigen

§ 12 Das Allchinesische Amt für Maße und Gewichte beschäftigt 3 bis 5 Techniker, 6 bis 8 Kalibrierpersonen und 6 bis 8 Hilfstechniker, die die Anweisungen der Vorgesetzten entgegennehmen und die Kalibrier- und technischen Aufgaben erledigen.

§ 13 Der Direktor des Allchinesischen Amts für Maße und Gewichte wird durch Auswahl angestellt; die Abteilungsleiter und Techniker werden durch Empfehlung angestellt; die Mitarbeiter, Hilfstechniker und Büroangestellten werden vom Direktor vorgeschlagen und vom Wirtschaftsministerium bestätigt. Für die Beschäftigung der Kalibrierpersonen für Maße und Gewichte wird vom Wirtschaftsministerium eine provisorische Vorschrift ausgearbeitet und beim Exekutiv-Yuan eingereicht, und in gemeinsamer Beratung mit dem Prüfungs-Yuan[132] wird darüber entschieden.

§ 14 Das Allchinesische Amt für Maße und Gewichte beschäftigt einen Buchhalter, der nach den Vorschriften des Organisationsgesetzes des Rechnungshofes der nationalen Regierung die Aufgaben der Jahresabrechnung, der Buchhaltung und der Statistik erledigt.

§ 15 Das Allchinesische Amt für Maße und Gewichte kann entsprechend der Notwendigkeit der Aufgaben Einstellungen erwägen.

§ 16 Das Allchinesische Amt für Maße und Gewichte muss periodisch Mitarbeiter in die Provinzen und nach Zhili entsenden, um in den Städten des Exekutiv-Yuan's und in den Kreisstädten den Zustand der Maße und Gewichte zu inspizieren.

§ 17 Das Allchinesische Amt für Maße und Gewichte muss monatlich über den Stand der Arbeiten und der Einnahmen und Ausgaben dem Wirtschaftsministerium Bericht erstatten.

§ 18 Das Allchinesische Amt für Maße und Gewichte arbeitet Vorschriften für die Amtsgeschäfte aus und reicht sie im Wirtschaftsministerium ein, um sie zu den Akten zu nehmen.

---

132 Prüfungs-Yuan – Der Prüfungs-Yuan entschied über die Eignung von Beamten.

§ 19 Nachdem die Maße und Gewichte im ganzen Land vereinheitlicht sind, wird das Allchinesische Amt für Maße und Gewichte sogleich aufgelöst. Nach der Auflösung des Allchinesischen Amts für Maße und Gewichte werden seine ursprünglichen Aufgaben von einer im Wirtschaftsministerium zu bildenden Abteilung wahrgenommen.
§ 20 Dieses Statut tritt mit dem Tage seiner Verkündung in Kraft.

Entsprechend dem „Organisationsstatut des Allchinesischen Amts für Maße und Gewicht" wurde im Allchinesischen Amt für Maße und Gewichte am 27.10. des 19. Jahres der Republik (1930) der aus den USA zurückgekehrte Professor Wu Chengluo als Direktor eingesetzt. Im Allchinesischen Amt für Maße und Gewichte wurden die drei Abteilungen allgemeine Verwaltung, Kalibrierung und Herstellung sowie die unter direkter Verwaltung stehende Fertigungsstätte für Maße und Gewichte und die Ausbildungsstätte für Kalibrierpersonal eingerichtet. Im 22. Jahr der Republik (1933) arbeitete man außerdem mit dem Komitee für Industrienormen zusammen und richtete eigens ein technisches Labor ein, das die Übersetzung der Industrienormen verschiedener Länder und die Ausarbeitung verschiedener Industrienormen Chinas leitete.

Seitdem leitete das Allchinesische Amt für Maße und Gewichte die Vereinheitlichung der Maße und Gewichte in den Provinzen und Städten des ganzen Landes und versah zugleich die mit Industrienormen zusammenhängenden Aufgaben. Die hauptsächlichen Arbeiten waren: die Einführung des neuen Systems der Maße und Gewichte in den Provinzen und Städten zu beaufsichtigen und voranzutreiben, die Lizenzen für Unternehmen auf dem Gebiet der Maße und Gewichte zu prüfen und zu genehmigen, ferner die Herstellung, Kalibrierung und Prüfung von Normalgeräten, Sekundärnormalen und anderen Messmitteln, die Herstellung, Reparatur von Maßen und Gewichten sowie die diesbezügliche Anleitung, Überwachung und Anleitung bei der Kalibrierung von Maßen und Gewichten in den Provinzen, Städten, Bezirken und Kreisstädten und die Ausbildung von Kalibrierpersonal für Maße und Gewichte im ganzen Land.

Nach der Gründung des Allchinesischen Amts für Maße und Gewichte bildete sich auch von oben nach unten ein vertikales Verwaltungssystem der Exekutivorgane für Maße und Gewichte im ganzen Land. Das höchste Exekutivorgan war das Allchinesische Amt für Maße und Gewichte, das vor allem vom Ministerium für Industrie und Handel angeleitet wurde. Exekutivorgane auf der mittleren Ebene waren die Kalibrierstellen für Maße und Gewichte in den Provinzen und regierungsunmittelbaren Städten, die vor allem von den Regierungen der Provinzen, der regierungsunmittelbaren Städte und den zuständigen Ämtern angeleitet wurden. Exekutivorgane auf der unteren Ebene waren die Zweigkalibrierämter der Kreise und der gewöhnlichen Städte, die vor allem von den Regierungen der Kreisstädte und den zuständigen Ämtern angeleitet wurden. Das Schema sieht wie folgt aus.

```
                    ┌─────────────────────┐
                    │   Ministerium für   │
                    │ Industrie und Handel│
                    └──────────┬──────────┘
                               │
                    ┌──────────▼──────────┐
                    │   Allchinesisches   │
                    │  Amt für Maße und   │
                    │      Gewichte       │
                    └──────────┬──────────┘
```

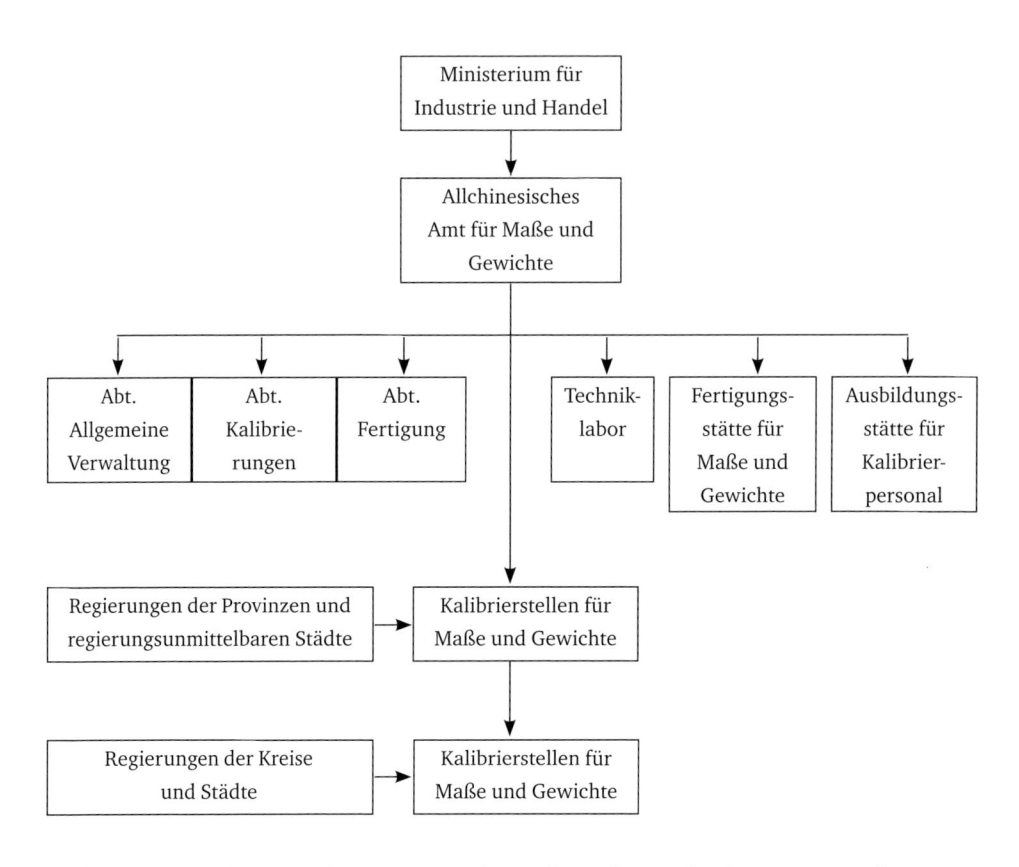

Bild 13.1 Schema des Verwaltungssystems der Maße und Gewichte im ganzen Land

Das in zunehmendem Maße gesundende Verwaltungssystem der Maße und Gewichte in ganz China gewährleistete den Fortschritt der Arbeiten zur Vereinheitlichung der Maße und Gewichte des ganzen Landes. Direktor Wu Chengluo, der sich auf dieses System stützte, begab sich im 21. Jahr der Republik (1932) persönlich in die Provinzen, Städte und Kreise des Südostens, Südwestens, Nordwestens, des zentralen Teils und des Nordens zu einer Inspektion und Anleitung, um die Probleme vor Ort zu lösen.

Bald nach der Verkündung des „Gesetzes über Maße und Gewichte" fehlten am meisten Fachleute, die die neue Ordnung der Maße und Gewichte verstanden. Wu Chengluo, der in den USA studiert hatte, erkannte, dass die Vereinheitlichung der Maße und Gewichte eine spezielle Verwaltungsaufgabe und die Kalibrierung der Maße und Gewichte eine spezielle technische Aufgabe darstellt. Die Erfahrungen mit dem Erfolg der Einführung des allgemeinen internationalen Systems in den westlichen Ländern zeigten, dass vor allem die Ausbildung von Metrologen in Angriff genommen wurde. Wenn China die früheren Misserfolge vermeiden wollte, musste es auch zuerst mit der Ausbildung von Personal beginnen. Nach den Festlegungen des § 7 des „Organisationsstatuts des Allchinesischen Amts für Maße und Gewichte" gründete das Ministerium für Industrie und Handel im März des 19. Jahrs der Republik (1930) vorangehend die Ausbildungsstätte für Kalibrierpersonal für Maße und Gewichte und ernannte Wu Chengluo zu ihrem Direktor. Wu Chengluo arbeitete als Ziel der Ausbildung des Kalibrierpersonals aus:

1. Die Qualifikation der Lernenden wird in die beiden Gruppen höhere Bildung und Anfängerstufe unterteilt
   Lernende mit höherer Bildung müssen Absolventen einer technischen Universität oder einer Fachhochschule im In- oder Ausland sein, um Kalibrierer des 1. Grades zu werden. Lernende der Anfängerstufe müssen Absolventen eines Gymnasiums sein, um Kalibrierer des 2. Grades zu werden.
   Unter Berücksichtigung der Weite Chinas und der Unterschiedlichkeit der Maße und Gewichte in den Regionen reicht keinesfalls eine kleine Zahl von Kalibrierern. Besonders in den Grenzregionen mit unterentwickelter Wirtschaft und rückständiger Bildung gibt es nicht genügend Absolventen mit mehr als mittlerer Bildung. Deshalb können die zuständigen Organe in den Provinzen und Städten eigenständig Studierende zur Aufnahmeprüfung auffordern. Die Qualifikation der Studierenden kann man als Absolventen einer Mittelschule festlegen, und das Ziel ist, Kalibrierer des 3. Grades heranzubilden, um den Mangel bei den Kalibrierern des 1. und 2. Grades auszugleichen.
2. Hinsichtlich der Fächer wird gleichmäßig Wert auf die drei Richtungen Herstellung, Kalibrierung und Einführung gelegt, die konkret beinhalten:
   Ausbildung über Mechanik
   Ausbildung über die Herstellung von Maßen und Gewichten
   Ausbildung über die Kalibrierung und die Ordnung von Maßen und Gewichten
   Ausbildung über die Prüfung von Maßen und Gewichten
   Ausbildung über die Einführung des neuen Systems der Maße und Gewichte
   Ausbildung über den Vergleich von neuen und alten, chinesischen und ausländischen Maßen und Gewichten
   Ausbildung über Ausführungsbestimmungen

Entsprechend den Festlegungen des § 12 des „Gesetzes über Maße und Gewichte" mussten die 36 Provinzen und Städte des ganzen Landes Kalibrierstellen für Maße und Gewichte einrichten, und in mehr als 2000 Kreisstädten mussten Zweigkalibrierstellen für Maße und Gewichte eingerichtet werden, so dass man mindestens 5000 Personen für die Kalibrierungen in verschiedenen Kategorien benötigte, darunter mehr als 100 Kalibrierer des 1. Grades, mehr als 1000 Kalibrierer des 2. Grades und mehr als 4000 Kalibrierer des 3. Grades. Am 19.4. des 19. Jahres der Republik (1930) nahm die Ausbildungsstätte für Kalibrierpersonal für Maße und Gewichte ihre Tätigkeit auf. Mitte Juli, nach drei Monaten, graduierte die erste Gruppe von Studierenden. Danach gründeten alle Provinzen und Städte, die in die erste Phase der Einführung eingruppiert waren, nacheinander offiziell Kalibrierstellen der Provinzen und Städte. Bis zum Ausbruch des Antijapanischen Widerstandskrieges wurden in insgesamt 8 Semestern Studierende zu Kalibrierern für Maße und Gewichte ausgebildet, darunter 101 Kalibrierer 1. Grades, 456 Kalibrierer 2. Grades und für die Provinzen und Städte wurden 72 Kalibrierer 3. Grades ausgebildet, so dass insgesamt 629 Kalibrierer 1., 2. und 3. Grades ausgebildet wurden. Außerdem wurden in den 17 Provinzen Jiangsu, Zhejiang, Jiangxi, Anhui, Hubei, Hunan, Fujian, Guangxi, Hebei, Henan, Shandong, Sichuan, Suiyuan, Ningxia, Shaanxi, Guizhou und Gansu sowie in den beiden Städten Shanghai und Beiping[133] Ausbildungsschulen eröffnet, die insgesamt 2159 Kalibrierer des 3. Grades ausbildeten.

3. Technische und allgemeine Verwaltung der Maße und Gewichte

Das Allchinesische Amt für Maße und Gewichte konzentrierte die allgemeine und technische Verwaltung der Maße und Gewichte in einem Organ. Womit sollte man bei diesen höchst komplizierten Arbeiten beginnen? Nach der Gründung des Amtes für Maße und Gewichte beschäftigte es sich vor allem mit den folgenden Arbeiten:

3.1 Herstellung und Verwaltung von Normalgeräten für Maße und Gewichte

Das Ministerium für Industrie und Handel der Nanjing-Regierung hatte vorgeschlagen, zuerst die Herstellung von Normalgeräten für Maße und Gewichte in Angriff zu nehmen. Der Grund war sehr einfach: ‚Ohne Zirkel und Richtmaß kann man keine Kreise und Quadrate zeichnen.'[134] Ohne Normale ist die Vereinheitlichung unmöglich. Der Vorschlag wurde sehr schnell konkret realisiert. Das Allchinesische Amt für Maße und Gewichte hatte als Erstes eine Erhebung über den Bedarf an Normalgeräten für Maße und Gewichte im ganzen Land durchgeführt, wobei die Gesamtzahl 2000 Einheiten überstieg.

Die Fertigungsaufgabe von mehr als 2000 Normalgeräten für Maße und Gewichte sollte offensichtlich an die Fertigungsstätte für Maße und Gewichte, die dem Allchinesischen Amt für Maße und Gewichte direkt unterstellt war, übergeben werden. Der Vorläufer dieser Fertigungsstätte für Maße und Gewichte war die Fertigungsstätte für Maße und Gewichte in Beijing zur Zeit der Beiyang-Regierung, die eine bestimmte technologische Grundlage und eine Produktionskapazität besaß, aber die Produktionsmenge konnte oft den Bedarf nicht decken. Daraufhin errichtete die Nanjing-Regierung als Erweiterung die Zweig-Fertigungsstätte für Maße und Gewichte, um das Produktionsvolumen zu steigern. Im 22. Jahr der Republik (1933) erhielt die ursprünglich in Beiping gelegene Fertigungsstätte für Gewichte und Längenmaße den Befehl, nach Süden umzuziehen, und sich mit der Zweigstelle in Nanjing zu vereinigen. Das war keine einfache 1+1=2 Vereinigung, sondern gleichzeitig mit der Vereinigung wurde das Fabrikgebäude vergrößert, weitere Maschinen wurden eingekauft und Arbeiter angeworben, um die Produktionskapazität zu erweitern. Dadurch wurden die Fertigungskapazitäten und das Fertigungsniveau in erheblichem Umfang erhöht. Die Fertigungsstätte für Maße und Gewichte konnte nach der Vereinigung nicht nur kupferne Maßstäbe mit 50 cm Länge, Markt-Chi-Maße,

---

133 Beiping - Als nach dem Abschluss des Nordfeldzuges im Jahre 1928 die nationale Regierung die Hauptstadt in Nanjing etablierte, wurde Beijing, das „Nördliche Hauptstadt" bedeutet, in Beiping (Nördlicher Frieden) umbenannt. Nach der Besetzung Beipings durch die japanische Armee im Jahre 1937 wurde Beiping wieder in Beijing umbenannt. Nach dem Sieg über Japan im Jahre 1945 hieß die Stadt wieder Beiping, doch nach der Befreiung durch die Volksbefreiungsarmee im Jahre 1949 erhielt die Stadt erneut ihren historischen Namen Beijing.
134 Ein Zitat aus Meng Zi, Li Lou, Abschnitt A: Die Hilfsmittel der Kultur

Litergefäße aus Kupfer und kupferne Normal-Gewichte von 1 kg bis 1 mg, vollständige Sätze von kupfernen Normalgewichten des Marktsystems von 50 Liang bis 5 Hao, Muster, Kalibriergeräte, Geräte für die Fertigung und Prüfgeräte herstellen, sondern konnte außerdem die in den Kalibrierorganen der verschiedenen Stufen benötigten Ketten-Chi-Maße, Stahlbandmaße, Tafelwaagen, Tischwaagen, gewöhnliche Waagen, Präzisionswaagen usw. herstellen. Später übernahm sie entsprechend den Aufträgen aus den Bereichen der Vermessung, der Wasserbauten, des Verkehrs, des Militärs, der Schifffahrt, der Hygiene und der Bildung speziell die Herstellung verschiedener Maße und Gewichte für Wissenschaft und Ingenieurwesen sowie verschiedener Präzisionsmessgeräte, die als industrielle Normale verwendet wurden.

In dem Grade, wie sich der Betrieb der Fertigungsstätte für Maße und Gewichte nach der Vereinigung zunehmend normalisierte, erarbeitete das Ministerium für Industrie und Handel Bestimmungen über die Austeilung von Normalgeräten, die festlegten, dass die Yuan's, Ministerien und Komitees der Zentrale und die Regierungen der Provinzen, Städte und Kreise je ein Stück zugeteilt bekommen; die Handelskammern, Korporationen usw. in den Provinzen, Städten und Kreisen konnten Normalgeräte oder Muster frei erwerben, um als Vorgabe für den Gebrauch zu dienen. Die Kalibrierstellen oder Zweigkalibrierstellen in den Provinzen, Städten und Kreisen mussten auf Antrag je ein Stück eines Kalibriergeräts oder Geräts für die Herstellung erhalten, um als Normale für Kalibrierung und Herstellung verschiedener ziviler Maße und Gewichte zu dienen; die Kalibrierstellen oder Zweigkalibrierstellen in den Provinzen, Städten und Kreisen mussten die Zuteilung eines Stahlstempels beantragen, der zur einheitlichen Kennzeichnung für die Kalibrierung und die Einhaltung der Normen diente.

Unter der direkten Leitung des Ministeriums für Industrie und Handel schritt die Herstellung von Normalgeräten für Maße und Gewichte, Mustern usw. recht reibungslos voran, jedoch waren die Aktivitäten zur Beantragung der Zuteilung oder zum Kauf nicht sehr rege, besonders in den Provinzen und Städten von Hunan, Fujian, Henan, Sichuan und Gansu erledigte man diese Aktion abwartend und zögerlich. Deshalb stattete das Allchinesische Amt für Maße und Gewichte aus eigener Initiative dem Amt für Bauwesen einen Besuch ab und bat darum, gemeinsam die Gesamtzahl der in den oben genannten Provinzen zuzuteilenden Geräte zu untersuchen. Dann beriet man sich mit dem Amt für Bauwesen, ob es die Geräte nicht komplett übernehmen und für das Amt für Maße und Gewichte austeilen könnte. So wurde die Angelegenheit der Ausgabe zügig geregelt. Unter den Provinzen und Städten waren es die Provinzen Jiangsu, Zhejiang, Shandong, Hebei, Anhui, Henan, Hunan, Fujian, Sichuan und Guangxi, in denen die meisten Normalgeräte fast vollständig auf Antrag zugeteilt oder gekauft wurden. Auch in den übrigen Provinzen wählte man das Wichtigste für die Zuteilung aus. In wenigen kurzen Jahren gab das Allchinesische Amt für Maße und Gewichte mehr als 10000 Normalgeräte aus. Nachdem die ausgegebenen Normalgeräte in den Regionen drei oder fünf Jahre benutzt worden waren, war das Allchinesische Amt für Maße und Gewichte bevollmächtigt, sie zur Wiederholungsprüfung zurückzurufen. Die Geräte, bei denen man Beschädigungen fand oder die unvollständig waren und mit dem Normal nicht übereinstimmten, wurden sofort ausgesondert und dafür vollkommen neue Normalgeräte ausgegeben.

3.2 Herstellung, Kalibrierung und Verwaltung der Maße und Gewichte

Nachdem die Herstellung und Zuteilung der Normalgeräte der Maße und Gewichte auf Antrag abgeschlossen war, stand man im Hinblick auf die Arbeit der technischen Verwaltung der Maße und Gewichte vor den drei großen Aufgaben der Herstellung, Kalibrierung und Einführung von Messgeräten. Die Überwachung und Verwaltung dieser drei Arbeiten wurde hauptsächlich von der Abteilung Kalibrierung des Allchinesischen Amts für Maße und Gewichte unter Mitwirkung der Kalibrierstellen und Zweigkalibrierstellen in den Provinzen, Städten und Kreisen verwirklicht.

Die Länder der Welt wenden bei der Vereinheitlichung der Maße und Gewichte und der Herstellung, Kalibrierung und Einführung von Messgeräten allgemein zwei verschiedene Verfahren an, das eine ist das System des Verkaufsmonopols und das andere das System der Kalibrierung. Beim Verkaufsmonopol muss Kapital vorausgehen. Ohne die Rückendeckung durch eine große Kapitalsumme lässt es sich nicht realisieren. Man hat große Aufwendungen, und die Verwaltung ist schwierig, so dass es nur in wenigen Staaten angewendet wird. In der überwiegenden Zahl der Staaten, China eingeschlossen, wendet man das System der Kalibrierungen an, das heißt, man genehmigt öffentlichen und privaten freien Unternehmen, Maße und Gewichte herzustellen. Aber diese freien Unternehmen arbeiten nicht ohne jegliche Regeln, sondern ihnen wird nach vorheriger Prüfung durch die regionalen Regierungen oder die Kalibrierorgane eine Lizenz erteilt, und die in dem Betrieb hergestellten Produkte werden kalibriert, und wenn sie den Vorschriften entsprechen, können sie in Umlauf gebracht werden, das ist das Kalibriersystem.

Nach den Festlegungen des „Statuts für Unternehmen auf dem Gebiet der Maße und Gewichte", das von der Nanjing-Regierung ausgegeben wurde, müssen Unternehmen, die Maße und Gewichte herstellen, handeln oder reparieren, zuvor bei einem regionalen Amt die Übereinstimmung mit den Normen prüfen lassen und dann bei einem zuständigen Organ die Ausgabe einer Lizenz beantragen. Danach berichtet das zuständige Organ dem Allchinesischen Amt für Maße und Gewichte, das den Vorgang zu den Akten legt. Die Lizenz wird ausnahmslos vom Allchinesischen Amt für Maße und Gewichte einheitlich als Bescheinigung in dreifacher Ausfertigung ausgegeben und danach an das zuständige Organ in den Provinzen und Städten gesendet, das es in Reserve hält. Innerhalb von kurzen drei Jahren hatten viele private Hersteller im ganzen Land ihre Geschäftstätigkeit aufgenommen. Insgesamt haben mehr als 3500 Unternehmen eine Lizenz erhalten, wofür Akten im Allchinesischen Amt für Maße und Gewichte angelegt wurden. Darin sind noch nicht die Unternehmen enthalten, die von dem zuständigen Organ in den Provinzen und Städten schon eine Lizenz erhalten hatten, worüber aber noch nicht dem Allchinesischen Amt für Maße und Gewichte berichtet wurde.

Die Prüfung alter Geräte und die Kalibrierung der im Volk hergestellten Maße und Gewichte waren die wichtigsten täglichen Verwaltungsarbeiten der Kalibrierstellen und Zweigkalibrierstellen für Maße und Gewichte der Provinzen, Städte und Kreise. Die in nichtstaatlichen Unternehmen hergestellten Maße und Gewichte müssen ausnahmslos zu den regionalen Kalibrierstellen oder Zweigstellen für Maße und Gewichte geschickt werden, um nach dem Gesetz kalibriert zu werden. Wenn die Kalibrierung die Übereinstimmung mit den Normen zeigt, werden die Geräte gestempelt, erst dann dürfen sie auf den Markt gelangen, um gehandelt zu werden. Die verschiedenen öffentlichen Organe, die Schulen verschiedener Ebenen und die verschiedenen ingenieurtechnischen Korporationen müssen die im Ausland gekauften Messgeräte auch zu den Kalibrierstellen für Maße und Gewichte einsenden, um eine Kalibrierung zu beantragen und dass sie einen Stempel erhalten. Zum Beispiel wurden die in den Postämtern des ganzen Landes benutzten Postwaagen größtenteils in Frankreich gekauft. Ihre Genauigkeit war natürlich sehr hoch, aber nach der Benutzung in einer bestimmten Zeitspanne waren diese Postwaagen, wenn ihre Genauigkeit nicht erheblich vermindert war, auf unterschiedliche Weise beschädigt. Aber die Postangestellten wollten sie nicht rechtzeitig prüfen. Wenn sie tatsächlich nicht benutzt werden konnten, wurden sie zum Hauptpostamt von Shanghai geschickt, wo ein Handwerker angestellt war, der sie reparierte, aber die Genauigkeit war nicht garantiert. Deshalb wendete sich das Allchinesische Amt für Maße und Gewichte mit einer Bittschrift an das Ministerium für Gewerbe, dem Transportministerium zu empfehlen, die Postämter im ganzen Land anzuweisen, dass alle für die Post benutzten Waagen ausnahmslos von dem örtlichen Kalibrierorgan für Maße und Gewichte geprüft und gestempelt werden müssen.

Die verschiedenen Stempel waren in die zwei Arten Brandstempel und Stahlstempel unterteilt. Sie wurden in der Fertigungsstätte für Maße und Gewichte hergestellt und vom Allchinesischen Amt für Maße und Gewichte einheitlich ausgegeben, um Nachahmung und Fälschung zu unterbinden. Die Stempel benutzten einheitlich im ganzen Land das Schriftzeichen tong 同 (vereinheitlichen), das aus den alten Maximen „*tong lü duliangheng*" 同律度量衡 (die Stimmpfeifen und die Maße und Gewichte vereinheitlichen), „*shijie datong*" 世界大同 (die Welt ist eine große Gemeinsamkeit) und „*zi zhi guan er hou tianxia tong*" 资之官而后天下同 (Die Fähigkeiten der Beamten bewirken die Einheitlichkeit der Maße und Gewichte, und das Reich lebt in Einheit)[135] entnommen wurde. Außerdem enthielt der Stempel abhängig von der Provinz oder der regierungsunmittelbaren Stadt ein Kennzeichen aus Buchstaben und abhängig vom Kreis und der Stadt eine Kennnummer aus arabischen Ziffern sowie den Kode der Kalibrierperson. So konnte man auf jedem Maß oder Gewicht, das bei der Kalibrierung Übereinstimmung mit der Norm zeigt, erkennen, aus welcher Provinz und welchem Kreis es stammte und welche Person es kalibriert hatte. Wenn ein Problem auftrat, konnte man sehr schnell direkt die Kalibrierperson finden, die Verantwortlichkeit aufklären und das Problem rechtzeitig behandeln.

3.3 Administration der Maße und Gewichte

Nach den Festlegungen des § 20 des „Gesetzes über Maße und Gewichte" wurden in der überwiegenden Zahl der Provinzen, Städte und Kreise des ganzen Landes Kalibrierstellen für Maße und Gewichte oder Zweigstellen eingerichtet, die technisch und administrativ vom Allchinesischen Amt für Maße und Gewichte überwacht und angeleitet wurden. Aber es gab auch eine geringe Zahl von Städten und Kreisen, die keine entsprechenden Kalibrierstellen eingerichtet hatten, und manche hatten nur ihr Schild herausgehängt, ohne aktiv zu sein. Durch eine Untersuchung stellte das Allchinesische Amt für Maße und Gewichte

---
135 Ein Ausspruch des Literaten Su Xun (1009-1066) in seinem Essay „Heng Lun" (Über die Waagen).

als wesentliche Ursache fest, dass das Kapital für die Gründung nicht zur Verfügung stand. Die neuen Statuten legten klar die Beamtenstufe des Amtsleiters und des Direktors fest, bestimmten die Zahl der Stellen für das Kalibrierpersonal und für die Büroangestellten, legten das höchste und das niedrigste Niveau der Vergütung für die verschiedenen Ränge fest und erweiterten noch die amtlichen Befugnisse der Kalibrierstellen usw. So wurden die örtlichen Kalibrierstellen schrittweise zur Vollendung gebracht und die Effektivität der Administration unablässig erhöht.

Um die Überwachung und Verwaltung zu stärken, erarbeitete das Allchinesische Amt für Maße und Gewichte Bögen für tägliche Arbeitspläne und Berichtsbögen über die Kalibrierungen und forderte, dass die Kalibrierstellen der Provinzen und Städte die Bögen regelmäßig ausfüllen. Im 25. Jahr der Republik (1936) untersuchte und bewertete das Allchinesische Amt für Maße und Gewichte aufgrund der verschiedenen Bögen und der Ergebnisse der persönlichen Inspektionen zusammengefasst die Kalibrierstellen der Provinzen und Städte und lobte nicht nur die Kalibrierstellen für Maße und Gewichte in Guangxi, Sichuan, Suiyuan, Shaanxi und Beiping und die Fertigungsstätte für Maße und Gewichte in der Provinz Hebei, sondern hob auch lobend die Direktoren der Kalibrierstellen in Zhejiang, Shandong, Jiangxi, Shanghai und Hankou hervor. Im System der Maße und Gewichte des ganzen Landes wurden Modelle einer ganzen Gruppe fortschrittlicher Einheiten und vorbildlicher Verwaltungsbeamter geschaffen.

3.4 Erweiterung und Revision der Bestimmungen über Maße und Gewichte

Im Hinblick auf die verschiedenen wichtigen Bestimmungen über Maße und Gewichte begann das Ministerium für Industrie und Handel im 18. Jahr der Republik (1929), diese nacheinander vorzustellen und im 19. Jahr der Republik (1930) bekanntzumachen, vor allem handelte es sich um das „Statut des Spezialkomitees zur Begutachtung spezieller Maße und Gewichte", „Regeln für Unternehmen auf dem Gebiet der Maße und Gewichte", „Provisorische Prüfvorschriften für Maße und Gewichte", „Vorgehensweise bei der Vereinheitlichung der Maße und Gewichte im ganzen Land", „Provisorische Vorschriften für die Einstellung von Kalibrierpersonal für Maße und Gewichte" und „Statut der allchinesischen Konferenz für Maße und Gewichte". Seit der Gründung des Allchinesischen Amts für Maße und Gewichte hatte es nacheinander die „Durchführungsbestimmungen zu Regeln für Unternehmen auf dem Gebiet der Maße und Gewichte", „Vorschriften für die Erhebung von Kalibriergebühren für Maße und Gewichte", „Bestimmungen für die Stempelung von Maßen und Gewichten", „Vorläufige Verfahren für die Aussonderung alter Geräte", „Vorläufige Verfahren für die Kalibrierung von Volumengeräten aus Glas", „Verfahren für die Wiederholungsprüfung von Normalgeräten und Kalibriergeräten", „Vorläufige Vorschriften für das Einfuhrverbot von Maßen und Gewichten" und „Verfahren für die Anwendung von Stempeln auf Maßen und Gewichten" ausgearbeitet, die nach der Prüfung durch das Ministerium für Gewerbe nacheinander bekanntgemacht wurden.

Diese Bestimmungen über Maße und Gewichte, die von Experten in ernsthaftem Bemühen ausgearbeitet wurden, hatten zu einem großen Teil ausgereifte ausländische

Vorschriften in sich aufgenommen, die aber nicht unbedingt vollständig an die Bedingungen in China angepasst waren. Gewisse Bestimmungen, wie zum Beispiel die „Vorschriften für die Fertigungsstätte des Allchinesischen Amts für Maße und Gewichte", „Vorschriften für die Kalibrierstellen der Provinzen und Städte", „Vorschriften für die Zweigkalibrierstellen der Kreise und Städte", „Durchführungsbestimmungen des Gesetzes über Maße und Gewichte", „Vorläufige Vorschriften für die Anstellung von Kalibrierpersonal", „Bestimmungen für die Stempelung von Maßen und Gewichten", „Ausführungsbestimmungen für die Kalibrierung" und „Vorschriften für die Erhebung von Kalibriergebühren für Maße und Gewichte" mussten, nachdem sie eine bestimmte Zeit in Kraft gesetzt waren, erweitert und revidiert werden. Außerdem gab es in verschiedenen Bestimmungen über Maße und Gewichte vielfach einige politisch überzogene Probleme, die die normalen örtlichen Kalibrierer nicht verstanden. Dann lieferte das Allchinesische Amt für Maße und Gewichte oft ausführliche autoritative Erläuterungen und veröffentlichte sie rechtzeitig in der Zeitschrift „*Gongye biaozhun yu duliangheng*" (Industrienormen und Maße und Gewichte), um sie einem breiten Publikum mitzuteilen.

3.5 Einführung der vereinheitlichten Maße und Gewichte im ganzen Land

Die Einführung der Vereinheitlichung der Maße und Gewichte im ganzen Land kann man in die beiden Arbeiten der Vereinheitlichung der öffentlich verwendeten Maße und Gewichte und der Vereinheitlichung der zivil verwendeten Maße und Gewichte einteilen. Die öffentlich verwendeten Maße und Gewichte betrafen die Eisenbahn, das Straßenwesen, die Steuerverwaltung, die Salzverwaltung, Bildung, Militär, Schiffahrt, Wasserbau, Meteorologie, Landesvermessung, Industrie, Landwirtschaft, Bergbau, Prüfwesen, Post, Fernmeldewesen, Stadtregierungen und andere Organe des öffentlichen Diensts. Sie waren mit der Verwirklichung der verschiedenen Staatsangelegenheiten und den Beiträgen zu den öffentlichen Angelegenheiten verknüpft. Da sie miteinander zusammenhingen, benötigten sie ein einheitliches Normal. Darum erschien die Vereinheitlichung der öffentlich verwendeten Maße und Gewichte gegenüber den zivil verwendeten Maßen und Gewichten vordringlicher.

Im September des 18. Jahres der Republik (1929) lud das Ministerium für Industrie und Handel die Vertreter der Yuan's, Ministerien und Komitees der Zentrale ein, eine Konferenz des Komitees für Maße und Gewichte einzuberufen, auf der beschlossen wurde, bis zum 19. Jahr der Republik (1930) die öffentlich verwendeten Maße und Gewichte zu vereinheitlichen. Hierfür bat das Ministerium für Industrie und Handel,

„dass das Bildungsministerium in einem Runderlass die administrativen Organe für Bildung des ganzen Landes anweist, ausnahmslos das neue System anzuwenden und beide Systeme in die Lehrbücher aufzunehmen; die vorhandenen Lehrbücher sind sämtlich entsprechend zu verändern;

dass der Justiz-Yuan die Justizorgane des ganzen Landes anweist, ab einem bestimmten Termin das neue System anzuwenden; alle Prozessakten, die mit Maßen und Gewichten zusammenhängen, müssen im schriftlichen Urteil auf das neue System umgerechnet sein;

dass das Heeresministerium in einem Runderlass die militärischen Organe des ganzen Landes anweist, die Bezeichnungen, wie mitu [alte Bezeichnung für Meter] verwenden, entsprechend den festgelegten Bezeichnungen zu korrigieren sind;

dass die beiden Ministerien für Verkehr und Eisenbahnen in einem Runderlass die ihnen zugehörigen Organe anweisen, ausnahmslos das neue System zu befolgen und die Bezeichnungen zu korrigieren;

dass das Außenministerium gemeinsam mit dem Finanzministerium eine entsprechende Frist festlegt, in der mit einer Note den Regierungen in den Freihandelshäfen mitgeteilt wird, dass ab einem bestimmten Datum die in früheren Handelsverträgen festgelegten Zoll-Chi-Maße und Zoll-Kuping-Liang-Gewichte des alten Systems ausnahmslos abgeschafft sind und alle Einfuhrzollsätze und –waren sämtlich nach dem neuen System berechnet und die Benennungen geändert werden;

dass das Finanzministerium gemeinsam mit dem Außenministerium eine entsprechende Frist festlegt, dass in einem Runderlass alle Zollämter angewiesen werden, ab einem bestimmten Datum alle Zölle und Waren sämtlich nach dem neuen System zu berechnen und dass man nicht mehr das alte System des Zoll-Chi-Maßes und des Zoll-Kuping-Liang-Gewichts verwenden darf und alle Münzen angewiesen werden, die Gewichte der Münzen sämtlich in das neue System umzurechnen und die Bezeichnungen abzuändern; es dürfen nicht mehr solche Benennungen wie 'Kuping' verwendet werden."

Das offizielle Schriftstück des Ministeriums für Industrie und Handel über die Vereinheitlichung der öffentlich verwendeten Maße und Gewichte wurde seitens der Zentrale und der Provinzen und Städte aktiv aufgenommen. Die Organe des öffentlichen Dienstes der Eisenbahn, des Straßenwesens, der Steuerverwaltung, der Salzverwaltung, der Bildung, des Militärs, der Schiffahrt, des Wasserbaus, der Meteorologie, der Landesvermessung, der Industrie, der Landwirtschaft, des Bergbaus, des Prüfwesens, der Post, des Fernmeldewesens und der Städteregierungen betrieben gemeinsam mit anderen öffentlichen Einrichtungen großangelegte Aktivitäten, um nach den Gesetzen und Vorschriften bis zum 19. Jahr der Republik (1930) das neue System vollständig anzuwenden und die Vereinheitlichung der Maße und Gewichte zu vollenden. Einzig der Zoll war eine Ausnahme. Der Zoll ist das Drehkreuz des internationalen Handels. Oft wurden Maße und Gewichte verschiedener Länder gemischt verwendet, zum Beispiel benutzte man beim Volumen als Einheit amerikanische und englische Gallonen, bei der Länge als Einheit englische Fuß und Yards, beim Gewicht als Einheit long ton und short ton, was gegen die Norm verstieß, die Vereinheitlichung war dringend geboten. Aber wie sollte man bei diesem Problem konkret vereinheitlichen? Das betraf sehr viele Parteien, es ging um den Vorteil von Inland und Ausland, um den Vorteil des einen mit einem anderen Land usw. Es gab zahlreiche Probleme und erhebliche Schwierigkeiten. Durch mannigfache Abstimmungen und wiederholte Beratungen des Ministeriums für Gewerbe, des Finanzministeriums, des Außenministeriums und des Allchinesischen Amtes für Maße und Gewichte mit den Zollämtern wechselten alle Maße und Gewichte im Zoll ab dem 1.2. des 23. Jahres der Republik (1934) ausnahmslos auf das neue System. Damit wurde die Arbeit der Vereinheitlichung der öffentlich verwendeten Maße und Gewichte des ganzen Landes erfolgreich abgeschlossen.

Nach der Vollendung der Vereinheitlichung der öffentlich verwendeten Maße und Gewichte schritt auch nachfolgend die Vereinheitlichung der zivil verwendeten Maße und Gewichte mit festem Schritt voran. Die fünf Städte Nanjing, Beiping, Shanghai, Hankou und Qingdao zählten zu denen, die vorangingen. Nachdem die allchinesische Ausbildungsstätte für Kalibrierer von Maßen und Gewichten gegründet war, schickten die fünf Städte Gruppen von Absolventen technischer Universitäten und von Gymnasien zur Ausbildung. Von der Ausbildung zurückgekehrt, wurden sie zum Rückgrat der neu eingerichteten Kalibrierstellen für Maße und Gewichte. Sie prüften einerseits alte Geräte, und alle Maße und Gewichte, die nicht dem Gesetz entsprachen, wurden ausnahmslos ausgesondert; andererseits brachten sie das neue System voran, nach dem „Gesetz über die Maße und Gewichte" fertigten und kalibrierten sie verschiedene neue Maße und Gewichte. Die Umsetzung dieser Maßnahmen bewirkte, dass die fünf oben genannten Städte am frühesten die im Volk verwendeten Maße und Gewichte vereinheitlicht hatten. Die fünf Provinzen Zhejiang, Jiangsu, Shandong, Hebei und Suiyuan waren bei der Verwirklichung des neuen Systems sehr aktiv. Durch mehrjährige Bemühungen standen diese Provinzen und Städte in der Vereinheitlichung vorn, und auch in den Städten und Dörfern der Kreise wendete man allgemein das neue System an. Das waren die fünf Provinzen, die im ganzen Land am frühesten vollkommen die Vereinheitlichung der im Volk benutzten Maße und Gewichte erreicht hatten.

Dicht dahinter folgten die sieben Provinzen Henan, Jiangxi, Hubei, Hunan, Fujian, Guangxi und Anhui. Die Provinz Henan richtete im 25. Jahr der Republik (1936) nach der Einteilung in administrative Bezirke gleichzeitig 11 Kalibrierstellen für Maße und Gewichte ein. Die Organisation war gesund und die Finanzierung gesichert. Zu den Kreisen, die zu jedem Bezirk gehörten, wurden von den Zweigkalibrierstellen im Turnus Kalibrierer ausgeschickt. Die Provinz Jiangxi führte probeweise die Politik des zentralisierten Vertriebs amtlich hergestellter und amtlich verkaufter Maße und Gewichte durch und entsendete im 25. Jahr der Republik (1936) in alle Kreise der Provinz Kalibrierer, um mit ganzer Kraft das neue System umzusetzen. Die Provinz Hubei richtete in acht Bezirken Zweigkalibrierstellen ein. Jeder Bezirk war nach der Zahl der Kreise mit entsprechenden Kalibrierern versehen. Die Kalibrierer jedes Kreises führten die Anweisungen der Zweigkalibrierstellen aus und waren für die Umsetzung des neuen Systems im ganzen Kreis verantwortlich. Später wurde auch in der Provinzhauptstadt Wuchang zusätzlich eine Zweigkalibrierstelle eingerichtet, die speziell die Vereinheitlichung der Maße und Gewichte in den beiden Städten Wuchang und Hanyang übernahm. Die Provinz Hunan entsendete im 25. Jahr der Republik (1936) in die 75 Kreise der Provinz je einen Kalibrierer. Die in den Kreisen benötigten Verwaltungskosten wurden von der Provinzregierung kalkuliert und in die Planung aufgenommen, es wurde ein Betrag festgelegt und einmalig ausgezahlt. Für die abgelegenen, armen Kreise gab die Provinzregierung einen Zuschuss für Kalibriereinrichtungen. Die Provinz Fujian begann im 23. Jahr der Republik (1934) eine großangelegte politische Reform, und nach zwei Jahren bildete sie Kalibrierer des 3. Grades aus. So gewährleistete sie, dass jeder Kreis ausgebildete Kalibrierer guter Qualität hatte, die verantwortlich waren, das neue System einzuführen. In der ganzen Provinz gab es ausreichende Finanzmittel, die Ausrüstungen waren vollständig, so dass man reibungslos vorankam. Die Provinz Guangxi schritt nach dem ursprünglich von der Nanjing-Regierung festgelegten Plan ordnungsgemäß voran. Obwohl die ersten Schritte recht spät erfolgten, musste sich der Erfolg nicht verstecken. Im 26. Jahr der Republik (1937) waren die Kalibrierer in allen Kreisen der Provinz auf ihrem

Posten, und mehr als 2/3 der Kreise hatten die Vereinheitlichung der Maße und Gewichte vollendet. In der Provinz Anhui fehlten zum Beginn der Einführung des neuen Systems Finanzmittel, und man versuchte verschiedene Methoden, letztlich war der Fortschritt langsam. Später wurden ab dem 25. Jahr der Republik (1936) in alle Kreise schrittweise Kalibrierer entsendet, und nach einem Jahr waren alle Posten besetzt, was zu einer erfolgreichen Einführung des neuen Systems beitrug. Insgesamt hatten die sieben oben genannten Provinzen in der Provinzhauptstadt und den Kreisstädten die Vereinheitlichung der Maße und Gewichte vollständig vollendet. In den wichtigen Ortschaften der Kreise war man größtenteils zum neuen System übergegangen. Nur in den entlegenen Dörfern war der Fortschritt schleppend.

Im Mittelfeld befanden sich die acht Provinzen Sichuan, Shaanxi, Yunnan, Guizhou, Gansu, Ningxia, Qinghai und Xikang. Die Provinz Sichuan richtete im 24. Jahr der Republik (1935) eine Kalibrierstelle für Maße und Gewichte ein. Die Organisation war gesund, und es standen ausreichende Finanzmittel zur Verfügung. Nach zwei Jahren wurden in den Bezirken 18 Kalibrierstellen eingerichtet. Der Gebrauch neuer Geräte für die Längen- und die Massemessung war schon allgemein verbreitet, während die Volumengeräte nur langsam erneuert wurden. In der Provinz Shaanxi wurde im 24. Jahr der Republik (1935) eine Kalibrierstelle für Maße und Gewichte wieder eingerichtet, und nach einem Jahr wurden 28 Zweigkalibrierstellen der Kreise eröffnet, aber weil es sehr an Arbeitskräften mangelte, zog die Kalibrierstelle für Maße und Gewichte der Provinz danach früher ausgebildete Kalibrierer zusammen, bildete sie noch einmal aus und entsendete sie dann in die Kreise, um die Reihen aufzufüllen und die Einführung des neuen Systems zu fördern. In der Provinz Yunnan wurde durch das Amt für Bauwesen in Kunming eine Zweigkalibrierstelle für Maße und Gewichte eingerichtet, die vor allem als Versuchsstützpunkt in der Provinzhauptstadt die Vereinheitlichung der Maße und Gewichte unternahm, und nachdem man bestimmte Erfahrungen gesammelt hatte, wurde im Juli des 25. Jahrs der Republik (1936) offiziell die Kalibrierstelle der Provinz gegründet und in den Kreisen nach und nach das neue System eingeführt. Die Provinz Guizhou unternahm recht früh erste Schritte, so wurde eine Ausbildungsgruppe für die Kalibrierstelle der Provinz eingerichtet, so dass die Vereinheitlichung der Maße und Gewichte in der Provinzhauptstadt Guiyang frühzeitig vorbereitet war, aber später führten Finanzierungsprobleme dazu, dass die Arbeiten zur Einführung des neuen Systems in der ganzen Provinz auf halbem Wege steckenblieben. Im 26. Jahr der Republik (1937) hatte das Amt für Bauwesen der Provinzregierung für 15 Kreise in der Umgebung von Guiyang drei vereinigte Zweigkalibrierstellen für Maße und Gewichte eingerichtet, die die Einführung des neuen Systems in Angriff nahmen. Die Provinz Gansu hatte anfangs nur seitens des Amts für Bauwesen einen Kalibrierer bereitgestellt, der die Einführung des neuen Systems in Lanzhou übernehmen sollte, und nachdem man einen anfänglichen Erfolg erzielte, wurde die Zahl der Kalibrierer auf 11 Personen erhöht. Unter Berücksichtigung des Mangels an Fachkräften und der ungesunden Organisation nahm die Provinz Gansu zwei Aufgaben in Angriff, die eine war die Ausbildung von Kalibrierern des 3. Grades und die andere die Gründung von Zweigkalibrierstellen in den Kreisen, die das neue System der Maße und Gewichte allseitig einführten. Die Verwaltung der Maße und Gewichte wurde in Ningxia sehr früh aufgebaut, und alle Kreise der Provinz hatten die Vereinheitlichung in ordentlicher Weise verwirklicht. Später meinte die Provinzregierung, weil die Vereinheitlichung schon erreicht sei, dass eine Organisation der Verwaltung der Maße und Gewichte nicht existieren müsste, so dass die entsprechenden Arbeiten mehrere Jahre stockten. Die ursprünglichen Erfolge der Vereinheitlichung waren auf diese Weise fast vollständig zunichte gemacht. Ab dem Winter des 25. Jahres der Republik (1936) hatte Ningxia sich neu aufgestellt und das neue System allmählich wiederhergestellt. In der Provinz Qinghai wurde im 26. Jahr der Republik eine Kalibrierstelle für Maße und Gewichte eingerichtet, es wurden ausführliche Bestimmungen und Verfahrensweisen der Einführung ausgearbeitet, so dass die Arbeiten der Vereinheitlichung relativ normal voranschritten. Auch in der Provinz Xikang baute das Komiteee für Bauwesen der Provinz im 26. Jahr der Republik (1937) die Verwaltung der Maße und Gewichte auf, und in alle Kreise der Provinz entsendeten die Kreisregierungen vorläufig Mitarbeiter, die für die Einführung verantwortlich waren.

Relativ zurückgeblieben waren die sieben Provinzen Guangdong, Shanxi, Liaoning, Jilin, Heilongjiang, Rehe und Chahar. Die Provinz Guangdong hatte nach mehrfachem Ansporn durch das Allchinesische Amt für Maße und Gewichte erst im November des 25. Jahres der Republik (1936) eine Kalibrierstelle für Maße und Gewichte eingerichtet, aber obwohl die ersten Schritte relativ spät erfolgten, wurde aufgrund ausreichender Finanzmittel im Verlaufe von nur wenigen Monaten in Guangzhou die Vereinheitlichung der Maße und Gewichte verwirklicht. Ursprünglich war beabsichtigt, das Eisen zu schmieden, solange es heiß ist, und eine Ausbildungsgruppe für Kalibrierer des 3. Grades zu organisieren, um das neue System in allen Kreisen der ganzen Provinz einzuführen, aber dann brach der antijapanische Widerstandskrieg aus, so dass man die Arbeiten unterbrechen musste. In der Provinz Shanxi wurden im 26. Jahr der Republik (1937) Verfahren zur Realisierung der Vereinheitlichung der Maße und Gewichte verkündet, erst im nächsten Jahr beantragte man beim Allchinesischen Amt für Maße und Gewichte Normalgeräte und Kalibriergeräte, aber infolge des Kriegsausbruches konnte man das neue System nicht mehr baldmöglichst einführen. Die drei Provinzen Liaoning, Jilin und Heilongjiang hatten einst Kalibrierer für Maße und Gewichte zum Allchinesischen Amt für Maße und Gewichte entsendet, um eine fachliche Ausbildung zu erhalten, aber als schon alles vorbereitet war und man die Einführung begann, kam es zu den Ereignissen des 18.9.1931[136], so dass alle Mühe vergeblich war. In der Provinz Rehe wurde einst eine Kalibrierstelle für Maße und Gewichte eingerichtet, aber weil Chengde von den Japanern eingenommen wurde, ging sie verloren. In der Provinz Chahar hatte das Amt für Bauwesen zwei Kalibrierer angestellt, aber weil es an der Grenze immer wieder zu Kriegswirren kam, blieben weitere Erfolge aus.

Um die Situation der Vereinheitlichung der Maße und Gewichte im ganzen Land praktisch zu verstehen, berief das Ministerium für Gewerbe vom 10. bis 16.7.1937 in Nanjing eine Konferenz der Direktoren der Kalibrierstellen der Provinzen und Städte des ganzen Landes ein. An der Konferenz nahmen 25 Vertreter von 24 Provinzen und Städten teil. Auf der Konferenz gab Amtsleiter Wu Chengluo einen Arbeitsbericht, in dem er hauptsächlich drei Probleme ansprach: erstens, er schlug einen Plan der konzentrierten Ausbildung von

---
136 Ereignisse des 18.9.1931 – An diesem Tag besetzte Japan den Nordosten Chinas und gründete dann den Marionettenstaat Mandschukuo.

Fachleuten für Maße und Gewichte des ganzen Landes vor, der vorsah, dass ab dem 2. Jahr die zuständigen Vorgesetzten und die Verwaltungsorgane für Maße und Gewichte in den Provinzen und Städten die Kalibrierer mit den besten Erfolgen auswählen und gestaffelt in das Amt schicken, um ihre Ausbildung zu vertiefen und die Kenntnisse zu erneuern; zweitens, er bekräftigte, dass auch die aus dem Ausland importierten Maße und Gewichte oder Messmittel eine zeitlich befristete Gültigkeit haben und von den örtlichen Kalibrierorganen periodisch kalibriert und geprüft werden müssen, um die Vereinheitlichung deutlich zu machen; drittens, legte er Direktiven und Schritte für die Realisierung von Industrienormen dar und forderte, dass jeder Kalibrierer die Zeitschrift „*Gongye biaozhun yu duliangheng*" (Industrienormen und Maße und Gewichte) studiert, um der Verantwortung für die Untersuchung und Realisierung von Industrienormen gerecht zu werden.

Auf der Konferenz wurden den Delegierten aus 24 Provinzen und Städten 52 Entwürfe über Maße und Gewichte vorgelegt, die vom Sekretariat der Konferenz in die Themen Vorschriften, Organisation, Anstellung, Ausbildung, Einführung, Unternehmen, Herstellung, Kalibrierung, Prüfung und Inspektion eingeteilt wurden.[137] Diese Entwürfe waren auf der Grundlage der von der Nanjing-Regierung vor einigen Monaten gerade bekanntgemachten neun Vorschriften „Provisorisches Verfahren der Kalibrierung von Volumengeräten aus Glas", „Revidierte Vorschriften über die Zweigkalibrierstellen für Maße und Gewichte in den Kreisen und Städten", „Revidierte Vorschriften über die Kalibrierstellen für Maße und Gewichte in den Provinzen", „Vorläufige Vorschriften über das Einfuhrverbot von Maßen und Gewichten", „Revidierte Durchführungsbestimmungen zu den Regeln für Unternehmen auf dem Gebiet der Maße und Gewichte", „Revidierte Durchführungsbestimmungen für die Kontrolle von Maßen und Gewichten", „Vorläufiges Verfahren für die Kalibrierung von Thermometern", „Verfahren für die Kalibrierung und Prüfung von Maßen und Gewichten der staatlichen Eisenbahnen", „Vereinheitlichung der Verfahren für Taxameter und Treibstoffvolumenmessgeräte für Autos" ausgearbeitet, die zeigen, dass man im Verlaufe der Vereinheitlichung der Maße und Gewichte in den Provinzen und Städten des ganzen Landes auf viele neue Probleme gestoßen war, die man durch die Bekanntmachung neuer Vorschriften regeln musste. Die Delegierten der Konferenz schenkten diesen neuen Entwürfen große Aufmerksamkeit, und obwohl der antijapanische Widerstandskrieg schon ausgebrochen und das Wetter sehr heiß war, spendeten alle zwei Tage Zeit, um die Entwürfe ernsthaft zu diskutieren und fassten Punkt für Punkt Beschlüsse, um sie einen nach dem anderen in die Praxis umzusetzen.

Wenn man die Provinzen und Städte des ganzen Landes insgesamt betrachtet, so wurde mit Ausnahme von Xinjiang und Tibet, wo die Umsetzung noch nicht in Angriff genommen war, in den übrigen Provinzen und Städten das neue System aktiv eingeführt, so als ob es keinen Krieg gegeben hätte. Obwohl die Vereinheitlichung der Maße und Gewichte des ganzen Landes nicht gemäß dem Plan im 26. Jahr der Republik (1937) vollständig verwirklicht war, hoffte man aber, dass man spätestens bis zum 30. Jahr der Republik (1941) die grundlegende Vereinheitlichung der Maße und Gewichte im ganzen

---

137 Zheng Liming: „Kangzhan shiqi huayi duliangheng zhi zhongyaoxing" (Die Bedeutung der Vereinheitlichung der Maße und Gewichte in der Periode des Widerstandskrieges), „Gongye biaozhun yu duliangheng" (Industrienormen und Maße und Gewichte), Bd. 4, H. 7–20

Land realisieren würde. Aber es hing nicht alles vom Willen des Menschen ab, denn im 26. Jahr der Republik (1937) brach der antijapanische Widerstandskrieg aus, und das ganze Land trat in den Kriegszustand ein. Ob man in den Kriegszeiten noch das neue System einführen müsse, wie man das neue System einzuführen habe, wurde zu einer dringlichen Frage, die sich dem Allchinesischen Amt für Maße und Gewichte stellte.

3.6 Vereinheitlichung der Maße und Gewichte während des antijapanischen Widerstandskrieges

Als im 26. Jahr der Republik (1937) der antijapanische Widerstandskrieg ausbrach, waren sich alle Schichten des Volkes im Haß gegen den gemeinsamen Feind einig. Eine Volksmenge von mehreren hundert Millionen Menschen verfolgte die Kriegsereignisse an der Front, so dass keine Zeit blieb, sich um die Vereinheitlichung der Maße und Gewichte zu kümmern. Nicht wenige Menschen meinten, dass die Vereinheitlichung der Maße und Gewichte eine Aufgabe für Friedenszeiten sei, man müsse bis zum Sieg im Widerstandskrieg warten, und wenn das Land wieder Frieden hätte, wäre es dafür nicht zu spät. Wie sollte man die Beziehung zwischen der Vereinheitlichung der Maße und Gewichte und dem Widerstandskrieg richtig einschätzen? Der damalige Direktor des Allchinesischen Amts für Maße und Gewichte, Zheng Liming, verfasste eine Schrift „Die Bedeutung der Vereinheitlichung der Maße und Gewichte in der Periode des Widerstandskrieges", in der er allseitig objektiv die Beziehungen zwischen der Vereinheitlichung der Maße und Gewichte und den Bedürfnissen der Armee, die Beziehungen zur Kontrolle und Verwaltung, die Beziehungen zur Förderung der Produktion und die Beziehungen zu stabilen Warenpreisen darlegte und über die Wichtigkeit einheitlicher Maße und Gewichte in der Periode des Widerstandskrieges argumentierte.[138]

Bei der Erörterung der Beziehungen zwischen der Vereinheitlichung der Maße und Gewichte und den Bedürfnissen der Armee verwies Zheng Liming darauf: „Militärisches Gerät, Bomben, Sprengstoff, Flugzeuge, Panzerwagen, Treibstoff und andere Rüstungen für die Armee müssen bei der Herstellung bestimmte Normen erfüllen, und die gebrauchten Maßeinheiten müssen einheitliche Maße und Gewichte liefern. Nur auf diese Weise sind die Ausrüstungen leicht zu gebrauchen, und der Nachschub schnell zu realisieren. Allerdings sind wir bei diesen Rüstungen von Importen abhängig, die wir in verschiedenen Ländern kaufen. Wenn wir heute ihre Einheitlichkeit fordern würden, so wäre das unrealistisch, aber glücklicherweise haben die Maßeinheiten dieser Länder alle korrekte Normale. Wenn man die verschiedenen Branchen und Warenarten verwalten kann, vermeidet man Durcheinander und Chaos. Die Erfassung des Getreides für die Armee und die Herstellung der Uniformen hat eine enge Beziehung zu vereinheitlichten Maßen und Gewichten. Wenn man die Erfassung des Getreides für die Armee vollständig dem Volk überlassen würde, wie groß wären angesichts der noch nicht gründlichen Vereinheitlichung der Maße

---

[138] Zheng Liming: „Kangzhan shiqi huayi duliangheng zhi zhongyaoxing" (Die Bedeutung der Vereinheitlichung der Maße und Gewichte in der Periode des Widerstandskrieges), „Gongye biaozhun yu duliangheng" (Industrienormen und Maße und Gewichte), Bd. 4, H. 7-20, S. 1–2

und Gewichte in den Regionen die Vorräte im ganzen Land? Wieviel hätte jede Provinz, jeder Kreis gelagert? Wieviel kann außer der Nahrung für das Volk für den Gebrauch der Armee geliefert werden? Obwohl man über diese Fragen in den tabellarischen Berichten ständig statistische Zahlen sehen kann, gehen aber die Zahlen und die Tatsachen in unterschiedliche Richtungen, man wird ewig zwischen ihnen keinen Frieden schließen können. Wenn man nach den Ursachen forscht, so hängt vieles von der Uneinheitlichkeit der Maße und Gewichte ab, die die Unrichtigkeit von Untersuchungen beeinflusst und dazu führt, dass die Herrschaft ungerecht ist. Weil die Maße und Gewichte uneinheitlich sind, kommt es im Verkehr zwischen Armee und Volk ständig zu Konflikten. Wenn die Requirierer der Armee für Aufkäufe aufs Land gehen, treten schwerwiegende Missstände zutage, die die Perspektive im Widerstandskrieg tiefgreifend beeinflussen. Da hinsichtlich der Produktion von Uniformen bei dem gegenwärtigen großen Bedarf die Staatsbetriebe den Bedarf nicht decken, muss man sie notwendigerweise auf das Volk verteilen. Aber die Schneider-Chi-Maße im Volk sind unterschiedlich, und die angefertigten Uniformen entsprechen nicht den Normen und sind nicht zum Tragen geeignet, außerdem wird zuviel Material verbraucht, was den Auftragnehmern Gelegenheit gibt, mit unerlaubten Mitteln Profit zu machen. Die beiden obigen Fälle sind nur zwei praktische Beispiele aus den von der Armee benötigten Gütern. Wir haben nicht die Zeit, verschiedene andere Beispiele anzuführen. Aber schon an diesen beiden erkennt man, wie wichtig die Maße und Gewichte im Widerstandskrieg sind."

Bei der Erörterung der Beziehung zwischen der Vereinheitlichung der Maße und Gewichte mit der Kontrolle und Verwaltung meinte Zheng Liming: „Die Kontrolle und Verwaltung ist in der Tat eine gegenwärtig drängende Aufgabe. Nur wenn Kontrolle und Verwaltung realisiert werden, kann man die Situation der Vorräte von Rohstoffquellen im ganzen Land und den gegenwärtigen Verbrauch vorab untersuchen, aufklären und statistisch erfassen. Im Hinblick auf überflüssige Produktionen in unserem Land muss man Verfahren schaffen, um den Export im Austausch für mangelnde Produkte zu prämieren. Bezüglich Produkten, die für den Bedarf der Armee zu wenig hergestellt werden oder bei denen man sich vor allem auf Importe aus dem Ausland stützt, muss man den Verbrauch im Volk beschränken oder absolut verbieten. Wenn man so verfährt, erreichen wir, dass die materiellen Ressourcen nicht versiegen und wir auf den schließlichen Sieg hoffen können. Aber die sogenannten Untersuchungen und Statistiken, Beschränkungen und Verbote können nur mit Maßen und Gewichten umgesetzt werden. Wenn die Maße und Gewichte nicht einheitlich sind, dann kann man auch nicht hoffen, dass die Kontrolle und Verwaltung tatsächlich wirken."

Bei der Diskussion der Beziehung zwischen Maßen und Gewichten und der Förderung der Produktion bekräftigte Zheng Liming: „Die Entwicklung der Produktion in Kriegszeiten muss absolut nach dem Prinzip der Notwendigkeit erfolgen. Die unnötigen Arten, Größen und Muster von Waren müssen durchweg unterbunden werden, um Material zu sparen und die Produktivität zu erhöhen. Wenn die Maße und Gewichte nicht allgemein vereinheitlicht werden, ist kaum zu hoffen, dass ihre Einführung zu vollem Nutzen führt, selbst wenn für die verschiedenen Waren Gebrauchsnormen festgelegt sind. Hinsichtlich der Frage, welche Produktion in welcher Region durchgeführt werden soll, wie man die Produktionsmenge fördern oder beschränken soll, muss man sich vor allem an die Statistik der Bereitstellung von Rohstoffen und die Untersuchung der von den Verbrauchern benötigten Mengen halten, anderenfalls ist die Planung nicht umfassend."

Bei der Erörterung der Beziehung zwischen Maßen und Gewichten und stabilen Warenpreisen meinte Zheng Liming: „Die Kalibierorgane für Maße und Gewichte führen das neue System ein. Dabei sind die Untersuchung des Indexes der Warenpreise und die Umrechnung zwischen dem neuen und dem alten System ursprünglich eine ihrer alltäglichen Arbeiten. In dieser außergewöhnlichen Periode müssen die örtlichen Regierungen und die Militärorgane gemeinsam mit den betreffenden Korporationen und Organisationen und den Organen der Überprüfung der Warenpreise und mit Hilfe der Kalibrierorgane für Maße und Gewichte als Hauptbeteiligte die Verantwortung für die alltäglichen Untersuchungen, Kontrollen und die obligatorische Umsetzung übernehmen. Dann lässt sich ein illegales Hochschnellen der Warenpreise unterbinden, was für die Perspektive im Widerstandskrieg in der Tat von gewaltigem Nutzen wäre."

Gerade gestützt auf diese Überlegungen zu den oben genannten Beziehungen wendet das Allchinesische Amt für Maße und Gewichte in der Periode des Widerstandskrieges besondere Methoden an, indem es sich bemühte, die Vereinheitlichung der Maße und Gewichte voranzutreiben. Hauptsächlich entfaltete es Arbeiten auf den folgenden Gebieten:

Erstens, Aufrechterhaltung der Verwaltung der Maße und Gewichte im Kriegsgebiet. In den Kampfzonen Nordchinas, von Zhejiang, Anhui und Henan strömten riesige Armeeeinheiten zusammen. Um Interessenkonflikte zwischen Armee und Volk zu vermeiden, wies das Allchinesische Amt für Maße und Gewichte seine Kalibrierer an, wie üblich ihre Arbeit solange zu versehen, um die Einheitlichkeit der Maße und Gewichte im Kriegsgebiet aufrechtzuerhalten, bis das Gebiet in Feindeshand gerät und man die Amtsbefugnis nicht mehr ausüben kann.

Zweitens, Einführung der Verwaltung der Maße und Gewichte in den an das Kriegsgebiet angrenzenden Provinzen. In den Provinzen Jiangxi, Fujian, Hunan, Hubei, Guangxi und Guilin, die an das Kriegsgebiet angrenzten oder in denen militärische Aktionen angefangen wurden, stützte man sich bei der Produktion und dem Transport aller von der Armee benötigten Güter größtenteils auf diese Gebiete. Allgemein wurden alle mit dem Militär zusammenhängenden Produktionsarbeiten kontrolliert und verwaltet. Das erfordert dringlich die Vereinheitlichung der Maße und Gewichte. Obwohl die obigen Provinzen bei der Einführung des neuen Systems gute Ergebnisse vorzuweisen hatten, intensivierte das Allchinesische Amt für Maße und Gewichte die Überwachung, so dass diese Provinzen in sehr kurzer Zeit die Vereinheitlichung der Maße und Gewichte gründlich vollendet hatten.

Drittens, Erweiterung der Verwaltung der Maße und Gewichte in den Binnenprovinzen. Da in den Binnenprovinzen im Südwesten und Nordwesten Chinas der Verkehr unterentwickelt war, gestaltete sich die Entsendung von Personen zur Ausbildung und Zuteilung von Geräten oft schwierig, was die Vereinheitlichung der Maße und Gewichte erheblich verlangsamte. Seitdem das Allchinesische Amt für Maße und Gewichte in die zentrale Stadt Chongqing des Südwestens und Nordwestens verlagert wurde, wurden die Entsendung von Personen zur Ausbildung aus den Binnenprovinzen und die Ausgabe von Geräten viel bequemer. Außerdem wurden im Gefolge der Verlagerung von Fabriken aus dem Kriegsgebiet und dem unaufhörlichen Strom von Flüchtlingen nach Westen

Gebiete, die früher spärlich besiedelt waren, plötzlich zu Industriezentren mit einer dichten Bevölkerung. Das Allchinesische Amt für Maße und Gewichte nutzte die Gelegenheit, indem es mit ganzer Kraft die Verwaltung der Maße und Gewichte in den Provinzen des Südwestens und Nordwestens, die ein großes Hinterland bildeten, vorantrieb. Angepasst an die Bedürfnisse der Kriegszeit und Schritt haltend mit dem Strom der Zeit, betonte das Allchinesische Amt für Maße und Gewichte die Vereinfachung und Normung, um den Verbrauch möglichst zu verringern und die Bedürfnisse der Praxis zu befriedigen. Innerhalb von drei Jahren vollendete es im Wesentlichen die Vereinheitlichung der Maße und Gewichte im Binnenland.

Viertens, Umarbeiten von alten Geräten zu Geräten des neuen Systems. In der Periode des Widerstandskrieges waren die Ressourcen an Arbeitskräften, Material und Finanzen sehr angespannt. Als das Allchinesische Amt für Maße und Gewichte die Ausbildung von Kalibrierpersonal anpackte und zugleich aktiv die Produktion in zivilen Unternehmen anregte, befürwortete es energisch, möglichst die alten Geräte zu Geräten des neuen Systems umzuarbeiten. Weil man für das Umarbeiten der alten Geräte bestimmte Verfahren und Technologien benötigte, verfasste und druckte das Allchinesische Amt für Maße und Gewichte eine entsprechende Broschüre, die an die Kalibrierer in den Regionen ausgegeben wurde, um das Umarbeiten der alten zu neuen Geräten anzuleiten.

Fünftens, Unterbindung des Imports von Maßen und Gewichten, die nicht den Gesetzen entsprechen. Die verschiedenen Messgeräte und alltäglich gebrauchten relativ genauen Maße und Gewichte waren größtenteils Importgüter, doch wie verhielt es sich mit der metrologischen Ordnung? Wie groß war die Genauigkeit? In Friedenszeiten hätte sich sorglos niemand darum gekümmert. Aber wenn in Kriegszeiten ein Messgerät nicht genau ist, kann es die großen Ziele der Kampfaufträge beeinträchtigen. Deshalb arbeitete das Allchinesische Amt für Maße und Gewichte „Vorläufige Regeln zur Unterbindung der Einfuhr von Maßen und Gewichten" aus, die die strenge Kalibrierung aller aus dem Ausland eingeführten Maße und Gewichte vorschrieb und die Einfuhr vollständig verbot, wenn man feststellte, dass es sich um ein den Gesetzen nicht entsprechendes Gerät handelte.

Sechstens, Erweiterung der Produktion von präzisen Maßen und Gewichten und genauen Messgeräten. Vor dem Widerstandskrieg hatte China präzise Maße und Gewichte und genaue Messgeräte außer der Stützung auf Importe hauptsächlich aus den Küstenstädten Shanghai und Tianjin bezogen, aber als im Widerstandskrieg die Seerouten blockiert waren und Shanghai und Tianjin in die Hand des Feindes gefallen waren, gab es auch fast keine Lieferungen dieser Präzisionsgeräte mehr. Glücklicherweise war die Fertigungsstätte für Maße und Gewichte von Nanjing nach Chongqing evakuiert worden und alle Maschinenteile blieben unversehrt. Durch die Vermehrung der Ausrüstungen und die Einstellung zusätzlicher Arbeiter wurden das technologische Niveau und die Produktionskapazität erheblich erhöht, so dass man nicht nur im Wesentlichen den Bedarf an dringend benötigten Geräten für die Untersuchung von Normalen und für Kalibrierungen und Prüfungen in den Provinzen, Städten und Kreisen des Südwestens und Nordwestens befriedigte, sondern man stellte auch verschiedene Maße und Gewichte und Messgeräte her, die für Forschung, Bildung und Technologie vorgesehen waren.

Siebtens, Kalibrierung verschiedener Maße und Gewichte. Das Allchinesische Amt für Maße und Gewichte schenkte den zahlreichen Messgeräten seine Aufmerksamkeit, die in den Organen von Forschung, Bildung, Armee und Technik eingesetzt wurden. Infolge der langen Evakuierungswege und des langzeitigen Gebrauchs waren sie schon nicht mehr allzu genau. Wenn sie die wissenschaftliche Forschung nicht beeinträchtigten und die Qualität der Bildung nicht herabsetzten, verbargen sich in ihnen technische Sicherheitsrisiken, und sie behinderten sogar die militärischen Operationen. Deshalb mussten sie kalibriert werden. Das Allchinesische Amt für Maße und Gewichte nutzte die günstigen Bedingungen, dass die Kalibrierausrüstungen ziemlich lückenlos waren, und außer den Arbeiten der eigenen täglichen Kalibrierungen übernahm es jederzeit Aufträge aus verschiedenen Bereichen der Gesellschaft und kalibrierte verschiedene Messgeräte.

Achtens, Ergänzung und Revision der Bestimmungen über Maße und Gewichte. Zu Beginn der Ausarbeitung des „Gesetzes über Maße und Gewichte" berücksichtigte man vor allem, dass das Volk es leicht verstehen und annehmen kann. Darum ist es recht einfach und summarisch verfasst, aber nachdem es eine Weile in Kraft gesetzt war, stieß man allmählich auf zahlreiche Probleme, so dass man sich an das „Gesetz über Maße und Gewichte" schwer gewöhnen konnte und man es ergänzen und revidieren musste. Das Allchinesische Amt für Maße und Gewichte übersetzte die Bestimmungen über Maße und Gewichte verschiedener Länder, wie Japan, Frankreich, England, die USA, Deutschland und die Schweiz, und auf der Grundlage, dass man sie als Referenz und sich zum Vorbild nahm, wurden die verschiedenen Bestimmungen über Maße und Gewichte Chinas selbstkritisch überprüft, und am 9.8. des 28. Jahres der Republik (1939) wurden die „Regeln für die Registrierung des Personals für die Verwaltung der Maße und Gewichte des Allchinesischen Amts für Maße und Gewichte"[139], am 11.11. desselben Jahres das „Statut des Komitees für Herstellung und Untersuchung von Maßen und Gewichten"[140] entworfen und am 8.5. des 29. Jahres der Republik (1940) das revidierte Manuskript der „Organisationsregeln des Allchinesichen Amts für Maße und Gewichte im Wirtschaftsministerium"[141] eingereicht.

Neuntens, Inspektion der Verwaltung der Maße und Gewichte in den Provinzen. Nach dem Ausbruch des Widerstandskriegs entsendete das Allchinesische Amt für Maße und Gewichte alljährlich Gruppen von Mitarbeitern zu Inspektionen in die Provinzen, um die Vereinheitlichung der Maße und Gewichte zu überwachen, voranzutreiben und anzuleiten. Bei den Inspektionen achteten die Inspektoren darauf, dass, nachdem Nordchina und Zhejiang nacheinander in Feindeshand gefallen waren, die arbeitslos gewordenen Kalibrierer für Maße und Gewichte, die 700 bis 800 Personen umfassten und größtenteils Absolventen von technischen Universitäten und in der niedrigsten Qualifikation Absolventen von Mittelschulen waren, die spezialisierte Techniker waren und auch mehrjährige Erfahrung in der Verwaltung der Maße und Gewichte besaßen, das Rückgrat bei den Kalibrierarbeiten der Maße und Gewichte bildeten. Wie konnte man sich

---

139 „Regeln für die Registrierung des Personals für die Verwaltung der Maße und Gewichte des Allchinesischen Amts für Maße und Gewichte" in „Gongye biaozhun yu duliangheng" (Industrienormen und Maße und Gewichte), Bd. 7–8, S. 13

140 „Statut des Komitees für Herstellung und Untersuchung von Maßen und Gewichten" in „Gongye biaozhun yu duliangheng" (Industrienormen und Maße und Gewichte), Bd. 7–8, S. 14

141 „Organisationsregeln des Allchinesichen Amts für Maße und Gewichte im Wirtschaftsministerium" in „Gongye biaozhun yu duliangheng" (Industrienormen und Maße und Gewichte), Bd. 7–8, S. 11–12

dieses Rückgrat erhalten? Das Allchinesische Amt für Maße und Gewichte beachtete, dass die Provinzen des Südwestens und Nordwestens, die während des Widerstandskrieges zu einem Industriezentrum geworden waren, und weil man allgemein das neue System der Maße und Gewichte eingeführt hatte, dass ein großer Mangel an Kalibrierpersonal herrschte. Daraufhin ergriff das Allchinesische Amt für Maße und Gewichte verschiedene Maßnahmen, um die im Feindesland arbeitslos gewordenen Kalibrierer in die Binnenprovinzen des Südwestens und Nordwestens zu versetzen. So schlug man zwei Fliegen mit einer Klappe, man löste das Arbeitslosenproblem, erhielt die Kalibrierkapazität und entwickelte ihre Wirkung als kadermäßiges Rückgrat. Diese Kalibrierer erledigten ihre Aufgaben spielend. Ihre Ankunft beschleunigte die Vereinheitlichung der Maße und Gewichte in den Provinzen des Südwestens und Nordwestens erheblich.

Wegen der qualifizierten Maßnahmen verzeichneten die Arbeiten des Allchinesischen Amts für Maße und Gewichte zur Vereinheitlichung der Maße und Gewichte im ganzen Land in der Anfangsphase des Widerstandskrieges einen bestimmten Fortschritt. Tabelle 13.2 liefert eine unvollständige Statistik über den konkreten Fortschritt bei den Arbeiten zur Vereinheitlichung der Maße und Gewichte vom 27. bis zum 30. Jahr der Republik (1938 bis 1941).

Tabelle 13.2 Fortschritt der Arbeiten zur Vereinheitlichung der Maße und Gewichte von 1938 bis 1941[142]

Jahr/Aufgabe	1938	1939	1940	1941	Gesamt
Ausgabe von Lizenzen an Unternehmen, die Maße und Gewichte herstellen	132	102	82	132	448
Ausgabe von Lizenzen zum Verkauf von Maßen und Gewichten	12	17	16	3	48
Ausgabe von Lizenzen an Zweigfabriken für die Herstellung von Maßen und Gewichten	41				41
Ausgabe von Lizenzen für die Reparatur von Maßen und Gewichten		2	5	1	8
Hergestellte Maße und Gewichte	>129000	>204000	>85000	>112000	>530000
Kalibrierte Längenmaße	>53600	>59700	>133000	>36000	>282300
Kalibrierte Volumengeräte	>56400	>47600	>100000	>60000	>264000
Kalibrierte Gewichte	>219000	>211000	>220000	>208000	>858000

Hinter diesen schlichten Zahlen steckt die emsige Arbeit der Massen von Arbeitern der Metrologie Chinas in der Periode des Widerstandskrieges, sie drücken ihr Bemühen aus, die widrigen Einflüsse zu überwinden, die durch die japanischen Aggressoren der Sache der Vereinheitlichung der Maße und Gewichte in China zugefügt wurden. Dass die Sache

---

142 Nach der Systematik „Statistische Materialien über Maße und Gewichte", siehe „Gongye biaozhun yu duliangheng" (Industrienormen und Maße und Gewichte), Bd. 4, H.7–12

der Vereinheitlichung der Maße und Gewichte in China unter den harten Bedingungen des Widerstandskrieges solche Erfolge erringen konnte, war nicht einfach.

Nach dem aufeinander folgenden Rückzug der Guomindang-Armeen auf den Schlachtfeldern, nachdem ein großer Teil des Landesterritoriums in die Hand des Feindes gefallen war, stieß die Vereinheitlichung der Maße und Gewichte auf immer größere Schwierigkeiten. Das von der Nanjing-Regierung bekanntgemachte „Gesetz über die Maße und Gewichte" und eine Reihe anderer zugehöriger Bestimmungen wurde im Territorium des Feindes zu einem wertlosen Stück Papier, so dass die bereits vereinheitlichten Maße und Gewichte in einen chaotischen Zustand gerieten, wobei diese Territorien des Feindes größtenteils die wirtschaftlich dynamischsten Gebiete waren. Die Uneinheitlichkeit der Maße und Gewichte beeinträchtigte in einem erheblichen Maße die Entfaltung der wirtschaftlichen Aktivitäten Chinas.

Der Einfluss des Krieges war vielfältig. Vor dem Widerstandskrieg wurden verschiedene präzise Maße und Gewichte und genaue Messgeräte, wenn man von Importen absieht, hauptsächlich aus den Küstenstädten Shanghai und Tianjin geliefert. Aber nach dem Ausbruch des Widerstandskrieges wurden Lieferungen dieser Präzisionsgeräte infolge der Blockade der Seewege und der Tatsache, dass Shanghai und Tianjin in Feindeshand gefallen waren, fast völlig unterbrochen. Obwohl die Fertigungsstätte für Maße und Gewichte von Nanjing nach Chongqing evakuiert wurde und alle Maschinenteile glücklicherweise unbeschädigt blieben, wurde aber durch die heftige Bombardierung Chongqing's durch japanische Flugzeuge ein Teil der Ausrüstungen der Fertigungsstätte für Maße und Gewichte zerstört, was die Produktionskapazität verringerte. Deshalb trat nach dem 30. Jahr der Republik (1941) ein gravierender Rückgang der Produktion von neuen Maßen und Gewichten auf.

Der Krieg verursachte außerdem den Weggang von Metrologen und Verluste an der Front der metrologischen Wissenschaft. Von den Kalibrierern, die im Feindesland arbeitslos geworden und in die Binnenprovinzen des Südwestens und Nordwestens geflüchtet waren, gerieten angesichts der ernsten Kriegshandlungen in die schwierige Lage der Arbeitslosigkeit. Um zu existieren, blieb zahlreichen technischen Kadern nur übrig, ihren Beruf zu wechseln, was zu einem Weggang von Metrologen führte. Es ist wert, darauf hinzuweisen, dass die im Juli 1934 gegründete Zeitschrift *„Gongye biaozhun yu duliangheng"* (Industrienormen und Maße und Gewichte), nachdem sie drei Jahre lang als Monatszeitschrift erschienen war, ab dem Juli 1937 nicht umhin konnte, als Quartals- und sogar als Halbjahreszeitschrift zu erscheinen. Das frühere Setzen und Drucken mit Bleitypensetzmaschinen wurde durch den manuellen Druck mit Ormigpapier abgelöst. So ging es bis zum Dezember 1944, kurz vor dem Sieg im Widerstandskrieg, aber es war auch die schwierigste Zeit, so dass man sich gezwungen sah, diese damals maßgebliche Publikation der Metrologie Chinas einzustellen.

Kapitel 14

Fortschritt der Zeitmetrologie

Wegen der Drehung der Erdkugel ist die zu ein und derselben Zeit gemessene Sonnenzeit, die Beobachter messen, die sich auf verschiedenen Längengraden der Erdkugel befinden, nicht gleich. Diese Sonnenzeit heißt Ortszeit. Mit der Zunahme des Verkehrs von Land zu Land und von Region zu Region traten die Missstände der Ordnung der Zeitmessung auf der Grundlage der Ortszeit immer deutlicher zutage. Ende der 70er Jahre des 19. Jahrhunderts schlug der kanadische Eisenbahningenieur S. Fleming vor, die ganze Erde nach einer einheitlichen Norm in Zeitzonen zu unterteilen. Im Jahre 1884 beschloss die Washingtoner Internationale Meridiankonferenz, die ganze Erde in 24 Zeitzonen einzuteilen, den Nullmeridian als Normal zu nehmen, wobei 7,5° westlicher Länge bis 7,5° östlicher Länge die Zeitzone Null bildet und dann ausgehend von den Grenzen der Zeitzone Null jeweils nach Osten und Westen aller 15° Längengrad eine Zeitzone zu bilden, wobei die Zeitdifferenz zwischen zwei benachbarten Zeitzonen eine Stunde beträgt. Die so eingeteilten Zeitzonen heißen Weltnormalzeitzonen. Die nach einem einheitlichen Zeitzonensystem der Welt gemessene Zeit heißt Zonenzeit, auch Normalzeit. Diese Konferenz förderte die Anwendung der Normalzeit auf der ganzen Welt.

Die in China verwendeten Zeitnormale erfuhren in den mehrere zehn Jahren vom Ende der Qing-Dynastie und Anfang der Republik bis zur Gründung des neuen Chinas eine Wandlung von der örtlichen scheinbaren Sonnenzeit zur örtlichen mittleren Sonnenzeit, von der Ortszeit zur Küstenzeit und von der Küstenzeit zu den Zonenzeiten der fünf Zeitzonen. Nach der Gründung des neuen Chinas trat die Beijinger Zeit auf, und auch der Bedeutungsgehalt der Beijinger Zeit änderte sich, aber seine Benennung blieb bis heute. Dieser Wandel widerspiegelte den Fortschritt der Zeitmetrologie in China.

1. Untersuchung der Ordnung der Zeitzonen

Die Metrologie der Zeit unterscheidet sich von anderen Gebieten der Metrologie. In der allgemeinen Metrologie sind die Maßeinheiten künstlich festgelegt, aber in der Zeitmetrologie existiert ein Satz natürlicher Einheiten, wie das tropische Jahr, der synodische Mond und der Tag. Aber wenn man von der Zeitmetrologie spricht, reicht es nicht aus, nur natürliche Einheiten zu haben. Um Zeitabschnitte kleiner als ein Tag auszudrücken, wurde in China allgemein das Zeitmesssystem angewendet, einen Tag künstlich in zwölf Doppelstunden zu unterteilen.

Im System der zwölf Doppelstunden wird ein ganzer Tag in zwölf Zeitabschnitte unterteilt, die man jeweils mit den zwölf Schriftzeichen Zi, Chou, Yin, Mao, Chen, Si, Wu, Wei, Shen, You, Xu und Hai ausdrückte. Nach der Tang-Dynastie wurde jede Doppelstunde weiter in die beiden Teile *shichu* (Mitte der Doppelstunde) und *shizheng* (Ende der Doppelstunde) unterteilt, was dem heutigen 24 Stunden-System gleichkommt. Dieses Unterteilungsverfahren wurde bis zum Ende der Qing-Dynastie beibehalten. Während der Qing-Dynastie wurde das kaiserliche Observatorium beauftragt, einen Kalender auszuarbeiten, um die Zeit festzuhalten. Die Beamten des kaiserlichen Observatoriums benutzten eine Sonnenuhr und eine Wasseruhr, um die Zeit zu messen und anzuzeigen. Die so gemessene Zeit war die örtliche scheinbare Sonnenzeit im 24 Stunden-System, und der Hof gab den im ganzen Reich gültigen Kalender bekannt – den „*Yu ding wan nian shu*" (kaiserlich bestimmter Kalender für zehntausend Jahre), der auch nach der Beijinger scheinbaren örtlichen Sonnenzeit berechnet wurde.

Nach dem Beginn der Republik war die von der Beiyang-Regierung benutzte amtliche Zeit nach wie vor die Beijinger örtliche scheinbare Sonnenzeit. Im Frühling des Jahres 1912 (dem 1. Jahr der Republik) hatte die Beiyang-Regierung, die das kaiserliche Observatorium erst übernommen und dann aufgelöst hatte, das Zentrale Observatorium gegründet, das dem Bildungsministerium unterstand. Der Doktoringenieur Gao Lu, der vom Studium in Belgien zurückgekehrt war, wurde zu seinem Direktor ernannt. Seitdem hatte China eine im modernen Sinne astronomische Forschungseinrichtung.

In dem Maße, wie das Zentrale Observatorium allmählich in normalen Bahnen arbeitete, war die Herangehensweise für das Festhalten der Zeit, dass die örtliche scheinbare Sonnenzeit benutzt wurde, aber fast innerhalb eines Jahres ging man zur örtlichen mittleren Sonnenzeit über. Anfang des Jahres 1913 (2. Jahr der Republik) benutzte das Zentrale Observatorium bei der Ausarbeitung des „Kalenders des 3. Jahres der Republik" „die Berechnung nach den in den Ländern des Ostens und Westens allgemein gültigen Gesetzen und stützte sich auf die mittlere Sonnenzeit als Normal".[143]

Beginnend mit dem „Kalender des 3. Jahres der Republik", wurde unter jedem Tag in der Reihenfolge der Tage des Kalenders die „mittlere Mittagszeit" angegeben. Das war in einer Zeit am Ende der Qing-Dynastie und zu Beginn der Republik, als sich Uhren allmählich im Volk verbreiteten und Radiostationen noch nicht existierten, ein neu geschaffener Service, der für die praktische Anwendung der mittleren Sonnenzeit ein Fenster öffnete.

Obwohl die „mittlere Mittagszeit" in einer Situation, in der man weder eine Uhr hatte noch in einen Kalender sehen konnte, sondern in der die überwiegende Mehrheit des Volkes in China die Zeit nur anhand des Sonnenschattens bestimmen konnte, vielleicht keinen größeren Wert besaß, aber beginnend mit dem Kalender des Jahres 1914, wechselte man zur Beijinger örtlichen mittleren Sonnenzeit anstelle der örtlichen scheinbaren Sonnenzeit als Verfahren der Zeitmetrologie, was zweifellos einen großen Fortschritt bedeutete. Seitdem wurden in den Jahreskalendern in der Periode des Zentralen Observatoriums außer, dass täglich die „mittlere Mittagszeit" angegeben wurde, entsprechend der Beijinger örtlichen mittleren Sonnenzeit noch „Zeittabellen des zu- und abnehmenden Mondes" und „Zeittabellen der 24 Solarperioden und des Auf- und Untergangs der Sonne" angegeben. Weil hinsichtlich der Zeiten der Sonnen- und Mondfinsternisse die Zeiten, Richtungen und Finsternisanteile ortsabhängig verschieden sind, wurden die Sonnen- und Mondfinsternisse in den Kalendern für die Positionen der Provinzhauptstädte und der Hauptstädte der Mongolei und Tibets getrennt berechnet und die Zeiten und Richtungen zusammen mit Zeichnungen der Phänomene angegeben. Die entsprechenden Zeiten waren die Zeiten der

---

143 Chen Zhanyun: „Zhongguo jindai tianwen shiji" (Errungenschaften der zeitgenössischen Astronomie Chinas), Kunming, Zhongguo kexueyuan yunnan tianwentai, 1985, S. 84

mittleren örtlichen Sonnenzeit für die Provinzhauptstädte und Hauptstädte. Das heißt, für verschiedene geografische Positionen sind auch die Zeiten der zu beobachtenden Finsternisphänomene und die Zeiten des Auftretens dieser Phänomene verschieden, und man benötigt für sie komplizierte Umrechnungen. Dieses Prinzip wurde bis zum Jahre 1928 beibehalten, als die Periode des Zentralen Observatoriums endete.

Bezüglich der örtlichen scheinbaren Sonnenzeit bedeutet die Zeitmetrologie mit der Verwendung der örtlichen mittleren Sonnenzeit als Normal der Zeitmessung zweifellos einen großen Fortschritt, aber ihr Mangel ist auch offensichtlich. Das ist ihre „ortsabhängige Verschiedenheit". Die Verschiedenheit entsprechend dem Ort führt zu sehr unterschiedlichen Zeiten. Das brachte viele Unbequemlichkeiten für das gesellschaftliche Leben. Um die Zeit zu vereinheitlichen, schlug der chinesische Zoll schon im Jahre 1902 vor, eine Küstenzeit zu benutzen. „Während zehn Jahren vor der Gründung der Republik benutzte der Zoll die Zeit für 120° östlicher Länge als allgemein gültige Zeit für den Zoll entlang der Küste; sie wurde Küstenzeit genannt. Tatsächlich war es die Normalzeit der achten Zone, aber der Bereich dieser Zeitzone war noch nicht festgelegt. Doch im Binnenland, wie zum Beispiel an den Bahnlinien Beijing-Fengtian, Tianjin-Nanjing und im Gebiet des Yangzijiang wurde sie allgemein verwendet."[144]

Die Quelle der Einführung der Küstenzeit Chinas war das Observatorium von Xujiahui in Shanghai. Das Observatorium von Xujiahui, in alter Transkription auch Zikawei geschrieben, wurde in den 70er Jahren des 19. Jahrhunderts von französischen jesuitischen Missionaren gegründet, das sich hauptsächlich mit astronomischen und meteorologischen Beobachtungen beschäftigte. Beginnend mit den 80er Jahren des 19. Jahrhunderts benutzte das Observatorium von Xujiahui einen von den Behörden der französischen Konzession am Schiffskai errichteten Signalturm, um die Mittagszeit mit einer von der Turmspitze herabfallenden Kugel zu verkünden, als Service für die im Hafen von Shanghai verkehrenden Schiffe. Anfangs war die benutzte Zeit die mittlere Sonnenzeit von Shanghai, bis man Ende 1899 auf die Küstenzeit für 120° östlicher Länge wechselte. Für diesen Wechsel in der Zeitmetrologie kam der wesentliche Beweggrund von den ausländischen Mächten. Erstens, war die Regierung der Qing-Dynastie durch die verschiedenen mit den westlichen Großmächten abgeschlossenen Verträge gezwungen, 31 Häfen im Südosten von Beihai in der Provinz Guangxi bis nach Yingkou in der Provinz Liaoning zu öffnen, dazu kamen die Städte Nanjing, Hankou, Shashi und Chongqing entlang des Yanzijiang, und ferner wurden in zehn wichtigen Städten ausländische Konzessionsgebiete eingerichtet.[145] Die ausländischen Schiffe, die ausländischen Kaufleute und die Auslandschinesen, die diese Häfen anfuhren, benötigten eine einheitliche Normalzeit. Zweitens, nach dem ersten Opiumkrieg rissen die westlichen Großmächte eine ganze Reihe von Sonderrechten, wie das Recht der freien Schiffahrt in chinesischen Territorialgewässern, das Recht der Niederlassung in den Häfen und das Recht der vertraglichen Zollsteuern an sich, wobei sich der chinesische Zoll schon in ein Werkzeug der westlichen Großmächte verwandelte.

---

144 Zentrales Observatorium des Bildungsministeriums: „Zhonghua minguo ba nian lishu" (Kalender des 8. Jahres der Republik China), Beijing, Zentrales Observatorium, 1918

145 Zhang Haipeng: „Zhongguo jindai shigao dituji" (Sammlung von Landkarten zu einem Entwurf der neuen Geschichte Chinas), Shanghai, Shanghai ditu chubanshe, 1984, S. 83

Darum war die Festlegung der Küstenzeit als ein einheitliches Normal, das alle Zollstationen entlang der Küste benutzten, wie „fließendes Wasser, das sich einen Kanal bildet".

Das Auftreten der Küstenzeit war ein großer Fortschritt in der Zeitmetrologie Chinas. Sie trieb die wirtschaftliche Entwicklung der modernen Industrie in den Städten entlang der Küste Chinas und des Yangzijiang und den Bau von Verkehrseinrichtungen voran. Um Eisenbahnen als Beispiel zu nehmen, wurden in China bis zum Jahre 1911 insgesamt mehr als 9000 km Eisenbahnen gebaut; nacheinander wurden die Strecken Beijing-Hankou, Jinan-Qingdao, Tianjin-Nanjing und Shanghai-Nanjing gebaut. In einem gewissen Sinne erfuhren die Eisenbahnen eine anfängliche Entwicklung durch die einheitliche normale Küstenzeit.

Aber es gehört zu ihrem Nachgeschmack, dass die Verwendung der Küstenzeit lange Zeit keine festgelegte Zeitzone hatte. Außer in den Häfen und Städten entlang der Küsten und des Yangzijiang wurde sie in den anderen Städten und großen dörflichen Gebieten des Binnenlandes fast nicht benutzt. Wenn man den Gründen nachgeht, so liegt es hauptsächlich daran, dass sie von ausländischen Mächten eingebracht wurde. Die damalige Regierung der Qing-Dynastie war lediglich ein passiver Empfänger. Die Festlegung von Zeitzonen ist eben eine Regierungshandlung eines souveränen Staates. Fremde hätten schwerlich in diese Arbeit eingreifen können. Außerdem ist das Territorium Chinas ausgedehnt, so dass die Frage, welche Ordnung man für die Zeitzonen wählen soll, sorgfältige Vorbereitung und Planung erfordert, aber damals waren die Bedingungen in China hierfür nicht gegeben. Erst im Jahre 1918 (7. Jahr der Republik) wurde die Frage der Normalzeit vom Zentralen Observatorium aufgeworfen.

Im Jahre 1918 schlug das Zentrale Observatorium vor, das ganze Land in fünf Zeitzonen einzuteilen. „Die erste heißt Zeitzone der Zentralen Ebene, in der die Zeit für 120° östlicher Länge das Normal ist, zu der die Hauptstadt, Jiangsu, Anhui, Zhejiang, Fujian, Hubei, Hunan, Guangdong, Hebei, Henan, Shandong, Shanxi, Rehe, Chahar, Liaoning und das Gebiet westlich von Longjiang und Aihui in Heilongjiang und der östliche Teil der Mongolei gehören. Die zweite heißt Gansu-Sichuan-Zeitzone, in der die Zeit für 105° östlicher Länge das Normal ist und zu der Shaanxi, Sichuan, Yunnan, Guizhou, der östliche Teil von Gansu, Ningxia, Suiyuan, der mittlere Teil der Mongolei, Qinghai und der östliche Teil Tibets gehören. Die dritte heißt Hui-Tibet-Zeitzone, in der die Zeit für 90° östlicher Länge das Normal ist und zu der der westliche Teil der Mongolei und von Gansu, Qinghai und Xikang und der östliche Teil von Xinjiang und Tibet gehören. Die obigen drei sind reguläre Zeitzonen. Die vierte heißt Kunlun-Zeitzone, in der die Zeit für 82,5° östlicher Länge das Normal ist und zu der der westliche Teil von Xinjiang und Tibei gehören. Die fünfte heißt Changbai-Zeitzone, in der die Zeit von 127,5° östlicher Länge das Normal ist und zu der Jilin und die Gebiete östlich von Longjiang und Aihui in Heilongjiang gehören. Diese beiden sind halbe Zeitzonen."[146]

Die Einteilung der Zeitzonen durch das Zentrale Observatorium korrespondiert mit der Einteilung der Weltnormal-Zeitzonen und stimmt mit ihr völlig überein. Die Zeitzone der Zentralen Ebene ist die achte östliche Zeitzone der Weltnormalzeit, die Gansu-Sichuan

---

146 Xia Jianbai: „Yingyong tianwenxue" (Angewendete Astronomie), Shanghai, Shanghai shangwu yinshuguan, 1933, S. 61

Zeitzone die siebente östliche Zeitzone, die Hui-Tibet-Zeitzone die sechste östliche Zeitzone, die Kunlun-Zeitzone ist die halbe fünfte östliche Zeitzone, und die Changbai-Zeitzone ist die halbe achte östliche Zeitzone. Diese Art der Einteilung der Zeitzonen bewirkte, dass zum selben Moment die Normalzeit verschiedener Zeitzonen verschieden ist. Die Normalzeit der östlichen Zeitzone muss gegenüber den westlich gelegenen Zeitzonen früher sein. Der Differenzzeitwert ist die Nummer der östlichen Zeitzone minus der Nummer der westlichen Zeitzone. Zum Beispiel wenn die Sonne in Jilin zum Mittag über einem steht und es nach „Changbai-Zeit" genau 12 Uhr ist, dann ist es im westlichen Teil von Xinjiang oder Tibet, wo die Sonne noch im Osten steht, nach „Kunlun-Zeit" genau 9 Uhr vormittags.

Im Jahre 1919 (8. Jahr der Republik) veröffentlichte der vom Zentralen Observatorium herausgegebene „Kalender des 8. Jahres der Republik China" eine Tabelle der geografischen Längengrade von Chinas großen Städten und die Normalzeitzonen, in denen sie liegen, und eine Vergleichstabelle der Normalzeit und der mittleren örtlichen Zeit dieser Stadt. In dem Kalender wurde der Plan der Einteilung Chinas in fünf Zeitzonen veröffentlicht, und gleichzeitig wurde das Problem des Zeitdienstes behandelt, wie die Normalzeit weitergegeben wird. Wie muss man die Normalzeit weitergeben? International „begann man im Jahre 1904, Radiosignale für die Seeschiffahrt auszusenden"[147] In den nächsten zehn Jahren begannen das Observatorium der Marine der USA, das Observatorium von Paris in Frankreich, das Observatorium von Pulkovo in Russland und das Observatorium von Xujiahui in Shanghai nacheinander Radiosignale auszusenden. Mit dem Radio die Zeit anzugeben, zum Beispiel mit dem Zeitsignal des sechsmaligen Pieptons ist für das gewöhnliche Volk in der heutigen Gesellschaft in der Tat sowohl bequem als auch einfach und bestens bekannt. Aber zum Beginn des 20. Jahrhunderts war es etwas ganz Seltenes. Selbst das Zentrale Observatorium, das in der zentralen Regierung als Organ beauftragt war, die Zeit zu messen und Kalender auszuarbeiten, besaß bis zum Jahre 1928, als es unterging, noch keinen Radioempfänger und kein besseres Teleskop. Der Zeitdienst erfolgte in dem strategisch wichtigen Gebiet der Hauptstadt und seiner Umgebung nach der alten Methode, dass mittags eine Kanone auf der Stadtmauer abgefeuert wurde. Wegen der Rückständigkeit der Methode des Zeitdienstes war der Plan der fünf Zeitzonen in China in der Periode der Beiyang-Regierung außer dem Küstengebiet lediglich ein Entwurf auf dem Papier, der schwer umzusetzen war. Aber er war ein nutzlicher Anlauf, den China im Prozess der Modernisierung der Zeitmetrologie unternommen hatte und besitzt einen historischen Wert.

2. Revision und Verwirklichung der Zeitmetrologie der fünf Zeitzonen

Als im Jahre 1928 (17. Jahr der Republik) die Beiyang-Regierung stürzte, wurden die Aufgaben des früheren Zentralen Observatoriums jeweils von dem Forschungsinstitut für Astronomie und dem Forschungsinstitut für Meteorologie der Academia Sinica der Nanjing-Regierung übernommen. Der vom Forschungsinstitut für Astronomie ausgearbeitete Kalender setzte die Herangehensweise des Zentralen Observatoriums fort, indem das ganze

---

147 „Jianming buliedian baike quanshu" (Kleine Encyclopaedia Britannica), Bd. 7, Beijing, Shanghai, Zhongguo da baike quanshu chubanshe, 1986, S. 286

Land nach wie vor in fünf Normalzeitzonen eingeteilt wurde, nur in Bezug auf die Solarperioden und die Zeiten des ersten Mondmonats und die Zeiten von Auf- und Untergang der Sonne wurde nicht mehr die Beijinger örtliche mittlere Zeit, sondern die Zonenzeit der Normalzeitzone, in der Nanjing liegt, angegeben, d.h. die Normalzeit für 120° östlicher Länge.

Mit dem Eindringen ausländischen Kapitals und dem Auftreten der Kompradoren und der nationalen kapitalistischen Industrie entwickelten sich Industrie- und Verkehrsunternehmen, wie Schiffahrt und Eisenbahnen und öffentliche Unternehmen, wie Fernmeldewesen und Post in den Häfen und Städten am Meer und entlang des Yangzijiang und den wirtschaftlich entwickelten Gebieten entlang der Bahnlinien sehr schnell. Weil diese Branchen sehr systematisch agierten und hochgradig monopolisiert waren, benötigte man objektiv die Anwendung der fünf Zeitzonen, insbesondere der Zeitzone der Zentralen Ebene, d.h. die Normalzeit der achten östlichen Zeitzone. Die Normalzeit der Zeitzone der Zentralen Ebene wurde vom Observatorium von Xujiahui im Konzessionsgebiet von Shanghai geliefert. Der Zeitdienst wurde vom Zoll, vom Haupttelegrafenamt und dem Eisenbahnamt telegrafisch als Normalzeit an die örtlichen Organe weitergegeben. Außerdem wurden Ende der 20er Jahre und Anfang der 30er Jahre des 20. Jahrhunderts in den großen Städten, wie Shanghai, Nanjing, Beiping und Tianjin nacheinander Radiostationen errichtet und in den Bahnhöfen, Häfen, großen Banken, wichtigen Organen und Luxuseinkaufsstraßen große Uhren aufgestellt, die für das städtische Publikum einen Zeitdienst lieferten. In Nanjing, Qingdao und anderen Städten gab täglich eine elektrische Pfeife zu einer bestimmten Zeit für die Bürger die Zeit an. Das führte dazu, dass die Normalzeit der Zentralen Ebene wirksam umgesetzt wurde.

Jedoch im größten Teil des chinesischen Binnenlandes fehlten Bedarf und Antrieb, und es waren auch nicht die Bedingungen für einen Zeitdienst gegeben, so dass der Plan der Normalzeit in fünf Zeitzonen, obwohl er schon in den von der Regierung bekanntgemachten Kalendern veröffentlicht wurde, „noch nicht vollständig verwirklicht war".[148] Besonders in den beiden halben Zeitzonen von Changbai und Kunlun tat jeder wegen der spärlichen Besiedelung, der Entlegenheit und Rückständigkeit und der Entfernung von den politischen und wirtschaftlichen Zentren, was er für richtig hielt. Als nach dem Eintritt in die 30er Jahre die Bahnlinie von Lianyungang westwärts nach Lanzhou verlängert wurde und die Gleise der Bahnlinie von Hunan nach Guangxi verlegt wurden, der Lufttransport sich mit jedem Tag weiter entfaltete und der Radiobetrieb aufkam und sich entwickelte, erlangte das Problem der Normalzeit bei den verschiedenen betreffenden Seiten eine hochgradige Aufmerksamkeit. Zum Beispiel gab das Verkehrsministerium an das Allchinesische Telegrafenamt eine Anweisung heraus, dass ab März 1935 ausnahmslos die Normalzeit zu benutzen ist, und wies an, dass das Radio- und Telegrafenamt von Shanghai und das Nanjinger Drahttelegrafieamt jeweils den Dienst übernehmen, täglich ein Radiozeitsignal abzugeben. Das Nanjinger Telegrafenamt gab dieses Signal täglich einmal um 11 Uhr 30 Minuten ab.

Im Juli 1937 wurde in Qingdao die 14. Jahrestagung der chinesischen Studiengesellschaft für Astronomie eröffnet, auf der sich eine lebhafte Diskussion über das Problem der Zeitzonen entfaltete. Manche Gelehrte äußerten die Meinung, „wenn man das System

---

148 Gao Pingzi: "Gai Li Ping Yi" (Erörterung über den revidierten Kalender), „Zhongguo tianwenxue xuehui bao" (Zeitschrift der chinesischen Studiengesellschaft für Astronomie), Mai 1928

der Zeitzonen im ganzen Land verwirklichen will, muss man sich an die Zentrale mit der Bitte wenden, diese in einer offiziellen Anordnung bekanntzumachen"; es gab auch Gelehrte, die vorschlugen, „für die beiden Zeitzonen von Changbai und Kunlun reguläre Zeitzonen zu benutzen", und schließlich schlugen Gelehrte vor, „für ganz China die Zeit für 120° östlicher Länge zu benutzen". Hierfür berief das Innenministerium am 9.3.1939 in Chongqing eine Konferenz über die Normalzeit ein. Die Konferenz beschloss, „die Normalzeitzonen Chinas werden wie früher vom Zentralen Observatorium abgegrenzt und in fünf Zonen unterteilt. Außerdem wird die Academia Sinica gebeten, eine Karte der Normalzeitzonen anzufertigen, die dann vom Innenministerium an alle Provinzen und Städte mit dem Befehl geschickt wird, sich ausnahmslos daran zu halten".[149] Das Forschungsinstitut für Astronomie der Academia Sinica schlug entsprechend dem Beschluss an der ursprünglichen Unterteilung in Normalzeitzonen geringfügige Abänderungen vor, deren Inhalt folgender war:

„Die Grenzen der Unterteilung unterscheiden sich ein wenig gegenüber den Festlegungen des Zentralen Observatoriums. Weil das Zentrale Observatorium bei den Festlegungen nur eine anfängliche Unterteilung vorgenommen hatte, waren die Grenzen der beiden Zeitzonen von Hui-Tibet und Kunlun allgemein Geraden, so dass die Provinzen Gansu, Ningxia, Qinghai, Xinjiang und Xikang zur selben Zone gehören und der Missstand besteht, dass zwei verschiedene Normalzeitzonen angewendet werden. Deshalb hat das Forschungsinstitut für Astronomie bei der Bestimmung der Gebiete der einzelnen Zonen, außer dass im Wesentlichen die Grenzen der Provinzen und Bezirke genommen wurden, und bei den Gebieten, die von den Grenzen der Provinzen und Bezirke recht weit entfernt sind, entsprechend den wichtigen Städten und Gemeinden und örtlichen Formationen Unterteilungen gemacht wurden, eine neue Unterteilung mehr nach den politischen Regionen vorgenommen. Die festgelegten Bezeichnungen für die einzelnen Zonen, die Normale und Bereiche sind folgende:

(1) Zeitzone der Zentralen Ebene Die Zeit für 120° östlicher Länge ist das Normal, sie ist 8 Stunden früher als die Greenwich-Zeit. Zu dieser Zone gehören die Provinzen Jiangsu, Anhui, Zhejiang, Fujian, Jiangxi, Hubei, Hunan, Guangdong, Hebei, Henan, Shandong, Shanxi, Rehe, Chahar und Liaoning, die Städte Nanjing, Shanghai, Beiping, Tianjin und Qingdao, der Verwaltungsbezirk Weihaiwei, die Kreise Longjiang, Nenjiang und Aihui von Heilongjiang und alle Gebiete westlich davon und das Gebiet Chechenganbu der Mongolei.

(2) Die Gansu-Sichuan-Zeitzone Die Zeit für 105° östlicher Länge ist das Normal, sie ist 7 Stunden früher als die Greenwich-Zeit. Zu dieser Zone gehören die Provinzen Shaanxi, Sichuan, Guizhou, Yunnan, Guangxi, Ningxia und Suiyuan, der Kreis Yumen und alle östlich davon gelegenen Gebiete von Gansu, die beiden Kreise Dulan und Yushu und alle östlich davon gelegenen Gebiete von Qinghai, die Kreise Changdu, Kemai und Chayu und alle östlich davon gelegenen Gebiete von Xikang, die beiden Distrikte Tuxietuhan und Sanyinnuoyanhan der Mongolei und die beiden Städte Xijing und Chongqing.

---

[149] Chen Zungui: „Zhongguo biaozhun shiqu" (Die Normalzeitzonen in China), „Yuzhou" (Kosmos), Oktober 1939

(3) Die Hui-Tibet-Zeitzone   Die Zeit für 90° östlicher Länge ist das Normal, sie ist 6 Stunden früher als die Greenwich-Zeit. Zu ihr gehören das Gebiet westlich des Kreises Yumen von Gansu, der Distrikt Zhalaketuhan der Mongolei, die Gebiete westlich der beiden Kreise Dulan und Yushu von Qinghai, die Gebiete westlich der Kreise Changdu, Kemai und Chayu von Xikang, die beiden Kreise Jinghe und Kuche und die östlich davon gelegenen Gebiete von Xinjiang und die Gebiete Qianzang und Houzang von Tibet.

(4) Die Changbai-Zeitzone   Die Zeit für 127,5° östlicher Länge ist die Normalzeit, sie ist 8,5 Stunden früher als die Greenwich-Zeit. Zu ihr gehören die Provinz Jilin, und die Gebiete östlich der Kreise Longjiang, Nenjiang und Aihui von Heilongjiang und die Sonderverwaltungsbezirke der östlichen Provinzen[150].

(5) Die Kunlun-Zeitzone   Die Zeit für 82,5° östlicher Länge ist die Normalzeit, sie ist 5,5 Stunden früher als die Greenwich-Zeit. Zu ihr gehören die Kreise Fule und Yutian und die westlich davon gelegenen Gebiete von Xinjiang und das Gebiet Ali von Tibet.

Die Ordnung der Zeitzonen ist nicht nur ein Problem der Wissenschaft, sondern betrifft auch die Gebräuche der Nation, die Verwaltung der administrativen Gebiete und andere Faktoren. Der Entwurf des Forschungsinstituts für Astronomie berücksichtigte diese Faktoren. Deshalb war er gegenüber der Einteilung in fünf Zeitzonen des Zentralen Observatoriums deutlich verbessert. Das Innenministerium der Nanjing-Regierung billigte den Entwurf des Forschungsinstituts für Astronomie und wies an, dass er ab dem 1.6.1939 angewendet wird. Aber zugleich wurde auch entschieden, dass „das ganze Land während des Widerstandskrieges ausnahmslos vorübergehend eine Zeit, und zwar die Zeit der Gansu-Sichuan-Zeitzone als Normal benutzt." Damit hatte die zentrale Regierung in einer außergewöhnlichen Zeit zwei gegensätzliche Entscheidungen gefällt und in Kraft gesetzt. Einerseits hatte sie angewiesen, ab dem 1.6.1939 im ganzen Land die Normalzeiten der fünf Zeitzonen nach einer Revision in Kraft zu setzen, um den Anforderungen an die politische und wirtschaftliche Entwicklung der Gesellschaft und der international üblichen Praxis gerecht zu werden; andererseits sollte das ganze Land in der Periode des Widerstandskrieges ausnahmslos die Zeit der Gansu-Sichuan-Zeitzone als Normal benutzen, um in der Kriegszeit die pünktliche und fehlerlose Übermittlung von Befehlen abzusichern. Der erste Beschluss berücksichtigte die Wissenschaftlichkeit der Unterteilung in Zeitzonen und ihre Beziehung zur wirtschaftlichen Entwicklung der Gesellschaft und der zweite behielt im Auge, die gesellschaftliche Realität unter den Bedingungen des Krieges zu befriedigen, und forderte, dass die Ordnung der Zeitzonen dem Endziel untergeordnet werden muss, den Sieg im Kriege zu erringen.

Es gibt noch eine weitere historische Tatsache, der man nicht ausweichen darf. Nach dem Zwischenfall vom 18.9.1931 hatte Japan die drei Provinzen des Nordostens besetzt

---

150 Sonderverwaltungsbezirke der östlichen Provinzen – Es handelt sich um die Gebiete entlang der Bahnstrecke der mandschurischen Eisenbahn, die ursprünglich Russland gehört hatten, aber im Jahre 1920 hatte die Beijinger Regierung wieder die Souveränität über diese Gebiete hergestellt.

und den Marionettenstaat Mandschukuo gegründet und befohlen, im Nordosten die Normalzeit für 135° östlicher Länge des japanischen Mutterlandes zu benutzen. Während des Widerstandskrieges benutzte das japanische Marionettenregime in Nordchina, das in die Hände des Feindes gefallen war, versuchsweise die Normalzeit für 135° östlicher Länge, aber zuletzt wagte man nicht, sie öffentlich zu verkünden.

Nach dem Sieg im Widerstandskrieg begann das Innenministerium, den Beschluss über die Normalzeit in den Provinzen und Städten nach Zonen in Kraft zu setzen. Am frühesten wurde die Normalzeit der Zentralen Ebene wiederhergestellt, während Chongqing, Chengdu und Kunming nach wie vor die Gansu-Sichuan-Normalzeit benutzten. Deshalb mussten „die Passagiere der Flüge zwischen Shanghai und Chengdu und zwischen Shanghai und Kunming nach dem Verlassen des Flugzeugs den Zeiger der Armbanduhr um eine Stunde vor- oder zurückstellen."[151] Das zeigt, dass die Normalzeiten von mindestens zwei Zeitzonen nach den Festlegungen angewendet wurden. Aber im Prozess der Anwendung blieben nicht wenige Fragen offen. Zum Beispiel gab es noch die Notwendigkeit der beiden halben Zeitzonen von Changbai und Kunlun. Wie sollte man die Grenzen der fünf Zeitzonen besonders bei dicht besiedelten angrenzenden Orten ziehen und wie abstimmen? Die chinesische Studiengesellschaft für Astronomie hatte einst eigens die Meinungen von Experten und Gelehrten erbeten. Im Ergebnis gingen die Meinungen weit auseinander, man war sich uneins, doch die Meinung einer knappen Mehrheit befürwortete, den Entwurf der fünf Zeitzonen zu vervollkommnen.

Am 5.8.1947 berief das Verteidigungsministerium der Nanjing-Regierung eine gemeinsame Konferenz aller mit Messtechnik befassten Organe ein, die forderte, dass die teilnehmenden zentralen Ministerien und Kammern den Entwurf über „die Bestimmung der Normalzeitzonen in China" prüfen und bestätigen sollten. Im Ergebnis hörten sich das Innenministerium gemeinsam mit der Academia Sinica, dem Amt für Messwesen des Verteidigungsministeriums, dem Verwaltungsamt des Zentralen Radios und dem Verkehrsministerium die Meinung des Forschungsinstituts für Astronomie an, in der die Hui-Tibet-Zeitzone in Xinjiang-Tibet-Zeitzone umbenannt und die Gebiete westlich von Yumen in Gansu, die ursprünglich in der Hui-Tibet-Zeitzone eingeordnet wurden, und die ganze Provinz Gansu in die Gansu-Sichuan-Zeitzone eingeordnet wurden. Die „Verfahren zur Einführung der Normalzeiten im ganzen Land" wurden revidiert. In diesen Verfahren wurde die Einteilung des ganzen Landes in die fünf Zeitzonen mit den Benennungen Zentrale Ebene, Gansu-Sichuan, Xinjiang-Tibet, Kunlun und Changbai, den Normalen und Bereichen noch klarer bestimmt. Es wurde festgelegt, dass „der Zeitdienst für die örtlichen Normalzeiten im ganzen Land von der Academia Sinica verantwortlich übernommen wird. Die Anzeige der Zeit wird vom Innenministerium, das damit das Verwaltungsamt des Zentralen Radios beauftragt, verantwortlich übernommen. Zwischen den Aufgaben der Zeitanzeige und des Zeitdienstes müssen Verbindungen hergestellt werden, wozu die Academia Sinica und das Verwaltungsamt des zentralen Radios das Verfahren des Zeitdienstes gemeinsam ausarbeiten und es dem Innenministerium zur Prüfung

---

151 Chen Zhanyun: Zhongguo jindai tianwen shiji" (Astronomische Denkwürdigkeiten in Chinas neuerer Zeit), Kunming, Zhongguo kexueyuan Yunnan tianwentai, 1985, S. 119

vorlegen."¹⁵² Nach Prüfung und Genehmigung durch den Exekutiv-Yuan im März 1948 wurden alle örtlichen Regierungen angewiesen, sie in Kraft zu setzen. Ein Jahr später zog sich die Guomindang-Regierung geschlagen nach Taiwan zurück, so dass die Verfahren der Einführung des Systems der Normalzeiten in fünf Zeitzonen Chinas, die von dieser Regierung ausgearbeitet wurden, schon den Schlusspunkt erreichten.

In den ersten zwei, drei Jahren nach der Gründung des neuen Chinas waren die in den Regionen benutzten Zeiten recht chaotisch. Nach dem von der Sternwarte von Zijinshan und dem Forschungsinstitut für Physik der Erde der Chinesischen Akademie der Wissenschaften im Jahre 1952 verfassten „Jahrbuch für Himmel und Erde" sollte noch bis Ende 1952 im ganzen Land wenigstens theoretisch nach wie vor das alte System der fünf Zeitzonen praktiziert werden, sogar die Bezeichnungen der Zeitzonen waren noch die alten. In dem Kapitel „Politik der Zeitmetrologie" wurden die Xinjiang-Tibet-Zeitzone, die Gansu-Sichuan-Zeitzone und die Zeitzone der Zentralen Ebene Chinas jeweils als die 6., 7. und 8. östliche Zeitzone der Weltnormalzeit eingeordnet, um das auszudrücken. Damals tauchte die Beijing-Zeit auf.

Wann entstand die Beijing-Zeit? Der Diplom-Ingenieur Guo Qingsheng des staatlichen Zeitdienstzentrums der Chinesischen Akademie der Wissenschaft hat durch vielseitige Quellenforschung herausgefunden, dass „das Datum des ersten Erscheinens der Beijing-Zeit die zehn Tage vom 27.9. bis 6.10.1949 war" und schloss daraus, dass „die Beijing-Zeit am 27.9.1949 auftauchte".¹⁵³ Anfang 1950, also wenige Monate nach der Gründung des Staates, wurde in allen Regionen des ganzen Landes mit Ausnahme von Xinjiang und Tibet die Beijing-Zeit als einheitliches Zeitnormal benutzt. Es ist wert darauf hinzuweisen, dass nach der Forschung von Guo Qingsheng die anfänglich benutzte Beijing-Zeit nicht die Beijing-Zeit war, wie wir sie heute verstehen, d.h. sie war keine Normalzeit, sie war nicht einmal die mittlere Sonnenzeit des Raums Beijing, sondern die scheinbare Sonnenzeit des Raums Beijing.

Das Auftreten der Beijing-Zeit entstand am frühesten sehr wahrscheinlich nur aufgrund der Bedürfnisse der Zeitanzeige im Radio. Als Bezeichnung einer von den Volksmassen benutzten Zeit war ihr Inhalt in der Anfangszeit unscharf. Aber mit der Geburt der neuen Regierung wurde dieser mit der neuen Regierung entstandene neue Zeitbegriff durch die wirkungsvolle Weitergabe über das Zeitanzeigesystem des Radios von der ganzen Gesellschaft fast ohne irgendwelche Vorbehalte angenommen. Doch der Beijing-Zeit als ein wichtiger Begriff der Zeitmetrologie fehlt ohne eine strenge wissenschaftliche Definition ein ernsthafter wissenschaftlicher Gehalt, und sie wurde auch nicht von der Gelehrtenwelt akzeptiert. Außerdem war die Ordnung der Beijing-Zeit als einer im Volk verwendeten Normalzeit nicht vom Staat offiziell festgelegt. Im „astronomischen Jahreskalender" Chinas ist bis heute der Ausdruck „Beijing-Zeit" nicht verwendet worden, nur im Jahreskalender des Jahres 1954 wurde erstmalig die Bezeichnung „Beijing-Normalzeit" benutzt, und es wurde erklärt: „China war früher in die fünf Zeitzonen Zentrale Ebene, Gansu-Sichuan,

---

152 Innenministerium der nationalen Regierung: „Verfahren zur Einführung der örtlichen Normalzeiten im ganzen Land", Nanjing, Zweites historisches Archiv Chinas, 12⑥18188.
153 Guo Qingsheng: „Die Beijing-Zeit am Anfang der Gründung des Staates", „Zhongguo keji shiliao" (Historische Dokumente über Wissenschaft und Technologie in China), 2003, H.1

Xinjiang-Tibet, Kunlun und Changbai eingeteilt. Nach der Befreiung wurde im ganzen Land mit Ausnahme von Xinjiang und Tibet vorübergehend die Normalzeit für 120° östlicher Länge benutzt, d.h. die Zeit der 8. östlichen Normalzeitzone." Diese Erklärung kennzeichnet den mit dem Ausdruck Beijing-Zeit widergespiegelten Zeitbegriff, dass man schon von der scheinbaren Sonnenzeit des Raums Beijing direkt zur Beijing-Normalzeit übergegangen war, d.h. die Normalzeit für 120° östlicher Länge.

Tatsächlich gab es in der Anfangszeit nach der Gründung des Staates kein Organ der Zentrale, das eine Normalzeit für das ganze Land verkündet hatte. Darum befand sich das ganze Land in einer Übergangsperiode, in der jeder tat, was er für richtig hielt, einschließlich der Beijing-Zeit, die weit verbreitet war und sich in der Praxis durchsetzte. Aber die Messtechnologie der Beijing-Zeit hatte eine geringe Effektivität und mangelnde Genauigkeit, so dass es natürlich war, dass sie im Prozess des Gebrauchs von der fortgeschrittenen internationalisierten Normalzeit für 120° östlicher Länge abgelöst wurde. Obwohl der Inhalt verschieden war, wandelte sich die Beijing-Zeit nach der äußerlichen Form zur Beijing-Normalzeit, aber die Menschen waren nach wie vor an die Bezeichnung „Beijing-Zeit" gewöhnt.

Gegenwärtig wird in China die Beijing-Zeit, d.h. die Normalzeit für 120° östlicher Länge als einheitliches Zeitnormal für das ganze Land benutzt. Ob das ein optimaler Entwurf ist, muss von Experten begründet werden, und wenn es ein optimaler Entwurf ist, muss er vom Staat mit einem speziellen Gesetz festgelegt werden.

3. Reform des Kalenders

Die Zeitmetrologie hat außer der Schaffung und Messung eines Zeitnormals die Aufgabe, die Zeit festzulegen. Für die Festlegung der Zeit ist außer der Verbreitung und Anzeige der täglichen Zeit die öffentliche Inkraftsetzung eines Kalenders noch wichtiger.

Im Leben der traditionellen Gesellschaft Chinas nahm die Inkraftsetzung eines Kalenders einen sehr wichtigen Platz ein. Im alten China betrachtete man die Inkraftsetzung eines Kalenders als eine Methode, mit der eine Regierung ihre Rechtmäßigkeit öffentlich kundtat. Die Vorfahren nannten dies „den Beginn eines Jahres festlegen", und es gab die Lehre „wenn die Kaiser und Könige den Jahresbeginn und die Farben der Beamtengewänder abändern müssen, erhalten sie dafür ein klares Mandat des Himmels".[154] Dieser Gedanke ist tief verwurzelt, man meinte, dass das Inkraftsetzen eines Kalenders ein Sonderrecht des Kaisers sei, darum nannte man den Kalender einen „kaiserlichen Kalender". Als am Ende der Qing-Dynastie die Anhänger der Revolutionspartei eine Zeitung herausgaben, bestimmten sie die Zeit in Jahren nach der Geburt des Gelben Kaisers, weil auch sie dem Einfluss dieses Gedankens unterlagen. Damit wollten sie ausdrücken, dass sie die Rechtmäßigkeit der Herrschaft des Qing-Hofes nicht anerkannten, weshalb sie die Regierungsdevisen der Qing-Dynastie nicht benutzten. Nachdem am 10.10.1911 die Xinhai-Revolution ausgebrochen war und die aufständische Armee die Stadt Wuchang besetzt hatte, verkündete sie, dass sie die Militärregierung von Hubei der Republik China

---

154 „Han Shu, Kap. Aufzeichnungen über Musik und Kalender, T.I"

gegründet hatte. Das war die erste Militärregierung der Republik China auf Provinzebene, gleichzeitig versah sie stellvertretend die Pflichten der Zentralen Militärregierung. Die Militärregierung proklamierte einen „Erlass zur Befriedung des Volkes" und gab bekannt, dass die offizielle Bezeichnung des Staates „Republik China" heiße, die Regierungsdevise[155] Xuantong der Qing-Dynastie abgeschafft sei und man zur Jahreszählung nach der Geburt des Gelben Kaisers übergehe. Sie wendeten das gleiche Verfahren wie bei den bisherigen Dynastien an. Man wechselte die Jahreszählung, setzte eine Regierungsdevise fest und verkündete dies im Reich, um zu verdeutlichen, dass man der wahre Herrscher Chinas sei.

Die Militärregierung von Hubei hatte in ihrer Verkündung den „Kalender des Gelben Kaisers" benutzt, nur um den von der Qing-Dynastie bekanntgemachten Kalender nach einer Regierungsdevise zu ändern, so dass das 3. Jahr Xuantong zum 4609. Jahr nach der Geburt des Gelben Kaiser wurde, aber es wurde nichts am Wesen und dem Charakter des Kalenders erneuert. Obwohl der Kalender der Qing-Dynastie das von den Missionaren eingeführte astronomische Wissen in sich aufgenommen hatte, war er aber war nach wie vor ein traditioneller Mond- und Sonnenkalender. Dieser Kalender drückte mit den 24 Solarperioden die Bewegung der Sonne und mit den Voll- und Neumonden die Bewegung des Mondes aus, und durch die Einfügung von Schaltmonaten wurde die Beziehung zwischen dem Kalenderjahr und dem tropischen Jahr justiert. Damals nannte man diesen Kalender einen Mondkalender und den international gebräuchlichen allgemeinen Kalender einen Sonnenkalender. Deshalb gehört der „Kalender des Gelben Kaisers" vom Wesen zu den traditionellen Kalendern Chinas, d.h. dem damals so genannten Mondkalender.

Am 1.1.1912 verkündete Sun Yatsen in Nanjing offiziell die Gründung der Republik China und legte einen Eid als provisorischer Präsident ab. Bei der Zeremonie des Amtsantritts wurde außer der „Erklärung zum Amtsantritt des provisorischen Präsidenten" „am selben Tag nur der Erlass zum Wechsel auf den Sonnenkalender bekanntgemacht und dieser Tag als 1. Tag des 1. Monats des 1. Jahrs der Republik China festgelegt."[156] Am Tag nach dem Amtsantritt, gab Sun Yatsen in seiner Eigenschaft als Provisorischer Präsident telegrafisch dem ganzen Land den Wechsel zum Sonnenkalender bekannt. Im April 1912 trat Sun Yatsen zurück, und Yuan Shikai wurde provisorischer Präsident. Nach dem Amtsantritt von Yuan Shikai nahm dieser zur Einführung des Sonnenkalenders eine positive Haltung ein. Zum Neujahr 1913 organisierte die Beiyang-Regierung eine Neujahrsveranstaltung zum 2. Jahr der Republik. Seit der Gründung der Republik wurde die Anwendung des Sonnenkalenders ein amtlich festgelegter Grundsatz. Sowohl die Beiyang- als auch die Nanjing-Regierung führten diesen Grundsatz konsequent aus.

Aber wenn man einen Sonnenkalender einführen will, muss man zuerst einen entsprechenden Kalender ausarbeiten, jedoch die neu gegründete Regierung der Republik verfügte nicht über entsprechende Fachleute. In der Periode der Qing-Dynastie gehörte

---

155 Regierungsdevise – Bei dem Machtantritt eines Kaisers verkündete dieser eine Losung politischen Inhalts, die zugleich der Jahreszählung diente. Als z.B. der Kaiser Pu Yi im Jahre 1909 den Thron bestieg, war Xuantong (Verkündung der Einheit) sowohl ein weiterer Name des Kaisers als auch seine Regierungsdevise, und die Jahre seiner Herrschaft wurden in der Form „1. Jahr Xuantong" = 1909 usw. gezählt.
156 Chen Zhanyun: Zhongguo jindai tianwen shiji" (Astronomische Denkwürdigkeiten in Chinas neuerer Zeit), Kunming, Zhongguo kexueyuan, Yunnan tianwentai, 1985, S. 83

die Ausarbeitung eines Kalenders zu den Pflichten des kaiserlichen Observatoriums, und das Kalenderamt innerhalb des kaiserlichen Observatoriums war konkret dafür verantwortlich, einen Kalender auszuarbeiten. Nachdem Norden und Süden Friedensverhandlungen geführt hatten[157], dankte der Qing-Kaiser ab, Sun Yatsen trat von seinem Amt als provisorischer Präsident zurück, Yuan Shikai trat sein Amt an, und die Regierung in Nanjing zog nach Beijing um. Das Bildungsministerium der Regierung in Nanjing übernahm nach dem Umzug nach Beijing sofort das Bildungsministerium der Qing-Regierung und zugehörige Organe, einschließlich des kaiserlichen Observatoriums. Nachdem das Bildungsministerium das kaiserliche Observatorium und seine Angehörigen übernommen hatte, löste es dieses Organ auf und gründete das neue Zentrale Observatorium. Im Zentralen Observatorium wurden vier Abteilungen für Astronomie, Kalenderberechnung, Meteorologie und Erdmagnetismus eingerichtet. Darunter wurde zuerst die Abteilung für Kalenderberechnung gegründet, um schnellstmöglich einen Kalender auszuarbeiten.

Der erste Direktor des Zentralen Observatoriums war der Astronom Gao Lu (1877–1947). Gao Lu hatte einst an der Universität von Brüssel in Belgien studiert und erwarb den Titel eines Doktor-Ingenieurs dieser Universität. Im Jahre 1911 kehrte er in die Heimat zurück, und nach der Xinhai-Revolution wurde er Sekretär der provisorischen Regierung in Nanjing. Gao Lu hatte tiefgründige mathematische Kenntnisse und liebte stets die Astronomie sehr. Nach der Übernahme des kaiserlichen Observatoriums durch das Bildungsministerium empfahl deshalb der Bildungsminister Cai Yuanpei, dass Gao Lu die Ausarbeitung des Kalenders leiten sollte, und entsendete den Angestellten Chang Fuyuan[158] vom Amt für Kompilationen und Übersetzungen zur Unterstützung.

Die Ausarbeitung eines Kalenders muss man vernünftigerweise ein Jahr vorher beginnen, damit er im folgenden Jahr benutzt werden kann. Aber als Gao Lu die Ausarbeitung des Kalenders begann, hatte man schon Mai des 1. Jahres der Republik, so dass er nur den „Kalender des 2. Jahres der Republik" ausarbeiten konnte. Nachdem dieser fertiggestellt und gedruckt war und das erledigt hatte, verfasste er nachträglich den „Kalender des 1. Jahres der Republik". Als der „Kalender des 1. Jahres der Republik" fertig gedruckt war, befand man sich schon im 2. Jahr der Republik, so dass man ihn eigentlich nicht hätte drucken müssen, darum wurde er nur in einer kleinen Auflage gedruckt, damit er im Amtsarchiv aufbewahrt wird und um zu vermeiden, dass die historischen Daten unterbrochen werden.[159] So wurde er zum Kuriosum der Kalender der Republik.

Man muss erklären, dass Gao Lu und Chang Fuyuan zum ersten Mal einen Kalender ausgearbeitet hatten. Wegen des Zeitdrucks hatten sie beim Verfassen des „Kalenders des

---

157 Nachdem Norden und Süden Friedensverhandlungen geführt hatten – Der Süden war durch die revolutionären Gruppierungen um Sun Yatsen und der Norden durch den mächtigen Hofbeamten Yuan Shikai vertreten, der den Kaiser Pu Yi zur Abdankung drängte. Der machthungrige Yuan Shikai setzte als Preis für die Abdankung des Qing-Kaisers durch, dass er selbst als Präsident Sun Yatsen ablöste. In diese Friedensverhandlungen mischten sich noch die ausländischen Mächte ein, die ihre Positionen durch die Revolution bedroht sahen.
158 Chang Fuyuan (1874–1939) stammte aus Nanjing in der Provinz Jiangsu. Er war nacheinander ein technischer Mitarbeiter und Leiter der Abteilung Astronomie sowie stellvertretender Direktor des Zentralen Observatoriums.
159 Chen Daogui „Zhongguo tianwenxue shi" (Geschichte der Astronomie in China) Bd. 2, Shanghai, Shanghai renmin chubanshe, Juli 2006, S. 1354–1355

2. Jahres der Republik" und des „Kalenders des 1. Jahres der Republik" immer noch die Verfahren und Daten in dem Werk „Li Xiang Kao Cheng Hou Bian" (Spätere Redaktion des Werkes Prüfung der Kalendererscheinungen) für die Berechnungen benutzt. Im „Vorwort zum Kalender des 1. Jahres der Republik" wird dies konkret erläutert: „Die für die Berechnung benutzten Tabellen folgen einstweilen alten Werken." Nach der Fertigstellung des nachträglich verfassten „Kalenders des 1. Jahres der Republik" war reichlich Zeit, um den „Kalender des 3. Jahres der Republik" zu verfassen. Damals begannen Gao Lu und Chang Fuyuan, neue Berechnungsverfahren anzuwenden, worüber im „Vorwort zum Kalender des 3. Jahres der Republik" folgendes erklärt wurde:

„Der Kalender dieses Jahres benutzt die in den Ländern des Ostens und Westens üblichen mathematischen Berechnungsverfahren, außerdem wird die mittlere Sonnenzeit als Normal genommen, die gegenüber dem Berechnungsverfahren mit der alten Methode ein wenig abweicht. Wenn man zum Beispiel im alten Kalender den 9. und 10. Monat nimmt, so ist der 9. Monat nach dem alten Verfahren ein langer und der 10. Monat ein kurzer Monat, aber nach dem neuen Verfahren ist der 9. Monat ein kurzer und der 10. Monat ein langer Monat. Auch ob die Verfinsterungen von Sonne und Mond sichtbar oder nicht sichtbar sind, ob sie früher oder später auftreten, darüber gibt es geringfügige Abweichungen. Der Leser möge dies beachten."

Dieses Zitat belegt, dass man ab dem 3. Jahr der Republik (1914) in China begann, die mittlere Sonnenzeit als Normal zu benutzen und dass die Herangehensweise, die traditionell benutzte örtliche scheinbare Sonnenzeit als Zeitnormal zu nehmen, hiermit zu Grabe getragen wurde.

Man muss erklären, dass die mittlere Sonnenzeit im „Kalender des 3. Jahres der Republik" in der Reihenfolge der Kalendertage unterhalb des Tages in einer Spalte „Mittlere Sonnenzeit" angegeben wurde. Eine solche Spalte gab es nicht nur in den Kalendern der chinesischen Dynastien nicht, sondern ebenso wenig in ausländischen Kalendern, sie ist von Gao und Chang erfunden worden. Sie hatten sie eingeführt, weil damals in China Uhren allmählich populär wurden, aber vom Radio noch keine Spur zu sehen war. Um ohne Radio die Zeit zu überprüfen, konnte man nur mit der scheinbaren Sonnenzeit zum Mittag als Grundlage die Uhr richtigstellen. Weil die Differenz zwischen der scheinbaren und der mittleren Sonnenzeit manchmal eine Größenordnung von mehr als zehn Minuten erreichen kann, war die Korrektur der Uhren, als ihre Genauigkeit schon erheblich gesteigert worden war, offensichtlich nicht zweckmäßig. Damals benutzte man in den entwickelten Ländern der Welt allgemein schon die „mittlere Sonnenzeit" und manche sogar schon eine „Normalzeit". Wenn somit im „Kalender des 3. Jahres der Republik" die mittlere Sonnenzeit als Grundlage für die Korrektur der Uhren genommen wurde, so war dies offensichtlich beim Verfassen des Kalenders ein zunehmender Trend. Bis zur späten Phase des Widerstandskrieges wurden im großen Hinterland allmählich Radiostationen errichtet, und besonders nach der Befreiung wurden allgemein in allen Provinzen, Städten und autonomen Gebieten Radiostationen erbaut. Der zentrale Sender des Volksradios hat eine große Leistung, so dass man ihn im ganzen Land empfangen kann. So kann man direkt nach den von der Radiostation ausgesendeten Zeitsignalen die Zeit korrigieren, so dass der Begriff der mittleren Mittagszeit in den Kalendern nicht weiter aufgeführt werden muss.

Man muss noch erklären, dass das sogenannte neue und das alte Verfahren sich hauptsächlich auf die Berechnung der Bewegung der Himmelskörper, insbesondere von Sonne und Mond beziehen. Im Westen haben die Astronomen auf der Grundlage langzeitiger Beobachtungen und Messungen die neuesten „Sonnentabellen" und „Mondtabellen" aufgestellt und mit diesen Tabellen die Bewegung von Sonne und Mond berechnet. Das ist das sogenannte neue Verfahren. Als Gao Lu und Chang Fuyuan den Kalender mit Hilfe des neuen Verfahrens verfassten, benutzten sie nicht die damals neuesten „Sonnentabellen" und „Mondtabellen" für die direkte Berechnung. Weil ihnen für ihre Berechnungen kompetente Arbeitskräfte fehlten – sie hatten noch nicht einmal zehn Personen – hatten sich Gao und Chang einer flexiblen Methode bedient, indem sie einen zuvor erschienenen ausländischen „Astronomischen Jahreskalender" nahmen und die in ihm enthaltenen Daten auf die mittlere Sonnenzeit von Beijing umrechneten und so herausgaben. Diese Herangehensweise setzten sie eine recht lange Zeit fort und wurden dafür auch von verschiedenen Gelehrten getadelt. Im 10. Jahr der Republik (1921), als Chang Fuyuan stellvertretender Direktor des Zentralen Observatoriums wurde, berichtete er: „… beabsichtigte ich, den Kalender zu revidieren, und mein Plan war, im Zentralen Observatorium eine Abteilung für die Revision des Kalenders einzurichten. Ich kaufte einen Meridiankreis und eine astronomische Uhr und stellte einige Mathematiker und Mitarbeiter für astronomische Beobachtungen ein, die nachts für fünf bis zehn Jahre messen und rechnen sollten. Ich hoffte, nach neuen Prinzipien einen neuen Kalender ausarbeiten zu können. So wurden im Observatorium Mitarbeiter nicht nur angestellt, um im Kalender Kalenderdaten als Anmerkungen einzutragen. Als diese Verfahren veröffentlicht wurden, führte das dazu, dass Privatleute, die Astronomie und Kalenderberechnung studierten, es nicht soweit kommen ließen, dass man wieder nur dem „Werk „Li Xiang Kao Cheng" (Prüfung der Kalendererscheinungen) folgte. Damals leitete der Astronom Qin Fen, der den Beinamen Jingyang führte, gerade die entsprechende Abteilung im Bildungsministerium, der meinen Plan sehr lobte und sich um seine Realisierung bemühte. Über die Sache war schon entschieden, aber weil schließlich in der Staatskasse nicht genügend Mittel vorhanden waren, zerfiel alles wie eine Seifenblase."[160]

Außer dass in einem traditionellen chinesischen Kalender die Zeiteinheiten Jahr, Monat und Tag angeordnet sind, enthielt er Zahlenwerte und Beschreibungen der Bewegung der fünf Planeten. Diese Beschreibungen wurden in der Form von Kalendertabellen der fünf großen Planeten in die offiziellen Chroniken der Dynastien aufgenommen. Bis zum Ende der Qing-Dynastie wurden diese Planetenkalender noch Jahr für Jahr unter dem Titel „Qi Zheng Jing Wei Chan Du Shi Xian Shu" (Kalender der Koordinaten der sieben Gestirne) gedruckt. Als das Zentrale Observatorium den „Kalender der Republik" ausarbeitete, hatte man anfangs keine Zeit mehr, diese Tradition fortzusetzen, aber nachdem der „Kalender des 3. Jahres der Republik" fertiggestellt war, begann das Zentrale Observatorium sich damit zu beschäftigen, wie man die Bewegung der sieben Gestirne im Kalender angeben kann. Tatsächlich haben die Koordinaten der Bewegung der sieben Gestirne keine besondere Beziehung zum täglichen Leben des Volkes. Wenn man sie in den Kalender

---

160 Chen Daogui: Zhongguo tianwenxue shi" (Geschichte der Astronomie in China), Bd. 2, Shanghai, Shanghai renmin chubanshe, 2006, S. 1355

aufnimmt, haben sie keine große Bedeutung. Da nun alles reformiert wurde, wäre es doch am besten, der Konvention des Westens zu folgen, extra einen dem „Astronomischen Jahreskalender" ähnlichen Kalender zu redigieren, in dem die Koordinaten der sieben Gestirne enthalten sind, und gesondert herauszugeben. Entsprechend diesem Gedanken begann das Zentrale Observatorium, ab dem 3. Jahr der Republik (1914) für das folgende Jahr einen „Astronomischen Jahreskalender" zu verfassen, der den Titel „Jahrbuch der Beobachtung der Himmelserscheinungen für das 4. Jahr der Republik" erhielt.[161] Somit begann die Tradition eines in China redigierten „Astronomischen Jahreskalenders". Obwohl wegen finanzieller Schwierigkeiten durch die Kriegswirren und andere Ursachen die Herausgabe des „Astronomischen Jahreskalenders" immer wieder ausgesetzt und auch die Bezeichnung „Jahrbuch der Beobachtung der Himmelserscheinungen" etwas abgeändert wurde, behielt man diese Tradition letztendlich bei und führe sie bis heute weiter, weil es ein gesellschaftliches Bedürfnis gab.

Die traditionellen chinesischen Kalender weisen noch eine Besonderheit auf, das ist, dass sie außer den Kalenderdaten und Kalenderphänomenen auch zahlreiche astrologische Inhalte darboten. Die Kompilatoren eines Kalenders hatten in Form von Fußnoten zu jedem Tag umfangreiche Angaben zu Tätigkeiten, die günstig oder abträglich sind, aufgeführt, zum Beispiel ob eine Heirat, ein Bad nehmen oder ein Bett aufstellen günstig ist, ob man Bauarbeiten, weite Reisen oder einen Umzug vermeiden sollte, usw. Es gibt zahllose Belange. Diese günstigen oder abträglichen Angelegenheiten sind überhaupt nicht vernunftbezogen und glaubwürdig. Als das Zentrale Observatorium Kalender herausgab, hatte es diese Dinge natürlich radikal ausgemerzt und in den leergewordenen Fußnoten hauptsächlich Allgemeinwissen über Kalender, Allgemeinwissen und Bilder über Astronomie abgedruckt und sowohl den Aberglauben ausgemerzt, als auch astronomisches Wissen popularisiert.

Die Herausgabe der neuen Kalender kennzeichnete, dass die Verbreitung des Gregorianischen Kalenders auf das rechte Gleis gelangt war und dass seine Einführung eine starke Reaktion in der Gesellschaft hervorrief. Das lag daran, dass die wirtschaftlichen Aktivitäten in der damaligen Gesellschaft in vielen Fällen nach den Zeitabschnitten des traditionellen Kalenders durchgeführt wurden. Zum Beispiel wurde für im Handel oder im Volk aufgenommene Darlehen gewöhnlich vereinbart, sie zum Jahresende nach dem alten Kalender zurückzuzahlen. Als man nun plötzlich zum Gregorianischen Kalender wechselte, waren die Zeiten des Jahreswechsels nach dem neuen und dem alten Kalender nicht gleich, was kaum zu vermeidendes Chaos hervorrief. Tatsächlich verhielt es sich so, dass, nachdem Sun Yatsen am 2.1. des 1. Jahres der Republik den Erlass über die Änderung des Kalenders soeben verkündet hatte, am nächsten Tage in der Shanghaier Zeitung „Shenbao" folgende Nachricht veröffentlicht wurde: „Die Angehörigen der Handelswelt, die sämtlich ihre Schulden aus dem Handel nach der Regel zum Jahresende zurückzahlen, haben es äußerst schwer, sie zu bereinigen, weil heute plötzlich Neujahr ist. Es gibt niemanden, der nicht überhastet den Kopf verliert. Da dies alles Gewohnheiten des Volkes sind, darf man sie nicht plötzlich verändern, weil

---

161 Chen Zhanyun: „Zhongguo jindai tianwen shiji" (Astronomische Denkwürdigkeiten in Chinas neuerer Zeit), Kunming, Yunnan tianwentai, 1988, S. 88

man sonst Ratlosigkeit hervorruft." Weil im Volk allerorten gemurrt wurde, konnte der neu ernannte Gouverneur von Shanghai, Chen Qimei, nicht umhin zu befehlen: „Die Schulden aus dem Handel der Geschäfte in Shanghai werden vorübergehend weiterhin nach dem alten Gesetz am 17.2. des Sonnenkalenders bzw. dem 30. des 12. Monats nach dem Mondkalender zurückgezahlt, damit Gerechtigkeit waltet."[162]

Probleme des Handels kann man mit einem Regierungserlass flexibel lösen, aber es ist äußerst schwierig, über lange Zeiten geübte Bräuche zu ändern. Die Regierung kann den 1. Januar nach dem neuen Kalender als Neujahr festlegen, aber nach den Gebräuchen ist der 15. Tag nach Neujahr das Laternenfest. Wenn man jedoch am Abend des 15. Januars keinen Mond sehen kann, soll man dann ein Laternenfest ohne Mond noch Laternenfest nennen? Um den Gregorianischen Kalender einzuführen, hatten einige örtliche Regierungen streng verboten, dass das Volk Neujahr nach dem Mondkalender begeht. Aber solche Verbote waren wirkungslos. Am letzten Tag des Jahres nach dem Mondkalender waren selbst in den Ministerien der Regierung oft alle Angestellten gegangen und die Räume leer.

Tatsächlich als die provisorische Regierung in Nanjing im Jahre 1912 befahl, den Kalender des 1. Jahres der Republik auszuarbeiten, legte sie vier Prinzipien fest: „Erstens, die Regierung gibt vor dem Dezember nach dem neuen Kalender einen Kalender heraus und setzt ihn in den Provinzen in Kraft, zweitens, der neue und der alte Kalender existieren nebeneinander; drittens, der neue Kalender ist in Wochen und der alte Kalender in Solarperioden eingeteilt; viertens, wer noch die Bräuche der alten Zeiten bewahren möchte, wählt sich das Wichtigste aus und trägt es in den Kalender ein, jedoch werden glück- und unheilverheißende Tage ausnahmslos ausgemerzt."[163] Hier ist der entscheidende Punkt der zweite, weil die Existenz des traditionellen Kalenders stillschweigend erlaubt wurde. Eben wegen der Existenz des zweiten Prinzips kam es nicht zu heftigen Reaktionen des Volkes, im Gegenteil war sie hilfreich, um den neuen Kalender einzuführen.

Im April 1927 wurde die nationale Nanjing-Regierung gegründet. Im damaligen China gab es drei Regierungen: Die von Tschiang Kaischek geführte Nanjing-Regierung; die zu Lebzeiten von Sun Yatsen in Guangzhou gegründete Einheitsfrontregierung von Guomindang und Kommunistischer Partei, diese Regierung war damals schon von Guangzhou nach Wuhan umgezogen, darum hieß sie nationale Wuhan-Regierung; und die bei der Gründung der Republik in Nanjing gebildete provisorische Regierung, diese Regierung war nach den Friedensverhandlungen zwischen Norden und Süden und nach dem Sturz der Qing-Dynastie nach Beijing umgesiedelt, später wurde sie von Warlords kontrolliert, deshalb hieß sie Beiyang-Warlord-Regierung. Sie hielten sich alle für die Zentralregierung, und die international anerkannte rechtmäßige Regierung Chinas war die Beiyang-Regierung. Von diesen drei Regierungen war die Nanjing-Regierung zuletzt gegründet worden, und ihre Rechtmäßigkeit gründete auf dem schwächsten Fundament, so dass sie es am nötigsten hatte, auf verschiedene Weise ihr Ansehen zu befestigen.

---

162 Yan Hao: „Minguo yuannian: lishi yu wenxuezhong de richang shenghuo" (1. Jahr der Republik: Alltagsleben in Geschichte und Literatur), Xi'an, Shaanxi renmin chubanshe, 2012, S. 14

163 Luo Fuhui und Xiao Yi (Hrsg.): „Ju Zheng wenji" (Gesammelte Werke von Ju Zheng) Bd.1, Wuhan, Huazhong shifan daxue chubanshe, 1989 S. 82

Unter diesen Maßnahmen wurde das Recht zur Herausgabe eines Kalenders seit alters als Kennzeichen der Staatsgewalt angesehen. Darum wurde gleich nach der Gründung der Nanjing-Regierung in ihrem Komitee für die Verwaltung der Bildung ein Komitee für Zeitverwaltung gebildet, das eiligst einen Jahreskalender verfasste. Außerdem um den neuen Kalender einzuführen, gab die Nanjing-Regierung einen wichtigen Erlass heraus, der eine Politik der strikten, kompromißlosen Abschaffung des Mondkalenders beinhaltete.

Am 7.5.1928 bat das Innenministerium im Hinblick auf den im Volk verwurzelten Mondkalender die nationale Regierung vorzuschlagen: „Wenn wir keine grundlegende Reform durchführen und weiter das Neujahr nach dem Mondkalender feiern, rufen wir nicht nur den Spott der anderen Länder heraus, wir stehen auch im Widerspruch zum Staatssystem. Die Fakten laufen den Zielen unserer Revolution zuwider." Unter dieser geistigen Führung zur Bildung eines hochstehenden Bewusstseins wurden in der Bittschrift acht Maßnahmen zur Abschaffung des Mondkalenders ausgearbeitet: „Erstens, Ausarbeitung von Vorschriften zur Herausgabe und zum Nachdruck eines Landeskalenders. Zweitens, strenges Verbot des privaten Verkaufs von alten Kalendern, von Vergleichstabellen zwischen alten und neuen Kalendern, Monatskalendern und Bildern des Herdgotts mit aufgedrucktem altem Kalender. Drittens, es wird streng angewiesen, dass in den Organen in- und außerhalb der Hauptstadt, in den Schulen, Vereinigungen außer den im Landeskalender festgelegten Zeiten zu den Solarperioden des alten Kalenders es ausnahmslos nach dem Brauch nicht gestattet ist, Urlaub zu nehmen. Viertens, alle Provinzen, Bezirke und Städte sind angewiesen, angemessene Vorschriften festzulegen, die dem Volk verkünden, dass alle Vergnügungen, Prozessionen sowie traditionelle Verzierungen und Handelswaren zum Neujahr nach dem alten Kalender ausnahmslos richtungweisend verbessert werden, und das Fest ist nach den Daten des Landeskalenders durchzuführen. Fünftens, die Zeiten des Bereinigens der Schulden und der Ruhezeiten der Geschäfte werden korrigiert. Sechstens, dem Volk ist es streng verboten, nach dem Landeskalender Mietzinsen einzunehmen und auszuzahlen und Besitzverträge abzuschließen. Siebtens, in geeigneter Weise sollen billige Monatskalender für den Gebrauch in den Dörfern hergestellt werden. Achtens, in großem Maßstab soll der Landeskalender für die Einführung und Anwendung propagiert werden, besondere Aufmerksamkeit soll der Ausmerzung des Aberglaubens bei Hochzeiten und Begräbnissen geschenkt werden, um zu unterbinden, dass in Einladungen zu Hochzeiten und Begräbnissen sowie in Todesanzeigen der alte Kalender benutzt wird." Diese acht Maßnahmen beinhalteten im Kern das Verbot der Benutzung des alten Kalenders und aller damit zusammenhängender Aktivitäten.[164]

Obwohl die Festlegungen der Regierung strikt waren und die Propaganda des neuen Kalenders zweifelsohne einen mächtigen Einfluss ausübte, konnten aber tausendjährige Bräuche des Volkes nicht mit einem Blatt Papier rundweg verboten und abgelöst werden, denn überall findet man Leute aus dem Volk, die die Feiertage und Bräuche nach dem alten Kalender begehen. Sogar verschiedene Provinzregierungen haben diesem Verbot nach außen zugestimmt, sich aber insgeheim widersetzt oder waren inaktiv geblieben. Andererseits konnte das gewaltsame Vorgehen der Regierung, um den alten Kalender

---

164 Liu Li: „Zhengling yu minsu – yi minguo nianjian feichu yinli wei zhongxin de kaocha (Untersuchung über die Abschaffung des Mondkalenders in den Jahren der Republik), Regierungsbefehle und Volksbräuche – Xinan shifan daxue xuebao (renwenshehui kexue ban), Bd. 32, H.6, 2006

abzuschaffen, zu einer Lunte werden, die die Widersprüche zwischen Volk und Regierung befeuerte. Im Februar 1929 kam es durch die Gesellschaft der kleinen Dolche in Suqian in der Provinz Anhui zu Ausschreitungen. „Wenn man die Ursache dieser Ausschreitungen genauer untersucht, so liegen sie in den überstürzten Aktionen zur Abschaffung des Mondkalenders begründet. Die Gesellschaft der kleinen Dolche rief die Massen zusammen, um Widerstand zu leisten."[165]

Im Jahre 1931 ereignete sich der Zwischenfall vom 18.9. Danach trennten sich die drei Fraktionen von Tschiang Kaischek, Wang Jingwei und Hu Hanmin[166] in der Guomindang und beriefen in Nanjing, Shanghai und Guangzhou jeweils einen eigenen 4. Parteitag der Guomindang ein. In dieser verworrenen politischen Lage, in der innere und äußere Feinde das Land bedrängten, blieb der Regierung überhaupt keine Zeit, die Einführung des neuen Kalenders fortzusetzen, so dass man in der Bewegung zur Abschaffung des alten Kalenders alles beim Alten beließ. Anfang 1934 konnte die nationale Regierung nicht umhin, die gewaltsame Abschaffung des alten Kalenders zu stoppen, sie erkannte die Realität der Existenz des Neujahrsfestes nach dem Mondkalender an und verhinderte nicht mehr mit Zwang, dass das Volk das Neujahrsfest nach dem Mondkalender beging. Seitdem bildete sich in China ein System heraus, dass sich amtliche Handlungen auf den Gregorianischen Kalender stützten und das Volk die Feiertage nach dem Mondkalender beging. Der Mondkalender erhielt seitdem die Bezeichnung „Bauernkalender", und diese Tradition hat sich bis heute fortgesetzt.

Nach der Gründung der Volksrepublik China wurde bei der Herausgabe von Kalendern im Wesentlichen die Herangehensweise der nationalen Regierung übernommen. Außer dass der Kalenderursprung von der Jahreszählung der Republik zu der international üblichen Jahreszählung abgeändert wurde, gestattete man gleichzeitig mit der Inkraftsetzung des Gregorianischen Kalenders die Existenz des Bauernkalenders. Weil das Neujahr nach dem Bauernkalender etwa auf den „Frühlingsanfang" der 24 Solarperioden des Bauernkalenders fällt, benannte man den 1.1. nach dem Bauernkalender in „Frühlingsfest" um, und der 1.1. nach dem Gregorianischen Kalender heißt „yuandan"元旦(Ursprungsmorgen). Am 23.12.1949 legte die Volksregierung der Volksrepublik China fest, dass jedes Jahr zum Frühlingsfest drei Tage Urlaub gewährt werden. Das Frühlingsfest nach dem Bauernkalender wurde zum wichtigsten Feiertag Chinas. Gegenwärtig sind die freien Tage zum Frühlingsfest auf 5 Tage verlängert worden, während am Neujahrstag nur ein Tag frei ist. Durch die Übertragungen des Fernsehens, des Internets und anderer moderner Medien wurde das Frühlingsfest schon zu dem Feiertag, den die Chinesen als ihren wichtigsten ansehen.

---

165 Shanghaier Zeitung „Shibao" vom 25.2. des 18. Jahres der Republik
166 Drei Fraktionen von Tschiang Kaischek, Wang Jingwei und Hu Hanmin – In der Nanjing-Regierung war Tschiang Kaischek der Präsident, der sich auf die Macht der Armee stützte. Wang Jingwei vertrat den linken Flügel der Guomindang, aber im Jahre 1937 folgte er einer Einladung der Japaner, eine Marionetten-Regierung in Nanjing zu führen. Hu Hanmin repräsentierte den rechten Flügel der Guomindang und stützte sich auf eine Machtbasis in Südchina.

Teil III: Persönlichkeiten der Metrologiegeschichte Chinas

Kapitel 15

Beiträge von Metrologen des Altertums (Teil I)

Die Entwicklung eines beliebigen Wissenschaftszweigs lässt sich nicht von den Beiträgen der hervorragenden Persönlichkeiten dieses Zweiges trennen. Die Metrologie bildet da keine Ausnahme. Im Verlauf der Entwicklung der Metrologie im alten China gab es eine Reihe von Metrologen, die durch scharfe Überlegung herausragende Beiträge leisteten. In diesem Kapitel stellen wir die metrologische Arbeit einiger Repräsentanten vor, gleichsam als ob wir durch ein Bambusrohr auf einen Leoparden schauen, in der Hoffnung, dass der Leser einen ersten anschaulichen Eindruck von den Beiträgen der Metrologen des alten Chinas gewinnt.

1. Liu Xin's Theorie der Metrologie

Liu Xin, der den Beinamen Zijun trug, ist ein berühmter Gelehrter der späten Periode der Westlichen Han-Dynastie. Liu Xin stammte aus der Familie der Kaiser der Westlichen Han-Dynastie. Sein Vater Liu Xiang war ein berühmter Gelehrter der damaligen Zeit, der in den Klassikern und der Geschichte sehr versiert war. Die erste Bibliografie in der Geschichte Chinas „Bie Lu" (Klassifikation und Verzeichnis) stammte aus seinem Pinsel. Liu Xin wurde von ihm beeinflusst; von klein auf las er, so dass der Kaiser ihn hoch schätzte. Später ordnete und redigierte er zusammen mit seinem Vater die geheimen Bücher (das heißt die beim Staat gesammelten Bücher). Nach dem Tode des Vaters erhielt er den Befehl des Kaisers, die Redaktionsarbeit der Bücher der Westlichen Han-Dynastie zu leiten. Da er später in einem engen Verhältnis mit Wang Mang stand, geriet er allmählich in die Strudel der Politik und wurde ein Anhänger von Wang Mang's Verschwörung. Nachdem Wang Mang den Thron der Han usurpiert und die Dynastie „Xin" (Neue) ausgerufen hatte, wurde Liu Xin Lehrer des Staates und bekam den Titel „Jia Xin Gong" (Herzog der schönen Xin-Dynastie). In der späten Periode von Wang Mang's politischer Herrschaft wollte er sich von ihm losreißen und plante, ihn zu ermorden. Doch der Plan wurde aufgedeckt, so dass er sich das Leben nahm.

Es lohnt nicht, über Liu Xin's politische Taten zu sprechen, aber seine wissenschaftlichen Beiträge erregten Aufmerksamkeit. Er war ein neuer Führer der Schule der neuen Literatur und ein Begründer der konfuzianischen Alttext-Lehre der Östlichen Han-Dynastie. Auf der Grundlage des Werks „Bie Lu" seines Vaters Liu Xiang verfasste er den umfassenden Katalog nach Kategorien der Bücher „Qi Lüe" (Sieben Übersichten), die die Bibliografien späterer Generationen stark beeinflussten. Es ist das Muster der Bibliografien Chinas. Bei der Erforschung der konfuzianischen Klassiker beschritt er neue Wege und begründete neue Methoden der Erklärung der Klassiker mittels der Schriftzeichen und der Geschichte. So legte er die Grundlage für die Geburt der Schule der Alttext-Klassiker. Liu Xin ist außerdem ein hervorragender Astronom. Auf der Grundlage astronomischer Schriften und Aufzeichnungen aus alter Zeit, die er systematisch redigierte, verfasste er das Werk „San Tong Li Pu" (Abhandlung über den Kalender der drei Einheiten), das als das welterste Modell eines Kalenders angesehen wird.

Außerdem hatte Liu Xin auch über die Metrologie tiefgründige Forschungen betrieben und wichtige Beiträge zur Bildung der Theorie der Metrologie des alten Chinas und zur Konstruktion von metrologischen Normalgeräten geleistet. Die Gesellschaft des alten Chinas hatte in einem langen Entwicklungsprozess reiche Kenntnisse über Theorie und Praxis der Metrologie angesammelt, aber wann sich schließlich eine systematische Theorie der Metrologie des alten Chinas herausbildete, ist gegenwärtig noch ein ungelöstes Rätsel. Von der heutigen Forschung her gesehen, hatte Liu Xin's Theorie der Metrologie eine wichtige Rolle bei der Entwicklung der traditionellen Metrologie Chinas gespielt. Ihre Entstehung kennzeichnet die offizielle Bildung der Theorie der traditionellen Metrologie.

Liu Xin's Theorie der Metrologie ist hauptsächlich im „Han Shu, Kap. Aufzeichnungen über Musik und Kalender" aufgezeichnet. In den Jahren der Regierungsära Yuanshi der Westlichen Han-Dynastie (1–5 n. Chr.) riss Wang Mang die politische Macht an sich. Um sich selbst herauszustellen und sich beim Volk beliebt zu machen, „rief er über einhundert Experten der Musik zu sich", damit sie unter Leitung von Liu Xin eine systematische Arbeit zur Prüfung der Stimmpfeifen und der Maße und Gewichte durchführen. Als diese Arbeit abgeschlossen war, erörterte Liu Xin in der Schrift „Dian Ling Tiao Zou" (Verantwortlich eingereichte Eingaben) ausführlich die grundlegende Theorie über die Stimmpfeifen und die Maße und Gewichte und die von ihnen konstruierten verschiedenen Normalgeräte für die Maße und Gewichte. Diese Eingabe stellt in konzentrierter Form Liu Xin's Theorie der Metrologie dar. Liu Xin war in der Geschichte eine umstrittene Persönlichkeit. Sein moralisches Verhalten wurde von den Nachfahren oft getadelt, aber seine Gedanken zur Metrologie, die er im „Dian Ling Tiao Zou" dargelegt hatte, wurden von den Nachfahren hoch gelobt. Der Hauptautor der Chronik „Han Shu", Ban Gu, hatte seine Theorie einst als die „ausführlichsten Worte" gepriesen.[167] Liu Xin selbst hatte seine Arbeit stolz eingeschätzt:

„Im kaiserlichen Hof hatten sich zahlreiche Konfuzianer versammelt. Sie berieten gelehrt, wie man die alten Klassiker instandsetzen und verstehen kann. Sie vereinheitlichten die Stimmpfeifen, überprüften die Längenmaße, fertigten ein Volumen-Normal an, prüften die Waagen und die Gewichte, die Lineale und die Richtschnüre. Sie stellten fünf Vorschriften auf, ordneten die Zahlen und die Töne. Sie brachten dem Volk Nutzen und verhießen dem Reich Einheit. "

Obwohl bei diesen Worten die Schmeichelei gegenüber Wang Mang abstößt, ist aber die Bekräftigung der Wichtigkeit der Metrologie völlig berechtigt. Sein Ausspruch „Sie brachten dem Volk Nutzen und verhießen dem Reich Einheit" drückt die Erwartung der Menschen in die gesellschaftliche Funktion der Metrologie aus. Eben deshalb hatte Ban Gu

---

167 „Han Shu, Kap. Aufzeichnungen über Musik und Kalender"

beim Verfassen des „Han Shu" Liu Xin's Theorie nicht wegen seines Charakters unterdrückt, sondern die Herangehensweise gewählt, „die falschen Worte auszumerzen und den wahren Sinn herauszustellen" und sie in das Kapitel „Aufzeichnungen über Musik und Kalender" des „Han Shu" aufgenommen. Mit der Akzeptanz von Liu Xin's Theorie der Metrologie durch die Nachfahren wurde das Kapitel „Aufzeichnungen über Musik und Kalender" des „Han Shu" zu einem der maßgeblichsten Werke über die Theorie der Metrologie in der Geschichte Chinas. Wenn in diesem Buch Liu Xin's Theorie der Metrologie diskutiert wird, stützen wir uns auf die Aufzeichnungen im „Han Shu". Alle Zitate sind ohne weitere Quellenangabe dieser Chronik entnommen.

Liu Xin's Theorie der Metrologie umfasst hauptsächlich folgenden Inhalt:

1.1 Zahlen und ihre Funktion in der Metrologie

Liu Xin schenkte der Funktion der Zahlen große Aufmerksamkeit. Er sagte: „Wir haben die Zahlen eins, zehn, hundert, tausend, zehntausend. Sie folgen den Gesetzen des Lebens." Er meinte, dass die Zahlen das Messen der Dinge ermöglichen, sie sind die Grundlage für die Regierung des Staates. Er zitierte das alte Buch „Yi Shu" (Buch der Muße): „Zuerst zählt man die Dinge ab." Yan Shigu, der diese Worte erklärte, sagte: „Sie besagen, wenn die Könige die Angelegenheiten verwalteten, stellten sie zuerst Zahlen auf, um die hundert Dinge zu regeln." Diese Worte drücken aus, dass es in der Tat eine Wirkung in der Regierung des Staates durch Quantifizieren gibt. Wenn man Dinge nicht abzählen kann, können die Organe des Staates nicht normal arbeiten.

Auch über die Funktion der Zahlen in den verschiedenen konkreten Bereichen der Metrologie hatte Liu Xin eine klare Vorstellung. Er unterstrich: „Bei der Aufstellung des Kalenders, der Anfertigung von Stimmpfeifen und Geräten, beim Zeichnen von Kreisen und Quadraten, bei den Richtschnüren und den Volumennormalen, wenn man das Grundlose und das Verborgene untersucht, wenn man nach dem Tiefen greift und das Weite erlangen will, überall wendet man sie an." Liu Xin's Erörterung, dass die Zahlen mit konkreten Messtätigkeiten verknüpft werden, führt leicht zu dem Gedanken der Quantifizierung. Der Gedanke der Quantifizierung ist ein Grundpfeiler der Entwicklung, auf den sich die Metrologie stützt. Daraus können wir die Bedeutung dieser Erörterung von Liu Xin sehen. In der Geschichte Chinas hatte Liu Xin zuerst diese Thesen erörtert.

Liu Xin meinte, wenn man die verwickelten Zahlenbeziehungen zwischen den Dingen ausdrücken will, so benötigt man dafür nur 177147 Zahlen. Seine Grundlage war:

„Der Ursprung der Zahlen entspringt den Stimmpfeifen, sie beginnen mit 1x3, dann wird 3x3 genommen, es folgen die Zahlen der 12 Sternbilder, das ergibt 177147, und die fünf Zahlen[168] sind vorbereitet."

Wenn man dies als Gleichung schreibt, ergibt sich:

Zi	Chou	Yin	Mao	Chen	Si	Wu	Wei	Shen	You	Xu	Hai	
1x	3x	3x	3x	3x	3x	3x	3x	3x	3x	3x	3	= 177147

---

168 Fünf Zahlen – Gemeint sind die Änderungen der fünf Wandlungsphasen Metall, Holz, Wasser, Feuer, Erde und von Yin und Yang.

Dieses sein Wissen ist in unseren Augen ein sinnloses Zahlenspiel, aber es drückte eine damals verbreitete philosophische Vorstellung aus. Die Worte „sie beginnen mit 1 x 3" erklärte Meng Kang in der Zeit der Drei Reiche: „Huangzhong ist die Stimmpfeife Zi, und die Zahl von Zi ist eins. Das ursprüngliche Qi des höchsten Pols enthält drei in Einem. Deshalb verwandelt sich die Zahl eins in drei." Die Vorfahren meinten, dass sich der Ursprung des Kosmos in einem chaotischen Zustand manifestierte, der ursprüngliches Qi des höchsten Pols genannt wurde. Das ursprüngliche Qi ist die Quelle des Kosmos, darum heißt sie eins. Das ursprüngliche Qi schließt die drei Komponenten Himmel, Erde und Mensch ein. Darum sagt man: „Das ursprüngliche Qi enthält drei in Einem."[169] Aus diesen drei Komponenten entwickelten sich schrittweise die zehntausend Dinge, das heißt, man sagt „Die drei gebären die zehntausend Dinge." Daraus folgerte man: „die Dinge wurden aus Dreien geboren".[170] Darum benutzte man die Drei als allgemeinen Faktor der Multiplikation. Den 12 Sternbildern entsprechen wiederum die 12 Stimmpfeifen. Nach dem Verständnis der Vorfahren können die 12 Stimmpfeifen alle Veränderungen der zehntausend Dinge widerspiegeln. Weil jede Veränderung aus drei Teilen gebildet ist, muss man nur von Zi mit eins beginnen, und wenn man die 12 Sternbilder immer mit drei multipliziert, kann die Zahlenbeziehung alle Veränderungen darin einschließen. Das meinte Meng Kang, wenn er sagte: „Die Zahlen der fünf Wandlungsphasen und von Yin und Yang sind darin enthalten." Liu Xin hatte hier nicht gesagt, dass es in der Natur insgesamt so viele Zahlen gäbe, sondern dass so viele Zahlen ausreichen, um alle Veränderungen der zehntausend Dinge zu beschreiben. Man muss sagen, dass er die Zahl 177147 nicht als erster angeführt hatte. Schon im „Huai Nan Zi" wurde mit der gleichen Methode zuerst diese Zahl abgeleitet. Liu Xin hatte sie nur in sein Theoriesystem integriert.

Liu Xin verwies noch darauf, dass zwischen den Zahlen verschiedene Beziehungen bestehen und dass die Wissenschaft, die diese Beziehungen behandelt, Zahlenkunst (Arithmetik) heißt. Die in der Zahlenkunst benutzten Zählwerkzeuge waren Zählstäbchen, die mit einem Durchmesser von 1 Fen und einer Länge von 6 Fen aus Bambus hergestellt wurden. Als die Zahlenkunst im Volk bekannt wurde, gehörte sie zum Lehrplan in der traditionellen Grundschule. Die Aufsicht über die Zahlenkunst oblag einem Akademiker.

Liu Xin's Theorie hatte den abstrakten Begriff der Zahlen auf eine herausragende Stufe gehoben, die das Verständnis für eine unabhängige Stellung der Zahlen und für die Beziehungen der Zahlen mit anderen Wissenschaftszeigen förderte. Außerdem verknüpfte er die Zahlen mit konkreten Messungen und äußerte den Gedanken der Quantifizierung. Das bedeutete für die Entwicklung der Theorie der Metrologie einen gewaltigen Fortschritt. Natürlich war seine Lehre, dass die „fünf Zahlen enthalten sind" völlig wertlos. Man kann den in seiner Theorie enthaltenen Mystizismus nicht aufgreifen.

---

169 Lao Zi (Chunqiu-Periode): „Dao De Jing"
170 Liu An (Westliche Han-Dynastie): „Huai Nan Zi, Kap. Tian Wen Xun"

1.2 Das Wesen des Tonsystems und die Regeln seiner gegenseitigen Hervorbringung

In Liu Xin's Theorie hat der Inhalt über das Tonsystem ein bedeutendes Gewicht inne. Das liegt daran, dass die Musikinstrumente in der traditionellen Kultur Chinas einen besonderen Platz einnehmen. Im Altertum waren Riten und Musik gleich wichtig. Konfuzius hatte einst gesagt: „Um das Volk in Frieden zu regieren, gibt es nichts Besseres als die Riten. Um die Sitten und Gebräuche zu ändern, gibt es nichts Besseres als die Musik. Beide sind immer gleich gestimmt."[171] Der Platz der Musik in der Gesellschaft des Altertums lässt sich daran ermessen.

Damit die Musik gedeihen kann, benötigt man solide Kenntnisse der Musikologie als Fundament. Außerdem ist das Tonsystem in den Augen der Vorfahren der Ursprung der Maße und Gewichte. Somit ist es ganz natürlich, dass die Musikologie in Liu Xin's Theorie einen wichtigen Platz einnimmt.

In der Theorie des Tonsystems von Liu Xin erörtert er hauptsächlich die fünf Töne, die acht Musikinstrumente und die zwölf Tonstufen. Bezüglich der Definition der fünf Töne und der acht Musikinstrumente erklärte er:

„Die Töne heißen Gong, Shang, Jue, Zhi und Yu. Darum harmonisiert ein Musikant die acht Musikinstrumente, so dass er die bösen Absichten der Menschen hinwegspült. Er vervollkommnet ihren geradsinnigen Charakter und ändert ihre Sitten und Gebräuche. Zu den acht Musikinstrumenten gehören aus Erde die Okarina, aus einem Flaschenkürbis die Mundorgel, aus Leder die Trommel, aus Bambus die Flöte, aus Seide die Saiteninstrumente, aus Stein die Klangsteine, aus Metall die Glocken und aus Holz der Klangkasten. Die fünf Töne kommen zusammen und werden mit den acht Musikinstrumenten harmonisiert, so das daraus die Musik entsteht."*

Die fünf Töne sind fünf Tonhöhen auf einer Tonleiter. Wenn die acht Musikinstrumente harmonisch zusammenpassen und sich die fünf Töne zu Melodien verbinden, kann man eine die Menschen anrührende Musik spielen.

Wie entstehen nun die fünf Tonhöhen? Liu Xin erklärte:

„Der Ursprung der fünf Töne liegt in der Stimmpfeife Huangzhong. Bei einer Länge von neun Cun entsteht der Ton Gong. Wenn die Länge abwechselnd zunimmt und abnimmt, entstehen die Töne Shang, Jue, Zhi, und Yu. So bringt Huangzhong mit neun Cun Linzhong mit sechs Cun hervor. Es ist eine Reaktion von Yin und Yang."

Hier ist die Rede von dem in der Geschichte berühmten Gesetz der Zunahme und Abnahme um ein Drittel. Die Länge der Huangzhong-Stimmpfeife von neun Cun bildet die Basis. Sie wird in drei gleiche Teile unterteilt. Danach zieht man nacheinander ein Teil ab oder fügt es hinzu, um die entsprechende Länge für die anderen Tonhöhen zu bestimmen.

Das Gesetz der Zu- und Abnahme um ein Drittel entstand sehr früh. Weil das Gesetz einfach und bequem zu handhaben ist, benutzte man die dadurch entstandenen Tonhöhen, um Musik zu spielen, die ein harmonisches und wohlklingendes Tongefühl vermittelt. Deshalb erlangte es in der Praxis der Musik des Altertums eine weite Verbreitung. Liu Xin übernahm dieses Erbe der Vorfahren und integrierte es in sein eigenes System.

---

[171] „Han Shu", Kap. Aufzeichnungen über Kunst und Literatur

Die Höhen der fünf Töne widerspiegeln Änderungswerte der Tonhöhen. Man kann auch sagen, dass sie relative Tonhöhen ausdrücken und die Abstände zwischen zwei benachbarten Tönen fest und unveränderlich sind, aber die absoluten Tonhöhen ändern sich mit dem Wechsel der Melodien. Deshalb muss man beim Spielen eine Tonhöhe als Ausgangspunkt der Tonleiter festlegen. Hierfür erfanden dise Vorfahren die zwölf Stimmpfeifen und legten mit ihnen zwölf Standardtöne mit verschiedenen Tonhöhen fest. Diesen zwölf Stimmpfeifen widmete Liu Xin einen großen Raum in der Diskussion.

Über die Herkunft der zwölf Stimmpfeifen berichtete Liu Xin:

„Sie wurden vom Gelben Kaiser erschaffen. Der Gelbe Kaiser entsendete den Ling Lun vom Westen des Daxia-Gebirges zur Nordseite des Kunlun-Gebirges, um im Tal Jie Bambus zu schneiden. Er nahm diejenigen Rohre, deren Hohlräume dick und gleichmäßig waren. Er schnitt sie zwischen zwei Knoten ab und blies auf ihnen und fand, dass es der Ton der Huangzhong-Stimmpfeife war. Er fertigte zwölf Pfeifen an und lauschte dem Gesang der Phönixe. Aus dem Gesang des männlichen Phönixes machte er sechs Pfeifen und aus dem Gesang des weiblichen Phönixes auch sechs Pfeifen. Aus dem Ton Gong der Huangzhong-Stimmpfeife konnten alle Töne der anderen Pfeifen erzeugt werden. Das ist der Ursprung der Stimmpfeifen."

Diese Erzählung ist keine Erfindung von Liu Xin, denn im „Lü Shi Chun Qiu" (Frühling und Herbst des Lü Buwei) gibt es eine ähnliche Aufzeichnung. Aber Liu Xin hatte entsprechend seinen Absichten das eine hinzugefügt und anderes weggelassen. Zum Beispiel führt das „Lü Shi Chun Qiu" an, „seine Länge betrug drei Cun neun Fen und er blies darauf, und er fand, dass es der Ton Gong der Huangzhong-Stimmpfeife sei".[172] Das hatte Liu Xin weggelassen, weil er für die Länge der Huangzhong-Stimmpfeife eine andere Festlegung benutzte. Liu Xin's zitierte Worte haben einen tiefgründigen Sinn. Sie widerspiegeln, dass man zuallererst Bambusrohre benutzte, um die Stimmpfeifen zu bestimmen. Das übte auf die Nachfahren bei der Herstellung der Stimmpfeifen und der Festlegung von Normalen für Maße und Gewichte eine inspirierende Wirkung aus. Außerdem haben die Worte „er lauschte dem Gesang der Phönixe" den Sinn, dass die Stimmpfeifen mit der objektiven Realität der Natur übereinstimmen müssen. „Aus dem Ton Gong der Huangzhong-Stimmpfeife konnten alle Töne der anderen Pfeifen erzeugt werden" zeigt, dass die zwölf Stimmpfeifen ein immanentes Gesetz befolgen. Diese Gedanken sind zweifellos sehr wichtig.

Wie wurden nun die Längen der zwölf Stimmpfeifen schließlich bestimmt? Liu Xin benutzte das Verfahren, zuerst die Längen der drei Stimmpfeifen Huangzhong, Linzhong und Taizu festzulegen und danach die übrigen Längen zu berechnen. Ausgehend von der Lehre der drei Einheiten, meinte er:

„Die Huangzhong-Stimmpfeife verkörpert die Einheit mit dem Himmel, sie ist neun Cun lang. Darum prüft sie die mittlere Harmonie des Pols, sie ist der Ursprung der zehntausend Dinge.[…] Die Linzhong-Stimmpfeife verkörpert die Einheit mit der Erde, sie ist sechs Cun lang. Sie enthält die Tätigkeit des Yang, ist innerhalb der sechs Harmonien eifrig und bewirkt, dass Festes und Weiches einen Körper haben. […] Die Taizu-Stimmpfeife verkörpert die Einheit mit dem Menschen, sie ist acht Cun lang und imitiert die acht Trigramme, durch

---

172 Lü Buwei (Qin-Dynastie): „Lü Shi Chun Qiu, Kap. Zhong Xia Ji, Gu Yue"

sie folgte Fu Xi[173] *dem Lauf von Himmel und Erde, verkehrte mit den Geistern und glich der Liebe der zehntausend Dinge. Man nennt sie die drei Stimmpfeifen, weil sie die drei Einheiten verkörpern."*

Das Wesen dieser Herangehensweise besteht darin, dass zuerst die Huangzhong-Stimmpfeife mit einer Länge von neun Cun festgelegt wird, und danach werden die Längen der übrigen Stimmpfeifen bestimmt. Man muss darauf hinweisen, dass Liu Xin's Methode nicht ganz ohne Berechtigung ist. Die Festlegung der zwölf Stimmpfeifen ist im Wesentlichen eine subjektive Handlung des Menschen. Für die Huangzhong-Stimmpfeife eine Länge von neun Cun zu wählen, stimmt mit der musikalischen Praxis im alten China überein. Außerdem steht diese Wahl von Liu Xin mit seiner philosophischen Theorie im Einklang, auch wenn sie in unseren Augen an den Haaren herbeigezogen ist.

Nachdem er für die Länge der Huangzhong-Stimmpfeife neun Cun ausgewählt hatte, kann man das Gesetz der Zu- und Abnahme um ein Drittel anwenden, um die Längen der übrigen Stimmpfeifen auszurechnen. Das konkrete Verfahren lautet:

„*Zieht man von der Länge (der Huangzhong-Stimmpfeife) ein Drittel ab, ergibt sich Linzhong. Addiert man zu Linzhong ein Drittel, ergibt sich Taizu. Zieht man von Taizu ein Drittel ab, ergibt sich Nanlü. Addiert man zu Nanlü ein Drittel, ergibt sich Guxi. Zieht man von Guxi ein Drittel ab, ergibt sich Yingzhong. Addiert man zu Yingzhong ein Drittel, ergibt sich Ruibin. Zieht man von Ruibin ein Drittel ab, ergibt sich Dalü. Addiert man zu Dalü ein Drittel, ergibt sich Yize. Zieht man von Yize ein Drittel ab, ergibt sich Jiazhong. Addiert man zu Jiazhong ein Drittel, ergibt sich Wangshe. Zieht man von Wangshe ein Drittel ab, ergibt sich Zhonglü. Die gegenseitige Erzeugung von Yin und Yang beginnt mit der Huangzhong-Stimmpfeife, und sie dreht sich nach links. Die Tonhöhen sind miteinander verbunden. Die Normale werden alle aus Bronze angefertigt. Für die große Musik ist der Musikmeister zuständig.*"

Dieses Gesetz der Zu- und Abnahme um ein Drittel existierte schon in der Vor-Qin-Zeit. Aber während Liu Xin die traditionelle Zu- und Abnahme bei den zwölf Stimmpfeifen übernahm, korrigierte er das Verfahren. Damit bei der traditionellen Berechnung die zwölf Stimmpfeifen in einer Oktave zusammengefasst sind, benutzte man das Verfahren, nacheinander abzuziehen und zu addieren, aber bei der Stimmpfeife Ruibin „zwei Mal nach oben zu gehen",[174] wie es im Bild 15.1 gezeigt ist, während Liu Xin den Schritt „zwei Mal nach oben zu gehen" wegließ.

---

173 Fu Xi ist ein mythologischer Herrscher. Er soll die Acht Trigramme des Buchs der Wandlungen erfunden haben.
174 Dai Nianzu: „Zhonghua wenhua tongzhi" (Allgemeine Darstellung der chinesischen Kultur), Teil Physik und Mechanik, Shanghai renmin chubanshe, 1998, S. 91

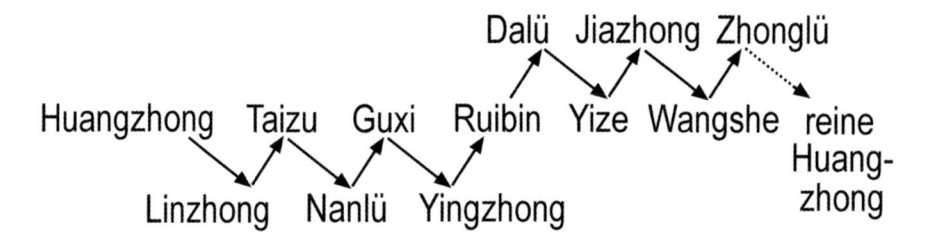

Bild 15.1 Die zwölf Stimmpfeifen nach dem traditionellen Verfahren der Zu- und Abnahme um ein Drittel

Sein Berechnungsweg ist wie im Bild 15.2 dargestellt.

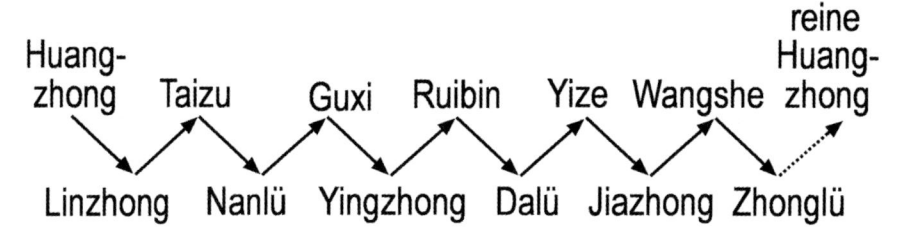

Bild 15.2 Liu Xin 's Gesetz der Zu- und Abnahme um ein Drittel für die zwölf Stimmpfeifen

Warum Liu Xin diese Veränderung vornahm, wissen wir nicht. Vielleicht wollte er von der mathematischen Form eine Vereinheitlichung verfolgen, die sich im ästhetischen Bedürfnis des Mathematikers manifestierte. Aber seine Abänderung widersprach den immanenten Gesetzen der Musik. Obwohl das schließliche Ergebnis der Rückkehr zur reinen Huangzhong-Stimmpfeife gleich ist, überschritten die drei Stimmpfeifen Dalü, Jiazhong und Zhonglü den Bereich einer Oktave. Hierüber hatte sich Shen Kuo aus der Nördlichen Song-Dynastie kritisch geäußert:

„Im ‚Han Shu' heißt es: ‚Yin und Yang erzeugen sich gegenseitig. Sie beginnen bei der Huangzhong-Stimmpfeife und drehen sich nach links, die Tonhöhen der acht Töne sind miteinander verbunden.' Das bedeutet, dass sich immer eine Addition mit einer Subtraktion abwechselt. Wenn man so verfährt, dann sind die Zahlen der Stimmpfeifen ab Dalü falsch. Man muss nach Ruibin noch einmal addieren, erst dann erhält man die korrekte Zahl. Das ist der Fehler der Verknüpfung der acht Töne."

Shen Kuo's Kritik ist richtig. In der Geschichte gibt es in der Tat sehr wenige Menschen, die in der Praxis der Musik dieses Verfahren von Liu Xin angewendet haben. Aber wir erkennen daran Liu Xin 's persönliche Eigenart eines Mathematikers, eine vollkommene Form zu suchen.

1.3 Die Lehre der in den Stimmpfeifen aufgehäuften Hirsekörner

Das ist ein wichtiger Teil der Theorie der Metrologie von Liu Xin. Ihr hauptsächlicher Inhalt ist die Basis für die Auswahl eines Normals für die Maße und Gewichte.

Liu Xin's Basis für die Ausarbeitung eines Normals der Maße und Gewichte ist das sogenannte „er vereinigte die Stimmpfeifen mit den Maßen und Gewichten", das heißt, die Längen-, Volumen- und Gewichtsmaße sind über einen gemeinsamen Ursprung vereinigt. Er meinte, dass dieser Ursprung die Stimmpfeifen seien. Der Gedanke, dass die Stimmpfeifen der Ursprung der zehntausend Dinge sind, stammt nicht zuerst von Liu Xin, sondern Sima Qian hatte einst geäußert: „Die Könige hatten die Angelegenheiten geregelt und einen Kalender geschaffen. Sie vereinigten die Gesetze der Dinge und der Maße in den sechs Stimmpfeifen, und die sechs Stimmpfeifen sind dabei der Ursprung der zehntausend Dinge."[175] Hier bezeichnen die sechs Stimmpfeifen die Stimmpfeifen allgemein. In der Tradition Chinas benutzte man zwölf Stimmpfeifen. Diese zwölf Stimmpfeifen waren in sechs Lü律-Pfeifen und sechs Lü吕-Pfeifen eingeteilt. Wenn er nur sechs Pfeifen anführte, so sind hier alle Stimmpfeifen gemeint. Aber wie die Stimmpfeifen schließlich mit den Maßen und Gewichten zusammenhingen, hatten die Vorfahren noch nicht klar ausgesprochen. Es war Liu Xin, der hierfür ein konkretes Modell geschaffen hatte. Das ist die sogenannte Lehre der in den Stimmpfeifen aufgehäuften Hirsekörner.

Analysieren wir zuerst, wie Liu Xin die Längeneinheiten aufgebaut hatte. Im „Han Shu, Kap. Aufzeichnungen über Musik und Kalender" ist aufgezeichnet:

„Für die Länge gibt es die Einheiten Fen, Cun, Chi, Zhang und Yin, mit denen man messen kann, wie kurz und lang etwas ist. Sie gehen von der Länge der Huangzhong-Stimmpfeife aus. Man prüft sie mit Hirsekörnern mittlerer Größe. Wenn man 90 Hirsekörner nebeneinander legt, ergibt sich die Länge der Huangzhong-Stimmpfeife. Ein Hirsekorn ist 1 Fen breit. 10 Fen sind 1 Cun, 10 Cun sind 1 Chi, 10 Chi sind 1 Zhang, 10 Zhang sind 1 Yin. So kann man die fünf Längeneinheiten überprüfen."

Das besagt, das Normal der Längeneinheit stammt von der Huangzhong-Stimmpfeife. Das Rohr der Huangzhong-Stimmpfeife ist neun Cun lang. Dieses ist ein Normal. Dieses Normal kann man mit einer bestimmten Hirsesorte überprüfen und verwirklichen. Das konkrete Verfahren ist folgendes: Man wählt Hirsekörner mittlerer Größe, bei denen die Breite der Hirsekörner 1 Fen beträgt. Wenn man 90 Hirsekörner nebeneinander legt, erhält man neun Cun, das ist gerade die Länge der Huangzhong-Stimmpfeife. Diese Hirsesorte liefert die Längeneinheit „Fen". Wenn das Fen bestimmt ist, kann man die übrigen Längeneinheiten natürlich daraus ableiten.

Warum muss man das Fen als die grundlegendste Längeneinheit benutzen? Liu Xin erklärte das so: „Das Fen kann man von allen Dingen, die aus den drei Einheiten entstanden sind, mit bloßem Auge erkennen." Man sieht, dass er es unter der Voraussetzung der Erkennbarkeit mit bloßem Auge bestimmt hatte. Davor gab es noch die Einheiten, die kleiner als ein Fen sind, wie Li, Hao, Miao, Hu und Si, aber das sind Einheiten, die für die Theorie der Metrologie abgeleitet wurden. Liu Xin unterschied zuerst zwischen den theoretisch abgeleiteten und den praktischen Einheiten.

---

175 Sima Qian (Westliche Han-Dynastie): „Shi Ji", Kap. Lü Shu

Die Lehre der in den Stimmpfeifen aufgehäuften Hirsekörner hat eine immanente wissenschaftliche Berechtigung. Weil die Länge des Pfeifenrohrs tatsächlich mit der ausgesendeten Tonhöhe zusammenhängt, ändert sich die hervorgerufene Tonhöhe, wenn man die Länge des Rohres ändert. Das kann das Ohr des Menschen heraushören. Darum kann man entsprechende Maßnahmen treffen, um die Konstanz der gewählten Rohrlänge zu gewährleisten. Somit besitzt sie die Eignung, als Normal für die Maße und Gewichte zu fungieren. Aber ob andererseits die von ein und demselben Pfeifenrohr ausgesendete Tonhöhe der Ton Huangzhong ist, darüber können verschiedene Leute verschiedener Ansicht sein. Das brachte die Unsicherheit des Normals mit sich. Hierfür verwendete Liu Xin bestimmte Hirsekörner als Medium, und indem er sie nebeneinander legte, erhielt er ein Längennormal. Er verwendete ein System eines doppelten Normals: Das Rohr der Stimmpfeife Huangzhong liefert das grundlegende Normal und die Überprüfung mit den Hirsekörnern ein Hilfsnormal.

Der Gedanke, die Länge des Rohrs der Huangzhong-Stimmpfeife zum Normal zu machen, hatte im alten China einen sehr alten Ursprung. Aber hinsichtlich seiner konkreten Zahlen gab es verschiedene Aussagen. Manche sagten ein Chi, andere neun Cun, auch acht Cun ein Fen und auch drei Cun neun Fen. Aber seitdem das „Han Shu, Kap. Aufzeichnungen über Musik und Kalender" Liu Xin's Angabe übernahm, dass die Länge des Rohrs der Huangzhong-Stimmpfeife neun Cun beträgt, wurde sie in den „Aufzeichnungen über Musik und Kalender" der offiziellen Chroniken der einzelnen Dynastien akzeptiert und zu einem Glaubensbekenntnis derjenigen, die als Nachfahren die Maße und Gewichte ausgearbeitet hatten.

Das Rohr der Huangzhong-Stimmpfeife lieferte nicht nur ein Längennormal, sondern auch ein Volumennormal. Liu Xin hatte sein Volumennormal so aufgebaut:

„Als Volumeneinheiten gibt es Yue, Ge, Sheng, Dou und Hu, mit denen man die Größe eines Volumens messen kann. Der Ursprung kommt aus dem Flötenrohr der Huangzhong-Stimmpfeife, dessen Volumen durch Ausmessen geprüft wird. Man füllt 1200 Hirsekörner mittlerer Größe in die Flöte. Die Ebenheit des Rohrrands wird mit Brunnenwasser geprüft. Zwei Yue sind ein Ge, zehn Ge sind ein Sheng, zehn Sheng sind ein Dou, zehn Dou sind ein Hu. Diese bilden die fünf Volumeneinheiten."

Liu Xin meinte, dass die Volumeneinheit von der Flöte der Huangzhong-Stimmpfeife stammt. Die Größe der Flöte der Huangzhong Stimmpfeife ist mit dem durch das Rohr der Huangzhong-Stimmpfeife bestimmten Längennormal festgelegt. Der Weg der Realisierung verläuft auch über die Überprüfung mittels Hirsekörnern. Das konkrete Verfahren besteht in folgendem: Man wählt 1200 Hirsekörner mittlerer Größe, füllt sie in die Flöte, und wenn sie bis oben gestrichen glatt gefüllt ist, dann ist das ein Yue der Huangzhong-Stimmpfeife. Nachdem die Größe eines Yue bestimmt ist, werden die übrigen Einheiten entsprechend bestimmt.

Mit einer Zahl der Länge ein Volumen zu prüfen, ist sehr wissenschaftlich. Eben diese Festlegung gewährleistet die Einheit der Längen- und der Volumeneinheiten. Wenn man in der Tat eine durch eine Längeneinheit festgelegte Volumeneinheit hat und dies dann noch mit Hirsekörnern überprüft, so ist das schon nicht notwendig, es erhöhte nur den geheimnisvollen Charakter der Volumeneinheit.

Außerdem kann die Huangzhong-Stimmpfeife nach Liu Xin's Theorie noch ein Normal für die Gewichtseinheiten liefern. Die Grundlage seiner Theorie besteht in Folgendem:

Weil man mit dem Rohr der Huangzhong-Stimmpfeife ein Längennormal erhalten und aus dem Längennormal ein Volumennormal bestimmen kann, wird nach der Bestimmung des Volumennormals das Gewicht, das ein bestimmter Stoff in dem Volumen enthält, daraus ermittelt. Dieses Gewicht kann als Gewichtsnormal dienen. Darum ist das Normal der Waagen auch von der Huangzhong-Stimmpfeife abgeleitet. Liu Xin sagte:

„Als Gewichtseinheiten gibt es Zhu, Liang, Jin, Jun und Shi. Mit ihnen kann man durch Wägen bestimmen, wie leicht und schwer etwas ist. Der Ursprung stammt vom Gewicht der Huangzhong-Stimmpfeife. Wenn man 1200 Hirsekörner als ein Yue in sie einfüllt, sind sie zwölf Zhu schwer. Das Doppelte ergibt 1 Liang, das heißt 24 Zhu sind 1 Liang, 16 Liang sind 1 Jin, 30 Jin sind 1 Jun, und 4 Jun sind 1 Shi."

Man sieht, dass Liu Xin auch die Überprüfung mit Hirsekörnern benutzte, um ein Normal für die Gewichtseinheiten zu erhalten. Er meinte, dass die Flöte der Huangzhong-Stimmpfeife gerade 1200 Hirsekörner aufnimmt und dass das Gewicht dieser 1200 Hirsekörner 12 Zhu beträgt. Warum er Zhu als Ausgangseinheit der Gewichtseinheiten benutzte, hatte er so begründet:

„Hinsichtlich des Zhu beginnen die Dinge mit etwas so Winzigem wie ein Hu, aber erst wenn sie so groß wie ein Zhu werden, kann man sie unterscheiden."

Offensichtlich liegt der gleiche Grund vor, warum das Fen als Ausgangseinheit der Länge diente. Man wählte es als Ausgangspunkt, den die Sinnesorgane des Menschen unterscheiden können. Nachdem die Größe des Zhu bestimmt war, waren auch die übrigen Gewichtseinheiten nicht schwer zu erhalten. Durch diese Erörterungen wissen wir, dass in Liu Xin's Theorie Länge, Volumen und Gewicht auf diese Weise mit der Huangzhong-Stimmpfeife verknüpft sind.

1.4 Konstruktion von Normalen für Maße und Gewichte

Die Essenz von Liu Xin's Theorie der Metrologie sind seine Konstruktionen von Normalen für die Maße und Gewichte. Die sogenannte Lehre der in den Stimmpfeifen aufgehäuften Hirsekörner lieferte nur von der Theorie einen Weg, Normale für die Maße und Gewichte zu bestimmen. Man muss noch auf der Grundlage der mit dieser Lehre bestimmten Normale entsprechende Normalgeräte konstruieren, um als Bezug für die anderen zu kalibrierenden Messgeräte zu dienen. Das gleicht dem 1790 von der Französischen Akademie der Wissenschaften bestimmten Meter als ein Vierzigmillionstel des durch Paris verlaufenden Erdmeridians, aber man musste noch einen Normal-Metermaßstab nach dieser Definition anfertigen.

Liu Xin hatte zwei verschiedene Längennormale konstruiert. Das eine war ein bronzenes Maß des Zhang und das andere ein Yin-Maß aus Bambus. Im „Han Shu, Kap. Aufzeichnungen über Musik und Kalender" ist seine Konstruktion beschrieben:

„Er benutzte Bronze zum Gießen. Der Querschnitt war ein Cun hoch und zwei Cun breit, und die Länge betrug ein Zhang. Aus Bambus fertigte er ein Yin-Maß an. Der Querschnitt war ein Fen hoch, sechs Fen breit, und die Länge betrug zehn Zhang. Sein Querschnitt wurde mit einem rechten Winkel geprüft, und die Zahlen für Höhe und Breite entsprachen Yin und Yang."

Das Yin-Maß aus Bambus existiert wegen seines Materials nicht mehr, aber das bronzene Zhang-Maß existiert als ausgegrabenes Objekt und wird jetzt im Palastmuseum von Taibei aufbewahrt.

Das bronzene Zhang-Maß war beim Ausgraben in zwei Teile zerbrochen, von denen eines ein wenig verbogen ist. Auf der Oberfläche des Zhang-Maßes gibt es keine Skale für Fen und Cun, es ist nur der Text des Edikts von Wang Mang zur Vereinheitlichung der Maße und Gewichte im Umfang von 81 Schriftzeichen eingraviert. Die Gestalt des Zhang-Maßes stimmt mit der Aufzeichnung im „Han Shu" überein, und es ist auch eine Inschrift über die Vereinheitlichung der Maße und Gewichte aus der Xin Mang-Zeit eingraviert, so dass es sich zweifelsfrei um ein Normal handelt.[176]

Für die Konstruktion einer Waage gibt es auch ein ausgegrabenes Objekt als Beleg. Es ist ein aus Bronze angefertigter Waagbalken, der in der Mitte eine Bohrung zum Aufhängen besitzt. Er ist nach dem Prinzip einer gleicharmigen Waage hergestellt. Als Gewichte wurden solche mit abgeflachter Ringform konstruiert. Der Außendurchmesser des Rings beträgt das Dreifache des Bohrungsdurchmessers. Das entspricht Liu Xin's Beschreibung: „Die Gewichte sind runde Ringe, und der Ringteil beträgt das Doppelte der Bohrung." Solche ringförmigen Gewichte wurden auch ausgegraben[177], so dass sie hier nicht weiter beschrieben werden.

Hingegen muss man Liu Xin's Konstruktion des Volumennormals im Detail vorstellen. Er konstruierte ein Gerät, in dem die fünf Volumeneinheiten Yue, Ge, Sheng, Dou und Hu dargestellt waren, und er legte außerdem seine Abmessungen und sein Gewicht fest. Darum verwirklichte er tatsächlich die Einheit der grundlegenden Einheiten der Maße und Gewichte in einem Gerät. Er beschrieb seine Konstruktion so:

„Das Gerät ist aus Bronze hergestellt. Das Gefäß stellt einen Kreis dar, in den ein Quadrat mit 1 Chi Kantenlänge eingeschrieben ist, und ist außen rund. Zwischen dem Quadrat und dem Kreis ist ein kleiner Abstand. Nach oben ist das Hu-Gefäß und nach unten das Dou-Gefäß. Das linke Ohr ist das Sheng-Gefäß, und das rechte Ohr enthält das Ge- und das Yue-Gefäß. Seine Form ähnelt Weingefäßen des Typs Jue. Das Normal wird dazu benutzt, den Adel und die Beamtengehälter zu beschränken. Nach oben sind drei und nach unten zwei Gefäße. Das entspricht der Zahl drei für den Himmel und der Zahl zwei für die Erde. Das Runde enthält innen ein Quadrat. Links ist ein und rechts sind zwei Gefäße. Das entspricht dem Wandel von Yin und Yang. Der Kreis ist wie mit einem Zirkel gezeichnet. Das Gewicht des Geräts beträgt zwei Jun. Es verkörpert die Zahlen des Qi und der Dinge. Zusammengezählt ergeben sie 11520. Es sendet den Ton der Huangzhong-Stimmpfeife aus und dient als Normal für die Musik."

Das nach diesen Ideen angefertigte Volumennormal existiert bis heute im Palastmuseum in Taibei, seine Gestalt stimmt völlig mit Liu Xin's Beschreibung überein. Das Gerät ist aus Bronze hergestellt. Sein Hauptteil ist ein großer Zylinder. Nahe am unteren Rand befindet sich ein Boden. Oberhalb des Bodens ist das Hu-Volumen und unterhalb das Dou-Volumen. Auf der linken Seite befindet sich ein kleiner Zylinder mit dem Sheng-Volumen. Auf der rechten Seite befindet sich noch ein kleiner Zylinder, der oben das Ge-Volumen enthält,

---

[176] Qiu Guangming: „Zhongguo lidai duliangheng kao" (Untersuchung der Maße und Gewichte in den einzelnen Dynastien Chinas), Kexue chubanshe 1992, S. 18

[177] Qiu Guangming: „Zhongguo lidai duliangheng kao" (Untersuchung der Maße und Gewichte in den einzelnen Dynastien Chinas), Kexue chubanshe 1992, S. 408

in der Mitte befindet sich ein Boden und unten das Yue-Volumen. Die Öffnungen der drei Volumina für Hu, Sheng und Ge zeigen nach oben und die beiden Volumina für Dou und Yue nach unten. Das ist im Bild 15.3 dargestellt.

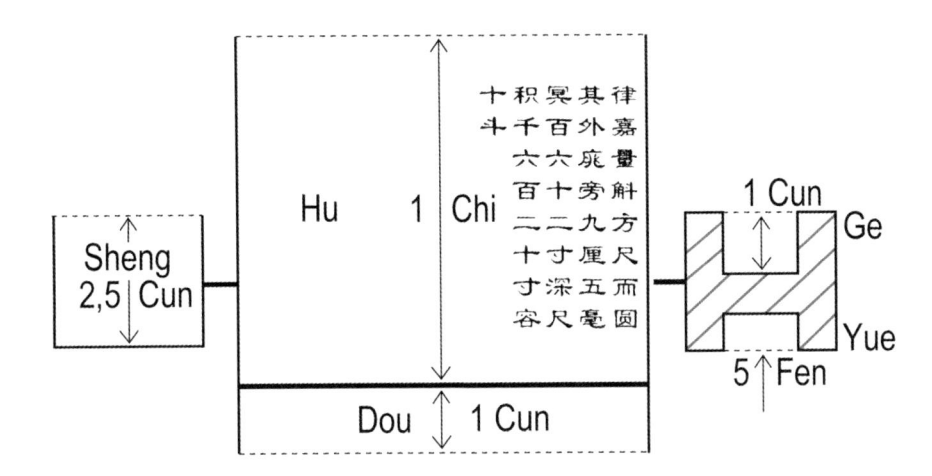

Bild 15.3 Prinzipbild des Aufbaus des von Liu Xin konstruierten Volumennormals

Weil es im Namen der Dynastie Xin des Wang Mang verkündet wurde, heißt es in der Gelehrtenwelt gewöhnlich Volumennormal der Xin Mang-Zeit. Auf der Wand des Volumennormals der Xin Mang-Zeit wurde das Edikt von Wang Mang zur Vereinheitlichung der Maße und Gewichte mit 81 Schriftzeichen eingraviert. Da die Gestalt des Volumennormals mit der Aufzeichnung im „Han Shu" übereinstimmt und außerdem Wang Mang's Edikt eingraviert ist, beweist dies zweifelsfrei, dass es sich um das von Liu Xin konstruierte Volumennormal handelt.

Auf jedem einzelnen Volumengefäß des Volumennormals befindet sich jeweils eine Inschrift, die die Gestalt, die Abmessungen und das Volumen sowie die Umrechnungsbeziehung zu den anderen Volumeneinheiten ausführlich aufzeichnet. Hier wollen wir nur die Inschrift des Hu-Volumens etwas analysieren. Diese Inschrift lautet:

„Die Einheit Hu des auf der Grundlage der Stimmpfeifen hergestellten Volumen-Normals stellt einen Kreis dar, in den ein Quadrat mit 1 Chi Kantenlänge eingeschrieben ist, und ist außen rund. Der Abstand zwischen Kreis und Quadrat beträgt 9 Li 5 Hao und die Grundfläche 162 Quadrat-Cun. Die Tiefe ist 1 Chi und das Volumen 1620 Kubik-Cun. 1 Hu fasst 10 Dou."

Mit den Stimmpfeifen ist die Huangzhong-Stimmpfeife gemeint. Der Sinn ist, dass dieses Hu-Volumen nach der Methode der „Einheit der Stimmpfeifen mit den Maßen und Gewichten" als Normal bestimmt wurde. Es „stellt einen Kreis dar, in den ein Quadrat mit 1 Chi Kantenlänge eingeschrieben ist, und ist außen rund" bedeutet, dass mit der Kantenlänge eines Quadrats, das in einen Kreis eingeschrieben wird, die Größe des Kreises bestimmt wird, drückt aber nicht aus, dass dieses Volumenmessgerät so aufgebaut ist, dass es außen rund und innen quadratisch ist. Der Grund für diese Darstellung liegt wohl darin, dass die Vorfahren in früher Zeit noch kein Verfahren gefunden hatten, um den Durchmesser eines

Kreises genau zu messen. Man konnte ihn nur mit Hilfe eines eingeschriebenen Quadrats ausdrücken. Wenn man damals einen Kreis bestimmen wollte, legte man zuerst die Maße eines Quadrats fest und zog darum einen umschreibenden Kreis. Das besagt die Aussage im „Zhou Bi Suan Jing": „Der Kreis geht aus dem Quadrat hervor, das Quadrat geht aus dem rechten Winkel hervor".[178] Liu Xin hatte diese Tradition weitergeführt. Der „Abstand zwischen Kreis und Quadrat ist der Abstand zwischen einer Ecke des Quadrats und dem Kreis, wie im Bild 15.4 gezeigt.

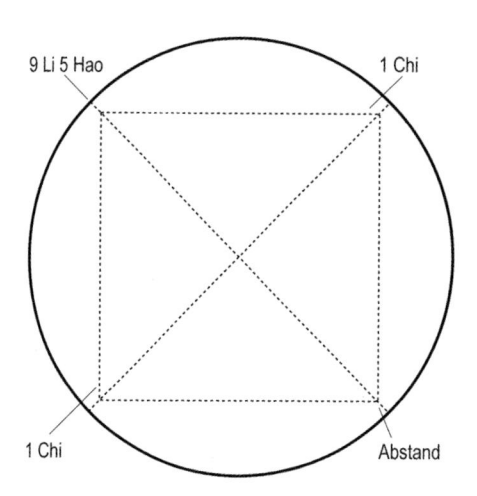

Bild 15.4 Prinzipbild des Abstands zwischen Quadrat und Kreis am Volumennormal der Xin Mang-Zeit

Der Text für das Hu-Volumen des Volumennormals legt fest, dass „die Querschnittsfläche 162 Quadrat-Cun" beträgt, das heißt, die Querschnittsfläche des großen Zylinders beträgt 162 Quadrat-Cun. Nur wenn diese Zahl erfüllt wird, kann das Volumen bei einer Tiefe des Hu-Volumens von 1 Chi genau 1620 Kubik-Cun betragen. Aber nach der Festlegung „stellt einen Kreis dar, in den ein Quadrat mit 1 Chi Kantenlänge eingeschrieben ist, und ist außen rund" lässt sich diese Forderung an die Fläche nicht erfüllen. Mittels der Elementargeometrie wissen wir, dass, wenn die Kantenlänge eines Quadrats 1 Chi beträgt, die Fläche des umschriebenen Kreises 1,57 Quadrat-Chi ist, was gegenüber den geforderten 162 Quadrat-Cun um 5 Quadrat-Cun zu klein ist. Wenn man deshalb die beiden Enden der Diagonale des Quadrats um 9 Li 5 Hao vergrößert, ergibt sich die geforderte Fläche. Das ist die Herkunft des Abstands zwischen Quadrat und Kreis, sie ist ein Musterbeispiel für die „Überprüfung eines Volumens mit Längenmaßen".

Es ist erstaunlich, dass Liu Xin den Abstand zwischen Quadrat und Kreis zu „9 Li 5 Hao" bestimmen konnte. Der Gedankengang bei seiner Konstruktion war, dass er zuerst die Fläche eines Kreises vorgab und dann rückwärts den Durchmesser berechnete. Hierfür benötigt man die Kreiszahl. Wenn man die entsprechenden Zahlen an dem Volumennormal

---

178 „Zhou Bi Suan Jing", Teil I

untersucht, weiß man, dass Liu Xin eine Kreiszahl π = 3,1547 benutzt hatte, während man damals allgemein eine Kreiszahl von 3 benutzte. Daran kann man sehen, dass Liu Xin der erste war, der in der Geschichte Chinas den Wert 3 für die Kreiszahl hinter sich gelassen hatte. Aber leider wissen wir nicht, wie er seinen Wert der Kreiszahl erhalten hatte.

Die Konstruktion des Volumennormals ist raffiniert, sie vereinigt fünf Volumeneinheiten in einem Gerät. Die Inschriften sind ausführlich, es wurden der Durchmesser, die Tiefe und die Grundfläche sowie das Volumen jeder Volumeneinheit vermerkt; die Messgenauigkeit verkörpert das damalige höchste Niveau; die Herstellung ist vollendet. Außerdem stellt es noch die Forderung, dass seine Masse „zwei Jun beträgt". Somit kann man von diesem einen Gerät die Einheitenwerte für Länge, Volumen und Gewicht erhalten, und die Einheit von Länge, Volumen und Gewicht ist mit diesem Gerät verwirklicht. Wenn wir eben diese Faktoren berücksichtigen, können wir ohne Übertreibung sagen, dass Liu Xin's Konstruktion äußerst erfolgreich war.

Liu Xin berücksichtigte auch die Materialfrage bei der Herstellung der Normale für die Maße und Gewichte. Er wählte Bronze und begründete das so:

„Für Maße und Gewichte, die auf der Grundlage der Stimmpfeifen hergestellt werden, verwendet man allgemein Bronze, weil das Wort „Bronze" mit dem Wort „übereinstimmen" gleich lautet. Darum führt es zur Übereinstimmung im ganzen Reich und wirkt ordnend auf die Sitten und Gebräuche. Bronze ist die feinste von aller Materie, sie verändert durch Trockenheit, Feuchte, Kälte und Hitze nicht ihre Gestalt, sie wandelt durch Wind, Regen, Sturm und Tau nicht ihre Form."

Daraus kann man sehen, dass Liu Xin's Wahl von Bronze als Rohmaterial zur Herstellung von Maßen und Gewichten einerseits dadurch motiviert ist, dass die Wörter „Bronze" und „übereinstimmen" gleich lauten und man auf die Hoffnung setzen kann, dass sich die Normalgeräte der Maße und Gewichte nicht im geringsten verändern und über tausend und zehntausend Generationen weiter vererbt werden; andererseits, weil die Bronze nicht dem Einfluss von Veränderungen der Umwelt unterliegt, kann sie die Beständigkeit der Normalgeräte der Maße und Gewichte gewährleisten. Natürlich ist das Yin-Maß aus Bambus eine Ausnahme. „Für das Yin-Maß wurde Bambus wegen seiner Bequemlichkeit verwendet, weil das Yin-Maß zehn Zhang lang, ein Fen hoch und sechs Fen breit ist, ist einzig Bambusbast weich und fest zugleich." Man muss erklären, dass, wenn die Vorfahren von Kupfer sprechen, sie meistens Bronze meinen, wobei das Volumennormal der Xin Mang-Zeit aus Bronze hergestellt ist und dass die Bronze hinsichtlich Festigkeit und Korrosionsbeständigkeit in der Tat gute Eigenschaften hat. Natürlich dehnt sich auch Bronze bei Hitze aus und schrumpft bei Kälte und „ändert bei Trockenheit und Feuchte, Kälte und Hitze ihre Gestalt", nur ist die Größe dieser Änderungen sehr klein, so dass die Vorfahren davon nichts wussten. Unter den wenigen Metallen, mit denen die Vorfahren in Berührung kamen, ist die Bronze unter den beiden Aspekten der Kosten und der Eigenschaften eine optimale Wahl. Jetzt noch existierende Bronzegefäße aus den Dynastien Qin und Han haben schon mehr als zweitausend Jahre hinter sich, aber sie behielten eine unversehrte Form, was die Richtigkeit von Liu Xin's Wahl vollauf bestätigt.

Insgesamt gesehen, folgte Liu Xin's Theorie der Metrologie den damals verbreiteten philosophischen Vorstellungen, und sie besitzt auch einen bestimmten Grad von Wissenschaftlichkeit und praktischem Wert. Das äußert sich besonders bei der Festlegung der grundlegenden Einheiten der Maße und Gewichte und der Konstruktion der Normalgeräte der Maße und Gewichte. Liu Xin schätzte seine Theorie wie folgt ein: „Ich prüfte sie mit Vergangenheit und Gegenwart, ahmte das Qi und die Materie nach, harmonisierte sie mit Herz und Ohr, überprüfte sie anhand der Klassiker und der Tradition, von allem nahm ich das Wesen und habe nichts beiseite gelassen." Daraus kann man ersehen, dass seine Theorie durch ernsthafte Überlegung entstanden und in bestimmtem Maße überprüft ist. Seine Lehre ist die früheste systematisierte Theorie der Metrologie des alten Chinas. Ihr Kerninhalt leitete die metrologische Praxis in China über fast zweitausend Jahre. Das ist der Platz von Liu Xin's Theorie der Metrologie in der Geschichte der Metrologie Chinas.

2. Xun Xu und sein Chi-Maß für die Stimmpfeifen

Xun Xu (? – 289), der den Beinamen Gongceng trug, stammte aus Yingyin im Kreis Yingchuan (das heutige Xuchang in der Provinz Henan) und ist ein berühmter Musikologe der Jin-Dynastie. Er entstammte einer mächtigen Familie, sein Urgroßvater Xun Shuang war in der Östlichen Han-Dynastie ein berühmter Gelehrter auf dem Gebiet der Klassiker. In den ersten Jahren der Herrschaft des Han-Kaisers Xiandi wurde er zum Ritenminister ernannt. Xun Xu fiel schon als kleiner Junge durch Klugheit auf und studierte fleißig. Schon mit etwas mehr als zehn Jahren konnte er vortreffliche Aufsätze schreiben, als erwachsener Mann war er gelehrt und talentiert und beschritt deshalb den Weg, Politiker zu werden und erlebte nacheinander die politische Herrschaft der Cao-Wei- und der Westlichen Jin-Dynastie. In einer politischen Situation heftiger Unruhen war er bis an sein Lebensende Beamter. Unter der Herrschaft der Cao-Wei-Dynastie war er nacheinander Präfekt von Anyang, Kommandant der Leibwache und Sekretär der Staatskanzlei. Mit dem Eintritt in die Jin-Dynastie wurde er Vorsteher der Kanzlei und zum Würdenträger der hellen Verdienste erhoben. Er war für die Angelegenheiten der Musik verantwortlich und beendete seine Karriere als Kanzler. In den ersten Jahren der Westlichen Jin-Dynastie leitete er eine Reform der Musikstandardpfeifen und stellte nach dem Verfahren der Zu- und Abnahme um ein Drittel zwölf Flöten her, die den zwölf Standardpfeifen entsprachen: In diesem Prozess entdeckte er eine Korrekturzahl für die Rohröffnung und lieferte einen wichtigen Beitrag zur Musikologie Chinas. Gleichzeitig untersuchte und schuf er neue Pfeifenmaße und nimmt deshalb in der Geschichte der Metrologie Chinas einen bestimmten Platz ein.

2.1 Besonderheiten von Xun Xu's politischer Tätigkeit

Xun Xu war so klug, sich aus allen Intrigen herauszuhalten. Als er anfangs der Wei-Dynastie diente, lief er zum General Cao Shuang über, der die reale Macht in Händen hielt. Als später Cao Shuang im Kampf gegen Sima Yi verlor und ermordet wurde, wagte niemand von seinen Anhängern und früheren Beamten aus Furcht vor der Macht der Sima-Sippe nach der Ermordung von Cao Shuang zu kondolieren. Einzig Xun Xu trat vor und drückte seine Trauer um Cao Shuang aus. Erst daraufhin sprachen auch die anderen nacheinander vor. Aber Xun Xu drückte seine Treue gegenüber der Cao-Sippe nur mit diesem Schritt aus, denn danach wendete er sich der Sima-Sippe zu und wurde von ihr wohlwollend aufgenommen.

Unter der Voraussetzung, dass er seine eigenen Interessen nicht verletzte, zeigte Xun Xu als Politiker Edelmut. Nach dem Tode von Sima Yi lag die Macht des Reiches Wei in den Händen von Sima Yi's Sohn Sima Shi. Nach dem Tode von Sima Shi übernahm dessen jüngerer Bruder Sima Zhao die Macht, der wie vordem diktatorisch regierte. Damals war Cao Mao der Kaiser des Reiches Wei. Da er die Alleinherrschaft von Sima Zhao nicht hinnehmen wollte, führte er mehrere hundert Leibwächter zum Angriff auf Sima Zhao an, doch er wurde von Sima Zhao's Untergebenem Cheng Cui getötet. Als sich dieser Vorfall ereignete, eilte Sima Zhao's jüngerer Bruder Sima Gan zur Hilfe herbei, doch er wurde mit einer List von dem Wächter des Palasttors Sun You weggeschickt. Weil der Mord am Kaiser durch den Adjutanten ein gegen den Himmel und das Recht gerichtetes Verbrechen war, und um den Tadel der öffentlichen Meinung zu unterbinden, war Sima Zhao gezwungen, Cheng Cui hinzurichten. Aber Sima Zhao hasste wirklich Sun You am meisten und schickte sich an, die ganze Familie hinzurichten. Xun Xu gab jedoch zu bedenken, dass Sun You wohl eine Strafe verdient, weil er Sima Gan daran gehindert hatte, den Palast zu betreten, aber man dürfe die Strafe nicht von Gefühlsregungen abhängig machen. Cheng Cui's Verbrechen ist groß, aber nur er selbst erfährt eine Strafe. Sun You's Verbrechen ist klein, aber umgekehrt soll die ganze Familie hingerichtet werden. Ich fürchte, das wird Diskussionen unter den Menschen auslösen. Sima Zhao überdachte seinen Schritt noch einmal gründlich und fand, dass sein Gedanke in der Tat unangemessen war und ließ es damit bewenden, Sun You von seinem Posten zu entbinden.

Als Sima Zhao die politische Macht im Reich Cao-Wei an sich gerissen hatte, standen die drei Reiche Wei, Shu und Wu einander gegenüber. Sima Zhao plante, einen Attentäter nach Shu zu entsenden, um den politischen Feind zu ermorden. Xun Xu riet ihm davon ab, indem er meinte: Sie müssen mannhaft eine Strafexpedition gegen diese separatistischen Herrscher führen. Mit einem Meuchelmord können Sie nicht das Herz des Volkes im Reich gewinnen. Seine Meinung fand den Beifall von Sima Zhao. Später bot Sima Zhao ein Heer auf, um Shu anzugreifen. Da empfahl Xun Xu ihm den Wei Guan als Heeresinspektor. Nachdem er Shu-Han bezwungen hatte, kam es im Heer von Wei, das Shu angegriffen hatte, zu einer Revolte, die schließlich mit Wei Guan's Unterstützung niedergeschlagen werden konnte. Aber der Anführer dieser Revolte war Xun Xu's Onkel mütterlicherseits, Zhong Hui. Durch diese Affäre hatte Sima Zhao noch mehr Vertrauen zu Xun Xu gefasst. Xun Xu's Hochherzigkeit und Erfahrung gewannen ihm dieses Vertrauen. Später übernahm Sima Zhao's Sohn Sima Yan die politische Macht im Reich Cao-Wei und wurde der Kaiser Wudi der Jin-Dynastie. Unter den Beamten, die er besonders protegierte, ragte Xun Xu sichtlich hervor.

Aber wenn es um seine ureigensten Interessen ging, war Xun Xu in seinen Taten nicht so aufrichtig und freimütig. Er unterhielt eine innige Freundschaft mit Jia Chong. Einmal plante Kaiser Wudi der Jin-Dynastie, Jia Chong mit einem Heer auf einen Feldzug zu schicken, aber Jia Chong war recht unwillig, dies zu tun, fand aber keinen Vorwand sich zu entziehen. Da wendete sich Xun Xu insgeheim an einen anderen Freund, Feng Dan: „Wenn Herzog Jia in die Ferne geschickt wird, werden wir unseren Einfluss verlieren.

Die Hochzeit des Kronprinzen ist noch nicht angesetzt. Wenn Chong's Tochter als dessen Gemahlin gewählt wird, dann bleibt dem Kaiser nur übrig, den Feldzug selbst auszusetzen."[179] Daraufhin suchten er und Feng Dan eine Gelegenheit, dem Kaiser Wudi diesen Vorschlag zu unterbreiten. Sie priesen, wie klug und schön Jia Chong's Tochter und wie untadelig ihr Charakter sei und bestimmt die tugendhafte Gemahlin werden könnte, die dem Kronprinzen eine Stütze im Innern wäre. Kaiser Wudi schenkte ihren Worten Glauben. Jia Chong's Tochter wurde die Frau des Kronprinzen, und der Auftrag für Jia Chong, ein Heer anzuführen, wurde zurückgenommen. Diese Frau des Kronprinzen riss später die Macht der Dynastie an sich. Die Kaiserin Jia, die die Macht am Hofe auf den Kopf stellte, war durch Xun Xu auf ihren Platz gehoben worden. Er wurde damals deswegen von ehrbaren Leuten getadelt, aber durch solche Winkelzüge festigte er schrittweise seine Stellung am Hofe.

Dieser Kronprinz des Kaisers Wudi der Jin-Dynastie war der Kaiser Huidi der Jin-Dynastie, der später in die Geschichte Chinas als verwirrter Kaiser einging. Kaiser Wudi wusste, dass sein Sohn verwirrt war. Er fand kein Ruhe, dass er das Reich in seine Hände gelegt hatte, weshalb er Xun Xu und He Qiao beauftragte, sein Verhalten zu prüfen. Von der Untersuchung zurückgekehrt, lobte Xun Xu vor dem Kaiser Wudi vollmundig die Verdienste des Kronprinzen, während He Qiao offen aussprach, dass sich beim Kronprinzen nichts verändert und gebessert hätte. Als sich diese Nachricht herumsprach, lobten viele in der Gesellschaft He Qiao und rügten Xun Xu's Charakter. Kaiser Wudi war auch mit der Frau des Kronprinzen unzufrieden und wollte sie töten. Doch als Xun Xu und Feng Dan von Kaiser Wudi's Plan erfuhren, begaben sie sich schleunigst zu ihm, um ihm Vorhaltungen zu machen, so dass Kaiser Wudi den Gedanken fallen ließ, die Frau des Kronprinzen aus dem Weg zu räumen. Die öffentliche Meinung war für Xun Xu damals sehr ungünstig, man meinte, dass er dem Reich und dem Volk schaden würde. Dass Xun Xu, sich über alles hinwegsetzend, es wagte, den Kronprinzen und dessen Frau zu schützen, geschah nur, um sich selbst zu schützen.

Xun Xu hielt sich aus den Intrigen der anderen heraus, in allen Handlungen war er sehr umsichtig. Lange Zeit war er Kanzler und hatte viel mit Staatsgeheimnissen zu tun. In seinen Ansichten war er sehr streng und hatte niemals ein Geheimnis ausgeplaudert. Er betonte: „Wenn ein Diener ein Geheimnis nicht bewahrt, hat er sein Leben verwirkt. Wer Günstlingswirtschaft treibt, handelt dem öffentlichen Wohl zuwider. Davor muss man sich hüten." Er war dem Königshaus Jin treu und besorgt, dass, wenn Kämpfe zwischen den Fraktionen ausbrechen, sein eigenes Leben und das der Familie bedroht wären. Deshalb beteiligte er sich nicht daran. Xun Xu war ein Diener eines feudalen Kaisers. Es ist verständlich, dass er am damaligen Hof, an dem einer den anderen betrog, darauf achtete, sich selbst zu schützen.

---

179 „Jin Shu", Kap. 39, „Biographie des Xun Xu"

2.2 Xun Xu's Untersuchung eines Normals für das Chi-Maß der Stimmpfeifen

Xun Xu's größter Beitrag in der Wissenschaftsgeschichte liegt auf dem Gebiet der Stimmpfeifen. Das ist ein Feld, das mit der Metrologie eng zusammenhängt.

Nachdem der Hof der Jin das Reich gegründet hatte, wurde auf dem Gebiet der rituellen Musik die von Du Kui in der Periode von Cao Cao festgelegte Ordnung der Stimmpfeifen befolgt. Aber die von Du Kui festgelegten Stimmpfeifen waren nicht sehr genau. Als Xun Xu im 9. Jahr der Regierungsära Taishi des Jin-Kaisers Wudi (273) die Musik untersuchte und entdeckte, dass die Oktaven nicht harmonisch sind, wurde er von Wudi mit dem Problem betraut, und er begann eine Untersuchung der Stimmpfeifen.

Wenn man die Stimmpfeifen untersuchen will, kann man nicht umhin, sich mit dem Problem des Chi-Maßes zu beschäftigen. Das liegt daran, dass nach der damals allgemein akzeptierten Theorie der Metrologie die Stimmpfeifen der Ursprung aller Dinge sind, und die Länge des Huangzhong-Stimmpfeifenrohrs ein Längennormal ist. Nachdem man die Längeneinheit bestimmt hatte, kann man umgekehrt mit ihr Musikinstrumente anfertigen. Wenn die Längeneinheit nicht genau ist, können die Tonhöhen der hergestellten Musikinstrumente differieren, was beim Musizieren dazu führen kann, dass die Oktaven nicht harmonieren.

Wenn man somit die Stimmpfeifen untersuchen will, muss man zuerst ein Musikinstrument finden, das eine Normaltonhöhe abgibt, und nach dem Längennormal, das durch dieses Musikinstrument geliefert wird, bildet man ein Chi-Maß. Nachdem das Chi-Maß bestimmt worden ist, kann man mit dem neuen Chi-Maß mit festgelegten Abmessungen neue Musikinstrumente bauen. Man sieht daran, dass die Bestimmung eines Längennormals ein äußerst wichtiges Kettenglied im Prozess der Untersuchung der Stimmpfeifen ist. Der Beitrag von Xun Xu zur Geschichte der Metrologie besteht darin, dass er in dieser Reihe von Arbeiten entdeckte, dass das damalige Chi-Maß gegenüber dem alten Chi-Maß differierte und dass er ein neues Stimmpfeifen-Maß und somit für die Arbeit mit den Stimmpfeifen späterer Generationen eine solide Grundlage schuf.

Als Xun Xu die Untersuchung der Stimmpfeifen begann, stieß er auf ein Problem: Da die Tonhöhe der gegenwärtig benutzten Musikinstrumente nicht dem Normal entspricht, wo kann man ein Musikinstrument finden, das die Standardtonhöhe abgibt? Xun Xu war mit den Stimmpfeifen bewandert. Nach einer Aufzeichnung im Buch „Shi Shuo Xin Yu" (Neue Darlegung von Erzählungen über geschichtliche Persönlichkeiten) heißt es, weil Xun Xu mit den Stimmpfeifen bewandert war, hoben seine Zeitgenossen hervor, dass sein Verständnis der Stimmpfeifen einer natürlichen Begabung entsprang. Daraufhin ließ man ihn die Stimmpfeifen justieren und die höfische Musik korrigieren. Jedes Mal, wenn der Hof eine feierliche Zusammenkunft abhielt und im Palast Musik gespielt wurde, stimmte er persönlich die Musikinstrumente und legte die Tonhöhe fest. Durch die von ihm gestimmten Musikinstrumente klangen die aufgeführten Melodien sehr harmonisch. Für einen Gelehrten wie Xun Xu stellte es keine Schwierigkeit dar zu entscheiden, ob die von einem Musikinstrument abgegebene Tonhöhe mit dem Normal übereinstimmt. Aber wenn er ein Musikinstrument suchen wollte, das den Standardton abgibt, um mit ihm als Normal eine Kalibrierung vorzunehmen, so war das nicht so einfach. Damals erinnerte sich

Xun Xu an einen Kaufmann, den er auf der Straße getroffen hatte, denn die Glocke, die der Kaufmann der Kuh seines Karrens umgehängt hatte, sendete genau die Tonhöhe aus, die dem Normal entsprach. Als er jetzt mit den Musikangelegenheiten betraut worden war, benötigte er diese Kuhglocke. Daraufhin befahl er, überall nach Kuhglocken zu suchen und sie ihm zu bringen. Im Ergebnis fand er tatsächlich unter den Kuhglocken, die man ihm gebracht hatte, jene, die die Standardtonhöhe abgab. Nachdem er diese Glocke gefunden hatte, konnte er sie benutzen, um die anderen Musikinstrumente zu untersuchen, ob sie mit ihr zusammenklingen. Das war das Gleiche wie ein Normal gefunden zu haben, und er konnte es benutzen, um die Stimmpfeifen zu untersuchen.

Nachdem er ein Normal für die Stimmpfeifen gefunden hatte, ging seine Arbeit reibungslos vonstatten. Im nächsten Jahr bat er Kaiser Wudi in einer Eingabe, ein neues Stimmpfeifen-Maß herzustellen. Im Verlaufe der Untersuchung hatte er entdeckt, dass das damals benutzte Chi-Maß, das von der Östlichen Han- bis zur Wei-Dynastie als Normal benutzt worden war, gegenüber dem im „Zhou Li" (Riten der Zhou-Dynastie) benutzten Chi-Maß um mehr als vier Fen länger war. Da sich der Wert des Chi-Maßes der Musikinstrumente auf die Festlegung im „Zhou Li" bezog und das gegenwärtig benutzte Chi-Maß länger als das Chi-Maß der Zhou-Zeit war, konnten die nach den Festlegungen des „Zhou Li" angefertigten Musikinstrumente natürlich nicht die Standardtonhöhe abgeben. Deshalb muss man, wenn man die Stimmpfeifen gut untersuchen will, ein Chi-Maß herstellen, das mit den Festlegungen des „Zhou Li" übereinstimmt. Seine Forderung wurde von Kaiser Wudi gebilligt. Bald darauf wurde das neue Chi-Maß für die Stimmpfeifen hergestellt.

Nachdem das Chi-Längennormal als neues Maß für die Stimmpfeifen bestimmt worden war, nahm Xun Xu mit ihm ausführliche Prüfungen vor. Zuerst fertigte er nach dem neuen Chi-Maß für die Stimmpfeifen Musikinstrumente an, um zu experimentieren, ob ihre Melodien harmonisch klingen. Das Ergebnis des Musizierens war, dass „die Töne Gong und Shang harmonierten". Das beweist, dass sein neues Chi-Maß für die Stimmpfeifen in der musikalischen Praxis erfolgreich war.

Xun Xu hörte aber hier nicht auf, er hatte weiter mit diesem Chi-Maß damals existierende alte Geräte ausgemessen, und seine Messergebnisse stimmten mit den Abmessungen, die in Inschriften auf diesen Geräten angegeben waren, überein.

Das kam ihm sehr gelegen, denn damals hatten Grabräuber das Grab des Königs Xiang des Staates Wei der Zhanguo-Zeit aufgebrochen und eine ganze Reihe von Stimmpfeifenröhren, Glocken und Klangsteinen und anderer Musikinstrumente ausgegraben. Diese Geräte fielen schließlich in die Hände des Hofes der Westlichen Jin-Dynastie. Xun Xu nahm wieder sein neues Chi-Maß für die Stimmpfeifen und seine Musikinstrumente, um einen Vergleich mit diesen Geräten anzustellen. Das Ergebnis des Vergleichs war, dass die Musik von beiden gleich klang, auch das Chi-Maß stimmte überein.

Nach so vielen Prüfungen hatte Xun Xu volles Vertrauen zu seinem neuen Chi-Maß für die Stimmpfeifen gefasst, und er gravierte auf dem Normal-Chi-Maß diese Inschrift ein:

„Im zehnten Jahr der Regierungsära Taishi der Jin-Dynastie hatte der Kanzler alte Geräte untersucht. Bei der Prüfung des heutigen Chi-Maßes stellte er fest, dass es um vier ein halb Fen länger ist. Zur Prüfung wurden sieben verschiedene alte Objekte herangezogen: 1) eine jadene Guxi-Stimmpfeife, 2) eine jadene Xiaolü-Stimmpfeife, 3) ein bronzenes Chi-Maß eines Gnomons aus der westlichen Hauptstadt, 4) ein mit Gold eingelegtes Visierrohr, 5)

ein bronzenes Hu-Gefäß, 6) alte Münzen, 7) ein bronzenes Chi-Maß aus der Regierungsära Jianwu. Im Ergebnis war die Guxi-Stimmpfeife etwas zu groß und das Visierrohr aus der westlichen Hauptstadt etwas zu klein, aber die übrigen Geräte stimmten mit dem neuen Chi-Maß überein."[180]

Mit dem „Kanzler" meinte Xun Xu sich selbst. Das „heutige Chi" meinte das damals von Du Kui benutzte Chi-Maß. Diese Inschrift hat ausführlich die von ihm untersuchten alten Geräte verzeichnet und zeigte, dass das von ihm hergestellte neue Chi-Maß mit den Chi-Abmessungen der damals gefundenen alten Geräte im Wesentlichen übereinstimmte, er verkörperte damit eine wissenschaftliche Haltung, die Dinge in den Tatsachen zu suchen.

2.3 Bedeutung und Einfluss von Xun Xu's Chi-Maß für die Stimmpfeifen

Die Herstellung des Chi-Maßes durch Xun Xu ist für die Geschichte der Metrologie bedeutsam. Wenn die Vorfahren Maße und Gewichte herstellten, hofften sie, dass sie stabil bleiben. „An einem Tag festgelegt, zehntausend Generationen lang überliefert." Aber in der Tat hat sich die Ordnung der Maße und Gewichte in den einzelnen Dynastien fließend verändert, so dass man an ihnen Korrekturen vornehmen musste. Nach der traditionellen Theorie der Maße und Gewichte begann der Weg der Korrektur bei den Stimmpfeifen. Musikinstrumente, die, gestützt auf ein Normal eines Chi-Maßes, hergestellt wurden, mussten eine Tonhöhe abgeben, die mit der geforderten übereinstimmte, anderenfalls hätte das Chi-Maß nicht dem Normal entsprochen. Die Tonhöhe der Stimmpfeifen ist jedoch eine subjektive Wahrnehmung der Menschen. Deshalb hat diese Herangehensweise ihre Tücken. Jetzt war Xun Xu's Vorgehen ein Versuch mit diesem Verfahren. Xun Xu hatte in sein Chi-Maß noch eine Inschrift eingraviert, die den Ablauf seiner Prüfung festhielt und mit der er sein großes Vertrauen in das von ihm selbst angefertigte Chi-Normal ausdrückte.

Nachdem Xun Xu's neues Chi-Maß für die Stimmpfeifen aufgetaucht war, übte es damals einen starken Einfluss aus. Der berühmte Mediziner Pei Wei hatte einst geäußert: Da Xun Xu mit seinem neuen Chi-Maß bewiesen hatte, dass die damals verbreiteten Chi-Maße zu groß waren, muss man die Ordnung der Maße und Gewichte reformieren. Wenn die Reform einstweilen nicht ganz bis zu Ende gebracht wird, dann muss man wenigstens die medizinischen Wägungen reformieren. Weil, „wenn das Gewicht der Arzneien nicht mit dem Rezept übereinstimmt, kann es zu Komplikationenn und frühem Tod führen, der Schaden ist besonders gravierend." Pei Wei erklärte in seiner Analyse: „Die Vorfahren hatten ein langes Leben, aber viele heutige Menschen sterben früh. Es ist nicht ausgeschlossen, dass das Chaos der Ordnung der Maße und Gewichte dazu führte, dass die Arzneien nicht nach der Vorschrift hergestellt werden." Wenn Pei Wei behauptete, dass die Vorfahren alle lange lebten, so muss das nicht unbedingt zutreffen, aber dass er die Wichtigkeit der Vereinheitlichung der Maße und Gewichte bekräftigte, ist vollkommen richtig. Leider wurde Pei Wei's Vorschlag aus verschiedenen Gründen von Kaiser Wudi der Jin-Dynastie nicht angenommen. Obwohl sein Vorschlag nicht angenommen wurde, zeigte er deutlich, dass es Gelehrte gab, die die Bedeutung von Xun Xu's Arbeit schon erkannt hatten.

---

180 „Jin Shu, Kap. Aufzeichnungen über Musik und Kalender I

Das von Xun Xu angefertigte Chi-Normal wurde später von Zu Chongzhi aufbewahrt. Von Zu Chongzhi gelangte es auf Umwegen in die Hände von Li Chunfeng. Als Li Chunfeng die Chi-Maße der einzelnen Dynastien überprüfte, betrachtete er Xun Xu's Chi-Maß als ein wichtiges Referenzobjekt. Wenn in späteren Generationen die Stimmpfeifen überprüft wurden, diente Xun Xu's Chi-Maß oft als Referenz. So wurde Xun Xu's Chi-Maß für die Stimmpfeifen bei der Beurteilung der Chi-Maße des Altertums in der Geschichte der Entwicklung der Chi-Maße Chinas zu einer wichtigen Koordinate. Nach heutigen Untersuchungen weiß man, dass das zur Einstellung der Stimmpfeifen benutzte Chi-Maß vor den Dynastien Wei und Jin mit dem alltäglich benutzten Chi-Maß übereinstimmte, aber nach den Dynastien Wei und Jin nahm das gebräuchliche Chi-Maß allmählich zu, so dass Xun Xu durch seine Überprüfung entdeckte, dass die in der Jin-Dynastie bestimmte Tonhöhe nicht mit der des Altertums übereinstimmte, wobei er nach einem Musikinstrument suchte, das die Standardtonhöhe abgeben kann. Durch die Messung des Chi-Maßes an Objekten des Altertums und andere Methoden ermittelte er den Wert des Chi-Maßes des Altertums, und er entdeckte dabei, dass das Chi-Maß der Wei- und Jin-Dynastie gegenüber dem Chi des Altertums um mehr als vier Fen länger ist. So reproduzierte er das Chi-Maß des Altertums. Dann stellte er mit ihm die Stimmpfeifen ein, das Xun Xu's Chi-Maß für die Stimmpfeifen genannt wurde. Weil Xun Xu's Chi-Maß für die Stimmpfeifen gleich dem Wert des Chi-Maßes vor der Jin-Dynastie war, wurde es in der Geschichte „Chi-Maß vor der Jin-Dynastie" genannt. Seitdem hatte sich das Chi-Maß, das speziell zur Einstellung der Stimmpfeifen benutzt wurde, von dem allgemein gebräuchlichen Chi-Maß entfernt, und beide beschritten nach eigenen Entwicklungsgesetzen verschiedene Wege der Veränderungen.

3. Zu Chongzhi in der Geschichte der Metrologie

Zu Chongzhi (429–500) ist ein berühmter Wissenschaftler Chinas aus der Periode der Südlichen und Nördlichen Dynastien, der in der Geschichte der Wissenschaften Chinas einen erhabenen Platz einnimmt. In den Augen der heutigen hatte er die Kreiszahl mit hoher Genauigkeit berechnet, so dass er auf diesem Gebiet mehr als tausend Jahre die Welt anführte, was ihn zu einem weltberühmten Mathematiker machte. Er verfasste den „Kalender der Regierungsära Daming", der viele Neuerungen enthielt. Er war ein hervorragender Astronom. Erfolgreich rekonstruierte er einen Südzeigewagen, so dass ein verlorenes Meisterstück des Altertums wieder zurückerhalten wurde, er war somit ein vorzüglicher Erfinder von Maschinen. Diese Bewertungen von Zu Chongzhi sind vollkommen richtig. Aber das ist noch nicht umfassend, weil diese Erfolge, die heutige Menschen an ihm rühmen, hauptsächlich aus der Entwicklung der Wissenschaft der Metrologie hervorgegangen sind. Er ist vor allem ein ausgezeichneter Metrologe, denn er leistete exzellente Beiträge zur Entwicklung der Wissenschaft der Metrologie des alten Chinas. Aber gleichzeitig war er in seiner Arbeit für die Wissenschaft der Metrologie manchmal auch nicht sehr streng.

3.1 Aufmerksamkeit für die Messgenauigkeit und das Normal des Chi-Maßes

Zu Chongzhi's lebenslange wissenschaftliche Arbeit steht zum größten Teil mit der Metrologie in Verbindung. In dem Bericht an den Kaiser Xiaowudi der Liu-Song-Dynastie, in dem er um die Verkündung des „Kalenders der Regierungsära Daming" bat, hatte er angeführt, dass er in der Praxis der Ausarbeitung des Kalenders oft „selbst den Gui-Gnomon und das Chi-Maß gemessen, die Armillarsphäre und die Wasseruhr persönlich beobachtet und die Augen angestrengt hatte, um Hao und Li abzulesen, und den Verstand aufgeboten hatte, um mit den Rechenstäbchen zu rechnen."[181] Er hatte die Arbeit nicht gescheut, um zu messen und zu rechnen. Die Messungen konnten nicht von der Wahl von Normalen und dem Vergleich der Chi-Maße getrennt werden. Bei den Messungen selbst konnte er nicht vermeiden, auch das Genauigkeitsproblem zu berühren. Das alles hängt mit der Metrologie zusammen. Die Aufmerksamkeit für diese Probleme bewirkte, dass er ganz von selbst das Feld der Metrologie betrat.

Das Problem der Genauigkeit ist ein wichtiger Faktor, um den Fortschritt der Metrologie zu fördern, und Zu Chongzhi widmete ihm viel Aufmerksamkeit. Er hatte einst geäußert: „Jede Zahl hat Teile, und wenn die Teile nicht fein sind, sind sie auch nicht genau."[182] Mit dem sogenannten „fein" meinte er eine hohe Genauigkeit der Messdaten. Er meinte, dass nur bei Messungen mit hoher Genauigkeit das Messergebnis mit der Realität eng zusammenfällt. Er schenkte dem Genauigkeitsproblem nicht nur theoretisch eine große Aufmerksamkeit, sondern auch in der Praxis ließ er seinen Worten Taten folgen, indem er sich bemühte, eine möglichst hohe Messgenauigkeit zu erzielen. Er äußerte selbst, dass sein Leitgedanke bei den Messungen und der Behandlung der Daten darin besteht, „sich um Hao und Li zu bemühen, um eine Genauigkeit von Miao zu erreichen, und scheute keine Mühe, um das bleibende Gesetz zu finden." (Quelle des Zitats wie oben) Wenn er in der Praxis „die Augen angestrengt hatte, um Hao und Li abzulesen", und bei der Berechnung der Kreiszahl bis zur siebten Stelle nach dem Komma ging, so ist das der konkrete Ausdruck seiner Aufmerksamkeit für die Genauigkeit. Es war genau diese Aufmerksamkeit, die es ihm ermöglichte, auf dem Gebiet der metrologischen Wissenschaft bewundernswerte Erfolge zu erzielen.

Bei der Auswahl metrologischer Normale war die Arbeit von Zu Chongzhi, die es vor allem wert ist, erwähnt zu werden, die Bewahrung und Weitergabe der metrologischen Normalgeräte früherer Dynastien. Seine Errungenschaft hierbei hängt mit dem Ergebnis der Prüfung der Stimmpfeifen durch Xun Xu aus der Westlichen Jin-Dynastie zusammen.

Die Prüfung der Stimmpfeifen durch Xun Xu fand zum Beginn der Westlichen Jin-Dynastie statt. Nachdem der Jin-Hof das Reich gegründet hatte, wurde auf dem Gebiet der rituellen Musik die Ordnung der Stimmpfeifen befolgt, die Du Kui in der Cao-Wei-Periode festgelegt hatte. Aber die von Du Kui bestimmten Stimmpfeifen waren nicht genau. Im 9.

---

181 Xiao Zixian (Liang-Dynastie): „Nan Qi Shu (Chronik der Südlichen Qi-Dynastie), Biografie von Zu Chongzhi"
182 Shen Yue (Liang-Dynastie): „Song Shu (Chronik der Song-Dynastie), Aufzeichnungen über den Kalender, Teil II"

Jahr der Regierungsära Taishi des Kaisers Wudi der Jin-Dynastie (273) stieß Xun Xu bei der Prüfung der Musik auf dieses Problem. Daraufhin wurde er von Kaiser Wudi betraut, die Stimmpfeifen zu untersuchen, und er schuf ein neues Chi-Maß. Im „Jin Shu (Chronik der Jin-Dynastie, Kap. Aufzeichnungen über Musik und Kalender, Teil I) ist dies kurz beschrieben:

„Die korrekte Festlegung des Längenmaßes ist im ‚Han Zhi' [Chronik der Han-Dynastie] ausführlich dargelegt. Im 9. Jahr der Regierungsära Taishi des Kaisers Wudi überprüfte der Kanzler Xun Xu die Hofmusik und fand, dass die Oktaven nicht harmonisch klangen. Da erkannte er, dass die Länge des Chi von der Späteren Han- bis zur Wei-Dynastie gegenüber dem alten Chi um mehr als vier Fen zu lang war. Xu beauftragte den Beamten Liu Gong, nach den Angaben des ‚Zhou Li', ein Chi-Maß, das sogenannte Chi-Maß des Altertums, herzustellen. Auf der Grundlage des Chi-Maßes des Altertums ließ er dann Stimmpfeifen aus Bronze gießen, um die Töne zu justieren. Er hatte sein Chi-Maß mit Objekten des Altertums verglichen, und verzeichnete in einer Inschrift, dass die Abmessungen keine Abweichung aufweisen. Weiterhin hatten Räuber im Kreis Ji das Grab des Königs Xiang des Staates Wei aus der Zeit der Sechs Reiche aufgebrochen. Man erhielt Stimmpfeifen aus Jade aus der alten Zhou-Dynastie sowie Glocken und Klangsteine, die mit den neuen Stimmpfeifen harmonisch klangen. Damals bekam auch jemand aus dem Kreis Jun eine alte Glocke aus der Han-Dynastie, und als er die entsprechende Stimmpfeife blies, stimmten die Tonhöhen von beiden überein."

Xun Xu hatte auf der Grundlage der Prüfung der Stimmpfeifen ein neues Normal-Chi-Maß angefertigt und es einer Reihe von Prüfungen unterzogen. Das Ergebnis der Prüfungen zeigte, dass sein neues Chi-Maß mit der alten Ordnung übereinstimmte und die Anfertigung erfolgreich war.

Der Erfolg des von Xun Xu hergestellten Chi-Maßes für die Stimmpfeifen hatte damals einen sehr großen Einfluss ausgeübt. Der berühmte Gelehrte Pei Wei hatte einst geäußert: Da Xun Xu's neues Chi-Maß schon bewiesen hatte, dass die damals verbreiteten Chi-Maße zu groß sind, muss man die Ordnung der Maße und Gewichte reformieren oder wenigstens bei den Wägungen in der Medizin eine Reform durchführen:

„Als Xun Xu die Stimmpfeifen und die Maße korrigierte, stellte er fest, dass das Chi-Maß des Altertums gegenüber dem damaligen um mehr als vier Fen kürzer war. Wei schlug daraufhin in einer Throneingabe vor: ‚Man sollte alle Maße und Gewichte reformieren, aber falls man nicht alles neu gestalten kann, könnte man zuerst die medizinischen Wägungen reformieren. Wenn hier Differenzen auftreten, weichen wir von den Wegen des Shennong und des Qi Bo ab. Wenn das Gewicht der Arzneien nicht mit dem Rezept übereinstimmt, kann das zu Komplikationen und frühem Tod führen, der Schaden ist besonders gravierend.' Aber letztlich wurde sein Vorschlag nicht angenommen."

Da Pei Wei's Vorschlag nicht angenommen wurde, musste sich Xun Xu's Chi-Maß für die Stimmpfeifen auf den Bereich des Palasts beschränken, und es wurde zur Überprüfung der Stimmpfeifen benutzt.

Bei der Ausarbeitung der Ordnung der Maße und Gewichte im alten China gab es eine Tradition, nämlich zuerst das alte System zu überprüfen. Xun Xu's Chi-Maß für die Stimmpfeifen ist, nachdem man das Chaos der Maße und Gewichte in der Periode der Drei Reiche erlebt hatte, das erste Normal-Chi-Maß, das man mit „wissenschaftlichen" Methoden überprüft hatte. Deshalb erregte es bei den Nachfahren große Aufmerksamkeit.

Im „Jin Shu" setzte man es in das Kapitel „Überprüfung der Maße", und unmittelbar darauf wurde die „Korrektur der Ursprungsmaße" dargelegt. Das belegt diese Geschichte. Von dieser Bedeutung her gesehen, wurde Xun Xu's Chi-Maß für die Stimmpfeifen bei den Nachfahren zu einem Muster für die Ausarbeitung der Ordnung der Maße und Gewichte. Dieses Muster hatte Zu Chongzhi erdacht, der die Fakten zusammengetragen und weitergegeben hatte.

Wir wissen nicht, wie Zu Chongzhi Xun Xu's Maß für die Stimmpfeifen bewahrt und weitergegeben hatte, aber dass wir zu diesem Urteil gelangen, beruht auf der Aufzeichnung über „Zu Chongzhi's Weitergabe des bronzenen Chi-Maßes", als Li Chunfeng in der Tang-Dynastie die Chi-Maße der einzelnen Dynastien überprüfte:

„In Liang-Kaiser Wu's „Zhong Lü Wei" (Querfaden der Glocken und Stimmpfeifen) heißt es: ‚Das von Zu Chongzhi weitergebene bronzene Chi-Maß trägt folgende Inschrift: ‚Im zehnten Jahr der Regierungsära Taishi der Jin-Dynastie hatte der Kanzler alte Geräte untersucht. Bei der Prüfung des heutigen Chi-Maßes stellte er fest, dass es um vier ein halb Fen länger ist. Zur Prüfung wurden sieben verschiedene alte Objekte herangezogen: 1) eine jadene Guxi-Stimmpfeife, 2) eine jadene Xiaolü-Stimmpfeife, 3) ein bronzenes Chi-Maß eines Gnomons aus der westlichen Hauptstadt, 4) ein mit Gold eingelegtes Visierrohr, 4) ein bronzenes Hu-Gefäß, 6) alte Münzen, 7) ein bronzenes Chi-Maß aus der Regierungsära Jian- wu.' Die Inschrift umfasst 82 Schriftzeichen. Dieses Chi-Maß ist Xun Xu's Chi. Das heute gebräuchliche Chi-Maß stammt von Du Kui. Die beiden Männer Lei Cizong und He Yinzhi führten in ihrem Werk „Zhong Lü Tu" (Bilder der Glocken und Stimmpfeifen) den Text der Überprüfung der alten Chi-Maße durch Xun Xu an, der mit dieser Inschrift übereinstimmt. Aber wenn Xiao Ji in seinem Buch „Yue Pu" (Grundsätze der Musik) meint, dass man am Liang-Hof sieben Objekte überprüft hätte, so ist das falsch. Heute dient dieses Chi-Maß als Ursprung, und mit ihm kann man die Chi-Maße sämtlicher Dynastien überprüfen."

In diesem Zitat wurde die Vorstellung des Prozesses der Schaffung des Chi-Maßes für die Stimmpfeifen durch Xun Xu ausgelassen. Gegründet auf das Studium der Inschrift auf dem von Zu Chongzhi hinterlassenen bronzenen Chi-Maß, urteilte Li Chunfeng, dass es das von Xun Xu erschaffene Chi-Maß für die Stimmpfeifen ist und indem er es zu einem Normal erhob, überprüfte er mit ihm alle Chi-Maße früherer Dynastien. Wie die Inschrift besagt, handelt es sich um das Chi-Maß für die Stimmpfeifen, daran besteht überhaupt kein Zweifel. Aber wurde dieses Chi-Maß von Zu Chongzhi weitergegeben? Li Chunfeng's Anhaltspunkt ist die Aufzeichnung im Buch „Zhong Lü Wei" des Liang-Kaisers Wudi. Der Liang-Hof wurde von der Südlichen Qi-Dynastie übernommen, und Zu Chongzhi war in seinen späten Jahren ein hoher Beamter der Südlichen Qi-Dynastie. Zwei Jahre nach seinem Tod bestieg Kaiser Wudi der Liang-Dynastie den Thron. Darum muss die Aufzeichnung des Liang-Kaisers Wudi über ihn zuverlässig sein, so dass dieses Chi-Maß tatsächlich von Zu Chongzhi hinterlassen worden sein muss.

Dass Zu Chongzhi Xun Xu's Chi-Maß für die Stimmpfeifen aufspüren konnte, war wirklich nicht einfach, weil Xun Xu dieses Chi-Maß nur benutzt hatte, um die Stimmpfeifen einzustellen, aber weil man es nicht im Volk benutzt hatte, konnte es nicht in der Gesellschaft verbreitet werden, so das ein gewöhnlicher Mensch seine Spur kaum auffinden konnte. Aber wenn man es bei Hofe aufbewahrte, konnte es kaum einem üblen Schicksal entgehen. In den letzten Jahren der Westlichen Jin-Dynastie gab es ständig Krieg und

Chaos. Als die Hauptstadt Luoyang von Shi Le besetzt wurde, zog das Kaiserhaus der Jin-Dynastie hastig nach Süden um, und sämtliche rituellen Gefäße fielen in Shi Le's Hände. Als die Östliche Jin-Dynastie gegründet wurde, existierte kein einziges rituelles Musikinstrument mehr. Diese Situation verbesserte sich bis zu den letzten Jahren der Östlichen Jin-Dynastie nicht mehr. Darüber wurde im „Sui Shu (Chronik der Sui-Dynastie), Kap. Aufzeichnungen über Musik und Kalender, Teil I" berichtet:

„Im 10. Jahr der Regierungsära Taishi bat der Würdenträger Xun Xu in einer Throneingabe darum, ein neues Chi-Maß anzufertigen und die Stimmpfeifen neu zu gießen. In den Jahren der Regierungsära Kangzhong setzte Xun Xu's Sohn Fan seine Aufgabe fort. Aber sie war noch nicht von Erfolg gekrönt. In den Wirren während der Regierungsära Yongjia wurden alle rituellen Gefäße des Kaiserhofes von Shi Le zerstört. Als der Kaiser nach Süden umzog, war der Hof noch im Aufbau begriffen und sämtliche rituellen Gefäße und Musikinstrumente gingen verloren. Obwohl man einige wenige wieder herstellte, gingen aber die meisten verloren, so dass sie bis zur Herrschaft der Kaiser Gongdi und Andi nicht wieder zur Verfügung standen."

In dieser Situation war das Schicksal von Xun Xu's Chi-Maß völlig ungewiss. Außerdem vergingen vom Untergang der Westlichen Jin-Dynastie bis zur Epoche von Zu Chongzhi mehr als hundert Jahre. Deshalb kann man sich die Schwierigkeiten vorstellen, auf die Zu Chongzhi bei der Suche nach Xun Xu's Chi-Maß stieß. Aber dennoch hatte Zu Chongzhi schließlich dieses Chi-Maß gefunden und an die Nachfahren weitergegeben. So konnte Li Chunfeng, gestützt auf dieses Maß, die Chi-Maße der einzelnen Dynastien überprüfen. Diese Geschichte zeigt uns, dass Zu Chongzhi dem Problem eines Normals des Chi-Maßes große Aufmerksamkeit geschenkt hatte.

3.2 Forschung über das Volumen-Normal der Xin Mang-Zeit

Zu Chongzhi schenkte nicht nur dem Sammeln und Bewahren von Normal-Chi-Maßen früherer Dynastien Aufmerksamkeit, sondern legte auch Wert auf die Erforschung der Normale für die Maße und Gewichte früherer Dynastien. Vor Zu Chongzhi gab es in der Geschichte Chinas zwei Normalgeräte, die am meisten berühmt waren, eines war das Li Shi-Normal der Zhanguo-Zeit und das andere das Volumen-Normal der Xin Mang-Zeit am Ende der Westlichen Han-Dynastie, und Zu Chongzhi forschte über beide und erzielte dabei bewundernswerte Erfolge. In diesem Abschnitt sprechen wir zuerst über Zu Chongzhi's Forschung über das Volumen-Normal der Xin Mang-Zeit.

Das Volumen-Normal der Xin Mang-Zeit wurde von Liu Xin konstruiert und hergestellt. Im Verlaufe der Untersuchung dieses Normals ermittelte Zu Chongzhi die Kreiszahl auf sieben Stellen nach dem Komma genau, und, gestützt darauf, verwies er auf Ungenauigkeiten von Liu Xin's Konstruktion. Damit hob er die metrologische Wissenschaft Chinas auf eine neue Stufe.

In den letzten Jahren der Westlichen Han-Dynastie hielt Wang Mang die Macht in Händen. Um das politische Bedürfnis einer Reform unter Berufung auf das Altertum zu befriedigen, beauftragte er eine Gruppe von Musikologen mit Liu Xin an der Spitze, eine umfassende Reform des Systems der Maße und Gewichte durchzuführen. Eines der Ergebnisse dieser Reform war, dass eine Reihe von Normalgeräten für die Maße und

Gewichte angefertigt wurde, wobei das Volumen-Normal der Xin Mang-Zeit eines von ihnen war. Dieses Normalgerät vereinigt fünf Volumeneinheiten in einem Gerät. Der Hauptkörper ist das Hu-Volumen, außerdem gibt es noch die Volumina für Dou, Sheng, Yue und Ge. Auf jedem der fünf Gefäße für die Volumeneinheiten des Volumen-Normals ist eine Inschrift eingraviert, die die Gestalt, die Abmessungen und das Volumen sowie die Umrechnungsbeziehung zu den übrigen Volumeneinheiten ausführlich angibt. Zum Beispiel lautet die Inschrift auf dem Hu-Normal:

„Die Einheit Hu des auf der Grundlage der Stimmpfeifen hergestellten Volumen-Normals stellt einen Kreis dar, in den ein Quadrat mit 1 Chi Kantenlänge eingeschrieben ist, und ist außen rund. Der Abstand zwischen Kreis und Quadrat beträgt 9 Li 5 Hao und die Grundfläche 162 Quadrat-Cun. Die Tiefe ist 1 Chi und das Volumen 1620 Kubik-Cun. 1 Hu fasst 10 Dou."

Die Inschrift widerspiegelt Liu Xin's Idee der Konstruktion. Nach den damaligen Festlegungen (das heißt, das Verfahren der Hirsekörner im „Jiu Zhang Suan Shu") ist 1 Hu gleich 10 Dou, das Volumen beträgt 1620 Kubik-Cun. Deshalb muss unter der Voraussetzung einer Tiefe von 1 Chi die Fläche des Kreisquerschnitts 162 Quadrat-Cun betragen, wenn man ein Volumen von 1620 Kubik-Cun erhalten will. Das bedeutet, die Kreisfläche ist schon bestimmt, und man muss die Größe des Durchmessers finden. Damals hatte man in den Kreis ein Quadrat eingeschrieben, um die Größe des Kreises zu bestimmen. Das bedeutet „stellt einen Kreis dar, in den ein Quadrat mit 1 Chi Kantenlänge eingeschrieben ist, und ist außen rund". Aber bei einer Kantenlänge des einbeschiebenen Quadrats von 1 Chi kommt man nicht auf eine Kreisfläche von 162 Quadrat-Cun. Darum muss an beiden Enden der Diagonalen eine Strecke hinzugefügt werden. Diese Strecke heißt „*tiaopang* 庣旁"(das heißt, Abstand zwischen Quadrat und Kreis). Diese Zusammenhänge wurden im entsprechenden Kapitel dieses Buches schon diskutiert, hier werden sie wegen der Bequemlichkeit der Darstellung noch einmal vorgetragen.

Nach der Idee von Liu Xin's Konstruktion kann man das Volumen des Hu des Volumen-Normals wie folgt darstellen:

$1\ Hu = \pi(\sqrt{2}/2 + tiaopang)^2 \cdot 1 = 1{,}62\ Chi^3$

Daran sieht man, dass bei der Konstruktion des Volumen-Normals die Kreiszahl π eine entscheidende Rolle spielt, denn sie bestimmt die Größe des „*tiaopang*", und das „*tiaopang*" bestimmt wiederum die Genauigkeit der Konstruktion des Hu. Liu Xin erhielt schließlich ein „*tiaopang*" von 9 Li 5 Hao. Mit Hilfe dieser Zahl kann man umgekehrt den Wert der benutzten Zahl π = 3,1547 bestimmen. Wenn man berücksichtigt, dass man damals allgemein eine Kreiszahl 3 benutzte, befand sich Liu Xin's Konstruktion schon an vorderster Front seiner Zeit.

Weil die Kreiszahl π in der Konstruktion des Volumen-Normals eine entscheidende Rolle spielt, konnten die Nachfahren bei der Untersuchung von Liu Xin's Konstruktion nicht umhin, der Kreiszahl ihre Aufmerksamkeit zu schenken. Das war bei Zu Chongzhi der Fall. Um zu erforschen, ob die Konstruktion des Volumen-Normals der Xin Mang-Zeit wissenschaftlich ist, benutzte Zu Chongzhi das von Liu Hui erfundene Verfahren der eingeschriebenen Vielecke und erhielt nach komplizierten Rechnungen das Ergebnis 3,1415926 < π < 3,1415927. Damit erzielte die Mathematik Chinas auf dem Gebiet der Berechnung der Kreiszahl einen Erfolg, der der Mathematik Europas weit voraus war. Die

Bewunderung der heutigen Menschen für Zu Chongzhi beruht hauptsächlich auf diesem seinem Erfolg, der in der Geschichte der Mathematik einem Meilenstein gleichkommt. Zu Chongzhi's Forschung über die Kreiszahl ist schon wohlbekannt, so dass man sie hier nicht wiederholen muss.

Man muss aber darauf hinweisen, dass es Zu Chongzhi's Ziel bei der Berechnung der Kreiszahl war, nachzuprüfen, ob Liu Xin's Konstruktion präzise ist, das heißt, er behielt die Entwicklung der Metrologie im Auge. Das ist ein mathematisches Ergebnis, das er bei der metrologischen Forschung erzielte. In seiner Epoche war die Idee, mit reiner Mathematik mathematische Forschung zu betreiben, nicht ausgeprägt. Wenn die Menschen damals die Kreiszahl untersuchten, verfolgten sie zwei Traditionen, die eine diente der Lösung von Problemen der Astronomie und die andere der Lösung praktischer metrologischer Probleme. Die von Zhang Heng, Wang Fan und Pi Yanzong vertretene gehört der ersten Tradition an, während Liu Xin, Liu Hui und Zu Chongzhi die zweite Tradition repräsentierten. Besonders nachdem Zu Chongzhi eine genaue Kreiszahl ermittelt hatte, benutzte er daraufhin den neuen Wert der Kreiszahl, um Liu Xin's Daten zu überprüfen. Das demonstriert deutlich sein Ziel bei der Berechnung eines genauen Werts der Kreiszahl.

Über das Ergebnis der Überprüfung des Volumen-Normals der Xin Mang-Zeit durch Zu Chongzhi gibt es im „Sui Shu, Kap. Aufzeichnungen über Musik und Kalender, Teil I" folgenden Bericht:

„Die Inschrift auf dem Hu-Volumen lautet: ‚Die Einheit Hu des auf der Grundlage der Stimmpfeifen hergestellten Volumen-Normals stellt einen Kreis dar, in den ein Quadrat mit 1 Chi Kantenlänge eingeschrieben ist, und ist außen rund. Der Abstand zwischen Quadrat und Kreis beträgt 9 Li 5 Hao und die Grundfläche 162 Quadrat-Cun. Die Tiefe ist 1 Chi und das Volumen 1620 Kubik-Cun. 1 Hu fasst 10 Dou.' Zu Chongzhi überprüfte diese Angabe mit seiner Kreiszahl und fand, dass der Durchmesser des Hu-Volumens 1 Chi 4 Cun 3 Fen 6 Li 1 Hao 9 Miao 2 Hu beträgt. Der Abstand zwischen Quadrat und Kreis beträgt 1 Fen 9 Hao und einen Rest. Liu Xin's ‚tiaopang' ist 1 Li 4 Hao und ein Rest zu klein. Das liegt daran, dass Xin's Rechenkunst nicht genau genug war."

Als Zu Chongzhi mit dem von ihm berechneten Wert der Kreiszahl die Konstruktion von Liu Xin überprüfte, entdeckte er, dass Liu Xin's „tiaopang" nicht hinreichend genau ist, es war 1 Li 4 Hao zu klein. Das von Zu Chongzhi berechnete Ergebnis kann man mit der obigen Gleichung erhalten. Wenn man in die obige Gleichung Zu's Kreiszahl $\pi = 3{,}1414926$ einsetzt, erhält man

$$1\ Hu = 3{,}1415926 \cdot (\sqrt{2}/2 + tiaopang)^2 \cdot 1 = 1{,}62\ Chi^3$$

Wenn man aus dieser Gleichung den Wert des *tiaopang* berechnet, ergibt sich 0,01098933 Chi, das heißt 1 Fen 9 Hao und ein Rest. Wenn man diesen Wert mit Liu Xin's Ergebnis 9 Li 5 Hao vergleicht, ist Liu Xin's Wert des *tiaopang* tatsächlich um „1 Li 4 Hao und ein Rest" zu klein. Darum verwies der Autor des „Sui Shu, Kap. Aufzeichnungen über Musik und Kalender", Li Chunfeng, darauf, dass dies daran liegt, dass „Xin's Rechenkunst nicht genau genug war". Diese Ungenauigkeit liegt hauptsächlich daran, dass sein Wert der Kreiszahl nicht hinreichend präzise ist. Vor Zu Chongzhi hatte einst Liu Hui mit dem von ihm berechneten Wert $\pi = 3{,}14$ den Durchmesser des Hu-Volumens des Volumen-Normals berechnet, aber er hatte den Abstand zwischen Quadrat und Kreis nicht angeführt, außerdem erreichte seine Rechengenauigkeit nicht die von Zu Chongzhi. Zu Chongzhi war der erste in der Geschichte, der eindeutig auf Liu Xin's Fehler beim Wert des *tiaopang* hinwies.

Man muss bemerken, dass der Abstand von 1 Li 4 Hao tatsächlich sehr klein ist. Die damalige Messgenauigkeit konnte kaum die Größenordnung von Hao erreichen. Eben deshalb kennzeichnet das so erzielte Ergebnis die volle Entwicklung der Metrologie als Wissenschaft. Die Entdeckung eines hochgenauen Werts der Kreiszahl ist ein wichtiges Ergebnis, das die metrologische Wissenschaft auf dem Gebiet der mathematischen Wissenschaft erzielte.

3.3 Untersuchung des Li Shi-Normals

Verglichen mit der Forschung über das Volumen-Normal der Xin Mang-Zeit ist Zu Chongzhi's Untersuchung des Li Shi-Normals sehr originell. Die ursprüngliche Aufzeichnung über das Li Shi-Normal findet man im „Kao Gong Ji, Kap. Li Shi Wei Liang". Der Text lautet:

„*Der Beamte Li Shi stellt Messgeräte her. […] Der Hauptkörper des Volumengefäßes Fu ist ein Zylinder mit einer Höhe von einem Chi. Innen ist ein Quadrat mit einer Kantenlänge von einem Chi eingeschrieben, und außen ist das Gefäß rund. Das ergibt ein Volumen von einem Fu. Der Fuß des Gefäßes hat eine Höhe von einem Cun und bildet ein Volumen von einem Dou. Die wie Ohren an beiden Seiten des Hauptgefäßes angebrachten kleinen Gefäße haben eine Höhe von drei Cun, ihr Volumen beträgt ein Sheng. Das Gewicht des Volumengefäßes Fu beträgt ein Jun. Wenn man das Gefäß anschlägt, gibt es den Ton Gong der Standardpfeife Huangzhong ab.*"

In dem Zitat werden die drei Volumeneinheiten Fu, Dou und Sheng angeführt. Zusammen mit der Angabe der Größe der Gefäße für diese Volumeneinheiten im Li Shi-Normal sind auch die Abmessungen angegeben, so dass man anhand dieser Abmessungen das konkrete Volumen ausrechnen konnte. Zheng Xuan führte in der Han-Dynastie diese Berechnung durch. Er sagte: „Vier Sheng sind ein Dou, vier Dou sind ein Ou, vier Ou sind ein Fu. Ein Fu sind somit sechs Dou vier Sheng. Zehn Fu sind ein Zhong. Das Volumen eines Würfels mit ein Chi Kantenlänge beträgt tausend Kubik-Cun. Mit dem Verfahren der Hirsekörner findet man, dass dieses Volumen gegenüber dem heutigen um zwei Sheng 22/81 Sheng kleiner ist."[183] Zheng Xuan führt an, dass 1 Fu gleich 6 Dou 4 Sheng ist. Er bezieht sich dabei auf eine Aufzeichnung des „Zuo Zhuan": „Im Staat Qi gab es das alte System mit vier Volumeneinheiten: Dou, Ou, Fu und Zhong. 4 Sheng sind 1 Dou, und jeweils mit dem Faktor 4 kommt man bis zu Fu, und 10 Fu sind 1 Zhong."[184] Die Einheit Fu kann auf zwei verschiedene Weisen geschrieben werden: 釜 und 鬴.[185] Im „Zuo Zhuan" werden folgende Umrechnungsbeziehungen zwischen diesen Einheiten angegeben:

1 Zhong = 10 Fu, 1 Fu = 4 Ou, 1 Ou = 4 Dou, 1 Dou = 4 Sheng

---

[183] Kommentar des Zheng Xuan zu „Kao Gong Ji, Kap. Li Shi Wei Liang", siehe „Shi San Jing Zhu Shu (Die 13 Klassiker mit Kommentaren und Erläuterungen zu den Kommentaren); Band 40", Beijing, Zhonghua shuju, 1979, „Zuo Zhuan, 3. Jahr des Herzogs Zhao"

[184] „Zuo Zhuan (Zhanguo-Periode), 3. Jahr des Herzogs Zhao".

[185] Wu Chengluo: „Zhongguo duliangheng shi" Shanghai, Shanghai Shudian Ausgabe 1984, S. 100

Wenn das Li Shi-Normal die im „Zuo Zhuan" angegebenen Beziehungen verkörperte, dann entspricht 1 Fu 64 Sheng, beziehungsweise 6 Dou 4 Sheng. Weiter erhielt Zheng Xuan für den Fall, dass das Volumen eines Fu 1 Kubik-Chi beträgt, das Ergebnis 1 Fu gleich 1000 Kubik-Cun, und meinte, dass es gegenüber dem Berechnungsergebnis für das Verfahren der Hirsekörner im „Jiu Zhang Suan Shu " um 2 22/81 Sheng kleiner ist.

Zheng Xuan's Berechnung stellte ein schwerwiegendes Thema: Das System der Einheitenwerte des Li Shi-Normals muss gegenüber dem der Han-Dynastie kleiner sein. Bei der Diskussion der Volumina der Volumengefäße gibt es in China eine vorzügliche Tradition, die heißt „ein Volumen mit Längenmaßen überprüfen"[186], das heißt mit Längeneinheiten die Größe der Volumeneinheiten festlegen. Im damaligen Einheitensystem war 1 Dou gleich 162 Kubik-Cun. Von der Inschrift auf dem rechteckigen Sheng-Normal von Shang Yang „das Volumen 16 Cun 5 Fen für 1 Sheng" über das „Verfahren der Hirsekörner im „Jiu Zhang Suan Shu" bis zu der Inschrift für das Hu-Volumen auf dem Volumen-Normal der Xin Mang-Zeit „das Volumen beträgt 1620 Kubik-Cun" machen sie alle dieses System der Einheitengrößen deutlich. Dieses Einheitensystem gehörte zum damaligen Allgemeinwissen, und es wurde als das sogenannte alte System der Zhou-Dynastie allgemein anerkannt. Aber nach Zheng Xuan's Berechnung, dass 6,4 Dou 1000 Kubik-Cun entsprechen, ergibt sich für 1 Dou des Li Shi-Normals 156,25 Kubik-Cun. Das stimmt offensichtlich nicht mit dem allgemein anerkannten Wert für das Dou überein. Wir wissen, dass Liu Xin bei der Anfertigung des Volumen-Normals die Struktur und die Gestalt des Li Shi-Normals nachahmte, so wie es Li Naiji erklärt hatte: „Als Liu Xin sein Normal schuf, imitierte er das System der Zhou-Dynastie. Deshalb werden die Worte der Inschrift, die mehrfach solche Ausdrücke wie „Zhou Li" (Riten der Zhou); „Volumen-Normal", „innen ist ein Quadrat mit ein Chi Kantenlänge eingeschrieben, und außen ist es rund", „es ist ein Chi tief" angeführt, die schon im Text des „Kao Gong Ji" vorkommen."[187] Ein Dou beträgt im Volumen-Normal 162 Kubik-Cun. Liu Xin's Volumen-Normal benutzte das Li Shi-Normal als Vorlage. Zheng Xuan's Berechnung bezieht sich auch auf das Li Shi-Normal, aber wenn die von ihnen erhaltenen Einheitengrößen unerwartet verschieden sind, so kann man daran nicht vorbeigehen.

Tatsächlich hatte Zheng Xuan hier zwei Fehler begangen. Der eine ist, dass er die Gestalt des Li Shi-Normals missverstanden hatte. Wenn es im „Kao Gong Ji" heißt „Innen ist ein Quadrat mit 1 Chi Kantenlänge eingeschrieben, und außen ist das Gefäß rund", so ist damit nicht gemeint, dass das Li Shi-Normal eine Form hat, die innen quadratisch und außen rund ist, sondern, dass die Öffnung dieses Volumengefäßes gerade ein Quadrat mit 1 Chi Kantenlänge aufnimmt. Das heißt, die Form des Fu ist zylindrisch, Zheng Xuan hat aber mit einem Würfel von 1 Chi Kantenlänge gerechnet. Wie sollte er da nicht ein falsches Ergebnis erhalten?

Zheng Xuan's zweiter Fehler war, er hatte auch das Einheitensystem des Li Shi-Normals missverstanden. Nach Zheng Xuan's Kommentar ist 1 Fu gleich 6 Dou 4 Sheng, aber bei

---

186 Ban Gu (Han-Dynastie): „Han Shu, Kap. Aufzeichnungen über Musik und Kalender, Teil I"
187 Li Naiji: Erklärung des Ausdrucks tiao, Amt für Metrologie der Provinz Henan: „Zhongguo gudai duliangheng lunwenji" (Sammlung von Aufsätzen über die alten Maße und Gewichte Chinas), Zhengzhou, Zhongzhou guji chubanshe, 1990, S. 52

Liu Xin's Volumen-Normal ist 1 Hu gleich 10 Dou. Deshalb trat zwischen beiden ein Widerspruch auf. Hier stützte sich Zheng Xuan auf eine Aufzeichnung im „Zuo Zhuan", aber in der Tat heißt es im „Zuo Zhuan" „die vier alten Volumeneinheiten des Staates Qi". Ob sie im Li Shi-Normal benutzt wurden, bedarf noch der Prüfung und des Beweises. Bezüglich des Problems der Verhältnisse zwischen den Einheiten des Li Shi-Normals hatte Chen Mengjia eine neue Erklärung geliefert. Er führte aus: „Das Normalgerät im „Kao Gong Ji" verkörpert im Hauptkörper das Fu. Tiefe und Durchmesser betragen jeweils 1 Chi. Unter dem Fu befindet sich im Fuß ein Gefäß mit einer Tiefe von 1 Cun, und wenn der Durchmesser auch ein Chi beträgt, dann ist 1 Dou gleich 1/10 Fu. Somit stellen Dou und Sheng ein Dezimalsystem dar." Chen Mengjia's Formulierung „wenn der Durchmesser auch ein Chi beträgt" ist nicht genau genug, aber seine Ansicht, dass Fu, Dou und Sheng ein Dezimalsystem verkörpern, ist nicht ohne Berechtigung. Qiu Guangming hatte Chen Mengjia's Ansicht so beurteilt: „Diese Auffassung ist recht überzeugend. Die ‚allgemeinen Volumeneinheiten' des Staates Qi nach dem Vierersystem traten frühestens in der Chunqiu-Periode auf, aber bis zur Zhanguo-Zeit wurden sie allmählich durch die Volumeneinheiten der Tian-Familie in Qi ersetzt, außerdem wurde schon oft die Anwendung des Dezimalsystems für Sheng, Dou und Fu bestätigt. Die Entstehungszeit des Buches „Kao Gong Ji" fällt in die späte Periode der Zhanguo-Zeit, so dass das Vierersystem für die Einheiten Dou und Ou nicht mehr angewendet werden konnte. Und das Dou 豆 im Li Shi-Normal ist in der Tat ein Dou 斗." Mit anderen Worten fasst das Fu im Li Shi-Normal 10 Dou und ist gleich dem späteren Hu.

In der Geschichte wurden die beiden Fehler von Zheng Xuan durch Zu Chongzhi eindeutig korrigiert. In der Aufzeichnung des „Sui Shu, Kap. Aufzeichnungen über Musik und Kalender, Teil I" heißt es:

„Zu Chongzhi hatte es mathematisch überprüft. Das Volumen beträgt 162,5 Kubik-Cun. Innen ist ein Quadrat mit 1 Chi Kantenlänge eingeschrieben, und außen ist das Gefäß rund. Zieht man für den Abstand zwischen Quadrat und Kreis 1 Li 8 Hao ab, so beträgt der Durchmesser 1 Chi 4 Cun 1 Hao, 7 Miao 2 Hu und ein Rest und beträgt die Tiefe 1 Chi, so erhält man das System des alten Hu."

Zu Chongzhi's Rechnung lässt sich mit einer Gleichung wie folgt darstellen:
$$1\,Hu = \pi\,(14{,}10472/2)^2 \cdot 10 = 1562{,}5\,Cun^3$$

Diese Rechnung wurde nur für den Zylinder durchgeführt, so korrigierte er Zheng Xuan's ersten Fehler. Die Worte in dem Zitat „so erhält man das System des alten Hu", verweisen er eindeutig darauf, dass er das alte Hu meint, das 10 Dou fasst. So korrigierte er auch Zheng Xuan's zweiten Fehler.

Man muss darauf hinweisen, dass auch Zu Chongzhi's Rechnung einen Schönheitsfehler enthält. Bei der Berechnung des Durchmessers des Fu benutzte er die Herangehensweise, „den Abstand zwischen Quadrat und Kreis von 1 Li 8 Hao abzuziehen". Aber die Grundlage für diese Herangehensweise ist nicht belegt. Für das Li Shi-Normal ist eindeutig festgelegt, dass der Durchmesser der Öffnung „im Innern ein Quadrat mit 1 Chi Kantenlänge fasst", doch im Originaltext wird nicht die Existenz eines „Abstands" angeführt. Der „Abstand zwischen Quadrat und Kreis" ist eine Erfindung von Liu Xin bei der Konstruktion des Volumen-Normals. Vor Liu Xin existierten noch nicht ähnliche Begriffe. Zu Chongzhi's „Abziehen des Abstands" hat von der Theorie her keinen Bezug zum ursprünglichen Text.

Tatsächlich hatte Liu Hui vor Zu Chongzhi bei der Untersuchung des Li Shi-Normals schon den Begriff des „Abstands zwischen Quadrat und Kreis" eingeführt. Er führte bei der Überprüfung der Zahlenbeziehungen des Li Shi-Normals aus:

„*Mit Zahlen multipliziert, erhält man das System des Hu. Innen ist ein Quadrat mit 1 Chi Kantenlänge eingeschrieben, und außen ist das Gefäß rund. Der Abstand zwischen Quadrat und Kreis beträgt 1 Li 7 Hao. Dann beträgt die Querschnittsfläche 156 Cun 1/4 Fen, und bei einer Tiefe von 1 Chi ergibt sich ein Volumen von 1562,5 Kubik-Cun und fasst 10 Dou.*"[188]

Nach der von Liu Hui gegebenen Zahlenbeziehung, kann man sehen, dass er die Rechnung nach folgender Gleichung vornahm:

$1\ Hu = \pi(\sqrt{200}/2 - 0{,}0017)^2 \times 10 \approx 1562{,}5\ Cun^3$

Anders als bei dem von Liu Xin konstruierten Volumen-Normal der Xin Mang-Zeit hatte Liu Hui den Abstand zwischen Quadrat und Kreis von positiv in negativ verwandelt. Zu Chongzhi übernahm Liu Hui's Herangehensweise, nur dass seine Kreiszahl gegenüber Liu Hui's $\pi = 3{,}14$ ein wenig größer ist. Darum hatte er den Abstand entsprechend etwas vergrößert, indem er ihn von 1 Li 7 Hao auf 1 Li 8 Hao vergrößerte. Wir wissen nicht, warum Liu Hui und Zu Chongzhi beim Li Shi-Normal den Begriff des Abstands zwischen Quadrat und Kreis einführten, vielleicht war es eine Maßnahme, um dasselbe Ergebnis von Zheng Xuan zu erhalten, dass 1 Dou gleich 156,25 Kubik-Cun entspricht. Tatsächlich hatte sich damals das sogenannte alte System der Zhou-Dynastie eingeprägt, dass 1 Hu gleich 1620 Kubik-Cun sind. Zheng Xuan's Berechnung findet keinen Beleg in der Geschichte, die Voraussetzungen sind falsch, und es bestand keine Notwendigkeit, Zheng Xuan's Einheitensystem entgegenzukommen.

Zu Chongzhi's Berechnung weist noch ein weiteres Versehen auf. Wenn man nach der Methode „Innen ist ein Quadrat mit 1 Chi Kantenlänge eingeschrieben, und das Gefäß ist außen rund, und wenn man einen Abstand von 1 Li 8 Hao abzieht" die Rechnung vornimmt, muss das Ergebnis „der Durchmesser ist 1 Chi 4 Cun 1 Fen 6 Hao 1 Miao 3 Hu und ein Rest" betragen[189], aber nicht „1 Chi 4 Cun 1 Fen 4 Hao 7 Miao 2 Hu und ein Rest". Der Verlauf der Rechnung lässt sich mit folgender Gleichung darstellen:

Durchmesser des Hu $1\ Hu = \sqrt{2} - 2\times 0{,}0018 = 1{,}4106135\ Chi$

Wenn man das von Zu Chongzhi angegebene Ergebnis „der Durchmesser ist 1 Chi 4 Cun 1 Fen 4 Hao 7 Miao 2 Hu und ein Rest" erhalten will, muss der abgezogene Abstand 1 Li 8 Hao 7 Miao und in Rest" betragen, aber nicht „1 Li 8 Hao". Darum ist das ein Versehen in den von Zu Chongzhi angegebenen Zahlen. Dass Zu Chongzhi dieses Versehen unterlaufen konnte, liegt wahrscheinlich daran, dass die Vorfahren den modernen Begriff der gültigen Zahlen nicht kannten. Beim Notieren der Zahlen wendeten sie keine Rundungsregeln an, aber beim Abstand gab er nur zwei gültige Stellen an. Dessen ungeachtet darf ein solches

---

188 Qiu Guangming, Qiu Long, Yang Ping: "Zhongguo kexue jishu shi(Geschichte von Wissenschaft und Technologie in China), Duiiangheng Juan (Band Maße und Gewichte), Beijing, Kexue chubanshe, 2001, S. 221

189 Liu Hui (Wei): „Jiu Zhang Shu Zhu" (Kommentar zur Mathematik in neun Kapiteln), Kap. Shang Gong (Das Verdienst des Kaufmanns)

Versehen nicht auftreten. Da er bei der Berechnung des Durchmessers des Li Shi-Normals bis zu 7 gültigen Stellen gehen konnte und bei der Genauigkeit von Liu Xin's Abstand nicht vergaß, nach der Stelle der Hao noch die Worte „und einen Rest" hinzuzufügen, warum wollte er dann beim „Abstand" in der Konstruktion des Li Shi-Normals nach den „Hao" nicht noch ein, zwei gültige Stellen angeben, um dadurch die Übereinstimmung der Genauigkeit zwischen den Zahlengruppen zu wahren?

3.4 Beiträge zur Metrologie von Zeit und Raum

Zu Chongzhi hatte auch umfangreiche Arbeiten auf dem Gebiet der Metrologie der Zeit und der räumlichen Richtungen durchgeführt.

Auf dem Gebiet der Messung der Länge des tropischen Jahres als grundlegender Zeiteinheit verbesserte Zu Chongzhi das traditionelle Messverfahren, so dass der neue Kalender hinsichtlich der Länge des tropischen Jahres noch genauer wurde. Wenn man früher die Länge des tropischen Jahres gemessen hatte, bediente man sich gewöhnlich des Verfahrens, einige Tage vor und nach der erwarteten Wintersonnenwende mit einem Schattenstab die Schattenlänge zu messen, wobei der Tag, an dem der Schatten am längsten ist, die Wintersonnenwende darstellt. Die zeitliche Länge zwischen zwei benachbarten Wintersonnenwenden ist dann das tropische Jahr. Dieses Verfahren bereitete hinsichtlich Theorie und Praxis einige Probleme, außerdem unterlag es leicht dem Einfluss von Wetteränderungen vor und nach der Wintersonnenwende, so dass ein gewisser Fehler auftrat. Zu Chongzhi hatte das Verfahren raffiniert reformiert und ein Verfahren vorgeschlagen, um mit recht strengem mathematischem Hintergrund die Zeit der Wintersonnenwende zu messen: Er wählte einige Tage vor und nach der Wintersonnenwende, an denen er genau am Mittag die Schattenlänge gemessen hatte. Durch den Vergleich der Änderung der Schattenlänge berechnete er unter Anwendung des Prinzips der Symmetrie den genauen Zeitpunkt der Wintersonnenwende. Sein Verfahren ist ein wichtiger Durchbruch hinsichtlich des Messverfahrens des traditionellen tropischen Jahrs, es hat eine große theoretische Bedeutung und einen praktischen Wert. Unter Anwendung dieses Verfahrens hatte er einen noch genaueren Wert des tropischen Jahres gemessen und führte ihn in den von ihm aufgestellten „Kalender der Regierungsära Daming" ein.

Nach den Daten des „Kalenders der Regierungsära Daming" beträgt die Länge des von ihm gemessenen tropischen Jahres 365,2428 Tage. Dieser Wert wurde erst nach über 700 Jahren von den Nachfahren übertroffen.[190]

Außerdem nahm Zu Chongzhi noch bei der Periode der Schaltmonate eine Korrektur vor. Im alten China war der Kalender ein lunisolarer Kalender, so dass man durch Anordnung von Schaltmonaten die Beziehung zwischen dem synodischen Monat und dem tropischen Jahr justierte. Traditionell benutzte man das Verfahren, in 19 Jahren 7 Schaltmonate einzufügen, um dieses Problem zu lösen. Aber diese Periode der Schaltmonate ist recht grob, ungefähr nach etwas mehr als 200 Jahren muss man noch einen Tag einfügen. Deshalb schlug Zu

---

190 Forschungsgruppe zur Überarbeitung der Geschichte der Astronomie Chinas: „Zhongguo tianwenxue shi" (Geschichte der Astronomie Chinas), Beijing, Kexue chubanshe 2. Auflage 1987, S. 89–91

Chongzhi nach umfangreichen Rechnungen vor, aller 391 Jahre 144 Schaltmonate einzufügen. Sein Vorschlag weicht von den modernen Messwerten nur um 6/10000 Tage ab, das heißt, in einem Jahr weicht die Periode nur um 52 s ab, was recht präzise ist.

Da die Zahl der Tage des tropischen Jahres und der Wert der Periode der Schaltmonate recht genau sind, erzielte Zu Chongzhi mit seinem „Kalender der Regierungsära Daming" bei einer weiteren natürlichen Zeiteinheit – der Bestimmung der Länge des synodischen Monats auch ein sehr gutes Ergebnis. Seine Länge des synodischen Monats beträgt 29,5305915 Tage, so dass der Fehler gegenüber dem heutigen Messwert nur 0,00000560 Tage beträgt, jeder Monat ist nur um 0,5 s zu lang. Nach Zu Chongzhi erzielte man erst in der Song-Dynastie mit dem „Kalender der Regierungsära Mingtian", dem „Kalender der Regierungsära Fengyuan" und dem „Kalender der Regierungsära Jiyuan" noch bessere Daten für den synodischen Monat.[191]

Zu Chongzhi führte auch den Begriff der Präzession in die Berechnung des Kalenders ein. Die Erscheinung der Präzession ist von dem Astronomen Yu Xi der Östlichen Jin-Dynastie entdeckt worden, aber wurde bei der Berechnung des Kalenders nie berücksichtigt. Das war ein wichtiger Grund, dass der Punkt der Wintersonnenwende bei der Berechnung des Kalenders immer mehr gegenüber den tatsächlichen Himmelserscheinungen abwich. Durch lang andauernde persönliche Messungen bewies er die Existenz der Präzession. Obwohl die Genauigkeit des Wertes der Präzession nicht hoch war (in 45 Jahren und 11 Monaten beträgt er 1°, nach heutigen Messungen muss er 1° erst in etwas mehr als 70 Jahren betragen), aber er hatte die Präzession zuerst in die Berechnung des Kalenders eingeführt, so dass die Aufstellung des Kalenders auf eine wissenschaftlichere Basis gestellt wurde.

Auf der Grundlage dieser Neuerungen von Zu Chongzhi vollendete er die Ausarbeitung des damals in China fortschrittlichsten Kalenders – des „Kalenders der Regierungsära Daming". Damals war er erst 36 Jahre alt. Im 6. Jahr der Regierungsära Daming des Song-Kaisers Xiaowudi (462) forderte Zu Chongzhi in einer Throneingabe, dass die Regierung der Liu-Song-Dynastie den „Kalender der Regierungsära Daming" verkündet, aber er wurde von Dai Faxing, einem Günstling des Kaisers, attackiert. Dai Faxing warf Zu Chongzhi vor, dass sein Kalender „den Himmel verleumdet und den Klassikern zuwiderläuft". Aus Angst vor Dai Faxing's Macht schlossen sich die Beamten blind Dai's unbegründeten Attacken an, doch Zu Chongzhi schrieb unversöhnlich und völlig furchtlos eine polemische Petition an den Kaiser und drückte darin seinen klaren Standpunkt aus: „Ich möchte deutliche Belege hören, um die Tatsachen der Naturgesetze zu überprüfen. … Leere Phrasen und hohle Kritik fürchte ich nicht." Mit Bildern und Daten der astronomischen Beobachtungen wies er Dai Faxing's Tadel zurück. Er sagte, dass die astronomischen Tatsachen, auf die sich der „Kalender der Regierungsära Daming" stützt, „Formen hat, die sich überprüfen lassen, und Zahlen hat, die man ableiten kann." Sie halten der Überprüfung durch die Praxis stand. Durch die Debatte zwischen beiden Seiten erkannte der Song-Kaiser Xiaowudi die Vorzüge des „Kalenders der Regierungsära Daming" und entschied, dass im 9. Jahr der Regierungsära Daming, als die Regierungsdevise geändert wurde, der neue Kalender eingeführt wird. Aber aufgrund verschiedener Ursachen wurde der Kalender erst zehn

---

191 Du Shiran: „Zu Chongzhi" in Di Shiran u.a.: „Zhongguo gudai kexuejia chuanji" (Biografien von Wissenschaftlern des alten Chinas) (Teil I), Beijing, Kexue chubanshe, 1997, 2. Auflage, S. 221-234

Jahre nach Zu Chongzhi's Tod (im 9. Jahr der Regierungsära Tianjian der Liang-Dynastie, Jahr 510) offiziell eingeführt. Das steht dafür, dass seine Reform schon akzeptiert worden ist. Der „Kalender der Regierungsära Daming" wurde im Gebiet der Südlichen Dynastien bis zum Jahr 589 angewendet (3. Jahr der Regierungsära Zhenming des letzten Herrschers der Chen-Dynastie), so dass er insgesamt 80 Jahre benutzt wurde. Wegen der hervorragenden Beiträge von Zu Chongzhi zur Astronomie haben heutige Astronomen zur Erinnerung an ihn einen ringförmigen Berg auf dem Mond „Zu Chongzhi-Berg" genannt.

Außer der Reform der Kalenderberechnung nahm Zu Chongzhi noch über eine andere wichtige Zeiteinheit – über das Problem der Anordnung der Einheit Ke und über die Wasseruhren als Zeitmessgeräte tiefgründige Untersuchungen vor. Die Ergebnisse dieser Untersuchungen manifestieren sich in dem Buch „Lou Jing" (Klassiker der Wasseruhren), das er zusammen mit seinem Sohn Zu Geng verfasst hatte. Im „Nan Shi (Chronik der Südlichen Dynastien), Biografie von Shen Zhu" wurde dieses Buch erwähnt:

„Zhu sagte: Wenn man in der Nacht die Zeit mit einem Schattenstab misst, täuscht man sich leicht. Deshalb benutzt man außerdem eine Wasseruhr für den ganzen Tag. Dann kommt man zu brauchbaren Ergebnissen. Aber die Schnelligkeit der Wasseruhren war in alter und neuer Zeit verschieden. Im „Han Shu, Kap. Aufzeichnungen über Musik und Kalender", bei He Chengtian und in dem Buch „Lou Jing" von Zu Chongzhi und seinem Sohn Zu Geng war die Zeit vom Anbruch bis zum Ende der Nacht und von der Stunde Bu bis zum Anbruch der Nacht stets in 13 Ke unterschiedslos für Winter und Sommer und die vier Jahreszeiten eingeteilt. Je nach der Länge des Tages teilte man ihn in Vormittag und Nachmittag."

Das Buch „Lou Jing" ist verlorengegangen, deshalb können wir über seinen konkreten Inhalt nichts wissen. Aber aus der Aufzeichnung über Shen Zhu wissen wir zweifelsfrei, dass dieses Buch zumindest das Problem der Zeiteinteilung über den Tag untersuchte und dass seine Untersuchung damals als Quelle bei der Diskussion der Zeitordnung betrachtet und herangezogen wurde.

Auf dem Gebiet der Metrologie der räumlichen Richtungen weist Zu Chongzhi auch viel Lobenswertes auf: Erfolgreich hatte er einen Südzeigewagen angefertigt und uns über die Geschichte der Metrologie Chinas eine Anekdote hinterlassen.

Über die Südzeigewagen gab es im Altertum viele Legenden. Eine Legende besagt, dass der früheste Südzeigewagen vom Gelben Kaiser erfunden worden ist. Als das Heer des Gelben Kaisers gegen Chi You Krieg führte, geriet es in einen dichten Nebel, so dass es die Richtung nicht unterscheiden und nicht siegen konnte. Daraufhin baute der Gelbe Kaiser einen Südzeigewagen und benutzte ihn, um die Richtung zu ermitteln, so dass das Heer trotz des dichten Nebels die Richtung nicht verlor. Gestützt auf die Anzeige des Südzeigewagens errang das Heer des Gelben Kaisers den Sieg, und man nahm Chi You lebendig gefangen. Eine andere Legende meinte, dass der Südzeigewagen vom Herzog Zhou erfunden worden ist. Herzog Zhou unterstützte den König Wu, den tyrannischen König Zhou der Shang-Dynastie zu stürzen und gründete die Zhou-Dynastie. Nach dem Tode des Königs Wu regierte Herzog Zhou das Reich für den König Cheng. Als sich das Reich im Frieden befand, schickten die Tributländer Gesandte, um ihm zu gratulieren. Selbst der Herrscher Yue Tang Shi im fernen Süden schickte einen Gesandten, um zu gratulieren. Um ihnen für ihre Güte zu danken, baute Herzog Zhou einen Südzeigewagen als Geschenk, damit sie sich auf dem Heimweg nicht verirrten.

Wie es um den Wahrheitsgehalt der Legenden bestellt ist, dass der Gelbe Kaiser oder Herzog Zhou den Südzeigewagen erfunden haben, ist schwer nachzuprüfen. Nach Aufzeichnungen in der Literatur hatten der große Wissenschaftler Zhang Heng aus der Östlichen Han-Dynastie und der Erfinder aus der Zeit der Drei Reiche, Ma Jun, einen Südzeigewagen angefertigt. Die Geschichte, wie sich Ma Jun mit großem Eifer in die Konstruktion vertiefte und erfolgreich einen Südzeigewagen baute, ist im „San Guo Zhi (Aufzeichnungen über die Drei Reiche), Chronik des Königreichs Wei, Biografien der Magier und Techniker" aufgezeichnet und wurde deshalb zur frühesten zuverlässigen Aufzeichnung über den Südzeigewagen.

Die Südzeigewagen von Zhang Heng und Ma Jun sind verlorengegangen, aber das Interesse und die Begeisterung der Menschen für den Südzeigewagen erlahmte nicht. Im „Jin Shu; Kap. Aufzeichnungen über Wagen und Kleidung" wurde einst berichtet: „Der Südzeigewagen wurde von vier Pferden gezogen. Das Unterteil war wie ein Haus gebaut und hatte drei Stockwerke. Auf den vier Ecken standen goldene Drachen mit dichtem Gefieder. Ein aus Holz geschnitzter Unsterblicher stand in einem Federgewand auf dem Wagen. Obwohl sich der Wagen drehte, zeigte seine Hand stets nach Süden. Wenn die großen Wagen ausfuhren, fuhr er voraus und wies den Weg." Der Gründer des Königshauses der Liu-Song ist Liu Yu, der postum zum Kaiser Wudi ernannt wurde. Als Liu Yu damals das Reich Spätere Qin in Guanzhong bezwang, erbeutete er einen Südzeigewagen des Reiches Spätere Qin. Obwohl dieser Wagen die Form eines Südzeigewagens hatte, war seine Konstruktion aber nicht kunstvoll genug, so dass jedes Mal, wenn der Wagen dem Heer in die Schlacht folgte, ein Mann im Inneren versteckt wurde, der die Hand der hölzernen Figur auf dem Wagen immer in die Richtung nach Süden drehte. Zu Chongzhi hatte von diesem Wagen frühzeitig erfahren und mehrfach vorgeschlagen, ihn umzugestalten. Als später Xiao Daocheng die Macht des Königshauses Liu-Song an sich riss, wurde die Aufgabe, diesen Wagen umzugestalten, Zu Chongzhi übertragen. Durch intensive Überlegungen und wiederholte Prüfungen hatte Zu Chongzhi erfolgreich einen Mechanismus im Inneren konstruiert und eingebaut, so dass der Wagen, „auch wenn er sich unaufhörlich drehte, stets die Richtung nach Süden anzeigte." Er hatte die Funktion einer automatischen Anzeige der Südrichtung. Damals gab es im Norden ein Mann namens Suo Yulin, der von sich behauptete, dass er einen Südzeigewagen bauen könnte. Xiao Daocheng ließ dann ihn und Zu Chongzhi je einen Wagen bauen. Als die Wagen öffentlich verglichen wurden, war das Ergebnis, dass Zu Chongzhi's Wagen allgemeine Anerkennung fand, während der von Suo Yulin gebaute Wagen „erhebliche Abweichungen zeigte, so dass man ihn verbrannte."[192]

Zu Chongzhi hatte noch weitere Arbeiten vollbracht, die eng mit der Entwicklung der Metrologie verbunden waren. Hier werden sie nicht weiter diskutiert. Insgesamt hatte Zu Chongzhi für die Entwicklung der Metrologie in China hervorragende Beiträge geleistet. Sein Interesse für Probleme der Metrologie förderte auch ohne Zweifel seine Erfolge in der Mathematik und anderen damit zusammenhängenden Wissenschaften.

---

192 Li Yanshou (Tang-Dynastie): „Nan Shi (Chronik der Südlichen Dynastien), Biografie von Zu Chongzhi"

Kapitel 16

Beiträge von Metrologen des Altertums (Teil II)

Dieses Kapitel setzt den Inhalt des vorigen Kapitels fort. Es werden repräsentative Gelehrte der Dynastien Song und Yuan ausgewählt, die als Beispiele dienen, um die Beiträge weiter zu untersuchen, die Metrologen des Altertums auf den Gebieten der Ausarbeitung von Maßeinheiten, der Konstruktion metrologischer Normalgeräte und der Weiterentwicklung der Theorie der Metrologie leisteten. Gleichzeitig untersuchen wir vor dem Hintergrund des Austausches zwischen China und dem Ausland, wie die Missionare die Entwicklungsrichtungen der Metrologie in China beeinflussten.

1. Shen Kuo's Beiträge zur traditionellen Metrologie

Shen Kuo ist ein herausragender Wissenschaftler der Periode der Nördlichen Song-Dynastie. Joseph Needham hatte Shen Kuo's Werk „Meng Xi Bi Tan" (Pinselunterhaltungen am Traumbach) als eine Koordinate in der Geschichte der Wissenschaften Chinas gerühmt und meinte, dass Shen Kuo's Arbeit das höchste Niveau der Wissenschaften in China repräsentiert. Unter den zahlreichen wissenschaftlichen Arbeiten Shen Kuo's erregten seine Beiträge zur Metrologie Aufsehen. Aber dieser Punkt wird oft von zeitgenössischen Wissenschaftlern übersehen. Deshalb werden wir das Fehlende ergänzen und Shen Kuo's Beiträge zur traditionellen Metrologie Chinas untersuchen.

1.1 Verfolgung der Rückführung und Untersuchung der Maße und Gewichte

Die Maße und Gewichte sind der Kern der traditionellen Metrologie. Unter den Dynastien Chinas gab es keine, die den Maßen und Gewichten keine Beachtung geschenkt hätte. Bei der Gründung einer Dynastie hatte man stets eine eigene Ordnung der Maße und Gewichte ausgearbeitet und im Reich verkündet. Genauso verhielt es sich mit der Nördlichen Song-Dynastie. Nach der Aufzeichnung im „Song Shi (Chronik der Song-Dynastie), Kap. Aufzeichnungen über Musik und Kalender" hatte der Song-Kaiser Taizu Zhao Kuangyin kaum den Thron bestiegen, als er „die Ministerien anwies, die alten Zeremonien eingehend zu untersuchen und Normalgeräte herzustellen und sie im Reich bekanntzumachen." Nachdem der Kaiser Taizong den Thron bestiegen hatte, wies er im 3. Jahr der Regierungsära Chunhua (992) nochmals an, die Wichtigkeit der Maße und Gewichte zu bekräftigen, und forderte, eine Ordnung der Maße und Gewichte auszuarbeiten und sie als Norm im Reich bekanntzumachen. Diese Beipiele zeigen, dass die Herrscher der Nördlichen Song-Dynastie dem Problem der Einheitlichkeit der Maße und Gewichte recht viel Aufmerksamkeit geschenkt hatten.

Die Ausarbeitung der Ordnung der Maße und Gewichte der Nördlichen Song-Dynastie folgte nicht völlig dem alten System, sondern man hatte vom alten System der Sui- und

Tang-Dynastie einiges hinzugefügt und anderes gestrichen. Auf bestimmten Gebieten gab es sogar eine recht große Reform. Die Existenz dieser Faktoren veranlaßte die Gelehrten, bei der Diskussion der Ordnung der Maße und Gewichte sorgfältig die tatsächlichen Einheitenwerte und die Beziehungen zu den Einheiten insbesondere der Dynastien Qin und Han zu untersuchen, um die darin enthaltenen Zahlenbeziehungen zu beherrschen. So verfuhr Shen Kuo. Er erhielt einst den Auftrag des Kaisers, die Stimmpfeifen zu untersuchen und die Armillarsphäre umzugestalten. In diesem Prozess untersuchte er über das Notwendige dieser Arbeit hinaus die Einheiten der Maße und Gewichte während der Dynastien Qin und Han und der Nördlichen Song-Dynastie. Im „Meng Xi Bi Tan", Band 3 „Bian Zheng Teil I" berichtete Shen Kuo:

„Ich untersuchte die Stimmpfeifen und erhielt den Auftrag des Kaisers, die Armillarsphäre umzugestalten. Dabei ermittelte ich, dass von den Volumeneinheiten Dou und Sheng vor den Dynastien Qin und Han 6 Dou heutigen 1 Dou 7 Sheng 9 Ge entsprechen. 3 Jin entsprechen heutigen 13 Liang; das heißt 1 Jin entspricht heutigen 4 1/3 Liang; 1 Liang entspricht heutigen 6 ½ Zhu. Das Sheng-Normal hat einen quadratischen Querschnitt. Das alte Chi entspricht heutigen 2 Cun 5 3/10 Fen. Das heutige Chi entspricht 1 Cun 8 45/100 Fen."

Wenn wir die von Shen Kuo angegebenen Maße und Gewichte der Dynastien Qin und Han einheitlich mit Han-Chi, Han-Dou und Han-Jin bezeichnen, können wir nach seiner Untersuchung folgende Beziehungen erhalten:

1 Han-Chi = 0,729 Song-Chi

1 Han-Dou = 0,298 Song-Dou

1 Han-Jin = 0,271 Song-Jin

Wir kennen das System der Maße und Gewichte der Han-Dynastie schon recht gut. Somit können wir aufgrund von Shen Kuo's Untersuchung die tatsächlichen Größen der Einheiten der Maße und Gewichte in der Nördlichen Song-Dynastie ermitteln. Wenn man die Einheiten der Maße und Gewichte in der Nördlichen Song-Dynastie verstehen will, muss man natürlich alle historischen Informationen allseitig kritisch untersuchen, man darf sich nicht nur auf Shen Kuo's Aufzeichnung stützen. Aber dessen ungeachtet hatte Shen Kuo eine ernsthafte Untersuchung der Einheiten der Maße und Gewichte der Song-Dynastie vorgenommen. Seine Untersuchung liefert für unsere Forschung über die Einheiten der Maße und Gewichte des Altertums ein wertvolles historisches Material.

Shen Kuo ging noch vom Aspekt der Änderung des Gewichtssystems aus und analysierte die Prüfung der Zugkraft beim Gebrauch des Bogens durch die damaligen Soldaten. Auf diese Weise verwies Shen Kuo im „Meng Xi Bi Tan", Bd. 3 „Bian Zheng Teil I" darauf:

„Das Shi der Einheiten Jun und Shi ist eine der Bezeichnungen der fünf Gewichtseinheiten. 1 Shi ist 120 Jin schwer. Die Nachfahren bezeichneten 1 Hu als 1 Shi, so wurde schon seit der Han-Dynastie verfahren. ‚Er trinkt ein Shi Wein, ohne betrunken zu werden' meint dies. Wenn die Vorfahren einen Bogen spannten, hatten sie die Kraft mit Jun und Shi ausgedrückt. Wenn die heutigen Menschen ansetzen, dass ein Hu nichtklebriger Reis ein Shi ist, so geht man davon aus, dass 1 Shi 92 ½ Jin entspricht, aber in der Han-Dynastie waren es 341 Jin. Wenn die Soldaten heute einen Bogen spannen, kommen die stärksten auf 9 Shi. Rechnet man die Kraft aus, so entspricht das 25 Shi im Altertum. Gegenüber den Soldaten des Staates Wei ist ein Mann so stark wie mehr als zwei Männer in damaliger Zeit. Wenn man einen Bogen von 3 Shi spannen kann, so entspricht das 34 Jun im Altertum, gegenüber dem Bogen

von Yan Gao ist ein Mann so stark wie mehr als fünf Männer im Altertum. Das wurde alles durch die Ausbildung in jüngerer Zeit erreicht. Wenn man dann schlägt und schießt, wird die Kriegskunst von Yi und Xia übertroffen. Die Waffen, die Harnische und die Helme wurden in alter und neuer Zeit mit äußerster Fertigkeit hergestellt. Die Blüte der Rüstungen lässt sich aber nicht mit der früherer Zeiten vergleichen."

Das „Shi" ist sowohl eine Massen-, als auch eine Volumeneinheit. Weil das „Shi" eine Masseneinheit ist, kann man mit ihr die Armkraft der Soldaten prüfen. Indem Shen Kuo die Änderung der Einheit „Shi" von der Han- zur Song-Dynastie untersuchte, bestätigte er den Effekt der Ausbildung der Soldaten in der Song-Dynastie. Der im Zitat erwähnte Yan Gao ist ein Mann aus dem Staat Lu während der Chunqiu-Zeit. Er machte sich als mutiger Krieger einen Namen und konnte einen Bogen von 6 Jun spannen, aber die stärksten unter den Soldaten der Song-Dynastie konnten einen starken Bogen von drei Shi spannen. Seine Stärke entspricht mehr als dem 6-fachen des Bogens von Yan Gao. Die „Soldaten des Staates Wei" waren die Elitetruppe des Staates Wei in der Zhanguo-Zeit, die wegen ihrer Kampfkraft und Verwegenheit berühmt war. Im „Xun Zi (Meister Xun), Kap. Diskussion der Soldaten" wurde angeführt, die „Soldaten von Wei trugen am ganzen Körper Panzer. Sie betätigten eine Armbrust von 12 Shi, führten 50 Pfeile und eine Lanze mit sich, sie setzten einen Helm auf und trugen ein Schwert. Ihr Proviant war Korn für drei Tage, und an einem Tage legten sie 100 Li zurück." Die Betätigung einer Armbrust von 12 Shi war eines der Kennzeichen ihrer Kampfkraft und Verwegenheit, während die Armbrust, die in der Ausbildung gewöhnliche Soldaten der Song-Dynastie betätigten, eine Kraft hatte, die dem 2-fachen der von den ‚Soldaten von Wei' benutzten Armbrust entsprach. Indem Shen Kuo den Wandel der Maße und Gewichte untersuchte, zeigte er quantitativ den überzeugenden Effekt der Ausbildung der Soldaten in der Nördlichen Song-Dynastie.

1.2 Mut zu Neuerungen und Verbesserungen in der Zeitmetrologie

Shen Kuo's Beiträge zur traditionellen Metrologie äußern sich noch mehr auf dem Gebiet der Metrologie von Zeit und Raum. Dabei zeigen sich seine Beiträge zur Metrologie der Zeit bei der mutigen Reform des traditionellen Kalenders und in deutlichen Verbesserungen der Zeitmessgeräte.

Der traditionelle Kalender in China ist ein lunisolarer Kalender. Dieser Kalender drückt mit den 24 Solarperioden den Umlauf der Sonne aus, und mit der Entsprechung des Kalendertags mit den Mondphasen wird der Umlauf des Mondes ausgedrückt. In einem solchen Kalender ist die Beziehung zwischen den Jahreszeiten und den Monaten nicht fest. Aber die landwirtschaftlichen Arbeiten müssen nach den Jahreszeiten vorgenommen werden. Das brachte eine sehr große Unbequemlichkeit mit sich. Um diese Unbequemlichkeit abzumildern, benutzte man die Methode, Schaltmonate einzufügen, damit durch die eingefügten Schaltmonate die Jahreszeiten und die Monate im Wesentlichen überstimmen. Das führte dazu, dass der Kalender umständlich wurde.

Shen Kuo war sich der Mängel des traditionellen Kalenders nüchtern bewusst. Im „Meng Xi Bi Tan, Kap. Ergänzte Pinselunterhaltungen, Bd. 2" wies er darauf hin, dass im traditionellen Kalender „die Jahreszeiten und die Monate im Kampf miteinander stehen, so dass das Jahr in Unordnung gerät und die vier Jahreszeiten ihre Position verlieren, und man muss umfangreiche und komplizierte Berechnungen anstellen." Außerdem kommt es zum unnützen Einfügen von Schaltmonaten, um dieses Problem zu lösen. Er verwies darauf:

„Für einen neuen Kalender ist es am besten, aus 12 Solarperioden ein Jahr zu bilden und nicht mehr auf die zwölf Mondmonate zurückzugreifen. Wenn man als Frühlingsanfang den ersten Tag des ersten Frühlingsmonats, für das Erwachen der Insekten den ersten Tag des zweiten Frühlingsmonats ansetzt und immer 30 Tage vorsieht, dann vergeht jedes Jahr gleich, und es gibt nie einen Rest von einem Schaltmonat. Bei den 12 Monaten folgt immer ein großer Monat auf einen kleinen Monat. Es passiert nur einmal im Jahr, dass zwei kleine Monate aufeinander folgen. Somit treten die Solarperioden der vier Jahreszeiten regelmäßig auf, und Kalenderzeit und Natur stehen nicht miteinander in Widerspruch. Auch die Sonne, der Mond und die fünf Planeten sind darin einbezogen, so dass man die alten Methoden der Kalenderberechnung nicht ändern muss. Einzig von den Phasen des Vollmonds und des Neumonds hängen manche Erscheinungen ab, wie die Gezeiten des Meeres, die Schwangerschaft und anderes. Sie hängen nicht vom Wandel der Jahreszeiten, von Kälte und Hitze ab. Man kann sie im Kalender vermerken. … Ein solcher Kalender ist einfach und übersichtlich. Oben stimmt er mit dem Lauf des Himmels überein, und man muss sich nicht die Mühe machen, Schaltmonate zu ergänzen."

Das ist Shen Kuo's berühmter „Kalender der 12 Solarperioden", ein reiner Sonnenkalender. In diesem Kalender bestimmen die 12 Solarperioden aus den 24 Jahreszeiten den Beginn jedes Monats. Zum Beispiel ist der Frühlingsanfang der erste Tag des ersten Frühlingsmonats. Die Jahreszeit „Erwachen der Insekten" beginnt am ersten Tag des zweiten Frühlingsmonats usw. In diesem Kalender stehen die Jahreszeiten und die Monate streng einander gegenüber. Große Monate mit 31 Tagen und kleine Monate mit 30 Tagen folgen aufeinander, und selbst die Situation, dass zwei kleine Monate aufeinander folgen, tritt nur einmal auf. Die Phasen von Vollmond und Neumond werden im Kalender vermerkt. Auf diese Weise stimmt der Kalender mit dem Lauf des Himmels überein, er ist einfach, übersichtlich und bequem zu handhaben.

Die von Shen Kuo vorgeschlagene Idee eines reinen Sonnenkalenders war in der Geschichte Chinas vordem noch nicht aufgetreten, er gilt zu Recht als eine Revolution in der Geschichte des Kalenders. Seine Idee war seiner Zeit zu weit voraus, darum war es schwierig, dass sie akzeptiert wurde. Shen Kuo war sich dessen klar bewusst. So beurteilte er seine eigene Idee:

„Als ich zuerst festgestellt hatte, dass ein Tag etwas mehr als 100 Ke hat und es Unzulänglichkeiten gibt, zweifelten die Menschen schon an meiner Lehre, und als ich dann noch sagte, dass sich die 12 Richtungen des Griffs des Großen Schöpflöffels[193] mit der Präzession verschieben, waren die Menschen noch mehr erschrocken. Als ich nun über diesen Kalender diskutierte, stieß ich auf wütende Reaktionen und Beschimpfungen, so dass man meine Lehre in einer anderen Zeit benutzen muss."[194]

Sein Urteil ist objektiv und stimmt mit der geschichtlichen Realität überein. Shen Kuo hatte bei der Verbesserung der Zeitmessgeräte Weiterentwicklungen auf zwei Gebieten

---

193 Großer Schöpflöffel – Dieses Sterbild entspricht unserem Großen Bären.
194 Shen Kuo (Nördliche Song-Dynastie): „Meng Xi Bi Tan; Kap. Ergänzung der Pinselunterhaltungen", Teil 2

vorgenommen. Das eine ist die Verbesserung der Schattenmessung mit dem Gui-Gnomon und das andere die Verbesserung der Wasseruhren.

Shen Kuo betrieb tiefgründige Untersuchungen zur Schattenmessung mit dem Gui-Gnomon, und er verfasste einen speziellen Aufsatz. Dieser Text wurde mit dem Titel „Jing Biao Yi" (Diskussion des Schattenstabs) in die Chronik „Song Shi, Kap. Aufzeichnungen über Astronomie, Teil I" aufgenommen und zu einem direkten historischen Beleg, durch den die Nachfahren Shen Kuo's Innovation bei der Schattenmessung mit dem Gui-Gnomon verstanden. Im „Jing Biao Yi" schlug Shen Kuo seine Idee der Technik der Schattenmessung mit dem Gui-Gnomon vor:

„Nachdem die vier Richtungen bestimmt sind, stellt man einen Schattenstab auf, der einen quadratischen Kopf hat. Unter dem Schattenstab befindet sich eine Steinplatte, die mit Wasser horizontiert wird. Man stellt den Schattenstab am südlichen Ende der Platte auf. Die Platte ist 3 Chi breit, ihre Länge entspricht der Schattenlänge zur Wintersonnenwende im ganzen Land. Unterhalb des Schattenstabs werden die Fen, Cun und Chi eingraviert. Das Ganze befindet sich in einem dunklen Raum, in dem ein oben gelegener Schlitz den Schattenstab beleuchtet. Der Schlitz befindet sich in nord-südlicher Richtung. Der projizierte Mittagsschatten soll am Ende des Schattenstabs liegen. Ein Hilfsstab mit vier Cun Höhe, der zwei Cun breit und fünf Fen dick ist, der einen quadratischen Kopf hat und nach Süden zugespitzt ist, wird aus Bronze angefertigt. Allgemein kann man bei einem Schattenstab den Halbschatten nicht erkennen. Deshalb wird der Hauptstab durch einen Hilfsstab unterstützt, dann ist der Schatten schwarz und leicht zu messen."

Das bedeutet, nachdem die vier Richtungen Nord, Süd, Ost und West bestimmt sind, kann man einen Schattenstab aufstellen und den Schatten messen. Shen Kuo forderte, den Schattenstab in einen dunklen Raum zu stellen. An der Decke des dunklen Raums befindet sich ein schmaler Schlitz in Nord-Süd-Richtung, durch den das Sonnenlicht einfällt und auf die Spitze des Schattenstabs strahlt. So kann man eine Störung durch gemischtes Licht vermeiden, und der Schatten wird klar, was für die Erhöhung der Genauigkeit der Schattenmessung vorteilhaft ist. In schöpferischer Weise stellte er noch einen Hilfsstab auf. Das Prinzipbild der Schattenmessung mit dem Haupt- und dem Hilfsstab ist im Bild 16.1 gezeigt.

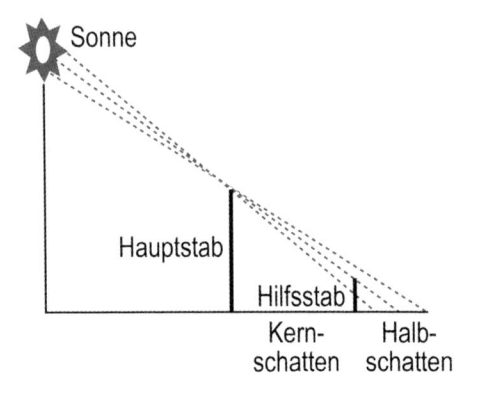

Bild 16.1 Prinzipbild von Shen Kuo's Schattenmessung mit einem Haupt- und einem Hilfsstab

Wir wissen, dass die Sonne, von der Erdkugel aus gesehen, eine Kreisfläche hat. Somit erzeugen die Strahlen vom oberen Rand der Sonne einen kürzeren Schatten, den die Spitze des Schattenstabs projiziert, und die vom unteren Rand ausgesendeten Strahlen erzeugen einen längeren Schatten, den die Spitze des Schattenstabs projiziert. Deshalb wird vom Schatten der Spitze des Schattenstabs ein Übergang von dunkel bis fahl erzeugt, so dass der Schattenrand undeutlich wird. In der Physik heißt der dadurch erzeugte Schatten mit dem Veränderungsbereich von dunkel bis fahl Halbschattenbereich, und der übrige Bereich heißt Kernschatten. Die Existenz eines Halbschattenbereichs führt dazu, dass die Lichtstrahlen, die vom Zentrum der Sonne ausgesendet werden, hinsichtlich ihrer konkreten Position des von der Spitze des Schattenstabs projizierten Schattens schwer zu erkennen sind. Das führt dann zu Messfehlern. Shen Kuo's erfundene Anordnung eines Haupt- und eines Hilfsstabes diente dazu, dieses Problem zu lösen.

Unter dem Aspekt der Handhabung hat der Hilfsstab nur eine Höhe von 4 Cun, so dass sein eigener Halbschattenfehler sehr klein ist. Durch den Gebrauch des Hilfsstabes kann man das Ergebnis der Schattenmessung des Hauptstabes wirksam verbessern. Eben deshalb hatte Shen Kuo, indem er aus der Erfahrung gelernt hatte, erklärt: „Allgemein kann man bei einem Schattenstab den Halbschatten nicht erkennen. Deshalb wird der Hauptstab durch den Hilfsstab unterstützt, dann ist der Schatten schwarz und leicht zu messen."[195]

Ein weiterer Beitrag von Shen Kuo zur Metrologie der Zeit betraf die Verbesserung der Technologie der Wasseruhren. Shen Kuo hatte sich lange Zeit in die Untersuchung der Wasseruhren vertieft und im „Meng Xi Bi Tan", T. 7 „Xiang Shu T. I" geschrieben:

„In alter und neuer Zeit gab es mehrere zehn Experten, die über die Wasseruhren geschrieben hatten, aber alle waren oberflächlich und irrig. Vom ‚Kalender des Kaisers Zhuandi' bis heute sind insgesamt 25 große Kalendermacher bekannt. Aber die Art, wie sie die Wasseruhren berechneten, führte dazu, dass sie mit den Messungen am Himmel nicht übereinstimmten. Ich hatte die Beobachtungen der Himmelserscheinungen und die Messungen des Schattens mit einer Armillarsphäre überprüft. Die Prüfungen durch Messungen und durch Berechnung des ausgelaufenen Wassers dauerten mehr als zehn Jahre. Erst dann erhielt ich genaue Daten und habe ein Buch in vier Teilen geschrieben, das den Titel „Xi Ning Kui Lou" (Die Wasseruhren der Regierungsära Xining) trägt. Darin folgte ich nicht weiter den Spuren der Vorfahren."

Das Buch „Xi Ning Kui Lou" wurde nicht überliefert, aber der Text „Fu Lou Yi" (Diskussion der Wasseruhren), den Shen Kuo als Eingabe an den Thron gerichtet hatte, wurde in das „Song Shi, Kap. Aufzeichnungen über Astronomie, Teil I" aufgenommen und existiert bis heute, so dass wir einen Blick auf die eigentliche Bedeutung der von ihm geschaffenen Wasseruhr werfen können.

Shen Kuo's Wasseruhr besteht, wie im Bild 16.2 gezeigt, aus den vier Teilen Qiu-Eimer, Fu-Eimer, Jian-Eimer und Fei-Eimer.

---

195 Shen Kuo (Nördliche Song-Dynastie): „JIng Biao Yi" (Diskussion des Schattenstabs), in „Song Shi, Aufzeichnungen über Astronomie, T. I"

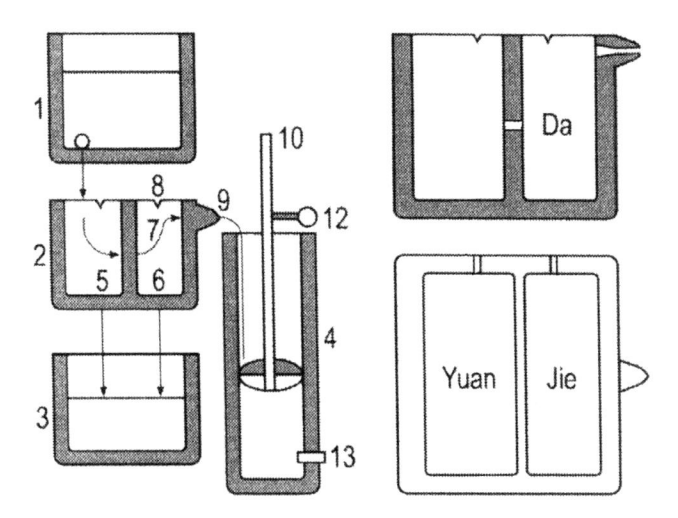

Bild 16.2 Prinzipbild des Aufbaus von Shen Kuo's Wasseruhr. Prinzipbild der Wasseruhr (links). Prinzipbild des Fu-Eimers (rechts). 1. Qiu-Eimer, 2. Fu-Eimer, 3. Fei-Eimer, 4. Jian-Eimer, 5. Yuan (Eimer A), 6. Ji (Eimer B), 7. Da (kleine Öffnung), 8. Zweigkanal, 9. Jadegewicht (Wasserauslauf), 10. Pfeil, 11. Flaschenkürbis, 12. Teilung, 13. Geschlossener Wasserauslauf

Der Fu-Eimer ist noch in die beiden Teile „Yuan" und „Jie" unterteilt, und beide Teile sind durch eine „Da" genannte kleine Öffnung miteinander verbunden. Oberhalb von „Yuan" und „Jie" gibt es Überlauföffnungen, die Zweigkanäle heißen. Das Wasser vom Qiu-Eimer fließt in den Teil „Yuan" des Fu-Eimers und fließt dann durch die Öffnung „Da" in den Teil „Jie". Durch den oben befindlichen Wasserauslauf „Jadegewicht" fließt das Wasser in den Jian-Eimer. Im Jian-Eimer befindet sich der „Pfeil", der die Zeit anzeigt. Indem der Wasserstand im Jian-Eimer ununterbrochen ansteigt, wird der aus dem Eimer ragende Teil des Pfeils immer größer, der die verflossene Zeit anzeigt. Die Wassermenge des Qiu-Eimers ist größer als die aus dem „Jadegewicht" auslaufende Wassermenge. Das überschüssige Wasser im Fu-Eimer wird über die beiden „Zweigkanäle" abgeleitet und fließt in den Fei-Eimer. Die Existenz der „Zweigkanäle" bewirkt, dass der Wasserstand im Fu-Eimer konstant gehalten wird, wodurch die Genauigkeit der Zeitmessung gewährleistet wird.

    Shen Kuo's Forschung über die Wasseruhren weist zwei Besonderheiten auf, die erste ist die Verbesserung des Aufbaus der traditionellen Wasseruhren. Durch eine intensive langzeitige Forschung über die Wasseruhren erreichte seine Wasseruhr eine sehr hohe Zeitmessgenauigkeit. Mit seiner Wasseruhr machte Shen Kuo einige wichtige wissenschaftliche Entdeckungen. Zum Beispiel entdeckte er, dass der wahre Sonnentag abwechselnd länger und kürzer ist und dass ein Tag nicht immer genau 100 Ke lang ist. Im „Meng Xi Bi Tan", Teil 7 verwies er darauf:

    „Die Wasseruhrenbauer sorgten sich immer, dass das Wasser in den Wintermonaten stockt und in den Sommermonaten leichtflüssig ist, und meinten, dies sei eine Eigenschaft des Wassers. Auch hegten sie den Verdacht, Eis könnte die Leitungen verstopfen. Sie hatten sich viele Methoden erdacht, konnten das Problem aber nicht lösen. Aber ich hatte von der Theorie her untersucht, dass sich die Sonne zur Wintersonnenwende schneller bewegt. Nach

der Bewegung am Himmel war ein Tag noch nicht vergangen, als der Schatten des Gnomons schon auf der Position des nächsten Tages war. Deshalb zeigte die Wasseruhr mehr als 100 Ke an. Zur Zeit der Sommersonnenwende bewegt sich die Sonne langsamer. Nach der Bewegung am Himmel war ein Tag schon vergangen, aber der Schatten des Gnomons war noch nicht auf der Position des nächsten Tages. Deshalb zeigte die Wasseruhr weniger als 100 Ke an. Nachdem ich diese Ergebnisse erhielt, hatte ich den Gnomon und die Wasseruhr immer wieder miteinander verglichen, aber sie stimmten stets überein. Das hatten die Vorfahren noch nicht gewusst."

Dass er diese Entdeckung machen konnte, war gar nicht so einfach. Einerseits beträgt die maximale Differenz zwischen dem wahren und dem mittleren Sonnentag nur 30 s, so dass es sehr schwierig ist, dies mittels einer Wasseruhr festzustellen. Man muss ein recht hohes Niveau der Zeitmessgenauigkeit erreichen. Andererseits hatte man auf traditionelle Weise mit der Beobachtung der Bewegung der Sonne die Wasseruhren justiert. Aber Shen Kuo wagte es, indem er die von der Wasseruhr angezeigte Zeit als Normal nahm, seine Ansicht von der unregelmäßigen Bewegung der Sonne vorzubringen. Das drückt nicht nur sein Selbstvertrauen in die Genauigkeit der Zeitmessung der eigenen Wasseruhr, sondern auch in seinen gedanklichen Vorstellungen einen Neuerungsgeist aus. Shen Kuo's Entdeckung, dass der wahre Sonnentag abwechselnd länger und kürzer ist, übertraf bei weitem das damalige Niveau der Wissenschaften, sie war auch ein wichtiger Erfolg, mit dem die Metrologie des alten Chinas das Weltniveau übertraf.

1.3 Verbesserung der Metrologie des Raumes durch Vereinfachung, indem das Komplizierte beseitigt wurde

Ein weiterer Beitrag von Shen Kuo zur Metrologie des Altertums betrifft ein traditionelles astronomisches Gerät – die Verbesserung des Aufbaus der Armillarsphäre.

Shen Kuo hatte die Armillarsphären intensiv untersucht. An vielen Stellen im „Meng Xi Bi Tan" hatte er die Ergebnisse seiner Untersuchung der Armillarsphäre aufgezeichnet. Außerdem hatte er die Einsichten bei seinen Untersuchungen über die Armillarsphäre in einem speziellen Aufsatz niedergeschrieben, der den Titel „Hun Yi Yi" (Diskussion über die Armillarsphären) erhielt. Zusammen mit den Werken „Jing Biao Yi" und „Fu Lou Yi" hatte er sie bei Hofe eingereicht. Diese drei Werke von Shen Kuo wurden in die Chronik „Song Shi, Kap. Aufzeichnungen über Astronomie, Teil I" aufgenommen und zu wichtigen historischen Dokumenten, die seine Ideen zur Metrologie widerspiegeln.

Im „Hun Yi Yi" hatte Shen Kuo ausführlich die Ordnung der Armillarsphären in den einzelnen Dynastien und die Ideen ihrer Konstruktion untersucht, ihre Vor- und Nachteile analysiert und Vorschläge zu ihrer Verbesserung unterbreitet. Seine Reform enthält im Wesentlichen zusammengefasst folgende Punkte:

Die Lage der Ringe wird justiert. In früheren Armillarsphären war die Lage bestimmter Ringe ungeeignet. So wurden in alten Armillarsphären „die Ringe der Ekliptik und des Äquators horizontal angeordnet und als Himmelsgrade angegeben. Sie verdeckten das Auge, so dass eine Beobachtung unmöglich wurde. Später machte man extra ein Bohrloch, doch das war eine wenig elegante Lösung." Hierfür hatte Shen Kuo folgende Lösung:

„Heute positioniert man den Ring etwas seitlich und geneigt, so dass die Himmelsgrade etwas aus den nördlichen Gebieten herausgehen und selbst nichts verdecken." Ebenfalls war die Lage des Horizontrings in der Vergangenheit nicht vernünftig. „Der Erdring verbindet gerade die Hälfte des Himmelsdurchmessers. Wenn man Auf- und Untergang der Sonne, des Mondes und der fünf Planeten beobachtet, wird die Erde gerade vom Erdring verdeckt. Wenn man jetzt den Erdring etwas nach unten verlegt, dann liegen die Erde und das Obere des Erdrings in einer Linie. Wenn man den Untergang der Sonne, des Mondes und der fünf Planeten beobachtet, kann man ihn direkt mit dem Erdring messen und stimmt dann stillschweigend mit dem Himmel überein." Das heißt, man muss die Lage des Erdhorizontrings ein wenig nach unten versetzen, so dass der obere Rand mit dem Zentrum der Armillarsphäre in einer Geraden liegt, erst so stimmt er stillschweigend mit dem Himmel überein."

Weglassen einiger Ringe, die keine praktische Verwendung haben. Bei früheren Armillarsphären hatten gewisse Ringe keinen großen Funktionswert, waren überflüssig und behinderten sogar das Visieren. Ein Beispiel ist der Ring des weißen Kopfes. Das Anbringen des Rings des weißen Kopfes hatte den Sinn, die Bewegung des Mondes wiederzugeben. Aber die Bewegung des Mondes ist äußerst kompliziert, so dass der Ring des weißen Kopfes seine tatsächliche Bewgung schwerlich darstellen konnte. Shen Kuo verwies darauf, dass sich der Ring des weißen Kopfes „nicht mit dem Ekliptik-Ring verschieben lässt, so summiert sich täglich ein Fehler auf. Jetzt muss man ihn am Monatsende einmal nachjustieren, so dass er nicht mit der astronomischen Messung übereinstimmen kann. Deshalb ist es am Besten, den Mondring wegzulassen." Mit dem Mondring ist der Ring des weißen Kopfes gemeint. Shen Kuo's Herangehensweise ist sehr bedeutungsvoll. Die Herstellung der Armillarsphären durchlief im alten China einen Prozess vom Einfachen zum Komplizierten und wieder vom Komplizierten zum Einfachen. Der Aufbau der frühesten Armillarsphären war überhaupt nicht kompliziert. Man hatte nicht viele Ringe vorgesehen. Später wurde mit der Zunahme der zu beobachtenden Erscheinungen die Zahl der Ringe auf der Armillarsphäre immer mehr vergrößert. In der Periode der Tang- und Song-Dynastie erreichte sie den höchsten Grad der Vollkommenheit. Mit der Zunahme der Ringe gestaltete sich der Zusammenbau der Armillarsphären immer schwieriger, der Fehler des Mittelpunkts nach dem Zusammenbau nahm zu, was zu einem vergrößerten Messfehler führte. Gleichzeitig je mehr Ringe man hatte, wurde die Abdeckung von Himmelsregionen immer fataler, so dass sich bestimmte Himmelsregionen nicht beobachten ließen. Shen Kuo's Empfehlung öffnete den Weg zur Vereinfachung der Armillarsphäre und kehrte die Entwicklungsrichtung der Armillarsphären um, was schließlich in der Yuan-Dynastie zum Erscheinen der vereinfachten Armillarsphäre bei Guo Shoujing führte.

Veränderung des Aufbaus bestimmter Komponenten. Shen Kuo meinte, dass bestimmte Teile in den traditionellen Armillarsphären nicht vernünftig konstruiert wären und man sie ändern müsste. Zum Beispiel wurde der Öffnungsdurchmesser des Visierrohrs mit 1½° festgelegt. Die Absicht war, dass der Beobachter durch das Visierrohr die gesamte Gestalt der Sonne und des Mondes sehen kann. Aber der untere Öffnungsdurchmesser des Visierrohrs wurde dann so groß, dass er problematisch wurde, weil sich das Auge bei einem großen unteren Öffnungsdurchmesser sehr schwer auf die Achse des Visierrohrs konzentrieren kann. „Wenn sich das Auge dem Osten am unteren Rand nähert, um den

Westen am oberen Rand zu beobachten, misst es drei Grad falsch." Darum muss man die untere Öffnung verkleinern. Shen Kuo benutzte ein mathematisches Prinzip: „Man kann das mit dem Gougu-Theorem [Satz des Pythagoras] ermitteln. Beträgt der untere Durchmesser drei Grad und der obere Durchmesser anderthalb Grad, dann erscheinen die beiden Öffnungen oben und unten gleich groß. Wenn das Auge nicht schwankt, dann ist die Beobachtung korrekt." Shen Kuo's Herangehensweise gewährleistete, dass die Visierlinie des Beobachters mit der Achse des Visierrohrs zusammenfiel. Somit konnte er den Beobachtungsfehler effektiv verringern. Seine Verbesserung ließ die Menschen bewusst werden, dass bei der Beobachtung mit der Armillarsphäre die Wichtigkeit des Visierens zur Triebfeder des von Guo Shoujing in der Yuan-Dynastie geschaffenen Fadenkreuzes wurde.

Verringerung des Gewichts bestimmter Komponenten, was die Beweglichkeit beim Drehen der Armillarsphäre erhöht. Entsprechend Shen Kuo's Ausdrucksweise „nach dem alten Verfahren waren die Ringe alle vier Cun breit und vier Cun dick, und die anderen Gelenke waren plump und schwerfällig, so dass sich die Ringe nicht drehen ließen. Jetzt werden sie kleiner angefertigt, so dass man den Vorteil eines leichteren Gewichts hat."

Shen Kuo hatte an den traditionellen Armillarsphären noch weitere Verbesserungen vorgenommen, zum Beispiel die Justierung der Polachse des Geräts, die Modifizierung der Lage der eingelegten Silbernägel als Hilfsablesung auf den Ringen, die Auswechselung der Ringe mit eingravierten Ke entsprechend dem Zeitsystem usw. All dies bezeugt, dass er nicht nur in der Theorie der Astronomie versiert war, sondern auch über eine reiche Beobachtungspraxis verfügte und mit den Details der Beobachtung mit einer Armillarsphäre vertraut war. Deshalb waren seine Verbesserungen vorteilhaft, und er hatte auch ein konkretes Ziel im Auge, er handelte sehr zielgerichtet.

Shen Kuo's Verbesserungen wurden angenommen. Nach der Aufzeichnung im „Song Shi, Kap. Aufzeichnungen über Musik und Kalender" hieß es, dass im sechsten Monat des siebten Jahres der Regierungsära Xining (1074) „das kaiserliche Observatorium eine neu angefertigte Armillarsphäre und eine Wasseruhr erhielt, die gegenüber dem Yangmen-Tor aufgestellt wurden. Der Kaiser rief den Kanzler herzu, um sie zu begutachten. Er stellte mehrere Fragen an den Finanzkommissar Shen Kuo, der die Prinzipien der Veränderungen erläuterte. ... Entsprechend einem Edikt wurden die Geräte im Astronomiehof der Hanlin-Akademie aufgestellt. Im siebten Monat, als Shen Kuo Minister der Rechten war, lobte der Justizminister Huangfu Yu sein Werk. Shen Kuo reichte die drei Schriften ‚Hun Yi' (Diskussion über Armillarsphären), ‚Fu Lou' (Wasseruhren) und „Jing Biao' (Gnomone) beim Kaiser ein. Der Hof nahm seine Vorschläge an, und der Kaiser befahl, neue Geräte anzufertigen und einen neuen Kalender auszuarbeiten. Als die Armillarsphäre und die Wasseruhr fertiggestellt waren, belohnte der Kaiser diese Arbeiten." Diese Aufzeichnung zeigt, dass die nach Shen Kuo's Vorschlag angefertigte neue Armillarsphäre streng überprüft wurde, ihre Wirksamkeit die Anerkennung des Hofes fand und Shen Kuo deshalb ausgezeichnet wurde.

1.4 Die Prinzipien auswählen und die Fehlertheorie erklären

Shen Kuo hatte nicht nur unter dem Blickwinkel der Technologie die traditionellen Messgeräte verbessert, sondern analysierte auch eingehend die entscheidenden Faktoren für die Größe der Messfehler, und erhöhte von der Theorie her das Niveau der Metrologie. Seine Erklärung der Fehlertheorie ist hauptsächlich in seiner Schrift „Hun Yi Yi" enthalten. Im „Hun Yi Yi" hatte Shen Kuo die Ursachen einiger Fehler, die beim Vermessen des Himmels mit der Armillarsphäre auftreten, analysiert. Darunter hatte er einen Aspekt angeführt: „Der Horizontring wird angebracht, um die Gestalt der Erde abzubilden. Wenn man jetzt die Armillarsphäre auf einer hohen Terrasse aufstellt und von unten den Aufgang von Sonne und Mond beobachtet, dann ist der Horizontring nicht mit dem Erdhorizont in gleicher Höhe", und meinte, dass dies die hauptsächliche Ursache für die Entstehung von Fehlern ist. Damit meinte er, dass der Horizontring den Erdhorizont symbolisiert, aber wenn man die Armillarsphäre auf einer hohen Terrasse aufstellt, dass bei der Beobachtung von Auf- und Untergang der Sonne und des Mondes der Horizontring und der Erdhorizonmt nicht übereinstimmen, was zur Entstehung eines Fehlers führt. Mit bezug auf dieses Wissen führte Shen Kuo aus:

„*Obwohl diese Erkenntnis im Groben berechtigt ist, wird aber die Größe von Himmel und Erde nicht durch die Höhe einer Terrasse verändert. Wenn man mit einer Armillarsphäre die Körper des Himmels und Erde untersucht, erhält man reale und bezogene Zahlen. Die realen Zahlen stellen das Verhältnis der Zahlen des Himmels mit denen auf der Armillarsphäre her. Das heißt, wenn man am Himmel zehn Fen verschiebt, sind das auch zehn Fen am Gerät. Die bezogenen Zahlen beschreiben die Genauigkeit am Himmel mit der auf der Armillarsphäre. Ein Fen auf der Armillarsphäre sind mehrere Tausend Li am Himmel. Jetzt ist die Höhe der Terrasse eine solche reale Zahl. Die Höhe einer Terrasse beträgt nicht mehr als mehrere Zhang. Eine Differenz am Himmel wirkt sich darauf nicht aus. Was macht angesichts der Größe von Himmel und Erde die Höhe von ein paar Zhang aus? Anderseits hat man es beim Heben und Senken des Visierrohrs mit einer bezogenen Zahl zu tun. Verschiebt man das Visierrohr um ein Fen, dann weiß man nicht, wie viele Tausend Li dies am Himmel sind. Deshalb muss man das Visierrohr genau einstellen, während man die Höhe der Terrasse nicht berücksichtigen muss.*"

Der Satz „Das heißt, wenn man am Himmel zehn Fen verschiebt, sind das auch zehn Fen am Gerät" ist sehr schwer zu erklären. Nach der Meinung des Professors Li Zhichao von der Universität für Wissenschaft und Technologie steht das Schriftzeichen *chi* 赤 fälschlich für die beiden Schriftzeichen *shi fen* 十分 (zehn Fen). Als die Vorfahren das Buch abschrieben, haben sie in einer vertikalen Zeile 十分 miteinander verbunden, woraus fälschlich 赤 (rot) entstanden ist.

In diesem Zitat von Shen Kuo muss man zwei Dinge bekräftigen. Erstens, er zeigte, dass die Höhe der Terrasse einen vernachlässigbaren Einfluss auf die Messung des Himmels ausübt, und löste die Bedenken der Zeitgenossen auf. Zweitens führte er die Begriffe „reale Zahl" und „bezogene Zahl" an und trieb damit die Entwicklung der Fehlertheorie des Altertums voran.

Die sogenannte „reale Zahl" meint die tatsächlichen Daten des gemessenen Objekts, wie die Höhe der Terrasse, die Entfernung der Sonne. Die sogenannte „bezogene Zahl" meint eine relative Zahl. Das Schriftzeichen *zhun*准in *zhunshu*准数(genaue Zahl) hatte ursprünglich die Bedeutung „aufhalten". In Han Yu's „Chang Li Ji" (Sammlung der Gedichte von Han Changli, d.i. Han Yu) finden sich im Teil IV in dem Gedicht „Kritik geschenkt an Cui Li Zhi" die Verse „Bei den Chrysanthemen unterhalb der Mauer wird guter Wein verkauft, wenn das Geld alle ist, kann ich noch meine Kleider versetzen." Sie sind ein Beleg dafür. Shen Kuo benutzt hier die Bedeutung von „versetzen". Man kann es übertragen mit „entsprechen" übersetzen.[196] Der Hauptgedanke, dass die Vorfahren die Armillarsphäre benutzten, war, dass sie Bogenlängen auf der Himmelskugel messen wollten, aber man konnte den Durchmesser der Himmelskugel nicht messen. Daraufhin unterteilten sie den Umfang der Himmelskugel in 365,25 Du, und sie unterteilten auch die Ringe der Armillarsphäre in 365,25 Du. Diese beiden Du entsprechen einander. In der Praxis musste man nur mit diesen Du den Abstand zwischen zwei Himmelskörpern messen, und diese Zahl der Du ist die Zahl, die beim nacheinander folgenden Anvisieren von zwei Himmelskörpern mit dem Visierrohr auf dem Ring der Armillarsphäre abgelesen wurde. Darum verweist Shen Kuo darauf, dass ein Du auf dem Ring der Armillarsphäre einer Bogenlänge von mehreren Tausend Li auf der Himmelskugel entspricht. Wenn sich die Zahl der Du auf der Armillarsphäre um eine Winzigkeit ändert, kann dies einen gewaltigen Fehler bei der Bogenlänge auf der Himmelskugel erzeugen. Wenn man deshalb die Zahl der Du auf dem Ring abliest, muss man unbedingt sehr sorgfältig vorgehen, weil dies für die Erhöhung der Messgenauigkeit die entscheidende Rolle spielt. Wenn die Höhe der Beobachtungsterrasse über den Erdhorizont hinausgeht, bereitet das andererseits kein Problem, weil diese Höhe, verglichen „mit der Größe von Himmel und Erde" vernachlässigbar klein ist.

Shen Kuo's Ausführungen sind für die Entwicklung der Fehlertheorie im alten China äußerst wichtig. In der modernen Metrologie hängt die Messunsicherheit von der Größe des relativen Fehlers ab, wobei der relative Fehler gleich dem absoluten Fehler dividiert durch den Messwert ist. Somit widerspiegelt der relative Fehler den Begriff des relativen Werts einer Messung. Shen Kuo's „reale Zahl" und „bezogene Zahl" widerspiegeln zweifellos auch die Idee eines absoluten und eines relativen Werts der Messung. Obwohl es im alten China das Sprichwort gab „schon eine Kleinigkeit von Hao und Li kann eine Auswirkung von tausend Li haben", hatte aber Shen Kuo daraus spezielle Begriffe geprägt und sie auf die Erklärung eines Messproblems angewendet. In der Geschichte Chinas war er hierbei der erste.

Dass Shen Kuo als Frontmann in der Geschichte von Wissenschaft und Technologie Chinas gerühmt wird, liegt daran, dass er Beiträge zur traditionellen Wissenschaft und Technologie des alten Chinas geleistet hatte, die Außenstehende kaum zu erreichen hofften, und darunter befinden sich auch seine Beiträge zur traditionellen Metrologie. Das müssen wir zu würdigen wissen.

---

196 Man kann es übertragen mit „entsprechen" übersetzen – Im Chinesischen wird die Bedeutung „entsprechen" eindeutig mit „versetzen" assoziiert.

2. Guo Shoujing's Erfolge in der Metrologie

In der Geschichte der Metrologie Chinas gibt es einen Wissenschaftler des Altertums, den man unbedingt erwähnen muss - den berühmten Gelehrten Guo Shoujing der Yuan-Dynastie.

Guo Shoujing, der den Beinamen Ruosi führte, stammt aus Xingtai im Kreis Shunde in der heutigen Provinz Hebei. Er wurde im 3. Jahr des Yuan-Kaisers Taizong (1231) geboren und ist im 2. Jahr der Regierungsära Yanyou des Kaisers Renzong (1316) gestorben. Er war ein berühmter Astronom, Mathematiker, Wasserbauingenieur und Gerätebauer der Yuan-Dynastie. Die von ihm vollbrachten Leistungen hatten die Metrologie des Altertums von vielen Seiten bereichert. Seine Erfindungen zahlreicher astronomischer Geräte, seine Praxis der Messungen und seine Verbesserungen der traditionellen Kalenderberechnung hinterließen in der Geschichte der Metrologie ein Ruhmesblatt.

2.1 Verbesserung der astronomischen Geräte durch die Erfindung der vereinfachten Armillarsphäre

In der traditionellen Metrologie nahmen die astronomischen Messungen einen erheblichen Anteil ein. Der Dreh- und Angelpunkt der astronomischen Messungen sind die astronomischen Geräte, und auf dem Gebiet der Erfindung und Verbesserung der astronomischen Geräte kann man sagen, dass Guo Shoujing in der Geschichte Chinas an erster Stelle steht.

Guo Shoujing hatte von Kindheit an bei seinem Vater erfolgreich Astronomie und Mathematik studiert, so hatte er für die Astronomie eine Quelle in der Familie. Im 3. Jahr der Regierungsära Zhongtong (1262) wurde er dem Kaiser Kublai Khan empfohlen. Er schlug sechs Wasserbauprojekte vor, indem in Nordchina Flussläufe vertieft wurden. Dafür wurde er von Kublai Khan sehr geschätzt. Von da begann seine Karriere auf dem Gebiet des Wasserbaus. Im 13. Jahr der Regierungsära Zhiyuan (1276) befahl der Yuan-Kaiser Shizu, ein kaiserliches Observatorium einzurichten, und er wurde in dieses Amt versetzt. Von da an begann seine Forschung auf dem Feld der Astronomie.

Ein wichtiges Ziel der astronomischen Arbeiten im Altertum war die Verbesserung des Kalenders, und um den Kalender zu verbessern, stand die Erhöhung der Genauigkeit der Beobachtungen an erster Stelle. Um die Genauigkeit der Beobachtungen zu erhöhen, muss man die astronomischen Geräte verbessern. Guo Shoujing's Arbeit hatte auch hiermit begonnen. Im „Yuan Shi, Biografie von Guo Shoujing" ist sein Wissen über diesen Sachverhalt aufgezeichnet:

„Der Ursprung des Kalenders liegt bei den Beobachtungen, und unter den Beobachtungsgeräten stehen Armillarsphäre und Gnomon an erster Stelle."

Unter dieser Leitidee hatte Guo Shoujing entsprechend der praktischen Situation der astronomischen Geräte und den Bedürfnissen der Beobachtungen eine ganze Reihe astronomischer Geräte verbessert und erfunden. Im „Yuan Shi, Biografie von Guo Shoujing" sind seine Verbesserungen und Erfindungen zusammengefasst:

„Die im kaiserlichen Observatorium vorhandene Armillarsphäre wurde während der Regierung des Song-Kaisers Huangyou in Bianjing angefertigt, aber sie stimmte nicht mit den astronomischen Messungen an diesem Ort überein. Die Ausrichtung nach der Nord-Süd-Richtung wich um etwa 4 Grad ab. Die Basisplatte des Gnomons war im Laufe der Jahre eingesunken und lag schief. Guo Shoujing hatte ihre Fehler eingehend untersucht und sie an den neuen Platz umgesetzt. Dann wählte er eine recht hoch gelegene Stelle mit freier Aussicht, baute ein Gebäude aus Holz und fertigte eine vereinfachte Armillarsphäre an und errichtete einen hohen Gnomon, um die Geräte damit zu vergleichen. Dann wollte er das Visierrohr in die Nähe des Großen Bären ausrichten, doch früheren Astronomen gelang dies nicht, wenn sie dieses Sternbild anvisieren wollten. Deshalb fertigte er ein Polbeobachtungsgerät an. Nachdem der Polarstern positioniert war, konnte man die Himmelskörper richtig bestimmen, und er fertigte einen Himmelsglobus an. Obwohl der Himmelsglobus der tatsächlichen Lage der Sterne nahe kam, konnte man ihn aber nicht zweckmäßig verwenden. Deshalb fertigte er eine raffinierte Armillarsphäre an. Ein Gnomon beruht auf dem rechten Winkel und dem Quadrat. Doch wenn man die Rundheit des Himmels messen will, ist es das Beste, das Runde mit Rundem zu messen. Deshalb fertigte er eine hemisphärische Sonnenuhr an. Seit alters benutzte man Längen- und Breitengrade, die fest angeordnet sind. Guo Shoujing änderte das und fertigte ein vertikal sich drehendes Gerät an, mit dem man den Längen- und den Breitengrad ablesen konnte. Die Sonne bewegt sich auf einer mittleren Bahn und der Mond auf neun Bahnen. Guo Shoujing vereinigte sie in einem Gerät, das er „Gerät zum Beweis der Prinzipien" nannte. Da bei einem hohen Gnomon der Schatten unscharf wird und das projizierte Bild nicht das wahre ist, fertigte er eine Blende an. Obwohl der Mond hell ist, ist es doch schwierig, seinen Schatten zu beobachten. Deshalb fertigte er einen Beobachtungstisch an. Bei der Überprüfung eines Kalenders werden die Begegnungen der Himmelskörper registriert. Deshalb fertigte er ein Gerät zur Beobachtung von Sonnen- und Mondfinsternissen an. Der Himmel hat einen Äquator, der einem Rad zu vergleichen ist, und mit den beiden Polen oben und unten markieren sie seine Oberfläche, dazu fertigte er ein Zeitmessgerät mit einer Sternenskale an. Weiter fertigte er eine quadratische Platte zur Richtungsbestimmung, einen sphärischen Schattenmesser, ein aufgehängtes Normalgerät und ein aufmontiertes Normalgerät an, die die Vermesser benutzen, wenn sie die vier Richtungen bestimmen. Er verfasste auch die Schriften „Yang gui fu ju tu" (Bilder der Messung des Himmels mit Kreisen und der Erde mit Quadraten), „Yi fang hun gai tu" (Bilder des sphärischen Himmels und der Himmelskuppel in fremden Ländern) und „Ri chu ru yong duan tu" (Bilder der Veränderung der Länge des Tages durch Auf- und Untergang der Sonne), die die oben genannten Geräte beschreiben."

Nach dieser Zusammenfassung hatte Guo Shoujing im Wesentlichen folgende astronomische Geräte erfunden und angefertigt: Vereinfachte Armillarsphäre, hoher Gnomon, Polbeobachtungsgerät, Himmelsglobus, raffinierte Armillarsphäre, hemisphärische Sonnenuhr, vertikal sich drehendes Gerät, Gerät zum Beweis der Prinzipien, Schattenblende, Beobachtungstisch, Beobachtungsgerät für Sonnen- und Mondfinsternisse, Zeitmessgerät mit Sternenskale, quadratische Platte zur Richtungsbestimmung, sphärischer Schattenmesser, aufgehängtes Normalgerät und aufmontiertes Normalgerät. Es gibt kaum jemand in der Geschichte der Astronomie Chinas, der sich bezüglich der Vielzahl der von ihm verbesserten und erfundenen astronomischen Geräte mit ihm messen könnte.

Unter diesen Geräten ist die vereinfachte Armillarsphäre eine vorher nicht dagewesene wichtige Erfindung. Mit der vereinfachten Armillarsphäre werden die räumlichen

Richtungen der Himmelskörper gemessen. Der Vorläufer der vereinfachten Armillarsphäre ist die Armillarsphäre des Altertums. Die Armillarsphäre ist ein Produkt der Theorie des sphärischen Himmels. Während der Han-Dynastie entbrannte ein Kampf zwischen der Theorie des sphärischen Himmels und der Theorie der Himmelskuppel über den Aufbau des Kosmos. Die eine Partei meinte, der Himmel sei eine runde Kugel, der Himmel sei außen und die Erde innen, und der Himmel umfasst die Erde. Diese Partei vertrat die Theorie des sphärischen Himmels. Die Armillarsphäre ist ein Produkt, das die Partei der Theorie des sphärischen Himmels benutzt hatte, um den Himmel zu messen. Die Armillarsphäre besteht aus einer Vielzahl von Ringen. Diese Ringe repräsentierten den Erdhorizont und den Meridian, andere repräsentierten die Ekliptik und den Erdäquator. Im Zentrum des Geräts befindet sich eine Achse, die auf den Himmelsnordpol zeigt. Der innerste Doppelring heißt Ring der vier Wanderungen, er kann sich um die Achse von Nord- und Südpol drehen. In der Mitte des Doppelrings ist ein Visierrohr angebracht. Das Visierrohr kann sich in dem Spalt des Doppelrings drehen. Wenn sich so der Ring der vier Wanderungen in Ost-West-Richtung dreht, kann das Visierrohr gleichzeitig in Nord-Süd-Richtung gedreht werden, so dass sich durch das Visierrohr jeder beliebige Punkt auf der Himmelskugel anvisieren lässt. Auf dem Ring der vier Wanderungen und den anderen Ringen sind Teilungen eingraviert. Somit kann man die Armillarsphäre benutzen, um die räumlichen Richtungen eines Himmelkörpers quantitativ zu messen.

Der Aufbau einer Armillarsphäre war am Anfang relativ einfach. Sie hatte nur die grundlegendsten Ringe. Später wurde mit der Zunahme der Funktionen auch der Aufbau allmählich immer komplizierter. Die Zahl der Ringe nahm immer mehr zu und erreichte in der Tang-Dynastie ein Maximum. Obwohl mit der Zunahme der Ringe die Funktionen der Armillarsphäre zunahmen, brachten sie gleichzeitig Unbequemlichkeiten mit sich. Die vielen Ringe konnten den Sternenraum verdecken und somit die Beobachtung der Himmelskörper beeinträchtigen. Deshalb trat nach der Tang-Dynastie in der Entwicklung der Armillarsphäre ein Trend vom Komplizierten zum Einfachen auf. In der Nördlichen Song-Dynastie hatte Shen Kuo in der Armillarsphäre den Ring des weißen Kopfes, der keine große Bedeutung besaß, weggelassen, um das Gesichtsfeld des Visierrohrs zu verbessern.

Guo Shoujing's vereinfachte Armillarsphäre bedeutet eine gründliche Reform der traditionellen Armillarsphäre. Er analysierte eingehend die Funktion jedes Rings in der Armillarsphäre, gab jene nicht unbedingt notwendigen Ringe auf und behielt nur die zwei grundlegendsten Ringsysteme, die er unabhängig voneinander einbaute. So löste er die traditionelle Armillarsphäre auf und schuf ein Gerät mit zwei unabhängigen Systemen des Äquatorrings und des dazu senkrechten Meridianrings sowie des Erdhorizontrings und des dazu senkrechten Rings. Das Ergebnis dieser Reform vereinfachte den Aufbau der Armillarsphäre gründlich und erweiterte das Gesichtsfeld spürbar. Außerdem waren die Montage und die Handhabung sehr bequem. Leider existiert Guo Shoujing's vereinfachte Armillarsphäre schon nicht mehr, aber die vereinfachte Armillarsphäre, die in der Ming-Dynastie kopiert wurde und im Observatorium von Zijinshan in Nanjing existiert, kann uns helfen, die Anmut von Guo Shoujing's vereinfachter Armillarsphäre zu verstehen. (Siehe Bild 3.7)

Unter dem Aspekt der Geschichte der Metrologie besitzt Guo Shoujing's vereinfachte Armillarsphäre mehrere Vorzüge. Zum Beispiel ist in Guo Shoujing's Visierrohr ein

Fadenkreuz angebracht, so dass die Positionierung bei der Beobachtung eines Himmelskörpers durch das Visierrohr noch genauer wird. In Beobachtungsgeräten späterer Zeit, wie Fernrohren, ist allgemein im Objektiv ein Fadenkreuz angebracht. Die Idee für diese Konstruktion ist die gleiche wie bei Guo Shoujing. Diese Konstruktion birgt keine allzu große technische Schwierigkeit, aber ist für die Erhöhung der Messgenauigkeit sehr wichtig.

Bei der Erhöhung der Messgenauigkeit stellt die Einteilung der Skale des Beobachtungsgeräts einen nicht zu vernachlässigenden Faktor dar. Bei astronomischen Beobachtungen im alten China wurde allgemein die Einheit „Du" benutzt. Ein Du stellt die Länge eines der Teile eines in 365 ¼ Teile unterteilten Kreisumfangs dar. Aber bei der Beobachtung ist es immer noch relativ grob, wenn das „Du" die kleinste Einheit ist. Deshalb benutzten die Vorfahren, beginnend mit dem „Viertel-Kalender" der Han-Dynastie, für den Restbetrag unterhalb des „Du" die Größen *shao*少(wenig), *ban*半(halb) und *tai*太(viel), die jeweils 0,25 Du, 0,5 Du und 0,75 Du entsprechen. Manchmal wurden für den Rest noch die Größen *qiang*强(stark) (bezeichnet mehr als 1/12 der kleinsten Einheit) und *ruo*弱 (schwach) (bezeichnet weniger als 1/12 der kleinsten Einheit) benutzt. Diese Zahlen sind im Wesentlichen mit dem bloßen Auge abgelesene Schätzwerte, sie können nicht sehr genau sein. Im „Yuan Shi, Biografie von Guo Shoujing" gibt es hierüber eine Aufzeichnung:

„*Die Abstände zwischen den 28 Mondhäusern waren seit dem ‚Kalender der Regierungsära Taichu' der Han-Dynastie nicht gleich, sie hatten untereinander zu- und abgenommen. Beim ‚Kalender der Regierungsära Daming' wurden die Restbeträge unterhalb des Du zusätzlich mit Tai, Ban und Shao angegeben. Hier gab man den persönlichen Ambitionen nach, es waren keine wirklichen Messwerte. Bei der neuen Armillarsphäre ist die feine Du-Teilung des Himmelsumfangs für jedes Du in 36 Fen unterteilt, das Visierrohr mit Fadenkreuz ersetzt das bloße Visierrohr. Nun beruht der Rest der Du-Abstände der Mondhäuser auf wirklichen Messungen, man hatte hier nicht einer persönlichen Ambition nachgegeben.*"

Das heißt, Guo Shoujing nahm an der traditionellen Teilung eine Reform vor. Er nahm nicht wie die Vorfahren das „Du" als kleinste Einheit, so dass Ablesungen unterhalb des Du auf Schätzungen beruhen, sondern hatte das „Du" auf dem Gerät noch weiter in 36 Fen unterteilt, so dass man Ablesungen unterhalb eines Du bis auf 1/36 eines Du ablesen konnte. Das erhöhte die Ablesegenauigkeit zweifellos erheblich. Tatsächlich belegen historische Zeugnisse, dass Guo Shoujing 1 Du in 10 Linien unterteilte, so dass seine Ablesegenauigkeit 1/10 Du betrug und er noch 1/100 Du schätzen konnte. Das entspricht der Unterteilung eines Du in 100 Teile und dass 1 Teil 1 Fen genannt wurde. Bei der Beobachtung konnte man die gültigen Zahlen eines Ablesewerts auf 1 Fen ablesen. Obwohl das reale Objekt von Guo Shoujing's vereinfachter Armillarsphäre schon nicht mehr existiert, zeigen aber Beobachtungsmaterialien aus der Yuan-Dynastie, dass 1 Du in 100 Fen unterteilt wurde. Die jetzt existierende vereinfachte Armillarsphäre aus der Ming-Dynastie, die jene aus der Yuan-Dynastie imitiert, ist auch so unterteilt. Diese Herangehensweise von Guo Shoujing zeigt seine Beachtung für das Problem der Ablesegenauigkeit von Beobachtungen. Tatsächlich waren auch andere seiner Erfindungen wie die Schattenmessung mit dem hohen Gnomon und die Schattenblende immer auf die Erhöhung der Ablesegenauigkeit gerichtet. Eben aufgrund dieses Bewusstseins übertraf die Genauigkeit seiner Beobachtungsergebnisse die seiner Vorfahren.

2.2 Geodätische Messungen und Errichtung eines hohen Gnomons für die Schattenmessung

Guo Shoujing's Verbesserungen und Erfindungen von astronomischen Geräten verfolgten das Ziel, bessere astronomische Beobachtungsergebnisse zu erzielen, um einen genaueren und besseren Kalender aufzustellen. Deshalb schlug er dem Yuan-Kaiser Shizu, auch Kublai Khan genannt, vor, im ganzen Land astronomische und geodätische Messungen durchzuführen. Im „Yuan Shi, Biographie von Guo Shoujing" ist diese Eingabe an Kublai Khan erwähnt:

„Im 16. Jahr wurde das Amt zu einem Kaiserlichen Observatorium umgestaltet. Guo Shoujing wurde stellvertretender Direktor des Kaiserlichen Observatoriums, er erhielt einen Stempel, und man errichtete einen Beamtenhof. Weiter reichte er eine Eingabe über die Formen der Geräte und Gnomone ein, in der Guo Shoujing darauf verwies, dass ihre Prinzipien ganz überholt sind. Er sprach bis zum späten Abend, aber der Kaiser wurde seiner Rede nicht müde. Guo Shoujing schlug deshalb in einer Eingabe vor: ‚Yi Xing beauftragte in den Jahren der Regierungsära Kaiyuan der Tang-Dynastie den Nangong Yue, im ganzen Land Schattenmessungen durchzuführen. Aus den Dokumenten sieht man, dass dies an 13 Orten geschah. Heute sind die Grenzen des Reiches viel weiter als zur Tang-Zeit. Wenn wir in fernen Gegenden keine Messungen durchführen, werden die Fen-Zahlen der Zeiten der Sonnen- und Mondfinsternisse nicht stimmen, die Länge der Tage wird nicht gleich sein, die Abstände der Sonne, des Mondes und der Gestirne vom Himmelspol werden nicht gleich sein. Mit wenigen Leuten, die die Messungen vornehmen, können wir zuerst im Süden und Norden Schattenstäbe aufstellen, um die Schattenlängen direkt zu messen."

Das Ergebnis der Eingabe war:

„Der Kaiser billigte seine Eingabe. Daraufhin wurden vierzehn Beamte für die Beobachtungen angestellt, die auf verschiedenen Wegen hinausgingen, im Osten bis nach Korea, im Westen bis nach Dianchi, im Süden ging man über die Purpurklippen hinaus, und im Norden gelangte man bis zum Gebiet der Tiele. Insgesamt wurde an 27 Orten gemessen."

Das ist die in der Geschichte Chinas berühmte geodätische Messung während der Yuan-Dynastie. Die astronomische und geodätische Messung wurde von Guo Shoujing geleitet. Ihr Messbereich überschritt bei weitem den ähnlicher Arbeiten von Yi Xing während der Tang-Dynastie. Der von ihm geleitete Messtrupp gelangte im Osten bis auf die Koreanische Halbinsel, im Westen bis zum Hexi-Korridor, im Süden bis zum Südchinesischen Meer bei 15° nördlicher Breite (an der Meeresküste des heutigen Mittelvietnams) und im Norden bei 65° nördlicher Breite (mittlerer Teil Sibiriens am Fluss Tunguska im heutigen Russland). In diesem weiten Gebiet errichteten sie 27 Beobachtungsstationen und führten an jeder Beobachtungsstation astronomische Messungen der Höhe des Polarsterns, der Schattenlänge zur Sommersonnenwende und der Länge des Tages mit einer Wasseruhr durch. Bei diesen Messungen war „der Messfehler an 9 Stationen nicht größer als 0,2°". Die Messergebnisse von Yidu und Yuanxing stimmten mit den modernen Messwerten völlig überein und sind somit recht genau. Der Messfehler für Dadu, Shangdu und Yangcheng, für die Guo Shoujing persönlich verantwortlich war, lag zwischen 0,2° und 0,3°. Wahrscheinlich wurde diese Beobachtungsgenauigkeit durch die Benutzung der quadratischen Platte zur Richtungsbestimmung und anderer Feldmessgeräte erzielt."

Man muss darauf verweisen, dass Guo Shoujing bei dieser geodätischen Messung in Dadu und Yangcheng für die Schattenmessungen hohe Gnomone benutzte.

Ein Ziel der Schattenmessung mit einem Schattenstab bestand darin, durch die Messung der Schattenlänge mit einer Sonnenuhr die Solarperiode zu bestimmen und einen Kalender auszuarbeiten. Für die traditionelle Schattenmessung wurde ein 8 Chi hoher Gnomon benutzt. Obwohl es vor Guo Shoujing gelegentlich Aufzeichnungen über Schattenmessungen mit einem 9 Chi hohen Gnomon gibt, hatten aber die wirklichen Astronomen dennoch den Gnomon von 8 Chi immer beibehalten. Guo Shoujing hatte in meisterlicher Art mit einem 40 Chi hohen Gnomon Schattenmessungen durchgeführt. Er ist im alten China der wahre Schöpfer der Schattenmessung mit einem hohen Gnomon. Über den wissenschaftlichen Gehalt der Schattenmessung mit einem hohen Gnomon kann man das entsprechende Kapitel in diesem Buch vergleichen, so dass hier nichts weiter darüber ausgeführt wird.

Im Laufe der Zeit ist Guo Shoujing's in Dadu gebauter hoher Gnomon verschwunden, aber der von ihm in Yangcheng gebaute hohe Gnomon steht bis heute noch unerschütterlich. Das ist das Observatorium von Dengfeng in der Stadt Gaocheng 15 km südöstlich von Dengfeng in der heutigen Provinz Henan, die zu einem Weltkulturerbe wurde.

Das Observatorium von Dengfeng ist eine Schöpfung von Guo Shoujing, als er die astronomischen Geräte reformierte. Sie ist ein wichtiges reales Zeugnis, die von seiner geodätischen Messung bis heute überliefert wurde. Sie ist nicht nur eine wichtige Stätte für die Geschichte der Astronomie, sondern hat auch für die Geschichte der Metrologie eine herausragende Bedeutung. Aber Dengfeng ist weder ein wirtschaftliches und kulturelles Zentrum am Anfang der Yuan-Dynastie und noch weniger ein damaliges politisches Zentrum. Warum machte Guo Shoujing Gaocheng und Dengfeng zu einem wichtigen Stützpunkt, um einen Gnomon zu errichten und geodätische Messungen und Beobachtungen durchzuführen?

Die Antwort ist ganz eindeutig. Gaocheng war nach der Auffassung der Vorfahren der „Mittelpunkt" der Erde, war der traditionelle Stützpunkt für verschiedene astronomische Messungen.

Die Vorfahren meinten, dass die Erde eben sei und es auf der Oberfläche der ebenen Erde einen Mittelpunkt gebe. Der Begriff des Mittelpunkts der Erde ist in der Geschichte der Metrologie Chinas sehr wichtig, er ist der grundlegende Referenzpunkt, den die Vorfahren für verschiedene astronomische Messungen wählten. Da die Erde eben ist und sie einen Mittelpunkt hat, besitzen die erhaltenen Ergebnisse, wenn man in diesem Zentrum Messungen durchführt, noch mehr Repräsentativkraft und Autorität. Das ist die immanente Logik der Geschichte der Metrologie Chinas, als der Begriff des Mittelpunkts der Erde eingeführt wurde.

Im alten China war die führende Theorie über den Aufbau des Kosmos die Theorie des sphärischen Himmels. Diese Theorie behauptet, dass der Himmel die Erde umschließt und die Sonne, der Mond und die Gestirne um die Erde kreisen. Die Anhänger dieser Theorie erfanden die Armillarsphäre und hatten mit der Armillarsphäre die Himmelskörper beobachtet. Nach der Auffassung der Vorfahren besteht das Wesen der Messung des Himmels mit der Armillarsphäre darin, dass die konzentrischen Bogenlängen sich auf ihren entsprechenden Ringen und auf dem Großkreis der Himmelskugel proportional verhalten. Da es sich um eine Proportionalitätsbeziehung handelt, erfordert das, dass man die Armillarsphäre unbedingt im Zentrum der Himmelskugel aufstellen muss. Das ist der sogenannte „Mittelpunkt der Erde". Eine Besonderheit, die der Mittelpunkt der Erde erfüllt, ist: „Die Sonne, der Mond und die Gestirne sind ungeachtet von Frühling, Sommer, Herbst und Winter, Tag und Nacht, Morgen und Abend, oben und unten vom Mittelpunkt der Erde gleich weit entfernt." Wenn man darum die Messungen nicht im Mittelpunkt der Erde durchführt, lässt sich diese Proportionalitätsbeziehung nicht aufstellen, und die Messergebnisse werden abweichen, was zu Fehlern bei der Ausarbeitung des Kalenders führen kann. Somit ist der Begriff des Mittelpunkts der Erde untrennbar mit den Ideen der astronomischen Messungen der Vorfahren verknüpft. So wie man bei modernen Messungen einen Referenzpunkt errichten muss, ist in der Geschichte der Metrologie der Mittelpunkt der Erde der von den Vorfahren gewählte Bezugspunkt, um astronomische Messungen durchzuführen. Sie meinten, dass die hier durchgeführten Messungen die objektive Realität am besten widerspiegeln können. Man sagte: „Um Aufstieg und Niedergang von Yin und Yang zu beobachten, die Höhe und Weite von Himmel und Erde zu ermessen, die Positionen zu ermitteln und die Richtungen zu unterscheiden, die Zeit zu bestimmen und die Schaltmonate zu prüfen, ist kein Ort besser als dieser geeignet."[197] Eben deshalb sagten die Vorfahren: „Früher hatte Herzog Zhou in Yangcheng den Schatten der Sonnenuhr gemessen, um die Kalenderaufzeichnungen zu prüfen"[198], wobei Yangcheng der vom Herzog Zhou gewählte Mittelpunkt der Erde ist.

Warum hatte nun Herzog Zhou bestimmt, dass der Mittelpunkt der Erde in Yangcheng liegt? Das liegt daran, dass die Vorfahren meinten, dass der Mittelpunkt der Erde eine Reihe charakteristischer astronomischer und physikalischer Merkmale aufweist und man ihn, gestützt auf diese Merkmale, bestimmen kann. Das „Zhou Li, Kap. Di Guan Si Tu, Da Si Tu" liefert über die Besonderheiten des Mittelpunkts der Erde eine klare Beschreibung:

„Wenn man mit der Methode des Erd-Gnomons die Tiefe der Erde misst, kann man mit dem Schatten am Mittag den Mittelpunkt der Erde bestimmen. Bei der Sonne im Süden ist der Schatten kurz, und es ist warm, bei der Sonne im Norden ist der Schatten lang, und es ist kalt. Bei der Sonne im Osten erzeugt der Schatten am Abend viel Wind. Bei der Sonne im Westen ist es am Morgen oft wolkig. Wenn der Schatten zur Sonnenwende 5 Cun lang ist, heißt dieser Ort Mittelpunkt der Erde. In ihm sind Himmel und Erde vereint, hier wechseln sich die vier Jahreszeiten ab, und Wind und Regen stoßen aufeinander. Hier finden alle Dinge Frieden. Hier ist der rechte Ort, um das Reich zu gründen."

Die Vorfahren meinten anfangs, dass dieser Mittelpunkt der Erde im jetzigen Luoyang liege. Als Herzog Zhou später in Luoyang die Hauptstadt errichtete, stellte er durch die Schattenmessung mit einem Gnomon fest, dass er nicht in Luoyang, sondern in Yangcheng nahe dem Berg Songshan liege. Der Gelehrte der Ming-Dynastie Chen Xuan hatte hierüber geschrieben:

---

197 Chen Meidong: „Zhongguo kexue jishu shi, Tianwenxue" (Geschichte der Wissenschaft und Technologie Chinas, Teil Astronomie), Beijing, Zhongguo kexue chubanshe, 1. Auflage Januar 2003, S. 537

198 Siehe ausführlich: Guan Zengjian: „Zhongguo gudai wuli sixiang tansuo" (Untersuchungen über die physikalischen Ideen im alten China), Changsha, Hunan jiaoyu chubanshe 1991, S. 114-232

„Welchen Sinnes der Herzog Zhou war! Immer meinte man, dass Luoyang der Mittelpunkt der Erde sei. Als Herzog Zhou dies mit dem Erd-Gnomon nachgemessen hatte, stellte er fest, dass der Mittelpunkt sich nicht genau hier befindet. Er ging 100 Li von Luoyang weg und als Herzog Zhou am Ort des alten Yangcheng den Schatten prüfte, fand er, dass genau hier der Mittelpunkt der Erde liegt."

Einerlei, ob die Geschichte, dass „Herzog Zhou den Mittelpunkt der Erde bestimmte", wahr und sicher ist, sehr früh wurde Yangcheng als der Mittelpunkt der Erde angesehen. Seit der Qin- und Han-Dynastie wurde Yangcheng zu einem wichtigen Stützpunkt, an dem die Vorfahren immer Schattenmessungen mit einem Gnomon vornahmen. In den Aufzeichnungen über Astronomie der einzelnen Dynastien wurde oft die historische Tatsache in Yangcheng durchgeführter Messungen und entsprechender Daten festgehalten. Diese Tradition wurde bis in die Spätphase der feudalen Gesellschaft Chinas fortgesetzt. Da die Erde in Wirklichkeit eine Kugel ist und es auf einer Kugeloberfläche keinen sogenannten Mittelpunkt gibt, kann ein Mittelpunkt der Erde nicht existieren, aber dieser fiktive Begriff war Anlass, dass die Vorfahren uns eine ganze Reihe ursprünglicher Aufzeichnungen von in Yangcheng durchgeführten äußerst wertvollen astronomischen Messungen hinterließen, darin liegt ihr Wert für die Geschichte der Wissenschaften, umso mehr können wir gestützt darauf die grundlegenden Ideen der Vorfahren bei den Messungen verstehen!

Das Yangcheng, von dem die Vorfahren sprachen, ist die heutige Stadt Gaocheng. Im 4. Jahr der Regierungsära Chuihong der Tang-Dynastie (688) bestieg die Kaiserin Wu Zetian einen Altar, um den mittleren der heiligen Berge zu belehnen. Um den Ritus der Besteigung und Belehnung (*dengfeng*登封) des Berges zu feiern und den „Erfolg zu verkünden", befahl sie im 1. Jahr der Regierungsära Wansui Dengfeng (696), den Kreis Songyang Zhongyue in Dengfeng umzubenennen, und Yangcheng wurde zu Gaocheng告成(Verkündung des Erfolgs), um das gute Omen von „Dengfeng Gaocheng" (Verkündung des Erfolgs der Besteigung und Belehnung des Berges Zhongyue) auszudrücken. Der Name Gaocheng stammt von daher. Als Guo Shoujing in Yangcheng den hohen Gnomon für die Schattenmessung baute, setzte er die Tradition der Vorfahren fort, in Yangcheng Schattenmessungen durchzuführen.

2.3 Intensive Beschäftigung mit den Prinzipien des Kalenders und Ausarbeitung des „Shoushi-Kalenders"

Guo Shoujing erhielt im 13. Jahr der Regierungsära Zhiyuan den Auftrag des Yuan-Kaisers Shizu, zusammen mit Xu Heng und Wang Xun einen neuen Kalender auszuarbeiten. Wang Xun war in Mathematik sehr bewandert, so dass Kublai Khan befahl, dass er für die Ausarbeitung des Kalenders verantwortlich wäre. Bescheiden äußerte er, dass er sich nur mit der Kalenderrechnung auskenne, er könne die Berechnungen durchführen, aber als Verantwortlichen sollte man jemanden finden, der in die Prinzipien des Kalenders tief eingedrungen sei, und dafür empfahl er Xu Heng. Xu Heng war in damaliger Zeit ein bedeutender Konfuzianer und mit seinen Studien über den Klassiker Yi Jing (Buch der Wandlungen) überall berühmt. Nach dieser Ernennung war er mit Guo Shoujing's Ansicht, dass der „Ursprung des Kalenders in Prüfungen liege" völlig einverstanden und unterstützte Guo Shoujing bei der Anfertigung der Geräte und der Durchführung der Messungen.

Durch die Anstrengungen von Guo Shoujing und seiner Mitarbeiter wurde der neue Kalender im 17. Jahr der Regierungsära Zhiyuan vollendet, und der Yuan-Kaiser Shizu verlieh ihm den Namen „Shoushi-Kalender" (Kalender zur Angabe der Zeit). Im 18. Jahr der Regierungsära Zhiyuan (1281) wurde der „Shoushi-Kalender" im ganzen Reich verkündet. Da Xu Heng in diesem Jahr gestorben war – Wang Xun war schon ein Jahr zuvor gestorben -, waren die Berechnungsmethode und die Berechnungstabellen des Shoushi-Kalenders noch unvollendet, so dass Guo Shoujing die schwere Bürde des Ordnens, Niederschreibens und der schließlichen Fertigstellung auf sich nahm. So wurde er von den drei Personen die einzige, die am gesamten Prozess der Ausarbeitung des Kalenders teilgenommen hatte. Deshalb kommt Guo Shoujing bei der Ausarbeitung des „Shoushi-Kalenders" das größte Verdienst zu.

Der „Shoushi-Kalender" ist von den im alten China geschaffenen Kalendern der genaueste. Seine Fortschrittlichkeit äußert sich in zwei Dingen, das eine ist die hohe Genauigkeit der für ihn benutzten Messdaten, das andere die Innovation bei den Prinzipien und der Berechnung des Kalenders.

Nach der Aufzeichnung im „Yuan Shi, Biografie von Guo Shoujing" hatte Guo Shoujing sieben astronomische Daten eingehend geprüft und gemessen:

Die Wintersonnenwende: er überprüfte die Zeiten der Wintersonnenwende vom 13. bis zum 16. Jahr der Regierungsära Zhiyuan

Jahresrest: er überprüfte die Länge des tropischen Jahres und die Konstante der Präzession

Ekliptik: Position und Änderung der Sonnenbahn auf der Ekliptik, besonders die Position der Sonne während der Wintersonnenwende

Abstand des Mondes: Position und Änderung des Mondes auf der Mondbahn, besonders die Zeit des erdnahen Punktes des Mondes

Begegnungen: Zeit der Begegnung des Mondes

Abstände der 28 Mondhäuser: Äquatoriale Koordinaten der 28 Mondhäuser

Zeiten von Sonnenauf- und -untergang sowie von Tag und Nacht: Zeiten von Auf- und Untergang der Sonne in der Hauptstadt Dadu sowie Länge von Tag und Nacht

Diese Faktoren bilden alle sehr wichtige Inhalte des Kalenders. Um die Zeit der Wintersonnenwende als Beispiel zu nehmen, haben die traditionellen Kalender vor allem die Länge des tropischen Jahres für wichtig erachtet. Um die Länge des tropischen Jahres zu messen, ist es am einfachsten, die genauen Zeiten der 24 Solarperioden und besonders der Wintersonnenwende zu messen, die Vorfahren nannten dies die „Solarperioden prüfen"(yan qi 验气). Guo Shoujing's Messung der Wintersonnenwende wurde auf Vorschlag von Xu Heng mit dieser Leitidee durchgeführt. In der Aufzeichnung des „Yuan Shi, Biografie von Xu Heng" heißt es:

„Xu Heng war der Auffassung, dass der Ursprung des Kalenders in der Wintersonnenwende liegt, und um den Ursprung des Kalenders zu ermitteln, müsste man die Solarperioden prüfen. Dann wurde die alte Armillarsphäre, die während der Song-Dynastie benutzt wurde, von Bianjing nach der Hauptstadt transportiert, doch sie war selbst schon fehlerhaft, und durch

das Alter ihrer Jahre harmonierten die Ringe nicht mehr. Daraufhin fertigten der Direktor des Observatoriums Guo Shoujing und andere eine Armillarsphäre und einen Gnomon neu an. Von den Wintertagen des Jahres Bingzi hatten sie den Schatten der Sonnenuhr gemessen und erhielten die Zeit der Wintersonnenwende für die drei Jahre Dingchou, Maoyin und Simao. Sie zogen von der Jahreslänge des „Kalenders der Regierungsära Daming" 19 Ke 20 Fen ab, sie wendeten das alte Verfahren des Jahresrests und der Jahresdifferenz an. In der Vergangenheit überprüften sie die Zeit der Wintersonnenwende seit der Chunqiu-Periode, und alle Daten stimmten damit völlig überein."

Das heißt, Guo Shoujing und andere hatten in den 3 Jahren vom 3. bis zum 6. Jahr der Regierungsära Zhiyuan die Zeiten von vier Wintersonnenwenden gemessen und ein ideales Ergebnis erzielt.

Mit dem sogenannten Jahresrest ist die Berechnung der Länge des tropischen Jahres gemeint. Guo Shoujing hatte durch die Messung des Punktes der Wintersonnenwende die entsprechende Länge des tropischen Jahres errechnet. Die Länge des tropischen Jahres im „Shoushi-Kalender" beträgt 365,2425 Tage, was von der Zeit von 365,2422 Tagen, die die Erde für eine Umdrehung um die Sonne benötigt, nur um 26 Sekunden abweicht. Diese Genauigkeit entspricht der des heute gültigen Gregorianischen Kalenders (im Jahre 1582 hatte Papst Gregor XIII. einen Kalender verkündet, der „Gregorianischer Kalender" heißt, in China heißt er allgemeiner Kalender oder Sonnenkalender. Gegenüber dem Westen wurde er mehr als 300 Jahre früher angewendet.

Die Messung der Ekliptik und des Abstandes des Mondes diente der Beherrschung der Bewegungsgesetze der Sonne und des Mondes. Die Begegnungen, die Abstände der 28 Mondhäuser und die Zeiten von Sonnenauf- und -untergang sowie von Tag und Nacht sind wichtige Inhalte des traditionellen Kalenders. Guo Shoujing erzielte auch bei der Messung dieser Faktoren Ergebnisse, auf die man stolz sein kann. Dadurch wurde der „Shoushi-Kalender" zum damals weltweit genauesten Kalender. Nachdem die Ming-Dynastie gegründet wurde, hieß der verkündete Kalender „Kalender der Regierungsära Datong", aber in Wirklichkeit war er immer noch der „Shoushi-Kalender". Wenn man diese beiden Kalender als einen ansieht, wurde der „Shoushi-Kalender" von der Yuan- bis zur Ming-Dynastie insgesamt 364 Jahre angewendet und ist somit der Kalender, der in der Geschichte Chinas am längsten benutzt wurde.

Guo Shoujing führte im Verlaufe der Ausarbeitung des „Shoushi-Kalenders" zu einigen wichtigen Problemen des traditionellen Kalenders kühne Reformen durch. Diese Reformen äußern sich auf vielen Gebieten, eine von ihnen ist die Abschaffung des Verfahrens der Berechnung des Ursprungs der Welt und die Abschaffung einer Bruchzahl aus Monats- und Jahreslänge.

Das Verfahren der Berechnung des Ursprungs der Welt ist ein wichtiges Charakteristikum des Kalenders im alten China. Bei der Ausarbeitung eines Kalenders hatten die alten Kalendermacher die Bewegung der Sonne, des Mondes und der fünf Planeten einzeln behandelt. Die Vorfahren hofften, eine Zeit zu finden, in der die Sonne, der Mond und die fünf Planeten in einer Linie standen, das ist die „gleiche Du-Zahl für die Sonne, den Mond und die fünf Planeten". Dieser Zeitpunkt sei der Anfangspunkt der Berechnung des auszuarbeitenden Kalenders. Die Vorfahren machten diesen Zeitpunkt zum Kalenderursprung. Die Suche nach einem idealen Kalenderursprung war vor Guo Shoujing das unermüdliche Bestreben der Kalendermacher. Guo Shoujing meinte aber, dass eine solche Herangehensweise nicht sinnvoll sei, weil die Bewegungsperioden der Sonne, des Mondes und der fünf Planeten verschieden sind, die Solarperioden, die Mondphasen und andere Probleme des Kalenders verändern sich so vielfältig, dass es äußerst schwierig ist, bei so vielen Perioden einen einheitlichen Ausgangspunkt zu berechnen, und man kann nicht umhin, bei den behandelten Perioden künstliche Korrekturen vorzunehmen, aber diese Korrekturen verletzen die realen Beobachtungsergebnisse. Deshalb darf der Umfang der Korrekturen nicht groß sein, sonst würde die Realität deutlich verzerrt werden. Durch die Beschränkung in diesen beiden schwierigen Situationen passiert es oft, dass der Kalenderursprung „sich über Perioden hinzieht und man bei der Bändigung dieser Zahl die Größe von hundert Millionen überschreitet". Das Auftreten einer solchen Situation läuft im Ergebnis den Forderungen zum Wesen eines Kalenders zuwider, so wie es im „Yuan Shi, Aufzeichnungen über Kalender, Teil II) heißt:

„Wenn die Vorfahren einen Kalender aufstellten, musste man den Anfang aller Zahlen finden, man nannte dies, den Ursprung des Kalenders ableiten. Zu diesem Zeitpunkt haben die Sonne, der Mond und die fünf Planeten die gleiche Du-Zahl, als ob sie wie Perlen auf einer Schnur aufgereiht sind. Aber der Kalenderursprung zieht sich über Perioden hin und bei der Bändigung dieser Zahl überschreitet man die Größe von hundert Millionen. Die Nachfahren wurden der komplizierten und umfangreichen Rechnungen müde. Wegen der wechselseitigen Beschränkungen versuchte man mit Kalenderrechnungen die Zahl der Tage eines Jahres zu vergrößern und zu verkleinern. Das ist der Grund, warum die Zahl der Tage des Jahres früher nicht gleich war. Aber da das neue Verfahren noch nicht lange praktiziert wird, können allmählich Fehler auftreten. Das liegt daran, dass die Bewegung der Himmelskörper den Gesetzen der Natur folgt, wie könnte man sie gewaltsam in Verbindung bringen!?"

Die Ursache, warum es zu diesen beiden schwierigen Situationen gekommen ist, liegt im Irrtum der Idee, einen Kalenderursprung zu ermitteln. Indem er die Vorfahren zitierte, verwies Guo Shoujing darauf:

„Du Yu aus der Jin-Dynastie hatte erklärt: ‚Bei der Ausarbeitung eines Kalenders muss man dem Himmel folgen, um seine Einheit zu finden, man darf nicht um der Einheit willen den Himmel beobachten.' Wenn frühere Generationen nach einem Ursprung des Kalenders suchten, bedeutete dies aber nur, den Himmel um dieser Einheit willen zu beobachten. Weil die alten Kalender sehr ungenau sind, hatte der Kaiser jetzt befohlen, sie zu korrigieren. Wenn wir jetzt Ungenauigkeiten finden, müssen wir sie unbedingt berichten. Wie könnten wir wieder dem falschen Weg der alten Gewohnheit folgen?"

Das heißt, die Ermittlung eines Kalenderursprungs verletzte das große Tabu bei der Ausarbeitung eines Kalenders, „um der Einheit willen den Himmel zu beobachten", man muss diese „alte Gewohnheit" ablegen. Die Bestimmung des Kalenderursprungs muss man abschaffen und neue Methoden anwenden:

„Im jetzigen ‚Shoushi-Kalender' bildet das Xinsi-Jahr der Regierungsära Zhiyuan den Ursprung. Die benutzten Zahlen entsprechen sämtlich dem Himmel. Die Miao ergeben Fen, die Fen ergeben Ke, die Ke ergeben den Tag, und alle stehen im Verhältnis von 1 zu 100 zueinander. Verglichen mit der Berechnung des Kalenderursprungs in den anderen Kalendern,

deren Berechnung erzwungen und aus einer falschen Idee hervorgegangen ist, folgt hier alles wie von selbst."[199]

Wenn es heißt „die Miao ergeben Fen, die Fen ergeben Ke, die Ke ergeben den Tag, und alle stehen im Verhältnis von 1 zu 100 zueinander", so ist das eine weitere Reform im „Shoushi-Kalender", sie ersetzt die traditionelle „Methode der Sonne".

Die sogenannte „Methode der Sonne" ist auch eine wichtige Größe des traditionellen Kalenders. Die Kalender des Altertums schenkten der Berechnung der Länge des tropischen Jahres Aufmerksamkeit. Die Länge eines tropischen Jahres hatte außer der ganzen Zahl von 365 Tagen noch einen Rest. Im „Viertel-Kalender" des Altertums betrug dieser Rest ¼. Bei den anderen Kalendern nahm man entsprechend der Messgenauigkeit andere Werte für den Rest. Die Vorfahren stellten den Rest als Bruchzahl dar. Um diese Bruchzahl zu bestimmen, musste sie außer mit der Berechnung der Sonne, des Mondes und der fünf Planeten auch noch mit der Berechnung des Kalenderursprungs übereinstimmen. Den Nenner dieser Bruchzahl nannte man „Methode der Sonne"(日法). Aber eine Bruchzahl zu finden, die mit den Messergebnissen vollkommen übereinstimmt, ist äußerst schwierig. In der Praxis war es überaus schwierig, eine solche Zahl zu finden. Man konnte nur überlegen, den Wert zu erhöhen oder zu verringern, um sie zu fabrizieren zu dem Preis, dass die Beobachtungsgenauigkeit in der Praxis ebenso darunter litt. Da Guo Shoujing jetzt den Ursprung des Kalenders abgeschafft hatte, reformierte er im Zusammenhang damit auch die „Methode der Sonne" gründlich, seine konkrete Herangehensweise war, dass er bei der Länge des tropischen Jahres außer der Zahl der Tage für den Rest nicht mehr wie in der Vergangenheit die Darstellung als Bruchzahl benutzte, sondern dass er 1 Tag in 100 Ke und 1 Ke in 100 Fen einteilte, das heißt 1 Tag enthielt 10000 Fen, und er führte die Rechnungen mit einer Bruchzahl durch, deren Nenner 10000 betrug. Das war gegenüber der früheren Methode viel einfacher und schneller. Tatsächlich unterteilte Guo Shoujing 1 Fen noch in 100 Miao und 1 Miao in 100 Wei. Das kommt dem Aufbau eines kontinuierlichen Hundertersystems gleich. Von der Form ist es den Dezimalzahlen gleich, und er schuf ein System der Dezimalzahlen. Daran kann man sehen, dass die Bedeutung dieser Reform im „Shoushi-Kalender" gewichtig ist.

Außer den oben genannten Reformen wendete Guo Shoujing große Mühe auf, um die theoretischen Probleme des „Shoushi-Kalenders" zu diskutieren.

Nachdem das Manuskript des „Shoushi-Kalenders" fertiggestellt war, starben nacheinander Wang Xun und Xu Heng. Zu diesem Zeitpunkt war die Systematisierung der Theorie des „Shoushi-Kalenders" noch nicht abgeschlossen, deshalb übernahm Guo Shoujing diese Aufgabe. Beginnend mit dem 19. Jahr der Regierungsära Zhiyuan (1282), stürzte er sich mit ganzer Kraft in die Arbeit, das Manuskript endgültig fertigzustellen und die Theorie zu systematisieren. Er verwendete darauf vier Jahre. Bis zum 23. Jahr der Regierungsära Zhiyuan vollendete er nacheinander eine Reihe von Werken, die mit der Berechnung des „Shoushi-Kalender" zusammenhängen, sie umfassen „Tui Bu" (Kalenderberechnung) in 7 Kapiteln, „Li Cheng" (Vollendung des Kalenders) in 2 Kapiteln, „Li Yi Ni Gao" (Entwurf über den Kalender und die Armillarsphäre) in 3 Kapiteln, „Zhuan Shen Xuan Ze" (Konzentration auf die Auswahl) in 2 Kapiteln und „Shang Zhong Xia San Li Zhu Shi" (Anmerkungen zu

---

199 „Yuan Shi, Aufzeichnungen über Kalender, Teil II"

den drei Kalendern oben, in der Mitte und unten) in 12 Kapiteln. Diese Werke stellten die Berechnungsmethoden einiger astronomischer Daten und entsprechende astronomische Datentabellen des „Shoushi-Kalenders" vor und erläuterten die Prinzipien der Aufstellung des Kalenders und den Inhalt der Neuerungen, damit man den „Shoushi-Kalender" besser versteht.

Danach fuhr Guo Shoujing fort, die Ausarbeitung des „Shoushi-Kalenders" allseitig zusammenzufassen. Bis zum 27. Jahr der Regierungsära Zhiyuan (1290) vollendete er eine ganze Reihe von Werken über die 24 Solarperioden, den Wandel der Kalender in den früheren Dynastien und ihre Charakteristika, über die Anfertigung astronomischer Geräte, die Messung des Schattens mit Sonnenuhren in alter und neuer Zeit und die Berechnung der Zeit der Wintersonnenwende, die Berechnung der Bewegung der fünf Planeten, die Untersuchung der Bewegung des Mondes, die Prüfung der Finsternisse von Sonne und Mond und andere Gebiete.

Insgesamt gesehen, „verbrachte Guo Shoujing etwa neun Jahre, um sein Herzblut im Verfassen von 14 Werken mit 105 Kapiteln auszugießen. Über die Ausarbeitung des ‚Shoushi-Kalenders' und die daran angeschlossenen astronomischen Beobachtungen lieferte er eine allseitige, systematische Zusammenfassung und schuf eine Reihe von strengen, vollkommenen Werken über die astronomische Kalenderberechnung. Auf ganz vorzügliche Weise präsentierte er ein Bild vom Gipfel der Entwicklung der traditionellen Astronomie in China. Leider ist ein sehr großer Teil von Guo Shoujing's Werken verlorengegangen. Dessen ungeachtet können wir anhand der jetzt existierenden Literatur immer noch die stattliche Erscheinung von Wang Xun, Guo Shoujing und ihres Schöpferkollektivs erkennen."[200]

Kapitel 17

Beiträge der Jesuiten zur Metrologie Chinas

Gegen Ende der Ming- und zum Anfang der Qing-Dynastie erschienen in der traditionellen chinesischen Metrologie einige Änderungen: Unter dem Einfluss des allmählichen Vordringens der westlichen Wissenschaft nach Osten traten auf dem Gebiet der Metrologie einige neue Begriffe und Einheiten sowie neue Messgeräte auf, sie erweiterten den Bereich der traditionellen Metrologie und legten die Grundlage für die Geburt neuer Zweige der Metrologie. Diese neuen Zweige der Metrologie standen von Anfang an in Einklang mit der internationalen Entwicklung. Ihr Auftreten kennzeichnete, dass sich die traditionelle chinesische Metrologie in die neuzeitliche Metrologie umzuwandeln begann. Diese Umwandlung wurde durch die von den Missionaren mitgebrachte Wissenschaft des Westens

---
200 Chen Meidong: „Zhongguo kexue jishu shi, Tianwenxue juan" (Geschichte von Wissenschaft und Technologie in China, Band Astronomie), Beijing, Zhongguo kexue chubanshe, 1. Auflage Januar 2003, S. 541

gefördert. Unter den Missionaren, die metrologisches Wissen des Westens nach China gebracht hatten, sind vor allem Matteo Ricci, Adam Schall von Bell und Ferdinand Verbiest die repräsentativsten.

1. Matteo Ricci's Verdienst als Wegbereiter

Matteo Ricci ist unter den Missionaren, die zum Ende der Ming- und Anfang der Qing-Dynastie nach China gekommen waren, einer der wichtigsten und einer, der die Verbreitung des Katholizismus in China eröffnet hatte. Er stammte aus Italien und wurde im Jahre 1552 geboren. Sein ursprünglicher Name lautet Matteo Ricci, Li Madou ist sein chinesischer Name. Selbst nannte er sich noch Xitai (der Friedliche aus dem Westen) und Xijiang (Weststrom). Matteo Ricci entstammte einer berühmten Familie. Seine Familie betrieb die Ricci-Apotheke, die in ihrer Gegend hohes Ansehen genoss. Sein Vater hatte sich stets gesorgt, dass er dem Jesuiten-Orden beitrat, denn er hoffte, dass er, erwachsen geworden, auf dem Gebiet der Jurisprudenz erfolgreich würde. So schickte er ihn 1568 nach Rom in eine vom Jesuiten-Orden geführte Schule, um einen Vorbereitungskurs für Jura zu absolvieren. Das hervorstechende Merkmal des Jurastudiums war die praxisverbundene und empirische Herangehensweise. Obwohl sie ganz mit dem Geist des alten Roms harmonierte, übte sie aber auf den 16-jährigen Schüler keine so starke Anziehungskraft aus. Im Gegenteil wurde seine Hingabe an die Religion immer stärker, so dass er schließlich entgegen der Hoffnung des Vaters zu Maria Himmelfahrt (15.8.) des Jahres 1571 dem Jesuiten-Orden beitrat. „Nachdem er gemäß den Aufzeichnungen in Macerata an der Aufnahmezeremonie teilgenommen hatte, machte sich sein Achtung gebietender Vater sogleich auf den Weg, um den Schritt rückgängig zu machen, aber als er gerade Tolentino erreicht hatte, ergriff ihn am Abend desselben Tages hohes Fieber, so dass er nicht weiter reisen konnte und er meinte, dass dies vielleicht Gottes Wille sei, und er ließ seitdem von jeglichen Plänen ab, dass der Sohn einen weltlichen Beruf ergreifen sollte."[201] Von da an konnte sich Matteo Ricci schließlich mit ganzer Seele seiner innig geliebten Kirche widmen.

1572 wechselte Matteo Ricci ins Kollegium von Rom, das vom Jesuiten-Orden betrieben wurde, und studierte Philosophie und Theologie. Zu seinen Lehrern gehörte der berühmte Mathematiker Christopher Clavius, bei dem er Astronomie und Mathematik studierte, und auch Pater Alessandro Valignano, der damals der Oberaufseher der Mission des Jesuiten-Ordens im Orient war, gehörte zu seinen Lehrern. Damals lernte er auch Latein und Griechisch und zudem Portugiesisch und Spanisch.

Valignano war für die Aufgabe verantwortlich, Missionare der christlichen Religion in den Orient zu entsenden. Nach mehreren Jahren Studium wurde Matteo Ricci von Valignano als Missionar in den Orient entsendet. Im September 1578 erreichte er Goa in Indien, wo er bis 1582 blieb und fortfuhr, sich in die Theologie zu vertiefen. Zugleich erlernte er Technologien für Uhren, Maschinen und das Drucken. Im Jahre 1581 wurde

---

201 R.P. Henri Bernard: Le Père Matthieu Ricci et la société chinoise de son temps (1552 – 1610), von Guan Zhenhu ins Chinesische übersetzt: Li Madou shenfu zhuan (Biografie des heiligen Vaters Matteo Ricci), Bd. I, Beijing, Shangwu yinshuguan, 1995, S. 23

Matteo Ricci Priester und erhielt den Auftrag Valignanos, nach Macao zu reisen, um Michele Ruggieri (1543 – 1607), der vor ihm nach China gegangen war, zu unterstützen. Im September 1583 betraten Matteo Ricci und Michele Ruggieri China und begannen von da an das beschwerliche, gewundene Missionarsleben in China. Zu dieser Zeit wurde Matteo Ricci ausgewiesen, getadelt und inhaftiert, aber ihm wurden auch Ehren erwiesen, und zweimal wurde er in die Hauptstadt eingelassen, und im Jahre 1601 wurde er als Abgesandter aus Europa im Kaiserpalast empfangen. Danach ließ er sich in Beijing nieder, bis er am 11.5.1610 an Krankheit starb. Nach dem Tode von Matteo Ricci hätte er nach den Gepflogenheiten Chinas als ein in China verstorbener Missionar zum Friedhof des Theologischen Seminars von Macao überführt werden müssen, um dort bestattet zu werden, aber andere Missionare und von Matteo Ricci getaufte Gläubige hofften, vom Kaiser die gnädige Erlaubnis zu erhalten, ihn in Beijing begraben zu dürfen. Der Missionar Didace de Pantoja richtete eigens eine Bittschrift an den Kaiser Wanli, ausnahmsweise ein Stück Land zu stiften, um Matteo Ricci zu bestatten. Durch Befürwortung des kaiserlichen Beraters Ye Xianggao willfuhr Kaiser Wanli rasch der Bitte Didace de Pantoja's und stiftete ein Stück Land in Teng Gong Zhalan am Erli-Graben außerhalb des Pingze-Tors, um Matteo Ricci beizusetzen. Danach wurde dieser Platz zu einem öffentlichen Friedhof, auf dem nacheinander die nach China gekommenen Missionare begraben wurden. Während der „Großen Kulturrevolution" wurde Matteo Ricci's Grab und Grabstele dem Erdboden gleichgemacht, aber nach dem Ende der Kulturrevolution hatte man Matteo Ricci's Grab restauriert und es in die Liste der zu schützenden Kulturgüter der Stadt Beijing aufgenommen.

Die Missionstätigkeit von Matteo Ricci und Michele Ruggieri in China war sehr schwierig. Am meisten verwirrte sie, wie man die Chinesen dazu bringen könnte, die von ihnen propagierte Glaubenslehre anzunehmen, außerdem nahmen sie bereitwillig Zuflucht zu dem von ihnen propagierten Christentum. Welcher Methode man sich bedienen sollte, um „China auf den rechten Weg zu führen", war die vordringlichste Frage, der sie sich gegenübersahen. Bei der Wahl der Methode der Mission kam Michele Ruggieri ein großes, nicht zu vernachlässigendes Verdienst zu, weil er und Matteo Ricci die damals innerhalb des Jesuiten-Ordens erhobene Forderung nach gewaltsamer Mission „in der einen Hand halte das Schwert und in der anderen das Kreuz" ablehnten. Im Jahre 1582, als Matteo Ricci in Macao angelangt war, gab es einen spanischen Jesuitenmönch Alonso Sánchez, der, als er von Manila nach Macao kam, gleich erklärte: „Die Ansichten von mir und Michele Ruggieri sind ganz konträr. Ich meine, wenn man China auf den rechten Weg führen will, gibt es nur eine brauchbare Methode, und die heißt, zur Gewalt zu greifen."[202] Michele Ruggieri und Matteo Ricci hießen Alonso Sánchez' Auffassung nicht gut, so dass ihnen nur blieb, mit ihm nicht zu verkehren. Um seine Meinung über die gewaltsame Missionierung Chinas zu verwirklichen, unterbreitete Sánchez sie eigens dem spanischen König, aber weil der spanische Hof damals mit England einen erbitterten Kampf um die Vorherrschaft zur See führte, der sich aufs äußerste verschärfte, sah er sich außerstande, Sánchez real zu unterstützen. So konnten Michele Ruggieri und Matteo Ricci schließlich nach der

---

202 Zhu Weizheng: Li Madou zhongwen zhuyiji (Sammlung von Matteo Ricci's ins Chinesische übersetzten Schriften), Shanghai, Fudan daxue chubanshe, 2001, Einführung S. 7

Methode ihrer eigenen Wahl – der Mission mit Hilfe der Wissenschaften – ihr Werk der Mission in China in Angriff nehmen.

Michele Ruggieri kehrte 1588 nach Europa zurück, wo er versuchte, den Papst in Rom zu überreden, einen Gesandten nach Beijing zu schicken, um Verbindung mit dem Hof in China aufzunehmen und ihn zu bitten, die Mission in China zu erlauben. Aber als er Rom erreichte, war der Papst gerade „zum Himmel aufgestiegen", so dass er die Bitte nicht vortragen konnte, eine Delegation mit dieser Mission nach China zu entsenden. Später konnte Michele Ruggieri aus bestimmten Gründen nicht nach China zurückkehren. So lag die Hauptverantwortung für den Beginn der Mission in China auf den Schultern von Matteo Ricci. Die Idee von Michele Ruggieri einer „Mission mit Hilfe der Wissenschaften" war für Matteo Ricci eine Anregung, aber es war Matteo Ricci, der diese Idee tatsächlich verwirklichte und die „Mission mit Hilfe der Wissenschaften" zur Vollkommenheit führte. Eben deshalb hatte Papst Paul II. nach mehr als 400 Jahren Matteo Ricci so gewürdigt:

„*Seit vier Jahrhunderten ist Matteo Ricci, der ‚Friedliche aus dem Westen', in China hochgeschätzt. Das ist die Ehrenbezeichnung der Menschen für Matteo Ricci. Als ein Vorkämpfer war Matteo Ricci ein Angelpunkt der Geschichte und der Kultur, er hatte China und den Westen, die uralte chinesische Zivilisation und die Welt des Westens miteinander verbunden. […] Er hatte die Termini der christlichen Theologie und der Rituale in die chinesische Sprache übersetzt und schuf so die Bedingungen, dass die Chinesen das Christentum kennenlernten, und für die frohe Botschaft des Evangeliums und die Kirche eröffnete er ein Feld mit „Wurzeln in der Erde der chinesischen Kultur". Mit dem Wort eines „Sinologen" in der kulturell und geistig tiefgründigsten Bedeutung gesprochen, wurde Pater Matteo Ricci zu einem „Chinesen unter den Chinesen". So handelnd, wurde er zu einem wahren „Sinologen", weil er seine verschiedenen Eigenschaften als Priester und Gelehrter, Christ und Orientalist, Italiener und Chinese auf so erstaunliche Weise in seiner Person vereinigte.*"[203]

Matteo Ricci's historisches Verdienst äußert sich vor allem auf zwei Gebieten, das eine ist, dass er den Chinesen, in vollendetem Chinesisch verfasst, die europäische Kultur vorstellte; das andere sind seine in westlichen Sprachen verfassten Briefe und Memoiren über seine Eindrücke und sein eigenes Erleben in China sowie die ins Lateinische übersetzten „Vier Klassiker"[204], so dass die Europäer ein gewisses Verständnis der chinesischen Kultur erlangten. Unter den zuerst genannten Beiträgen nimmt die Vorstellung der westlichen Wissenschaften einen wichtigen Platz ein.

Unter dem Aspekt der Geschichte der Metrologie äußern sich Matteo Ricci's wissenschaftliche Beiträge auf folgenden Gebieten.

Das erste ist die Anfertigung einer Weltkarte. Nachdem Matteo Ricci im 11. Jahr der Regierungsära Wanli (1583) nach Zhaoqing gekommen war, fand er, dass für Chinas wichtige Regionen zwar Landkarten existierten, aber diese Karten betrafen nur China als solches, so dass man sich für die von ihm mitgebrachte Weltkarte interessierte. Auf Verlangen des Präfekten von Zhaoqing, Wang Pan, zeichnete Matteo Ricci seine Weltkarte noch einmal,

---

203 Johannes Paul II: Ansprache zum 400. Jahrestag der Ankunft von Matteo Ricci in Beijing, Vatikan, 24.10.2001, http://www.chinacath.org/article/doctrina/letter/china/2009-05-03/2862.html

204 Vier Klassiker – sie umfassendie klassischen konfuzianischen Werke Lunyu (Gespräche des Konfuzius), Meng Zi, Da Xue (Das große Lernen) und Zhong Yong (Bewahrung der Mitte).

wobei er an ihrem Inhalt Änderungen vornahm. So verlegte er die Position Chinas etwa in die Mitte der Karte und brachte zugleich Beschriftungen auf Chinesisch an. Er war überrascht, dass Wang Pan dieser Karte viel Beachtung schenkte. Deshalb kopierte er von ihr mehrere Exemplare, um sie an hohe Beamte und Freunde zu verschenken. Das regte Matteo Ricci weiter an, und ihm wurde bewusst, dass, den Notablen Weltkarten und wissenschaftliche Geräte, wie Sonnenuhren, Globen, Schlaguhren usw. zu schenken, ein wirksames Mittel sei, um den Argwohn der Herrschenden gegenüber der Mission abzubauen.

Danach fertigte Matteo Ricci ständig Weltkarten an, verbesserte sie und überreichte sie an entsprechende Persönlichkeiten. Er hatte mehr als zehn Weltkarten kopiert und gedruckt, und auch ihre Bezeichnungen wurden mehrfach geändert. Zuerst hieß sie „Shan Hai Yu Di Quan Tu" (Gesamtkarte der Berge und Meere der Erde), später nannte er sie um in „Shi Jie Tu Zhi" (Kartierte Aufzeichnung der Welt), „Liang Yi Xuan Lan Tu" (Karte des weiten Blicks auf die beiden Pole) usw. Im 29. Jahr der Regierungsära Wanli überreichte er dem Kaiser Shenzong eine auf Holztafeln gezeichnete Weltkarte, die den Titel „Wan Guo Tu Zhi" (Kartierte Aufzeichnung aller Länder). Im nächsten Jahr nahm Li Zhizao in Beijing entsprechend Matteo Ricci's Erweiterung und Bearbeitung den Neudruck der Karte vor, die den Titel „Kun Yu Wan Guo Quan Tu" (Gesamtkarte aller Länder der Erde) trug. Diese Karte ist möglicherweise die letzte Weltkarte, die zu Matteo Ricci's Lebzeiten erweitert und bearbeitet wurde. Die beiden Schriftzeichen „Kun Yu"(坤舆) stammen aus dem „Yi Jing" (Buch der Wandlungen), wo es heißt: „Kun Wei Da Yu"(坤为大舆), d.h. Kun ist die Erde, denn in der traditionellen Kultur bedeutet Kun Erde und Mutter, es symbolisiert auch den Diener und den Sohn, was die Bedeutung andeutet, dass die Erde alle Dinge hervorbringt.

Die Karte „Kun Yu Wan Guo Quan Tu" ist durchaus keine exakte Weltkarte. Die Breitengrade auf der östlichen Halbkugel enthalten viele Fehler. Die Maßstäbe der vier Kontinente weisen Disproportionen auf, und die Karte der Antarktis ist reine Spekulation. Aber eine solche Weltkarte übte auf den Verlauf der chinesischen Zivilisation einen tiefgreifenden Einfluss aus. Sie ließ die Chinesen erkennen, dass China, das „Reich der Mitte", nicht mit „alles unter dem Himmel" gleichzusetzen ist. So wurde die Seele der Chinesen durch eine Weltkarte geöffnet. Außer der Erweiterung des geografischen Wissens und des geistigen Horizonts lernten die Chinesen auch das klassische astronomische Wissen des Westens kennen. Obwohl dieses Wissen gegenüber der Entwicklung der Astronomie des Westens zurückblieb, war es aber für die Entwicklung der Metrologie in China überaus wichtig.

Bei diesem astronomischem Wissen stand die Einfuhr der Idee der Erdkugel an erster Stelle. In der „allgemeinen Erörterung" auf der Karte „Kun Yu Wan Guo Quan Tu" wird gleich im Eingangskapitel ausgeführt:

„Die Erde und das Meer sind im Wesentlichen von runder Form und bilden zusammen eine Kugel, sie befindet sich in der Mitte der Himmelskugel, in der Tat gleicht sie einem Küken, das gelb inmitten von Blau ist."[205]

Hier wird eindeutig zum Ausdruck gebracht, dass die Kontinente und die Ozeane ein Teil der Erdkugel sind, zusammen bilden sie die Erdkugel. Diese Auffassung weicht erheblich

---

205 Matteo Ricci (red.), Li Zhizao (geschrieben und gedruckt): „Allgemeine Erörterung" auf der Karte „Kun Yu Wan Guo Quan Tu", in: Zhu Weizheng: Li Madou zhongwen zhuyiji (Sammlung der ins Chinesische übersetzten Werke von Matteo Ricci), Shanghai, Fudan daxue chubanshe, 2001, S. 173

von dem traditionellen Wissen der Chinesen ab, dass die Erde auf dem Wasser schwimmt und der Wasserspiegel eben ist. Obwohl die Chinesen in der Yuan-Dynastie schon mit der Lehre, dass die Erde rund ist, in Berührung kamen, ergab sich dieser Kontakt durch den persischen islamischen Astronomen Zama Rudin. Er wirkte ursprünglich im Observatorium von Malaga in Persien. Als Kublai Khan den Thron bestiegen hatte, kam Zama Rudin nach China. In der Chronik „Yuan shi, Aufzeichnungen über die hundert Beamten, T. 6" wurde darüber festgehalten: „Als Kaiser Shizu [d.h. Kublai Khan] noch Kronprinz war, befahl er, dass ein Mann des Islam als Astronom kommen möge. Daraufhin brachten Zama Rudin und andere ihre Kunst mit." Im 4. Jahr der Regierungsära Zhiyuan (1267) schuf Zama Rudin sieben verschiedene Geräte der islamischen Astronomie, von denen eines Kura-iarz hieß, was man heute Globus nennt. Die Angelegenheit der Präsentation des Globus hat auf die Chinesen keinen großen Einfluss ausgeübt, obwohl es in der Chronik „Yuan shi, Aufzeichnungen über Astronomie" eine Notiz gibt, aber während der Ming-Dynastie glaubten die Gelehrten noch fest an die Lehre, dass die Erde eben wäre. Erst mit dem Druck der Karte „Kun Yu Wan Guo Quan Tu" gelangte die Lehre der Erdkugel wieder nach China.

Die Karte „Kun Yu Wan Guo Quan Tu" brachte nicht nur die Idee der Erdkugel hervor, sondern stellte auch ausführlich systematisches Wissen über die Erdkugel vor und lieferte auch einige Beobachtungs- und Messdaten, die zur Etablierung der Lehre der Erdkugel führten. Das war ein wichtiger Faktor, dass die Lehre von der Erdkugel von den Chinesen beachtet und im Weiteren von ihnen anerkannt wurde. Die Bedeutung der Lehre von der Erdkugel für die Entwicklung der Metrologie wurde oben bereits diskutiert, so dass hier nichts mehr hinzugefügt werden muss.

Das von Matteo Ricci und Xu Guangqi gemeinsam übersetzte Werk „Ji He Yuan Ben" (Elemente der Geometrie) ist auch ein wichtiges Ereignis in der Geschichte der chinesischen Metrologie, weil die Einführung dieses Buches die theoretische Grundlage für die Geburt der Winkelmetrologie legte. „Elemente der Geometrie" ist ein großartiges Werk der Geometrie, das der Gelehrte Euklid im alten Griechenland verfasst hatte. Das Buch zeichnet eine strenge Logik und eine konsequente Beweisführung aus, es ist ein Meisterwerk mit einem axiomatischen System. Von der Darstellungsweise der Winkel gesehen, beginnt dieses Buch mit einigen Definitionen und Begriffen, die man für die Diskussion der Geometrie verstehen muss, wie zum Beispiel die Figuren von Punkt, Linie, Gerade, Fläche, Ebene, ebener Winkel, rechter Winkel, spitzer Winkel, stumpfer Winkel, Parallelen und verschiedenen Ebenen. Danach beginnt man mit zehn Axiomen, die man nicht beweisen muss, als Ausgangspunkt und Grundlage, neue geometrische Lehrsätze zu beweisen, und weiter fährt man die Beweise mit diesen neuen Lehrsätzen fort. In dem ganzen Buch sind so 467 Sätze bewiesen. Die Reihenfolge seiner Beweise ist eindeutig, die Logik komprimiert und die Anordnung des Systems vernünftig. In allen bewiesenen geometrischen Lehrsätzen gibt es keinen einzigen, der nicht von vorhandenen Definitionen, Postulaten, Axiomen und zuvor bereits bewiesenen Lehrsätzen abgeleitet worden wäre. Man muss erklären, dass diese Lehrsätze in den „Elementen" größtenteils von den Vorfahren bereits gefunden wurden und dass Euklid's hauptsächliche Arbeit darin bestand, dass er das seit dem Zeitalter von Thales gesammelte mathematische Wissen benutzte. Ausgehend von sorgfältig ausgewählten Postulaten und Axiomen für kleine Zahlen, wurde vom Einfachen zum Komplizierten ein vollständiges logisches System hergeleitet und das Gebäude der elementaren Geometrie errichtet. Die ‚Elemente' sind keine ursprüngliche Schöpfung, auch kein elementares Lehrbuch, noch weniger betreffen sie nur die Geometrie, sie sind eine Kompilation als Ergebnis der Revolution in der Mathematik, die sich in Athen in den Jahren 430 bis 370 v. Chr. vollzogen hatte. Ihr Inhalt umfasste Geometrie, Arithmetik, Zahlentheorie und die sogenannte geometrische Algebra. Außerdem beschränkt sich ihre Bedeutung nicht auf einzelne mathematische Erfolge, sondern besteht in dem darin entwickelten allgemeinen, strengen Beweisverfahren."[206] Euklid's Beweisverfahren übte einen sehr großen Einfluss auf die Nachwelt aus, so dass es innerhalb von fast 2000 Jahren zum Standard der wissenschaftlichen Beweisführung wurde. Besonders auf dem Gebiet der Mathematik trat dies sehr deutlich zutage.

Gerade weil die „Elemente" zur Tradition der westlichen Wissenschaften gehören, wählte Matteo Ricci allen voran die „Elemente" aus, als er den Chinesen die westlichen Wissenschaften vorstellte. Er kam mit Xu Guangqi überein, dass man die „Elemente" ins Chinesische übersetzen müsste, damit die chinesische Gelehrtenwelt das westliche Beweisverfahren direkt studieren könnte. Ungeachtet ihrer Zusammenarbeit übersetzten sie nur die ersten sechs Kapitel der „Elemente", aber gerade diese ihre Übersetzung kennzeichnete die Geburt der Winkelmetrologie in China.

Die „Elemente" widmeten dem Problem des Winkels eine außergewöhnliche Aufmerksamkeit. Bei der Beschreibung der die Geometrie betreffenden Definitionen und Begriffe im Eingangskapitel dieses Buches behandelt der erste Paragraph die Definitionen der Begriffe zu Punkt, Linie, Fläche und Körper und die Beziehungen zwischen ihnen, und der zweite Paragraph erörtert die Begriffe bezüglich des Winkels:

„Bei den Linien unterscheidet man die beiden Arten gerade und krumm. Wenn zwei Linien sich an einem Ende schneiden und man sich von diesem Ende allmählich entfernt, entsteht ein Winkel. Sind die beiden Linien gerade, so gibt es einen Winkel zwischen Geraden. Ist eine Linie gerade und die andere krumm, so gibt es einen Winkel zwischen ungleichen Linien. Sind beide Linien krumm, so gibt es einen Winkel zwischen krummen Linien."

Diese Beschreibung ist recht umfassend. Sie berücksichtigte sowohl den Fall der Bildung eines Winkels zwischen zwei Geraden als auch zwischen einer Geraden und einer krummen Linie und zwischen zwei krummen Linien. Weiter beschreiben die „Elemente" die Eigenschaften der Winkel:

„Generell hängt die Größe eines Winkels davon ab, wie weit oder eng der Abstand zwischen den Linien ist. Die beiden Linien, von denen der Winkel ausgeht, gleichen den beiden Schenkeln eines Zirkels. Wenn man sie allmählich spreizt, öffnet er sich natürlich, so dass dadurch ein Winkel entsteht. Für die Größe des Winkels spielt die Länge der Linien dabei keine Rolle."

Dieser Abschnitt bespricht eine Besonderheit der Eigenschaften eines Winkels. Bei der Beurteilung der Größe eines Winkels hängt diese nicht von der Länge der Schenkel ab, man muss nur darauf sehen, wie weit sich die beiden Schenkel öffnen oder schließen. Das ist die wesentliche Eigenschaft des Winkels, die seine Definition festlegt. Nachdem

---

206 Chen Fangzheng: Jihe yuanben zai bu tong wenming zhong zhi fanyi ji mingyun chutan (Die Übersetzungen der „Elemente" in verschiedenen Zivilisationen und erste Untersuchung ihres Schicksals), In: Redaktion des Kulturamts des Bezirks Xuhui: Xu Guangqi ji jihe yuanben (Xu Guangqi und die Elemente), Shanghai, Shanghai Jiao-tong Daxue chubanshe, 2011 1. Auflage, S. 81–98

man den Begriff des Winkels und die wesentliche Besonderheit des Winkels verstanden hat, wird dann die Methode der Bezeichnung dargelegt:

„Für die Festlegung eines Winkels benötigt man eine Bezeichnung mittels drei Zeichen. Hat man ein Dreieck mit den Ecken Jia, Yi, Bing, so bezeichnet der Winkel Jia einen Winkel mit den Ecken Yi, Jia, Bing, der Winkel Yi einen Winkel mit den Ecken Jia, Yi, Bing und der Winkel Bing einen Winkel mit den Ecken Jia, Bing, Yi. Man kann auch einfach nur ein Zeichen nennen, dann bezeichnet dieses Zeichen den entsprechenden Winkel."[207] (Siehe Bild 17.1)

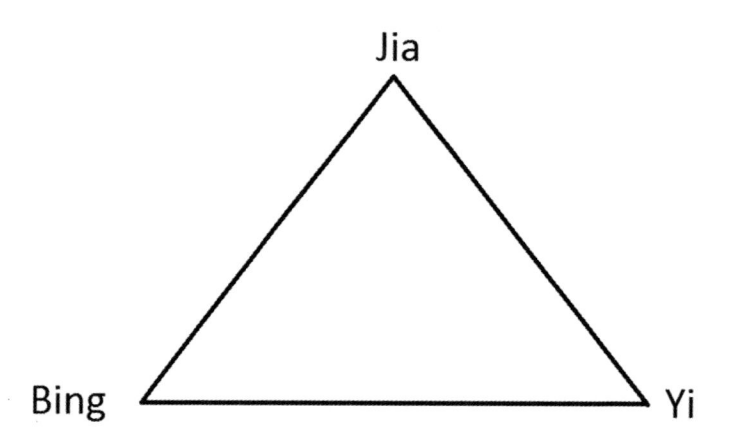

Bild 17.1 Darstellung der Winkel eines Dreiecks in „Ji He Yuan Ben"

Die in den „Elementen" angegebene Methode der Bezeichnung eines Winkels stimmt vollkommen mit der gegenwärtig in der Geometrie gebräuchlichen überein, der Unterschied ist nur, dass anstelle von chinesischen Schriftzeichen Buchstaben benutzt werden.

Aber wenn man lediglich den Begriff des Winkels und seine wesentliche Eigenschaft hat, ist das noch nicht mit Winkelmetrologie gleichzusetzen, weil man noch keine Winkeleinheiten und entsprechende Messverfahren hat, denn ohne sie kann man nicht quantitativ messen. Jedoch blieben die „Elemente" hier nicht stehen, sondern lieferten ein System der Winkeleinheiten und erläuterten das Prinzip des Übertrags der Winkeleinheiten und ein konkretes Messverfahren:

„Allgemein sind große und kleine Kreise mit 360 Grad festgelegt, 1 Grad hat 60 Minuten und 1 Minute 60 Sekunden. 1 Sekunde hat 60 Wei und 1 Wei 60 Qian.

Wenn man bei einem Kreis mit 360 Grad den Zahlenrest nimmt, so ist das Rechnen mit ihm bequem. Selbst wenn man in den Klassikern Beweise durchgeführt hatte, war es dasselbe. Die Zahlenwerte unterhalb eines Grads gehen stets bis 60. Die Zahl 360 ergibt sich aus 6 x 6, und wenn man 60 erreicht, ergibt sich eine ganze Zahl.

---

[207] Matteo Ricci, Xu Guangqi (gemeinsam übersetzt): Ji He Yuan Ben (Elemente der Geometrie), 1. und 2. Paragraph, in: Shu Li Jing Yun (Grundlegende Prinzipien der Mathematik), Bd. 2, Si Ku Quan Shu, Ausgabe der Wen Yuan Ge

Mit der Messung eines mit einer Teilung versehenen Kreises kann man große und kleine Winkel messen. Will man zum Beispiel den Winkel Jia-Yi-Bing messen, dann setzt man den Mittelpunkt eines Kreises mit einer Teilung auf den Winkel Yi und schaut, wieviel Grad der Winkel Jia-Yi-Bing auf dem Kreis einnimmt. Wenn er 90 Grad überschreitet, hat man einen stumpfen Winkel wie Ding-Yi-Bing. Bleibt er unter 90 Grad, hat man einen spitzen Winkel wie Bing-Yi-Wu. Betrachtet man diese Winkelgrade der Dreiecke, so kann man sich andere ähnliche Winkel ableiten."[208]

Dieser Abschnitt stellte das Winkelteilungssystem mit einem 360°-Zentriwinkel offiziell vor und erläuterte den Vorzug dieses Winkelteilungssystems aufgrund der Bequemlichkeit der Rechnung. Noch wichtiger ist, dass er noch ein Winkelmessverfahren vorstellte. Das in den „Elementen" vorgestellte Winkelmessverfahren gebrauchen jetzt noch die Mittel- und Grundschüler beim Lernen, nämlich einen Winkel mit einem Winkelmesser messen. Der im Zitat sogenannte „mit einer Teilung versehene Kreis" ist der Winkelmesser, den die Schüler zum Lernen unbedingt mitbringen müssen. (siehe Bild 17.2)

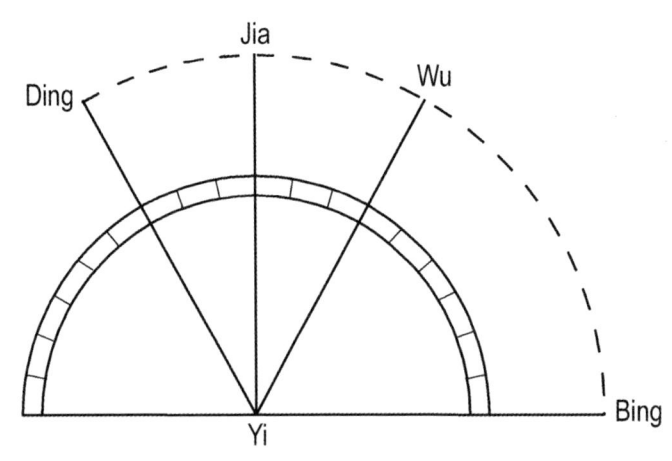

Bild 17.2 Methode der Bezeichnung eines Winkels

Durch die Vorstellung in den „Elementen" lernten die Chinesen den Begriff des Winkels kennen, begriffen seine wesentlichen Eigenschaften, eigneten sich eine Bezeichnungsmethode der Winkel an, errichteten das System der Winkeleinheiten und lernten ein Winkelmessverfahren. So wurde der Aufbau der Winkelmetrologie vollendet. Seitdem war die Winkelmessung in China kein Problem mehr.

Obwohl das in den „Elementen" vorgestellte Winkelsystem für die Chinesen völlig neu war, fehlte ihm aber nicht ein Gefühl des bekannten. Das lag daran, dass in dem Prozess des sehr langen Kulturaustausches zwischen China und dem Ausland die Chinesen nicht die Gelegenheit gehabt hätten, mit dem Winkelbegriff des Westens nicht in Berührung zu kommen. Noch wichtiger war, dass die Chinesen seit langem mit Armillarsphären den Himmel gemessen hatten. Außer einzelnen Ausnahmen hatte man im Wesentlichen

---

208 Ders.: Ji He Yuan Ben (Elemente der Geometrie), 3. Paragraph, in: Shu Li Jing Yun, Bd. 2, Si Ku Quan Shu, Ausgabe der Wen Yuan Ge

mit ihnen Winkelmessungen durchgeführt. Eben deshalb wurde das in den „Elementen" vorgestellte Winkelsystem ganz natürlich von den Chinesen angenommen. Verglichen damit löste die Einführung der Lehre der Erdkugel große Wogen aus. Demgegenüber kann man sagen, dass die Einführung des Winkelsystems keine schrecklichen Wellen hervorrief. Aufgrund der Übersetzung der „Elemente" wurde die Winkelmetrologie in China reibungslos aufgebaut. Das war ein Meilenstein der Entwicklung der Wissenschaft im China des ausgehenden 16. Jahrhunderts.

Matteo Ricci hatte in China nicht nur die „Elemente" übersetzt und die Winkelmetrologie aufgebaut, von ihm gibt es noch zahlreiche andere ins Chinesische übersetzte Werke, deren größter Teil von der christlichen Religion und der westlichen Philosophie handelt, aber es gibt nicht wenige Werke über die Naturwissenschaften. Diese übersetzten Werke auf dem Gebiet der Naturwissenschaften spielten eine nicht zu unterschätzende Rolle, um die Entwicklung der Metrologie in China voranzutreiben.

Zum Beispiel ist das Buch „Tong Wen Suan Zhi" (Ins Chinesische übersetzte Grundzüge der Mathematik) ein solches Werk. Dieses Buch stellt hauptsächlich die europäische Arithmetik vor und wurde nach den Epitome arithmeticae practicae (Ausgewählte arithmetische Methoden, 1583) seines Lehrers Pater Christoph Clavius redigiert und übersetzt. Sein Inhalt behandelt die vier Grundrechenarten, Bruchzahlen bis zu Proportionen, Wurzelziehen und Trigonometrie mit Sinus und Cosinus, es wurde von Li Zhizao niedergeschrieben, und während der Qing-Dynastie wurde es in die Sammlung „Si Ku Quan Shu" (Vollständige Büchersammlung in vier Abteilungen) aufgenommen. Die in diesem Buch vorgestellten Methoden des schriftlichen Rechnens überzeugten einst auch Li Zhizao, der seinerzeit in der Kalenderrechnung berühmt war. Der in dem Buch vorgestellte Inhalt war für die Lösung einiger Begriffe und Rechenoperationen in der geometrischen Metrologie zweifellos von größter Bedeutung.

Ebenso gibt es unter den Werken über Geometrie noch das Buch „Yuan Rong Jiao Yi" (Klare im Kreis enthaltene Bedeutung). Dieses Buch hatte Matteo Ricci mündlich vorgetragen, und Li Zhizao hatte es dann niedergeschrieben. Das „Yuan Rong Jiao Yi" diskutiert hauptsächlich die in einem Kreis enthaltenen Winkel. Vom Dreieck gelangt man zu den Winkeln. Ihre Schenkel können ins Unendliche reichen. Das Verfassen dieses Buches sollte natürlich dem Propagieren der christlichen Religion dienen, weil es zeigen konnte, warum die von Gott erschaffene Himmels- und Erdkugel rund sind. Weil er höchste Vollkommenheit erreichte, konnte er das Unendliche aufnehmen. Aber dessen ungeachtet ist dieses Buch als solches ein Werk über Geometrie und für das Verständnis des Grundlagenwissens der Geometrie überaus nützlich. Eben deshalb führt der Katalog der Sammlung „Si Ku Quan Shu" das Vorwort von Li Zhizao an: „Einst hatte ich mit Herrn Ricci Astronomie studiert. Deshalb diskutierten wir die Bedeutung der Kreise, die wir in fünf Kategorien gruppierten und über die wir 18 mathematische Aufgabenstellungen formulierten. Mit einer Ebene leiteten wir den Kreis ab, mit verschiedenen Winkelformen stellten wir eine Kugel dar usw. Das liegt daran, dass die geometrischen Körper vollkommen sind. Aber mit dem Auge kann man nur eine Seite von ihnen wahrnehmen, aber mit dieser einen Fläche kann man die ganze Form des Körpers ableiten. Deshalb heißt es, dass man von einer Fläche auf eine Kugel schließen kann. Jede Fläche hat Grenzen, und die Grenzen werden aus Linien gebildet. Wenn sich zwei Linien schneiden, entsteht ein

Winkel. Analysiert man einen Kreis, so erhält man verschiedene Winkel. Setzt man diese Winkel zusammen, so entsteht ein Kreis. Deshalb benutzt man Winkel, um den Kreis zu erklären. Obwohl dieses Buch die Bedeutung des Kreises erklärt, kann man doch die Bedeutung der Proportionen zwischen den Flächen und Körpern aus ihnen erhalten, die zudem auseinander hervorgehen. Nach dem Werk ‚Zhou Bi Suan Jing' geht der Kreis aus dem Quadrat und das Quadrat aus dem rechten Winkel hervor, das auch vielfach reicht, um Erklärungen zu liefern."

Ein weiteres noch wichtigeres Werk ist „Ce Liang Fa Yi" (Bedeutung der Messverfahren). Dieses Buch ist ein klassisches Werk über die Metrologie. Matteo Ricci hatte es mündlich vorgetragen und Xu Guangqi es in eine literarische Form gebracht. Unter dem heutigen Aspekt ist „Ce Liang Fa Yi" ein Werk über angewandte Geometrie. Danach werden noch die Projektionen der zu messenden Objekte im Sonnenlicht diskutiert, und schließlich werden 15 Aufgabenstellungen aufgelistet, die Musterbeispiele für praktische Messungen bilden. Was die Metrologie angeht, lässt sie sich ohne Messgeräte nicht verwirklichen. Im Einführungskapitel von „Ce Liang Fa Yi" wird deshalb die „Schaffung von Geräten" erörtert. Obwohl die erörterten Geräte nur einfache rechte Winkel, die mit einer Teilung versehen sind, darstellen, zeugt aber die Herangehensweise, die „Schaffung von Geräten" in das Eingangskapitel aufzunehmen, zweifellos vom Bewusstsein für die Wichtigkeit der Messgeräte.

Außer Werken über die Geometrie hatte Matteo Ricci noch astronomische Werke, wie „Hun Gai Tong Xian Tu Shuo" (Illustrierte Erläuterung der grundlegenden Gesetze der Theorien des sphärischen Himmels und der Himmelskuppel), „Qian Kun Ti Yi" (Bedeutung der Körper von Himmel und Erde) u.a. redigiert und übersetzt. In diesen Werken stellte er die Theorie der klassischen Astronomie Europas vor, die in der Lehre von Ptolemäus entwickelt wurde, sowie das grundlegende Wissen über die Metrologie für die Astronomie, wie den Aufbau von Armillarsphären und die Funktion ihrer Einzelteile, die zum Messen des Himmels benutzt werden, die Beziehungen zwischen Zeitmetrologie und Astronomie usw. Man muss darauf hinweisen, dass Matteo Ricci in „Hun Gai Tong Xian Tu Shuo" eindeutig das im Westen benutzte Winkelunterteilungssystem mit dem 360°-Zentriwinkel anführt, um die Gradzahlen am Himmel anzugeben, er benutzte nicht mehr das traditionelle System mit 365 ¼ Du. Er führte aus:

„Die Erscheinungen am Himmel werden mit dem System von 360 Grad erfasst. Wenn man mit der Sonne den Himmel abgeschätzt hatte, hatte man in Du 360 und einen Rest von 5 ¼ Du gemessen. Heutzutage benutzt man nur die 360 Grad, weil man mit ihnen schneller rechnen kann."[209]

Außerdem nahm er noch an der traditionellen Zeitmesseinheit Chinas eine Änderung vor, indem er das traditionelle System der 100 Ke für einen Tag zu einem 96 Ke-System abänderte, so dass es mit dem westlichen System von Stunde, Minute und Sekunde übereinstimmte. Bei der Erläuterung der Teilung auf westlichen Geräten sagte er:

„Die zur Sonne gerichtete Seite des äußeren Kreises der Armillarsphäre ist auch in 360 Grad unterteilt. Jedes Grad hat 60 Minuten, und 30 Grad sind eine Doppelstunde. … Jede

---

209 Matteo Ricci, Xu Guangqi (gemeinsam übersetzt): Ji He Yuan Ben (Elemente der Geometrie), 4. Paragraph, in: Shu Li Jing Yun (Grundlegende Prinzipien der Mathematik), Bd. 2, Si Ku Quan Shu, Ausgabe der Wen Yuan Ge

Doppelstunde ist in 8 Ke unterteilt, insgesamt hat man 96 Ke. Wenn man den Tag in 100 Ke und ein Ke in 60 Minuten unterteilte, dann hätte jede Doppelstunde 8 Ke und 20 Minuten. … Jetzt hat man den Rest beseitigt und nur 8 Ke, um die Rechnung bequemer zu machen. Als man einst im Observatorium während der Liang-Dynastie einen Kalender aufstellte, hatte man sich auch schon dieser Unterteilung bedient."[210]

Die Bedeutung der Verwendung der Teilungseinheit mit dem 360°-Zentriwinkel und des 96 Ke-Systems besteht nicht nur darin, „weil man mit ihnen schneller rechnen kann" und „die Rechnung bequemer zu machen", noch wichtiger ist, dass sie die Anbindung der Metrologie Chinas an die Metrologie der Welt verwirklichte. Seitdem schlug die Entwicklung der Metrologie Chinas eine neue Seite auf. All dies ist von den Verdiensten Matteo Ricci's als Wegbereiter nicht zu trennen.

2. Adam Schall von Bell's Fortsetzung des Werks seiner Vorgänger

Nach Matteo Ricci war ein anderer Missionar, der bei der Verbreitung der Wissenschaft und Kultur des Westens in China eine wichtige Rolle gespielt hatte, der aus Deutschland gekommene Adam Schall von Bell (Tang Ruowang).

Adam Schall von Bell (1592-1666), sein voller Name lautet Johann Adam Schall von Bell, hatte sich, nachdem er nach China gekommen war, selbst den chinesischen Namen Tang Ruowang beigelegt. Seinen deutschen Namen Adam verwandelte er in das phonetisch ähnliche „Tang", Johann wurde zu „Ruowang". Gleichzeitig gab er sich nach der Sitte der Chinesen noch einen Beinamen „Daowei", diesen Namen entnahm er dem Buch „Mencius" (Mengzi), wo es heißt: „König Wen von Zhou behandelte das Volk so, als ob er eine Wunde davongetragen hätte, er blickte nach dem Weg der Rettung, ob er ihn nicht erspähe."[211] Er weilte 47 Jahre in China und erlebte die beiden Dynastien Ming und Qing. Der Kaiserhof der Ming erwies ihm hohe Ehrenbezeugungen und übertrug ihm die wichtige Aufgabe der Ausarbeitung des Kalenders; der Kaiserhof der Qing brachte ihm höchstes Wohlwollen entgegen. Kaiser Shunzhi vertraute ihm bedingunglos, während der Herrschaft von Kangxi wurde er mit dem Titel „Würdenträger der leuchtenden Pfründe" belehnt und erhielt den ersten Beamtenrang. Nach seinem Tode wurde er in Beijing bestattet und ruht friedlich neben Matteo Ricci's Grab. Adam Schall von Bell war in seinem Glauben fromm, zugleich beherrschte er die Wissenschaften und verfügte über ein umfangreiches Wissen. Er übernahm Matteo Ricci's Strategie, die Mission mit Hilfe der Wissenschaft zu betreiben. An das Vorhandene anknüpfend, setzte er das Werk seiner Vorgänger fort, indem er die von Michele Ruggieri und Matteo Ricci begründete „gelehrte Mission" zu einer neuen Höhe führte.

Am 1.5.1592 wurde Adam Schall von Bell in Köln in einer katholischen Familie geboren. In seiner Jugend besuchte er das in Köln und Umgebung berühmte Gymnasium Tricoronatum. Beim Lernen erzielte er herausragende Ergebnisse und genoss die Wertschätzung

---

210 Ders.: Ji He Yuan Ben (Elemente der Geometrie), 17. Paragraph, in: Shu Li Jing Yun (Grundlegende Prinzipien der Mathematik), Bd. 2, Si Ku Quan Shu, Ausgabe der Wen Yuan Ge
211 Siehe Mengzi, Lilou T.II

seiner Schule. Deshalb wurde er nach Absolvierung der Schule zum Collegium Germanicum in Rom delegiert, um sein Studium fortzusetzen. Das Collegium Germanicum war damals eine in Europa angesehene Studienanstalt. Das Ziel der Ausbildung war darauf ausgerichtet, Kinder adliger Familien zu erziehen, die sowohl der Kirche treu ergeben als auch im Studium herausragend sind, in der Hoffnung, dass sie später Fortsetzer der Sache der Kirche sein werden. Von Bell hatte durch das Studium am Collegium Germanicum mit jedem Tag seinen Wissensvorrat vermehrt und den Glauben an die Religion gefestigt. Am 21.10.1611 trat er offiziell in den Jesuitenorden ein. Das bestimmte nicht nur seinen künftigen Lebensweg und war auch für die künftige Sache der Mission in China durch den Jesuitenorden von ausschlaggebender Bedeutung.

Nachdem er das Studium am Collegium Germanicum abgeschlossen hatte, trat von Bell in das St. Andreas-Kloster ein und wurde ein praktizierender Mönch. Er erhielt eine strenge Ausbildung als Mönch und beschäftigte sich mit dem Studium und der Erforschung des naturwissenschaftlichen Wissens. Er erkundete die sich unaufhörlich entwickelnden neuen Wissenschaften, vor allem die Astronomie und die Mathematik.

Der Jesuitenorden, in dem von Bell Mitglied war, legte auf die Ausbildung Wert und widmete sich der Mission in allen Teilen der Welt. Unter dem Einfluss des Geistes des Jesuitenordens richtete von Bell zu Neujahr 1616 an den Generaloberen der Gesellschaft offiziell das Gesuch, nach China zur Mission zu gehen. Am Ende dieses Jahres wurde sein Gesuch bewilligt. Im April 1618 begaben sich Adam Schall von Bell sowie eine Gruppe mit Johann Schreck (Deng Yuhan), Giacomo Rho (Luo Yagu), angeleitet von Nicolas Trigault (Jin Nige), auf die Reise zur Mission in China.

Nachdem von Bell in China angekommen war, verbrachte er eine Zeit mit dem Erlernen der chinesischen Sprache und kam in Kontakt mit chinesischen Intellektuellen. So erwarb er sich ein recht tiefgehendes Verständnis der chinesischen Kultur und einiger Traditionen der Konfuzianer in China. Das lieferte eine hinreichende Vorbereitung für seine Mission nach den Methoden von Matteo Ricci. Durch die von Matteo Ricci gelegten Grundlagen und die tatkräftige Verbreitung durch Xu Guangqi und andere Gläubige war von Bells Missionswerk außerordentlich erfolgreich. Von Bell errang das tiefe Vertrauen des Kaisers Chongzhen; er durfte ständig den Palast betreten und Messen und Gottesdienste abhalten. Durch seine Belehrungen gab es am Kaiserhaus der Ming-Dynastie nicht wenige Anhänger der katholischen Religion. Nach den Aufzeichnungen von Wen Bing während der Ming-Dynastie „Lie Huang Xiao Shi" (Kleines Wissen über die aufrechten Kaiser) hing zumindest Kaiser Chongzhen eine Zeitlang der katholischen Religion an:[212]

„In den ersten Jahren nahm Chongzhen die katholische Religion an. In Shanghai gab es auch Anhänger der Religion. Als sie in die Regierung eintraten, bemühten sie sich, die Lehre des Katholizismus zu verbreiten, und die bronzenen Buddhastatuen im Palast wurden sämtlich zerstört."

In dem Zitat ist mit „Shanghai" der aus Shanghai stammende Xu Guangqi gemeint. Xu Guangqi bestand im 32. Jahr der Regierungsära Wanli (1604) die Prüfung zum

---

212 Wen Bing (Ming-Dynastie): „Lie Huang Xiao Shi" (Kleines Wissen über die aufrechten Kaiser), Redaktion der Forschungsgesellschaft für chinesische Geschichte, Shanghai, Shanghai Shudian in einem Nachdruck der Shenzhou Guangshe von 1951, Oktober 1982, S. 160

Jinshi (höchste Stufe der Beamtenanwärter). Danach schlug er die Beamtenlaufbahn ein, schließlich wurde er am Hof von Chongzhen Ritenminister und Gelehrter der Akademie sowie stellvertretender Kanzler. Er kam viel mit Matteo Ricci in Berührung, zusammen mit Ricci übersetzte er die „Elemente der Geometrie". Ricci taufte ihn, und Xu nahm von ihm die katholische Religion an. Xu Guangqi und von Bell standen auch in Verbindung, und er half von Bell in der Sache der Mission. Aber die Fortschritte, dass Angehörige aus dem Palast die katholische Religion annahmen, waren hauptsächlich auf das Wirken von Adam Schall von Bell und anderer Missionare zurückzuführen. Wen Bing hielt in seinem Werk „Lie Huang Xiao Shi" diese Aufzeichnung fest:

„Die katholische Religion wird in der Hauptstadt durch zwei Männer aus dem Westen vertreten, Nan Huairen (Ferdiand Verbiest) und Tang Ruowang (Adam Schall von Bell). Die Leute, die diese Religion repräsentieren, fragen zuerst, ob es in deiner Familie Teufel gibt. Wenn es welche gibt, bringen sie sie mit. Mit dem Teufel ist Buddha gemeint. Vor der Halle der katholischen Religion steht eine grüne steinerne Stele, und es gibt ein großes, in Stein eingefasstes Becken. Die Anhänger kommen mit den Buddha-Statuen hierher. Dann zerschlagen sie auf der Stele den Kopf, Hände und Füße des Buddhas und werfen den Rest in das Becken. Sie warten, bis sich eine Menge versammelt hat. Dann bereiten sie Speisen vor und laden die Anhänger zum Essen ein. In einem Ofen werden die Buddhastatuen eingeschmolzen. Ungefähr so halten sie es immer. Am ersten des 6. Monats eines Jahres wird wieder eine solche Messe abgehalten. Genau zu Mittag, wenn der Himmel blau und nicht die kleinste Wolke zu sehen ist, ist die rechte Zeit, ein Feuer anzuzünden, und die Menge sieht es sich an. Wenn plötzlich ein lauter Donner erschallt, nimmt man die Buddhastatuen vollständig aus dem Becken und die Kohle aus dem Ofen. Wenn das Becken ausgefegt ist, bleibt nicht das kleinste Körnchen zurück. Die Menge ist schweißgebadet, der Schweiß rinnt ihnen den Rücken herunter, alle legen die Hände zusammen und knien auf westliche Art nieder, sie sprechen ein Gebet wie A-mi-to-fo [Amida Buddha], dann ist diese Messe zu Ende." (Quelle wie oben)

Wen Bing hieß die katholische Religion nicht gut. Seine Aufzeichnungen atmen den Geist der Gegnerschaft zur katholischen Religion, aber sie beweisen auch umgekehrt, dass die Missionstätigkeit von Adam Schall von Bell und anderen außerordentlich wirksam war. Außerdem, obwohl Ferdinand Verbiest in Wen Bings Aufzeichnung vor Adam Schall von Bell steht, aber wegen der Zeit, in der von Bell nach China kam, seines Alters und der Jahre seiner Tätigkeit und seiner Stellung innerhalb der katholischen Religion steht er doch weit vor Ferdinand Verbiest. Deshalb hat von Bell bei der Konversion von Beamten der Oberschicht der Ming-Dynastie zur katholischen Religion eine wesentliche Rolle gespielt.

Aber von Bells historischer Platz besteht hauptsächlich in der Vorstellung des Wissens über Wissenschaft und Technik und der Kultur des Westens. Seine Aktivitäten auf dem Gebiet von Wissenschaft und Technik sind vielfältig, und eine davon ist das Gießen von Kanonen.

Das Schießpulver und die Kanonen wurden ursprünglich von den Chinesen erfunden. Die Chinesen hatten während der Tang-Dynastie das Schießpulver erfunden, und bis zur Song-Dynastie erfanden sie die Technologie der Feuerwaffen. Im Gefolge von Dschingis Khans Feldzügen nach Westen gelangte die Technologie der Feuerwaffen nach Europa, damals befand sich Europa gerade in einer Periode der Zersplitterung, und in den unaufhörlichen Kriegen entwickelten die Kanonen eine gewaltige Wirkung, und die

Technologie der Kanonen wurde in diesem historischen Prozess voll ausgereift. Aber in der Heimat der Technologie der Kanonen, in China, entwickelte sich die Technologie der Kanonen viel langsamer. In der Spätphase der Ming-Dynastie erkannte man erneut die Wichtigkeit der Feuerwaffen, und mit Hilfe der Europäer begann man, erneut Kanonen herzustellen. Die Kanonen, die die Europäer geholfen hatten herzustellen, entfalteten auf den damaligen Schlachtfeldern eine wichtige Rolle. Später wurde der Anführer der Dschurdschen, Nurhachi, selbst von einer Kanone der Ming-Dynastie verletzt, so dass er starb. Der damalige Ming-Kaiser Xizong hatte eine seiner Kanonen mit dem Titel „Großer General der Befriedung der Grenzen und der Barbaren und der Beruhigung des Reiches" belehnt. In den Jahren der Herrschaft von Chongzhen wurde das Land von innen und außen bedrängt. Kaiser Chongzhen beabsichtigte, neuartige große Kanonen zu gießen. Nach den Aufzeichnungen im „Ming Shi Lu" (Annalen der Ming-Dynastie) heißt es für das 15. Jahr der Herrschaft von Chongzhen:[213]

„Der Zensor Yang Ruoqiao hatte den aus dem Westen gekommenen Adam Schall von Bell vorgeschlagen, den Umgang mit Feuerwaffen zu üben. Zongzhou warf dagegen ein: ‚Vor den Dynastien Tang und Song waren Feuerwaffen im Heer noch unbekannt. Seitdem es Feuerwaffen gibt, stützte man sich immer auf ihre Gewalt [und nicht auf die Tugenden des Soldaten], das ist der Fehler. Der Kaiser erwiderte: ‚Feuerwaffen sind für China eine besonders bedeutsame Technik.' Zongzhou fragte: ‚Welche besonderen Talente und Fähigkeiten hat Adam Schall von Bell, dieser Mann vom westlichen Ozean? Für ihn wurde die Bibliothek Shou Shan Shu Yuan zum Kalenderamt gemacht, aber das entspricht nicht den Traditionen der Geschichte Chinas. Deshalb bitte ich zu befehlen, ihn in seine Heimat zurückzuschicken, damit er keine Zweifel verbreitet.' Der Kaiser entgegnete: ‚Es gibt keinen Grund, diesen Ausländer zu entfernen.' Der Kaiser war über Zongzhou nicht erfreut und befahl ihm, sich zurückzuziehen."

Als der Zensor Yang Ruoqiao empfohlen hatte, dass von Bell die Herstellung von Feuerwaffen beaufsichtigen sollte, stieß er auf die Ablehnung des Zensors zur Linken Liu Zongzhou. Dieser nahm die Tatsache, dass von Bell damals bei der Reform des Kalenders im Kalenderamt eine wichtige Position einnahm, zum Vorwand, dies entspräche nicht den Traditionen Chinas, um zu fordern, dass von Bell in die Heimat zurückgeschickt werde. Kaiser Chongzhen war darüber nicht erfreut, er wies Liu Zongzhou's Meinung zurück und entschied, dass von Bell die Kanonen gießen sollte, um aus der Krise zu helfen. Aber weil Kaiser Chongzhen sich nicht sicher war, ob von Bell die Technologie der Herstellung von Kanonen beherrschte, schickte er jemanden, der ihn beobachten sollte. Sowie sich herausstellte, dass von Bell über diese Fähigkeiten verfügte, verkündete er sofort ein Edikt, das befahl, er sollte die Kanonen herstellen.

Als Kaiser Chongzhen den Mann zu Adam Schall von Bell schickte, offenbarte er ihm nicht seinen wahren Auftrag, sondern gab sich als ein gewöhnlicher Besucher aus, der sich mit von Bell unterhalten wollte. Von Bell war völlig ahnungslos. Angesichts der Fragen des Gastes stellte er ihm sein ganzes Wissen über die Kanonen vor. Seine Ausführungen bestärkten den Besucher in der Überzeugung, dass von Bell tatsächlich der geeignete

---

213 Ming Shi Lu Fu Lu (Anhang zur Chronik der Ming-Dynastie): Chongzhen Shilu (Chronik der Regierungsära Chongzhen), Kap. 15

Mann wäre, den Kaiser Chongzhen suchte. Daraufhin entdeckte er ihm seinen Auftrag und forderte, dass von Bell den Befehl des Kaisers annähme. Von Bell erschrak zutiefst. Kanonen sind eine Kriegswaffe, und er meinte, dass sein Auftrag die Mission, aber die Herstellung von Kanonen nicht seine eigentliche Absicht wäre. Daraufhin richtete er an den Kaiser eine Eingabe, in der er höflich ablehnte, aber im Ergebnis wurde sie nicht bewilligt. Nachdem das heilige Edikt einmal verkündet war, war es ganz unmöglich, es zurückzuziehen. Nach einer Beratung meinten auch die Missionare, dass, wenn von Bell den Auftrag entschieden ablehnen würde, er den Zorn des Kaiserhofs heraufbeschwören würde, was für die Sache der Mission nachteilig gewesen wäre. So gab von Bell sein Bestes, den Auftrag des Gießens der Kanonen zu erfüllen.

Dank des Vertrauens und der Unterstützung des Kaisers Chongzhen überwand von Bell alle möglichen Schwierigkeiten und goss 20 große Kanonen, und bei ihrer Erprobung erzielte er gute Ergebnisse. Kaiser Chongzhen war damit sehr zufrieden und zeichnete von Bell aus. Außerdem forderte er, dass von Bell weiter die Herstellung von 500 kleinen Kanonen beaufsichtigen sollte. Von Bell erfüllte entsprechend dem Geheiß auch diese gewaltige Aufgabe. Tatsächlich hatte von Bell bei der Herstellung der Feuerwaffen nicht nur die praktischen Arbeiten angeleitet, sondern er verfasste auch ein Werk über die Theorie, das er mündlich vortrug und das Jiao Xu niedergeschrieben hatte, so dass im 16. Jahr der Regierungsära Chongzhen (1643) das Buch „Huo Gong Qie Yao" (Das Wesentliche des Angriffs mit Feuerwaffen) vollendet wurde. Dieses Buch ist ein autoritatives Werk über Feuerwaffen vom Ende der Ming-Dynastie, das für die Entwicklung der Technologie der Feuerwaffen der damaligen Zeit und der darauf folgenden Periode von richtungsweisender Bedeutung war.

Ein wesentlicher Wert des Buchs „Huo Gong Qie Yao" besteht darin, dass es die Theorie der Moduln beim Gießen von Kanonen vorschlug, das heißt mit dem Öffnungsdurchmesser der Kanone als Bezugszahl bestimmte es die Proportionalitätsbeziehungen zwischen dem Öffnungsdurchmesser und den einzelnen Komponenten der Kanone, womit die konkreten Abmessungen aller Teile einer Kanone festgelegt wurden. In dem Buch heißt es:[214]

„Wenn in den Ländern des westlichen Ozeans große Feuerwaffen gegossen werden, geht man beim System der Längen und der Dicke in der Tat sehr sorgfältig vor, man wagt nicht, sich einfach auf seine Eingebung zu verlassen und willkürlich etwas zu produzieren, was zu Fehlern führen würde. Man muss konstante wahre Maße weitergeben und Längenmaße vergleichen. Wenn man ein Gesetz anführt, nimmt man nicht die Abmessungen aller Komponenten, sondern nur den Öffnungsdurchmesser der Kanone als Bezug. So hat man für verschiedene Kanonen jeweils ein anderes System, das die Ursache für unterschiedliche Abmessungen ist. Einzig der Öffnungsdurchmesser der Kanone wird für verschiedene Kanonen genommen, und man berechnet die Verhältnisse zwischen verschiedenen Kanonen, so wird ganz gleich für welche Kanone kein Fehler auftreten."

---

214 Von Adam Schall von Bell mündlich vorgetragen und von Jiao Xu niedergeschrieben: Huo Gong Qie Yao (Das Wesentliche des Angriffs mit Feuerwaffen), Bd. 2, Angaben zu den Höhen und Weiten der Geschosse bei verschiedenen Kanonen

Tatsächlich wurde die Herangehensweise bei der Herstellung einiger komplizierter Geräte, die Abmessung des Hauptteils des Geräts als Bezugszahl zu nehmen und durch die Festlegung von Proportionalitätsbeziehungen mit den übrigen Teilen die konkreten Abmessungen dieser Teile zu bestimmen, schon im alten China praktiziert, zum Beispiel gab es in dem Werk der Vor-Qin-Zeit „Kao Gong Ji" schon ähnliche Gedanken. Bei der Erörterung der Herstellung von Wagen im „Kao Gong Ji" wurde „der Durchmesser des Rades mit 6 Chi 6 Cun als Bezugszahl genommen, und im Einzelnen wurde davon eine ganze Reihe von Parametern, wie Dicke des Radreifens, Länge der Radnabe, Bohrungsdurchmesser der Radnabe usw. abgeleitet.[215] Wenn man mit der Idee der Modulzahl ein Gerät herstellt, kann man die einzelnen Teile des Geräts harmonisieren, Material sparen und die Qualität des Geräts gewährleisten – ein fortschrittlicher Gedanke für die Herstellung von Erzeugnissen. In China gab es in dem Werk „Xi Fa Shen Ji" (Göttliche Geräte nach westlichen Methoden) von Sun Yuanhua, ein wenig vor dem Buch „Huo Gong Xie Yao" auch eine ähnliche Formulierung, aber nicht so klar ausgedrückt wie hier.

Im „Huo Gong Qie Yao" wird auch die Beziehung zwischen der Schussbahn und dem Schusswinkel bestimmt. In dem Buch wird gefordert, dass für den Winkel des normalen Gebrauchs bei jeder gegossenen großen Kanone unter der Bedingung eines gewöhnlichen Pulvereinsatzes Schießversuche mit verschiedenen Schusswinkeln durchgeführt und dass die Versuchsergebnisse aufgezeichnet werden, nach denen sich die Soldaten auf dem Schlachtfeld richten können. So wurde in dem Buch der folgende Versuch konkret festgehalten:

„*Bei der großen Kanone Nr. 3 wurde eine Kugel von drei, vier Jin bei horizontaler Stellung 400 Bu weit geschossen. Hebt man die Kanone um ein Grad, fliegt die Kugel 800 Bu; hebt man sie um zwei Grad, fliegt sie 1400 Bu; hebt man sie um drei Grad, fliegt sie 1800 Bu; hebt man sie um vier Grad, fliegt sie 2000 Bu; hebt man sie um fünf Grad, fliegt sie 2100 Bu; hebt man sie um sechs Grad, fliegt sie 2150 Bu, das heißt 1075 Zhang oder sechs Li; hebt man sie um sieben Grad, so ist der Abschuss der Kugel zu hoch, sie fällt herunter, die Kugel hat keine Kraft und die Reichweite wird umgekehrt kürzer.*"

Die im Text angegebenen Gradzahlen sind nicht die Gradzahlen der Unterteilung eines Zentriwinkels in 360°, sondern auf dem Kanonenkörper eingravierte senkrechte Striche. Nach den im Text aufgeführten Versuchsdaten, lässt sich schlussfolgern, dass ein Grad 7,5° des in 360° unterteilten Zentriwinkels entspricht. Diese Daten enthalten schon einige Kenntnisse über die Besonderheiten der Bewegung von Geschossen.

Unter dem Aspekt der Geschichte der Metrologie ist Adam Schall von Bell's Vorstellung des Fernrohrs besonders wert hervorgehoben zu werden.

In Europa meint man allgemein, dass das Fernrohr Anfang des 17. Jahrhunderts von den Holländern erfunden worden war, und nachdem Galilei im Juni 1609 die Nachricht vom Fernrohr erhalten hatte, baute er sich unabhängig selbst ein derartiges Gerät. Durch unablässige Verbesserungen erreichte Galilei's Fernrohr eine sehr hohe Vergrößerung. Als er sein Fernrohr nach den Verbesserungen auf den Himmel richtete, erzielte er eine Reihe bedeutender Entdeckungen. Seitdem wurde das Fernrohr zu einem wirksamen Instrument

---

215 Guan Zengjian, Konrad Herrmann: Kao Gong Ji: Fanyi yu pingzhu (Aufzeichnungen über die Handwerker: Übersetzung und Kommentar), Shanghai, Shanghai Jiaotong Daxue chubanshe, 2014, S. 10

für astronomische Beobachtungen, und Galilei wurde zum Erfinder des astronomischen Fernrohrs.

Die erste Erfindung des Fernrohrs war ein empirisches Produkt. Nachdem das Fernrohr die Aufmerksamkeit erregte, entwickelte sich unter den Gelehrten rasch die Forschung über die Prinzipien des Fernrohrs. Im Jahre 1618 erschien in Frankfurt/Main das von Girolamo Sirturi verfasste Buch Telescopium, sive ars perficiendi novum illud Galilaei visorium instrumentum ad sidera (Das Fernrohr, eine neue Methode bei Galilei zur Beobachtung der Sterne). Als von Bell im 6. Jahr der Regierungsära Tianqi (1626) den ersten Teil seines auf Chinesisch geschriebenen Buches „Yuan Jing Shuo" (Erläuterungen über das Fernrohr) abzufassen begann, hatte er sich vielleicht auf dieses Buch von Sirturi gestützt.[216]

Der Umfang des Werkes „Yuan Jing Shuo" ist nicht groß, das Buch umfasst nur etwas mehr als 5000 Schriftzeichen, und dem Buch ist eine Außenansicht eines kompletten Fernrohrs beigefügt. Das ganze Buch ist in vier Teile unterteilt. Der erste Teil behandelt den „Gebrauch" des Fernrohrs, und der Verfasser verweist eindeutig darauf: „Woher kommt das Fernrohr? Es kommt von Astronomen der Länder des westlichen Ozeans. Mit den „Astronomen der Länder des westlichen Ozeans" ist Galilei gemeint. In diesem Teil des Buches wird noch ausgeführt, wie man mit dem Fernrohr am Himmel den Mond, die Venus, die Sonne, den Jupiter und verschiedene Sternbilder beobachtet und direkt Berge und Ströme, Wälder und Dörfer, Schiffe auf dem Meer und ferne Gegenstände in Häusern sehen kann, und er erläuterte den „Gebrauch der Vergrößerung" durch die Linsen, das heißt die Funktion der konkaven und konvexen Linsen. Er verwies darauf, dass die „in der Mitte hohe Linse" (das heißt die konvexe Linse) das Leiden eines weitsichtigen Auges auflösen kann, während die „in der Mitte vertiefte Linse" für das kurzsichtige Auge geeignet ist.

Der zweite Teil von „Yuan Jing Shuo" heißt „Ursachen", er behandelt hauptsächlich das optische Prinzip des Fernrohrs. In diesem Teil beschreibt der Verfasser quantitativ das Phänomen der Brechung, danach erklärt er den Gebrauch der Kombination einer konvexen und einer konkaven Linse, „sie unterstützen sich gegenseitig, das gesehene Objekt ist sehr groß und außerdem klar". Das heißt, durch die Kombination einer konkaven mit einer konvexen Linse kann man ein Fernrohr aufbauen.

Der dritte Teil des Buches ist mit „Verfahren der Herstellung und des Gebrauchs" betitelt und behandelt die Verfahren der Herstellung und der Anwendung eines Fernrohrs. Es wird das Galileiische Fernrohr, aber nicht das Keplersche vorgestellt. Im Buch wird darauf verwiesen: Die konvexe Linse ist die „Linse am Rohrende" (die Objektlinse), während die konkave Linse die „am Auge liegende Linse" (die Okularlinse) ist; das Linsenrohr besteht aus mehreren Rohrstücken, die man beim Gebrauch auseinander- und zusammenziehen kann, um das Bild einzustellen. „Die Linse hat nur zwei Seiten, aber das Rohr kann man beliebig verlängern, und die einzelnen Rohrstücke kann man auseinander- und zusammenziehen. Ferner werden sie mit einer Schraube festgezogen, und dann kann man das Rohr nach oben und unten und nach rechts und links schwenken."

Das Buch geht weiter auf das Problem des Schutzes der Augen ein, wenn man die Sonne und die Venus beobachtet: „Wenn man die Sonne und die Venus betrachtet, dann fügt man

---

216 Wang Jinguang, Hong Zhenhuan: Zhongguo guangxue shi (Geschichte der Optik in China), Changsha, Hunan jiaoyu chubanshe, 1985, S. 145

ein dunkelgrünes Glas hinzu, oder man hält ein Blatt Papier vor das Okular, um die Sonne zu betrachten." Als das Fernrohr zuerst auftauchte, beachtete man noch nicht den Schutz der Augen vor intensivem Licht. Erst nachdem man schmerzliche Erfahrungen gesammelt hatte, fing man an, dieses Problem zu beachten. Die ergriffenen Maßnahmen waren die beiden im „Yuan Jing Shuo" erwähnten, nämlich einerseits ein Farbfilter einzufügen, das die Lichtstrahlen abschwächt, und andererseits vor das Okular einen Schirm zu halten, so dass man auf dem Schirm hinter dem Fernrohr das vom Sonnenlicht gebildete Bild beobachtet. Daran kann man sehen, dass die Darstellung im „Yuan Jing Shuo" dennoch recht umfassend ist.

Der Inhalt des „Yuan Jing Shuo" ist recht knapp gehalten, wobei die Strahlengänge im Buch falsch sind, aber die im Buch vorgestellten Verfahren der Herstellung und der Anwendung sind tatsächlich realistisch. Deshalb war es für die spätere optische Forschung und die Herstellung von Fernrohren in China stimulierend. Im 7. Monat des 2. Jahres der Regierungsära Chongzhen (1629) hatte Xu Guangqi, der den kaiserlichen Auftrag erhalten hatte, den Kalender zu reformieren, in einer Eingabe an den Kaiser angegeben, dass dringend zehn astronomische Geräte benötigt würden", darunter waren „sieben Geräte zur Messung der Sternpositionen und drei Fernrohre zur Beobachtung von Finsternissen".[217] Die Chronik „Ming Shi, Aufzeichnungen über Astronomie" erwähnt auch: „Das Fernrohr, auch Beobachtungsrohr genannt, besteht aus einem Satz ineinander gesteckter Rohre, so dass man sie verlängern und verkürzen kann. An beiden Enden befindet sich eine Glaslinse, so dass man das betrachtete Objekt entsprechend seiner Entfernung groß sieht. Man kann nicht nur Himmelserscheinungen beobachten, sondern mehrere Li entfernte Objekte so sehen, als wären sie vor den Augen, man kann den Feind sehen, wie er die Kanonen bedient, so dass das Gerät von großem Nutzen ist." Man sieht, dass man in China über die Funktion eines Fernrohrs hinreichende Kenntnisse besaß. Wie in Europa wurde es zuerst für astronomische Beobachtungen eingesetzt, aber zugleich wurde es auch für militärische Zwecke benutzt. Das Fernrohr entwickelte sich in China sehr schnell. Gegen Ende der Ming- und zum Anfang der Qing-Dynastie trat in China eine ganze Gruppe von Herstellern optischer Geräte in Erscheinung, und in diesem Prozess darf man die Rolle des „Yuan Jing Shuo" nicht vernachlässigen.

Das „Yuan Jing Shuo" wurde im Jahr 1626 verfasst und erschien im Jahre 1630, und es wurde in dem Buch „Yi Hai Zhu Chen" (Perlenstaub im Meer der Künste) überliefert, und auch durch das Werk „Cong Shu Ji Cheng Chu Bian" (Anfängliche Redaktion der vollständigen Sammlung aller Bücher) ziemlich verbreitet. Der Inhalt dieses Werks geht insgesamt über das Ziel unseres Buches hinaus.

Adam Schall von Bells wichtigster Beitrag zur Geschichte der Metrologie ist seine Arbeit zur Überarbeitung des Kalenders für den Ming-Kaiserhof. Der benutzte „Datong-Kalender" war in Wirklichkeit der von Guo Shoujing ausgearbeitete „Shoushi-Kalender". Bis zur späten Phase der Ming-Dynastie stimmten wegen akkumulierter Fehler die im „Datong-Kalender" vorausgesagten Himmelserscheinungen oft nicht mit den realen Erscheinungen überein, so dass die Stimmen bei Hofe und im Volk immer lauter wurden,

---

217 Xu Guangqi (Ming-Dynastie): Tiao Yi Li Fa Xiu Zheng Sui Cha Shu (Bericht über die Korrektur des Jahresrests zur Neuordnung des Kalenders), in: Redaktion Shanghai von Zhonghua Shuju, Xu Guangqi Ji (Gesammelte Werke von Xu Guangqi), Beijing, Zhonghua Shuju, 1983, S. 332-339

den Kalender zu reformieren. In den Jahren der Regierungsära Chongzhen wurde das Problem der Kalenderreform offiziell auf die Tagesordnung gesetzt. In der Chronik „Ming Shi, Biografie von Xu Guangqi" wurde der Hergang des Beginns der Kalenderreform im 2. Jahr der Regierungsära Chongzhen (1629) aufgezeichnet:

„Weil der Kaiser damals eine Sonnenfinsternis nicht im Kalender fand, wollte er die Beamten des Observatoriums dafür zur Rechenschaft ziehen. Guangqi sagte: ‚Die Messungen der Beamten des Observatoriums beruhen ursprünglich auf dem Kalender von Guo Shoujing. Während der Yuan-Dynastie wurde einst eine Finsternis vorausgesagt, aber sie trat nicht ein. Das passierte auch Guo Shoujing. Deshalb ist es nicht verwunderlich, wenn die Beamten des Observatoriums eine falsche Voraussage gemacht haben. Euer Diener hat gehört, wenn ein Kalender lange im Gebrauch ist, summieren sich seine Fehler, deshalb muss man ihn beizeiten korrigieren.' Der Kaiser folgte seinem Vorschlag und beauftragte die Männer aus dem Westen Nicolas Longobardi, Johann Schreck und Giacomo Rho, einen Kalender zu berechnen, und Guangqi sollte die Arbeiten beaufsichtigen."

Aufgrund der Anweisung des Kaisers Chongzhen begann der Ming-Hof, ein Kalenderamt einzurichten, für das Xu Guangqi verantwortlich war, der offiziell die Arbeiten zur Ausarbeitung eines Kalenders initiierte. Tatsächlich nahmen von Beginn nur die beiden Missionare Nicolas Longobardi und Johann Schreck an der Arbeit des Kalenderamts teil. Da aber Longobardi's Interesse sich hauptsächlich auf die Mission konzentrierte, wurde die Arbeit der Ausarbeitung des Kalenders im Wesentlichen von Johann Schreck geleistet. Da im 3. Jahr der Regierungsära Chongzhen Johann Schreck infolge Krankheit starb, richtete Xu Guangqi an den Kaiser Chongzhen einen „Bericht über die Ausarbeitung des Kalenders und die Bitte der Einbeziehung von Adam Schall von Bell und Giacomo Rho", in dem er forderte, dass von Bell und Giacomo Rho in die Gruppe der Kalenderredakteure aufgenommen werden. Er verwies darauf, dass die beiden Männer „in ihren Fähigkeiten Johann Schreck ebenbürtig sind, zudem stehen sie im besten Mannesalter, so dass man auf vorzügliche Ergebnisse hoffen darf". Kaiser Chongzhen genehmigte drei Tage später den Vorschlag und erklärte: „Da die Kalenderarbeit gerade begonnen hat, kann man Adam Schall von Bell dort einsetzen. Er befahl, dass die örtlichen Beamten ihn bei der Reise nach Beijing unterstützen."

Damals war von Bell gerade in Xi'an als Missionar tätig, und die Beamten in Xi'an bereiteten entsprechend der Weisung des Kaisers Chongzhen eigens eine Sänfte für ihn, mit der er nach Beijing gebracht wurde. Nach dieser Komplikation kam von Bell schließlich ins Kalenderamt und wandte sich der Arbeit der Ausarbeitung eines Kalenders am Ende der Ming-Dynastie zu.

Dass von Bell sich in die Ausarbeitung des Kalenders einbrachte, ist von der tatkräftigen Unterstützung durch Kaiser Chongzhen nicht zu trennen. Damals gab es Beamte, die für diese Entscheidung kein Verständnis hatten. Das ist im „Lie Huang Xiao Shi" aufgezeichnet:

„Damals interessierte sich der Kaiser für die Himmelserscheinungen. Allgemein beobachtet man Verfinsterungen der Sonne und des Mondes, und wie sich die Bahnen der Sterne den Mondhäusern nähern. Er fand, dass die Voraussagen des chinesischen Kalenders nicht völlig zutreffend sind, aber wenn man es mit dem westlichen Kalender überprüfte, stimmte er jedesmal mit der Realität überein. Daraufhin wurde Adam Schall von Bell, ein Mann aus dem Westen, zum Siegelbewahrer ernannt und erhielt die spezielle Aufgabe, den Kalender zu reformieren. Als der Kaiser um Meinungen bat, trat De Jing vor und sprach: ‚Welche Vorteile bietet uns Adam Schall von Bell, dass Eure Majestät ihn derart bevorzugen?' Der Kaiser *erwiderte: ‚Im Altertum riefen die Kaiser Leute aus der Ferne herbei. Adam Schall von Bell kommt aus fernen Barbarenländern und verehrt China, deshalb gebe ich ihm den Vorzug."*

Nachdem von Bell in das Kalenderamt eingetreten war, wandte er sich zusammen mit Giacomo Rho mit ganzer Kraft der Arbeit zu, den Kalender aufzustellen und zu übersetzen. Xu Guangqi beurteilte ihre Arbeit so: „Die aus der Ferne gekommenen Diener Giacomo Rho und Adam Schall von Bell haben die Kalendertabellen zusammengestellt und übersetzt, sie haben Geräte angefertigt, um die Bewegungsbahnen bei den Verfinsterungen in Grad zu messen. Sie unterrichteten die Beamten des Observatoriums, mehrere Jahre gaben sie ihr Herzblut, fast haben sie die Spitzen der Pinsel abgenutzt und sich die Münder trocken geredet, ihr Verdienst muss man an die erste Stelle setzen."

Von Bells Arbeit im Kalenderamt bestand hauptsächlich aus drei Teilen, nämlich Bücher verfassen und übersetzen, Geräte anfertigen und den Kalender ausarbeiten. Damals war der Leitgedanke bei der Ausarbeitung eines Kalenders, mit dem Wissen der westlichen Astronomie den traditionellen chinesischen Kalender zu verbessern. Deshalb musste man zuerst einschlägige westliche Werke übersetzen und den Chinesen vorstellen. Im ganzen Prozess der Ausarbeitung des Kalenders hatte von Bell am Verfassen folgender astronomischer Werke teilgenommen beziehungsweise sie eigenständig verfasst:

1. Jiao Shi Li Zhi (Kalenderkunde der Finsternisse), vier Kapitel
2. Jiao Shi Li Biao (Kalendertabellen der Finsternisse), zwei Kapitel
3. Jiao Shi Li Zhi (Kalenderkunde der Finsternisse), drei Kapitel
4. Jiao Shi Zhu Biao Yong Fa (Anwendung der Finsternistabellen), zwei Kapitel
5. Jiao Shi Meng Qiu (Schlichte Untersuchung der Finsternisse), ein Kapitel
6. Gu Jin Jiao Shi Kao (Untersuchung der Finsternisse in alter und neuer Zeit), ein Kapitel
7. Heng Xing Chu Mo Biao (Tabellen der Auf- und Untergangs der Fixsterne), zwei Kapitel
8. Jiao Shi Biao (Finsternistabellen), vier Kapitel

Außer den oben genannten Büchern gibt es noch folgende von Adam Schall von Bell übersetzte Werke: „Ce Tian Yue Shuo" (Erläuterungen zur Messung des Himmels), zwei Kapitel, „Ce Ri Lüe" (Abriss der Messung der Sonne), zwei Kapitel, „Xue Li Xiao Bian" (Kleine Erörterung des Kalenderstudiums), ein Kapitel, „Hun Tian Yi Shuo" (Erläuterung der Armillarsphäre), fünf Kapitel, „Ri Chan Li Zhi" (Kalenderkunde der Sonnenbahn), ein Kapitel, „Ri Chan Biao" (Sonnenbahntabellen), zwei Kapitel, „Huang Chi Zheng Qiu" (Die rechte Kugel der Ekliptik und des Äquators), ein Kapitel, „Yue Li Li Zhi" (Kalenderkunde des Mondabstands), vier Kapitel, „Yue Li Biao" (Mondabstandstabellen), vier Kapitel, „Wu Wei Li Zhi" (Kalenderkunde der fünf Gestirne), neun Kapitel, „Wu Wei Biao Shuo" (Erläuerungen zu den Tabellen der fünf Gestirne), ein Kapitel, „Wu Wei Biao" (Tabellen der fünf Gestirne), „Heng Xing Li Zhi" (Kalenderkunde der Fixsterne), drei Kapitel, „Heng Xing Biao" (Tabellen der Fixsterne), zwei Kapitel, „Heng Xing Jing Wei Tu Shuo" (Illustrierte Erläuterungen zu den Positionen der Fixsterne), ein Kapitel, „Jiao Shi" (Die Finsternisse), neun Kapitel, „Ba Xian Biao" (Trigonometrische Tabellen), zwei Kapitel, „Xin Fa Li Yin" (Einführung in die neuen Kalendermethoden), ein Kapitel, „Li Fa Xi Chuan" (Aus dem Westen übernommene Kalendermethoden), zwei Kapitel und „Xin Fa Biao Yi" (Unterschiede der Tabellen der neuen Methoden), zwei Kapitel. Außerdem gibt es noch die Werke „Xi Yang Ce Ri Li" (Kalender aus den Ländern des westlichen Ozeans aufgrund der Messung der Sonne) und „Xin Li Xiao Huo" (Verständnis und Zweifel über den neuen Kalender), jeweils ein Kapitel sowie „Chi Dao Nan Bei Liang Dong Xing Tu" (Bilder der beiden nördlich und südlich der Ekliptik wandernden Sterne), „Heng Xing Ping Zhang" (Schutzschirm der Fixsterne) und andere Bücher und Illustrationen. Von Bell hatte außerdem von Giacomo Rho und anderen verfasste Werke redigiert, wie „Bi Li Gui Jie" (Erklärung der Proportionalitätsgesetze), „Ce Liang Quan Yi" (Vollständige Bedeutung der Messkunst), „Chou Suan" (Mathematik) und andere Bücher. Wenn man diese Aufstellung der Bücher sieht, so muss man Adam Schall von Bells Arbeitsleistung wirklich bewundern.

Auf dem Gebiet der Herstellung von Geräten hatte Xu Guangqi, nachdem er den ausgearbeiteten Kalender als erster unterzeichnet hatte, dem Kaiser Chongzhen berichtet und gefordert, dass eine Reihe astronomischer Geräte angefertigt wird. Später hatte Xu Guangqi wegen dringender militärischer Obliegenheiten, nachdem von Bell ins Kalenderamt eingetreten war, die Aufgabe der Herstellung der astronomischen Geräte hauptsächlich von ihm verantwortlich ausführen lassen. Kaiser Chongzhen war von den von ihm hergestellten astronomischen Geräten höchst erfreut. Nach den historischen Aufzeichnungen wurden im siebten Jahr der Regierungsära Chongzhen (1634) damals eine Sonnenuhr, eine Sternenuhr und ein Beobachtungsrohr (Anmerkung im Originaltext: das heißt ein Fernrohr) sämtlich angefertigt. Der Bericht besagt, dass der Kaiser den Beamten des Observatoriums Lu Weining und Wei Guozheng befahl, sich ins Kalenderamt zu begeben, um den Gebrauch der Geräte zu erproben, und alsbald wurde von Bell befohlen, die Geräte persönlich zu übergeben. Er spornte die Tischler an, eine Terrasse zu bauen, und es wurde eine Halle eingerichtet. Auch der Kaiser erschien persönlich, um die Geräte in Augenschein zu nehmen. Nachdem das erledigt war, richtete der Palast für Adam Schall von Bell ein Bankett aus. Der Kaiser kam häufig, um sich die Geräte anzuschauen und sie zu erproben, aber sie wichen nicht um eine Minute oder eine Sekunde ab, und von Bell wurde dafür großzügig belohnt.[218]

Durch die fleißige Arbeit aller Mitarbeiter des Kalenderamts wurde der neue Kalender nach mehr als zehn Jahren schließlich vollendet, das ist der in der Geschichte berühmte „Chongzhen-Kalender"(Chong Zhen Li Shu). Der „Chongzhen-Kalender" ist sehr umfangreich, er umfasst 46 Teile und 137 Kapitel. Dieses Buch ist ein Sammelwerk, in dem erstmals in der Geschichte Chinas das astronomische Wissen des Westens angewendet wurde, um einen astronomischen Kalender aufzustellen. Sein Inhalt umfasst die grundlegende Theorie der Astronomie, astronomische Tabellen, das notwendige mathematische Wissen (hauptsächlich ebene und sphärische Trigonometrie und Geometrie), astronomische Geräte und Umrechnungstabellen der Maßeinheiten zwischen dem traditionellen und dem westlichen Verfahren. Da Xu Guangqi davon ausging, die Berechnung des Kalenders auf die Grundlage des Verständnisses der Prinzipien der astronomischen Erscheinungen zu

---

218 Siehe Huang Bolu (Qing-Dynastie): „Zheng Jiao Feng Bao" (Lob der rechten Religion), in „Zhongguo tianzhujiao shiji huibian" (Kompilation von Büchern über die Geschichte der katholischen Religion in China), redigiert von Chen Fangzhong, Taiwan, Furen daxue chubanshe, 2003, S. 478

stellen, nimmt die Diskussion theoretischer Fragen ein Drittel des ganzen Buches ein. Der „Chongzhen-Kalender" benutzte das von Tycho Brahe geschaffene System der Himmelskörper und die Geometrie und die Berechnungsverfahren des Westens. Er führte klar den Begriff der Erdkugel und die Idee der geografischen Längen- und Breitengrade ein sowie die sphärische Astronomie, die Parallaxe, die Brechung durch die Atmosphäre und andere wichtige astronomische Begriffe und entsprechende Korrekturberechnungsverfahren. Er benutzte auch einige im Westen verbreitete Maßeinheiten: Der Umfang des Himmels ist in 360° unterteilt, ein ganzer Tag ist in 96 Ke oder 24 Stunden unterteilt. Unterhalb von Grad und Stunde benutzte man das 60er System usw.

Der „Chongzhen-Kalender" ist eine Zusammenstellung und ein Fortschritt, der unter der Kritik der Gegner erprobt wurde. Das Ergebnis der Erprobung zeigte, dass er gegenüber dem während der Ming-Dynastie gebräuchlichen „Datong-Kalender" und dem aus den westlichen Regionen Chinas eingeführten „Huihui-Kalender" besser mit den Himmelserscheinungen übereinstimmte. Kaiser Chongzhen war mit der Arbeit von Adam Schall von Bell sehr zufrieden, und im 11. Jahr der Regierungsära Chongzhen (1638) schlug das Ritenministerium vor: „Von Bell und andere haben den von ihnen geschaffenen Kalender erläutert, ihre Aufzeichnungen sind nützlich, …, wir sind verpflichtet, diese Arbeiten auszuzeichnen."[219] Kaiser Chongzhen schenkte Adam Schall von Bell eine Spruchtafel, auf die der Kaiser geschrieben hatte „kaiserlich gepriesene himmlische Lehre", um seine Wertschätzung auszudrücken.

Nach hinlänglicher Prüfung und Disputation entschied Kaiser Chongzhen, den neuen Kalender anzuwenden, aber er kam nicht mehr dazu, den neuen Kalender in Kraft zu setzen, denn der Kaiserhof der Ming ging seinem letzten Tag entgegen. Im 17. Jahr der Regierungsära Chongzhen (1644) besetzte Li Zicheng mit einer Bauernarmee von 300 000 Mann Beijing, worauf sich Kaiser Chongzhen auf dem Kohlehügel erhängte. Am 26. des 5. Monats drang das Heer der Qing in den Paß Shanhaiguan ein, es vereinigte sich mit den Truppen von Wu Sangui, so dass Li Zicheng aus Beijing floh. Am 6. des 6. Monats besetzte das Heer der Qing Beijing. Nach der Besetzung der Hauptstadt befahl der Regent des Kaisers, Dorgun, einen Teil der Bevölkerung umzusiedeln, um für die Mandschuren Häuser zu räumen. Die Kirche, in der Adam Schall von Bell wohnte, befand sich in diesem Bezirk. Um zu bitten, dass er am ursprünglichen Ort bleiben dürfte, wendete sich von Bell an Dorgun, indem er zum Ausdruck brachte, dass die Missionare sehr viele klassische Bücher und von ihnen übersetzte und kompilierte Kalenderbücher sowie Geräte aus dem Westen mitgebracht hätten. Wenn sie übereilt umziehen müssten, würde das notwendigerweise zu Verlusten führen. Deshalb bat er darum, ob man ihm gestatten könnte zu bleiben. Dorgun erklärte sich mit von Bells Bitte einverstanden. Außerdem ließ er vor der Kirche eine Verlautbarung anbringen, dass es Unbefugten verboten wäre, Unruhe zu stiften. Ab diesem Ereignis begann Adam Schall von Bell, mit dem Kaiserhof der Qing eng zusammenzuarbeiten.

Der Oberbefehlshaber des Heers der Qing, Dorgun, war ein kluger Mann, er wusste, nachdem sie als Herren in Beijing eingezogen waren und China erobert hatten, müsste man sich, außer militärischen Druck auszuüben, mit der Han-chinesischen Kultur identifizieren,

---

219 Ebd., S. 479

damit sich die breiten Volksmassen der Han-Chinesen unterwerfen. Um das zu erreichen, gibt es vor allem nichts Besseres als die „Achtung des Himmels" auszudrücken. Nach der traditionellen Lehre der Konfuzianer bedeutet ein Wechsel der Dynastie eine Übertragung des Mandats des Himmels, und man muss einen neuen Kalender verkünden. Das bot Adam Schall von Bell gerade eine Gelegenheit. Von Bell ergriff in dieser Zeit historischer Umwälzungen entschieden die Gelegenheit, den „Chongzhen-Kalender" dem Qing-Hof darzubringen und außerdem die Zeiten auszurechnen, zu denen Sonnen- und Mondfinsternisse auftreten werden. Er berichtete dem Hof:

„Euer Diener war im zweiten Jahr der Regierungsära Chongzhen (1629) der Ming-Dynastie in die Hauptstadt gekommen und hatte mit neuen Methoden aus den Ländern des westlichen Ozeans den alten Kalender geordnet. Er stellte Sonnen-, Mond- und Sternenuhren her. Mit bestimmten Zeiten überprüfte er die Geräte. In letzter Zeit hatten Banditen sie zerstört. Deshalb plant er, sie wieder anzufertigen und dem Hof zu übergeben. In diesem Jahr wird am 1. des 8. Monats eine Sonnenfinsternis eintreten, die wir nach den neuen Methoden berechnet haben. Das Ausmaß der Sonnenfinsternis in der Hauptstadt und ihre konkrete Zeit und die Richtungen zum Beginn und am Ende der Finsternis werden zusammen mit den in den einzelnen Provinzen zu sehenden verschiedenen Daten für den Kaiser aufgelistet."[220]

Adam Schall von Bells Eingabe wurde angenommen, und Dorgun befahl, dass er den Kalender korrigieren möge. Als zu der von Adam Schall von Bell vorausgesagten Zeit die Sonnenfinsternis eintrat, befahl Dorgun, dass der Akademiker Feng Quan und von Bell die Beamten des kaiserlichen Observatoriums anleiten und sich zur Sternwarte begeben, um vor Ort Beobachtungen anzustellen. Die Beobachtungsergebnisse bewiesen, dass nur von Bells neue Methoden mit den Himmelserscheinungen übereinstimmten und dass die Berechnungen im „Datong-Kalender" und im „Huihui-Kalender" ungenau waren.

Das Ergebnis der Messung der Sonnenfinsternis erhöhte schrittweise das Vertrauen des Qing-Hofs in Adam Schall von Bell. Im 11. Monat dieses Jahres verkündete der Qing-Hof offiziell ein Edikt, in dem von Bell zum Direktor des kaiserlichen Observatoriums ernannt wurde:

„Das Amtssiegel des kaiserlichen Observatoriums wird von Adam Schall von Bell verwaltet. Die zum Observatorium gehörigen Beamten und alle künftig dem Kaiser vorzulegenden Kalender, Erläuterungen zu den Sternenprophezeiungen und die Auswahl Glück und Unglück verheißender Tage und so weiter haben den Anordnungen des Direktors zu folgen."[221]

Da von Bell meinte, dass er wegen der Mission nach China gekommen wäre, jedoch nicht, um Beamter zu werden, bat er in einer Eingabe, die Ernennung zurückzunehmen, aber seine Bitte wurde sehr schnell abgelehnt, so dass von Bell nichts blieb, als seinen Posten sofort anzutreten. So wurde er Direktor des kaiserlichen Observatoriums, und seine Ernennung zum ersten ausländischen Direktor nahm von dort den Anfang, dass Ausländer in China das kaiserliche Observatorium leiteten.

Wegen der Notwendigkeit, dass der Qing-Kaiserhof einen Kalender verkündet, hatte von Bell den ursprünglichen „Chongzhen-Kalender" gestrafft und vereinfacht, und er

---

220 „Qing Shi Gao" (Entwurf der Geschichte der Qing-Dynastie): Kap. 272 „Biografie von Adam Schall von Bell"
221 „Qing Shi Lu" (Chronik der Qing-Dynastie), 11. Monat des 1. Jahrs der Regierungsära Shunzhi

wurde nach der erneuten Redaktion als „Kalender nach den neuen Methoden der Länder des westlichen Ozeans" in 100 Kapiteln gedruckt, und er fügte noch die drei Kapitel „Chou Suan" (Mathematik), „Li Fa Xi Chuan" (Die Übertragung des Kalenders aus dem Westen) und „Xin Fa Li Yin" (Einführung in die neuen Methoden der Kalenderkunde) hinzu. So übergab er dem Kaiserhof 103 Kapitel. Auf dieser Grundlage verkündete der Qing-Hof einen neuen Kalender – den „Shixian-Kalender" (Kalender des Zeitgesetzes), und auf dem Umschlag druckte er noch deutlich sichtbar die fünf Schriftzeichen „Yi Xi Yang Xin Fa" (Nach den neuen Methoden der Länder des westlichen Ozeans), um die Bestätigung der neuen Methoden auszudrücken. Im 10. Jahr der Regierungsära Shunzhi (1653) gab der Kaiser in einem Edikt eine Auszeichnung von Adam Schall von Bell bekannt, er schenkte ihm eine Spruchtafel mit der Aufschrift „Tong Xuan Jiao Shi" (Allkundiger Lehrer der geheimnisvollen Lehre), mit der er ihn als Lehrer der Kirche würdigte, der in den tiefsten Geheimnissen bewandert war.

In der Welle des Vordringens der westlichen Wissenschaften nach Osten am Ende der Ming- und zum Beginn der Qing-Dynastie waren die Missionare im Prozess der Mission stets von verschiedenen Gegenkräften konfrontiert, ebenso Adam Schall von Bell. Im 14. Jahr der Regierungsära Shunzhi (1657) lieferte der islamische Beamte Wu Mingxuan, den von Bell aus dem kaiserlichen Observatorium entlassen hatte, einen Bericht, in dem er Adam Schall von Bell beschuldigte, den Untergang des Merkurs nicht exakt berechnet zu haben. Er behauptete, dass man am 24. des 8. Monats dieses Jahrs den Merkur hätte sehen müssen, aber von Bell hatte berechnet, dass er nicht sichtbar sei. Außerdem beschuldigte er von Bell noch anderer „Irrtümer". Nach der Aufzeichnung im „Qing Shi Gao", Biografie von Adam Schall von Bell, war das Ergebnis dieses Vorfalls, „im 8. Monat befahl der Kaiser dem Kommandanten der Leibgarde Aixing'a und den verschiedenen Ministern, auf die Sternwarte zu kommen, und sie fanden, dass der Merkur nicht zu sehen war. Sie kamen eindeutig zu dem Urteil, dass die Anschuldigung falsch wäre und nicht den Tatsachen entspräche, die Strafe, die nach dem Gesetz Erdrosseln vorsah, wurde von Bell erlassen.

Im 3. Jahr Kangxi (1664) richtete ein Konfuzianer, der aus dem Kreis She in der Provinz Anhui stammte, Yang Guangxian, ein Anhänger des Islam, einen Bericht an den Kaiser, in dem wieder ein Angriff gegen Adam Schall von Bell gestartet wurde. Diesmal beschuldigte er ihn nicht nur wegen sogenannter „Irrtümer" der neuen Methoden, zum Beispiel, dass das traditionelle 100 Ke-System zu einem 96 Ke-System abgeändert wurde, sondern er verstieg sich noch zu politischer Kompromittierung, indem er unterstellte, dass die fünf großen Schriftzeichen auf dem Umschlag des Kalenders „Yi Xi Yang Xin Fa" (Nach den neuen Methoden der Länder des westlichen Ozeans) bedeuten, das Recht der Verkündung des Kalenders wäre einem Ausländer übergeben und dass man den Neujahrstag der Ausländer angenommen hätte. Er sagte noch, der Himmel möge den Kaiser beschützen und dass er dem großen Qing-Reich zehntausend Jahre wünsche, aber von Bell hatte den dargebrachten Kalender lediglich für 200 Jahre berechnet.[222] Ferner behauptete er, dass

---

222 aber von Bell hatte den Kalender lediglich für 200 Jahre berechnet – Hier unterstellte Yang Guangxian, dass von Bell der Qing-Dynastie nur eine Dauer von 200 Jahren beschied, während man ihr pflichtgemäß 10000 Jahre wünschte. Dies wurde als eine Beleidigung der Dynastie aufgefasst, die die Todesstrafe nach sich zog.

der von Adam Schall von Bell ausgewählte Tag für das Begräbnis des Kronprinzen Rong falsch wäre. Der Termin der Bestattung und die Ausrichtung des Grabes wären höchst problematisch. Ferner sagte er, da von Bell nicht zu unserer Art gehört, müsse auch sein Herz abartig sein, und so weiter.

Adam Schall von Bell musste noch trauriger empfinden, dass es außer starr am Alten hängenden Elementen unter den Chinesen auch Kollegen seiner Kirche gab, die sich gegen ihn wendeten. Einige Missionare, angeführt von Ludovico Buglio (Li Leisi) und Gabriel de Magalhaes (An Wensi), griffen ihn an, dass er den ganzen Tag mit dem Kaiser, dem Adel und den Würdenträger verkehrte, dass er an seinem Beamtenposten hinge und keine Zeit hätte, sich um die Angelegenheiten der Kirche zu kümmern. Sie griffen ihn dafür an, dass er Matteo Ricci's Herangehensweise, die chinesischen Gebräuche zu achten, fortsetzte, und wenn sie die konservativen Ansichten mancher Chinesen missbilligten, gaben sie sich sehr anmaßend und töricht. Sie propagierten falsche Ansichten wie ‚die Menschen der Länder in Ost und West sind alle Nachfahren von Christus', die die Würde der Chinesen verletzten. Gerade das lieferte Yang Guangxian, der gegen die westlichen Methoden war, einen Vorwand, um die Ausländer zu verdrängen." Und die Angriffe von Ludovico Buglio und Gabriel des Magalhaes brachten ihnen nicht nur keinerlei Vorteil, im Gegenteil wurden sie zusammen mit Adam Schall von Bell ins Gefängnis geworfen.

Damals regierte Kaiser Kangxi noch nicht persönlich, so dass Yang Guangxian's Bericht von den Würdenträgern, die an seiner Stelle regierten, diskutiert und darüber entschieden wurde. Im 4. Monat des 4. Jahres der Regierungsära Kangxi (1665) kamen die Würdenträger zu diesem Ergebnis: „Adam Schall von Bell und der Verantwortliche für die Wasseruhren Du Ruyu und die Beamten des kaiserlichen Observatoriums Yang Hongliang, Li Zubai, Song Kecheng, Song Fa, Zhu Guangxian und Liu Youtai werden durch Vierteilen zum Tode verurteilt, und die Beamten des Observatoriums Liu Biyuan, Jia Wenyu, Song Kecheng's Sohn Zhe, Li Zubai's Sohn Shi und Adam Schall von Bell's Patensohn Fan Jinxiao werden enthauptet."[223] Wie der Zufall es wollte, nicht lange nachdem das Dokument über die Todesstrafe für Adam Schall von Bell und die anderen dem Kaiser und der Kaiserin Xiaozhuang zugeschickt worden war, gab es in Beijing plötzlich ein Erdbeben. Die Missionare erklärten, dass das eine Warnung des Himmels angesichts dieses ungerechten Urteils sei. Daraufhin hatte sich die Kaiserin mit der Begründung, dass er ein wichtiger Diener des vorhergehenden Kaisers Shunzhi gewesen wäre, mit ganzer Kraft dafür eingesetzt, dass Adam Schall von Bell begnadigt wird. Das Ergebnis des Ringens der Kaiserin mit den Würdenträgern war, dass Adam Schall von Bell, Ludovico Buglio, Gabriel de Magalhaes und Ferdinand Verbiest begnadigt, aber die übrigen in das Verfahren verwickelten Chinesen hingerichtet wurden.

Als er so ungerecht verurteilt wurde, war von Bell schon 73 Jahre alt. Da er ins Gefängnis geworfen wurde, erkrankte er plötzlich. Nicht lange nach seiner Entlassung, nämlich zwei Jahre später, am 15. des 8. Monats des 6. Jahrs der Regierungsära Kangxi (1667) ist er an dem erlittenen Unrecht gestorben.

In dem Jahr, in dem Adam Schall von Bell gestorben war, übernahm Kaiser Kangxi persönlich die Regierung. Im 7. Jahr seiner Regierung wollte sich Kaiser Kangxi ein Urteil

---

223 Yu Sanle: „Zaoqi xifa chuanjiaoshi yu beijing" (Die westlichen Missionare und Beijing in der Frühzeit), Beijing, Beijing chubanshe, 2001, S. 149

über die Astronomie bilden. Deshalb forderte er Yang Guangxian und Ferdinand Verbiest auf, vor einem Publikum den Sonnenschatten zu messen. Als Ergebnis der Messung stimmte Verbiest's durch Berechnung nach westlichen Methoden erzieltes Resultat mit der Realität überein. Das beeindruckte Kaiser Kangxi sehr. Im 5. Monat des 8. Jahres der Regierungsära Kangxi wurde der anmaßende, selbstgefällige Würdenträger Aobai ins Gefängnis geworfen. Im 6. Monat richteten Ferdinand Verbiest, Ludovico Buglio und Gabriel de Magalhaes eine Eingabe an den Kaiser, in der sie um die Rehabilitierung von Adam Schall von Bell baten. Nach einer gerichtlichen Untersuchung entschied der Qing-Hof, Adam Schall von Bells Ruf wiederherzustellen. Im 10. Monat dieses Jahres spendete Kaiser Kangxi 524 Liang Silber, die für die Errichtung eines Grabes für Adam Schall von Bell verwendet wurden und um eine Grabstele mit steinernen Tierfiguren zu errichten. Im 11. Monat entsendete Kaiser Kangxi den Ritenminister zum Grab von Adam Schall von Bell, um ein Opfer darzubringen. Bis auf den heutigen Tag befinden sich die Gräber von Adam Schall von Bell und Ferdinand Verbiest zu beiden Seiten von Matteo Ricci's Grabstelle, so dass wir ihnen nach wie vor unsere Hochachtung zollen können.

3. Ferdinand Verbiest's hervorragende Beiträge

Unter den Jesuiten, die am Ende der Ming- und zu Beginn der Qing-Dynastie nach China gekommen waren, werden Matteo Ricci, Adam Schall von Bell und Ferdinand Verbiest bei den Nachfahren als die drei außergewöhnlichen Missionare bezeichnet. Unter diesen drei außergewöhnlichen war Ferdinand Verbiest, der am spätesten nach China gekommen war, ein Belgier. Sein chinesischer Name lautet Nan Huai-ren. Nach der chinesischen Tradition gab er sich den Beinamen Dunbo und einen weiteren Beinamen Xunqing. Ferdinand Verbiest wurde am 9.10.1623 im belgischen Pittem geboren.

Verbiest's Vater Judocus Verbiest (1593–1651) war ein Beamter der Stadtregierung von Pittem. Ferdinand Verbiest war sein viertes Kind, Ferdinand erhielt eine Universitätsbildung anfangs an der berühmten Universität von Leuven. Im Oktober 1640 trat Verbiest in diese Universität ein. Während des Studiums an der Universität von Leuven kam er mit der Lehre des Aristoteles in Berührung, besonders mit der Logik und seinem philosophischen System. Er studierte auch Kosmologie und Astronomie, Mathematik, Geografie und andere Wissenschaften und kam mit verschiedenen neuen Ideen in Berührung. Aber im Gefolge der an der Universität von Leuven aufgetretenen neuen Ideen kam es zu heftigen Kontroversen bis hin zu einer Tendenz des Zweifels an der katholischen Religion, die Verbiest missfiel. Im September 1641 verließ er die Universität von Leuven und begab sich in das Kloster Mechlin, wo er weiter studierte. Dort trat er dem Jesuitenorden bei und begann nach den festen Regeln ein zweijähriges Praktikum als Mönch. Nachdem er das Praktikum absolviert hatte, kehrte er nach Leuven zurück und setzte im Institut des Jesuitenordens das Studium von Philosophie, Mathematik und Astronomie fort. Diese Studien legten eine solide Wissensbasis für seine spätere Missionstätigkeit in China.

Ferdinand Verbiest hegte eine tiefe Hingabe an die Mission in Übersee. Im Januar 1645 und im November 1646 wendete er sich zweimal mit Briefen an seine Oberen und bat, zur Mission nach Südamerika geschickt zu werden. Aber die Angelegenheit der Mission in Südamerika kam aus verschiedenen Gründen nicht zum Tragen. Am 19. und 26.6.1655 richtete er wieder Briefe an seine Oberen, in denen er der Hoffnung Ausdruck verlieh, in die Reihen der Missionare in Indien und China aufgenommen zu werden. Am 10.7. dieses Jahres antwortete ihm der General der Generalversammlung des Jesuitenordens, Goswin Nickel, dass er mit seiner Mission in China einverstanden wäre. Im Januar 1656 bestieg Ferdinand Verbiest mit mehreren weiteren Missionaren ein Handelsschiff, das nach Portugal abging. Denn sie mussten von dort die Reise nach China antreten.

Nachdem er verschiedene Komplikationen überstanden hatte, traten Verbiest und die anderen am 4.4.1657 schließlich in Lissabon die Seereise nach China an. Die Seereise war beschwerlich. Zusammen mit Ferdinand Verbiest hatten sich insgesamt 17 Jesuiten auf diese Reise begeben, aber als sie am 7.7.1658 schließlich Macao in China erreichten, waren von der ganzen Gruppe nur 5 Personen übriggeblieben, die restlichen 12 waren entweder an Krankheit gestorben, oder man musste sie wegen schwerer Krankheit an den unterwegs passierten Orten zurücklassen.

Nachdem er Macao erreicht hatte, wurde Verbiest nach einem kurzen Aufenthalt zur Mission nach Xi'an geschickt. Damals suchte Adam Schall von Bell gerade einen Helfer für die Ausarbeitung seines Kalenders. Adam Schall von Bell leitete bereits mehr als zehn Jahre das kaiserliche Observatorium. Dabei waren die Kalenderberechnungen und Beobachtungen der Himmelserscheinungen für den neu gegründeten Kaiserhof der Qing von höchster Bedeutung, aber Adam Schall von Bell war schon in hohem Alter, so dass ihn zuweilen das Gefühl überkam, dass die Arbeit seine Kräfte übersteigt. Deshalb brauchte er dringend einen Helfer. Nachdem er mehrere Missionare als Helfer geprüft hatte, schlug Adam Schall von Bell am 26.2.1660 dem Kaiser Shunzhi Ferdinand Verbiest vor. Am 9.5. verließ Verbiest auf kaiserliches Geheiß Xi'an und begab sich in die Hauptstadt. Nach einem Monat erreichte er Beijing und wurde Adam Schall von Bell's Gehilfe.

Ferdinand Verbiest hätte sich überhaupt nicht vorstellen können, dass er wenige Jahre nach seiner Ankunft in Beijing in den politischen Kampf des Konservativen Yang Guangxian hineingezogen werden könnte, der heute als „Kalenderprozess" der Qing-Dynastie bezeichnen wird. In diesem Kalenderprozess hatte zuerst der Angestellte des kaiserlichen Observatoriums Wu Minghuan, ein Anhänger des Islam, in einer Eingabe an den Kaiser Adam Schall von Bell beschuldigt, dass der von ihm ausgearbeitete Kalender nicht genau sei, und dann fuhr Yang Guangxian fort, ihn unter einem politischen Aspekt zu kompromittieren und zu verleumden. Im 3. Jahr der Regierungsära Kangxi (1664) richtete Yang Guangxian eine Eingabe an den Kaiser, in der er Adam Schall von Bell beschuldigte, dass der neue westliche Kalender zehn kapitale Fehler enthielte, weiter beschuldigte er die Missionare, dass sie bei der Auswahl des Begräbnistermins des Kronprinzen Rong des Kaisers Shunzhi die Fünf Wandlungsphasen im Kapitel „Hong Fan" (Große Prinzipien) des Buches des Geschichte falsch angewendet hätten. Die Ausrichtung des Grabes und der Begräbnistermin hätten Tabus verletzt und verdienten deshalb den Tod. Diese Anschuldigungen waren sehr schwerwiegend und erregten die Aufmerksamkeit des Qing-Hofes. Weil der assistierende Würdenträger Aobai damit unzufrieden war, dass Ausländer an den Regierungsgeschäften teilnahmen, entschied er, Yang Guangxian dabei zu unterstützen, dass man Adam Schall von Bell und die anderen vor Gericht stellen und bestrafen müsste. Da Schall von Bell das tiefe Vertrauen des gerade verschiedenen Kaisers Shunzhi genossen hatte, entschieden Aobai und andere, eine Beratung der mit der Regierung befassten Würdenträger abzuhalten, um den hohen und niederen Beamten am Hofe den Mund zu stopfen. Sie führten ein öffentliches Verhör durch und fällten das Urteil. An der Beratung nahmen die Adligen und Würdenträger, die Minister, Generäle und andere hohe Beamte teil, die mehr als 200 Personen umfassten. Die Versammlung fand zwölf Mal statt, und jedes Mal dauerte sie vier, fünf Stunden, man kann sagen, dass sie sehr bedrohlich war.

Im Verlaufe des Verhörs wurden die Entgegennahme der Verhörfragen und die Verteidigung hauptsächlich von Ferdinand Verbiest übernommen, weil Adam Schall von Bell schon sehr betagt war. Obwohl Verbiest nur ein junges Dienstalter hatte, wurde er auch selbst zum Gegenstand der Verhöre, aber er trat unerschrocken auf, und angesichts der unbegründeten Anschuldigungen der Verhörenden vertrat er mit aller Kraft die richtige Meinung. Weil die Teilnehmer an der Versammlung Aobai's Macht fürchteten, hatte man schließlich dennoch Adam Schall von Bell und eine Gruppe von chinesischen Katholiken zum Tode verurteilt, während Ferdinand Verbiest, Ludovic Bugli, Gabriel De Magalhaes und andere aus den Provinzen in die Hauptstadt überstellte Missionare zu einer Prügelstrafe verurteilt wurden, um dann des Landes verwiesen zu werden.

Mitte des 4. Monats im 4. Jahr der Regierungsära Kangxi hatten die Macht ausübenden Würdenträger Adam Schall von Bell zum Tode verurteilt. Am 13. des 4. Monats erschien am Himmel ein Komet, und zwei Tage später ereignete sich in Beijing ein Erdbeben. Die Beamten in der Hauptstadt erzählten sich, dass dies eine Folge des ungerechten Urteils an Adam Schall von Bell wäre. Durch die Intervention der Kaiserin und der Mutter des Kaisers wurde Adam Schall von Bell's Todesstrafe ausgesetzt und in Verbannung umgewandelt, während Ferdinand Verbiest, Ludovic Bugli, Gabriel De Magalhaes und andere begnadigt wurden. Später befahl Kaiser Kangxi noch, die Verbannung Adam Schall von Bell's aufzuheben; Schall von Bell, Verbiest, Bugli und De Magalhaes erhielten die Erlaubnis, weiter in Beijing zu bleiben. Im 8. Monat des 5. Jahres der Regierungsära Kangxi (1666) starb Adam Schall von Bell, der betagt und, durch die Folterungen im Gefängnis geschwächt, ein Unrecht erlitten hatte. Als im nächsten Jahr der 14-jährige Kaiser Kangxi die Regierungsgesäfte persönlich übernahm, wurde eine neue Seite in der Geschichte aufgeschlagen.

Die direkte Folge des „Kalenderprozesses" war, dass der nach westlichen Methoden ausgearbeitete und 20 Jahre benutzte „Shixian-Kalender" verworfen und nicht mehr angewendet wurde, während der bereits überholte „Datong-Kalender" und der „Huihui-Kalender" erneut gültig waren. Die Verantwortlichen im kaiserlichen Observatorium wurden Yang Guangxian, Wu Minghuan und andere. Da Yang Guangxian selbst wusste, dass er in der Kalenderkunde nicht gründlich bewandert war, richtete er mehrfach Eingaben nach oben, in denen er darum bat, ihn von seinem Posten im kaiserlichen Observatorium zu entbinden, aber es wurde ihm nicht bewilligt. So konnte er sich nur auf Wu Minghuan stützen, um die Arbeit der Ausarbeitung eines Kalenders zu erfüllen. Da auch Wu Minghuan in der Kalenderkunde nicht gründlich bewandert war, wies der unter Leitung von Yang Guangxian und Wu Minghuan ausgearbeitete Kalender natürlich zahlreiche Schwächen auf und beleidigte das Auge.

Im 7. Jahr der Regierungsära Kangxi (1668) richtete Ferdinand Verbiest eine Eingabe an den Kaiser, in der er darauf verwies, dass der von Yang Guangxian ausgearbeitete Kalender mit den Himmelserscheinungen nicht übereinstimmte und sehr viele Fehler aufwies. Das bildete den Auftakt für die Rehabilitierung Adam Schall von Bell's. Um zu beurteilen, wer von Ferdiand Verbiest und Yang Guangxian Recht und wer Unrecht hatte, befahl Kaiser Kangxi einer Gruppe von höheren Beamten zusammen mit Verbiest auf dem Observatorium zu erscheinen, um vor Ort Messungen anzustellen. Das Ergebnis der Messungen bewies, dass Ferdiand Verbiest's Rechnungen richtig waren. Aufgrund des Ergebnisses der Messungen berief Kangxi im 1. Monat erneut eine Versammlung des Adels und der Würdenträger ein und unterbreitete einen neuen Vorschlag, der in den „Annalen des Kaisers Kangxi" aufgezeichnet ist:

„Versammlung des Adels und der Würdenträger: Wir erhielten eine Eingabe von Ferdinand Verbiest, in der er auf Fehler in dem von Wu Minghuan berechneten Kalender verwies. Sie erhielten den Befehl, den kaiserlichen Sekretär Tuhai und den Astronomen des kaiserlichen Observatoriums Ma Hu und andere zu entsenden, um den Frühlingsanfang, die Regenmenge, die Sonne, den Mars und den Jupiter zu messen. Die von Ferdinand Verbiest angegebenen Werte stimmten nacheinander alle mit der Realität überein, aber die von Wu Minghuan genannten Werte waren falsch. Deshalb muss man den ganzen Kalender des 9. Jahres der Regierungsära Kangxi gegen Ferdinand Verbiest's Berechnungen austauschen."

Die Versammlung des Adels und der Würdenträger anerkannte Verbiest's Niveau und schlug vor, den Kalender des 9. Jahrs der Regierungsära Kangxi gegen Verbiest's Berechnungen auszutauschen, um Fehler zu vermeiden. Aber unerwartet wollte Kaiser Kangxi den Fall nicht so leicht abschließen, er verlangte, dass die Versammlung des Adels und der Würdenträger den Fall nochmals diskutiert, um überzeugende Schlussfolgerungen zu ziehen. Er verwies darauf:

„Als Yang Guangxian zuvor Adam Schall von Bell angeklagt hatte, meinte damals die Versammlung des Adels und der Würdenträger, dass Yang Guangxian in allen Punkten Recht gehabt hätte, und es wurde entsprechend dem Beschluss der Versammlung verfahren; sie meinte, dass Adam Schall von Bell in allen Punkten Unrecht gehabt hätte und man deshalb seinen Kalender verwerfen müsste. Weil die Versammlung damals den Kalender verworfen und ihn heute wieder in Kraft gesetzt hatte, wäre es ungerechtfertigt, wenn man Ma Hu, Yang Guangxian, Wu Minghuan und Ferdinand Verbiest nicht nach den Einzelheiten fragen würde. Deshalb müssen wir aufmerksam Nachforschungen anstellen, um zu einer korrekten Entscheidung zu gelangen."[224]

Gemäß dem Befehl des Kaisers Kangxi befragte die Versammlung des Adels und der Würdenträger alle einschlägigen Kreise und gelangte zu der einhelligen Meinung, dass Ferdinand Verbiest's Berechnungen mit den Himmelserscheinungen übereinstimmten. Auf dieser Grundlage dachte die Versammlung des Adels und der Würdenträger weiter über die wissenschaftlichen Fragen nach, die im Kampf beim „Kalenderprozess" berührt wurden, und brachte eine Meinung über die Bestrafung von Yang Guangxian vor:

„Obwohl der Kalender nach dem System der 100 Ke schon seit langem gebräuchlich ist, stimmt aber Ferdinand Verbiest's Berechnung nach dem System der 96 Ke mit den Himmels-

---

224 Kangxi Shi Lu (Annalen der Regierungsära Kangxi), Kap. 28, 8. Jahr der Regierungsära Kangxi

erscheinungen überein. Deshalb soll man ab dem 9. Jahr der Regierungsära Kangxi einen Kalender nach dem System der 96 Ke realisieren. […] Seit alters hat es Beispiele für das System des Wartens auf das Qi gegeben, aber sie waren für die Berechnung der Kalender nutzlos, weshalb man dieses System später verworfen hatte. Yang Guangxian ist im kaiserlichen Observatorium tätig, und die Fehler seines Kalenders lassen sich nicht korrigieren. Wu Minghuan, der eine Seite begünstigt hatte, hatte törichterweise behauptet, dass die Berechnung mit dem 96 Ke-System eine Methode des Westens wäre und deshalb nicht angewendet werden könnte. Sie müssen ihrer Ämter enthoben und dem Justizministerium übergeben werden, um sie streng zu bestrafen. Wir haben den Befehl erhalten: Yang Guangxian ist seines Amtes zu entheben, man soll aber Milde walten lassen und ihn nicht dem Justizministerium übergeben. Ansonsten folgen Wir den Vorschlägen der Versammlung."

Diese Worte verweisen in der Tat auf ein wichtiges Prinzip: In wissenschaftlichen Fragen muss man bei der Beurteilung des Prinzips von Richtig und Falsch von der Praxis, aber nicht von Traditionen des Altertums ausgehen. Das im Text erwähnte 100 Ke-System wurde schon fast 2000 Jahre praktiziert, aber es lässt sich nur unbequem mit dem System der 12 Doppelstunden koordinieren und ist bei Berechnungen sehr kompliziert zu handhaben, bei weitem nicht so leicht wie das 96 Ke-System. Die Lehre des Wartens auf das Qi war eine Lehre, die Gelehrte in der Han-Dynastie erfunden hatten, um die Jahreszeiten mit den Stimmpfeifen zu verbinden. Diese Lehre meint, wenn man in das Pfeifenrohr die zu Asche verbrannte Innenhaut von Schilfstengeln bis zu einer gewissen Höhe einfüllt, wird, wenn eine bestimmte Jahreszeit anbricht, die Asche aus dem entsprechenden Pfeifenrohr von selbst herausfliegen. Die Vorfahren benutzten diese Lehre als eines der Kriterien, um die Genauigkeit eines Kalenders zu beurteilen. Aber weil diese Verbindung eine Fiktion war, hatte sich die Lehre des Wartens auf das Qi in der Praxis immer wieder als nutzlos erwiesen. Die Versammlung des Adels und der Würdenträger hatte eindeutig darauf verwiesen, dass man die Lehre des Wartens auf das Qi und das 100 Ke-System abschaffen und dafür das 96 Ke-System anwenden müsste. Das betonte praktisch, dass man sich in wissenschaftlichen Fragen nicht auf die alten Lehren stützen kann, um Richtig und Falsch zu beurteilen, sondern man muss sich auf die praktische Wirksamkeit stützen, um die Wahl zu entscheiden. In der traditionellen chinesischen Kultur gab es immer eine Tradition der Wertschätzung für das Alte, aber diese Erklärung zeigte, dass sie in Angelegenheiten der Wissenschaft unangemessen ist, deshalb kommt ihr eine außergewöhnliche Bedeutung zu. Was Yang Guangxian angeht, so verfuhr Kaiser Kangxi zwar mit ihm großmütig, dass man die strafrechtliche Verantwortung nicht weiter verfolgen sollte, dennoch hatte er ihn seines Postens enthoben und in seine angestammte Heimat zurückgeschickt. Seine falsche Anschuldigung hatte gründlich Schiffbruch erlitten.

Im 3. Monat dieses Jahres wurde Verbiest zum stellvertretenden Direktor des kaiserlichen Observatoriums ernannt. Er drückte seinen Willen aus, eine entsprechende Stellung zu übernehmen, aber er wollte auf diese Position verzichten. Sein Verzicht wurde von Anfang an abgelehnt, und als er wiederum seinen Willen auf Verzicht bekundete, gewährte ihm der Kaiser schließlich seine Bitte, aber er erhielt nach wie vor das Gehalt eines stellvertretenden Direktors. Von da an begann Verbiest tatsächlich, die astronomischen Messungen und Berechnungen im kaiserlichen Observatorium anzuleiten. Im 5. Monat wurde Aobai von Kaiser Kangxi abgesetzt, im 6. Monat richtete Verbiest wieder eine Eingabe an den Kaiser, in der er die Frage der Rehabilitierung von Adam Schall von Bell anschnitt. Sein Appell stieß auf Kaiser Kangxi's Zustimmung, und im 9. Monat schlug das Ritenministerium offiziell vor, eine Spende in Höhe von Adam Schall von Bell's ursprünglichem Beamtenrang zuzuerkennen und ihn neu zu bestatten. Im 10. Monat spendete der Kaiser 524 Liang Silber, die verwendet wurden, um für Adam Schall von Bell eine Grabstätte und einen Gedenkstein mit einem steinernen Tier zu errichten, im 11. Monat entsandte das Ritenministerium einen hohen Beamten, um am Grab von Adam Schall von Bell ein Opfer darzubringen und in einer Andacht die Inschrift auf dem Gedenkstein zu verlesen. Während Adam Schall von Bell der höchste Ruhm der Trauer zukam, verließ Yang Guangxian in trostloser Stimmung Beijing und kehrte in seine Heimat zurück, aber als er auf seinem Weg Dezhou erreichte, starb er wegen eines Geschwürs am Rücken.

Adam Schall von Bell's Rehabilitierung bedeutete, dass Verbiest seine Fähigkeiten in China voll entfalten konnte. Verbiest war in den Bautechniken sehr bewandert, und diese Fähigkeit brachte ihm viel Ruhm ein. Im 10. Jahr der Regierungsära Kangxi wollte das Ministerium für öffentliche Arbeiten für das Grab Xiaoling des Kaisers Shunzhi eine große steinerne Ehrenpforte errichten, für die sechs große Steinsäulen und 12 weitere Teile aus Stein benötigt wurden. Diese Steinblöcke hatten ein riesiges Volumen, und das Gewicht erreichte mehr als 100 000 Jin. Man musste sie jeweils auf Wagen mit 16 Rädern legen und benutzte für den schwersten Wagen insgesamt 300 Pferde zum Ziehen. Der Transport dieser Steinblöcke musste die Brücke Lugouqiao passieren. Aber weil diese Brücke lange Jahre nicht instandgehalten worden war, hatte das Arbeitsministerium sie gerade mit großem Aufwand reparieren lassen, so dass die Beamten sich sehr sorgten, dass das große Gewicht der Steinblöcke und die heftigen Tritte der Pferde die gerade reparierte Brücke zerstören könnten. Deswegen befahl Kaiser Kangxi Ferdinand Verbiest zu helfen, der die Steinblöcke mit Flaschenzügen über die Brücke zog. Aufgrund sorgfältiger Prüfungen, Messungen und Berechnungen benutzte Verbiest für jeden Steinblock 3 bis 6 Flaschenzüge zum Ziehen. Jeder Flaschenzug wurde von einer Winde angetrieben und jede Winde von 12 Arbeitern gedreht. Mit dieser Methode hatte er alle Steinblöcke sicher über die Brücke gezogen. Als Kaiser Kangxi die Nachricht hörte, dass die Steinblöcke die Brücke erfolgreich passiert hatten, war er sehr froh, und er befahl, Verbiest zu belohnen.

Verbiest erfüllte nicht nur den Auftrag, die Wagen, mit denen riesige Steinblöcke transportiert wurden, sicher über die Brücke Lugouqiao zu geleiten, sondern gemäß einem Befehl des Kaisers Kangxi führte er auch die Bauarbeiten zur Vertiefung und Zuleitung von Wasser für den Wanquan-Kanal in der Umgebung der Hauptstadt. Als er im 5. Monat des 11. Jahrs der Regierungsära Kangxi (1672) den Befehl des Kaisers erhielt, begab er sich zu dem Kanal in der Nähe des Dorfes Wanquan. Er erkundete die Topografie und nahm umfangreiche Messungen des umgebenden Geländes vor und arbeitete auf dieser Grundlage einen Plan für die Vertiefung aus. Während er den Kanal ausgraben ließ, veranlasste er auch, Bewässerungskanäle für Reisfelder auszuheben, setzte Schleusen instand und erweiterte sie. Um die Effektivität und Genauigkeit der Messungen zu erhöhen, fertigte er selbst ein Nivelliergerät, ein Visiergerät und einen Messchieber mit einem „Nonius" an. Entsprechend seinem Plan erzielte das Vorhaben der Vertiefung des Wanquan-Kanals einen idealen Effekt. Außer verschiedenen komplizierten, schwierigen Bautätigkeiten, befahl Kaiser Kangxi

Verbiest, Kanonen zu reparieren und zu gießen, um die Forderungen aus der Befriedung der „Unruhen der drei Vasallen"[225] zu erfüllen. Verbiest fand, dass das Gießen von Kanonen nicht den Grundsätzen der Mission entspräche. Deshalb richtete er an den Kaiser eine Eingabe mit der Bitte, ihn von dieser Aufgabe zu entbinden, aber sie wurde ihm nicht gewährt, so dass er diese Aufgabe dennoch übernehmen musste. Anfangs hatte Kaiser Kangxi befohlen, die von Adam Schall von Bell gegossenen Kanonen zu reparieren, worauf Ferdinand Verbiest durch Prüfungen festgestellt hatte, dass viele Kanonen über lange Jahre korrodiert waren. Nachdem er den Rost entfernt hatte, hatten diese Kanonen die erforderliche Funktion wiedererlangt. Kaiser Kangxi war mit Verbiest's Arbeit sehr zufrieden, worauf er forderte, dass er Kanonen entwerfen und herstellen sollte, die für die Berge und bewässerten Felder im Süden Chinas geeignet sind. Nicht lange nachdem Verbiest das Geheiß von Kaiser Kangxi erhalten hatte, hatte er das Muster einer Kanone, die Kangxi's Forderungen erfüllte, entworfen. Das Muster wurde erprobt, seine Zielgenauigkeit war sehr hoch, außerdem war sie leicht und dauerhaft. Als Kaiser Kangxi sie persönlich in Augenschein genommen hatte, richtete er Verbiest ein Bankett aus und belohnte ihn mit Silber. Verbiest hatte nicht nur Kanonen entworfen, die für verschiedene Einsatzzwecke geeignet waren, sondern auch über sein Verständnis des Gießens von Kanonen und die Hauptpunkte ihres Einsatzes ein Buch verfasst, das den Titel „Shen Wei Tu Shuo" (Illustrationen über die göttliche Autorität) trug und das er im 21. Jahr der Regierungsära Kangxi (1682) dem Kaiser darbrachte.

Als ein Verantwortlicher des kaiserlichen Observatoriums lag Verbiest's hauptsächliche Arbeit aber auf dem Gebiet der Astronomie. Die Astronomie ist wesentlich eine beobachtende und messende Wissenschaft. Obwohl die Aufgabe der Astronomie in China im Altertum darin bestand, der Ausarbeitung eines Kalenders zu dienen, hatten die Gegenstände ihrer Aufmerksamkeit mit der Erforschung der Geheimnisse der Natur zwar nicht sehr viele Beziehungen, aber dennoch bestand zur Beobachtung und Messung eine untrennbar enge Beziehung. Um astronomische Beobachtungen und Messungen auszuführen, muss man vor allem die Messgeräte verbessern. Verbiest hatte hierzu klare Kenntnisse, er erklärte:

„Mit den Geräten lässt sich beweisen, ob ein Kalender mit dem Himmel übereinstimmt oder nicht. Darum misst und prüft man die Bewegungen der Himmelskörper. Je mehr Geräte wir haben und je genauer sie sind, umso vollständiger sind unsere Kenntnisse. Generell wird die Position, in der ein Stern zu einer bestimmten Zeit am Himmel durchläuft, mit einer Zahl von Grad und Minuten ausgedrückt. Aber wenn man sie mit Geräten misst, müssen sie sich entsprechend den unterschiedlichen Bahnen der Sterne im Osten und Westen, Norden und Süden nach oben und unten, rechts und links sowie nah und fern unterscheiden, erst so kann man den Fehler der Messungen verringern. Deshalb muss man Kalendermethoden ausarbeiten, die mit der Bewegung der Himmelskörper eng verbunden sind. Aber wenn man nicht über verschiedene Geräte verfügt, die an die verschiedenen Bahnen der Himmelskörper angepasst sind, lässt sich dieses Ziel nicht erreichen."[226]

---

225 Unruhen der drei Vasallen – Es handelt sich um Erhebungen gegen die Qing-Herrschaft, die von Wu Sangui in der Provinz Yunnan, Shang Kexi in der Provinz Guangdong und Geng Jingzhong in der Provinz Fujian im Zeitraum von 1673 bis 1681 geführt wurden.
226 Nan Huairen (Ferdinand Verbiest): Ling Tai Yi Xiang Zhi (Aufzeichnungen über die Geräte der Lingtai-Terrasse), Teil I, Xin Zhi Liu Yi (Sechs neu hergestellte Geräte)

Der Grundgedanke dieser Ausführungen ist, die Bewegung der Himmelskörper am Himmel folgt verschiedenen Bahnen, und für die verschiedenen Bahnen muss man Messungen mit verschiedenen Geräten durchführen, nur so kann man die Genauigkeit der Messungen gewährleisten. Aufgrund dieser Kenntnisse schlug Verbiest dem Kaiser Kangxi vor, dass man die astronomischen Beobachtungsgeräte verbessern und neu gießen müsste, um zu gewährleisten, dass der ausgearbeitete Kalender mit den Himmelserscheinungen übereinstimmt. Verbiest wollte hauptsächlich aus folgenden Gründen neue Geräte gießen, aber nicht mit den ursprünglichen Geräten Beobachtungen durchführen: Erstens, die alten Beobachtungsgeräte wurden alle in den Jahren der Regierungsära Zhengtong (1437-1442) gegossen, sie waren seit langem nicht mehr gewartet worden und benötigten eine neuerliche Instandsetzung; weiterhin war die Skale auf den traditionellen astronomischen Geräten in 365 ¼° unterteilt, das Zeitsystem hatte eine Unterteilung in 100 Ke für einen ganzen Tag, während die von den Missionaren benutzte astronomische Einheit die Unterteilung des Zentriwinkels in 360° war, und auch das Zeitsystem war in ein entsprechendes 96 Ke-System abgeändert worden. Durch die Rehabilitierung von Adam Schall von Bell wurden diese Einheiten schon zu den neuen gesetzlichen Einheiten. Unter diesen Umständen war die weitere Benutzung der ursprünglichen Beobachtungsgeräte offensichtlich für die Beobachtungen und Messungen unvorteilhaft; drittens, waren die ursprünglichen Geräte, die Armillarsphären und die vereinfachte Armillarsphäre von Nanjing nach Beijing transportiert worden, wobei die Richtung zwischen Pol und Achse entsprechend dem Breitengrad von Nanjing gegossen worden war, sie stimmte nicht mit der geografischen Breite von Beijing überein und konnte systematische Messfehler hervorrufen.

Verbiest's Forderungen fanden Kaiser Kangxi's Einverständnis, und nach der Eintragung im Qing Shi Lu (Annalen der Qing-Dynastie), 6. Monat des 8. Jahrs der Regierungsära Kangxi hieß es: „Er befahl auf Bitte des stellvertretenden Direktors des kaiserlichen Observatoriums, neue Geräte für das Observatorium anzufertigen." Nachdem er die Genehmigung von Kaiser Kangxi erhalten hatte, stellte Verbiest eine Gruppe im kaiserlichen Observatorium zusammen, die sechs neue astronomische Geräte entworfen und gegossen hatte, um die traditionellen astronomischen Geräte abzulösen. Diese sechs Geräte sind im Einzelnen: ein Ekliptik-Theodolit zur Messung der ekliptischen Koordinaten von Himmelskörpern, ein äquatorialer Theodolit zur Messung der äquatorialen Koordinaten von Himmelskörpern, ein horizontaler Theodolit zur Messung der horizontalen Koordinaten von Himmelskörpern (auch Quadrant genannt), ein Sextant zur Messung des Winkelabstands zwischen zwei Himmelskörpern sowie ein horizontaler Theodolit zur Messung der Meridiankoordinate von Himmelskörpern und ein Himmelsglobus zur Darstellung von Himmelserscheinungen. Wenn Verbiest mit diesen Geräten die traditionellen Geräte, wie Armillarsphäre und vereinfachte Armillarsphäre ersetzt hatte, so folgte er der Weisung von Kangxi, die vom Observatorium heruntergenommenen Geräte in einem Seitengebäude unterhalb der Terrasse aufzustellen und als Kostbarkeit aufzubewahren. Jetzt werden diese kostbaren traditionellen astronomischen Beobachtungs- und Messgeräte in der Sternwarte von Zijinshan bei Nanjing aufbewahrt, Besucher können sie bewundern; während die von Ferdinand Verbiest neu gegossenen astronomischen Geräte auf dem alten Observatorium von Beijing in ihrer ursprünglichen Gestalt ausgestellt sind; man kann sie besuchen, um ihren erhabenen Anblick in Augenschein zu nehmen. (Siehe Bild 17.3)

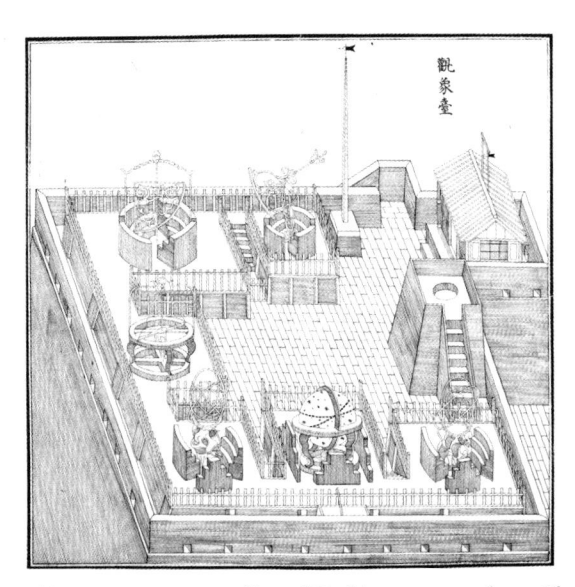

Bild 17.3 Das von Ferdinand Verbiest umgestaltete Observatorium und die von ihm geschaffenen astronomischen Geräte, aus dem Werk von F. Verbiest: Yi Xiang Tu (Bilder der astronomischen Geräte)

Bei den von Ferdinand Verbiest gegossenen Geräten berücksichtigte er hinsichtlich des Konstruktionsprinzips und der Bearbeitungstechnologie hauptsächlich die Konstruktionsideen von Tycho Brahe, sie sind eine Verkörperung der offiziellen Einfuhr der Konstruktionsideen von Tycho Brahes astronomischen Messgeräten nach China. Auf dem Gebiet der Gestaltung und der Konstruktion stützte er sich auf die traditionelle chinesische Kunst. Er hatte die fortgeschrittene Wissenschaft und Technik des Westens mit der traditionellen bildenden Kunst Chinas in vollkommener Weise miteinander verknüpft und bei der Schaffung wissenschaftlicher Geräte eine chinesisch-westliche Verbindung verwirklicht. Das ist die hohe Meisterschaft von Verbiest. Ihr Auftreten verkörperte das neueste Niveau in der Entwicklung der astronomischen Beobachtungs- und Messgeräte Chinas.

Gleichzeitig mit der Herstellung und dem Aufbau der neuen Geräte für das Observatorium verfasste Verbiest noch Bücher und begründete Theorien. Mit reichlich Illustrationen und Text stellte er die Herstellungsprinzipien, die Montage und die Anwendungsmethoden dieser Geräte vor, das ist das Buch „Xin Zhi Ling Tai Yi Xiang Zhi" (Aufzeichnungen über die neu hergestellten Geräte der Lingtai-Terrasse, kurz genannt „Aufzeichnungen über die Geräte der Lingtai-Terrasse) in 16 Kapiteln, das er dem Kaiser am 29. des 1. Monats des 13. Jahrs der Regierungsära Kangxi (6.3.1674) dem Kaiser darbrachte. Den Inhalt dieses Buches kann man im Großen und Ganzen in drei Teile untergliedern, der erste Teil sind die ersten vier Kapitel, die die Konstruktionsprinzipien und die Verfahren der Montage und der Anwendung vorstellen; darin sind zahlreiche Kenntnisse der Mechanik und Optik des Westens versammelt. Unter diesen Kenntnissen sind auf dem Gebiet der Mechanik die Schwerkraft, der Schwerpunkt, das spezifische Gewicht, der Auftrieb, die Materialfestigkeit, die Bewegung eines frei fallenden Körpers und andere enthalten. Besonders muss man darauf hinweisen, dass das Buch die Arbeiten von Galilei vorstellt, insbesondere das

Wissen über das einfache Pendel erregte die allgemeine Aufmerksamkeit. Im Buch ist der Isochronismus des einfachen Pendels vorgestellt, und es ist die mathematische Beziehung angegeben, dass die Pendelschwingungsperiode direkt proportional der Wurzel der Pendellänge ist, und es schlägt die Idee vor, die Eigenschaft des Isochronismus des einfachen Pendels für die Messung der Zeit auszunutzen. Mit dem Beispiel der Zeitmessung mittels des einfachen Pendels diskutierte er das Bewegungsgesetz eines frei fallenden Körpers und wies darauf hin, dass die Falltiefe des frei fallenden Körpers direkt proportional dem Quadrat der Fallzeit ist. Diese seine Ausführungen bedeuteten, dass die von Galilei geschaffene moderne Mechanik offiziell in China eingeführt wurde.

Der zweite Teil des „Ling Tai Yi Xiang Zhi" entspricht dem 5. bis 14. Kapitel dieses Buches, der Inhalt sind astronomische Messdaten einer vollständigen Sternentabelle. Diese Sternentabellen sind nicht durch Verbiest's Messungen erstellt worden, sondern von ihm aus den Sternentabellen in „Xi Yang Xin Fa Li Shu" (Buch des neuen Kalenders aus dem Westen) zuzüglich des Faktors der Jahresdifferenz zusammengestellt worden. Der dritte Teil entspricht den beiden letzten Kapiteln dieses Buches und besteht aus 117 Illustrationen. Diese Illustrationen hatte Verbiest schon im 3. Jahr der Regierungsära Kangxi fertiggestellt. Ursprünglich ergaben sie ein eigenständiges Buch mit dem Titel „Xin Zhi Yi Xiang Tu" (Illustrationen der neu hergestellten Geräte, abgekürzt „Illustrationen der Geräte"). Nach der Vollendung des Buches „Ling Tai Yi Xiang Zhi" hatte Verbiest es als illustrierte Beilage zusammen mit diesem herausgebracht. Diese Illustrationen waren für das Verständnis des Aufbaus von Verbiest's Geräten und seine Vorstellung des Wissens der westlichen Wissenschaften von nicht wegzudenkender Bedeutung.

Im „Ling Tai Yi Xiang Zhi" stellte Verbiest einige neue Arten von Messungen und die Geräte vor, darunter waren die klassischsten ein Thermometer und ein Hygrometer. Das Wissen über das Thermometer wurde oben bereits vorgestellt, so dass wir hier Verbiest's Hygrometer kurz erklären werden.

In China beachtete man schon sehr früh die Änderungen der Luftfeuchte. Früh im Buch „Huai Nan Zi, Kap. Shuo Shan Xun" aus der westlichen Han-Dynastie wiesen die Vorfahren schon darauf hin: „Wenn man Federn und Holzkohle aufhängt, weiß man, wie trocken oder feucht die Luft ist." Wie man sieht, wusste man damals schon, dass sich das Gewicht bestimmter Substanzen mit der Änderung des Grades von Trockenheit oder Feuchte der Atmosphäre verändert. Die Vorfahren benutzten diese Wirkung, um an den beiden Enden einer Waage, um Körper mit gleichem Gewicht, aber mit unterschiedlich aufgenommener Feuchte (zum Beispiel Federn und Holzkohle) aufzuhängen, das ergab ein einfaches Gerät zum Prüfen der Feuchte in Form einer Waage. Beim Gebrauch wurde die Waage zuvor auf Gleichgewicht eingestellt, und sowie sich die atmosphärische Feuchte veränderte, ist der von den beiden Substanzen aufgenommene (oder verdampfte) Wassergehalt verschieden, wodurch die Gewichte ungleich werden; das führt dazu, dass die Waage das Gleichgewicht verliert und sich neigt, wodurch die Änderung der Luftfeuchte angezeigt wird.

Dieses Feuchteprüfgerät auf der Grundlage einer Waage wurde nicht nur von den Vorfahren ersonnen, es wurde auch tatsächlich angewendet. Nach der Angabe in den „Aufzeichnungen über Musik und Kalender" der Chronik „Hou Han Shu" musste der Kaiser vor und nach der Winter- und der Sommersonnenwende „vor den Palast treten, um mit Gelehrten aus acht Wissensgebieten die acht Töne festzulegen, die Gleichmäßigkeit der Musik zu prüfen, die Schattenlänge am Gnomon zu messen, die Glocken und Stimmpfeifen zu prüfen und um Erde und Kalk zu wiegen." Hier meint „um Erde und Kalk zu wiegen" eine Messung mit einem Feuchteprüfgerät auf der Grundlage einer Waage durchzuführen.

Im Altertum Chinas gab es auf diesem Feuchteprüfgerät auf der Grundlage einer Waage keine Skale, und die Vorfahren hatten auch niemals daran gedacht, dass man das Messergebnis quantifizieren müsste, deshalb kann man es auch nicht ein Feuchtemessgerät nennen. Das früheste Hygrometer in China ist das im Abschnitt „Lehre über die Prüfung der Luft" von Verbiest's „Ling Tai Yi Xiang Zhi" vorgestellte Gerät. Verbiest beschrieb sein Hygrometer wie folgt:

„Will man die Änderungen von Trockenheit und Feuchte der Atmosphäre beobachten, so sind sie unter allen Dingen nur mittels der Sehnen von Vögeln und Tieren leicht zu sehen. Deshalb baut man mit einer solchen Sehne ein Messgerät, siehe Bild 109 [Anmerkung: Das ist die Nummer im Originalbuch]. Das Verfahren ist folgendes: Man nehme eine frische Hirschensehne, die etwa zwei Chi lang und 1 Fen dick ist und hänge daran ein passendes Gewicht und lasse die Luft durch das offene Gestell streichen. Das obere Ende ist am Gestell befestigt, das untere Ende verläuft durch einen langen Zeiger. Der Zeiger ruht auf einer horizontalen Platte. Der Mittelpunkt des Zeigers und die senkrecht hängende Sehne gehen durch den Mittelpunkt der horizontalen Platte. Der Zeiger ist in Form eines Drachen oder eines Fisches verziert. Das Prüfverfahren ist folgendes: Ist die Luft trocken, dann dreht sich der Drachenzeiger nach links; ist die Luft feucht, dann dreht sich der Drachenzeiger nach rechts. Wenn sich Trockenheit und Feuchte der Luft etwas ändern, dann dreht sich der Zeiger somit etwas nach rechts oder links. Die Zahl der Veränderung ist am rechten und linken Rand der horizontalen Platte deutlich eingraviert, damit ist das Gerät fertig. Die Skale am rechten und linken Rand der horizontalen Platte ist jeweils in zehn Striche unterteilt, deren Abstände ungleich sind, sie geben die Zahl für die Trockenheit und Feuchte an. Links sind die Striche für die trockene Luft und rechts die Striche für feuchte Luft. Dass die Striche weit und eng sind, liegt daran, dass die Luft beim Zusammenziehen der Sehne durch die Luft die Sehne locker oder gespannt ist, deshalb entsprechen die Abstände der Striche dieser Wirkung."

Bezüglich der Gestalt von Hygrometern gibt es verschiedene Ausführungen, im alten China wurde ein Feuchteprüfgerät auf der Grundlage einer Waage, das die Feuchte absorbiert, verwendet, Verbiest's Hygrometer ist vom Prinzip ein die Feuchte absorbierendes, aber hinsichtlich der Gestalt gehört es zum Typ der hängenden Saite. Er verwendete eine Hirschensehne als Saite, deren oberes Ende befestigt und an deren unteres Ende ein geeignetes Gewicht gehängt wird. An der Sehne wird ein Zeiger befestigt, der Zeiger ist in Form eines Fisches geschnitzt. Nachdem diese Sehne Feuchtigkeit absorbiert hatte, entsteht ein Torsionsmoment, das entsprechend dem Grad der absorbierten Feuchte verschieden ist, so dass auch der Torsionswinkel verschieden ist. Die Größe des Drehwinkels wird mittels des Zeigers auf der Platte mit einer Skale angezeigt. Dadurch ergibt sich die Wirkung der Feuchtemessung (siehe Bild 17.4).

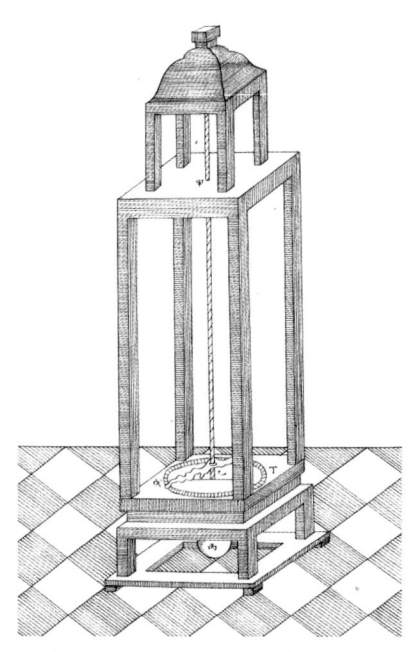

Bild 17.4 Das von Ferdinand Verbiest vorgestellte Hygrometer, aus seinem Buch „Yi Xiang Tu"

Der Aufbau eines Hygrometers mit hängender Saite ist einfach und die Anwendung bequem, deshalb war es recht weit verbreitet. Aber bestimmte Details warten auf eine Verbesserung. Zum Beispiel ist die nicht äquidistante Teilung der Skale auf der Grundplatte von Verbiest's Hygrometer in gewisser Hinsicht willkürlich, und die Festlegung der Skaleneinheit ist nicht allgemein akzeptabel. Aber dennoch ist es das Hygrometer mit einer quantitativen Skale, das in China am frühesten auftauchte. Außerdem gibt es über diese Art von Hygrometern auch in Büchern im Westen Aufzeichnungen, aber diese Bücher sind gegenüber der Vorstellung von Verbiest etwas später. Das zeigt, dass diese Art von Hygrometern in China recht früh eingeführt wurde.

Man muss darauf hinweisen, dass das von Verbicst im „Ling Tai Yi Xiang Zhi" vorgestellte Wissen der westlichen Wissenschaften nicht sämtlich den neuesten Fortschritt der westlichen Wissenschaften verkörperte. Zum Beispiel hinkt seine Analyse des Prinzips der Richtungsanzeige des Kompasses hinter dem Fortschritt der damaligen westlichen Wissenschaft hinterher.

Der Kompass ist eine der vier großen Erfindungen des alten Chinas und nimmt in der Geschichte der Zivilisation der Menschheit einen bedeutenden Platz ein. Obwohl die Chinesen in der Geschichte den Kompass erfunden hatten, stand aber bezüglich der Erklärung, warum der Kompass eine bestimmte Richtung anzeigt, die Theorie auf der Grundlage der herangezogenen Lehre von Yin und Yang und den fünf Wandlungsphasen in krassem Widerspruch zum Wissen der modernen Wissenschaft. Als auch Verbiest die Frage diskutierte, warum der Kompass eine bestimmte Richtung anzeigt, hinkte seine Erklärung hinter der Entwicklung der Wissenschaft des Westens hinterher. Dies wollen wir hier ein wenig erläutern.

In Europa gab der englische Physiker William Gilbert (1544-1603) in dem im Jahre 1600 veröffentlichten Buch „De magnete" eine wissenschaftliche Erklärung, warum der

Kompass eine bestimmte Richtung anzeigt. Gilbert bewies mit simulierten Experimenten, dass die Erde ein großer sphärischer Magnet ist, der mit der Kompassnadel in einer Wechselwirkung steht. Die Kompassnadel zeigt nicht, wie viele Wissenschaftler damals glaubten, auf einen Himmelskörper, sie empfängt die Wirkung des Magneten der Erdkugel und zeigt auf den Magnetpol der Erdkugel. Gilbert's Theorie wird bis heute von den Menschen im Wesentlichen akzeptiert.

Verbiest's Kompasstheorie steht in keiner Beziehung zu Gilbert's Lehre. Sie ist das Ergebnis von Verbiest's Kenntnissen der Eigenschaften der Erdkugel. Er meinte: „Wenn man Richtungen bestimmt, muss man die Richtung der Erdkugel zur Grundlage nehmen. Ist die Richtung der Erdkugel bestimmt, dann gibt es keine Richtung, die nicht bestimmt werden könnte. Da die Erde im Himmel hängt, ist ihr die Tugend der Bewegungslosigkeit eigen; wenn dieser Körper erstarrt, liefert er die Grundlage für alle Richtungen."[227] Die Richtungen der Erdkugel manifestieren sich hauptsächlich in der Nord-Süd-Richtung, die durch den Nord- und den Südpol der Erdkugel bestimmt ist. Die Konstanz der Richtungen der Erdkugel gehört zu ihren Eigenschaften, und diese Eigenschaft kann auf die auf ihr existierende Materie übertragen werden; wenn man sie ausnutzt, erhält man eine Fähigkeit einer natürlichen Nord-Süd-Orientierung. Verbiest's Theorie des Kompasses baut auf der Grundlage dieser Ideen auf.

Um das Prinzip der Richtungsanzeige mit einem Kompass zu erklären, richtete Verbiest seine Aufmerksamkeit auf die Materieverteilung der Erdkugel selbst. Er erklärte:

„Die gesamte Erde bildet eine abgeschlossene Kugel, durch die sich Adern ziehen. Überprüft man die berühmten Berge und die Erz- und Gesteinsvorkommen in der Erde in allen Ländern der Welt, so sieht man auf den steilen und weiten Flächen in Nord-Süd-Richtung deutlich die Adern jeder Schicht, die alle von unten nach oben zu den beiden Polen im Norden und Süden zeigen. Als ich vom fernen Westen nach China kam, reiste ich 90000 Li weit, und als ich die hohen Berge am Rand der Meere betrachtete, fand ich Adern auf der nördlichen und der südlichen Seite, die überwiegend zu den beiden Polen im Norden und Süden ausgerichtet waren. In der Mitte gibt es noch eine Ader, wobei der Neigungswinkel der Erde mit dem Horizont gerade mit dem Neigungswinkel der Erde in Richtung zum Nordpol mit dem Horizont übereinstimmt. Auch bei den Adern im Erdinnern bei Erzgängen und Gesteinsvorkommen verhält es sich ebenso. Allgemein ist in diesen Adern oft Magneteisenstein, der sich aus dem Äther gebildet hat. Nun ist der Äther des Magneteisensteins nichts anderes als ein Äther, der sich zwischen dem Nord- und dem Südpol ausrichtet. Der Magneteisenstein ist ursprünglich eine Art reine Erde im Erdinnern, weil sich der Äther mit dieser Eigenschaft nicht vom Erdäther mit dieser Eigenschaft unterscheidet." (Quelle wie oben)

Das bedeutet, im Innern der Erde gibt es Adern, die sich von Nord nach Süd hindurchziehen, und diese Adern enthalten einen „in Nord-Süd-Richtung orientierten Äther", dieser Äther ist der Äther der Eigenschaft der reinen Erde im Erdinnern, der mit dem Äther des Magneteisensteins übereinstimmt. Diese Übereinstimmung ist die Voraussetzung, dass die Kompassnadel eine bestimmte Richtung anzeigt.

Die hier erwähnte sogenannte „reine Erde" entspringt der Lehre von den „vier Elementen" des Aristoteles. Verbiest hatte diesen Punkt besonders hervorgehoben und darauf

---

227 F. Verbiest (Nan Huairen): Ling Tai Yi Xiang Zhi, Kap. Da Di Zhi Fang Xiang Bing Fang Xiang Zhi Suo Yi Ran (Woher die Richtungen auf der Erde kommen)

verwiesen, dass sie sich von der „Oberflächenerde" und der „Mischerde" in der Nähe der Erdoberfläche unterscheidet. Nur die „reine Erde" ist der entscheidende Faktor, der die Richtungsanzeige des Kompasses bestimmt:

„Die sogenannte reine Erde ist eines von vier Elementen, und nicht eine Mischung mit anderen Elementen. Die Oberflächenerde und die Mischerde auf der Erdoberfläche werden von Sonne, Mond und Sternen beschienen, die so das Werk verrichten, dass die fünf Getreidearten, die hundert Früchte, die Gräser und Bäume gedeihen. Die reine Erde befindet sich tief in der Erde, wie in der Mitte eines Berges oder in Bergwerken von Gesteinen und Eisen. Wenn man dies untersucht, so gehören das Eisen und der Magneteisenstein zur selben Kategorie der reinen Erde, und ihr Äther ist ein Äther, der sich in Nord-Süd-Richtung ausrichtet. So gelangen die Adern in den Gräsern und Bäumen zu diesem Äther und wachsen nach oben. Alle Dinge auf der Welt haben diese Eigenschaft, und alle müssen unter dem Druck dieser Eigenschaft agieren, sonst können sie nicht sie selbst sein." (Quelle wie oben)

Wie erklärt er sich nun die Erscheinung des Deklinationswinkels? Warum ist die Existenz des Deklinationswinkels so umfassend? Verbiest meinte:

„Wenn man einen Magneteisenstein mit einer Eisennadel in Berührung bringt, dann muss sie die Drehung als ihre Eigenschaft in Form einer Kraft der Ausrichtung in Nord-Süd-Richtung weitergeben, wie das durch das Feuer geschmolzene Eisen oder andere Stoffe die Hitze ihrer Eigenschaften weitergibt. So wirken eine Eisennadel und der Magneteisenstein aufeinander ein, deshalb wird die Ausrichtung in der exakten Nord-Süd-Richtung durch anderes Eisen, das sich rechts oder links, oben oder unten befindet, beeinflusst, so dass die Nadel von der Nord-Süd-Richtung abweicht und nach Osten oder Westen abgelenkt wird. Da nun die Kanäle des Magneteisensteins in Nord-Süd-Richtung verlaufen, können sie aber nicht verhindern, dass sie ein wenig von der Nord-Süd-Richtung abweichen, allerdings wenig. Deshalb ist nicht zu vermeiden, dass an verschiedenen Orten eine Eisennadel entsprechend etwas abweicht." (Quelle wie oben)

Hiermit ist Verbiest's Kompasstheorie schon ausgebildet, ihre grundlegende Logik ist folgende: Die Erdkugel hat selbst eine konstante Nord-Süd-Orientierung, und diese Orientierung hängt vom Nord- und Südpol der Erdkugel ab. Das Innere der Erdkugel ist von Adern in Nord-Süd-Richtung durchzogen. Diese Adern gehören ihrem Wesen nach zur „reinen Erde", die eines der vier Elemente darstellt, aus welchen alle Dinge bestehen. Sie enthält einen Äther, der in Nord-Süd-Richtung ausgerichtet ist. Anderseits bestehen Eisen und Magneteisenstein aus der „reinen Erde", und sie enthalten natürlich auch den in Nord-Süd-Richtung ausgerichteten Äther. Durch den Antrieb dieses Äthers kann eine aus Eisen hergestellte Magnetnadel von selbst sich so drehen, dass ihre Orientierung mit den Erdadern des jeweiligen Ortes übereinstimmt. Der eingeschlossene Winkel zwischen den Erdadern und dem Horizont bestimmt die magnetische Inklination an diesem Ort. Unter dem Einfluss einer Abweichung der Erdadern nach Ost oder West oder von Störungen durch Eisen in der Umgebung kann die von der Kompassnadel angezeigte Richtung auch abweichen, wodurch die magnetische Deklination hervorgerufen wird.

Verbiest's Theorie hat akzeptable Seiten: Offensichtlich war ihm Gilbert's Lehre bekannt gewesen, beide behaupten, dass die Faktoren, die die Richtungsanzeige einer Kompassnadel bestimmen, in der Erde und nicht im Himmel liegen; der „Äther der Erdadern", von dem Verbiest spricht, ähnelt der Idee der magnetischen Induktion, die in Gilbert's Lehre enthalten ist. Verbiest lieferte auch eine Erklärung für die magnetischen Änderungen; er meinte, dass Eisen in der Umgebung die Richtungsanzeige einer Magnetnadel stören kann und so weiter. Aber beide unterscheiden sich auch, der größte Unterschied besteht darin, dass in Verbiest's Theorie die Richtungsanzeige einer Magnetnadel durch den geografischen Nord- und Südpol der Erdkugel bestimmt wird, während Gilbert meinte, dass in der Erdkugel ein Magnet existiert, und obwohl er meinte, dass die beiden Pole dieses Magneten mit den beiden geografischen Polen der Erdkugel übereinstimmen, untersuchte er das Problem, indem er vom Aspekt der Wechselwirkung zwischen den Magnetpolen der Erdkugel und der Magnetnadel ausging, er diskutierte, ausgehend vom Aspekt des Magnetismus. Nur wenn man die Wirkung eines Magneten auf einen anderen diskutiert, kann man eine Theorie des Magnetismus einer Kompassnadel entwickeln, aber Verbiest hatte die traditionelle Lehre Chinas von den Reaktionen äußerlich verändert, so dass er mit dieser Lehre keine Theorie der Anziehung verschiedener Pole der Kompassnadel mit dem Magnetpol der Erdkugel entwickeln konnte.

Tatsächlich nachdem Gilbert die Theorie des Magnetismus vorgeschlagen hatte, stimmte auch ihm die Gelehrtenwelt nicht allgemein zu. Unter solchen Umständen ist es nicht verwunderlich, dass Verbiest Gilbert's Theorie den Chinesen nicht vorstellen konnte. Wie auch immer, da das Buch „Ling Tai Yi Xiang Zhi" von Kaiser Kangxi hoch eingeschätzt wurde, wurde es kraft eines Edikts von Kaiser Kangxi veröffentlicht, und da sich das Buch bemühte, die Wissenschaften des Westens zu erklären, fand es das allgemeine Gefallen der Gelehrten der neuen Partei[228] in China und setzte damals eine Norm, als die chinesischen Gelehrten die Herstellung westlicher astronomischer Geräte und die entsprechende Wissenschaft studierten. Verbiest's Kompasstheorie ist in dieses Buch aufgenommen, natürlich als ein Teil dieses Buches verbreitete sie sich auch in der Nachwelt, so dass sie auf die chinesischen Gelehrten einen großen Einfluss ausübte. Bis zur Mitte des 19. Jahrhunderts glaubten die Chinesen bei der Diskussion der Probleme des Kompasses nach wie vor an Verbiest's Theorie.

Nachdem Verbiest die Umgestaltung des Observatoriums vollendet hatte, begann er im Anschluss, neue Kalendertabellen zu berechnen. Im 7. Monat des 17. Jahrs der Regierungsära Kangxi (1678) beendete Verbiest die Redaktion des „Kangxi Yong Nian Li Fa" (Ewiger Kalender von Kangxi) in 32 Kapiteln. Darin hatte er den von Adam Schall von Bell im 12. Monat des 2. Jahrs der Regierungsära Shunzhi redigierten Kalender und die Fixsterntabellen für 200 Jahre bis zu 2000 Jahren erweitert. Der „Ewige Kalender von Kangxi" ist in Wirklichkeit eine astronomische Tabelle. Sie ist in acht Abschnitte unterteilt – Sonne, Mond, Mars, Merkur, Jupiter, Venus, Saturn und die Verfinsterungen. Am Anfang jedes Abschnitts sind einige grundlegende Daten und danach ist für diesen Himmelskörper eine Tabelle des Sternendurchlaufs für 2000 Jahre angegeben. Yang Guangxian hatte einst Adam Schall von Bell deshalb getadelt, dass der von ihm redigierte Kalender der Qing-Dynastie nur 200 Jahre umfasste, jetzt hatte Verbiest ihn bis zu 2000 Jahren erweitert.

---

228 Gelehrte der neuen Partei – Hierunter sind die von den Missionaren beeinflussten Gelehrten zu verstehen, zu denen chinesische Konvertiten und Konfuzianer gehörten, die sich für die Wissenschaften des Westens interessierten.

Ferdinand Verbiest lieferte nicht nur für die Entwicklung der chinesischen Astronomie und Kalenderkunde und für die Herstellung gegossener Kanonen bedeutende Beiträge, sondern auch auf dem Gebiet der Geografie. Er hatte mehrere Werke über Geografie verfasst und verschiedene Landkarten gezeichnet, die die Entwicklung Chinas in der Geografie und Kartografie Chinas im 17. Jahrhundert kennzeichneten.

Auf dem Gebiet der Herstellung von Maschinen ersann Verbiest das Experiment einer Dampfturbine, das heißt, er nutzte die Ausstoßwirkung von Wasserdampf mit konstanter Temperatur und Druck, um ein Schaufelrad anzutreiben und durch die Drehung der angetriebenen Achse eine Triebkraft zu erzeugen. Sein Experiment ist im Kapitel „Mechanik der Gase" seines Werks „Ouzhou tianwenxue" (Die europäische Astronomie) ausführlich beschrieben.

Außer der umfangreichen Arbeit auf den Gebieten von Wissenschaft und Technik und der Mission hatte Verbiest wegen seiner gründlichen Beherrschung vieler europäischer Sprachen sowie des Chinesischen und Mandschurischen und da er sehr hoch in der Gunst des Kaisers Kangxi stand, bei den diplomatischen Kontakten zwischen China und Russland eine nicht wegzudenkende Rolle gespielt. Als im Jahre 1689 der chinesisch-russische Vertrag von Nertschinsk[229] unterzeichnet wurde, war dies von Verbiest's vorherigen Bemühungen nicht zu trennen.

Die langjährige hingebungsvolle Arbeit gewann Ferdinand Verbiest in China großen Ruhm, aber seine Gesundheit war durch sie untergraben. Am 28.1.1688 starb Ferdinand Verbiest in Beijing im Alter von 66 Jahren. Von der Ankunft in Macao im Jahre 1658 bis zu seinem Tode lebte er fast 30 Jahre in China. Ferdinand Verbiest hatte „fleißig all seine Kraft eingesetzt und von der Arbeit nicht ablassend sich erschöpft", er hatte sein Leben für den Glauben hingegeben und bedeutende Beiträge für die Verbreitung westlicher Wissenschaft und Technik in China geleistet. Nach seinem Tode führte Kaiser Kangxi für ihn eine feierliche Beerdigung durch und verlieh ihm den postumen Namen „Qin Min" (der Fleißige und Kluge).

Unter den Missionaren, die an der Schwelle von der Ming- zur Qing-Dynastie nach China kamen und später in China starben, war Ferdinand Verbiest der einzige, der einen postumen Namen verliehen bekam. Ein postumer Name war, nachdem im alten China eine Persönlichkeit mit einem bestimmten Status gestorben war, eine Bezeichnung, mit der der Hof entsprechend ihrer Lebensleistung und moralischen Qualitäten kurz und bündig die Vorzüge und Mängel bewertete. Die beiden Worte „Qin Min", die Kaiser Kangxi ihm verliehen hatte, sind ein treffendes Urteil über die fleißige Arbeit und das kluge Verhalten von Verbiest während seines Dienstes im kaiserlichen Observatorium. Ferdinand Verbiest trägt diesen Ehrennamen zu Recht.

---

229 Vertrag von Nertschinsk – Dieser Vertrag regelte die Grenze zwischen China und Russland entlang den Flüssen Amur und Ussuri.

Anhang

Verzeichnis der Termini

1000 Li differieren um 1 Cun 154, 155, 347, 348
12 Doppelstunden-System 169–171, 173
12 Richtungen 31, 67, 340
12 Stimmpfeifen 191, 304, 306-309, 403
15-Stunden-System 63
24 Richtungen 31, 32, 157
24-Stundensystem 26, 27, 173
60er System 162, 172, 383,
96 Ke-System 27, 169–171, 371, 372, 385, 391, 394
100 Ke-System 27, 28, 168–171, 385, 391
108 Ke-System 169
360°-Einteilungssystem 28, 157, 158, 160–162, 171, 182, 369, 371, 372, 377, 383, 394
365 ¼ Grad 28, 87, 88, 92, 99, 119, 120, 158, 159, 162, 348, 352, 371, 394
5 Töne 305, 306
6 Stimmpfeifen 309
7 Schaltmonate in 19 Jahren 99, 100, 333
8 Töne 190, 198, 308, 397
Abstand zwischen Quadrat und Kreis 133, 134, 135, 136, 138, 313, 314, 327, 328, 331, 332
Allgemeines internationales System 241, 246
Ankerhemmung 76, 176
Apothekerwaage 54, 55, 144, 229
Äquatorialer Theodolit 394
Äquatoriale Sonnenuhr 65, 66, 67
Äquatoriales Koordinatensystem 30
Armillarsphäre 28, 30, 76, 80-83, 122, 123, 150, 151, 154, 155, 162, 181, 182, 323, 338, 342, 344–352, 354, 355, 357, 358, 360, 369, 371, 381, 394
Astronomische geodätische Messung 151
Axiom 159, 366
Bambusbuch über die Gesetze von Qin 39
Begriff des Winkels 157, 159–161, 177, 368, 369
Beijing-Zeit 291, 292
Beobachtungstisch 350
Bixian-Jade-Chi-Maß 35
Bronzene Gewichte von Gao Nu He Shi 143
Bronzene Königswaage 141, 142
Bronzene ringförmige Wägestücke 139
Bronzenes Fu-Gefäß von Chen Chun 39
Bronzenes Fu-Gefäß von Zi He Zi 39
Bronzenes He-Gefäß von Zuo Guan 39
Bronzenes Hu-Gefäß der Xin Mang-Zeit 45
Bronzenes Volumennormal der Xin Mang-Zeit 201, 205, 206, 313, 314, 315,
Bronzenes Zhang-Maß 46
Celsius-Temperaturskale 167, 168
Changbai-Zeitzone 285, 286, 289
Chi für die Landvermessung 55
Das Licht ist fett, der Schatten mager 153
Deklinationswinkel 400
Der Umfang ist 3 und der Durchmesser 1 119, 191
Die Ordnung der Maße und Gewichte vereinheitlichen 43, 50, 59, 60, 125, 246
Einkerben von Hölzern, um die Zeit festzuhalten 18
Einteilungssystem mit 360°-Zentriwinkel 369, 371, 372
Ekliptik-Theodolit 394
Ekliptisches Koordinatensystem 30
Englisches System 57–60, 223, 229, 238
Fahrenheit-Temperaturskale 167
Familienmaß 42
Fernrohr 352, 377-379, 382
Finanzministerium Tai Fu Si 52, 54
Französisches System 223
Fu-Volumenmaß des Da Si Nong 45
Gansu-Sichuan-Normalzeit 290
Gansu-Sichuan-Zeitzone 285, 288–291
Geodätische Messung 151, 234, 353, 354
Gesetz der Zu- und Abnahme um ein Drittel 198, 305, 307, 308

Globus 160, 178, 366
Großes und kleines Maßsystem 51
Hebelprinzip 138–141, 143, 144
Heliozentrisches System 177
Hemisphärische Sonnenuhr 67–69, 350
Hemmung 76, 176
Himmelsglobus 76–81, 160, 172, 174, 350, 394
HMS 170, 171, 172, 181
Horizontaler Theodolit 394
Horizontale Sonnenuhr 63, 64, 65
Hu des Da Si Nong 45
Huangzhong-Stimmpfeife 36, 38, 56, 130–132, 134, 137, 189–198, 200, 202, 204, 205, 219, 305–313, 319
Hui-Tibet-Zeitzone 285, 286, 288, 289, 290
Hydraulisch angetriebener Himmelsglobus 77, 78, 79, 80, 81, 172
Hydraulisch angetriebenes Observatorium 173
Hygrometer 163, 396–398
Idee der Erdkugel 177, 178, 180, 181, 183, 365, 366
Idee der proportionalen Messung 105
Internationales Büro für Maß und Gewicht 59, 231, 235
Internationales Maßsystem (SI) 249, 250
Internationales metrisches System 60, 61, 62, 233
Internationales Normalmeter 242
Japanische Studiengesellschaft für die Geschichte der Metrologie 13
Japanisches System 59, 238
„Kai Yuan Tong Bao"-Münzen 52
Kalender der 12 Solarperioden 340
Kalenderpflanze ming jia 77
Kompass 67, 113, 116, 118, 119, 160, 161, 398, 399, 400, 401
Kompassnadel 108, 112, 113, 116, 119, 399–401
Ku-Lai-Yi-A-Er-Zi 178
Kunlun-Zeitzone 285, 286, 289
Kunst der doppelten Differenz 107

Kunst des eingeschriebenen Kreises 48
künstliche Zeiteinheiten 25
Kuping-Gewicht 59, 60, 216, 221, 222, 224, 227, 228, 230, 232, 241–243, 246, 248, 270
Küstenzeit 282, 284, 285
Lehre der Darlegung des Nachthimmels 178
Lehre der Erdkugel 178, 179, 181, 366, 370
Lehre des Wartens auf das Qi 391
Li Shi-Normal 124, 126–131, 137, 326, 329–333
Li-Anzeige-Trommelwagen 102–104
Lotos-Wasseruhr 147
Marktsystem 61, 62, 233, 249–254, 265
Maße und Gewichte des Zolls 58, 207, 220–222, 224, 256
Messnormal 33, 146
Mètre d'archives 235
Metrisches System 59, 60-62, 181, 192, 232–235, 238-240, 249, 250
Metrologie des Raums 28, 101, 108
Metrologisches Normal 21, 36, 155
Mit aufgehäuften Hirsekörnern die Stimmpfeife bestimmen 185, 192, 194, 196, 197, 199, 201, 206, 226
Mit aufgehäuften Hirsekörnern das Chi bestimmen 196, 227, 242
Mittelpunkt der Erde 81, 123, 354–356
Mittlere Sonnenzeit 283, 284, 291, 295, 296
Mondhaus-Abstandswinkel 29, 119, 120, 123
Natürliche Einheit 282
Natürliche Zeiteinheit 24, 25
Neuzeitliche und moderne Metrologie 10
Normal der Maße und Gewichte 36, 133, 134, 137, 222
Normalgerät 35, 42, 46, 62, 124, 125, 127, 129, 130, 131, 137, 185, 188, 200, 201, 202, 207, 208, 210, 211, 215, 216, 218, 219, 221, 226, 230, 242, 244, 245, 253, 259, 261, 264–266, 268, 273, 302, 311, 315, 316, 323, 326, 327, 331, 337, 350

Normalzeit 176, 282, 284–292, 295
Normalzeit der fünf Zeitzonen 287, 289, 291
Normalzeit der Zentralen Ebene 287, 290
Normalzeitzone 286, 287, 288, 290, 292
Observatorium 16, 83, 87, 94, 101, 102, 117, 163, 181, 282-289, 294, 296, 297, 346, 349, 353, 354, 358, 366, 372, 380-382, 384–386, 388–391, 393–395, 401, 402
Observatorium von Malaga 366
Ortszeit 282
Ost und West festlegen 108
Pol-Abstandswinkel 29, 119, 121, 123
Pt-Ir-Meterprototyp 234, 235, 242, 251
Pt-Ir-Prototyp 59, 231, 234, 235, 242, 251
Ptolemäisches Weltbild 177, 371
Quadrant 394
Quadratische Platte zur Richtungsbestimmung 111, 350
Quadratisches Volumennormal 201, 203, 204
Reaktion der Himmlischen 169
Rechteckiges Volumennormal von Shang Yang 14, 42, 43, 124–126, 129, 131, 330
Russisches System 57, 59, 238
Schattenblende 95, 96, 97, 350, 352
Schattenmessung mit einem Schattenstab 63, 64, 70, 85, 86, 87, 91, 93, 107-109, 120, 122, 123, 151, 155, 333, 335, 341, 342, 353, 354
Schattenmessung mit hohem Gnomon 93, 95
Scheinbare Sonnenzeit 283, 291, 295
Schlaguhr 78, 159, 173-175, 365
Schneider-Chi 55, 57, 214, 216, 236, 276
Sekundärnormal aus Nickelstahl 59, 230, 231
Sextant zur Messung des Winkelabstandszwischen zwei Himmelskörpern 394
SI 250
Sonnenuhr 63–70, 83, 162, 172, 197, 250, 283, 350, 354, 355, 358, 382
Sonnen- und Wasseruhren der Regierungsära Xining 342

Sonnenuhr von Jinfeng 65
Sonnenuhr von Tuoketuo 64, 65
Sternenabstand 123
Südzeigefisch 115, 117
Südzeigewagen 322, 335, 336
System A 60, 232, 242, 246, 248
System B 60, 232, 242, 246, 248
System der Kalibrierung 266
System des Verkaufsmonopols 266
System des Yingzao-Chi-Maßes und des Kuping-Gewichts 232, 242, 246, 248
Teilung in 365 ¼ Du 120
Temperaturmetrologie 162, 167, 168, 172, 185
Theorie der drei Sphären 165
Theorie der Maße und Gewichte 11, 35–37, 45, 46, 132, 188, 200, 201, 321
Theorie der Himmelskuppel 121–123, 151, 159, 178, 351
Theorie des sphärischen Himmels 77, 121, 122, 123, 150, 151, 178, 351, 354
Thermometer 162-168, 396
Traditionelle Metrologie 185
Ursprung der Töne 189
Vereinfachte Armillarsphäre 350–352, 394
Vereinheitlichung der Stimmpfeifen und der Maße und Gewichte 199–201
Vereinheitlichung der Maße und Gewichte 8, 14, 41, 43–47, 50, 54, 57, 59, 62, 124–126, 133, 137, 148, 184, 188, 200, 210, 214, 216, 222, 224–226, 229–233, 236, 245–247, 253–259, 261, 262, 266, 268–281, 312, 313, 321
Verfahren der eingeschriebenen Dreiecke 327
Verfahren der Zu- und Abnahme um ein Drittel 308, 316
Volumennormal der Qing-Dynastie 57, 205
Volumennormal der Xin Mang-Zeit 15, 201, 205, 206, 313, 314, 315
Volumennormal des Li Shi 124, 126–131, 137, 326, 329–333

Volumennormal des Kaisers Qianlong 57, 138, 200–202, 204, 206
Wäge-Wasseruhr 75
Weganzeige-Trommelwagen 102–104
Weitergabe des Messwerts 176, 200, 291, 323
Weltkarte 174, 364, 365
Winkel der Polentfernung 29, 119, 121, 123
Winkel des Mondhausabstands 29, 119, 120, 123
Winkeleinheit 160, 172, 368, 369
Winkelmetrologie 157–162, 185, 199, 366–370
Wissenschaftliche Mission 176, 178, 284, 362, 364, 372
Xinjiang-Tibet-Zeitzone 29, 290–292
Yingzao-Chi-Maß 57, 59, 183, 196, 204, 205, 214, 216, 227, 230, 232, 236, 241–243, 246, 248
Yin-Maß aus Bambus 46, 311, 315
Zeitmessgerät mit Sternenskale 350
Zeitmessung mit einer Sonnenuhr 63, 69
Zeitmessung mit einer Wasseruhr 69, 73
Zeitmetrologie 24, 25, 28, 62, 69, 168–170, 172, 173, 175-177, 181, 185, 282-285, 286, 291, 292, 339, 371
Zeitzone der Zentralen Ebene 285, 287, 288, 291
Zoll-Chi 58, 221, 222, 270
Zollgewicht 58
Zonenzeit der fünf Zeitzonen 282

Personenverzeichnis

Aixing'a 爱星阿 385
Aixin Jueluo Xuanye 爱新觉罗玄烨 183
An Wensi 安文思 174
Aobai 拜 189
Aristoteles 165
Ban Gu 班固 302
Bernard, Henri R.P. 362
Borda, Jean-Charles de 233
Boyle, Robert 167
Brahe, Tycho 383
Buglio, Ludovicus 386
Cai Yuanpei 蔡元培 249, 250, 294
Cao Cao 曹操 150, 319
Cao Mao 曹髦 317
Cao Shuang 曹爽 316
Cao Zengyou 曹增友 168, 176
Ceng Gongliang 曾公亮 114
Ceng Minxing 曾敏行 66
Chen Benli 陈本礼 179
Chen Chengxiu 陈承修 239
Chen Chun 陈淳 39
Chen Fangzheng 陈方正 367
Chen Fangzhong 陈方中 382
Chengjisihan(Dschingis Khan)成吉思汗 374
Chengwang 成王 405
Cheng Zu 成倅 405
Chen Houyao 陈厚耀 199
Chen Jingyong 陈儆庸 247
Chen Meidong 陈美东 355, 361
Chen Mengjia 陈梦家 128, 129, 331
Chen Rui 陈瑞 173
Chen Tingjing 陈廷敬 190
Chen Xuan 陈宣 355
Chen Yuanjing 陈元靓 118
Chen Zhanshan 陈占山 405
Chen Zhanyun 陈展云 283, 290, 293, 297
Chen Zungui 陈遵妫 288
Chi You 蚩尤 335
Clavius, Christoph 362, 370, 405
Clement, William 176, 405

Concordet, Marie Jean Antoine Nicolas Caritat, Marquis de 233
Celsius, Anders 167, 168
Dai Faxing 戴法兴 89, 334
Dai Nianzu 戴念祖 176, 307
Delambre, Jean-Baptiste Joseph 234
Deng Yuhan 邓玉函 373
Di Wulun 第五伦 47
Duan Yuhua 段育化 247
Du Kui 杜夔 319, 321, 323, 325
Duoergun 多尔衮 405
Du Ruyu 杜如预 386
Euklid 159, 366, 367
Fahrenheit, Gabriel Daniel 167
Fang Yizhi 方以智 153, 179, 180
Fang Zhongtong 方中通 180
Fan Li'an 范礼安 405
Fan Zongxi 范宗熙 179, 247
Fei Delang 费德郎 247, 318
Feng Dan 冯紞 317
Feng Shuan 冯栓 405
Fleming, Sir Sandford 282
Fu Xi 伏羲 21, 307, 405
Galilei, Galileo 76, 167, 176, 377, 378, 396, 415
Gao Jun 高均 406
Gao Lu 高鲁 283, 294, 295, 296
Gao Mengdan 高梦旦 247
Gao Pingzi 高坪子 287
Ge Heng 葛衡 78
Gelber Kaiser 黄帝 406
Geng Shouchang 耿寿昌 76, 81
Geng Xun 耿询 78
Gilbert, William 398, 399, 400, 401
Gongsun Yang 公孙鞅 42, 124
Gregor XIII. 358
Guan Zengjian 关增建 158, 159, 355, 376
Guan Zhenhu 管震湖 362
Gun 鲧 20
Guo Qingsheng 郭庆生 291
Guo Rong 郭荣 406
Guo Shoujing 郭守敬 67, 68, 69, 81, 92, 93, 94, 95, 96, 97, 110, 111, 112, 345, 346, 349, 350, 351, 352, 353, 354, 357, 358, 359, 360, 361, 379, 380
Guo Zhengzhong 郭正忠 9
Han Fei Zi 韩非子 113, 153, 154, 411
Han Gonglian 韩公廉 80, 81
Han Yu 韩愈 348, 406
He Guozong 何国宗 199
Henry I. 33
He Qiao 和峤 318
Herrmann, Konrad 376
Herzog Jing von Qi 齐景公 149
Herzog Xiao von Qin 秦孝公 42
Herzog Zhou 周公 104, 106, 335, 336, 355, 356
He Yinzhi 何胤之 325
He Zhaowu 何兆武 156
Hong Li 弘历 406
Huang Bolu 黄伯禄 382
Huang Chao 黄超 168, 175, 411
Huangfu Yu 皇甫愈 346
Huang Lüzhuang 黄履庄 406
Huang Lü 黄履 406
Hua Tongxu 华同旭 72, 74
Hu Sheng 胡绳 221, 225
Huygens, Christian 167, 176
Iwata Shigeru 岩田重雄 12
Jamāl al Dān 178
Jia Chong 贾充 317, 318
Jia Hou 贾后 406
Jiao Xun 焦勋 406
Jia Wenyu 贾文郁 386
Jie Xuan 揭暄 179
Ji Tanran 吉坦然 175
Ji Yaomu 纪尧姆 247
Kaiser Aidi der Han-Dynastie 汉哀帝 27, 169
Kaiser Chongzhen 崇祯 161, 175, 373, 374, 375, 376, 379, 380, 382, 383, 409
Kaiser Guangxu 光绪 225
Kaiser Huidi der Jin-Dynastie 晋惠帝 318
Kaiserinwitwe Cixi 慈禧太后 225
Kaiser Kangxi 康熙 56, 57, 59, 170, 174, 184, 188, 189, 190, 191, 192, 193, 194, 195, 196, 197, 198, 199, 200, 202, 204, 206, 209, 210, 214, 217, 218, 226, 227, 386, 389, 390, 391, 393, 394, 401, 402

Kaiser Qianlong 乾隆 56, 138, 200, 201, 202, 204, 206, 220
Kaiser Renzong der Yuan-Dynastie 元仁宗 406
Kaiser Shenzong der Ming-Dynastie 明神宗 365
Kaiser Shizu der Yuan-Dynastie 元世祖 349, 353, 357, 366
Kaiser Shunzhi 顺治 174, 186, 189, 372, 388
Kaiser Taizong der Tang-Dynastie 唐太宗 337
Kaiser Taizu der Song-Dynastie 宋太祖 54
Kaiser Wanli 万历 174, 363
Kaiser Wendi der Sui-Dynastie 隋文帝 51
Kaiser Wudi der Han-Dynastie 汉武帝 406
Kaiser Wudi der Jin-Dynastie 晋武帝 317, 321
Kaiser Wudi der Liang-Dynastie 梁武帝 169, 325
Kaiser Xiandi der Han-Dynastie 汉献帝 406
Kaiser Xiaowudi der Liu-Song-Dynastie 宋孝武帝 323
Kaiser Xizong der Ming-Dynastie 明熹宗 375
Kaiser Xuanzong der Tang-Dynastie 唐玄宗 406
Kaiser Yangdi der Sui-Dynastie 隋炀帝 50
Kajima Shunichirō 加岛淳一朗 406
Klavius, Christopher 406
Kolumbus, Christoph 117
Konfuzius 孔子 8, 42, 305, 365
Kong Duosai 孔多塞 406
Kong Xiangxi 孔祥熙 249
König Xiang von Wei 魏襄王 406
König Zhao von Yan 燕昭王 140
König Zhou der Shang-Dynastie 商纣王 335
Kopernikus, Nikolaus 177
Kublai Khan 忽必烈 349, 353, 356, 366
Kaiser Chongzhen 161, 383
Lagrange, Joseph-Louis 233
Lao Zi 老子 304

Laplace, Pierre-Simon 233
Lavoisier, Antoine Laurent de 234
Lei Cizong 雷次宗 325
Lei Xiaosi 雷孝思 184
Li Chunfeng 李淳风 82, 83, 100, 137, 201, 322, 325, 326, 328
Li Guangdi 李光地 197, 198
Li Junxian 李俊贤 168
Li Lanqin 李兰琴 406
Li Lan 李兰 75
Li Leisi 利类思 386
Li Madou 利玛窦 159, 362, 363, 367, 412
Li Naiji 励乃骥 330
Li Quan 李荃 146
Li Si 李斯 148
Li Taiguo 李泰国 58
Li Tianjing 李天经 161
Li Zhichao 李志超 347
Li Zhizao 李之藻 365, 367, 370
Li Zicheng 李自成 186, 383
Li Zubai 李祖白 386
Liang Lingzan 梁令瓒 78, 79, 83
Lindberg, David C. 177
Liu An 刘安 304
Liu Bang 刘邦 44
Liu Biyuan 刘必远 386
Liu Chenggui 刘承珪 54, 55, 144
Liu Dongrui 刘东瑞 141, 142
Liu Fu 刘复 9, 138
Liu Hong 刘洪 99, 100
Liu Hui 刘徽 48, 49, 107, 108, 137, 201, 327, 328, 332
Liu Jinyu 刘晋钰 247
Liu Jinzao 刘锦藻 221
Liu Xianting 刘献廷 175
Liu Xiang 刘向 301
Liu Xin 刘歆 35–37, 45, 46, 103, 132, 136–138, 145, 153, 192, 201, 301–311, 313-316, 326–328, 330–332
Liu Youtai 刘有泰 386
Liu Yu 刘裕 336
Liu Chuo 刘焯 151
Liu Zongzhou 刘宗周 375
Longobardi, Nicolas 380
Lu Daolong 卢道隆 104

Lu Weining卢维宁 382
Luo Fuyi罗福颐 9
Luo Mingjian罗明坚 173
Luoxia Hong落下闳 81, 122, 123
Luo Yage罗雅各 161
Luo Yagu罗雅谷 373
Lü Buwei吕不韦 40, 113, 306
Lü Cai吕才 73
Magalhaes, Gabriel de 174, 386, 387, 389
Ma Heng马衡 9
Ma Hu马祜 390
Ma Jun马钧 336
Matsumoto Eijū松本荣寿 12
Méchain, Pierre 234
Mei Juecheng梅毂成 198, 199
Mei Wending梅文鼎 66
Meng Kang孟康 304
Michelson, Albert A. 235
Monge, Gaspard 233
Nan Huairen南怀仁 161, 163, 374, 387, 394, 399
Nangong Yue南宫说 353
Needham, Joseph 67, 337
Nickel, Goswin 388
Niu Yongjian钮永建 249
Nurhachi努尔哈赤 375
Pan Nai潘鼐 68, 111
Pantoja, Diego de 363
Paul II. 364
Pei Wei裴頠 321, 324
Pi Yanzong皮延宗 328
Ptolemäus 177, 371
Qi启 21
Qian Deming钱德明 168
Qian Hanyang钱汉阳 239, 247
Qian Lezhi钱乐之 78
Qian Li钱理 247
Qianlong乾隆 56, 57, 138, 185, 200–202, 204, 206, 213–215, 218, 220, 227
Qian Mu钱穆 193
Qin Shihuang秦始皇 11, 14, 41, 43, 45, 124, 125, 152
Qiu Guangming丘光明 9, 10, 128, 129, 134, 183, 221, 222, 224, 312, 331, 332

Qiu Long丘隆 183, 221, 332
Régis, Jean-Baptiste 184
Rho, Giacomo 373, 380-382
Rho, Jacques 161
Ricci, Matteo 159, 160, 170, 173, 174, 178, 179, 181, 362–368, 370–374, 387
Rudin, Zama 366
Ruggieri, Michele 173, 363, 364, 372
Sánchez, Alonso 363
Schall von Bell, Johann Adam 161, 163, 174, 362, 372–375, 377–390, 392–394, 401
Schreck, Johann Terrenz 373, 380
Shang Gao尚高 104, 105
Shang Yang商鞅 8, 14, 39, 41–43, 124–126, 129, 131, 147, 330
Shen Dao慎到 122
Shen Kuo沈括 24, 25, 30, 75, 116–118, 150, 154, 155, 308, 337–348, 351
Shen Zhu沈洙 335
Shi Konghuai施孔怀 247
Shi Le石勒 326
Shou Jingwei寿景伟 247
Shu Hai竖亥 21
Shu Xiang叔向 149
Shu Yijian舒易简 83
Shu Yingfa舒英法 25
Shun舜 20, 21, 138
Shunzhi顺治 174, 176, 186–189, 207, 209, 372, 384–386, 388, 389, 392, 401
Sima Gan司马干 317
Sima Qian司马迁 35, 148, 309
Sima Rangju司马穰苴 63, 70
Sima Shi司马师 317
Sima Yan司马炎 317
Sima Yi司马懿 316, 317
Sima Zhao司马昭 317
Sirturi, Girolamo 378
Song Fa宋发 386
Song Junrong宋君荣 168
Song Kecheng宋可成 386
Su Shi苏轼 147
Su Song苏颂 80, 81, 172
Su Tianjue苏天爵 180

Sun Chuo孙绰 73
Sun Wu孙武 148, 149
Sun Yilin孙毅霖 10
Sun You孙佑 317
Sun Yuanhua孙元化 377
Sun Zhongshan(Sun Yatsen)孙中山 232, 293, 294, 297, 298
Suo Yulin索驭驎 336
Tai Zhang太章 21
Taizong太宗 57, 337, 349
Talleyrand-Périgord, Charles-Maurice de 233
Tang Hanliang唐汉良 25
Tang Lan唐兰 9
Tang Ruowang汤若望 161, 372, 374
Tao Hongjing陶弘景 78
Thales 366
Theobald, Ulrich 12
Torricelli, Evangelista 167
Trigault, Nicolas 373
Tuhai图海 390
Verbiest, Ferdinand 161, 163–168, 170–174, 362, 374, 386–402
Viviani, Vincenzo 167
Vogel, Hans-Ulrich 12
Wang Bing王冰 163
Wang Chong王充 113
Wang Fan王蕃 153, 328
Wang Guowei王国维 9
Wang Hou王厚 150
Wang Jia王嘉 21
Wang Jun王珺 177
Wang Lansheng王兰生 198
Wang Lixing王立兴 171
Wang Mang王莽 11, 27, 35, 45–50, 53, 57, 131, 133, 137, 169, 201, 206, 301, 302, 312, 313, 326
Wang Pan王泮 364, 365
Wang Pu王朴 53
Wang Shijie王世杰 249
Wang Xun王恂 356, 357, 360, 361
Wang Zhenduo王振铎 104, 113, 114, 118
Wang Zheng王徵 175
Wei Guan卫瓘 317

Wei Guozheng魏国徵 382
Wei Tingzhen魏廷珍 198
Wei Yang卫鞅 124
Wen Bing文秉 373, 374
William 217
Wolf, A. 167
Wu Chengluo吴承洛 9, 33, 34, 37, 38, 47, 48, 57, 61, 127, 128, 193, 196, 211, 212, 214, 216, 217, 219, 223, 224, 226, 228, 236–240, 247, 249, 251, 254, 257, 261, 262, 273, 329
Wu Dacheng吴大澂 8
Wu Deren吴德仁 104
Wu Jian吴健 247
Wu Mingxuan吴明烜 388–391
Wu Sangui吴三桂 188, 189, 383, 393
Wu Zetian武则天 356
Xia Jianbai夏坚白 285
Xianyu Wangren鲜于妄人 81
Xiang Ying向英 68, 111
Xiao Daocheng萧道成 336
Xiao Ji萧吉 325
Xiaozhuang孝庄 386
Xue Dubi薛笃弼 249
Xu Chaojun徐朝俊 175
Xu Guangqi徐光启 159–161, 175, 366–368, 371, 373, 374, 379-382
Xu Heng许衡 356, 357, 360
Xu Ke徐珂 217
Xu Shanxiang徐善祥 61, 247, 249
Xuanye玄烨 182, 183, 189, 190, 192, 193, 198, 199, 206, 209, 210, 217, 218
Xun Shuang荀爽 316
Xun Xu勋勖 49, 51, 201, 316-326
Xun Zi荀子 145, 152, 339
Yan Gao颜高 339
Yan Shigu颜师古 303
Yan Su燕肃 74, 75
Yan Ying晏婴 149, 150
Yang Guangxian杨光先 170, 385–392, 401
Yang Hongliang杨宏量 386
Yang Jia杨甲 71, 73
Yang Kuan杨宽 9

Yang Ping 杨平 183, 221, 332
Yang Ruoqiao 杨若桥 375
Yang Wei 杨伟 99, 117
Yang Xiong 扬雄 76, 159
Yao 尧 20
Yao Jing'an 姚景安 180
Yao Shunfu 姚舜辅 92, 101
Yelü Chucai 耶律楚材 180, 181
Ye Xianggao 叶向高 363
Yi Xing 一行 78, 79, 83, 101, 123, 151, 172, 179, 353
Yin Zhen 胤祯 208
Yongzheng 雍正 204, 208, 219
Yu 禹 20, 21, 22, 152
Yu Guozhu 余国柱 189
Yu Xi 虞喜 334
Yu Yuan 于渊 83
Yuan Shikai 袁世凯 232, 242, 293, 294
Yuan Zhiming 院志明 247
Zhang Bochun 张柏春 162
Zhang Cang 张苍 44
Zhang Haipeng 张海鹏 284
Zhang Heng 张衡 31, 72, 76–78, 153, 328, 336
Zhang Jian 张謇 241
Zhang Shuochen 张硕忱 175
Zhang Sixun 张思训 79-81
Zhang Wenshou 张文收 57
Zhang Yingxu 张英绪 239
Zhang Yushu 张玉书 197
Zhang Zhao 张照 193, 218-220
Zhao Kuangyin 赵匡胤 337
Zhao Youqin 赵友钦 123, 155, 156
Zheng Chenggong 郑成功 188
Zheng Liming 郑礼明 239, 243, 274–277
Zheng Xuan 郑玄 35, 130, 329–332
Zhong Hui 钟会 317
Zhou Changzhong 周昌忠 167
Zhou Cong 周琮 83
Zhou Ming 周铭 247
Zhu Weizheng 朱维铮 363, 367
Zhu Guangxian 砵光显 386
Zhuang Jia 庄贾 63

Zu Chongzhi 祖冲之 49, 51, 88–92, 100, 104, 138, 153, 201, 322, 323, 325–329, 331–336
Zu Geng 祖暅 123, 151, 153, 335

Verzeichnis der Schriften

A comparison of the development of metrology in China and the West 12
Ba Xian Biao 八线表 (Trigonometrische Tabellen) 381
Bei Xi Zi Yi Jing Quan 北溪字义经权 (Die Bedeutung der Schriftzeichen aus dem Studierzimmer des Nordbaches) 143
Bi Li Gui Jie 比例规解 (Erklärung der Proportionalitätsgesetze) 382
Bie Lu 别录 (Klassifikation und Verzeichnis) 301
Cao Yun Quan Shu 漕运全书 (Vollständiges Buch des Tributreistransports) 215
Ce Liang Fa Yi 测量法义 (Bedeutung der Messverfahren) 371
Ce Liang Quan Yi 测量全义 (Vollständige Bedeutung der Messkunst) 382
Ce Ri Lüe 测日略 (Abriss der Messung der Sonne) 381
Ce Tian Yue Shuo 测天约说 (Erläuterungen zur Messung des Himmels) 381
Chang Li Ji 昌黎集 (Sammlung der Gedichte von Han Changli, d.i. Han Yu) 348
Chi Dao Nan Bei Liang Dong Xing Tu 赤道南北两动星图 (Bilder der beiden nördlich und südlich der Ekliptik wandernden Sterne) 382
Chong Zhen Li Shu 崇祯历书 (Chongzhen-Kalender) 382
Chou Suan 筹算 (Mathematik) 382
Chuanjiaoshi yu zhongguo kexue 传教士与中国科学 (Die Missionare und die Wissenschaft in China) 168
Cong Shu Ji Cheng Chu Bian 丛书集成初编 (Anfängliche Redaktion der Sammlung aller Bücher) 379
Cong yapian zhanzheng dao wusi yundong 从鸦片战争到五四运动 (Vom Opiumkrieg bis zur Bewegung des Vierten Mai) 221
Da Dai Li Ji 大戴礼记 (Buch der Riten des Da Dai) 33, 138
Da Ming Li 大明历 (Kalender der Regierungsära Daming) 322
Da Qing Hui Dian 大清会典 (Verwaltungsvorschriften der Großen Qing-Dynastie) 204, 219
Da Qing Lü Li 大清律例 (Gesetzeskodex der Großen Qing-Dynastie) 213
Da Tong Li 大统历 (Kalender der Regierungsära Datong) 358
Da Yan Li 大衍历 (Kalender der Regierungsära Dayan) 101
Da Yan Li Yi 大衍历议 (Diskussion des Kalenders der Regierungsära Dayan) 101
Dao De Jing 道德经 (Dao De Jing) 304
Duliangheng fa 度量衡法 (Gesetz über Maße und Gewichte) 60
Duliangheng jiancha zhixing guize 度量衡检查执行规则 (Durchführungsvorschriften für die Prüfung von Maßen und Gewichten) 258
Duliangheng qiju yingye tiaoli 度量衡器具营业条例 (Verordnung über Unternehmen für die Herstellung von Maßen, Gewichten und Geräten) 258
Duliangheng tongji ziliao 度量衡统计料 (Statistische Materialien über Maße und Gewichte) 280
Duliangheng yingye texu zanxing guize 度量衡营业特许暂行规则 (Vorläufige Bestimmungen über die Lizenz für Unternehmen, die Maße und Gewichte herstellen) 280
Duliangheng zhizao yanjiu weiyuanhui zhangcheng 度量衡制造研究委会员章程 (Statut der Kommission zum Studium der Herstellung von Maßen und Gewichten) 268

Du Liang Quan Heng度量权衡(Maße und Gewichte) 172

Du Xing Za Zhi独醒杂志(Vermischte Aufzeichnungen eines einsam Erwachten) 66

Elemente der Geometrie 199, 366, 368, 369, 371, 372, 374

Epitome arithmeticae practicae 370

Feng Yuan Li奉元历(Kalender der Regierungsära Fengyuan) 334

Fu Lou浮漏(Wasseruhren) 346

Fu Lou Yi浮漏议(Erörterung der Wasseruhren) 342, 344

Fu Zi符子(Das Amulett) 140

Gai Li Ping Yi改历平议(Erörterung über den revidierten Kalender) 287

Ge Xiang Xin Shu革象新书(Neues Buch über die umlaufenden Gestirne) 155

Gong Lü工律(Arbeitsgesetze) 39

Gongye biaozhun yu duliangheng (Industrienormen und Maße und Gewichte) 236, 259, 269, 274, 275, 279, 281

Gregorianischer Kalender 358

Gu Jin Jiao Shi Kao古今交食考(Untersuchung der Finsternisse in alter und neuer Zeit) 381

Gu Jin Tu Shu Ji Cheng古今图书集成 (Vollständige Sammlung der Bücher aus alter und neuer Zeit) 32, 74, 161, 181

Guanyu citie关于磁铁(Über den Magneten) 398

Guan Zi管子(Meister Guan) 20, 102, 113, 148

Guang Yang Za Ji广阳杂记(Vermischte Notizen aus Guangyang) 175

Guo Shi Da Gang国史大纲(Abriss der Landes- geschichte) 193

Hai Dao Suan Jing海岛算经Mathematischer Klassiker der Meere und Inseln) 108

Han Fei Zi韩非子(Meister Han Fei) 113, 153, 154

Han Shu汉书(Chronik der Han-Dynastie) 193, 194, 196, 199-201, 292, 302, 303, 305, 308– 313, 330, 335, 397

Heng Xing Biao恒星表(Fixsterntabellen) 381

Heng Xing Chu Mo Biao恒星出没表 (Tabellen des Auf- und Untergangs der Fixsterne) 381

Heng Xing Jing Wei Tu Shuo恒星经纬图说 (Illustrierte Erläuterungen zu den Positionen der Fixsterne) 381

Heng Xing Li Zhi恒星历指(Kalenderkunde der Fixsterne) 381

Heng Xing Ping Zhang恒星屏障(Schutzschirm der Fixsterne) 382

Hou Han Shu后汉书(Chronik der Späteren Han-Dynastie) 24, 47, 72, 86, 87, 145, 397

Hu Bu Ze Li户部则例(Verwaltungsvorschriften des Finanzministeriums) 220

Huayi quanguo duliangheng zhi huigu yu qianzhan划一全国度量衡之回顾与前瞻 (Rückblick und Perspektiven der Vereinheitlichung der Maße und Gewichte im ganzen Land) 236

Huai Nan Zi淮南子(Meister aus Huainan) 21, 25, 63, 109, 110, 139, 146, 148, 151-153, 304, 396

Huang Chao Li Qi Tu Shi皇朝礼器图式 (Illustrationen zu den rituellen Geräten des Kaiserhofes) 175

Huang Chi Zheng Qiu黄赤正球(Die rechte Kugel der Ekliptik und des Äquators) 381

Huang Di Nei Jing黄帝内经(Innerer Klassiker des Gelben Kaisers) 150

Hui Hui Li回回历(Islamischer Kalender) 383, 384, 389

Hun Gai Tong Xian Tu Shuo浑盖通宪图说 (Illustrierte Erläuterung der grundlegenden Gesetze der Theorien der Himmelskuppel und des sphärischen Himmels) 371

Hun Tian Yi Shuo浑天议说(Erläuterung der Armillarsphäre) 381

Hun Yi浑仪(Armillarsphäre) 346

Hun Yi Yi浑仪议(Erörterung der Armillarsphäre) 30, 150, 154, 344, 347

Huo Gong Qie Yao火攻挈要(Das Wesentliche des Angriffs mit Feuerwaffen) 376, 377

Jiliang shi hua计量史话(Unterhaltung über die Geschichte der Metrologie) 10

Jishi zhidu kao计时制度考(Untersuchung des Systems der Zeitmessung) 171

Ji Yuan Li纪元历(Kalender der Regierungsära Jiyuan) 101

Jia Qing Hui Dian嘉庆会典(Gesetzessammlung der Regierungsära Jiaqing) 171

Jianming buliedian baike quanshu简明不列颠百科 全书(Kleine Encyclopaedia Britannica) 286

Jiao Shi交食(Die Verfinsterungen) 381

Jiao Shi Biao交食表(Finsternistabellen) 381

Jiao Shi Li Biao交食历表(Kalendertabellen der Finsternisse) 381

Jiao Shi Li Zhi交食历指(Kalenderkunde der Finsternisse) 381

Jiao Shi Meng Qiu交食蒙求(Schlichte Untersuchung der Finsternisse) 381

Jiao Shi Zhu Biao Yong Fa交食诸表用法 (Anwendung der Finsternistabellen) 381

Jin Shu晋书(Chronik der Jin-Dynastie) 76, 81, 104, 137, 318, 321, 324, 325, 336

Jing经(Schrift im Mo Jing) 140

Jing Biao景表(Der Schattenstab) 346

Jing Biao Yi表议(Diskussion des Schattenstabs) 341, 342, 344

Jing Chu Li景初历(Kalender der Regierungsära Jingchu) 99

Jingjibu quanguo duliangheng ju zuzhi tiaoli 经济部全国度量衡组织条例 (Organisationsvorschriften des allchinesischen Amts für Maße und Gewichte beim Wirtschaftsministerium) 259

Jiu Zhang Suan Shu九章算术(Arithmetik in neun Kapiteln) 102, 107, 327, 330

Kai Yuan Zhan Jing开元占经(Klassiker der Prophezeiungen der Regierungsära Kaiyuan) 29

Kangxi Shi Lu康熙实录(Annalen der Regierungsära Kangxi) 390

Kangxi Yong Nian Li Fa康熙永年历法 (Ewiger Kalender der Regierungsära Kangxi) 401

Kangzhan shiqi huayi duliangheng zhi zhongyaoxing抗战时期划一度量衡之重要 性(Die Bedeutung der Vereinheitlichung der Maße und Gewichte in der Periode des anti japanischen Widerstandskrieges) 274, 275

Kao Gong Ji考工记(Aufzeichnungen über die Handwerker) 23, 35, 86, 109, 110, 124, 126–130, 158, 329-331, 377

Kao Gong Ji Pingzhu考工记评注(Aufzeichnungen über die Handwerker, kommentierte und übersetzte Ausgabe) 376

Keiryō shi kenkyū计量史研究(Forschung zur Geschichte der Metrologie) 13

Kun Yu Wan Guo Quan Tu坤舆万国全图 (Karte aller Länder der Welt) 365–367

Li Cheng立成(Vollendung des Kalenders) 360

Li Fa Bu De Yi Bian历法不得已辨(Unumgängliche Klarstellung des Kalenders) 171

Li Fa Da Dian历法大典(Großes Kompendium der Kalendermethoden) 162

Lifa mantan历法漫谈(Plauderei über Kalender) 25

Li Fa Xi Chuan历法西传(Aus dem Westen übernommene Kalendermethoden) 381

Li Madou shenfu zhuan利玛窦神父传 (Biographie des heiligen Vaters Matteo Ricci) 362

Li Madou Zhongwen Zhuyiji利玛窦中文诸译集 (Sammlung von Matteo Ricci's Übersetzungen ins Chinesische) 363

Li Ji礼记(Buch der Riten) 38

Li Yi Ni Gao历议拟稿(Entwurf über den Kalender und die Armillarsphäre) 360

Liang Yi Xuan Lan Tu两仪玄览图(Karte des weiten Blicks auf die beiden Pole) 365

Lie Huang Xiao Shi烈皇小识(Kleines Wissen über die aufrechten Kaiser) 373, 374, 380

Lin De Li麟德历 (Kalender der Regierungsära Linde) 100

Ling Shu灵枢(Der Angelpunkt der Seele) 146, 150

Ling Tai Yi Xiang Zhi灵台仪象志(Aufzeichnungen über die Geräte der Lingtai-Terrasse) 32, 160–164, 174, 394, 396–399, 401

Ling Xian灵宪(Die spirituelle Konstitution des Universums) 31

Liu Jing Tu六经图(Illustrationen zu den sechs Klassikern) 71, 73

Lou Jing漏经(Klassiker der Wasseruhren) 335

Lou Ke Jing漏刻经(Klassiker der Wasseruhren) 70

Lou Ke Ming漏刻铭(Inschrift über die Wasseruhr) 73

Lü Li Zhi律历志(Aufzeichnungen über Musik und Kalender) 36

Lü Lü Xin Shu律吕新书(Neues Buch der Stimmpfeifen) 191

Lü Lü Zheng Yi律吕正义(Rechter Sinn der Stimm- pfeifen) 185, 194–198, 213, 227

Lü Lü Zheng Yi Hou Bian律吕正义后编 (Spätere Redaktion des Werks „Rechter Sinn der Stimmpfeifen") 185, 187, 193, 200, 202, 204–206, 213–215, 217, 220

Lü Shi Chun Qiu吕氏春秋(Frühling und Herbst des Lü Buwei) 40, 113, 162, 163, 306

Lun Heng论衡(Ausgewogene Diskurse) 113

Meng Xi Bi Tan梦溪笔谈(Pinselnotizen am Traumbach) 25, 116, 337–340, 342–344

Meng Zi孟子Meng Zi 264, 365

Ming Qing cetian yiqi zhi ouhua明清测天仪器 之欧化(Die Europäisierung der astronomischen Geräte in der Ming- und Qing-Dynastie) 162

Ming Shi明史(Chronik der Ming-Dynastie) 159, 160, 170, 176, 178, 181, 379, 380

Ming Shi Lu明实录(Annalen der Ming-Dynastie) 375

Ming Tian Li明天历(Kalender der Regierungsära Mingtian) 334

Mo Jing墨经(Klassiker des Mo Di) 140, 146

Nan Gai Tian Ba Shi难盖天八事(Acht Dinge, die die Theorie der Himmelskuppel schwer erklärbar machen) 159

Nan Huairen jieshao de wenduji he shiduji shixi南怀仁介绍的温度计和湿度计试析(Versuch einer Analyse des von Ferdinand Verbiest vorgestellten Thermometers und Hygrometers) 163

Nanjing tiaoyue南京条约(Vertrag von Nanjing) 220

Nan Qi Shu南齐书(Chronik der Südlichen Qi-Dynastie) 91, 323

Nan Shi南史(Chronik der Südlichen Dynastien) 335, 336

Neng Gai Zhai Man Lu能改斋漫录(Plaudereien aus dem Studierzimmer des möglichen Wandels) 140, 141

Ouzhou tianwenxue欧洲天文学 (Die europäische Astronomie) 402

Qi Lüe七略(Sieben Übersichten) 301

Qian Kun Ti Yi乾坤体义(Bedeutung der Körper von Himmel und Erde) 371

Qin Ding Da Qing Hui Dian钦定大清会典 (Kaiserlich herausgegebene Verwaltungsvorschriften der Großen Qing-Dynastie) 213

Qing Bai Lei Chao清稗类钞(Vermischte Notizen aus der Qing-Dynastie) 217

Qing Chao Xu Wen Xian Tong Kao清朝续文献通考(Allgemeine Untersuchung weiterer Dokumente der Qing-Dynastie) 221

Qing Hui Dian清会典(Sammlung der Gesetze der Qing-Dynastie) 171

Qing Sheng Zu Shi Lu清圣祖实录(Annalen des Kaisers Shengzu der Qing-Dynastie) 170, 182

Qing Shi Gao清史稿(Entwurf der Geschichte der Qing-Dynastie) 176, 189, 190, 198, 200, 384, 385

Qing Shi Lu清实录(Annalen der Qing-Dynastie) 187, 191, 197, 200, 384, 394

Quan Du Fa权度法(Gesetz über Maße und Gewichte) 244–246

Quan Du Tiao Li权度条例(Bestimmungen über Maße und Gewichte) 268, 269, 279

Quanguo dulianghengh huayi chengxu an 全国度量衡划一程序案(Entwurf der Vorgehensweise bei der Vereinheitlichung der Maße und Gewichte im ganzen Land) 256

Quanguo dulianghengju duzheng renyuan dengji guize全国度量衡局度政人员登记规则 (Regeln für die Registrierung des Verwaltungspersonals des allchinesischen Amts für Maße und Gewichte) 279

Quanguo dulianghengju zuzhi tiaoli全国度量衡 局组织条例(Organisationsregeln dcs allchinesischen Amts für Maße und Gewichte) 279

Quanguo gedi biaozhun shijian tuixing banfa 全国各地标准时间推行办法 (Verfahren zur Einführung der örtlichen Normalzeiten im ganzen Land) 291

Quanheng Duliang Shiyan Kao权衡度量实验考 (Praktische Untersuchung und Prüfung der Gewichte und Maße) 8

Ri Chan Biao日躔表(Sonnenbahntabellen) 381

Ri Chan Li Zhi日躔历指(Kalenderkunde der Sonnenbahn) 381

Ri Chu Ru Yong Duan Tu日出入永短图 (Bilder der Veränderung der Länge des Tages durch Auf- und Untergang der Sonne) 350

San Fu Huang Tu三辅黄图(Beschreibung der drei Bezirke der Hauptstadt) 87

San Guo Yan Yi三国演义(Die Geschichte der Drei Reiche) 150

San Guo Zhi三国志(Aufzeichnungen über die Drei Reiche) 336

San Nian Li Shu三年历书(Kalender des 3. Jahres der Republik) 295

San Tong Li Pu三统历谱(Abhandlung über den Kalender der drei Einheiten) 302

San zhi shisi shiji zhongguo de quanheng duliang 三至十四世纪中国的权衡度量 (Chinas Gewichte und Maße vom dritten bis zum 14. Jahrhundert) 9

Shan Hai Jing山海经(Klassiker der Berge und Meere) 21

Shan Hai Yu Di Quan Tu山海舆地全图 (Gesamtkarte der Berge und Meere der Erde) 365

Shang Shu尚书(Buch der Geschichte) 22, 23, 138

Shang Zhong Xia San Li Zhu Shi上中下三历注式 (Anmerkungen zu den drei Kalendern oben, in der Mitte und unten) 360

Shen Wei Tu Shuo神威图说(Illustrationen über die göttliche Autorität) 393

Shen Zi慎子(Meister Shen) 122, 152

Shi Ji史记(Historische Aufzeichnungen) 21, 26, 33, 35, 63, 70, 122, 125, 148

Shi Jie Tu Zhi世界图志(Kartierte Aufzeichnung der Welt) 365

Shi Lin Guang Ji事林光记(Führer durch den Wald der Ereignisse) 118

Shiliu, shiqi shiji kexue, jishu he zhexue shi 十六，十七世纪科学，技术和哲学史 (Geschichte von Wissenschaft, Technik und Philosophie im 16. und 17. Jahrhundert) 167

Shi Shuo Xin Yu世说新语(Neue Darlegung von Erzählungen über geschichtliche Persönlichkeiten) 319

Shi Xian Li时宪历shi(Kalender des Zeitgesetzes) 385

Shi Yi Ji拾遗记(Notizen über aufgefundenes Verlorenes) 21

Shou Shi Li授时历(Shoushi-Kalender) 170, 357–361, 379

Shu Li Jing Yun数理精蕴(Grundlegende Prinzipien der Mathematik) 56, 57, 172, 175, 184, 185, 199, 200, 213, 368, 369, 371, 372

Shuo说(Erläuterung, im Mojing) 140

Shuo Wang Liang Xian Shi Ke Biao朔望两弦时刻表(Zeitabellen des zu- und abnehmenden Mondes) 283

Shuo Wen Jie Zi说文解字(Analytisches Wörterbuch der Schriftzeichen) 34

Si Fen Li四分历(Viertel-Kalender) 87, 88, 99, 352, 360

Si Ku Quan Shu四库全书(Sammlung der Bücher in vier Abteilungen) 175, 185, 187, 193, 194, 195, 197, 202-204, 208, 210, 213, 215, 217, 368–372

Si Shu四书(Vier Klassiker) 364

Song Shi宋史(Chronik der Song-Dynastie) 54, 79, 104, 150, 154, 337, 341, 342, 344, 346

Su Wen素问(Schlichte Fragen) 26

Sui Shi Ji岁时记(Aufzeichnungen über die Jahreslänge und die Jahreszeiten) 92

Sui Shu隋书(Chronik der Sui-Dynastie) 50, 69, 70, 77, 81, 137, 159, 326, 328, 331

Sun Zi孙子(Meister Sun) 103, 146

Tan zhanguo shiqi de budeng bicheng „wang" tongheng谈战国时期的不等臂秤"工"铜衡 (Über die bronzenen „Königs"-Waagbalken einer ungleicharmigen Waage aus der Zhanguo-Zeit) 142

Tang Ruowang zhuan汤若望传(Biografie von Adam Schall von Bell) 384

Telescopium, sive ars perficiendi novum illud Galilaei visorium instrumnetum ad sidera 378

Tian Di Nian Ce天地年册 (Jahrbuch für Himmel und Erde) 291

Tian Wen Nian Li天文年历(Astronomischer Jahreskalender) 296

Tian Wen Zhi天问志(Aufzeichnungen über Astronomie) 30

Tong Wen Suan Zhi同文算指(Grundzüge der Mathematik) 370

Tong Ya通雅(Versiert und erhaben) 179

Tongyi quandu guize统一权度规则 (Bestimmungen zur Vereinheitlichung der Maße und Gewichte) 231

Tui Bu推步(Kalenderberechnung) 360

Tuixing duliangheng banli chengxu推行度量衡办理程序 (Einführung der Ordnung zur Verwaltung der Maße und Gewichte) 267

Wan Guo Tu Zhi万国图志(Kartierte Aufzeichnung aller Länder) 365

Wen Wu文物(Kulturgüter) 142

Wu Jing Zong Yao武经总要(Sammlung der wichtigsten Militärtechnologien) 114–116

Wu Li Xiao Shi物理小识(Kleines Wissen über die Prinzipien der Dinge) 153, 179, 180

Wu Wei Biao五纬表(Tabellen der fünf Gestirne) 381

Wu Wei Biao Shuo五纬表说(Erläuterungen zu den Tabellen der fünf Gestirne) 381

Wu Wei Li Zhi五纬历指(Kalenderkunde der fünf Gestirne) 381

Wu Xing Zhan五星占(Prophezeiungen der fünf Planeten) 29

Xi Fa Shen Ji西法神机(Göttliche Geräte nach westlichen Methoden) 377

Xifang kexue de qiyuan西方科学的起源 (Ursprung der Wissenschaften des Westens) 177

Xi Yang Ce Ri Li西洋测日历(Kalender aus den Ländern des westlichen Ozeans aufgrund der Messung der Sonne) 382

Xi Yang Xin Fa Li Shu西洋新法历书(Kalender nach den neuen Methoden des Westens) 396

Xiao Lü效律(Gesetze über die Herstellung von Produkten) 39

Xin Fa Biao Yi新法表异(Unterschiede der Tabellen der neuen Methoden) 381

Xin Fa Li Shu 新法历书 (Kalenderbuch nach den neuen Methoden) 162, 181, 182

Xin Fa Li Yin 新法历引 (Einführung in die neuen Kalendermethoden) 381, 385

Xin Li Xiao Huo 新历晓惑 (Verständnis und Zweifel über den neuen Kalender) 382

Xin Tang Shu 新唐书 (Neue Chronik der Tang-Dynastie) 78, 82

Xin Yi Xiang Fa Yao 新仪象法要 (Neue Konstruktion für eine Armillaruhr) 80

Xin Zhi Ling Tai Yi Xiang Tu 新制灵台仪象图 (Illustrationen der neu angefertigten Geräte der Lingtai-Terrasse) 163

Xin Zhi Ling Tai Yi Xiang Zhi 新制灵台仪象志 (Aufzeichnungen über die neu angefertigten Geräte der Lingtai-Terrasse) 163, 164, 173, 395

Xin Zhi Zhu Qi Tu Shuo 新制诸器图说 (Illustrierte Erläuterungen zu den neu hergestellten Geräten) 175

Xu Guangqi ji 徐光启集 (Gesammelte Werke von Xu Guangqi) 379

Xu Guangqi yu jihe yuanben 徐光启与几何原本 (Xu Guangqi und die Elemente der Geometrie) 367

Xue Li Xiao Bian 学历小辩 (Kleine Erörterung des Kalenderstudiums) 381

Xun Zi 荀子 (Meister Xun) 145, 152, 339

Yan Qi Shuo 验气说 (Erläuterungen zur Prüfung der Solarperioden) 163

Yan Qi Tu Shuo 验气图说 (Illustrierte Erläuterungen zur Prüfung der Solarperioden) 163

Yan Zi Chun Qiu 晏子春秋 (Frühling und Herbst des Meisters Yan) 31

Yang Gui Fu Ju Tu 仰规覆矩图 (Bilder der Messung des Himmels mit Kreisen und der Erde mit Quadraten) 350

Yi Bu Qi Jiu Zhuan 益部耆旧传 (Biografien der alten Gelehrten und Minister aus Sichuan) 122

Yi Fang Hun Gai Tu 异方浑盖图 (Bilder des sphärischen Himmels und der Himmelskuppel in fremden Ländern) 350

Yi Hai Zhu Chen 艺海珠尘 (Perlenstaub im Meer der Künste) 379

Yi Jing 易经 (Buch der Wandlungen) 32, 34, 356, 365

Yi Shu 逸书 (Buch der Muße) 303

Yi Xiang Tu 仪象图 (Bilder der astronomischen Geräte) 395, 398

Yinqueshan hanmu zhujian 银雀山汉墓竹简 (Bambusbücher aus dem Han-Grab von Yinqueshan) 148, 149

Yingyong tianwenxue 应用天文学 (Angewandte Astronomie) 285

Ying Yuan Zong Lu 茔原总录 (Aufzeichnungen über eine Gräberebene) 117

Yu Ding Wan Nian Shu 御定万年书 (Kaiserlich bestimmter Kalender für zehntausend Jahre) 283

Yu Zhi Lü Lü Zheng Yi Hou Bian 御制律吕正义后编 (Kaiserlich herausgegebene spätere Redaktion des Werks „Die Bedeutung der Stimmpfeifen") 210

Yu Zhi Shu Li Jing Yun 御制数理精蕴 (Kaiserlich herausgegebenes Werk „Grundlegende Prinzipien der Mathematik") 219

Yuzhou 宇宙 (Der Kosmos) 288

Yuan Jing Shuo 远镜说 (Erläuterung des Fernrohrs) 378, 379

Yuan Shi 元史 (Chronik der Yuan-Dynastie) 55, 67, 92, 94-96, 110, 178, 349, 352, 353, 357, 359, 360, 366

Yuan Rong Jiao Yi 圆容较义 (Klare im Kreis enthaltene Bedeutung) 370

Yue Li Biao 月离表 (Mondabstandstabellen) 381

Yue Li Li Zhi 月离历指 (Kalenderkunde des Mondabstands) 381

Yue Pu 乐谱 (Grundsätze der Musik) 325

Zeng Cui Li Zhi Ping Shi 赠崔立之评事 (Kritik geschenkt an Cui Lizhi) 348

Zheng Jiao Feng Bao 政教奉褒 (Lob der rechten Religion) 382

Zhiliang, biaozhunhua, jiliang baike quanshu 质量，标准化，计量百科全书 (Enzyklopädie über Qualität, Normung und Metrologie) 9

Zhong Biao Tu Shuo 钟表图说 (Illustrierte Erläuterung der Uhren) 175

Zhongguo biaozhun shiqu 中国标准时区 (Die Normalzeitzonen Chinas) 288

Zhongguo cehui shi 中国测绘史 (Geschichte der Vermessung Chinas) 181, 183, 184

Zhongguo duliangheng shi 中国度量衡史 (Geschichte der Maße und Gewichte Chinas) 9, 34, 38, 48, 127, 193, 211, 212, 214, 216, 219, 223–226, 228, 236–240, 249, 251, 254, 257, 329

Zhongguo gudai duliangheng lunwenji 中国古代度量衡论文集 (Aufsatzsammlung über Maße und Gewichte im alten China) 330

Zhongguo gudai duliangheng tuji 中国古代度量衡 图集 (Sammlung von Illustrationen der Maße und Gewichte des alten Chinas) 9

Zhongguo gudai jiliangshi tujian 中国古代计量 史图鉴 (Illustrierter Spiegel der Geschichte der Metrologie Chinas) 9

Zhongguo gudai wuli sixiang tansuo 中国古代物理 思想探索 (Untersuchung der physikalischen Ideen des alten Chinas) 158, 355

Zhongguo jiliang 中国计量 (Metrologie Chinas) 11

Zhongguo jiliang dui Riben de yingxiang 中国计量 对日本的影响 (Einfluss der chinesischen Metrologie auf Japan) 12

Zhongguo jindai shigao ditu ji 中国近代史稿地图 集 (Sammlung von Landkarten zum Entwurf der zeitgenössischen Geschichte Chinas) 284

Zhongguo jindai tianwen shiji 中国近代天文事迹 (Errungenschaften der zeitgenössischen Astronomie Chinas) 283, 290, 293, 297

Zhongguo jinxiandai jiliang shigao 中国近现代计 量史稿 (Entwurf der Geschichte der zeitgenössischen und modernen Metrologie Chinas) 10

Zhongguo keji shiliao 中国科技史料 (Materialien über die Geschichte von Wissenschaft und Technologie in China) 291

Zhongguo keji shi zazhi 中国科技史杂志 (Zeitschrift für Geschichte von Wissenschaft und Technik Chinas) 12

Zhongguo kexue jishu shi 中国科学技术史 (Geschichte von Wissenschaft und Technik Chinas) 9, 176, 183, 221, 332, 355, 361

Zhongguo lidai duliangheng kao 中国历代度量 衡考 (Prüfung der Maße und Gewichte über die Dynastien Chinas) 9, 312

Zhongguo louke 中国漏刻 (Wasseruhren in China) 74, 175

Zhongguo tianwen xuehui huibao 中国天文学会 会报 (Zeitschrift der chinesischen Studiengesellschaft für Astronomie) 287

Zhongguo tianwenxue Shi 中国天文学史 (Geschichte der Astronomie in China) 178, 294, 296, 333

Zhongguo tianwenxue shi wenji 中国天文学史文 集 (Literatursammlung über die Geschichte der Astronomie in China) 171

Zhongguo tianzhujiao shiji huibian 中国天主教史 籍汇编 (Kompilation zur Geschichte der katholischen Religion in China) 382

Zhongguo wulixue shi daxi 中国物理学史大系 (Reihe Geschichte der Physik in China) 10, 222, 224

Zhonghua minguo banian lishu 中华民国八年历书 (Kalender des 8. Jahrs der Republik China) 284

Zhonghua minguo duliangheng Fa中华民国度量 衡法(Gesetz über Maße und Gewichte der Republik China) 60, 244, 245, 246, 249

Zhonghua minguo quandu biaozhun fang'an中华 民国权度标准方案(Entwurf über die Normale von Maßen und Gewichten der Republik China) 249, 251

Zhonghua wenhua tongzhi中华文化通志(Allgemeine Darstellung der chinesischen Kultur) 307

Zhong Lü Tu钟律图(Bilder der Glocken und Stimmpfeifen) 325

Zhong Lü Wei钟律纬(Querfaden der Glocken und Stimmpfeifen) 325

Zhongri tongshang xingchuan xu yue中日通商 行船续约(Fortgesetzter chinesisch-japanischer Vertrag über Handel und Schiffahrt 225

Zhongxi wenhua jiaoliu shilun中西文化交流史 论(Erörterung des Kulturaustausches zwischen China und dem Westen) 156

Zhou Bi Suan Jing周髀算经(Arithmetischer Klassiker des Gnomons und der Kreisbahnen) 26, 29, 33, 104, 119–121, 123, 129, 314, 371

Zhou Li周礼(Riten der Zhou) 23, 26, 38, 70, 226, 320, 324, 330, 355

Zhuan Di Li颛帝历Zhuandi-Kalender 342

Zhuan Shen Xuan Ze转神选择(Konzentration auf die Auswahl) 360

Ziran bianzhengfa tongxun自然辩证法通讯 (Mitteilungen über die Dialektik der Natur) 159

Ziran kexue shi yanjiu自然科学史研究 (Forschung über die Geschichte der Naturwissenschaften) 163

Zuo Zhuan左传(Meister Zuo's Erweiterung der Chunqiu-Annalen) 86, 128, 149, 329–331

Zeittafel der chinesischen Dynastien

Xia-Dynastie	21. Jh. – 16. Jh. v. Chr.
Shang-Dynastie	16. Jh. – 11. Jh. v. Chr.
Zhou-Dynastie	11. Jh. – 221 v. Chr.
Westliche Zhou-Dynastie	11. Jh. – 771 v. Chr.
Östliche Zhou-Dynastie	770 – 256 v. Chr.
Chunqiu-Periode	770 – 476 v. Chr.
Zhanguo-Periode	475 – 221 v. Chr.
Qin-Dynastie	221 – 207 v. Chr.
Han-Dynastie	206 v. Chr. – 220 n. Chr.
Westliche (Frühere) Han-Dynastie	206 v. Chr. – 24 n. Chr.
Östliche (Spätere) Han-Dynastie	25 – 220
Drei Reiche	220 – 280
Wei-Dynastie	220 – 265
Shu-Han-Dynastie	221 – 263
Wu-Dynastie	222 – 280
Westliche Jin-Dynastie	265 – 316
Östliche Jin-Dynastie	317 – 420
Südliche und Nördliche Dynastien	420 – 589
Südliche Dynastien	420 – 589
Song-Dynastie	420 – 479
Qi-Dynastie	479 – 502
Liang-Dynastie	502 – 557
Chen-Dynastie	557 – 589
Nördliche Dynastien	386 – 581
Nördliche Wei-Dynastie	386 – 534
Östliche Wei-Dynastie	534 – 550
Nördliche Qi-Dynastie	550 – 577
Westliche Wei-Dynastie	535 – 556
Nördliche Zhou-Dynastie	557 – 581

Sui-Dynastie	581 – 618
Tang-Dynastie	618 – 907
Fünf Dynastien	907 – 960
Spätere Liang-Dynastie	907 – 923
Spätere Tang-Dynastie	923 – 936
Spätere Jin-Dynastie	936 – 946
Spätere Han-Dynastie	947 – 950
Spätere Zhou-Dynastie	951 – 960
Song-Dynastie	960 – 1279
Nördliche Song-Dynastie	960 – 1127
Südliche Song-Dynastie	1127 – 1279
Liao-Dynastie	916 – 1125
Jin-Dynastie	1115 – 1234
Yuan-Dynastie	1271 – 1368
Ming-Dynastie	1368 – 1644
Qing-Dynastie	1644 – 1911
Republik China	1911 – 1949
Volksrepublik China	gegründet 1949

Die Deutsche Nationalbibliothek verzeichnet diese Publikation in der Deutschen Nationalbibliografie; detaillierte bibliografische Daten sind im Internet über http://dnb.dnb.de abrufbar.

© Fachverlag NW in der Carl Schünemann Verlag GmbH, Bremen
www.schuenemann-verlag.de

1. Auflage 2016

Nachdruck sowie jede Form der elektronischen Nutzung
– auch auszugsweise – nur mit Genehmigung des Verlages.

Satz und Buchgestaltung: Carl Schünemann Verlag GmbH
Die Abbildungen stammen, sofern nicht anders angegeben, von Guan Zengjian.

Printed in EU 2016 | ISBN 978-3-95606-188-2